AF343377

MANUEL
DU CONDUCTEUR
DES PONTS ET CHAUSSÉES,

D'APRÈS LE DERNIER PROGRAMME OFFICIEL DES EXAMENS D'ADMISSION,

PAR E. ENDRÈS,

Ancien Élève de l'École Polytechnique, Ingénieur en chef des Ponts et Chaussées,
Officier de la Légion d'honneur,
Membre de plusieurs Académies et Sociétés savantes.

OUVRAGE INDISPENSABLE

Aux Conducteurs et Employés secondaires des Ponts et Chaussées
et des Compagnies de Chemins de fer,
aux Gardes-Mines, aux Gardes et Sous-Officiers de l'Artillerie et du Génie,
aux Agents-voyers et à tous les Candidats à ces emplois.

SIXIÈME ÉDITION

TOME PREMIER

PARTIE THÉORIQUE.

AVEC 306 FIGURES INTERCALÉES DANS LE TEXTE.

PARIS,

GAUTHIER-VILLARS, IMPRIMEUR-LIBRAIRE

DU BUREAU DES LONGITUDES, DE L'ÉCOLE POLYTECHNIQUE,
SUCCESSEUR DE MALLET-BACHELIER,
Quai des Augustins, 55.

1880

MANUEL

DU CONDUCTEUR

DES PONTS ET CHAUSSÉES.

PARIS. — IMPRIMERIE DE GAUTHIER-VILLARS, QUAI DES AUGUSTINS, 55.

MANUEL
DU CONDUCTEUR

DES PONTS ET CHAUSSÉES,

D'APRÈS LE DERNIER PROGRAMME OFFICIEL DES EXAMENS D'ADMISSION,

Par E. ENDRÈS,

Ancien Élève de l'École Polytechnique, Ingénieur en chef des Ponts et Chaussées,
Officier de la Legion d'honneur,
Membre de plusieurs Académies et Sociétés savantes.

OUVRAGE INDISPENSABLE

Aux Conducteurs et Employés secondaires des Ponts et Chaussées
et des Compagnies de Chemins de fer,
aux Gardes-Mines, aux Gardes et Sous-Officiers de l'Artillerie et du Génie,
aux Agents-voyers et à tous les Candidats à ces emplois.

SIXIÈME ÉDITION.

TOME PREMIER.

PARTIE THÉORIQUE.

AVEC 386 FIGURES INTERCALÉES DANS LE TEXTE.

PARIS,

GAUTHIER-VILLARS, IMPRIMEUR-LIBRAIRE

DU BUREAU DES LONGITUDES, DE L'ÉCOLE POLYTECHNIQUE,

SUCCESSEUR DE MALLET-BACHELIER,

Quai des Augustins, 55.

1880

(Tous droits réservés.)

AVERTISSEMENT.

Fidèle à la tâche que nous nous sommes imposée,
et soucieux d'améliorer progressivement cet Ouvrage à
chaque réimpression que nous permettrait son succès,
nous en avons notablement remanié l'ensemble et les
détails, ainsi qu'il est facile de le constater. Nous croyons
avoir répondu par là au vœu de l'Administration, qui
apporte chaque jour d'heureuses modifications dans les
conditions des concours, et aux besoins des candidats
qui, en présence de la grande extension donnée aux travaux publics, doivent trouver dans leur *Manuel* un plus
vaste champ de connaissances appropriées aux exigences
de leurs examens et de leur service futur.

Les deux innovations principales que présente, quant
à la forme, la distribution de cette sixième édition sont
les suivantes :

1° La *Statique* a repris, à la fin du tome I, sa place naturelle dans la partie théorique, d'où nous l'avions enlevée
uniquement pour obéir à des convenances secondaires
de répartition matérielle entre les trois Volumes. En
développant davantage, au grand profit des lecteurs, les
matières traitées dans les deux derniers, nous avons pu,
tout en les équilibrant convenablement avec le premier,
rétablir l'ordre normal de la division de l'Ouvrage.

2° Pendant l'impression de l'édition précédente, d'importants changements avaient été introduits dans l'économie des concours, et nous avions dû placer en tête du tome III l'arrêté ministériel du 9 mars 1874, qui a prescrit et réglé l'examen à deux degrés. Ce document remplaçait et rendait sans objet celui qui figurait au début du premier volume; afin d'éviter un pareil inconvénient pour l'avenir, nous avons pris le parti de reporter systématiquement à la fin de l'Ouvrage, dans un appendice spécial, le texte ou l'analyse des actes ministériels qui régissent l'admission dans le corps des conducteurs des Ponts et Chaussées. Nous pourrons ainsi donner plus d'extension et d'actualité à ces intéressantes communications, et nous aurons encore fait une chose utile aux nombreux candidats auxquels notre *Manuel* est plus spécialement destiné.

Enfin, nous devons à l'extrême obligeance de M. l'ingénieur en chef Resal, membre de l'Institut, auteur d'un savant *Traité de Mécanique générale,* publié par notre excellent éditeur et ami M. Gauthier-Villars, d'avoir pu y puiser librement, pour les transporter dans notre texte, un bon nombre de figures qui en complètent et améliorent l'ordonnance.

Nous remercions affectueusement M. Resal pour cette utile et courtoise collaboration.

DIVISION DE L'OUVRAGE.

TOME I. — PARTIE THÉORIQUE.

Arithmétique et logarithmes.

Algèbre élémentaire.

Géométrie élémentaire.

Trigonométrie rectiligne.

Géométrie descriptive.

Statique. — Machines simples.

TOME II. — PARTIE PRATIQUE.

Dessin graphique et lavis.

Lever des plans.

Nivellement.

Cubature et mouvement des terres.

Qualités, défauts et résistance des matériaux.

Maçonnerie. — Charpentes. — Fondations.

TOME III. — APPLICATIONS.

Routes. — Tracé, construction et entretien.

Ponts et viaducs.

Chemins de fer. — Construction et exploitation.

Navigation des rivières et canaux. — Pêche fluviale.

Ports maritimes. — Phares et balises.

Service hydraulique. — Associations syndicales.

Mécanisme administratif des travaux publics.

Appendice. — Documents relatifs à l'entrée dans le corps des Conducteurs.

MANUEL
DU CONDUCTEUR
DES PONTS ET CHAUSSÉES.

ARITHMÉTIQUE.

PRÉLIMINAIRES.

1. L'*Arithmétique* est la science des nombres.

On appelle *nombre* la réunion de plusieurs objets de même espèce, et l'objet dont la répétition a donné naissance au nombre prend le nom d'*unité*. C'est ainsi que, dans les expressions *vingt francs, cinquante pommes, trois cents livres*, les unités respectives sont le *franc*, la *pomme*, le *livre*.

Les nombres ci-dessus énoncés, dans lesquels on désigne l'espèce de l'unité, sont des nombres *concrets*. Ils seraient, au contraire, dits *abstraits*, si l'on considérait seulement des groupes d'unités non déterminées, comme *vingt, cinquante, trois cents*.

Quelle que soit, d'ailleurs, la nature des nombres, l'Arithmétique apprend à les former, à les exprimer et à les écrire, à les composer entre eux et à les décomposer; enfin, elle établit leurs principales propriétés.

Dans l'étude que nous allons faire de cette science, nous considérerons d'abord exclusivement les nombres *entiers*, c'est-à-dire ceux qui ne renferment que des unités entières; nous examinerons ensuite ceux dont l'expression contient des parties de l'unité, et qui sont nommés *nombres fractionnaires* ou *fractions*.

NUMÉRATION DÉCIMALE.

2. La série naturelle des nombres entiers se forme en ajoutant l'unité à elle-même, puis l'unité au nouveau nombre

obtenu, et ainsi de suite, indéfiniment. Les premiers nombres ainsi formés, y compris l'unité elle-même, ont reçu les noms suivants :

un, deux, trois, quatre, cinq, six, sept, huit, neuf, dix.

Mais, cette suite des nombres étant nécessairement illimitée, il était impossible de songer à donner à chacun d'eux un nom particulier, et nous allons voir comment, au moyen de quelques conventions fort simples, on est parvenu à les exprimer tous avec très-peu de mots.

L'exposition de ce système constitue la *numération*, et le nombre *dix*, choisi pour y jouer un rôle fondamental, l'a fait appeler *numération décimale.*

3. *Expression des nombres, ou numération parlée.* — Les neuf premiers nombres, désignés par des noms particuliers ci-dessus posés, forment des groupes d'*unités du premier ordre* ou d'*unités simples ;* le nombre *dix*, qui vient ensuite, a été considéré comme une *unité du second ordre* ou une *dizaine.* On a alors compté par dizaines comme on l'avait fait par unités simples, et l'on a formé la série de dizaines qui suit :

dix, deux dix, trois dix, quatre dix, cinq dix, six dix, sept dix, huit dix, neuf dix,

noms que l'on a pu, sans trop augmenter la quantité des mots nouveaux, remplacer respectivement par les suivants :

dix, vingt, trente, quarante, cinquante, soixante, soixante-dix, quatre-vingts, quatre-vingt-dix,

et à la suite de chacun desquels on a placé les neuf unités du premier ordre, comme ci-après :

trente-un, trente-deux, trente-trois,..., trente-huit, trente-neuf.

Cette nouvelle partie de la nomenclature n'a subi, d'ailleurs, que de très-légères et dernières exceptions, par la substitution usuelle des mots

onze, douze, treize, quatorze, quinze et *seize,*

aux mots

dix-un, dix-deux, dix-trois, dix-quatre, dix-cinq et *dix-six.*

Arrivé ainsi jusqu'au nombre quatre-vingt-dix-neuf, lequel correspond à neuf dizaines et neuf unités, on a obtenu, par l'adjonction d'une unité de plus, le groupe de dix dizaines, auquel a été donné le nom de *centaine* ou *cent*, et l'on a encore considéré la centaine comme une unité d'un troisième ordre, suivant lequel on a continué à compter comme on l'avait fait par dizaines et par unités simples.

On a obtenu de cette manière les nombres

cent, deux cents, trois cents, quatre cents,..., neuf cents,

à la suite de chacun desquels on a placé, pour établir la continuité de la série d'unité en unité, les quatre-vingt-dix-neuf premiers nombres, jusqu'à ce qu'on eût atteint *neuf cent quatre-vingt-dix-neuf.*

Une unité de plus donnait dix centaines, que l'on a désignées sous le nom spécial de *mille.* Au lieu de continuer à donner à chaque groupe de dix en dix fois plus fort un nom nouveau, on a simplifié plus encore en regardant le nombre mille comme une unité d'une nouvelle classe et en comptant par unités, dizaines et centaines de mille comme on l'avait fait pour les unités simples. Ainsi l'on a dit :

un mille, deux mille, trois mille,..., neuf mille ;
dix mille, vingt mille, trente mille,..., quatre-vingt-dix mille ;
cent mille, deux cent mille, trois cent mille,..., neuf cent mille ;

et l'interposition des nombres précédemment nommés, depuis un jusques et y compris neuf cent quatre-vingt-dix-neuf, a complété la nomenclature jusqu'au nombre

neuf cent quatre-vingt-dix-neuf mille neuf cent quatre-vingt-dix-neuf unités.

Le nombre qui suit ce dernier est la réunion de mille fois mille unités; on l'a appelé *million*, et ce nom sert de type à une troisième classe qui comprend, comme celle des mille, des dizaines de millions et des centaines de millions. La classe suivante s'appelle *billion* (en finances *milliard*), et ainsi de suite, en donnant les noms de *trillion, quatrillion, quintillion, etc.*, à des groupes d'unités de mille en mille fois plus forts.

Ainsi se trouve formée la série des nombres croissants d'unité en unité jusqu'à des termes que n'atteignent jamais

les besoins ordinaires. L'ensemble de ce système présente,
en résumé, de grandes classes d'unités de mille en mille fois
plus fortes, dont chacune se subdivise elle-même en trois ordres de dix en dix fois plus faibles, et telles, que le premier
ordre de chaque classe représente également des unités dix
fois plus fortes que celles du troisième ordre de la classe
précédente.

Vingt-cinq mots ont donc suffi pour nommer, sans confusion
possible, tous les nombres entiers jusqu'au billion inclusive-
ment; il n'en eût fallu que quatorze, sans les dérogations
exceptionnelles que l'usage a consacrées envers les mots *onze,
douze, treize, quatorze, quinze, seize, vingt, trente, quarante,
cinquante* et *soixante*.

4. *Écriture abréviative des nombres, ou numération écrite.*
— Le mode adopté pour l'écriture abréviative des nombres
est la conséquence naturelle de leur formation par ordres de
dix en dix fois plus forts les uns que les autres, à partir des
unités simples. Il en résulte, en effet, qu'un nombre quelconque ne peut jamais contenir plus de neuf unités de chaque
ordre, et qu'il suffit, par suite, de représenter par des signes
spéciaux les neuf premiers nombres. Ces signes ou *chiffres*
sont les suivants :

un,   deux, trois, quatre, cinq,   six,   sept, huit, neuf,
1,   2,   3,   4,   5,   6,   7,   8,   9,

auxquels on a adjoint le caractère o, appelé *zéro*, pour tenir
la place des ordres d'unités qui peuvent manquer dans un
nombre.

D'après cela, *pour écrire un nombre énoncé, on écrira successivement les trois chiffres qui représentent les ordres de
chaque classe, en remplaçant par des zéros les ordres qui man-
quent.* C'est ainsi que le nombre *trente-sept mille quatre cent
huit unités* s'écrira

$$037408,$$

ou simplement

$$37408,$$

puisque le zéro placé en tête d'un nombre peut être supprimé
sans inconvénient, comme n'influant en rien sur l'ordre de

chacun des autres chiffres, à partir de celui des unités simples ou du chiffre extrême de droite.

Inversement, *on lira un nombre écrit en le divisant, à partir de la droite, en classes ou tranches de trois chiffres, la tranche extrême à gauche pouvant n'avoir que deux ou même un seul chiffre, et l'on énoncera successivement chacune des tranches, à partir de la gauche, comme si elle était seule, en la désignant par le nom qui lui appartient.*

Ainsi le nombre 36 653 040 267 s'énoncera : 36 *billions* 653 *millions* 40 *mille* 267 *unités.*

5. Il résulte de ce procédé : 1° que chaque chiffre, dans un nombre, a deux valeurs : l'une, la *valeur absolue*, qui dépend de sa forme et se rapporte à la collection d'unités qu'il représente; l'autre, la *valeur relative*, laquelle tient au rang qu'occupe le chiffre; 2° que, si l'apposition d'un ou plusieurs zéros à la gauche d'un nombre ne modifie en rien la valeur de ce nombre, il n'en est pas de même si ces zéros sont mis à la droite du nombre, dont toutes les unités deviennent, par ce seul fait, dix, cent, mille,... fois plus fortes en remontant d'un, deux, trois,... rangs vers la gauche; 3° que le zéro ne signifie rien par lui-même, abstraction faite de son utilité pour tenir la place des unités manquantes et conserver le rang des autres chiffres qui sont, par opposition, appelés *chiffres significatifs.*

OPÉRATIONS FONDAMENTALES SUR LES NOMBRES ENTIERS.

ADDITION.

6. L'*addition* est une opération dont le but est de réunir deux ou plusieurs nombres donnés en un seul appelé *somme* ou *total.*

Premier cas. — Si l'on doit ajouter un nombre d'un seul chiffre à un autre nombre quelconque, on y parviendra sûrement et facilement en ajoutant une à une toutes les unités du plus petit nombre à celles du plus grand. Par exemple, pour ajouter 5 à 47, on dira : 47 et 1 font 48, et 1 font 49, et 1 font 50, et 1 font 51, et 1 font 52; la somme cherchée est donc 52, et l'on supplée, d'ailleurs, à la lenteur de ce procédé par un exercice de la mémoire qui permet de dire sur-le-champ et sans hésiter : 47 et 5 font 52.

Deuxième cas. — Pour additionner entre eux des nombres quelconques, comme 2498, 579 et 60581, il faudra faire séparément l'addition de toutes les parties de même espèce de ces nombres, c'est-à-dire ajouter les unités avec les unités, les dizaines avec les dizaines, les centaines avec les centaines, et ainsi de suite. Ces additions partielles se font, le plus commodément possible, en écrivant les nombres les uns sous les autres, de manière que leurs divers ordres se correspondent, et plaçant la somme au-dessous, comme il suit :

$$\begin{array}{r} 2498 \\ 579 \\ 60581 \\ \hline 63658 \end{array}$$

D'après ce qui vient d'être dit, le total des trois nombres considérés se composerait de 6 dizaines de mille, 2 mille, 14 centaines, 24 dizaines et 18 unités, nombre qui peut et doit se réduire par la composition de 10 des 18 unités en 1 dizaine, de 20 des 25 dizaines en 2 centaines, et de 10 des 16 centaines en 1 mille. On obtient ainsi, pour la somme définitive, le nombre 63658.

Cette méthode se simplifie du reste encore, dans la pratique, par le report immédiat des dizaines d'unités de chaque colonne à la colonne suivante. Dans le cas présent, on dirait donc : 1 et 9 font 10, et 8 font 18; je pose 8 unités et retiens 1 dizaine; cette dizaine retenue et 8 font 9, et 7 font 16, et 9 font 25; je pose 5 dizaines et retiens 2 dizaines de dizaines, ou 2 centaines; 2 et 5 font 7, et 5 font 12, et 4 font 16; je pose 6 centaines et retiens 1 dizaine de centaines ou 1 mille; 1 et 2 mille font 3 mille; enfin, 6 dizaines de mille.

En général, *pour additionner plusieurs nombres, on les écrit les uns sous les autres, de telle sorte que les unités de même ordre se correspondent : puis, en commençant par la droite, on fait la somme des chiffres de chaque colonne verticale ; on écrit au-dessous de chaque colonne les unités de la somme partielle qui lui correspond, et l'on reporte les dizaines à la colonne suivante, pour les additionner avec les chiffres de cette colonne.*

7. *Preuve de l'addition.* — La preuve d'une opération n'est autre chose qu'une seconde opération qui sert à vérifier l'exactitude du résultat de la première.

Pour faire la preuve d'une addition, on la recommence dans un autre ordre, par exemple de haut en bas, si on l'a d'abord effectuée de bas en haut, ou en transcrivant les nombres à additionner dans un ordre quelconque différent du premier.

Rien n'empêcherait encore de vérifier l'opération en recommençant l'addition par la gauche des nombres, pourvu que l'on tînt bonne note, après chaque addition partielle, des unités d'ordre supérieur à ajouter au total de la colonne précédente.

8. On indique l'addition de deux ou plusieurs nombres par le signe $+$ que l'on énonce *plus*. La somme des nombres à additionner étant égale au résultat de l'opération, on marque cette relation par le signe $=$, qui s'énonce *égale*.

L'opération précédente peut donc se représenter par l'égalité

$$2498 + 579 + 60581 = 63658$$

SOUSTRACTION.

9. La *soustraction* est une opération qui a pour objet de trouver la différence de deux nombres, ou, ce qui est la même chose, de trouver ce qu'il faut ajouter au plus petit pour obtenir le plus grand.

Le résultat de la soustraction se nomme *reste*, *excès* ou *différence*.

On arrivera nécessairement au résultat en retranchant successivement toutes les parties du plus petit nombre des parties analogues du plus grand, c'est-à-dire les unités de chaque ordre du premier de celles qui leur correspondent dans le second. L'opération se trouve ainsi réduite à une série de soustractions partielles dans lesquelles le nombre à soustraire est au plus égal à 9, et qui s'effectuent soit de mémoire, soit par des retranchements successifs unité par unité.

Premier cas. — Si les deux nombres donnés sont tels, que chaque chiffre du nombre à soustraire soit inférieur ou au plus égal au chiffre correspondant du nombre duquel il faut soustraire, l'application du procédé indiqué ne souffre aucune difficulté, et l'on trouve immédiatement le résultat de la soustraction ci-dessous qui rentre dans ce cas :

$$65738$$
$$4107$$

Reste..... 61631

Deuxième cas. — Mais il n'en est pas toujours ainsi, et le contraire se présente, par exemple, dans l'opération suivante :

$$65738$$
$$4197$$

Reste...... 61541

On n'a pu évidemment retrancher les 9 dizaines du plus petit nombre des 3 dizaines du nombre supérieur. Un artifice fort simple a alors conduit à considérer que, abstraction faite des unités d'ordres supérieurs, les 73 dizaines du premier nombre peuvent à volonté se décomposer en 6 centaines et 13 dizaines. Adoptant pour un moment ce dernier mode, on a pu dire : 9 dizaines ôtées de 13 donnent 4 dizaines; puis 1 centaine ôtée, non plus de 7, mais seulement de 6 centaines, donne 5 centaines.

La difficulté se trouve donc éludée et, au moyen de ce procédé, la soustraction peut s'effectuer par la règle indiquée. Toutefois, dans la pratique, on a trouvé plus commode de ne pas diminuer le chiffre supérieur précédent, mais d'augmenter d'une unité le chiffre inférieur correspondant, ce qui ne saurait évidemment troubler la différence partielle sur laquelle a porté la modification. Dans l'exemple considéré, on dirait par conséquent, en employant l'abréviation de langage usitée : 7 de 8, reste 1; 9 de 13, reste 4; 2 de 7, reste 5, etc.

En général, *pour trouver la différence de deux nombres, on écrit le plus petit sous le plus grand, de manière que les unités du même ordre se correspondent; puis, en commençant par la droite, on soustrait chacun des chiffres du nombre inférieur du chiffre qui lui correspond dans le nombre supérieur. Lorsqu'une opération partielle ne peut s'effectuer, on augmente le chiffre supérieur de 10, et le chiffre inférieur suivant de 1.*

10. *Preuve de la soustraction.* — *Pour faire la preuve d'une soustraction,* l'énoncé de cette opération indique lui-même *qu'il faut ajouter le reste au plus petit nombre et trouver pour somme le plus grand.*

Cette preuve est facile à faire sur les soustractions qui nous ont servi d'exemples, et nous ne nous y arrêterons pas.

11. On indique une soustraction par le signe — , qui s'énonce *moins.* L'égalité suivante formule complétement les éléments et le résultat de l'une de ces opérations :

$$65738 - 4197 = 61541.$$

Remarque. — Le résultat d'une soustraction ne change pas, si l'on en augmente ou diminue à la fois les deux termes d'une même quantité. Ainsi, nous pouvons écrire, en employant des parenthèses dont l'utilité est trop manifeste pour avoir besoin d'une explication,

$$237 - 49 = (237 + 15) - (49 + 15) = (237 - 21) - (49 - 21) = 188.$$

MULTIPLICATION.

12. La *multiplication* a pour objet de répéter un nombre donné, et appelé *multiplicande,* autant de fois qu'il y a d'unités dans un autre nombre aussi donné et appelé *multiplicateur.* Le résultat de cette opération se nomme *produit ;* le multiplicande et le multiplicateur sont dits les *facteurs* du produit.

Avant d'aller plus loin, nous devons constater qu'il résulte de cette définition, que la multiplication n'est qu'une addition abrégée, dans laquelle on ferait, à la manière indiquée, la somme d'autant de nombres égaux au multiplicande qu'il y aurait d'unités dans le multiplicateur.

Premier cas. — Si les deux facteurs d'une multiplication n'ont tous les deux qu'un seul chiffre, le produit doit être

fourni par la mémoire ou, à défaut, par la table suivante attribuée à Pythagore :

1	2	3	4	5	6	7	8	9
2	4	6	8	10	12	14	16	18
3	6	9	12	15	18	21	24	27
4	8	12	16	20	24	28	32	36
5	10	15	20	25	30	35	40	45
6	12	18	24	30	36	42	48	54
7	14	21	28	35	42	49	56	63
8	16	24	32	40	48	56	64	72
9	18	27	36	45	54	63	72	81

Pour trouver, au moyen de ce tableau, dont la première
ligne horizontale peut être supposée renfermer les multipli-
candes et la première colonne verticale les multiplicateurs, le
produit de deux nombres d'un seul chiffre, il faut prendre
dans la colonne du multiplicande le nombre qui correspond à
la ligne du multiplicateur. On verra sans difficulté, par cette
méthode, que le produit de 7 par 6 doit être dans la septième
colonne et sur la sixième ligne; c'est par conséquent 42.

Nous n'avons, d'ailleurs, pas besoin d'insister sur la formation de la table de Pythagore; il est évident que, la colonne
d'entrée et la première ligne étant garnies avec les neuf premiers nombres entiers, une case quelconque se remplit en y
inscrivant un nombre qui est la somme du précédent et du
premier dans la colonne ou la ligne correspondante.

Deuxième cas. — Quand il s'agit de multiplier un nombre
de plusieurs chiffres par un nombre d'un seul chiffre, il suffit
de multiplier séparément et successivement par le multiplicateur les chiffres des divers ordres du multiplicande, et de
faire la somme des produits partiels ainsi obtenus.

Si, par exemple, nous voulons multiplier 649 par 7, nous
aurons à faire le produit de 9 unités par 7, celui de 4 dizaines
par 7, et celui de 6 centaines également par 7. Ces trois pro-

duits partiels donnent respectivement 63 unités, 28 dizaines et 42 centaines dont la somme résulte de l'addition suivante :

$$63$$
$$280$$
$$4200$$
$$\overline{4543}$$

Mais, dans la pratique du calcul, on opère une simplification importante en faisant l'addition des produits partiels à mesure que l'on obtient chacun d'eux, sauf à retenir avec soin pour la colonne suivante du produit les dizaines de chaque ordre dont on pose seulement les unités. Ainsi l'on dit : 7 fois 9 font 63 ; je pose 3 et retiens 6 dizaines ; 7 fois 4 dizaines font 28 dizaines qui, avec les 6 retenues, font 34 dizaines ; j'en pose 4 et j'en retiens 30 ou 3 centaines ; 7 fois 6 centaines font 42 centaines qui, avec les 3 retenues, font 45, et le produit complet se trouve immédiatement exprimé par 4543.

Troisième cas. — Soit maintenant à multiplier l'un par l'autre deux nombres de plusieurs chiffres, tels que 5492 par 328.

Le multiplicateur étant égal à 8, plus 20, plus 300, nous aurons répété le multiplicande 328 fois, si nous le répétons d'abord 8 fois, puis 20 fois, puis enfin 300 fois.

Or, nous venons d'apprendre à répéter le multiplicande 8 fois, ou à le multiplier par 8 :

$$5492$$
$$8$$
$$\overline{43936}$$

Pour répéter le multiplicande 20 fois, on remarquera que, 20 étant égal à 10 fois 2, il reviendra évidemment au même de répéter 5492 d'abord 2 fois, puis de prendre ensuite 10 fois le résultat obtenu :

$$5492$$
$$2$$
$$\overline{10984}$$

2 fois le multiplicande donne donc 10984. Pour répéter ce produit 10 fois, ou pour le multiplier par 10, il suffit (5) de

placer un zéro à sa droite ; ce qui donne, pour le produit de
5492 par 20, le nombre 109840.

Il reste à répéter le multiplicande 300 fois ou 100 fois 3 fois.
Ceci se fera encore en le répétant d'abord trois fois,

$$\begin{array}{r} 5492 \\ 3 \\ \hline 16476 \end{array}$$

et en multipliant par 100 le résultat obtenu, c'est-à-dire en
plaçant 2 zéros à sa droite. Ce troisième produit partiel sera
164760o. Ajoutons-le aux deux premiers :

$$\begin{array}{r} 5492 \quad \text{Multiplicande.} \\ 328 \quad \text{Multiplicateur.} \\ \hline \end{array}$$

1ᵉʳ produit partiel..	43936
2ᵉ	109840
3ᵉ	1647600
Le produit total sera....	1801376

Dans la pratique, on dispose les multiplications comme
celle ci-dessus, et l'on se dispense d'écrire les zéros qui terminent le second et le troisième produit partiel, en ayant soin
de placer le premier chiffre de droite de chacun de ces produits au rang que lui assigneraient les zéros ; ce rang est d'ailleurs, pour chacun d'eux, le même que celui du chiffre correspondant du multiplicateur.

En général, *pour multiplier deux nombres de plusieurs
chiffres l'un par l'autre, on multiplie successivement le multiplicande par chacun des chiffres du multiplicateur en commençant par la droite, et l'on place le premier chiffre de chaque
produit partiel au-dessous du chiffre qui a servi de multiplicateur ; on fait ensuite la somme des produits partiels, et cette
somme est le produit cherché.*

Remarque I. — Si le multiplicateur contient un ou plusieurs
zéros interposés entre les chiffres significatifs, cette circonstance n'a d'autre effet que d'obliger à reculer d'un plus grand
nombre de rangs les produits partiels, pour placer leur premier chiffre à droite sous le chiffre correspondant du multiplicateur.

Remarque II. — Si l'un des deux facteurs, ou tous deux à la fois, sont terminés par des zéros, on opère sur les chiffres significatifs comme si les zéros qui terminent n'existaient pas, et l'on écrit à la suite du produit autant de zéros qu'il s'en trouve à la fois dans les deux facteurs.

Si, par exemple, on veut multiplier 4503700 par 607000, on multipliera simplement 45037 par 607, comme il suit :

$$\begin{array}{r} 45037 \\ 607 \\ \hline 315259 \\ 270222 \quad \\ \hline 27337459 \end{array}$$

et le produit des deux facteurs primitifs sera 27337459000000.

La raison de cette règle repose sur ce que, en supprimant 2 zéros à la droite du multiplicande, on a rendu ce facteur et, par suite, le produit 100 fois plus petit qu'il doit être ; de même, la suppression de 3 zéros à la droite du multiplicateur a rendu ce facteur et, par suite, le produit 1000 fois trop petit. Il faut donc restituer à ce produit sa véritable valeur, en le rendant 100 fois 1000 fois ou 100000 fois plus grand, ce qui se se fera en plaçant 5 zéros à sa droite.

13. On indique la multiplication par le signe $\times$ que l'on énonce *multiplié par* dans les relations analogues à celle-ci :

$$45037 \times 607 = 27337459.$$

14. *Preuve de la multiplication.* — On vérifie l'exactitude d'une multiplication en la recommençant dans un ordre inverse des facteurs, et l'on doit retrouver le même produit. C'est ainsi que les deux opérations suivantes :

$$\begin{array}{cc} \begin{array}{r} 6714 \\ 395 \\ \hline 33570 \\ 60426 \\ 20142 \\ \hline 2652030 \end{array} & \qquad \begin{array}{r} 395 \\ 6714 \\ \hline 1580 \\ 395 \\ 2765 \\ \hline 2370 \\ \hline 2652030 \end{array} \end{array}$$

peuvent être regardées comme la preuve l'une de l'autre.

15. Il importe toutefois d'établir maintenant, à l'appui de la règle qui précède, ce principe que, *dans une multiplication de deux nombres l'un par l'autre, on peut intervertir l'ordre des facteurs sans changer le produit.*

Soit, en effet, à faire le produit de 7 par 4. Ce produit s'obtiendra, d'après ce que nous savons, en répétant 7 quatre fois, et pourra se représenter en écrivant 7 unités sur une ligne horizontale que l'on répétera quatre fois :

$$I \quad I \quad I \quad I \quad I \quad I \quad I$$
$$I \quad I \quad I \quad I \quad I \quad I \quad I$$
$$I \quad I \quad I \quad I \quad I \quad I \quad I$$
$$I \quad I \quad I \quad I \quad I \quad I \quad I$$

La somme 28 de ces unités est évidemment le produit cherché, et peut se calculer indifféremment, en répétant 4 fois les 7 unités de la première ligne horizontale, ou en répétant 7 fois les 4 unités de la première colonne verticale. Dans le premier cas, on a 7×4 : dans le second, on trouve 4×7, et comme cette somme est indépendante de l'ordre suivi pour la calculer, on en conclut que $7 \times 4 = 4 \times 7$.

16. Cette propriété a lieu, du reste, pour un nombre quelconque de facteurs, ainsi qu'on va le voir.

Proposons-nous, comme exemple, de prouver que

$$7 \times 4 \times 5 \times 6 \times 8 = 5 \times 8 \times 4 \times 7 \times 6,$$

c'est-à-dire que l'on peut passer du second produit au premier sans changement de valeur.

Cette transformation se fera de la manière la plus simple, comme nous l'avons dit, par des interversions de facteurs consécutifs, tendant à faire successivement passer chaque facteur du second produit à la place qu'il occupe dans le premier. C'est ainsi que les produits suivants procèdent les uns des autres :

$$5 \times 8 \times 4 \times 7 \times 6,$$
$$5 \times 8 \times 7 \times 4 \times 6,$$
$$5 \times 7 \times 8 \times 4 \times 6,$$
$$7 \times 5 \times 4 \times 8 \times 6,$$
$$7 \times 4 \times 5 \times 6 \times 8,$$

et, par conséquent, le dernier est équivalent au premier, ainsi que nous l'avons annoncé.

Il est à remarquer que, dans le passage du troisième au quatrième produit, nous avons pu faire à la fois deux changements tendant au résultat cherché, en remplaçant en même temps 5×7 par son égal 7×5, et 8×4 par 4×8. La même circonstance s'est offerte pour passer du quatrième produit au cinquième et a contribué à l'abréviation du calcul.

On est donc en droit de conclure que *le produit d'un nombre quelconque de facteurs ne change pas, dans quelque ordre qu'on effectue les multiplications.*

17. De ce principe fondamental on conclut immédiatement que :

1° *Pour multiplier un nombre par le produit de plusieurs facteurs, il suffit de le multiplier successivement par chacun de ces facteurs.*

En effet, si l'on a à multiplier 8 par 35, ou par 5×7, le produit sera toujours formé par la multiplication des facteurs 8, 5 et 7, et ne changera pas de valeur, soit que l'on multiplie d'abord 5 par 7, et le produit 35 par 8, soit que l'on multiplie 8 par 5 et le produit 40 par 7, ou encore 8 par 7 et le produit 56 par 5.

2° *Pour multiplier un produit par un certain nombre, il suffit de multiplier seulement l'un des facteurs par ce nombre.*

Soit, par exemple, le produit de 7 par 5 et par 3. Pour multiplier ce produit par 4, il suffit de multiplier l'un de ses trois facteurs par 4.

En effet, que l'on fasse le produit de 7 par 5 et par 3, puis par 4, ou que l'on multiplie 7 par le produit de 5 par 4, et enfin par 3, on aura toujours en définitive le produit des quatre facteurs 7, 5, 3 et 4, lequel reste le même dans quelque ordre que s'effectuent les multiplications.

3° *Si l'on multiplie plusieurs facteurs d'un produit par certains nombres, le produit des nouveaux facteurs est égal au produit primitif multiplié par le produit des nombres par lesquels on a multiplié les facteurs.*

Cette troisième conséquence découle directement de la seconde.

DIVISION.

18. La division a pour but de chercher combien de fois un nombre donné, qui s'appelle *dividende*, contient un autre nombre également donné, que l'on nomme *diviseur*. Le résultat de l'opération s'appelle *rapport* ou *quotient*.

Généralement, le dividende ne contient pas un nombre exact de fois le diviseur, et l'opération met en évidence le nombre qu'il faudrait retrancher du premier pour que cette condition fût remplie. Ce nombre est appelé le *reste* de la division; il exprime, en effet, ce qui reste après que du dividende on a ôté un nombre de fois le diviseur indiqué par le quotient.

Lorsque la division se fait sans reste, elle peut encore être définie comme ayant pour objet de partager le dividende en autant de parties égales au quotient qu'il y a d'unités dans le diviseur, et il résulte de l'une comme de l'autre de ces définitions que, dans ce cas, le dividende n'est autre chose qu'un produit de deux facteurs, dont l'un est le diviseur donné et l'autre le quotient cherché.

Enfin, il est clair :

1° Que, le reste d'une division ne pouvant plus contenir le diviseur, il est lui-même plus petit que ce diviseur ;

2° Que, dans toute division qui présente un reste, le dividende est égal au reste, plus le produit du diviseur par le quotient; ou encore, le dividende, diminué du reste, est égal au produit du diviseur par le quotient, c'est-à-dire se compose d'autant de parties égales au quotient qu'il y a d'unités dans le diviseur ou, si l'on préfère, d'autant de parties égales au diviseur qu'il y a d'unités dans le quotient.

19. Exposons maintenant, en la justifiant, la méthode de cette importante opération, qui se réduit à une simple lecture sur la Table de Pythagore quand, le diviseur n'ayant qu'un seul chiffre, le dividende est moindre que 10 fois ce diviseur. C'est ainsi, par exemple, que l'on reconnaît que le quotient de 43

par 8 est 5 avec un reste 3, puisque 43 est compris entre 40 et 48, c'est-à-dire entre 5 fois et 6 fois 8.

Nous considérerons deux cas.

Premier cas. — *Si le dividende est moindre que* 10 *fois le diviseur*, le quotient sera moindre que 10 et n'aura qu'un seul chiffre.

Soit, par exemple, à diviser 6829 par 742, ou à chercher combien de fois 742 est contenu dans 6829 :

$$
\begin{array}{rl|l}
\text{Dividende}\ldots & 6829 & \ 742 \quad \text{Diviseur.} \\
& 6678 & \overline{\ 9} \quad\ \text{Quotient.} \\
\text{Reste}\ldots\ldots & 151 &
\end{array}
$$

Le diviseur 742 étant plus grand que 7 centaines, il sera contenu dans le dividende au plus autant de fois que 7 centaines. Cherchons donc combien de fois 7 centaines sont contenues dans 6829, ou plutôt dans les 68 centaines de ce nombre, ce qui nous conduit à diviser d'abord 68 par 7. Le quotient est 9, et, pour avoir le reste de la division, faisons le produit de 742 par 9; ce produit est 6678 que nous retranchons du dividende, et 151 est le reste cherché.

Dans la pratique, au lieu de soustraire du dividende le produit tout formé du diviseur par le quotient, on retranche successivement des parties correspondantes du dividende les produits des différentes parties du diviseur par le chiffre du quotient, à mesure qu'on les obtient. Ainsi l'on dit : 9 fois 2 unités font 18 unités; comme ce produit ne peut être soustrait des 9 unités du dividende, j'augmente les dernières d'autant de dizaines qu'il en faut pour rendre cette soustraction possible, soit 1 dizaine ou 10 unités, qui, ajoutées à 9, donnent 19; 18 de 19 donnent alors pour reste 1. Passons aux dizaines du diviseur; 9 fois 4 dizaines donnent 36 dizaines, auxquelles, pour ne pas changer le reste, j'ajoute celle que j'ai tout à l'heure ajoutée aux unités du dividende; j'ai donc 37 dizaines, que je retranche encore, non pas de 2 dizaines, mais de 42 dizaines, et le reste partiel est 5 dizaines. Enfin, 9 fois 7 centaines font 63 centaines, qui, avec les 4 ajoutées aux dizaines du dividende, font 67, et 67 retranché de 68 donne 1.

Toutefois, il peut arriver que le diviseur soit contenu dans

le dividende moins de fois que ne l'indiquerait le quotient de 68 par 7 ; par exemple, si le diviseur, au lieu de 742,
était 783 :

$$\begin{array}{c|c} 6829 & 783 \\ 565 & \overline{8} \end{array}$$

le quotient de cette nouvelle division serait, non plus 9,
mais 8.

En effet, le second chiffre du diviseur étant plus grand que 5,
ce diviseur est plus approché de 8 centaines que de 7 centaines,
et l'on aurait évidemment moins de chances de trouver au
quotient un chiffre trop fort en cherchant combien de fois 68
contient 8. Il importe donc, pour ne pas multiplier inutilement les essais, de faire attention à cette circonstance dans
les calculs, et un peu d'habitude fait bientôt cesser toute
hésitation à cet égard.

On est, du reste, facilement averti d'un écart quelconque ;
car, le chiffre du quotient étant trop fort, le produit du diviseur par ce chiffre ne peut se retrancher du dividende, de
même que le reste serait plus grand que le diviseur si le chiffre
placé au quotient était trop faible.

*Deuxième cas. — Le dividende étant plus grand que dix
fois le diviseur,* le quotient doit être plus grand que 10 ; il a
donc plusieurs chiffres.

On arrive fort simplement à la marche qu'il convient de
suivre en se rappelant que la division, alors qu'on ignore
encore si elle doit se faire avec ou sans reste, peut être considérée comme ayant pour but de chercher à partager le dividende en autant de parties égales qu'il y a d'unités dans le
diviseur (18).

Soit, par exemple, à diviser 678 914 par 259 :

$$\begin{array}{c|c} 678914 & 259 \\ 1609 & \overline{2621} \\ 551 & \\ 334 & \\ 75 & \end{array}$$

Pour partager 678 914 en 259 portions égales, nous essayerons
de partager ainsi successivement ses différents ordres d'unités.
Les nombres des centaines de mille et des dizaines de mille

du dividende étant inférieurs à 259, nous sommes conduits à considérer d'abord les 678 mille, et à les partager en 259 parties égales, ou à les diviser par 259. Comme le quotient de cette division partielle est nécessairement moindre que 10, nous sommes ramenés au cas précédent, et nous trouvons que le chiffre des plus hautes unités du quotient, lequel exprime tout naturellement des mille, est 2.

Le reste 160 de cette première division partielle représente des mille qui n'ont pu être divisés en 259 parties égales, puisque ce reste est nécessairement plus petit que le diviseur ; nous le convertirons en 1600 centaines, et, en y ajoutant les 9 centaines du dividende, nous formerons 1609 centaines dont le quotient par 259 sera 6 et s'obtiendra de la même manière que plus haut. Nous arriverons à un second reste 55, exprimant des centaines, et que nous convertirons en dizaines, pour le diviser avec celles du dividende par 259, et ainsi de suite.

Le dernier reste, ou le reste de la division proposée, est 75, et le quotient est 2621. Les nombres 678, 1609, 551, 334, qui, divisés par le diviseur, ont fourni les divers chiffres du quotient, sont appelés *dividendes partiels*.

En général, *pour diviser deux nombres l'un par l'autre, on prend sur la gauche du dividende assez de chiffres pour que le nombre qui en résulte contienne le diviseur ; on divise ce nombre par le diviseur, et l'on obtient le premier chiffre du quotient. Du premier dividende partiel on retranche le produit du diviseur par le chiffre obtenu au quotient ; à la droite du reste on abaisse le chiffre suivant du dividende ; on divise le nombre ainsi formé par le diviseur, et l'on obtient le second chiffre du quotient, et ainsi de suite jusqu'à ce que, ayant abaissé successivement tous les chiffres du dividende, on obtienne le chiffre des unités du quotient et le reste final de l'opération.*

20. Soit encore à diviser 65438 par 7 :

$$
\begin{array}{r|l}
65438 & 7 \\
\cline{2-2}
24 & 9348 \\
33 & \\
58 & \\
2 & \\
\end{array}
$$

Le quotient est 9348, et le reste est 2.

Dans la pratique, lorsque le diviseur n'a qu'un seul chiffre, on n'écrit pas les restes intermédiaires, qui sont faciles à retenir, et l'on place les différents chiffres du quotient sous les parties correspondantes du dividende :

$$\begin{array}{r|l} 65438 & 7 \\ \hline \end{array}$$

Quotient.... 9348

Reste........ 2

21. *Preuve de la division.* — Pour faire la preuve de la division, on multiplie le diviseur par le quotient ; au produit on ajoute le reste, et l'on doit obtenir le dividende. Cette règle résulte immédiatement des diverses définitions que nous avons données de la division (18).

Ainsi, nous vérifierons comme il suit la division de 678914 par 259, laquelle a donné pour quotient 2621 et pour reste 75 :

$$\begin{array}{r} 259 \\ 2621 \\ \hline 259 \\ 518 \\ 1554 \\ 518 \\ 75 \\ \hline 678914 \end{array}$$

Remarque. — La division sert aussi très-souvent à faire la preuve de la multiplication (14). En divisant le produit par l'un des deux facteurs, on doit, en effet, nécessairement retrouver l'autre.

22. On indique la division de deux nombres en plaçant le diviseur à la suite du dividende dont on le sépare par deux points, ou bien encore en plaçant le diviseur au-dessous du dividende, et l'en séparant par un trait horizontal. L'un ou l'autre de ces deux signes s'énonce *divisé par.*

Au moyen de cette notation, on groupe fort simplement en une seule formule les données et les résultats d'une division :

$$\frac{678914 - 75}{259} = 2621, \quad \text{ou} \quad 678914 - 75 = 259 \times 2621.$$

En général,

$$\frac{\text{dividende} - \text{reste}}{\text{diviseur}} = \text{quotient},$$

ou

$$\text{dividende} - \text{reste} = \text{diviseur} \times \text{quotient},$$

ou encore

$$\text{dividende} = \text{diviseur} \times \text{quotient} + \text{reste}.$$

On aurait pu aussi employer ici les deux points pour le signe *divisé par;* mais, dans ce cas, il eût fallu montrer clairement que ce signe s'appliquait à la différence entre le dividende et le reste, et non pas au reste seul. Ce résultat s'obtient simplement en plaçant la différence à diviser dans une parenthèse que suit alors le signe de division :

$$(678914 - 75) : 259 = 2621.$$

23. Établissons maintenant quelques principes qui découlent de la division :

1° *Dans une division qui s'effectue sans reste, si l'on multiplie par un même nombre le dividende et le diviseur, le quotient ne change pas.*

Ceci résulte immédiatement de ce que, le quotient exprimant combien de fois le dividende contient le diviseur, un dividende une, deux, trois, ... fois plus fort doit nécessairement renfermer le même nombre de fois un diviseur une, deux, trois, ... fois plus fort.

Ainsi, de ce que (22)

$$91 = 13 \times 7$$

on conclut sans difficulté

$$3 \times 91 = 3 \times 13 \times 7,$$

ce qui veut dire que le quotient de 3×91 par 3×13 est aussi 7.

2° *Dans une division quelconque, si l'on multiplie par un même nombre le dividende et le diviseur, le quotient reste le même; mais le reste est multiplié par ce nombre.*

En effet, puisqu'une division peut se représenter (22) sous

la forme générale

$$\text{dividende} = \text{diviseur} \times \text{quotient} + \text{reste},$$

il est clair que 3 fois le dividende équivaut à 3 fois chacune des deux parties qui le composent, et que l'on a

$$3 \times \text{dividende} = 3 \times \text{diviseur} \times \text{quotient} + 3 \times \text{reste},$$

égalité qui correspond directement au principe énoncé.

Exemple :

$$432 = 19 \times 22 + 14,$$

et l'on doit avoir

$$7 \times 432 = 7 \times 19 \times 22 + 7 \times 14,$$

ou

$$3024 = 133 \times 22 + 98,$$

ce qui est exact.

3° *Quand la division d'un nombre par un produit de plusieurs facteurs doit se faire sans reste, on peut obtenir le quotient en divisant d'abord le dividende par l'un des facteurs du diviseur, puis le premier quotient par un second facteur, le deuxième quotient par un troisième facteur, et ainsi de suite jusqu'au dernier. Le quotient de la dernière division est le quotient cherché.*

Soit à diviser 12285 par 819 ou $7 \times 13 \times 9$:

$$
\begin{array}{r|l}
12285 & 7 \\
\hline
0 & 1755 \;\big|\; 13 \\
& \quad\;\; 0 \;\big|\; 135 \;\big|\; 9 \\
& \qquad\qquad 0 \;\big|\; 15
\end{array}
\qquad\qquad
\begin{array}{r|l}
12285 & 819 \\
\hline
4095 & 15 \\
0 &
\end{array}
$$

On voit, en effet, que les divisions partielles donnent respectivement

$$135 = 9 \times 15,$$
$$1755 = 13 \times 135 = 13 \times 9 \times 15,$$
$$12285 = 7 \times 1755 = 7 \times 13 \times 9 \times 15,$$

et que, par conséquent, 15 est bien le quotient de 12285 par $7 \times 13 \times 5$ ou 819.

DIVISIBILITÉ.

24. On dit qu'un nombre est *divisible* par un autre, ou qu'il est *multiple* de cet autre, lorsqu'il contient exactement ce dernier un certain nombre de fois. Ainsi, 72 est divisible par 8.

Un nombre est *diviseur* ou *sous-multiple* d'un autre quand il est contenu exactement dans cet autre un certain nombre de fois. Ainsi, 8 est diviseur de 72.

On appelle *nombre premier* tout nombre qui, comme 2, 3, 5, 7, 11...., n'est divisible que par lui-même et par l'unité, et deux nombres sont dits *premiers entre eux* quand, comme 8 et 15 ou comme 20 et 27, ils n'ont que l'unité pour diviseur commun.

Un nombre quelconque est toujours divisible par lui-même et par l'unité.

Deux nombres premiers sont toujours premiers entre eux, mais deux nombres premiers entre eux ne sont pas toujours premiers séparément. Ainsi, les deux nombres 15 et 28 sont premiers entre eux; mais aucun d'eux n'est premier.

25. *Tout nombre qui divise exactement toutes les parties d'une somme divise aussi cette somme.*

Soit, en effet, le nombre 112, qui peut se décomposer en trois parties respectivement égales à 56 ou 7 fois 8, 32 ou 4 fois 8, et 24 ou 3 fois 8. On voit de suite que le nombre 112 est lui-même égal à 7 fois 8, plus 4 fois 8, plus 3 fois 8, ou à 14 fois 8.

CorollAIRE. — Tout nombre qui en divise un autre divise aussi tous les produits de ce dernier par un nombre quelconque, c'est-à-dire tous ses *multiples*.

Ainsi 9 divise 63; il divise aussi 4×63 ou 252; car, 63 étant égal à 7 fois 9, le nombre 252, qui est la somme de 4 nombres égaux à 63, sera évidemment égal à 4×7 ou 28 fois 9.

26. *Tout nombre qui divise exactement les deux termes d'une différence divise aussi cette différence.*

80 est égal à 10 fois 8 et 24 à 3 fois 8; donc 80 — 24 ou 56 est égal à 10 fois — 3 fois ou 7 fois 8.

27. *Tout nombre qui divise la somme de deux nombres et l'un de ces derniers divise aussi l'autre.*

En effet, cet autre représente la différence entre la somme et sa première partie (26).

28. *Lorsqu'un nombre divise seulement l'une des deux parties d'une somme, le reste de la division de la somme par ce nombre est le même que celui de la division de la seconde partie par ce même nombre.*

Ainsi, 24 est égal à 8 fois 3 et 41 est égal à 13 fois 3 + 2. Par conséquent, 24 + 41 ou 65 est égal à 8 fois + 13 fois ou 21 fois 3, + 2 ; ce qui veut dire que la division de 65 par 3 donnerait pour quotient 21 et pour reste 2, résultat facile à vérifier directement.

29. *Le reste de la division d'un nombre par 2 ou par 5 est le même que celui de la division du chiffre de ses unités par 2 ou par 5.*

En effet, on a par exemple 427 égal à 420 + 7. Chacun des nombres 2 et 5, divisant 10 ou 2 × 5, divise aussi 420 qui est un multiple de 10. Si donc la division de 427 par 2 ou par 5 donne un reste, ce reste sera fourni (28) par la division de la seconde partie 7, c'est-à-dire par le chiffre des unités.

30. On conclut de là qu'*un nombre est divisible par 2 ou par 5 lorsque le chiffre de ses unités est lui-même divisible par 2 ou par 5.*

Or, le chiffre des unités n'est divisible par 2 que lorsqu'il est 0, 2, 4, 6 ou 8. On reconnaît donc, à première vue, qu'*un nombre est pair,* c'est-à-dire divisible par 2, *quand il se termine par l'un des chiffres* 0, 2, 4, 6 ou 8.

De même, le chiffre des unités n'est divisible par 5 que lorsqu'il est 0 ou 5. Par suite, *un nombre n'est divisible par 5 qu'autant qu'il se termine par 0 ou par 5.*

31. *Tout nombre est un multiple de 9 augmenté de la somme de ses chiffres.*

Il est aisé de constater, d'abord, que tout nombre formé par un chiffre significatif suivi de zéros est égal à un multiple de 9 augmenté de ce chiffre. C'est ainsi que 700 ou 7 fois 100, ou encore 7 fois (99 + 1), se compose de 7 fois un multiple de 9, c'est-à-dire d'un multiple de 9, et de l'unité répétée 7 fois. En un mot, 700 est égal à un multiple de 9, + 7.

Or, si nous considérons le nombre 8753, nous pourrons écrire

$$8000 = \text{un multiple de } 9 + 8,$$
$$700 = \text{un multiple de } 9 + 7,$$
$$50 = \text{un multiple de } 9 + 5,$$
$$3 = \ldots\ldots\ldots\ldots\ldots 3.$$

Donc $\quad 8753 = \text{un multiple de } 9 + (8 + 7 + 5 + 3),$

ainsi que nous l'avions annoncé.

Remarque. — Tout multiple de 9 est aussi un multiple de 3. De là il suit qu'*un nombre quelconque est aussi un multiple de 3, augmenté de la somme de ses chiffres.*

32. D'après ce qui a été vu (27), un nombre est divisible par 9 ou par 3 lorsque la somme de ses chiffres est divisible par 9 ou par 3. Dans le cas contraire (28), le reste de la division est le même que celui de la division de la somme des chiffres par 9 ou par 3.

On a utilisé cette propriété pour faire, à l'égard de la multiplication et de la division, une vérification, d'ailleurs très-peu concluante, qu'on appelle la *preuve par* 9. Nous ne nous y arrêterons pas.

33. Lorsqu'un nombre est divisible par un autre, tout diviseur du plus petit de ces nombres divise également le plus grand qui est un multiple du premier, et tout diviseur commun aux deux nombres divise évidemment le plus petit.

De là cette conclusion que la *série des diviseurs communs* aux deux nombres donnés est la même que celle des diviseurs du plus petit. Par suite, la recherche de tous les diviseurs communs à ces deux nombres est ramenée à celle de tous les diviseurs du plus petit.

Ainsi les deux nombres 72 et 24 ont pour diviseurs communs chacun des diviseurs 1, 2, 3, 4, 6, 8, 12 et 24 de 24, et n'en peuvent avoir d'autres.

On conclut encore de là que 24 est le plus grand diviseur commun aux deux nombres 72 et 24.

34. Lors donc que l'on cherche *le plus grand diviseur commun* à deux nombres, on doit s'assurer d'abord si le plus petit de ces deux nombres divise exactement le plus grand, auquel cas ce plus petit nombre est précisément le plus grand commun diviseur cherché.

Quand cette première opération donne un reste, on peut du moins assurer que les deux nombres donnés ont les mêmes diviseurs communs et, par suite, le même plus grand commun diviseur que le plus petit des deux et le reste.

Ainsi, soient les deux nombres 43580 et 1648, dont la division donne pour quotient 26 et pour reste 732 :

$$43580 = 1648 \times 26 + 732.$$

Tout diviseur commun à 43580 et 1648 divise le multiple 1648×26 et, par suite, aussi la seconde partie 732 de la somme. De même, tout diviseur commun à 1648 et 732, divisant les deux parties 1648×26 et 732, divisera la somme 43580.

La question est alors ramenée à chercher le plus grand commun diviseur des nombres 1648 et 732, sur lesquels on opérera comme sur les deux premiers ; puis, celui de 732 et 184, celui de 184 et 180, et enfin celui de 180 et 4, lequel est 4 lui-même.

Les deux nombres 43580 et 1648 ont donc eux-mêmes 4 pour plus grand commun diviseur, et cette détermination s'est faite, comme on vient de le voir, par une série de divisions successives que nous reproduisons ci-après en plaçant, pour plus de commodité et suivant l'usage adopté, les quotients au-dessus de chaque diviseur correspondant :

	26	2	3	1	45
43580	1648	732	184	180	4
732	184	180	4	0	

En général, *pour obtenir le plus grand commun diviseur de deux nombres, on divise successivement le plus grand par le plus petit, le plus petit par le premier reste, le premier reste par le second, le second par le troisième, et ainsi de suite jusqu'à ce qu'on arrive à un reste nul. Le dernier diviseur employé est le plus grand commun diviseur cherché.*

	1	1	1	3	1	1	2	1	1	1	1	2	2
1516	971	545	426	119	69	50	19	12	7	5	2	1
545	426	119	69	50	19	12	7	5	2	1	0	

Le plus grand commun diviseur de 1516 et 971 est 1; ces deux nombres sont donc premiers entre eux (24).

35. *Lorsqu'on multiplie ou divise deux nombres par un troisième, leur plus grand commun diviseur est multiplié ou divisé par ce même nombre.*

Ainsi, les deux nombres 15960 et 792 ont pour plus grand commun diviseur 24. Si, dans la série des divisions nécessaires pour obtenir ce plus grand commun diviseur, on multiplie ou divise par 3 les deux nombres donnés, les restes successifs seront tous (23) multipliés ou divisés par 3. Or ces restes successifs deviennent précisément les diviseurs des opérations suivantes, et le dernier d'entre eux, c'est-à-dire le plus grand commun diviseur cherché, est lui-même multiplié ou divisé par 3.

Remarque. — Ce principe permet de simplifier la recherche du plus grand commun diviseur de deux nombres qui ont des facteurs ou diviseurs communs. Ainsi, pour avoir le plus grand commun diviseur de 3600 et 2400, on obtiendra d'abord celui de 36 et 24, lequel est 12, et on le multipliera par 100, ce qui donnera 1200.

36. *Lorsqu'on divise deux nombres par leur plus grand commun diviseur, les quotients obtenus sont premiers entre eux.*

En effet, si les deux nombres 15960 et 792 ont pour plus grand commun diviseur 24, les nombres $\frac{15960}{24}$ et $\frac{792}{24}$ auront pour plus grand commun diviseur $\frac{24}{24}$ ou 1; ils sont donc premiers entre eux.

37. La définition des nombres premiers (24) indique que tout nombre qui ne jouit pas de cette propriété est le produit d'au moins 2 facteurs plus grands que l'unité.

Si l'on applique cette observation à chacun des facteurs non premiers, on arrive à conclure que *tout nombre qui n'est pas premier est le produit de plusieurs facteurs premiers.*

On a souvent intérêt à décomposer un nombre donné en ses facteurs premiers, et la marche à suivre consiste à *le diviser successivement et autant de fois que cela est possible par chacun des nombres premiers 2, 3, 5, 7. 11,..., jusqu'à ce qu'on arrive à un quotient reconnu lui-même pour être premier.*

Ainsi, pour décomposer 3960 en facteurs premiers, nous le diviserons par 2, ainsi que le premier quotient 1980 et le second 990. Le troisième quotient 495 n'étant plus divisible par 2, nous le diviserons par 3, ainsi que le quatrième 165. Quant au cinquième 55, qui n'est plus divisible par 3, nous le diviserons par 5, et cette division donnera un sixième quotient 11 qui est un nombre premier.

Or ce que nous savons sur les divisions successives (23) nous permet d'écrire

$$3960 = 2 \times 2 \times 2 \times 3 \times 3 \times 5 \times 11,$$

et l'on a ainsi décomposé le nombre 3960 en facteurs premiers. L'opération se dispose, d'ailleurs, comme il suit :

3960	2
1980	2
990	2
495	3
165	3
55	5
11	11
1	

CoROLLAIRE. — Le nombre 3960, comme tout autre nombre, *n'est décomposable qu'en un seul système de facteurs premiers;* car tout autre système que l'on pourrait supposer applicable à ce nombre devrait comprendre chacun des facteurs de celui-ci, et un même nombre de fois; de plus, il n'en saurait comprendre d'autres, ainsi qu'on le mettrait surabondamment en évidence en égalant les deux produits de facteurs qui seraient supposés représenter le même nombre.

38. Quand on a deux nombres décomposés en leurs facteurs premiers, on peut écrire de suite leur plus grand commun di-

viseur en formant un produit composé de tous les facteurs premiers communs à ces deux nombres, chaque facteur entrant dans ce produit autant de fois que dans celui des deux nombres où il entre le moins de fois.

Ainsi, les deux nombres

$$2^3 \times 5^2 \times 11 \times 13^3 \quad \text{et} \quad 2 \times 5^3 \times 13^2 \times 17$$

ont pour plus grand commun diviseur $2 \times 5^2 \times 13^2$, le petit chiffre placé à la droite et au-dessus de chaque facteur indiquant combien de fois ce facteur entre dans le nombre considéré.

En effet, tout diviseur commun à ces deux nombres ne peut contenir que des facteurs qui leur soient communs, et le plus grand d'entre ces diviseurs sera évidemment celui qui les contiendra tous.

39. On écrit de même *le plus petit multiple* commun à deux ou plusieurs nombres, ou le plus petit nombre divisible à la fois par chacun d'eux, en formant un produit composé de tous les facteurs premiers communs et non communs qui entrent dans ces nombres, chaque facteur entrant dans ce produit autant de fois que dans celui des nombres donnés où il entre le plus de fois.

Ainsi les deux nombres du numéro précédent ont pour p'us petit multiple

$$2^3 \times 5^3 \times 11 \times 13^3 \times 17.$$

De même, les trois nombres

$$2^3 \times 5^4 \times 7, \quad 3^2 \times 5^3 \times 11 \times 17^2 \quad \text{et} \quad 7^3 \times 19$$

ont pour plus petit multiple

$$2^3 \times 3^2 \times 5^4 \times 7^3 \times 11 \times 17^2 \times 19.$$

En effet, ce produit contient tous les facteurs de l'un quelconque des nombres donnés; il est donc divisible par chacun d'eux, et le plus petit multiple cherché ne peut contenir l'un de ces facteurs moins de fois que celui qui le contient le plus, sous peine de n'être pas divisible par ce nombre.

Remarque I. — Si les nombres donnés n'ont aucun facteur commun, leur plus petit multiple n'est autre que leur produit.

Remarque II. — Si l'un des nombres donnés est divisible par tous les autres, le plus petit multiple commun n'est autre que ce nombre lui-même.

FRACTIONS.

PROPRIÉTÉS FONDAMENTALES.

40. Nous avons dit (1) que nous nous occuperions plus loin des *nombres fractionnaires* et des *fractions*, c'est-à-dire des nombres formés par la réunion d'une ou plusieurs parties de l'unité. Comme l'unité peut être partagée d'une infinité de manières diverses, nous serons obligés, pour éviter toute confusion, de donner un nom à chacune des parties produites par la division, et nous supposerons que chaque fraction provient de la division de l'unité en un nombre déterminé de parties égales dont une ou plusieurs entrent dans la fraction considérée.

De là la nécéssité d'indiquer, dans l'énoncé d'un nombre fractionnaire ou d'une fraction, d'une part, en combien de parties égales a été divisée l'unité; d'autre part, combien la fraction dont il s'agit comprend de ces parties. Tels sont respectivement les rôles de chacun des deux *termes* de toute fraction, le *dénominateur* et le *numérateur*.

La distinction entre une fraction et un nombre fractionnaire consiste, d'ailleurs, en ce que la fraction comprend moins de parties qu'il n'en faut pour former l'unité entière, tandis que le contraire a lieu pour le nombre fractionnaire. La première a donc son numérateur nécessairement plus petit que le dénominateur, et le second, à l'opposé, a son dénominateur plus petit que le numérateur.

41. Pour énoncer une fraction ou un nombre fractionnaire, on prononce successivement son numérateur, puis son dénominateur que l'on fait suivre de la terminaison qualificative *ième*. Ainsi, une fraction dont le numérateur serait 12 et le dénominateur 37 s'énoncerait *douze trente-septièmes*.

Cependant, les dénominateurs 2, 3 et 4 se prononcent exceptionnellement *demi, tiers, quart*.

42. Toute fraction, 7 dix-neuvièmes par exemple, peut être considérée comme le quotient d'une division ayant pour dividende le numérateur 7, et pour diviseur le dénominateur 19; car cette fraction exprime 7 fois la dix-neuvième partie de l'unité, et le quotient de 7 par 19 représente la dix-neuvième partie de 7 unités, ce qui revient évidemment au même.

C'est en vertu de cette assimilation à un quotient que l'on écrit les fractions comme l'indication d'une division, en plaçant le dénominateur sous le numérateur, et en séparant ces deux termes par un trait. Les fractions 2 tiers, 12 trente-septièmes, 7 dix-neuvièmes s'écrivent donc respectivement

$$\frac{2}{3}, \quad \frac{12}{37}, \quad \frac{7}{19}.$$

Les déductions du présent numéro, ainsi que celles du numéro suivant, sont également applicables aux nombres fractionnaires.

Remarque. — La différence entre l'unité et une expression fractionnaire donnée (nombre fractionnaire ou fraction) est une autre expression fractionnaire ayant même dénominateur que la première, et pour numérateur la différence des deux termes de ladite expression donnée.

43. D'après cet exposé de la nature des fractions et des éléments qui entrent dans leur composition, on voit clairement :

1° Que, *à numérateurs égaux, de deux fractions la plus grande est celle qui a le plus petit dénominateur*, et que, *à dénominateurs égaux, la plus grande est celle qui a le plus grand numérateur;*

2° Que *l'on rend une fraction un certain nombre de fois plus grande ou plus petite, en rendant son numérateur le même nombre de fois plus grand ou plus petit*, puisqu'on prend ce même nombre de fois plus ou moins de parties égales de l'unité; et qu'inversement *on rend une fraction un certain nombre de fois plus grande ou plus petite, en rendant son dénominateur le même nombre de fois plus petit ou plus grand*, puisque chacune des parties est devenue ce même nombre de fois plus grande ou plus petite, tandis qu'on continue à en prendre autant qu'auparavant;

3° *Que l'on ne change pas la valeur d'une fraction, quand on multiplie ou divise à la fois ses deux termes par un même nombre,* puisque ces deux opérations, effectuées simultanément sur les deux termes, rendent la fraction en même temps un pareil nombre de fois plus grande et plus petite.

Ainsi,

$$\frac{12}{37} \quad \text{est plus grand que} \quad \frac{12}{53} \quad \text{et plus petit que} \quad \frac{19}{37};$$

$$\frac{15}{124} \text{ est 3 fois plus grand que } \frac{5}{124} \text{ et 3 fois plus petit que } \frac{45}{124};$$

$$\frac{15}{124} \text{ est 4 fois plus petit que } \frac{15}{31} \text{ et 4 fois plus grand que } \frac{15}{496};$$

enfin,

$$\frac{25}{40} \quad \text{est égal à} \quad \frac{75}{120} \quad \text{aussi bien qu'à} \quad \frac{5}{8}.$$

44. *Si aux deux termes d'une fraction on ajoute ou retranche un même nombre, la nouvelle fraction sera, dans le premier cas, plus grande que la première, et plus petite dans le second.*

Considérons la fraction $\frac{7}{11}$, et prouvons qu'elle est plus petite que $\frac{7+5}{11+5}$ et plus grande que $\frac{7-3}{11-3}$.

En effet (42, *Rem.*),

la fraction $\frac{7}{11}$ diffère de l'unité de la quantité $\frac{11-7}{11}$,

$$\frac{7+5}{11+5} \quad \text{en diffère de} \quad \frac{(11+5)-(7+5)}{11+5},$$

et $\quad \frac{7-3}{11-3} \quad$ en diffère de $\quad \dfrac{(11-3)-(7-3)}{11-3}.$

Or ces trois différences ont nécessairement le même numérateur, puisque le résultat d'une soustraction ne change pas (9, *Rem.*) si l'on en augmente ou diminue à la fois les deux termes d'une même quantité. La plus grande est donc la troisième, qui a le plus petit dénominateur, et la plus petite est la seconde, qui a le plus grand dénominateur.

Finalement, la fraction $\dfrac{7+5}{11+5}$, qui diffère moins de l'unité

que $\dfrac{7}{11}$, est plus grande que cette dernière, qui est elle-même

supérieure à $\dfrac{7-3}{11-3}$ par la raison contraire.

La conclusion serait inverse dans le cas d'un nombre fractionnaire.

45. Pour connaître le nombre d'unités entières que renferme un nombre fractionnaire, par exemple $\dfrac{34}{9}$, pour en *extraire les entiers*, on remarquera que, l'unité valant 9 neuvièmes, ce nombre renferme autant d'unités que 34 contient de fois 9, et la division de 34 par 9 donne

$$\frac{34}{9} = 3 + \frac{7}{9}.$$

En général, *pour extraire les entiers contenus dans un nombre fractionnaire, on divise le numérateur par le dénominateur, et à la partie entière du quotient on ajoute une fraction ayant pour dénominateur celui du nombre fractionnaire et pour numérateur le reste de la division.*

Remarque. — Cette règle donne le moyen de compléter le quotient d'une division quelconque par une fraction qui a pour numérateur le reste et pour dénominateur le diviseur.

Ainsi, on peut encore formuler comme il suit les divisions du n° 19 :

$$\frac{6829}{742} = 9 + \frac{151}{742}, \qquad \frac{678914}{259} = 2621 + \frac{75}{259}.$$

46. Inversement, on peut se proposer de convertir une

expression telle que $7 + \dfrac{4}{5}$ en un nombre fractionnaire. On

considérerait alors que, une unité valant 5 cinquièmes, les 7 unités valent 7 fois 5 cinquièmes ou 35 cinquièmes; donc

$$7 + \frac{4}{5} = \frac{35}{5} + \frac{4}{5} = \frac{39}{5}.$$

Ainsi, *pour convertir un nombre entier en une fraction dont le dénominateur est assigné, on multiplie ce nombre par le dénominateur donné, et le produit est le numérateur cherché.*

47. Nous venons de voir (43) que les fractions $\frac{75}{120}$, $\frac{25}{40}$, $\frac{5}{8}$ sont équivalentes. En raison de l'avantage que l'on trouve nécessairement à introduire dans les calculs des fractions à termes simples, on doit toujours chercher à remplacer ces quantités, quand elles se présentent, par d'autres de même valeur et ayant des termes moindres. Quand cette simplification est impossible, comme dans le cas de $\frac{3}{4}$, $\frac{7}{11}$, on dit que les fractions sont *irréductibles* ou qu'elles sont *ramenées à leur plus simple expression.*

Le moyen de simplifier une fraction consiste, en général, à diviser séparément ses deux termes par les facteurs communs qu'ils peuvent contenir. Ainsi, nous avons réduit $\frac{75}{120}$ à $\frac{25}{40}$ en divisant 75 et 120 par 3 ; la division des deux termes de $\frac{25}{40}$ par 5 nous a conduits à $\frac{5}{8}$.

On sera donc sûr d'avoir atteint la plus simple expression de la fraction proposée, si l'on a divisé ses deux termes par leur plus grand diviseur commun que nous avons appris à trouver (34 et 38). De là cette règle :

Pour réduire une fraction à sa plus simple expression, il faut diviser ses deux termes par leur plus grand commun diviseur, et les quotients obtenus sont respectivement les termes de l'expression cherchée.

Remarque. — Toute fraction dont les deux termes sont premiers entre eux est irréductible (36).

48. Pour comparer deux ou plusieurs fractions entre elles, il est souvent nécessaire et toujours avantageux qu'elles aient toutes le *même dénominateur.* On les ramène facilement et sûrement à remplir cette condition *en multipliant les deux termes de chacune d'elles par le produit des dénominateurs de toutes les autres.* Aucune des fractions considérées n'a, dans cette transformation, changé de valeur, puisque l'on a

multiplié ses deux termes par un même nombre (43), et toutes ont pour dénominateur commun le produit des dénominateurs primitifs.

Soit, par exemple, à réduire au même dénominateur les trois fractions

$$\frac{9}{12}, \quad \frac{13}{24}, \quad \frac{17}{36}.$$

La règle précédente donne immédiatement, pour chacune d'elles,

$$\frac{9 \times 24 \times 36}{12 \times 24 \times 36}, \quad \frac{13 \times 12 \times 36}{24 \times 12 \times 36}, \quad \frac{17 \times 12 \times 24}{36 \times 12 \times 24},$$

ou

$$\frac{7776}{10368}, \quad \frac{5616}{10368}, \quad \frac{4896}{10368}.$$

Cette méthode est générale; mais elle est parfois susceptible de modifications qui conduisent à des fractions plus simples. On comprend en effet que si, par un moyen quelconque ou par le seul examen des dénominateurs donnés, on découvrait un nombre qui, étant moindre que leur produit, fût exactement divisible par chacun d'eux, il suffirait de multiplier les deux termes de chaque fraction par le quotient que fournirait la division de ce nombre par le dénominateur correspondant.

Les trois fractions précédemment considérées présentent cette circonstance. On s'aperçoit sans peine que le nombre 72 est exactement divisible par chacun des trois dénominateurs, et que les quotients de ces divisions sont respectivement égaux à

$$6, \quad 3, \quad 2.$$

On aura donc réduit les fractions données au même dénominateur 72, si l'on multiplie les deux termes de la première par 6, ceux de la deuxième par 3 et ceux de la troisième par 2. Ce calcul donne enfin les fractions

$$\frac{54}{72}, \quad \frac{39}{72}, \quad \frac{34}{72},$$

qui sont équivalentes aux proposées. Leur dénominateur commun permet d'ailleurs de reconnaître, à l'inspection des numérateurs, qu'elles sont placées dans l'ordre de grandeur décroissante.

Cette recherche d'un des nombres exactement divisibles par tous les dénominateurs des fractions proposées est, comme on le voit, basée sur la considération des facteurs dans lesquels peut se décomposer chacun de ces dénominateurs. Or, ce nombre exactement divisible devenant le dénominateur commun des fractions transformées, il importe à un haut dégré de choisir, en employant la méthode du n° 39, le plus petit multiple des dénominateurs donnés. La règle ci-dessus posée se modifie donc comme il suit :

Pour ramener des fractions à leur plus petit dénominateur commun, il faut déterminer le plus petit multiple de leurs dénominateurs, et multiplier les deux termes de chacune d'elles par le quotient de la division du plus petit multiple par le dénominateur correspondant.

OPÉRATIONS FONDAMENTALES SUR LES FRACTIONS.

ADDITION.

49. L'addition ayant toujours pour but de réunir en une seule plusieurs quantités de même espèce, *deux ou plusieurs fractions s'ajouteront entre elles par la simple addition de leurs numérateurs, si elles ont le même dénominateur qui sera également celui de la fraction totale :*

$$\frac{5}{9} + \frac{7}{9} + \frac{3}{9} = \frac{5+7+3}{9} = \frac{15}{9} = 1 + \frac{6}{9} = 1 + \frac{2}{3}.$$

Si les dénominateurs des fractions à ajouter ne sont pas les mêmes, on commencera par réduire ces fractions au même dénominateur, et ce cas sera ramené au précédent :

$$\frac{9}{12} + \frac{13}{24} + \frac{17}{36} = \frac{54}{72} + \frac{39}{72} + \frac{34}{72} = \frac{127}{72} = 1 + \frac{55}{72}.$$

50. *Pour ajouter ensemble des expressions composées d'entiers et de fractions, on additionne séparément les entiers et les fractions.*

Soit à ajouter

$$4 + \frac{2}{5},$$

$$2 + \frac{9}{10},$$

et

$$7 + \frac{3}{4}.$$

La somme des entiers est 13; celle des trois fractions est $\frac{41}{20}$

ou $2 + \frac{1}{20}$; la somme des trois expressions fractionnaires sera donc

$$13 + 2 + \frac{1}{20}, \quad \text{ou} \quad 15 + \frac{1}{20}.$$

Remarque. — On pourrait encore réduire préalablement les entiers en fractions (46) et faire ensuite, comme il vient d'être dit (49), la somme des nombres fractionnaires obtenus; mais on opérerait alors sur des fractions plus compliquées, et le mode précédent est à bon droit préféré.

SOUSTRACTION.

51. De même que pour l'addition, *la soustraction de deux fractions s'effectuera, si elles ont même dénominateur, en retranchant l'un de l'autre les deux numérateurs et en donnant à cette différence le dénominateur commun :*

$$\frac{7}{13} - \frac{2}{13} = \frac{7 - 2}{13} = \frac{5}{13}.$$

Si les dénominateurs sont différents, on réduira les fractions à avoir le même dénominateur; puis, on appliquera la règle précédente :

$$\frac{13}{15} - \frac{2}{3} = \frac{13}{15} - \frac{10}{15} = \frac{3}{15} = \frac{1}{5}.$$

52. *On soustrait l'une de l'autre deux expressions composées d'entiers et de fractions, en retranchant séparément les entiers l'un de l'autre, ainsi que les fractions.*

$$\text{De } 9 + \frac{5}{6} \quad \text{soit à retrancher } \quad 4 + \frac{3}{7}.$$

La différence des entiers est $9 - 4$, ou 5; celle des fractions est $\dfrac{5}{6} - \dfrac{3}{7}$, ou $\dfrac{17}{42}$. Le résultat de la soustraction proposée est donc $5 + \dfrac{17}{42}$.

Mais il arrive souvent que la fraction appartenant à l'expression à retrancher est plus grande que celle de l'expression de laquelle on doit soustraire, comme cela a lieu pour retrancher $3 + \dfrac{5}{7}$ de $9 + \dfrac{4}{7}$. On emploie alors un artifice analogue à celui qui a été indiqué (9) pour la soustraction des nombres entiers, et l'on augmente en même temps d'une unité la fraction du nombre dont on soustrait et l'entier du nombre à soustraire.

L'opération se trouve ainsi ramenée à retrancher $4 + \dfrac{5}{7}$ de $9 + \dfrac{4}{7} + \dfrac{7}{7}$, ou de $9 + \dfrac{11}{7}$, et le résultat est $5 + \dfrac{6}{7}$.

Au moyen des parenthèses dont l'usage a été indiqué plus haut (11 et 22), cette soustraction peut se formuler ainsi :

$$\left(9 + \frac{4}{7} \right) - \left(3 + \frac{5}{7} \right) = 5 + \frac{6}{7}.$$

On agirait de même s'il fallait retrancher d'un simple nombre entier une expression composée d'un entier et d'une fraction :

$$6 - \left(3 + \frac{4}{5} \right) = \left(6 + \frac{5}{5} \right) - \left(4 + \frac{4}{5} \right) = 2 + \frac{1}{5}.$$

MULTIPLICATION.

53. L'analogie complète qui existe entre l'addition et la soustraction des nombres entiers et les mêmes opérations faites sur les fractions n'existe plus pour ce qui concerne la multiplication. On ne peut pas dire, en effet, comme au n° 12, que l'on doit répéter le multiplicande autant de fois qu'il y a d'unités dans le multiplicateur, lorsque ce dernier est une fraction ; force est alors de recourir à une autre définition qui, pour s'appliquer aux fractions, n'en convienne pas moins à la multiplication des nombres entiers, et que nous n'avons

tardé à énoncer que pour ne pas compliquer dès le début l'exposition des principes. Nous dirons donc maintenant que, en général, la multiplication a pour objet de *chercher un nombre, appelé produit, qui soit composé avec le multiplicande comme le multiplicateur est composé avec l'unité.*

Ainsi, de même que multiplier un nombre par 7, c'est le répéter 7 fois, parce que le multiplicateur 7 est la répétition de 7 fois l'unité, nous dirons que multiplier un nombre par $\frac{7}{9}$, c'est prendre les $\frac{7}{9}$, ou 7 fois le neuvième de ce nombre, parce que le multiplicateur $\frac{7}{9}$ n'est autre chose que 7 fois le neuvième de l'unité. Cette opération se fera donc d'abord en prenant le neuvième du multiplicande, et multipliant ensuite ce neuvième par 7.

Soit, comme exemple, à multiplier 3 par $\frac{7}{9}$. Le neuvième de 3 est $\frac{3}{9}$, et 7 fois le neuvième de 3 seront exprimées par $\frac{3}{9} \times 7$ ou $\frac{3 \times 7}{9}$, d'après le 2° du n° 43.

Si l'on veut multiplier $\frac{3}{4}$ par $\frac{7}{9}$, on prendra d'abord le neuvième de $\frac{3}{4}$, ce qui se fera en multipliant le dénominateur par 9, et donnera $\frac{3}{4 \times 9}$; puis, on répétera ce neuvième 7 fois, en multipliant le numérateur par 7. On aura alors pour produit $\frac{3 \times 7}{4 \times 9}$.

Il résulte de ce qui précède que, *pour multiplier un nombre par une fraction, il faut, si ce nombre est entier, le multiplier par le numérateur de la fraction, et diviser le produit par son dénominateur; si le nombre à multiplier est une fraction, le produit sera une autre fraction ayant pour numérateur le produit des numérateurs du multiplicande et du multiplicateur, et pour dénominateur le produit des dénominateurs.*

54. Cette règle est parfois susceptible d'être modifiée de manière à simplifier les calculs, puisque pour prendre le neu-

vième, par exemple, d'une fraction, on peut, quand cela est praticable, diviser son numérateur par 9, au lieu de multiplier le dénominateur par ce nombre ; de même, pour prendre 7 fois ce neuvième, on peut, s'il y a lieu, diviser le dénominateur par 7, au lieu de multiplier le numérateur. C'est ce que met en évidence l'opération suivante.

Soit à multiplier $\frac{27}{35}$ par $\frac{7}{9}$. La règle énoncée donnerait pour produit $\frac{27 \times 7}{35 \times 9}$, ou $\frac{189}{315}$.

Mais, si l'on remarque que le neuvième de $\frac{27}{35}$ est $\frac{3}{35}$, et que ce neuvième répété 7 fois, ou multiplié par 7, est $\frac{3}{5}$, fraction équivalente à $\frac{189}{315}$, on constatera une fois de plus combien il est avantageux de saisir rapidement la décomposition des nombres en facteurs plus simples, pour mettre à profit toutes les circonstances favorables à l'abréviation des calculs.

Remarque. — Quand le multiplicateur est une fraction, le produit est nécessairement plus petit que le multiplicande, dont il n'est qu'une partie d'autant plus petite que le multiplicateur est lui-même plus petit.

55. Pour multiplier plusieurs fractions entre elles, on divise le produit des numérateurs par celui des dénominateurs de toutes ces fractions.

Ainsi,

$$\frac{4}{9} \times \frac{5}{6} \times \frac{3}{7} \times \frac{11}{15} = \frac{4 \times 5 \times 3 \times 11}{9 \times 6 \times 7 \times 15} = \frac{22}{189}.$$

Ce produit exprime les $\frac{11}{15}$ des $\frac{3}{7}$ des $\frac{5}{6}$ de la fraction $\frac{4}{9}$. Nous l'avons simplifié, avant d'effectuer les multiplications indiquées, par la suppression des facteurs 2, 3 et 5, qui existent à la fois au numérateur et au dénominateur.

56. Si l'on avait à multiplier $5 + \frac{7}{9}$ par $4 + \frac{3}{5}$, on pourrait multiplier séparément chacune des deux parties du multiplicande par chacune des deux parties du multiplicateur, et

faire la somme des quatre produits partiels. Cette somme serait

$$\left(5 \times 4\right) + \left(5 \times \frac{3}{8}\right) + \left(\frac{7}{9} \times 4\right) + \left(\frac{7}{9} \times \frac{3}{8}\right)$$

$$= 20 + \frac{15}{8} + \frac{28}{9} + \frac{21}{72} = 25 + \frac{20}{72} = 25 + \frac{5}{18}.$$

Mais il est souvent plus commode de réduire les deux quantités données en nombres fractionnaires, et de ramener cette multiplication à celle de $\frac{52}{9}$ par $\frac{35}{8}$. On aurait pour produit

$$\frac{52 \times 35}{9 \times 8} = \frac{1820}{72} = 25 + \frac{20}{72} = 25 + \frac{5}{18}.$$

57. *Le produit de plusieurs fractions ne change pas, quoiqu'on intervertisse l'ordre des facteurs.* En effet, dans les deux cas, le produit est une fraction qui a pour numérateur le produit des numérateurs et pour dénominateur le produit des dénominateurs. Or chacun de ces produits est indépendant de l'ordre des facteurs qui le composent (16).

Ainsi,

$$\frac{5}{7} \times \frac{6}{11} \times \frac{8}{9} = \frac{6 \times 8 \times 5}{11 \times 9 \times 7} = \frac{8 \times 5 \times 6}{9 \times 7 \times 11} = \frac{240}{693} = \frac{80}{231}.$$

DIVISION.

58. La division des fractions ne peut non plus s'assimiler à celle des nombres entiers, si l'on veut considérer exclusivement cette dernière comme l'abréviation d'une série de soustractions; mais l'analogie se retrouve dès que l'on regarde la division comme ayant pour objet d'*obtenir un nombre qui, multiplié par le diviseur, reproduise le dividende.* Nous avons, en effet, précédemment (18) présenté cette recherche comme exprimant l'un des aspects de la division des nombres entiers, quand il ne doit pas y avoir de reste.

Soit donc à diviser $\frac{7}{11}$ par $\frac{3}{4}$.

Le quotient cherché, multiplié par le diviseur $\frac{3}{4}$, doit reproduire le dividende $\frac{7}{11}$. Ceci revient à dire que les $\frac{3}{4}$ ou 3 fois $\frac{1}{4}$ du quotient doivent égaler $\frac{7}{11}$.

Mais, puisque 3 fois le quart du quotient font $\frac{7}{11}$, le quart du quotient est 3 fois moindre que $\frac{7}{11}$, c'est-à-dire équivaut à $\frac{7}{11 \times 3}$, et le quotient lui-même est égal à 4 fois $\frac{7}{11 \times 3}$ ou à $\frac{7 \times 4}{11 \times 3}$.

Il résulte de cette analyse que

$$\frac{7}{11} : \frac{3}{4} = \frac{7 \times 4}{11 \times 3} = \frac{7}{11} \times \frac{4}{3} = \frac{28}{33},$$

et l'on en tire cette règle générale que, *pour diviser deux fractions l'une par l'autre, il faut multiplier la fraction dividende par la fraction diviseur renversée.*

Remarque. — Il est évident qu'il n'y aurait rien à changer à ce qui vient d'être dit, si le dividende était un nombre entier, et qu'il faudrait toujours multiplier cet entier par le diviseur renversé :

$$7 : \frac{3}{4} = 7 \times \frac{4}{3} = \frac{28}{3} = 9 + \frac{1}{3}.$$

59. La division des fractions comporte des simplifications analogues à celles que nous avons indiquées (54) pour la multiplication, simplifications dues à ce que l'on multiplie ou divise une fraction par un entier, aussi bien en divisant le dénominateur ou le numérateur par cet entier, lorsque cela est possible, qu'en multipliant le numérateur ou le dénominateur.

Ainsi, pour diviser $\frac{16}{39}$ par $\frac{8}{13}$, la règle donnerait pour quotient

$$\frac{16 \times 13}{39 \times 8} = \frac{208}{312}.$$

Mais, d'après l'exposé démonstratif de cette règle, on a été conduit à prendre d'abord le huitième du dividende $\frac{16}{39}$, et ce huitième peut s'obtenir en divisant 16 par 8; on a alors $\dfrac{2}{39}$, et

cette quantité, multipliée par 13, donne $\dfrac{2}{3}$, résultat égal à $\dfrac{208}{312}$,

mais beaucoup plus simple.

60. C'est d'ailleurs ici le lieu de généraliser cette observation, et d'indiquer que des simplifications de cette nature se présentent à chaque instant dans le calcul, toutes les fois que l'on a à considérer des fractions dont les deux termes sont des produits de plusieurs nombres entre eux. On peut et l'on doit alors supprimer au numérateur et au dénominateur tous les facteurs communs qui sont en évidence, ou ceux que l'on y découvre facilement.

Ainsi, quelle que soit dans un calcul l'origine de la fraction

$$\frac{36 \times 15 \times 3 \times 28}{24 \times 9 \times 35 \times 4},$$

il est facile de voir que le facteur 36 du numérateur se trouve au dénominateur sous la forme 9×4; la fraction devient donc d'abord

$$\frac{15 \times 3 \times 28}{24 \times 35}.$$

Dans cette nouvelle expression, on découvre bientôt que le facteur 35, ou 5×7, du dénominateur a l'un de ses éléments 5 dans le premier facteur 15 du numérateur, et l'autre 7 dans le dernier 28. La suppression de ces facteurs communs conduit à

$$\frac{3 \times 3 \times 4}{24},$$

où l'on trouve au numérateur 3×4, ou 12, et au dénominateur 24, ou 2×12. Il reste donc enfin $\dfrac{3}{2}$ comme quantité équivalente à la fraction primitive qui, sans ces réductions successives, et par l'effet des multiplications indiquées, se fût présentée sous la forme assez embarrassante de $\dfrac{45360}{30250}$.

Remarque. — Nous avons vu (54, *Rem.*) que, quand le multiplicateur d'une multiplication est une fraction, le produit est nécessairement plus petit que le multiplicande. On comprend dès lors que, dans une division, si le diviseur est une fraction proprement dite, le quotient est toujours supérieur au dividende, et en diffère d'autant plus que le diviseur lui-même est plus petit.

61. Si le dividende et le diviseur, ou seulement le diviseur, étaient composés d'entiers et de fractions, on convertirait chacun d'eux en une seule expression fractionnaire, pour en faire la division suivant la règle ci-dessus :

$$\left(5 + \frac{7}{9}\right) : \left(4 + \frac{3}{8}\right) = \frac{52}{9} : \frac{35}{8} = \frac{52 \times 8}{9 \times 35} = \frac{416}{315} = 1 + \frac{101}{315};$$

$$5 : \left(4 + \frac{3}{8}\right) = 5 : \frac{35}{8} = \frac{5 \times 8}{35} = \frac{40}{35} = 1 + \frac{5}{35} = 1 + \frac{1}{7}.$$

Quand c'est le dividende seul qui contient un entier et une fraction, et que le diviseur est simplement entier ou fractionnaire, cette conversion préalable n'est plus nécessaire, et l'on peut indifféremment l'opérer, ou faire séparément la division des deux parties du dividende par le diviseur :

$$\left(5 + \frac{7}{9}\right) : \frac{3}{8} = \frac{40}{3} + \frac{56}{27} = \frac{416}{27}, \quad \text{ou} \quad \left(5 + \frac{7}{9}\right) : \frac{3}{8} = \frac{52}{9} : \frac{3}{8} = \frac{416}{27}.$$

62. En terminant ce qui a rapport à la division des fractions, nous remarquerons que nous avons exclusivement employé jusqu'ici le signe : pour indiquer cette opération, avec ou sans l'aide des parenthèses, suivant le cas. Rien n'empêche, toutefois, que l'on emploie aussi le second signe de division indiqué pour les nombres entiers; mais ici nous devons signaler un inconvénient qu'il est, d'ailleurs, aussi facile qu'essentiel d'éviter. Nous voulons parler de la nécessité de bien préciser, par un trait plus fort ou autrement, le signe principal de la division proprement dite que l'on pourrait, sans cette précaution, confondre avec l'indice des fractions.

Un exemple fera sentir surabondamment la portée de cette observation :

La division de 7 par $\frac{3}{5}$ et celle de $\frac{7}{3}$ par 5, dont les résultats respectifs sont $\frac{35}{3}$ et $\frac{7}{15}$, se confondraient l'une avec l'autre, et conduiraient à des erreurs considérables, si l'on écrivait pour

l'une comme pour l'autre $\dfrac{\frac{7}{3}}{5}$. On évitera l'écueil signalé, soit

en ayant recours au signe : , soit en distinguant comme ci-après
ces deux opérations différentes :

$$\dfrac{\frac{7}{3}}{5}, \quad \dfrac{\frac{7}{3}}{5}, \quad \text{ou encore} \quad \dfrac{7}{\left(\frac{3}{5}\right)}, \quad \dfrac{\left(\frac{7}{3}\right)}{5}.$$

NOMBRES DÉCIMAUX.

63. On se souvient que notre système de numération
écrite (4) repose sur cette convention, que les chiffres qui
entrent dans l'expression d'un nombre représentent des unités
de dix en dix fois plus petites, à mesure que l'on s'avance vers
la droite de ce nombre. Si l'on poursuit cette classification décroissante au delà des unités, on obtiendra successivement
des parties de l'unité de dix en dix fois plus petites; ces parties,
sous une nouvelle forme, représentent des fractions qui ont
pour dénominateur 10 ou le produit d'un certain nombre de
facteurs égaux à 10 marqué par le rang du chiffre considéré,
depuis celui des unités exclusivement. Pour cette raison, ces
quantités sont appelées *fractions décimales*.

Nous possédons donc ainsi une manière aussi simple que
commode d'écrire les fractions décimales sous la forme des
nombres entiers, pourvu que l'on ait soin de marquer, par une
virgule placée à la droite du chiffre des unités, la partie entière
du nombre dont on s'occupe, cette partie entière pouvant d'ailleurs être nulle et représentée par un zéro, s'il s'agit d'une
fraction proprement dite, et non d'un *nombre fractionnaire
décimal* ou, par abréviation, d'un *nombre décimal*,

Ainsi, l'expression 57,4763 représente un nombre décimal
dont la partie entière est 57, et dont la partie décimale se compose de 4 *dixièmes*, 7 dixièmes de dixième ou 7 *centièmes*,
6 dixièmes de centième ou 6 *millièmes*, 3 dixièmes de millième ou 3 *dix-millièmes*, partie décimale qui peut s'énoncer
tout à la fois comme s'il s'agissait de la partie entière, pourvu

que l'on indique à la fin le nom du dernier ordre d'unités décimales, en disant 4763 dix-millièmes. Le nombre tout entier s'énoncerait d'ailleurs 57 unités 4763 dix-millièmes, ou encore, la virgule ne servant plus qu'à indiquer le nom du dernier ordre décimal, 574763 dix-millièmes.

On verrait de la même manière que 0,392 représente 392 millièmes, et que 0,00406 représente 406 cent-millièmes.

Il ne saurait donc, dans aucun cas, se présenter de difficulté, soit pour énoncer un nombre décimal écrit, soit pour écrire un nombre décimal énoncé, puisqu'il suffit toujours de fixer le nom des dernières unités décimales d'après la position de la virgule, ou de placer cette dernière d'après le nom du dernier ordre décimal énoncé.

Enfin, cette nouvelle forme des fractions décimales ne fait pas obstacle à ce qu'elles puissent toujours se mettre, à l'occasion, sous la forme des fractions ordinaires :

$$57,4763 = \frac{574763}{10000} ; \quad 0,392 = \frac{392}{1000} ; \quad 0,00406 = \frac{406}{100000}.$$

64. *On multiplie ou l'on divise un nombre décimal par 10, 100, 1000,..., en transportant la virgule de 1, 2, 3,... rangs vers la droite ou vers la gauche*, puisque, par cette transposition, la valeur relative de chaque chiffre devient 10, 100, 1000,... fois plus grande ou plus petite.

Nous multiplierons donc 0,4873 par 100, en avançant la virgule de deux rangs vers la droite, et nous écrirons

$$0,4873 \times 100 = 48,73 ;$$

de même
$$57,348 : 1000 = 0,057348.$$

65. Il est évident qu'un nombre décimal ne change pas de valeur, quel que soit le nombre de zéros que l'on place à sa droite, puisque, les différents chiffres ne changeant pas de place par rapport à la virgule, leurs valeurs relatives ne sont pas altérées.

Ainsi
$$47,195 = 47,19500.$$

On a quelquefois besoin de placer des zéros à la suite d'un nombre décimal, comme nous le verrons bientôt. Cette transformation permet de ramener de la manière la plus simple plusieurs fractions décimales au même dénominateur, puisqu'il suffit d'ajouter à la suite de chacune d'elles autant de zéros qu'il en faut pour que toutes présentent le même nombre de figures décimales.

OPÉRATIONS FONDAMENTALES SUR LES NOMBRES DÉCIMAUX.

ADDITION.

66. L'addition des nombres décimaux s'effectue identiquement comme celle des nombres entiers, puisque la règle exposée (6) s'appuie uniquement sur ce que dix unités de chaque ordre valent une unité de l'ordre immédiatement supérieur, propriété commune aux nombres entiers et aux nombres décimaux.

Dans l'application de la règle connue aux nombres décimaux, il suffit donc de bien placer les unités de même ordre les unes sous les autres, ce qui revient à superposer les virgules, comme dans l'exemple suivant :

$$471,19$$
$$0,50473$$
$$28,0009$$
$$0,018$$

Total......... $499,71363$

SOUSTRACTION.

67. La soustraction des nombres décimaux se fait encore, et par les mêmes raisons que pour l'addition, suivant la méthode indiquée (9) pour les nombres entiers :

$$520,41300$$
$$49,37256$$

Différence..... $471,04044$

Il est entendu que l'opération ne s'explique complétement qu'au moyen de deux zéros que nous avons ajoutés (65) à la droite du plus grand nombre. Mais, dans la pratique, on peut se dispenser de les écrire, pourvu que l'on conserve bien scrupuleusement le rang des unités de chaque ordre dans les deux nombres donnés.

Dans l'addition, la même remarque a lieu ; mais l'écriture des zéros y serait encore plus superflue que pour la soustraction.

MULTIPLICATION.

68. Pour multiplier entre eux deux nombres décimaux, ou mieux pour justifier la règle que nous allons donner de cette opération, il n'est rien de plus naturel que de mettre ces deux nombres sous la forme de fractions ordinaires, et d'opérer suivant la marche propre à ce cas (57).

Soit à multiplier 6,41 par 3,187, ou $\dfrac{641}{100}$ par $\dfrac{3187}{1000}$.

Le produit sera exprimé par

$$\frac{641 \times 3187}{100 \times 1000}, \quad \text{ou} \quad \frac{641 \times 3187}{100000}, \quad \text{ou} \quad \frac{2042867}{100000}, \quad \text{ou} \quad 20,42867.$$

On voit que nous avons été très-simplement conduits à multiplier les deux facteurs comme s'ils étaient absolument entiers, et à donner à ce produit, pour dénominateur, l'unité suivie d'autant de zéros qu'il y a à la fois de chiffres décimaux dans le multiplicande et le multiplicateur.

De là cette règle générale : *Pour faire le produit de deux nombres décimaux, on multiplie l'un par l'autre ces deux nombres, abstraction faite de la virgule ; puis on sépare, sur la droite du produit, autant de chiffres décimaux qu'en renferment ensemble les deux facteurs.*

Remarque I. — Si le produit, obtenu par la multiplication des facteurs en supprimant momentanément les virgules, n'avait pas assez de chiffres pour permettre de placer cette dernière, on y suppléerait sans difficulté (64) par l'introduction à la gauche de ce produit d'un nombre suffisant de zéros pour qu'il puisse y avoir la quantité voulue de décimales :

$$0,00021 \times 0,06 = 0,0000126.$$

Remarque II. — Les nombres décimaux se multipliant entre eux d'après la règle des fractions ordinaires, il est évident que, comme pour ces dernières (57), le produit de plusieurs nombres décimaux ne change pas dans quelque ordre qu'on effectue les multiplications.

DIVISION.

69. On pourrait, comme pour la multiplication, rendre raison de la division des nombres décimaux par leur transformation préalable en fractions ordinaires ; mais l'exposé suivant a le mérite d'être plus simple et plus facile à retenir.

Le dividende et le diviseur étant d'abord, s'il y a lieu, ramenés à avoir le même nombre de chiffres décimaux (65), on supprime la virgule dans chacun d'eux, et l'on fait la division comme s'il s'agissait de nombres entiers.

On voit qu'en effet, la suppression de la virgule ayant pour résultat de multiplier les deux nombres donnés par l'unité suivie d'autant de zéros qu'il y a de chiffres décimaux, le dividende et le diviseur ont été multipliés ainsi par un même nombre, et que le quotient n'a pas été modifié (23).

Exemple :

Soit à diviser 497,2 par 19,037.

Le quotient est le même que celui de 497,200 par 19,037, et le même aussi que celui de 497 200 par 19037. Cette dernière division donne 26 avec un reste égal à 2238, et le quotient complet est alors $26 + \dfrac{2238}{19037}$.

De même,

$$\frac{0,0592}{0,025} = \frac{0,0592}{0,0250} = \frac{592}{250} = 2 + \frac{92}{250}.$$

70. Au lieu d'exprimer par une fraction ordinaire, comme nous l'avons indiqué (45, *Rem.*) et comme nous venons de le faire, la partie complémentaire du quotient d'une division qui donne un reste, on donne très-simplement à ce quotient la forme décimale.

Prenons pour exemple la division de 592 par 250, laquelle a donné 2 pour quotient et 92 pour reste.

Ce reste 92, qu'il faut diviser par 250, se convertit facilement en 920 dixièmes par l'apposition d'un zéro à sa droite, et le quotient de 920 dixièmes par 250 nous donne le nombre 3 de dixièmes qu'il faut ajouter au quotient 2.

De même, le reste 170 de cette seconde division, lequel ne peut plus donner de dixièmes au quotient, puisqu'il est plus petit que le diviseur 250, se convertit en 1700 centièmes dont le quotient par 250 est 6 centièmes avec un nouveau reste 200.

Ce dernier reste, converti en 2000 millièmes et divisé par 250, donne le quotient partiel exact 8 millièmes, et le quotient total est alors 2,368.

L'opération s'exécute, d'ailleurs, sous la forme ci-après :

$$
\begin{array}{c|c}
592 & 250 \\
920 & \\
\hline
1700 & 2,368 \\
2000 & \\
000 &
\end{array}
$$

De là la règle générale suivante : *Pour obtenir sous forme décimale le quotient de la division de deux nombres entiers ou décimaux, on calcule suivant la règle connue la partie entière de ce quotient, et l'on continue la division en plaçant un zéro à la droite de chacun des restes successifs. On trouve ainsi l'un après l'autre tous les chiffres décimaux du quotient.*

71. Cette règle importante ne diffère pas de celle qu'il convient d'employer pour convertir une fraction ordinaire en fraction décimale, puisqu'une fraction ordinaire ne représente pas autre chose que le quotient de la division de son numérateur par son dénominateur. Il faut seulement avoir le soin de placer un zéro à la partie entière du quotient, quand il s'agit d'une fraction proprement dite qui ne peut contenir d'unités entières.

Proposons-nous, comme exemple, de convertir en décimales la fraction $\frac{7}{125}$:

$$
\begin{array}{c|c}
700 & 125 \\
750 & \\
\hline
00 & 0,056
\end{array}
$$

Nous placerons un zéro pour partie entière au quotient, puisque le numérateur 7 est moindre que le dénominateur 125, et nous mettrons ensuite un zéro à la droite de 7 que nous convertirons ainsi en 70 dixièmes dont la division par 125 donne encore zéro pour les dixièmes. Plaçant un second zéro à la suite de 70, nous divisons 700 centièmes par 125, et le quotient est 5 centièmes, avec le reste 75 qui vaut 750 millièmes. Ces 750 millièmes divisés par 125 donnent 6 millièmes sans nouveau reste, et la fraction entière équivaut à 0,056.

72. Nous devons montrer ici deux simplifications dont est susceptible, dans certains cas, la division des nombres décimaux.

1° Examinons la division de 8,659237 par 0,025 dans laquelle *c'est le dividende qui a le plus grand nombre de chiffres décimaux.*

Au lieu de ramener cette division à celle de 8659237 par 25000, comme l'indiquerait la règle du n° 69, nous multiplierons seulement le dividende et le diviseur par 1000, *de manière à rendre entier ce dernier,* et nous diviserons ensuite 8659,237 par 25 :

$$
\begin{array}{r|l}
8659,237 & 25 \\
\hline
115 & 346,36948 \\
159 & \\
93 & \\
173 & \\
237 & \\
120 & \\
200 & \\
0 & \\
\end{array}
$$

Il est évident, sans que nous devions y insister, qu'il suffit dans ce cas de prendre soin de placer la virgule au quotient, lorsqu'on a obtenu la partie entière du quotient de 8659 par 25, et de continuer en abaissant successivement les chiffres décimaux du dividende ou, à défaut de ces derniers, des zéros (70).

2° Lorsque, dans une division, on a un diviseur qui se termine par un ou plusieurs zéros, et que l'on devrait placer à la droite d'un dividende partiel un chiffre décimal du dividende principal ou un zéro, on simplifie encore l'opération en supprimant un zéro à la droite du diviseur.

Cette manière d'opérer n'a évidemment aucune influence sur la partie du quotient qui reste à obtenir, puisqu'il revient évidemment au même, dans une division quelconque, de multiplier le dividende ou de diviser le diviseur par 10.

Ainsi, quand plus haut (70) nous avons divisé 592 par 250, nous aurions pu opérer comme il suit :

$$
\begin{array}{c|c}
592 & 250 \\
\hline
92 & 2,368 \\
170 & \\
200 & \\
00 &
\end{array}
$$

en barrant le zéro du diviseur, au lieu d'en mettre un à la suite du premier reste 92, et en continuant ensuite la division d'après la méthode ordinaire.

73. Nous n'avons présenté jusqu'ici que des divisions de nombres décimaux qui ne donnaient aucun reste final. Il s'en faut beaucoup qu'il en soit toujours ainsi, et il arrive, au contraire, le plus souvent que la division ne se fait pas exactement, quelque loin qu'on la pousse au moyen des décimales.

Dans les cas même où l'on pourrait parvenir à un quotient exact, on s'arrête quelquefois avant de l'avoir atteint, parce que la nature de la question à laquelle se rapportent les calculs permet de se contenter d'une approximation déterminée.

Supposons, par exemple, que l'on veuille obtenir le quotient de 92 par 7 à moins de 0,01 ; ce qui veut dire que l'on doit exprimer ce quotient de telle façon que, soit en plus, soit en moins, son expression diffère de la vraie valeur d'une quantité moindre que 0,01 :

$$
\begin{array}{c|c}
92 & 7 \\
\hline
22 & 13,142 \\
10 & \\
30 & \\
20 & \\
6 &
\end{array}
$$

D'après l'opération développée ci-dessus et arrêtée au reste 2 centièmes, le quotient exact est $13,14 + 0,01 \times \frac{2}{7}$. Or la seconde partie $\left(0,01 \times \dfrac{2}{7}\right)$ de ce quotient est nécessairement plus petite que 0,01, puisque le reste 2 est toujours plus petit que le diviseur 7, et que, par suite, la fraction $\dfrac{2}{7}$ est forcément moindre que l'unité. On voit donc que, le quotient exact étant plus grand que 13,14 et plus petit que 13,15, chacun de ces deux nombres peut être pris pour la vraie valeur du quotient, à moins de 0,01 près.

La première de ces valeurs est le quotient *par défaut*, l'autre le quotient *par excès*.

Il est même facile d'obtenir le quotient à moins d'un demi-centième, en calculant le chiffre 2 des millièmes. On voit alors, en effet, que le véritable quotient est compris entre 13,14 et 13,145, qui diffèrent entre eux de 0,005 ou d'un demi-centième; par conséquent, 13,14 représente aussi la valeur du quotient cherché, à moins d'un demi-centième.

Si le chiffre des millièmes du quotient eût été plus grand que 5, ce quotient eût été compris entre 13,145 et 13,15, et l'on eût pris ce dernier nombre pour valeur à moins d'un demi-centième.

Enfin, si ce chiffre était 5 lui-même, il paraîtrait indifférent de prendre 13,14 ou 13,15; seulement, comme ce 5 est généralement suivi d'autres chiffres significatifs dans la valeur développée du quotient, on prend alors la valeur approchée par excès, soit 13,15.

Nous ne pousserons pas plus loin cette recherche, et nous nous contenterons de poser la règle suivante : *Pour obtenir un quotient à moins d'une demi-unité d'un certain ordre décimal, il suffit de pousser le calcul jusqu'au chiffre de l'ordre suivant; si ce dernier chiffre est moindre que 5, ceux qui le précèdent forment le quotient cherché; s'il est égal ou supérieur à 5, il faut forcer d'une unité le dernier chiffre conservé.*

74. Lorsqu'un quotient décimal ne doit pas se déterminer exactement et sans reste final, on est averti de cette circonstance par la réapparition de l'un des restes déjà obtenus une première fois depuis le point où les dividendes partiels se sont formés par l'addition d'un zéro à la suite de chacun d'eux.

Or, à partir de ce moment, les dividendes partiels se reproduiront nécessairement dans le même ordre et, chaque reste étant toujours plus petit que le diviseur, le retour aura lieu après un nombre de divisions partielles au plus égal à ce diviseur. Dès lors on verra se présenter indéfiniment, et sauf la différence dans les ordres des unités, la même série de quotients successifs.

Le quotient s'appelle, dans ce cas, quotient décimal *périodique;* la série des chiffres qui s'y reproduisent est dite la *période,* et ceux qui précèdent la première période forment la *partie non périodique.*

Posons comme exemples la division de 537 par 13 et celle de 41,7467 par 49950 :

$$
\begin{array}{ll|l}
537 & 13 & \\
17 & \overline{41,307692\,307692\,307\ldots} & \\
40 & & \\
100 & & \\
90 & & \\
120 & & \\
30 & & \\
40 & & \\
100 & & \\
90 & & \\
\vdots & &
\end{array}
\qquad
\begin{array}{l|l}
41,7467 & 49950 \\
17867 & \overline{8,35\,769\,769\,769\ldots} \\
28820 & \\
38450 & \\
34850 & \\
48800 & \\
3845 & \\
\vdots &
\end{array}
$$

Dans le premier exemple, à partir du reste 4 qui se reproduit une seconde fois avec un zéro à sa suite pour former le dividende partiel suivant, les restes successifs reparaîtront évidemment dans le même ordre et fourniront au quotient une période composée du groupe 307692, et une partie non périodique représentée par 41 unités. Il en est de même, à partir du reste 3845, dans la seconde division qui donne une partie non périodique (8,35) suivie d'une période 769.

Quand la partie périodique commence immédiatement après la virgule, le quotient est dit *périodique simple;* il est *périodique mixte,* si d'autres chiffres sont intercalés entre la virgule et la première période, comme cela a lieu le plus généralement. Nos deux exemples ci-dessus sont respectivement dans chacun de ces deux cas.

75. Nous allons maintenant donner le moyen de revenir d'un nombre décimal périodique à la fraction ordinaire qui lui est équivalente.

Soit $8,35\,769\,769\ldots$ une expression décimale périodique, que, pour abréger, nous désignerons par F.

Transportons la virgule après la partie non périodique en multipliant par 100, puis après la première période en multipliant par 100000. Nous aurons

d'une part......   100 fois $F =$ $835,769769\ldots,$
d'autre part . . .   100 000 fois $F = 835\,769,769769\ldots;$

puis, en retranchant l'un de l'autre les termes correspondants de ces deux égalités,

$$99\,900 \ \text{ fois } F = 835\,769 - 835,$$

les parties décimales étant les mêmes et se détruisant.

Il vient enfin

$$1 \text{ fois } F \quad \text{ou} \quad F = \frac{835\,769 - 835}{99\,900} = \frac{834\,934}{99\,900}$$
$$= \frac{417\,467 \times 2}{49\,950 \times 2} = \frac{417\,467}{49\,950}.$$

De là cette règle générale : *Tout nombre décimal périodique équivaut à une fraction qui a pour numérateur l'excès de la partie entière que l'on obtient en transportant la virgule après la première période sur celle qui résulte du transport de la virgule après la partie non périodique, et pour dénominateur un nombre formé d'autant de 9 qu'il y a de chiffres dans la période, suivis d'autant de zéros qu'il y a de chiffres décimaux non périodiques.*

Appliquée à l'expression périodique simple $41,3076923\ldots$ ci-dessus trouvée (74), cette règle donne

$$F = \frac{4130769 2 - 41}{999999} = \frac{4130765 1}{999999} = \frac{76923 \times 537}{76923 \times 13} = \frac{537}{13}.$$

On trouve de même que

$$0,23\,737\,37\ldots = \frac{237 - 2}{990} = \frac{235}{990} = \frac{47}{198},$$

et que

$$0,981\,981\ldots = \frac{981}{999} = \frac{109}{111}.$$

76. Existe-t-il un caractère auquel on puisse reconnaître à l'avance si la division d'un nombre par un autre conduira à un quotient fini ou à un quotient périodique ?

Et d'abord, si le diviseur est un produit de facteurs égaux à 2 et 5 exclusivement, il est évident qu'il suffit, pour que la réduction en décimales soit complète, de multiplier les deux termes de la division par un produit de ces mêmes facteurs, de telle sorte qu'ils entrent tous deux un nombre égal de fois dans le diviseur, lequel pourra dès lors être considéré comme étant le produit d'un certain nombre de facteurs égaux à 10, et la réduction en décimales sera opérée.

Si, au contraire, on constate au diviseur un ou plusieurs facteurs étrangers à 2 et à 5 et qui, ne se trouvant pas au dividende, ne puissent être préalablement enlevés de l'opération (43, 3°), il sera tout à fait impossible d'introduire aux deux termes des facteurs propres à faire que le diviseur devienne le produit d'un certain nombre de fois le facteur 2×5 ou 10.

C'est ainsi que (70) la division de 592 par 250 ou par $2 \times 5 \times 5 \times 5$ a donné le quotient exact

$$\frac{592 \times 2 \times 2}{2 \times 2 \times 2 \times 5 \times 5 \times 5} = \frac{2368}{10 \times 10 \times 10} = \frac{2368}{1000} = 2,368.$$

De même aussi (74) la division de 537 par 13, et celle de 417467 par 49950 ou par $2 \times 3 \times 3 \times 3 \times 5 \times 5 \times 37$ ont conduit à des quotients périodiques.

PUISSANCES ET EXTRACTION DES RACINES.

CARRÉ ET CUBE.

77. On appelle *puissance* d'un nombre le produit obtenu en multipliant ce nombre plusieurs fois par lui-même, et *racine* d'un nombre un autre nombre qui, élevé à une certaine puissance, reproduit le premier.

La deuxième et la troisième puissance d'un nombre sont ordinairement désignées sous les noms de *carré* et de *cube* de ce nombre. Ainsi 49 est le carré de 7, et 64 le cube de 4: inversement, 7 est la *racine carrée* de 49, et 4 la *racine cubique* de 64.

On indique une puissance déterminée d'un nombre au moyen d'un petit nombre placé au-dessus du premier et un peu à droite; ce petit nombre, dont nous avons déjà indiqué la signification et l'emploi (38), est dit l'*exposant* de la puissance.

Ainsi

$$35^{17} \text{ désigne la } 17^e \text{ puissance de } 35,$$
$$12^2 \qquad \text{le carré de } 12,$$
$$7^3 \qquad \text{le cube de } 7.$$

De même, dans les exemples cités au n° 76, nous écririons

$$\frac{592}{250} = \frac{2^3 \times 37}{2 \times 5^3} = \frac{2^6 \times 37}{2^3 \times 5^3} \quad \text{et} \quad \frac{417467}{49950} = \frac{417467}{2 \times 3^3 \times 5^2 \times 37}.$$

La racine d'un degré quelconque d'un nombre se désigne par le signe $\sqrt{\,}$, que l'on nomme *radical*, et entre les branches duquel on place l'*indice* de la racine, c'est-à-dire l'exposant de la puissance à laquelle il faudrait élever la racine pour obtenir le nombre donné :

$$9 = \sqrt[4]{6561}, \quad 12 = \sqrt[2]{144}, \quad 4 = \sqrt[3]{64}$$

Pour la racine carrée, on est convenu de ne pas mettre l'indice et d'écrire simplement

$$12 = \sqrt{144}.$$

78. *Composition du carré de la somme de deux nombres.* — Nous obtiendrons le carré de la somme $35 + 8$ en multipliant cette somme par elle-même, c'est-à-dire en multipliant successivement ses deux parties par chacune de ces mêmes parties, et faisant la somme des quatre produits partiels :

$$
\begin{array}{l}
35 + 8 \\
35 + 8 \\
\hline
35^2 + \qquad 35 \times 8 \\
\quad + \qquad 35 \times 8 + 8^2 \\
\hline
35^2 + 2 \text{ fois } 35 \times 8 + 8^2
\end{array}
$$

En examinant ce produit on reconnaît que, en général, le carré de la somme de deux nombres se compose :

1° *Du carré du premier nombre ;*

2° *De deux fois le produit du premier nombre par le second ;*

3° *Du carré du second nombre.*

Remarque I. — Tout nombre entier plus grand que 10 peut être regardé comme la somme de ses dizaines et de ses unités. Son carré doit donc se composer : 1° *du carré des dizaines,* lequel exprime un nombre entier de centaines ; 2° *de deux fois le produit des dizaines par les unités ;* 3° *du carré des unités :*

$$78^2 = (70 + 8)^2 = 70^2 + 2 \times 70 \times 8 + 8^2 = 4900 + 1120 + 64 = 6084,$$

ainsi qu'on peut le vérifier par la multiplication directe de 78 par lui-même.

Remarque II. — *La différence des carrés de deux nombres entiers consécutifs est égale au double du plus petit nombre, plus une unité :*

$$24^2 = (23 + 1)^2 = 23^2 + 2 \times 23 + 1.$$

Ce qui établit que la différence entre 24^2 et 23^2 est égale à $2 \times 23 + 1$; et, en effet, l'excès de 576 sur 529 est bien 47.

79. *Composition du cube de la somme de deux nombres.* — Pour avoir le cube de $35 + 8$, dont nous avons formé le carré dans le numéro précédent, il faut multiplier de nouveau ce carré par $35 + 8$, c'est-à-dire répéter chacune de ses trois parties d'abord 35 fois, puis 8 fois et faire la somme des produits partiels obtenus :

$$
\begin{array}{l}
35^2 + 2 \text{ fois } 35 \times 8 + 8^2 \\
35 + 8 \\
\hline
35^3 + 2 \text{ fois } 35^2 \times 8 + \qquad\qquad 8^2 \times 35 \\
\quad + \qquad\quad 35^2 \times 8 + 2 \text{ fois } 8^2 \times 35 + 8^3 \\
\hline
35^3 + 3 \text{ fois } 35^2 \times 8 + 3 \text{ fois } 8^2 \times 35 + 8^3
\end{array}
$$

et l'on reconnaît que le cube de la somme de deux nombres se compose :

1° *Du cube du premier nombre ;*

2° *De 3 fois le carré du premier nombre multiplié par le second;*

3° *De 3 fois le premier nombre multiplié par le carré du second;*

4° *Du cube du second nombre.*

Remarque I. — Le cube d'un nombre entier plus grand que 10 se compose : 1° du *cube des dizaines*, lequel exprime un nombre entier de mille; 2° de 3 *fois le carré des dizaines multiplié par les unités;* 3° de 3 *fois les dizaines multipliées par le carré des unités;* 4° du *cube des unités* :

$$78^3 = (70 + 8)^3 = 70^3 + 3 \times 70^2 \times 8 + 3 \times 70 \times 8^2 + 8^3$$
$$= 343000 + 117600 + 13440 + 512 = 474552,$$

comme le montrerait la multiplication directe de trois facteurs égaux à 78.

Remarque II. — *La différence des cubes de deux nombres entiers consécutifs est égale à 3 fois le carré du plus petit nombre, plus 3 fois ce nombre, plus une unité* :

$$24^3 = (23 + 1)^3 = 23^3 + 3 \times 23^2 + 3 \times 23 + 1,$$

d'où

$$24^3 - 23^3 = 3 \times 23^2 + 3 \times 23 + 1,$$

c'est-à-dire

$$13824 - 12167 = 3 \times 529 + 3 \times 23 + 1 = 1587 + 69 + 1 = 1657.$$

80. *Carré et cube d'un produit.* — *Le carré ou le cube d'un produit est égal au produit des carrés ou des cubes de ses facteurs.*

En effet,

$$(9 \times 13 \times 29)^2 = (9 \times 13 \times 29) \times (9 \times 13 \times 29) = 9^2 \times 13^2 \times 29^2,$$
$$(7 \times 16)^3 = (7 \times 16) \times (7 \times 16) \times (7 \times 16) = 7^3 \times 16^3,$$

puisque rien n'empêche (16) d'intervertir l'ordre des facteurs.

81. *Racine carrée et racine cubique d'un produit.* — Il résulte du numéro précédent que *la racine carrée ou la racine cubique d'un produit de plusieurs carrés ou de plusieurs cubes*

est égale au produit des racines carrées ou des racines cubiques de ces facteurs.

Car, puisque (80)

$$9^2 \times 13^2 \times 29^2 = (9 \times 13 \times 29)^2 \quad \text{et} \quad 7^3 \times 16^3 = (7 \times 16)^3,$$

on a nécessairement

$$\sqrt{9^2 \times 13^2 \times 29^2} = 9 \times 13 \times 29 \quad \text{et} \quad \sqrt[3]{7^3 \times 16^3} = 7 \times 16.$$

82. *Carrés et cubes des 10 premiers nombres entiers.* — Nous donnons ci-après les carrés et les cubes des 10 premiers nombres entiers :

Nombres....	1,	2,	3,	4,	5,	6,	7,	8,	9,	10.
Carrés......	1,	4,	9,	16,	25,	36,	49,	64,	81,	100.
Cubes.......	1,	8,	27,	64,	125,	216,	343,	512,	729,	1000.

Les nombres de la première ligne sont les racines carrées de ceux de la seconde, et les racines cubiques de ceux de la troisième. Il suffit donc d'examiner ces trois séries pour reconnaître que la racine carrée d'un nombre plus grand que 100 et la racine cubique d'un nombre plus grand que 1000 sont toutes deux supérieures à 10 et contiennent, par conséquent, des dizaines.

Ce tableau donne en même temps le moyen de déterminer, à moins d'une unité près, la racine carrée d'un nombre plus petit que 100 et la racine cubique d'un nombre plus petit que 1000, quand ce nombre n'est pas exactement le carré ou le cube d'un nombre entier.

Soit pris pour exemple le nombre 78. Ce nombre tombe, à la deuxième ligne, entre 64 et 81 ; sa racine carrée est donc comprise entre 8 et 9, qui expriment l'un et l'autre, l'un par défaut et l'autre par excès, la racine carrée de 78 à moins d'une unité près.

Le nombre 78 tombant, à la troisième ligne, entre 64 et 125, sa racine cubique est comprise elle-même entre 4 et 5, et l'on peut prendre l'un de ces deux nombres pour la racine cubique de 78, à moins d'une unité près.

En prenant seulement la racine par défaut, on peut envisager la détermination ou l'*extraction de la racine carrée ou de la racine cubique d'un nombre*, quand ce nombre n'est pas un carré ou un cube parfait, comme ayant pour objet de *trouver la racine du plus grand carré ou du plus grand cube qui y est contenu*. Tel est le but que nous assignerons, en général, à cette importante opération dont nous allons indiquer les procédés.

EXTRACTION DE LA RACINE CARRÉE D'UN NOMBRE ENTIER.

83. Nous venons de voir que cette racine serait immédiatement fournie par le tableau précédent, si le nombre donné était inférieur à 100; nous n'avons donc à nous occuper maintenant que des nombres plus grands que 100 et dont la racine contient, par conséquent, des dizaines.

Proposons-nous d'extraire la racine carrée du nombre 83576, c'est-à-dire, de trouver la racine du plus grand carré contenu dans ce nombre.

Cette opération repose sur le principe suivant : *On obtient les dizaines de la racine carrée d'un nombre en extrayant la racine carrée des centaines de ce nombre.*

Soit, en effet, 28 la racine du plus grand carré contenu dans les 835 centaines du nombre proposé. Puisque le carré de 28 est contenu dans 835, celui de 280 est aussi contenu dans 83500 et, à plus forte raison, dans 83576.

D'un autre côté, le carré de 29 étant plus grand que 835, celui de 290 est plus grand que 83500 et aussi que 83576; car ce carré excède 83500 au moins d'une centaine. Le nombre 83576 est donc compris entre le carré de 280 et celui de 290; par conséquent, le nombre des dizaines de sa racine est bien 28.

84. De cette analyse il résulte que, pour avoir le nombre des dizaines de la racine cherchée, il faut déterminer la racine du plus grand carré contenu dans les centaines du nombre donné.

Opérant alors sur les 835 centaines comme on l'a fait sur le nombre donné lui-même, on verrait que, 835 étant supérieur à 100, sa racine a des dizaines qui sont données par la racine du plus grand carré contenu dans 8, ou par 2.

D'où l'on peut conclure généralement que, *pour obtenir le*

premier chiffre de la racine, il faut partager le nombre donné en tranches de deux chiffres à partir de la droite, la tranche de gauche pouvant n'avoir qu'un seul chiffre ; puis, extraire la racine du plus grand carré contenu dans cette dernière tranche.

Remarque. — Le nombre des tranches indique précisément le nombre des chiffres de la racine.

85. Essayons maintenant de déterminer les chiffres suivants.

Nous avons été conduits à chercher la racine du plus grand carré contenu dans les centaines 835 du nombre donné. Ce nouveau nombre 835 se compose généralement de quatre parties : $1°$ du carré des dizaines de sa racine ou 20^2, ou 400 ; $2°$ du double produit des 2 dizaines de sa racine par le chiffre encore inconnu des unités ; $3°$ du carré de ces unités ; $4°$ enfin, d'un reste égal à l'excès de 835 sur le plus grand carré qu'il contient.

En retranchant de 835 le carré des dizaines, ou 400, le reste 435 renferme donc encore les trois autres parties et, en particulier, le double produit des 2 dizaines par le chiffre inconnu des unités, lequel produit ne peut évidemment se trouver que dans les 43 dizaines de 435.

Or, si nous divisons les 43 dizaines du reste 435 par le double 4 des dizaines de la racine, le quotient représentera les unités de la racine de 835, ou un chiffre plus fort que ces unités. Ce quotient serait 10, qui est naturellement trop fort, puisque la racine ne peut contenir plus de 2 centaines, ainsi que nous l'avons vu plus haut ; essayons 9.

Examinons pour cela si 435 contient bien le double produit 360 des dizaines du nombre 29 par ses unités, et le carré 81 des unités. Ces deux parties font ensemble 441 ; donc 9 est un chiffre trop fort.

En essayant de même 8, on trouverait 384 au lieu de 441, et l'excès de 435 sur 384 serait 51 ; par conséquent, le nombre 835 a pour racine carrée 28 et dépasse de 51 le carré de cette racine.

Ainsi se trouve déterminée (84) la racine 280 du plus grand carré contenu dans 835 centaines et, par suite, le nombre 28 des dizaines de la racine de 83576. Mais, comme 835 centaines excédent de 51 centaines le carré de 28 dizaines, le nombre donné 83576 dépasse de 5176 ce même carré de 28 dizaines; d'où il résulte que 5176 contient encore le double produit des 28 dizaines de la racine totale par le chiffre inconnu des unités, le carré des unités et un reste, si 83576 n'est pas un carré parfait.

Or, le double produit des dizaines par les unités ne peut se trouver que dans les 517 dizaines de 5176. Si donc nous divisons ces 517 dizaines par 2 fois les 28 dizaines ou par 56, nous obtiendrons pour quotient le chiffre des unités de la racine du nombre donné ou un chiffre trop fort.

Ce chiffre des unités est ici 9, et le carré de 289 étant 83521, le nombre 83576 excède de 55 le plus grand carré qu'il contient.

86. En général, *pour extraire la racine carrée du plus grand carré entier contenu dans un nombre, on partage ce nombre en tranches de deux chiffres à partir de la droite, la dernière tranche à gauche pouvant n'avoir qu'un seul chiffre.*

On extrait la racine du plus grand carré contenu dans la première tranche à gauche, et l'on a le premier chiffre de la racine cherchée.

On soustrait de la première tranche le carré du premier chiffre de la racine; à la droite du reste on abaisse la tranche suivante, et, dans le nombre ainsi formé, on sépare le premier chiffre à droite; divisant alors la partie de gauche par le double du chiffre obtenu à la racine, on trouve pour quotient le second chiffre de cette racine ou un chiffre trop fort.

Pour essayer ce chiffre, on forme les deux dernières parties du carré de la racine, et l'on soustrait ces deux parties réunies du nombre formé par le premier reste suivi de la seconde tranche; si la soustraction est possible, le chiffre essayé est exact; sinon, on essaye de la même manière le chiffre inférieur d'une unité, et ainsi de suite jusqu'à ce que la soustraction puisse se faire.

A la droite de ce nouveau reste, on écrit la tranche suivante, et l'on continue la recherche des chiffres successifs de la racine comme il a été fait pour le second.

Remarque I. — Il existe un moyen simple et commode de faire d'un seul coup les opérations partielles nécessaires pour l'essai d'un chiffre quelconque de la racine et de disposer l'opération générale.

Nombre donné. 8.3 5.7 6 | 289   racine cherchée.

		49	48	569	Essais relatifs aux
4 3.5		9	8	9	deux derniers chif-
5 1 7.6					fres de la racine.
Reste...	3 5	441	384	5121	

Quand on a obtenu le premier chiffre 2 de la racine, on a retranché de 8 le carré 4 de ce chiffre; puis, abaissant la deuxième tranche du nombre donné, on a eu le nombre 435, dans lequel on a divisé 43 par le double 4 de 2, et le quotient 9 eût fourni le chiffre suivant de la racine, s'il n'eût été reconnu trop fort et abaissé par suite à 8. Or, que l'on essaye 9 ou 8, il faut doubler le chiffre 2 de la racine, lequel, par rapport à celui que l'on cherche, exprime 2 dizaines; multiplier ce double 40 par les unités cherchées ou par le chiffre à essayer; faire enfin le carré de ce chiffre pour retrancher le tout de 435.

Il est alors facile de voir que multiplier 40 par 8, puis 8 par 8, et faire la somme des deux produits, revient à faire du même coup le produit de 40 + 8 ou 48 par 8. On arrivera donc au but désiré en doublant la partie connue de la racine, en plaçant à la suite le chiffre à essayer, et en multipliant le nombre résultant par ce dernier chiffre, le produit devant être ensuite retranché de la même manière que dans la division ordinaire des nombres entiers.

Cette observation est générale et s'applique à une phase quelconque de l'opération. C'est ainsi que, pour avoir le reste 55, nous avons doublé 28, divisé 517 par 56, et retranché de 5176 le produit de 569 par 9.

Remarque II. — *Dans une extraction de racine carrée, un reste quelconque est au plus égal au double de la partie obtenue de la racine.*

En effet, dans l'opération qui précède, et dans laquelle nous avons été conduits à extraire la racine carrée 28 du nombre 835, par exemple, si nous avions obtenu, au lieu du reste 51, le nombre $28 \times 2 + 1$ ou 57, nous eussions été averti (78, *Rem. II*) que 835 contenait, outre le carré de 28, le double de 28 plus 1, c'est-à-dire le carré de 29, et le chiffre 8 eût dû être remplacé par 9.

Cette observation s'applique en particulier au reste final de l'opération, et cette première vérification du calcul ne doit jamais être omise.

Remarque III. — Lorsque les dizaines de l'un des restes accompagnés de la tranche suivante forment un nombre moindre que le double de la partie obtenue de la racine, le quotient est nul et le chiffre correspondant de la racine est un zéro. Il faut alors abaisser encore la tranche suivante et continuer, s'il y a lieu, l'opération d'après la méthode ordinaire.

Cette circonstance se présente dans les exemples suivants :

12.3 0.6 0.8 7	3508			2.9 1.4 8	170	
3 3.0	65	7008		1 9.1	27	34
5 6.0 8 7	5	8		2 4 8	7	
2 3	305	56064				

Si le chiffre 0 de la racine en était le dernier, le reste de l'opération serait le nombre lui-même qui aurait fourni ce chiffre, comme cela a lieu ci-dessus pour le nombre 29148 dont la racine est 170 avec un reste 248.

87. La preuve d'une extraction de racine carrée se fait tout naturellement en formant le carré de la racine et y ajoutant le reste. On doit ainsi retrouver le nombre donné.

Ainsi,

$$289^2 + 55 = 83521 + 55 = 83576,$$
$$3508^2 + 23 = 12306064 + 23 = 12306087,$$
$$170^2 + 248 = 28900 + 248 = 29148.$$

EXTRACTION DE LA RACINE CUBIQUE D'UN NOMBRE ENTIER.

88. Le tableau du n° 82 fournirait sur-le-champ la racine cubique du plus grand cube contenu dans le nombre donné, si ce dernier n'avait que 3 chiffres, c'est-à-dire s'il était inférieur à 1000.

Lorsque le nombre donné est supérieur à 1000, sa racine cubique est elle-même supérieure à 10 et contient des dizaines. On a vu (79) que, dans ce cas, le nombre donné contient cinq parties distinctes, savoir : 1° le cube des dizaines; 2° le triple produit du carré des dizaines par les unités; 3° le triple produit des dizaines par le carré des unités; 4° le cube des unités, et enfin 5° un reste qui représente l'excédant du nombre donné sur le plus grand cube exact qu'il renferme.

Par des considérations tout à fait analogues à celles que nous avons exposées (83) pour la racine carrée, nous arriverions aisément à conclure que les dizaines de la racine, qui élevées au cube produisent un certain nombre de mille, ne sont autre chose que la racine du plus grand cube contenu dans les mille du nombre donné; que, par suite, on doit extraire d'abord la racine cubique dudit nombre donné, abstraction faite des trois chiffres qui le terminent à droite.

Si ce nouveau nombre lui-même est supérieur à 1000, on établira encore de la même façon que l'on doit commencer par extraire la racine du nombre qui représente ses mille. Enfin, quel que soit le nombre donné, s'il est supérieur à 1000, il faut le partager en tranches de trois chiffres à partir de la droite, la dernière tranche à gauche pouvant n'avoir que deux ou un seul chiffre : puis, extraire la racine cubique du plus grand cube contenu dans cette première tranche de gauche, pour avoir le premier chiffre de la racine cherchée.

Remarque. — Le nombre des tranches, comme dans la racine carrée, indique le nombre des chiffres de la racine cubique.

89. Occupons-nous maintenant de la recherche des chiffres de la racine qui viennent après le premier.

Soit, pour fixer les idées, à extraire la racine cubique de 73.849.264.

Nous venons de voir que la racine cherchée aurait trois chiffres, et que le premier de ses chiffres serait la racine du plus grand cube contenu dans la première tranche à gauche ou dans 73; ce premier chiffre est donc 4.

Si nous retranchons de 73849, dont nous avons vu qu'il fallait d'abord rechercher la racine cubique, le cube 64000 des dizaines de cette racine, le reste 9849 contiendra encore les quatre dernières des parties que renferme tout nombre supérieur à 1000 par rapport à sa racine cubique, et en première ligne le triple produit du carré des dizaines par le chiffre inconnu des unités, c'est-à-dire le produit de 48 centaines par le chiffre cherché, lequel produit ne peut se trouver que dans les 98 centaines de 9849. Si donc nous divisons 98 par 48, nous aurons pour quotient le chiffre 2 des unités de la racine de 7384g, lequel n'est autre que le second chiffre de la racine de 7384g264 ou un chiffre trop fort.

Pour essayer si ce chiffre 2 n'est pas trop fort, on peut ou faire le cube 74088 de 42 et tenter de le retrancher de 73849, ou retrancher simplement de 9849, s'il est possible, la somme des trois parties qui doivent encore être contenues dans ce reste. On formera dans ce but le triple carré 4800 des dizaines; on le multipliera par les unités 2, et l'on aura la première de ces trois parties, ou 9600. La seconde est le produit 480 du triple 120 des dizaines par le carré 4 des unités; enfin, la troisième partie est le cube 8 des unités. Ces trois parties réunies donnent une somme 10088 supérieure à 9849, circonstance qui indique, comme le montrerait également l'essai par le cube complet, que le chiffre 2 est trop fort; il faut donc essayer 1 qui donne une soustraction possible et conduit au reste 4928.

Connaissant ainsi le nombre 41 des dizaines de la racine, nous procéderons, comme ci-dessus, à la recherche des unités, en plaçant à droite du reste 4928 la dernière tranche de trois chiffres, ce qui donne 4928264; puis, nous diviserons les 49282 centaines de ce nombre par le triple carré du nombre des dizaines, c'est-à-dire par 5043. Le quotient de cette division est 9, que nous essayerons, et qui sera peut-être trop fort.

Pour cet essai nous formerons, comme précédemment, les trois parties de la racine que doit renfermer 4928264, outre l'excès sur le plus grand cube contenu. La première de ces parties est le produit 4538700 du triple carré 504300 des dizaines par les 9 unités; la seconde est le produit 9963o du triple 1230 des dizaines par le carré 81 des unités; enfin, la troisième de ces parties est le cube 729 des unités. La somme 463go59 de ces trois parties est inférieure à 4928264; par conséquent, 419 exprime bien la racine du plus grand cube contenu dans le nombre proposé, et l'excès de ce dernier sur la

plus grand cube est la différence 289205 entre 4928264 et
4639059; c'est le reste de l'opération, et celle-ci se dispose
d'ailleurs comme il suit :

Nombre donné... 73.849.264 | 419 racine.

64	16	41
98.49	3	41
49 21	48	41
49 282.64		164
46 390 59		1681
Reste...... 2 892 05		3
		5043

Essai du chiffre 1.

$$3 \times 40^2 \times 1 = 4800$$
$$3 \times 40 \times 1^2 = 120$$
$$1^3 = 1$$
$$\overline{4921}$$

Essai du chiffre 9.

$$3 \times 410^2 \times 9 = 4538700$$
$$3 \times 410 \times 9^2 = 99630$$
$$9^3 = 729$$
$$\overline{4639059}$$

90. Résumons ce qui précède en une règle générale :

*Pour extraire la racine cubique du plus grand cube entier
contenu dans un nombre, on partage ce nombre en tranches
de trois chiffres à partir de la droite, la dernière tranche à
gauche pouvant n'avoir que deux ou même un seul chiffre.*

*On extrait la racine du plus grand cube contenu dans la
première tranche à gauche, et l'on a le premier chiffre de la
racine cherchée.*

*On soustrait de la première tranche le cube de ce premier
chiffre; à la droite du reste on abaisse la tranche suivante et,
dans le nombre ainsi formé, on sépare les deux premiers chiffres à droite. Divisant alors la partie de gauche par trois fois
le carré du chiffre obtenu à la racine, on trouve pour quotient
le second chiffre de cette racine, ou un chiffre trop fort.*

*Pour essayer ce chiffre, on forme les trois dernières parties
du cube de la racine, et l'on soustrait ces trois parties réunies
du nombre formé par le premier reste suivi de la seconde
tranche. Si la soustraction est possible, le chiffre essayé est
exact; sinon, on essaye de la même manière le chiffre inférieur d'une unité, et ainsi de suite jusqu'à ce que la soustraction puisse se faire.*

A la droite de ce nouveau reste, on écrit la tranche sui-
vante, et l'on continue la recherche des chiffres successifs de
la racine comme il a été fait pour le second.

Remarque I. — Dans une extraction de racine cubique, un
reste quelconque est au plus égal à trois fois le carré de la
partie de la racine obtenue, plus trois fois cette partie.

En effet, si dans l'opération qui précède, et dans laquelle
nous avons été conduits à extraire la racine cubique 41 du
plus grand cube contenu dans 73849, par exemple, nous avions
obtenu, au lieu du reste 4928, le nombre $3 \times 41^2 + 3 \times 41 + 1$,
ou 5167, nous eussions été avertis (79, *Rem. II*) que 73849
contenait, non pas seulement le cube de 41, mais bien celui
de $41 + 1$ ou 42, et le chiffre 1 eût dû être remplacé par 2.

Cette observation s'applique en particulier au reste final de
l'opération, et fournit une première vérification qu'il ne faut
jamais négliger.

Remarque II. — Lorsque les centaines de l'un des restes
accompagnés de la tranche suivante forment un nombre moindre que le triple carré de la partie obtenue de la racine, le
chiffre cherché de cette racine est zéro, et l'on doit abaisser la
tranche suivante pour continuer l'opération, s'il y a lieu.

Cette circonstance se présente dans l'extraction de la racine
cubique du nombre 2893598{4}, qui donne pour résultat 307
avec un reste 1541.

$$
\begin{array}{ll|l|l}
28.9\ 35\ .984 & & 307 & \text{\textit{Essai du chiffre 7.}} \\
27 & & 9 \quad\ 900 & 3 \times 300^2 \times 7 = 1890000 \\
\ \ 19.35\ 9.84 & & 3 \qquad 3 & 3 \times 300 \times 7^2 = \ \ 44100 \\
\ \ 19\ 34\ 4\ 43 & & 27 \quad 2700 & 7^3 = \qquad\quad 343 \\
\quad\ 15\ 41 & & & \overline{\qquad\quad 1934443}
\end{array}
$$

91. La preuve d'une extraction de racine cubique se fait en
formant le cube de la racine obtenue et en ajoutant à ce cube
le reste de l'opération, pour retrouver le nombre donné.

C'est ainsi que (89)

$$419^3 + 289205 = 73560059 + 289205 = 73849264,$$

et (90, *Rem. II*)

$$307^3 + 1541 = 28934443 + 1541 = 28935984.$$

92. On forme le carré d'une fraction ordinaire en élevant séparément ses deux termes au carré. Ainsi,

$$\left(\frac{13}{29}\right)^2 = \frac{13}{29} \times \frac{13}{29} = \frac{13^2}{29^2}.$$

Inversement, on extrait la racine carrée d'une fraction dont les deux termes sont des carrés parfaits, en extrayant la racine de ses deux termes.

Quand cette condition n'est pas remplie, on rend le dénominateur un carré parfait en multipliant les deux termes par les facteurs convenables et, au besoin, par le dénominateur primitif lui-même. Par exemple,

$$\sqrt{\frac{19}{504}} = \sqrt{\frac{19}{2^2 \times 3^2 \times 7}} = \sqrt{\frac{19 \times 2 \times 7}{2^2 \times 3^2 \times 7^2}} = \frac{\sqrt{266}}{2^2 \times 3 \times 7} = \frac{\sqrt{266}}{84};$$

$$\sqrt{\frac{13}{21}} = \sqrt{\frac{13 \times 21}{21^2}} = \frac{\sqrt{273}}{21}.$$

C'est ainsi qu'il faut procéder, tant pour obtenir des résultats nettement caractérisés par un dénominateur exact, que pour bien déterminer et augmenter l'approximation, l'erreur inévitable au numérateur se trouvant nécessairement divisée par le dénominateur.

93. Pour élever un nombre décimal au carré, on fait le carré de ce nombre, abstraction faite de la virgule, et l'on sépare au résultat deux fois autant de chiffres décimaux qu'il y en a dans le nombre donné. Ainsi,

$$(7,364)^2 = 7,364 \times 7,364 = 54,228496.$$

Inversement, on extrait la racine carrée d'un nombre décimal qui est un carré exact en extrayant la racine de ce nombre, abstraction faite de la virgule, et séparant, sur la droite du résultat, la moitié du nombre des chiffres décimaux que contient le carré donné. En effet,

$$\sqrt{54,228496} = \sqrt{7,364 \times 7,364} = 7,364.$$

Remarque. — Tout nombre décimal qui est un carré parfait a un nombre pair de chiffres décimaux.

94. Lorsqu'un nombre décimal n'est pas un carré parfait, ou lorsqu'il est le carré d'un nombre qui aurait plus de chiffres décimaux qu'il n'est nécessaire pour l'approximation réclamée par la question traitée, on se contente ordinairement d'exprimer la racine cherchée à une unité près d'un ordre décimal donné.

Par exemple, le nombre 574289 n'étant pas un carré parfait, la racine du plus grand carré qu'il renferme est 757 avec le reste 1240. Si donc nous voulons extraire la racine carrée de 57,4289, et si nous procédons suivant la règle du numéro précédent, nous trouverons que la racine cherchée est 7,57, sauf le reste 0,1240.

Or, 574289 étant compris entre 757^2 et 758^2, le nombre décimal 57,4289 est nécessairement compris lui-même entre $(7,57)^2$ et $(7,58)^2$; donc chacune des deux quantités 7,57 et 7,58 exprime la racine carrée de 57,4289 à moins de 0,01 près, l'une par défaut, et l'autre par excès.

Comme deuxième exemple, considérons le nombre 0,2268712161 qui a pour racine carrée exacte 0,47631. Il est clair que cette même racine peut s'exprimer par 0,476 à moins de 0,001 près, et qu'elle serait ainsi obtenue en réduisant à six le nombre des chiffres décimaux, et extrayant la racine de 0,226871 comme il vient d'être dit.

En général, *pour extraire la racine carrée d'un nombre décimal, à une unité près d'un ordre décimal donné, on rend le nombre des chiffres décimaux du carré double de celui qu'on veut à la racine, soit en négligeant les dernières décimales du nombre donné, soit en en complétant le nombre par des zéros; on extrait la racine carrée du nombre ainsi formé, abstraction faite de la virgule, et l'on sépare à la droite de la racine le nombre de chiffres décimaux marqué par l'approximation demandée.*

Remarque I. — Cette règle s'applique aussi bien aux nombres entiers qu'aux nombres décimaux, et permet d'obtenir la racine carrée d'un nombre entier à une approximation décimale donnée. Ainsi, à moins de 0,01 près, la racine carrée de 17 est 4,12.

Remarque II. — Si l'on voulait chercher la racine d'un

nombre fractionnaire ordinaire, il suffirait de le convertir en nombre décimal par la règle connue (71), et de pousser la division jusqu'à ce que le quotient ait un nombre de chiffres décimaux double de celui que l'on veut à la racine. On extrairait ensuite la racine de ce quotient décimal, comme il a été dit plus haut. Par exemple, à moins de 0,01 près,

$$\sqrt{\frac{37}{8}} = \sqrt{4,6250} = 2,15.$$

CUBE ET RACINE CUBIQUE D'UNE FRACTION ORDINAIRE OU DÉCIMALE.

95. On forme le cube d'une fraction ordinaire en élevant séparément au cube ses deux termes. Ainsi,

$$\left(\frac{13}{29}\right)^{3} = \frac{13}{29} \times \frac{13}{29} \times \frac{13}{29} = \frac{13^{3}}{29^{3}}.$$

Inversement, on extrait la racine cubique d'une fraction en extrayant la racine de ses deux termes, après que l'on a, comme au n° 92, rendu le dénominateur un cube exact. Ainsi,

$$\sqrt[3]{\frac{10}{504}} = \sqrt[3]{\frac{10}{2^{3} \times 3^{2} \times 7}} = \sqrt[3]{\frac{19 \times 3 \times 7^{2}}{2^{3} \times 3^{3} \times 7^{3}}} = \frac{\sqrt[3]{2793}}{2 \times 3 \times 7} = \frac{\sqrt[3]{2793}}{42};$$

$$\sqrt[3]{\frac{13}{21}} = \sqrt[3]{\frac{13 \times 21^{2}}{21^{3}}} = \frac{\sqrt[3]{5733}}{21}.$$

96. Pour élever un nombre décimal au cube, on fait le cube de ce nombre, abstraction faite de la virgule, et l'on sépare au résultat trois fois autant de chiffres décimaux qu'il y en a dans le nombre donné. Ainsi

$$(7,36)^{3} = 7,36 \times 7,36 \times 7,36 = 398,688256.$$

Inversement, on extrait la racine cubique d'un nombre décimal qui est un cube exact en extrayant la racine de ce nombre, abstraction faite de la virgule, et séparant, sur la droite du résultat, le tiers du nombre des chiffres décimaux que contient le nombre donné. En effet,

$$\sqrt[3]{398,688256} = \sqrt[3]{7,36 \times 7,36 \times 7,36} = 7,36.$$

Remarque. — Tout nombre décimal qui est un cube parfait a le nombre de ses chiffres décimaux divisible par 3.

97. Par des raisonnements analogues à ceux du n° 94 et que, pour cette raison, nous ne déduirons pas ici, il est facile d'étendre à la racine cubique ce que nous avons dit de la racine carrée, et d'établir la règle suivante :

Pour extraire la racine cubique d'un nombre entier, décimal ou fractionnaire ordinaire, à une approximation décimale donnée, il faut ramener, s'il y a lieu, ce nombre à la forme décimale, avec un nombre de chiffres décimaux égal à trois fois celui qu'on veut à la racine; puis, extraire à moins d'une unité la racine cubique du nombre ainsi formé, abstraction faite de la virgule, et séparer à la droite de la racine le nombre de chiffres décimaux marqué par l'approximation demandée.

Ainsi, à moins de 0,01 près, la racine cubique de 17 est 2,57; celle de 57,00362839 est 3,84, et enfin celle de $\dfrac{3}{7}$ est 0,75.

SYSTÈME LÉGAL DES POIDS ET MESURES.

98. Les quantités que l'on a le plus ordinairement à mesurer sont les longueurs, les surfaces, les volumes, les poids et les valeurs monétaires. Avant la fin du siècle dernier, on se servait en France d'unités diverses pour le mesurage des mêmes grandeurs; aucun lien uniforme ne rattachait les multiples et les sous-multiples d'une unité à cette unité elle-même, et la confusion la plus complète régnait dans ce système composé d'éléments tout à fait incohérents.

La réforme apportée à ce chaos a consisté dans la création d'une unité mère qui a servi à former toutes les autres, et dans l'application de la loi décimale aux multiples et sous-multiples de ces nouvelles unités, par l'apposition des particules

myria, kilo, hecto, déca, déci, centi, milli,

respectivement correspondantes à

dix mille, mille, cent, dix, dixième, centième, millième.

L'unité primordiale est le *mètre*, qui n'est autre chose que la dix-millionième partie du quart d'un méridien terrestre. Ainsi prise dans la nature, en dehors de toute attribution spéciale à aucun pays, cette unité est susceptible de se retrouver intacte par le renouvellement de la mesure directe qui l'a fournie, et d'être même adoptée par tous les peuples civilisés dans un but d'uniformité favorable aux transactions internationales.

L'étalon prototype en platine, déposé aux Archives de France le 4 messidor an VII, donne la longueur légale du mètre, quand il est à la température zéro.

LONGUEURS.

99. Nous venons de dire que le mètre était l'unité fondamentale du système légal des mesures; il est naturellement l'unité à laquelle se rapportent toutes les longueurs. Ses multiples sont :

Le *décamètre*, qui vaut....	10 mètres.
L'*hectomètre*.............	100 »
Le *kilomètre*.............	1000 »
Et le *myriamètre*.........	10000 »

Chacun de ces multiples s'emploie plus particulièrement à des usages spéciaux, dans le but de rendre les mesures et leurs expressions plus commodes. C'est ainsi que le décamètre est la longueur donnée à une chaîne de 10 mètres dont on se sert pour mesurer des longueurs sur le terrain; les routes et chemins de fer sont ordinairement bornés en hectomètres et kilomètres, et les mesures itinéraires considérables s'évaluent le plus généralement en kilomètres et myriamètres.

Enfin, en dehors des termes réguliers de cette série, on parle quelquefois de la *lieue* métrique, qui se compose de 4 kilomètres.

Quant aux sous-multiples, ou parties plus petites que le mètre, ce sont :

Le *décimètre*, qui vaut............	0,1
Le *centimètre*..................	0,01
Et le *millimètre*	0,001

100. Avant l'introduction du système métrique, l'unité de longueur était la *toise,* qui se subdivisait en 6 *pieds ;* chaque pied valait 12 *pouces,* et le pouce 12 *lignes.*

Des mesures prises avec le plus grand soin ont montré que la longueur du quart du méridien vaut, à moins d'une unité près, 5130740 de ces anciennes toises. Cette même longueur valant aussi, comme on l'a vu, 10000000 mètres, il en résulte que

$$1 \text{ toise vaut } \frac{10000000}{5130740} \text{ mètre, ou } 1^m,94904,$$

et

$$1 \text{ mètre vaut } \frac{5130740}{10000000} \text{ toise, ou } 0^t,513074.$$

101. Telles sont les bases adoptées pour la conversion des anciennes mesures en nouvelles, et réciproquement.

Plutôt à titre d'exercice qu'à cause de son utilité réelle, nous donnerons un exemple de cette opération fort simple.

Soit à convertir en mètres et fractions décimales du mètre la longueur 27 toises 4 pieds 7 pouces 10 lignes.

Nous commencerons par établir que :

$$1 \text{ toise valant} \dots \dots \dots \quad 1,94904,$$
$$\tfrac{1}{6} \text{ de toise ou 1 pied vaut} \dots \quad 0,32484,$$
$$\tfrac{1}{12} \text{ de pied ou 1 pouce} \dots \dots \quad 0,02707,$$
$$\text{et} \quad \tfrac{1}{12} \text{ de pouce ou 1 ligne} \dots \dots \quad 0,002256.$$

Multipliant donc les nombres qui expriment combien d'unités de chaque espèce entrent dans la longueur donnée par la valeur en mètres de ladite unité, nous trouverons que :

$$27 \text{ toises valent} \dots \dots \dots \quad 52,62408$$
$$4 \text{ pieds} \dots \dots \dots \dots \quad 1,29936$$
$$7 \text{ pouces} \dots \dots \dots \dots \quad 0,18949$$
$$10 \text{ lignes} \dots \dots \dots \dots \quad 0,02256$$
$$\text{Donc, } 27^t 4^p 7^{pc} 10^l \text{ valent} \dots \quad 54,13549$$

Des tables ont été dressées, qui facilitent considérablement toutes les opérations de ce genre, et qui les ramènent ordinairement à de simples additions.

102. L'unité de surface est le *mètre carré*; c'est un carré dont chaque côté a 1 mètre de longueur.

Le *décamètre carré* et l'*hectomètre carré* sont des multiples assez rarement usités, du moins sous ces dénominations; mais, quand on veut mesurer la superficie d'un territoire étendu, on se sert du *kilomètre carré*, du *myriamètre carré*, et quelquefois aussi de la *lieue carrée*. Ces mesures sont autant de carrés qui ont respectivement 10, 100, 1000, 10000 ou 4000 mètres de côté.

Les sous-multiples du mètre carré sont tous trois généralement employés, et l'on compte par *décimètres, centimètres, millimètres carrés*, qui représentent des carrés ayant respectivement un décimètre, un centimètre, un millimètre de côté.

103. Il importe de ne pas confondre, comme cela arrive quelquefois, les expressions *décimètre, centimètre, millimètre carré* avec *dixième, centième, millième de mètre carré*.

Le décimètre carré, par exemple, est un carré qui a pour côté un décimètre; il est contenu cent fois dans le mètre carré; c'est donc le centième du mètre carré. De même, le centimètre carré est égal à un dix-millième de mètre carré, et le millimètre carré à un millionième de mètre carré.

Cette observation s'applique également aux multiples; le décamètre carré, par exemple, contient 10 fois 10 ou 100 mètres carrés, et le kilomètre carré équivaut à 1000 fois 1000 ou 1000000 mètres carrés.

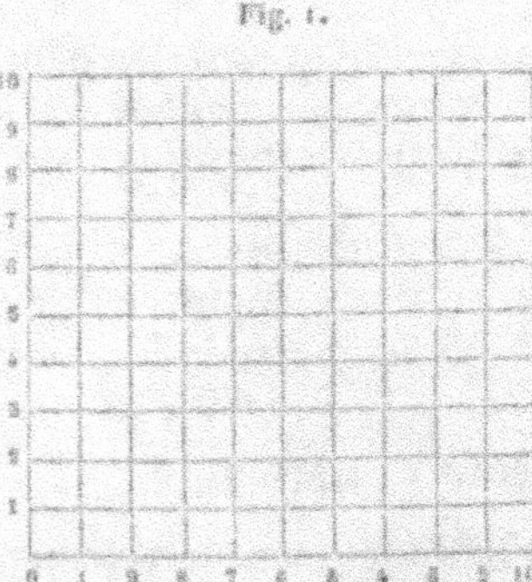

Fig. 1.

On voit bien clairement, d'ailleurs, que le mètre carré contient 100 décimètres carrés en partageant, comme dans la figure ci-contre, le côté d'un mètre carré en 10 dixièmes sur chacun desquels on peut faire un carré qui, ayant un décimètre de côté, représente un décimètre carré.

On a ainsi formé une tranche de 10 décimètres carrés qui peut être répétée 10 fois dans la hauteur du mètre et qui donne, par conséquent, 10 fois 10 ou 100 décimètres carrés.

Remarque. — De ce qui précède, il résulte qu'un nombre décimal de mètres carrés peut s'énoncer de plusieurs manières; nous citerons comme exemple le nombre

$$79^{mq},870396 \ (*)$$

que l'on énonce à volonté

*79 mètres carrés 870396 millionièmes de mètre carré
ou millimètres carrés,*

ou

*79 mètres carrés 87 décimètres carrés 3 centimètres carrés
95 millimètres carrés.*

104. Dans la mesure usuelle des terrains, le mètre carré serait souvent une unité trop petite qui conduirait à exprimer les superficies par des nombres trop considérables et peu commodes.

On a remédié à cet inconvénient en prenant pour unité spéciale à ce cas le décamètre carré que l'on a nommé *are*, et qui équivaut (**102**) à 100 mètres carrés.

Les seuls multiples et sous-multiples usités de l'are sont l'*hectare*, qui vaut 100 ares ou 10000 mètres carrés, et le *centiare*, ou centième partie de l'are, qui n'est autre chose que le mètre carré lui-même.

VOLUMES.

105. On nomme *cube* un volume ayant la forme d'une boîte à six faces carrées, ou d'un dé à jouer.

Un mètre cube est un cube dont chaque face a 1 mètre carré de surface, et dont chacune des douze arêtes ou côtés a 1 mètre de longueur.

L'unité de volume est le *mètre cube*.

(*) La notation ^{mq}, que nous introduisons ici pour désigner les mètres carrés, n'est pas la plus naturelle, quand on adopte l'orthographe usuelle du mot *carré*; mais elle est nécessaire pour la distinguer du signe ^{mc} des mètres cubes.

On ne fait guère usage des multiples du mètre cube; tous les sous-multiples, au contraire, sont fréquemment employés.

Comme pour les surfaces, il faut avoir bien soin de ne pas confondre les mots *décimètre cube, centimètre cube, millimètre cube*, avec les expressions *dixième, centième* ou *millième de mètre cube*. Il est facile, en effet, de se représenter que le dixième de mètre cube, par exemple, équivaut à 100 décimètres cubes; en d'autres termes, un mètre cube contient 10 fois 100 ou 1000 décimètres cubes.

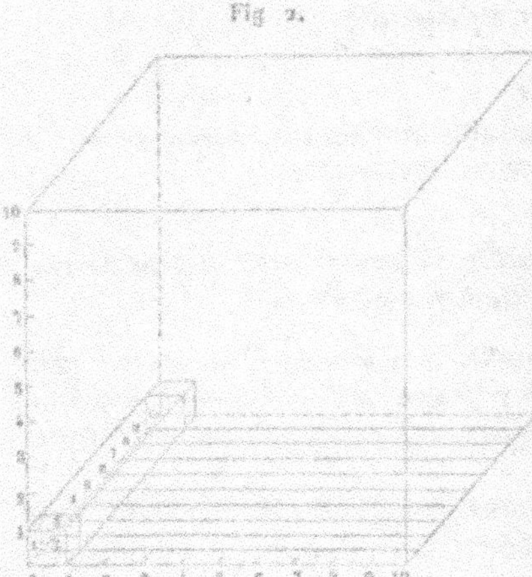
Fig 2.

En effet, supposons que, comme il est indiqué dans la figure ci-contre, la face inférieure d'un mètre cube ait été partagée (102) en 100 décimètres carrés.

Nous pourrons faire, sur chacun de ces décimètres carrés des décimètres cubes qui formeront ensemble une tranche de 100 décimètres cubes, laquelle pourra être répétée 10 fois dans la hauteur du mètre, ainsi qu'il s'agissait de l'établir.

On verrait de même que le centimètre cube est la millionième partie du mètre cube, et qu'un millimètre cube en est la billionième partie.

Remarque. — Le nombre 79^{mc},870396 peut s'énoncer

79 *mètres cubes* 870396 *millionièmes de mètre cube*
ou *centimètres cubes,*

ou

79 *mètres cubes* 870 *décimètres cubes* 396 *centimètres cubes.*

106. Le mètre cube, lorsqu'il est appliqué à la mesure des bois de chauffage, prend le nom de *stère.* On ne se sert que d'un seul multiple, le *décastère*, et d'un seul sous-multiple, le *décistère*.

107. Pour mesurer les liquides, les grains, les corps en poudre, on emploie un vase dont la capacité est égale à 1 décimètre cube; on l'a nommé *litre*. C'est, comme on le voit, la millième partie de 1 mètre cube.

Les multiples et sous-multiples les plus usités du litre sont:

> L'*hectolitre*, qui vaut............. 100 litres.
> Le *décalitre* .... 10 »
> Le *décilitre*....................... 0,1 »
> Le *centilitre*...................... 0,01 »

Dans le mesurage des grains, on emploie généralement un vase cylindrique en bois, dont la capacité est de 2 décalitres, ou 20 litres, et dont la hauteur est égale au diamètre de la base. Les subdivisions de cette mesure sont, du reste, établies suivant la même forme et les mêmes proportions.

Pour les liquides, on se sert de vases cylindriques en étain ou en fer-blanc, dont la hauteur est double du diamètre de la base.

POIDS.

108. L'unité de poids est le *gramme;* c'est le poids de 1 centimètre cube d'eau distillée, pesée dans le vide et à son maximum de densité, lequel correspond d'une manière constante à 4 degrés environ au-dessus du zéro du thermomètre centigrade.

On voit déjà que, dans ces circonstances, un litre d'eau distillée pèse 1000 grammes ou 1 kilogramme, et que 1 mètre cube pèse 1000 kilogrammes.

Les multiples usités du gramme sont:

> Le *décagramme*, qui vaut........... 10 grammes.
> L'*hectogramme*..................... 100 »
> Le *kilogramme*..................... 1000 »

En dehors de la série ordinaire, on emploie aussi le *quintal métrique* qui vaut 100 kilogrammes, et le *millier* qui est équivalent au poids de 1000 kilogrammes et du *tonneau* de mer.

Les sous-multiples sont :

Le *décigramme*, qui vaut............ 0,1 ^{gr}
Le *centigramme*................... 0,01
Le *milligramme*................ 0,001

L'étalon prototype en platine, déposé aux Archives le 4 messidor an VII, donne, dans le vide, le poids légal du kilogramme.

109. L'ancienne unité de poids était la *livre*, ou *livre-poids*, qui valait 16 *onces*; l'once se divisait en 8 *gros*, et le gros en 72 *grains*.

Il entrait, par conséquent, 9216 grains dans la livre.

Or, 1 kilogramme vaut 18827,15 grains; il vaut donc 18827,15 fois $\dfrac{1}{9216}$ ou $\dfrac{18827,15}{9216}$ ou 2,0428765419 livres.

De même, une livre vaut $\dfrac{9216}{18827,15}$ ou 0,489505847 kilogrammes.

Ce sont ces chiffres qui serviraient de base à la conversion des mesures anciennes en nouvelles, et réciproquement. Nous n'avons pas à nous arrêter sur cette opération.

MONNAIES.

110. Les monnaies françaises sont des rondelles en *or*, en *argent* ou en *cuivre*, mélangés d'autres substances métalliques destinées à leur donner plus de dureté, à les rendre plus propres à résister à l'action du *frai*, c'est-à-dire à la diminution de poids par le frottement et la circulation.

L'*alliage* des pièces d'or et d'argent est, d'après la législation en vigueur, au titre de 0,9 par rapport au métal qui y entre en plus grande proportion. Ainsi, nos monnaies d'or et d'argent contiennent les 9 dixièmes de leur poids en or ou en argent, et l'autre dixième en cuivre. Toutefois, une loi récente a ordonné que les pièces divisionnaires en argent, dont on trouvera plus loin l'énumération, seraient désormais fabriquées à raison de 835 millièmes de fin au lieu de 900.

La monnaie de cuivre est composée de 95 parties de cuivre pur, de 4 d'étain et de 1 de zinc; c'est, à proprement parler, de la monnaie de *bronze*.

Une tolérance spéciale, en plus et en moins, et dont le taux est déterminé par la loi, est accordée pour la fabrication de chaque espèce de monnaie, tant en ce qui concerne le titre de la matière employée qu'en ce qui a rapport au poids des pièces.

111. L'unité monétaire est le *franc*.

On n'emploie aucun multiple du franc dans les énonciations de valeurs monétaires; les deux seuls sous-multiples usités sont le *décime* et le *centime*, respectivement égaux à un dixième et à un centième de franc.

112. Les monnaies d'argent sont, en l'état actuel de la législation y relative, présentées dans le tableau suivant :

VALEUR DES PIÈCES.	POIDS	TITRE.	DIAMÈTRE.
fr	gr		mm
0,20	1	835 millièmes.	15
0,50	2,50	835 »	18
1	5	835 »	23
2	10	835 »	27
5	25	900 »	37

Remarque I. — Les poids des pièces de monnaie d'argent étant établis en nombre ronds, ces pièces peuvent servir de poids usuels.

Outre la pièce de 20 centimes qui pèse 1 gramme, et celle de 1 franc qui pèse 5 grammes, on voit que 4 pièces de 5 francs ou 10 de 2 francs pèsent 100 grammes, et 200 pièces de 5 francs (valeur 1000 francs) pèsent 5 kilogrammes.

Remarque II. — Le diamètre ou *module* des pièces d'argent étant également fixé en nombres ronds de millimètres, ces pièces pourraient offrir des mesures usuelles de longueur.

Ainsi, par exemple, 19 pièces de 5 francs et 11 de 2 francs, ou 20 pièces de 2 francs et 20 de 1 franc, donnent 1 mètre de longueur, quand on les place les unes à la suite des autres sur une même ligne droite.

113. D'après la loi qui régit en cela notre système monétaire, la valeur de l'or est, à poids égal, quinze fois et demie celle de l'argent, et cette proportion a permis de calculer le poids de la pièce d'or de 5 francs, par exemple, en divisant par 15,5 celui de la pièce correspondante en argent, ainsi qu'on le voit dans le tableau suivant :

VALEUR DES PIÈCES	POIDS.	TITRE.	DIAMÈTRE.
fr	gr		mm
5	1,61290	900 millièmes.	17
10	3,22580	900 "	19
20	6,45161	900 "	21
50	16,12903	900 "	28
100	32,25806	900 "	35

Remarque. — Comme on le voit, les poids des monnaies d'or n'ont pas été fixés en nombres ronds. On peut noter, toutefois, que 155 pièces de 20 francs pèsent 1 kilogramme, poids égal à celui de 40 pièces de 5 francs en argent.

114. Les monnaies de bronze sont au nombre de quatre :

La pièce de 1 centime qui pèse 1 gramme a 0,015 de diamètre.

»	2	2	»	0,020	»
»	5	5	»	0,025	»
»	10	10	»	0,030	»

Remarque. — Bien plus facilement encore que les pièces d'or et d'argent, les pièces de bronze, quand elles ont conservé leur poids et leur diamètre légaux, peuvent usuellement servir de mesures de poids et de longueur.

On peut observer, enfin, que la pièce de 5 centimes en bronze a le même poids que celle de 1 franc en argent.

RÉSOLUTION DES PROBLÈMES.

115. Dans un problème quelconque, on se propose de découvrir une quantité *inconnue* au moyen de relations qui la lient à d'autres quantités *connues*.

Nous ne prétendons pas donner ici des règles générales pour résoudre tous les problèmes que l'Arithmétique élémentaire permet d'aborder, et nous nous contenterons d'ana-

lyser un certain nombre de ceux qui nous paraîtront propres
à exercer convenablement le lecteur, pour étudier ensuite
d'une manière spéciale les questions d'intérêt, d'escompte et
de société qui figurent explicitement au programme.

La plupart de ces questions nous conduiront à considérer
des quantités de même nature deux à deux, et liées entre
elles de telle façon que, lorsque l'une devient un certain
nombre de fois plus grande ou plus petite, l'autre devient le
même nombre de fois plus grande ou plus petite, ou bien inversement le même nombre de fois plus petite ou plus grande.

Le rapport ou quotient (18) de deux valeurs de la première
quantité est alors constamment égal au rapport soit direct,
soit renversé, des valeurs correspondantes de la seconde, et
nous dirons que ces quantités varient dans un même rapport,
direct dans le premier cas, *inverse* dans le second.

Ainsi, toutes choses égales d'ailleurs, la quantité d'un même
travail faite par des ouvriers également habiles varie dans le
même rapport direct que le nombre de ces ouvriers; le prix
d'une pièce d'étoffe dans le même rapport que sa longueur;
le poids d'une barre de fer est aussi dans le même rapport
que sa longueur, etc. Le rapport est inverse quand il s'agit
du nombre de jours nécessaires à un travail relativement au
nombre d'ouvriers employés; du nombre de kilogrammes
d'une marchandise qu'on peut acheter avec une même somme
d'argent relativement au prix du kilogramme; de la durée
d'un travail relativement à sa difficulté ou à la durée du travail journalier, etc.

116. Éclaircissons complétement ces notions par des
exemples.

Problème 1. — *5 mètres d'étoffe ont coûté* 3o *francs; combien coûteront* 8 *mètres de la même étoffe?*

Pour résoudre cette question, nous dirons : Puisque

5 mètres ont coûté . . . . 3o francs,

1 mètre coûterait 5 fois moins, ou . . . . $\dfrac{3o}{5}$,

et 8 mét. coûteraient 8 fois plus que 1 mèt., ou $3o \times \dfrac{8}{5}$, ou 48 f.

6.

PROBLÈME II. — 20 *ouvriers ont fait un certain ouvrage en 16 jours; combien d'ouvriers faudrait-il employer pour faire le même ouvrage en 5 jours?*

Si, pour faire l'ouvrage en 16 jours, il a fallu 20 ouvriers, pour le faire en 1 jour il en faudra 16 fois plus, ou 20×16; et, pour le faire en 5 jours, il en faudra 5 fois moins, ou $20 \times \dfrac{16}{5}$, ou 64 ouvriers.

Tel est, dans sa plus grande simplicité, le problème connu et désigné sous le nom de *règle de trois*. Généralement, *trois* nombres sont donnés et doivent servir à en déterminer un quatrième.

Le premier exemple nous montre un rapport direct, le second un rapport inverse.

Dans l'un comme dans l'autre la quantité cherchée, ou l'inconnue, est obtenue en multipliant la quantité analogue, prise dans le fait qui sert de base à la question, par une fraction dont les deux termes, correspondant à l'autre espèce de quantité, sont respectivement pris dans le fait fondamental et dans le fait incomplet de l'énoncé.

Il y a toutefois cette différence que dans le premier cas, celui du rapport direct, la fraction a pris pour numérateur la quantité relative au fait incomplet, tandis que le contraire a eu lieu dans le cas du rapport inverse.

117. Quand des conditions accessoires viennent introduire de nouveaux éléments dans la question, on dit alors que la règle de trois est *composée*; nous allons donner un exemple de ce genre.

PROBLÈME III. — 7 *ouvriers ont fait, en travaillant 8 heures par jour, 36 mètres cubes de maçonnerie; combien d'heures devront travailler par jour 13 ouvriers pour faire 54 mètres cubes?*

Nous dirons : puisque

7 ouvriers font   36 m. cub. en travaillant 8 heures par jour,

1 ouvrier fera   36   »   » 8×7 »

et

1 ouvrier fera   1   »   » $\dfrac{8 \times 7}{36}$,

par conséquent,

13 ouvriers feront   1 m. cub. en travaillant $\dfrac{8 \times 7}{36 \times 13}$

et

13 ouvriers feront 54   »   » $\dfrac{8 \times 7 \times 54}{36 \times 13}$,

$$\text{ou } 8 \times \frac{7}{13} \times \frac{54}{36},$$

$$\text{ou } 6^h,46 \text{ par jour.}$$

118. On peut déjà généraliser l'esprit de la méthode que nous avons employée pour résoudre ce problème.

Cette méthode est dite *de réduction à l'unité* ; elle consiste à transformer le fait qui sert de base à la question, de manière à le remplacer d'abord par un autre dans lequel tous les éléments soient représentés par l'unité, sauf celui qui correspond à l'inconnue, pour arriver ensuite au second fait que l'on a en vue de compléter. Ainsi, dans les cinq lignes qui ont fourni la solution précédente, la première représente le fait complet et fondamental de la question ; la troisième donne ce même fait réduit à l'unité, sauf en ce qui concerne le nombre cherché ; enfin, la dernière est le fait incomplet dans l'énoncé, et qui se trouve ainsi complété par la détermination de l'inconnue.

Le résultat final ou la valeur $8 \times \dfrac{7}{13} \times \dfrac{54}{36}$ de l'inconnue présente encore la quantité correspondante 8 du fait fondamental multipliée par deux fractions $\dfrac{7}{13}$ et $\dfrac{54}{36}$, dont chacune a pour termes des quantités qui se correspondent dans les deux faits de l'énoncé.

Il importe toutefois d'observer, comme nous l'avons fait (116) pour la règle de trois simple, que la fraction $\dfrac{7}{13}$, relative au nombre des ouvriers, a pris son numérateur dans le fait fondamental à cause du rapport inverse qui lie le nombre des ouvriers employés au nombre des heures pendant lesquelles ces ouvriers travaillent par jour.

La fraction $\dfrac{54}{36}$ au contraire, laquelle correspond au cube de la maçonnerie exécutée, a pour numérateur le nombre pris dans le fait incomplet, par la raison que la quantité de travail varie dans un rapport direct avec le temps du travail journalier.

De là cette règle générale :

Pour résoudre une règle de trois quelconque, on multiplie celle des quantités données qui est de même nature que l'inconnue, par une suite de fractions dont les deux termes sont pris parmi les quantités de même nature dans les deux faits de la question, chaque numérateur correspondant au fait incomplet ou au fait fondamental, suivant que les quantités considérées varient dans un rapport direct ou dans un rapport inverse avec l'inconnue.

119. Appliquons, sans entrer autant dans les détails, cette règle à un nouvel exemple :

Problème IV. — *4 hommes, en travaillant 12 jours et 7 heures par jour, ont creusé un fossé de 20 mètres de longueur sur 6 mètres de largeur et 9 de profondeur.*

Quelle serait la longueur d'un fossé que 16 hommes, 2 fois plus forts que les premiers, devraient creuser en 10 jours à raison de 8 heures par jour, ledit fossé devant avoir 5 mètres de largeur sur 11 de profondeur, et ce dernier travail étant 3 fois plus difficile que le premier ?

La longueur inconnue sera égale à la longueur connue 20 mètres multipliée par 7 fractions respectivement relatives au nombre des hommes, à leur force, au nombre de jours de travail, à celui des heures employées par jour, à la largeur du fossé, à sa profondeur, et à la difficulté de chaque ouvrage.

Nous disposerons comme il suit le calcul :

	Hommes.	Force.	Jours.	Heures.	Long.	Larg.	Profond.	Difficulté.
Fait fondamental.	4	1	12	7	20^m	6^m	9^m	1
Fait incomplet...	16	2	10	8	»	5	11	3
	Rapp. dir.	Direct.	Direct.	Direct.		Inverse.	Inverse.	Inverse.

et la longueur cherchée s'exprimera par

$$20^m \times \frac{16}{4} \times \frac{2}{1} \times \frac{10}{12} \times \frac{8}{7} \times \frac{6}{5} \times \frac{9}{11} \times \frac{1}{3},$$

quantité qui, par la suppression de tous les facteurs communs à la série des numérateurs et à celle des dénominateurs, se réduit à

$$20^m \times \frac{4 \times 2 \times 8 \times 3}{7 \times 11}, \quad \text{ou} \quad \frac{3840}{77} \text{ mètres}, \quad \text{ou} \quad 49^m,87.$$

120. Chacun des multiplicateurs fractionnaires de la longueur de 20 mètres, dans l'exemple précédent, a pour effet d'augmenter ou de diminuer cette quantité, selon que le numérateur est supérieur ou inférieur au dénominateur. Or, d'après la nature des quantités de la question et les valeurs relatives qu'elles ont dans l'énoncé, il est toujours facile de déterminer sans hésitation si le multiplicateur correspondant à chacune d'elles, abstraction faite de toutes les autres, doit être supérieur ou inférieur à l'unité. Rien n'est donc plus simple que de placer au numérateur celui des deux termes qui doit assurer ce résultat.

Ainsi, nous pourrions dire :

16 h. feront *plus* de long. que 4 ; donc la fract. corresp. est $\frac{16}{4}$;

avec une force 2, ils feront *plus* qu'avec la force 1 :..... $\frac{2}{1}$;

en 10 jours, ils feront *moins* qu'en 12 :................. $\frac{10}{12}$;

travaillant 8 heures, ils feront *plus* qu'en 7 :............. $\frac{8}{7}$;

5^m de largeur donneront *plus* que 6 :................... $\frac{6}{5}$;

11^m de profondeur donneront *moins* que 9 :............. $\frac{9}{11}$;

une difficulté 3 donnera *moins* qu'une difficulté 1 :..... $\frac{1}{3}$;

et nous eussions obtenu un résultat identique avec le précédent.

Cette remarque nous paraît susceptible d'être convertie en une règle générale, qui, comme on le voit, ne le céderait en rien à celle du n° **119** pour la simplicité d'application.

QUESTIONS D'INTÉRÊT.

121. On appelle *intérêt* d'une somme prêtée, ou d'un *capital*, le bénéfice qu'il rapporte à celui qui l'a prêté. C'est ordinairement au moyen de sa quotité pour 100 francs et par année que s'exprime l'intérêt ; cette quotité est le *taux*, que l'on dit être de 3, 4, 5,... pour 100, selon que, d'après les conditions du prêt, le capital rapporte par an autant de fois 3, 4, 5,... francs qu'il contient de fois 100 francs, toute fraction d'année ou de centaine de francs ajoutant d'ailleurs une égale fraction du taux.

Dans les calculs d'intérêt, les années sont toujours comptées pour 12 mois de 30 jours chacun, ou pour 360 jours.

Il y a deux sortes d'intérêt : le *simple* et le *composé*.

On dit que l'intérêt est simple quand le capital reste le même pendant toute la durée du prêt, l'intérêt étant réglé annuellement et payé au prêteur. Quand, au contraire, l'intérêt de chaque année reste entre les mains de l'emprunteur pour augmenter annuellement le capital, il est dit composé ; on tient compte, en un mot, de l'*intérêt de l'intérêt*.

Nous examinerons successivement ces deux cas, dont le premier rentre seul dans la catégorie des questions précédentes, puisque c'est exclusivement alors que l'intérêt varie dans le même rapport que le capital, le temps ou la durée du prêt et le taux.

INTÉRÊT SIMPLE.

122. PROBLÈME V. — *Quelle somme d'intérêts rapportent 5600 francs placés à 4 pour 100 pendant 7 ans ?*

Cette question revient à la suivante :

100 *francs rapportent 4 francs d'intérêt dans 1 an ; combien rapporteront 5600 francs pour 7 ans ?*

C'est évidemment là une règle de trois qui peut se résoudre par la méthode générale (118), et on trouve pour expression de l'inconnue

$$4^{fr} \times \frac{5600}{100} \times \frac{7}{1} \quad \text{ou} \quad 1568^{fr}.$$

123. Problème VI. — *Que rapporteront* 5637^{fr},43 *placés à* 4^{fr},58 *pour* 100 *pendant* 7 *ans* 4 *mois* 21 *jours ?*

Nous transformerons facilement cet énoncé en celui-ci :

100 *francs rapportent* 4^{fr},58 *en* 1 *an ou* 360 *jours ; combien rapporteront* 5637^{fr},43 *en* 7 *ans* 4 *mois et* 21 *jours, ou* 2661 *jours ?*

La réponse est encore

$$4^{fr},58 \times \frac{5637^{fr},43}{100} \times \frac{2661}{360} \quad \text{ou} \quad 1908^{fr},49.$$

Remarque. — On doit remarquer que, ayant à comparer entre eux des temps dont l'un contenait des jours dans son expression, nous avons eu soin de convertir préalablement en jours chacune de ces deux durées.

124. Problème VII. — *Quel capital faut-il prêter pour que, dans* 3 *ans* 5 *mois* (41 *mois*), *il ait produit* 316^{fr},55 *d'intérêt à* 5 *pour* 100 ?

Mis sous la forme de règle de trois, cet énoncé devient : 5 *francs étant l'intérêt de* 100 *francs pour* 12 *mois, de quel capital l'intérêt pour* 41 *mois est-il* 316^{fr},55 ? La solution est, suivant la règle connue,

$$100^{fr} \times \frac{316,55}{5} \times \frac{12}{41}, \quad \text{ou} \quad 1852^{fr}98.$$

125. Problème VIII. — *A quel taux faut-il placer* 1853 *francs pour qu'ils aient produit* 316^{fr},55 *d'intérêt après* 41 *mois ?*

Puisque 1853 francs rapportent 316^{fr},55 d'intérêt dans 41 mois, combien rapporteront 100 francs dans 12 mois ?

Réponse : $316^{fr},55 \times \dfrac{100}{1853} \times \dfrac{12}{41}$, ou 4^{fr},9999, ou 5^{fr}.

Le taux cherché est donc 5 pour 100.

126. Problème IX. — *Dans combien de temps le capital* 1853^{fr}, *placé à* 5 *pour* 100, *aura-t-il produit* 316^{fr},55 *d'intérêt ?*

Puisque 100 francs produisent 5 francs en 1 an, dans quel temps 1853 francs produiront-ils 316^{fr},55 ?

Réponse : $\quad 1^{an} \times \dfrac{100}{1853} \times \dfrac{316^{fr},55}{5},$ ou $\dfrac{31655^{an}}{9265},$ ou $3^{ans},42,$

$$\text{ou} \quad 12^{mois} \times 3,42, \quad \text{ou} \quad 41 \text{ mois.}$$

127. Problème X. — *A quel taux placera-t-on son argent en achetant des rentes $4\frac{1}{2}$ pour 100 au cours de $92,65$?*

Dire que les rentes $4\frac{1}{2}$ pour 100 sont au cours de $92,65$, c'est dire que $4^{fr},50$ de rente annuelle se payent $92^{fr},65$. Le taux étant toujours la rente annuelle que rapporterait un capital de 100 francs, sa valeur sera fournie par l'expression

$$4^{fr},50 \times \dfrac{100}{92,65}, \quad \text{ou} \quad 4,86.$$

128. Problème XI. — *Combien coûteront 1500 francs de rentes à $4\frac{1}{2}$ pour 100 au cours de $92^{fr},65$?*

Si $4^{fr},50$ de rente annuelle coûtent $92^{fr},65$, combien coûteront 1500 francs de rente ?

Réponse : $92^{fr},65 \times \dfrac{1500}{4,5},$ ou $30883^{fr},33.$

INTÉRÊT COMPOSÉ.

129. Problème XII. — *Que devient un capital de 5600 francs, placé à 4 pour 100 (intérêts composés) pendant 7 ans ?*

Au bout de la première année, chaque centaine de francs rapportant 4 francs, ou chaque franc rapportant $0^{fr},04$, le le capital 5600 francs rapportera $5600^{fr} \times 0,04$ et sera devenu

$$5600^{fr} + 5600^{fr} \times 0,04, \text{ ou } 5600^{fr}(1+0,04), \text{ ou } 5600^{fr}(1,04).$$

Au bout de la deuxième année, ce nouveau capital sera devenu de même

$$5600^{fr}(1,04) + 5600^{fr}(1,04)(0,04), \text{ ou } 5600(1,04)(1+0,04),$$
$$\text{ou} \quad 5600^{fr}(1,04)^2.$$

On arrivera ainsi au bout de la septième année, et le capital donné sera devenu

$$5600^{fr}(1,04)^7, \quad \text{ou} \quad 5600^{fr} \times 1,32 \quad \text{ou} \quad 7392^{fr}.$$

Ce qui précède suffit pour établir la règle générale suivante :

Pour obtenir ce que devient un capital placé à intérêts composés, il faut multiplier ce capital par l'unité augmentée de l'intérêt de 1 franc pendant un an, ce facteur étant en outre élevé à une puissance marquée par le nombre des années durant lesquelles le capital reste placé.

Remarque. — On détermine, d'ailleurs, le *chiffre des intérêts produits* en retranchant le capital primitif du résultat précédent, et l'on obtient

$$5600^{fr} \times 1,32 - 5600^{fr}, \quad \text{ou} \quad 5600^{fr} \times 0,32 \quad \text{ou} \quad 1792^{fr}.$$

Nous pouvons voir ici l'influence des intérêts composés en rapprochant le résultat de ce problème de celui du problème V, dont les données sont les mêmes en intérêts simples. Dans ce dernier cas, en effet, les 5600 francs n'ont rapporté que 1568 francs, tandis qu'ici nous avons obtenu 1792^{fr}.

130. La théorie des intérêts composés comporte, comme celle des intérêts simples, une série de problèmes dans lesquels on peut prendre successivement pour inconnue chacun des éléments de la question, savoir : le temps, le taux, le capital placé, le capital produit. Mais ces nouveaux problèmes, sauf celui que nous avons examiné et qui est la base de cet ordre d'idées, ne sont accessibles que par l'emploi des procédés algébriques, et ne sauraient trouver place ici ; nous ne nous étendrons donc pas davantage, pour le moment, sur les intérêts composés.

QUESTIONS D'ESCOMPTE.

131. On nomme *escompte* la retenue qui doit être subie sur le montant d'un billet payable dans un temps plus ou moins long, lorsqu'on veut toucher ce billet avant son échéance.

D'après cette définition, l'escompte devrait rigoureusement être tel, que la somme payée, augmentée de ses intérêts composés pendant le temps qui reste à s'écouler jusqu'à l'échéance, produisit le montant du billet. C'est sur cette base, réduite toutefois à l'intérêt simple, que la plupart des nations étrangères calculent l'escompte ; mais, en France, on est dans l'habitude de retenir, à titre d'escompte, les intérêts simples que produirait la somme marquée sur le billet depuis le jour du payement jusqu'à l'échéance.

Ces deux modes d'opérer sont respectivement distingués par les dénominations significatives d'*escompte en dedans* et d'*escompte en dehors*.

Nous n'avons donc à nous occuper ici que de l'escompte en dehors, le seul usité dans notre pays, et qui doit cette préférence à l'avantage de donner lieu à des calculs beaucoup plus expéditifs. On comprend, en effet, que les problèmes d'escompte sont ainsi réduits à de pures questions d'intérêt simple qui se résolvent identiquement par les procédés indiqués plus haut. Donnons-en quelques exemples.

132. Problème XIII. — *Quel escompte retiendra le banquier, au taux de 5 pour 100, pour payer sur-le-champ un billet de 1853 francs exigible dans 41 mois ?*

D'après la définition de l'escompte en dehors, il retiendra comme escompte l'intérêt de 1853 francs pendant 41 mois à 5 pour 100, soit $5^{fr} \times \dfrac{1853}{100} \times \dfrac{41}{12}$, ou $316^{fr},55$ (problème VI).

Remarque. — Par l'escompte en dedans, pour le même taux et la même échéance, la retenue de $316^{fr},55$ s'appliquerait à un billet de $1853^{fr} + 316^{fr},55$ ou $2169^{fr},55$.

133. Problème XIV. — *A quel taux a été escompté un billet de 1853 francs payable dans 41 mois, et sur lequel le banquier a retenu $316^{fr},55$.*

Cette question est encore la même que celle-ci : *A quel taux faudrait-il placer 1853 francs pour que, dans 41 mois, ils aient produit $316^{fr},55$ d'intérêt ?*

Réponse : A 5 pour 100 (problème VIII).

134. Problème XV. — *A quelle époque était payable un billet de 1853 francs qui, au taux de 5 pour 100, vient d'être payé avec un escompte de $316^{fr},55$?*

En d'autres termes : *Dans combien de temps le capital 1853 francs, placé à 5 pour 100, aura-t-il rapporté $316^{fr},55$?*

Réponse : Dans 41 mois (problème IX).

QUESTIONS DE SOCIÉTÉ.

135. On donne le nom de *règle de société* à une question qui a pour objet de partager entre plusieurs associés le bénéfice ou la perte résultant de leur association.

Il est admis, d'ailleurs, que le bénéfice ou la perte de chacun des associés dépend à la fois et de sa mise et du temps pendant lequel cette mise est restée dans la société, et varie dans le même rapport direct que ces quantités.

C'est donc encore par la méthode de réduction à l'unité, employée pour la solution des règles de trois (118), que nous traiterons ces nouvelles questions.

136. Problème XVI. — *Les mises de trois associés sont respectivement 450, 540 et 620 francs : le gain de la société, à un moment donné, est 1127 francs. Comment ce gain doit-il être partagé ?*

Faisant la somme 1610 francs des trois mises, nous dirons : Puisqu'une mise totale de 1610^{fr} a produit un gain total de 1127^{fr},

une mise de $\qquad$ 1^{fr} doit rapporter $\dfrac{1127^{fr}}{1610}$,

et une mise de 450^{fr} $\qquad$ » $\qquad$ $\dfrac{1127}{1610} \times 450^{fr}$, ou 315^{fr},

de même $\qquad$ 540^{fr} rapporteront $\dfrac{1127}{1610} \times 540^{fr}$, ou 378^{fr},

et $\qquad$ 620^{fr} $\qquad$ » $\qquad$ $\dfrac{1127}{1610} \times 620^{fr}$, ou 434^{fr}.

Telles seront donc les trois parts dont la somme donne bien le gain total 1127^{fr}.

La règle générale qui convient à cette question est celle-ci : *Multipliez chacune des mises par une fraction qui a pour numérateur le gain total, et pour dénominateur la mise totale.*

137. Il arrive fréquemment que les mises ne restent pas pendant le même temps dans l'association. On ramène ce cas au précédent en calculant et attribuant à chacun des coassociés des mises fictives relatives à un temps unique, et en partant de ce principe que : *une mise quelconque, associée à d'autres pendant un temps* 1, 2, 3,.... *fois plus grand ou plus petit, équivaut à une mise* 1, 2, 3,.... *fois plus petite ou plus grande, associée pendant le temps primitif.* Exemple :

Problème XVII. — *Trois personnes ont placé dans une entreprise, la première* 450 *francs qu'elle a laissés pendant* 1 *an, la seconde* 540 *francs qu'elle a retirés au bout de 8 mois, et la troisième* 620 *francs qui sont restés* 15 *mois. L'association se liquidant par une perte de* 1127 *francs, on demande quelle part de cette perte chacun doit supporter.*

Les mises 450, 540 et 620 francs étant restées respectivement 12, 8 et 15 mois dans l'association, elles y ont produit le même effet que des mises de 12×450 francs, 8×540 francs et 15×620 francs qui auraient été unies pendant un seul mois. La question est donc ramenée au cas du problème XVI, dans lequel il faut remplacer les mises primitives par 5400, 4320 et 9300 francs, formant un apport total de 19020 francs.

Nous aurons ainsi, comme plus haut :

$$1^{\text{re}} \text{ part de perte.} \quad \frac{1127}{19020} \times 5400 \text{ francs}, \quad \text{ou} \quad 319^{\text{fr}},97 ;$$

$$2^e \text{ part.} \ldots \ldots \quad \frac{1127}{19020} \times 4320 \text{ francs}, \quad \text{ou} \quad 255^{\text{fr}},97 ;$$

$$3^e \text{ part.} \ldots \ldots \quad \frac{1127}{19020} \times 9300 \text{ francs}, \quad \text{ou} \quad 551^{\text{fr}},06.$$

$$\text{Perte totale} \ldots \ldots \quad 1127^{\text{fr}},00.$$

138. Quelquefois les mises elles-mêmes ne sont pas connues, et l'on ne possède que leurs valeurs relatives. Dans ce cas qui conduit à un partage identique du bénéfice ou de la perte, tant que les mises satisfont aux conditions de l'énoncé et quelles que soient leurs valeurs absolues, il suffit de donner à l'une d'elles une valeur quelconque, l'unité par exemple, et de déterminer ensuite les valeurs qui en résultent pour les autres.

Problème XVIII. — *Partager un bénéfice de* 1800 *francs entre quatre associés, sachant que la mise du second n'a été* *que la moitié de celle du premier, celle du troisième les $\frac{3}{4}$ de celle du second, et celle du quatrième les $\frac{5}{7}$ de celle du troisième.*

Si le premier a mis 1 franc, le second aura mis $\frac{1^{\text{fr}}}{2}$, le troisième $\frac{3}{4} \times \frac{1^{\text{fr}}}{2}$, et le quatrième $\frac{5}{7} \times \frac{3}{4} \times \frac{1^{\text{fr}}}{2}$. Partant donc de ces quatre mises fictives, qui, après réduction, deviennent respectivement $1, \frac{1}{2}, \frac{3}{8}$ et $\frac{15}{56}$, et qui donnent pour somme $\frac{120}{56}$ ou $\frac{15}{7}$, nous formerons, d'après la règle générale énoncée plus haut, le partage des 1800 francs comme il suit :

$$1^{\text{re}}\text{part.} \quad \frac{1800}{\frac{15}{7}} \times 1^{\text{fr}}, \quad \text{ou} \quad \frac{1800 \times 7}{15}, \quad \text{ou} \quad 840^{\text{fr}};$$

$$2^{\text{e}}\text{part.} \quad \frac{1800}{\frac{15}{7}} \times \frac{1^{\text{fr}}}{2}, \quad \text{ou} \quad \frac{1800 \times 7}{15 \times 2}, \quad \text{ou} \quad 420^{\text{fr}};$$

$$3^{\text{e}}\text{part.} \quad \frac{1800}{\frac{15}{7}} \times \frac{3^{\text{fr}}}{8}, \quad \text{ou} \quad \frac{1800 \times 7 \times 3}{15 \times 8}, \quad \text{ou} \quad 315^{\text{fr}};$$

$$4^{\text{e}}\text{part.} \quad \frac{1800}{\frac{15}{7}} \times \frac{15^{\text{fr}}}{56}, \quad \text{ou} \quad \frac{1800 \times 7 \times 15}{15 \times 56}, \quad \text{ou} \quad 225^{\text{fr}}.$$

$$\text{Bénéfice total.....} \quad 1800^{\text{fr}}.$$

DIFFÉRENCES, RAPPORTS, ÉQUIDIFFÉRENCES ET PROPORTIONS.

139. Quand on compare deux nombres l'un à l'autre, on peut se demander de combien le plus grand dépasse l'autre, ou combien de fois le premier contient le second. Dans le premier cas, le résultat de la comparaison est la *différence* des deux nombres ; dans le second, on obtient le *rapport* de ces deux nombres, c'est-à-dire le quotient de leur division. On a déjà vu que tout rapport peut être mis sous la forme d'une

fraction, de même que toute fraction représente le rapport de son numérateur à son dénominateur.

Nous savons également qu'*une différence ne change pas* (11, Rem.) *quand on augmente ou diminue à la fois ses deux termes d'une même quantité*, et qu'*un rapport ou quotient n'est pas altéré* (23) *quand on multiplie ou divise à la fois ses deux termes par une même quantité*.

Ainsi

$$9 - 5 = (9 \pm 3) - (5 \pm 3) = 12 - 8 = 6 - 2 = 4,$$

$$\frac{12}{9} = \frac{12 \times 3}{9 \times 3} = \frac{36}{27} = \frac{12 : 3}{9 : 3} = \frac{4}{3}.$$

140. L'égalité de deux différences forme une *équidifférence*; celle de deux rapports est une *proportion*.

$9 - 5 = 12 - 8$ est une équidifférence que l'on écrit encore

$$9 . 5 : 12 . 8.$$

$\dfrac{12}{9} = \dfrac{36}{27}$ est une proportion qui se met aussi sous la forme

$$12 : 9 :: 36 : 27.$$

Toute différence et tout rapport étant composés de deux termes dont le premier est dit *antécédent*, le second *conséquent*, une équidifférence et une proportion sont composées de quatre termes dont le premier et le troisième sont appelés antécédents; le second et le quatrième sont les conséquents.

Eu égard à leur position dans l'équidifférence ou dans la proportion sous la seconde forme que nous venons de leur donner, le premier antécédent et le second conséquent sont désignés encore sous le nom d'*extrêmes*, le premier conséquent et le second antécédent sous celui de *moyens*.

Nous emploierons indifféremment les deux formes, selon que l'une ou l'autre se prêtera plus commodément à nos démonstrations. Quelle que soit celle qui ait la préférence dans chaque cas, il est d'usage d'énoncer l'équidifférence ou la proportion sous l'expression commune suivante :

$$9 \text{ *est à* } 5 \text{ *comme* } 12 \text{ *est à* } 8;$$
$$12 \text{ *est à* } 9 \text{ *comme* } 36 \text{ *est à* } 27.$$

DES ÉQUIDIFFÉRENCES.

141. *Dans une équidifférence, la somme des extrêmes est égale à celle des moyens.*

En effet, si nous ajoutons $8 + 5$ ou 13 aux deux membres égaux de l'équidifférence $9 - 5 = 12 - 8$, elle deviendra, sans que l'égalité ait pu être troublée,

$$9 + 8 = 12 + 5.$$

Réciproquement, *si la somme de deux nombres est égale à celle de deux autres, ces quatre nombres pourront former une équidifférence ayant pour extrêmes les deux parties de l'une des sommes et pour moyens les deux parties de l'autre.*

On tire, en effet, de $9 + 8 = 12 + 5$, en retranchant $8 + 5$ ou 13 des deux membres de cette égalité,

$$9 - 5 = 12 - 8.$$

142. Cette double propriété de l'équidifférence permet évidemment de lui faire subir toute transposition de termes qui n'altérera pas l'égalité de la somme des extrêmes à celle des moyens, et donne naissance à la nouvelle équidifférence

$$8 - 5 = 12 - 9$$

qui découle de la première par la transposition des deux extrêmes.

On pourrait de même obtenir six autres équidifférences avec les quatre nombres 9, 5, 12 et 8; mais chacune d'elles ne serait autre au fond que l'une des deux qui précèdent. Toutefois, à l'aide de la forme indiquée $9.5 : 12.8$, on peut présenter aux yeux huit équidifférences qui, nous le répétons, se réduisent à deux essentiellement distinctes.

143. Quand on connaît trois des termes d'une équidifférence, il est facile de calculer le quatrième, que l'on représente alors provisoirement par la lettre x.

Si le terme inconnu est l'un des extrêmes, le dernier par exemple, nous écrirons

$$9 - 5 = 12 - x;$$

puis de là nous tirerons (141) :

$$9 + x = 12 + 5 = 17.$$

E. — *Manuel.* I.   7

Retranchant alors 9 des deux membres égaux $9 + x$ et 17, nous obtiendrons

$$x = 17 - 9 = 8.$$

Si c'est l'un des moyens que l'on cherche, on posera

$$9 - x = 12 - 8;$$

puis on aura

$$9 + 8 = 12 + x.$$

Nous retrancherons ensuite 12 des deux membres, et il viendra

$$x = 9 + 8 - 12 = 17 - 12 = 5.$$

On peut donc dire que, *dans une équidifférence, un extrême inconnu est égal à la somme des moyens diminuée de l'extrême connu, et qu'un moyen inconnu est égal à la somme des extrêmes diminuée du moyen connu.*

144. S'il arrivait que les deux moyens fussent égaux, comme dans $9 - 7 = 7 - 5$, l'équidifférence serait dite *continue*, et la relation fondamentale deviendrait

$$9 + 5 = 7 + 7 = 2 \times 7.$$

En divisant par 2 les deux membres égaux, il vient alors

$$7 = \frac{9 + 5}{2}.$$

Par conséquent, *dans une équidifférence continue, le moyen unique n'est autre chose que la demi-somme des extrêmes.*

Ce moyen unique est désigné spécialement sous le nom de *moyen différentiel*, ou simplement de moyenne entre les deux extrêmes.

DES PROPORTIONS.

145. *Dans une proportion, le produit des extrêmes est égal à celui des moyens.*

En effet, en multipliant les deux membres égaux de la proportion $\dfrac{12}{9} = \dfrac{36}{27}$ par 9×27 ou 243, nous trouverons

$$12 \times 27 = 9 \times 36.$$

Réciproquement, *si le produit de deux nombres est égal à celui de deux autres, ces quatre nombres peuvent former une proportion ayant pour extrêmes les deux premiers nombres et pour moyens les deux derniers.*

On tire, en effet, de $12 \times 27 = 9 \times 36$, en divisant les deux membres de cette égalité par 27×9,

$$\frac{12}{9} = \frac{36}{27}.$$

146. Cette double propriété de la proportion permet évidemment de lui faire subir toute transposition de termes qui n'altérera pas l'égalité du produit des extrêmes à celui des moyens. On obtient ainsi les quatre proportions suivantes :

$$12 : 9 :: 36 : 27,$$
$$27 : 9 :: 36 : 12,$$
$$9 : 12 :: 27 : 36,$$
$$9 : 27 :: 12 : 36.$$

En renversant l'ordre des deux rapports qui composent chacune de ces quatre proportions, on en aurait encore quatre autres qui n'en différeraient évidemment que pour les yeux.

On doit ici remarquer que, bien que les deux dernières proportions aient leurs rapports respectivement composés des mêmes nombres que ceux qui leur correspondent dans les deux premières, elles n'en diffèrent pas moins de celles-ci, par la raison que le rapport $12 : 9$, ou $\dfrac{12}{9}$, n'a pas la même valeur que le rapport inverse $9 : 12$ ou $\dfrac{9}{12}$. Il n'en a pas été ainsi (142) pour les équidifférences, la différence $9 - 5$ étant unique, en ce sens que l'Arithmétique élémentaire ne nous apprend pas à attacher à la différence inverse $5 - 9$ une valeur autre que celle de $9 - 5$, ou 4; par ce motif, les quatre équidifférences analogues aux quatre proportions ci-dessus sont réduites à deux. L'Algèbre nous permettra plus tard d'étendre nos idées sur ce point.

147. Quand on connaît trois des termes d'une proportion, il est facile de calculer le quatrième au moyen de la propriété fondamentale ci-dessus établie (145).

Si le terme inconnu est un extrême, le dernier par exemple, nous écrirons

$$12 : 9 :: 36 : x;$$

puis, de là nous tirerons, d'après la propriété qui vient d'être rappelée,

$$12 \times x = 9 \times 36,$$

et, en divisant par 12 les deux membres de cette égalité, nous aurons

$$x = \frac{9 \times 36}{12} = 27.$$

Si c'est l'un des moyens que l'on cherche, on aura de même

$$12 : x :: 36 : 27,$$

d'où l'on tirera

$$12 \times 27 = 36 \times x;$$

puis,

$$x = \frac{12 \times 27}{36} = 9.$$

On voit donc que, *dans une proportion, un extrême inconnu est égal au produit des deux moyens divisé par l'extrême connu, et un moyen inconnu est égal au produit des deux extrêmes divisé par le moyen connu.*

148. S'il arrivait que les deux moyens fussent égaux, comme cela se présente dans

$$9 : 6 :: 6 : 4,$$

la proportion serait dite *continue*, et la relation fondamentale deviendrait

$$9 \times 4 = 6 \times 6 = 6^2.$$

En extrayant alors la racine carrée des deux membres de cette égalité, on trouve

$$6 = \sqrt{9 \times 4},$$

ce qui prouve que, *dans une proportion continue, le moyen unique n'est autre chose que la racine carrée du produit des extrêmes.*

Ce moyen prend la dénomination spéciale de *moyen proportionnel* entre les deux extrêmes.

149. Les proportions sont d'un usage très-fréquent dans la Géométrie; pour ce motif, nous citerons encore quelques-unes de leurs propriétés les plus saillantes :

Une proportion n'est pas troublée,

1° *Quand on y multiplie ou divise un extrême et un moyen par la même quantité;*

2° *Quand on élève à la fois ses quatre termes à une même puissance;*

3° *Quand on en extrait la racine d'un même degré.*

Soit, en effet, la proportion

$$\frac{12}{9} = \frac{36}{27}.$$

La multiplication par 5 d'un extrême et d'un moyen conduit à l'une des deux proportions

$$\frac{5 \times 12}{9} = \frac{5 \times 36}{27}, \quad \frac{5 \times 12}{5 \times 9} = \frac{36}{27},$$

desquelles on remonte à la première par une division analogue.

De même on obtient les proportions

$$\frac{12^3}{9^3} = \frac{36^3}{27^3}, \quad \frac{\sqrt[3]{12}}{\sqrt[3]{9}} = \frac{\sqrt[3]{36}}{\sqrt[3]{27}},$$

en élevant à la troisième puissance les quatre termes de la première, ou en extrayant la racine cubique desdits termes.

La considération des proportions sous la forme de l'égalité de deux rapports rend évidentes ces diverses conclusions.

150. *La somme ou la différence des deux premiers termes d'une proportion est à la somme ou à la différence des deux derniers comme le premier antécédent est au deuxième, ou comme le premier conséquent est au deuxième.*

Pour le démontrer, partons de la même proportion que dans le numéro précédent; nous pourrons écrire

$$\frac{12}{9} \pm 1 = \frac{36}{27} \pm 1,$$

ou, en réduisant les entiers en fractions,

$$\frac{12 \pm 9}{9} = \frac{36 \pm 27}{27}.$$

Changeant alors les moyens de place (146) dans cette nouvelle proportion, nous aurons

$$\frac{12 \pm 9}{36 \pm 27} = \frac{9}{27} = \frac{12}{36},$$

conformément à l'énoncé.

On peut vérifier, en effet, que le premier rapport équivaut
à $\frac{21}{63}$ ou à $\frac{3}{9}$, comme les deux derniers.

Corollaire. — Il résulte de ce qui précède que

$$\frac{12 + 9}{36 + 27} = \frac{12 - 9}{36 - 27} \quad \text{ou} \quad \frac{12 + 9}{12 - 9} = \frac{36 + 27}{36 - 27},$$

c'est-à-dire *la somme des deux premiers termes est à leur
différence comme la somme des deux derniers est à leur différence.*

151. *Dans toute proportion, la somme ou la différence des
antécédents est à la somme ou à la différence des conséquents
comme un antécédent quelconque est à son conséquent.*

La proportion

$$\frac{36}{27} = \frac{12}{9}$$

peut, en effet, se mettre sous la forme

$$\frac{36}{12} = \frac{27}{9},$$

et la propriété du n° 150 donne aussitôt

$$\frac{36 \pm 12}{27 \pm 9} = \frac{12}{9} = \frac{36}{27},$$

ce qu'il s'agissait de démontrer.

152. *Lorsque deux proportions ont les mêmes antécédents
ou les mêmes conséquents, les quatre autres termes forment
une proportion.*

Soient les deux proportions

$$\frac{12}{9} = \frac{36}{27}, \quad \frac{12}{7} = \frac{36}{21},$$

qui ont les mêmes antécédents.

La première donne, par l'interversion des moyens,

$$\frac{12}{36} = \frac{9}{27};$$

la seconde fournit également

$$\frac{12}{36} = \frac{7}{21}.$$

Par suite, les deux rapports $\frac{9}{27}$ et $\frac{7}{21}$, tous deux égaux à $\frac{12}{36}$, sont égaux entre eux; on a donc

$$\frac{9}{27} = \frac{7}{21},$$

ce que l'on peut facilement vérifier en faisant le produit des extrêmes et celui des moyens.

153. *Lorsqu'on multiplie les termes de plusieurs proportions par ordre, les quatre produits sont encore en proportion.*
Considérons les trois proportions

$$\frac{12}{9} = \frac{36}{27},$$
$$\frac{6}{2} = \frac{15}{5},$$
$$\frac{21}{3} = \frac{28}{4}.$$

Nous pouvons évidemment multiplier membre à membre ces trois égalités, et les deux produits seront encore égaux; nous aurons ainsi :

$$\frac{12}{9} \times \frac{6}{2} \times \frac{21}{3} = \frac{36}{27} \times \frac{15}{5} \times \frac{28}{4};$$

c'est-à-dire

$$\frac{12 \times 6 \times 21}{9 \times 2 \times 3} = \frac{36 \times 15 \times 28}{27 \times 5 \times 4},$$

comme nous l'avions annoncé.

En effectuant les calculs indiqués, on vérifie qu'en effet la proportion obtenue est exacte, puisqu'elle équivaut à

$$\frac{1512}{54} = \frac{15120}{540}.$$

SUITE DE RAPPORTS ÉGAUX.

154. Nous avons considéré d'abord les rapports isolément, puis groupés deux à deux en proportions; la propriété qui suit s'applique à un nombre quelconque de rapports égaux, et son importance ne permet pas de la passer sous silence.

Dans une suite de rapports égaux, la somme des antécédents est à la somme des conséquents comme un antécédent quelconque est à son conséquent.

Soit donnée la suite de rapports égaux

$$\frac{12}{9} = \frac{36}{27} = \frac{20}{15} = \frac{28}{21} = \frac{4}{3},$$

et prouvons que

$$\frac{12 + 36 + 20 + 28 + 4}{9 + 27 + 15 + 21 + 3} = \frac{4}{3}.$$

En effet, puisque tous les rapports donnés sont égaux à $\frac{4}{3}$, nous pouvons évidemment écrire

$$\frac{12}{9} = \frac{4}{3}, \quad \text{ou} \quad 12 = \frac{4}{3} \times 9,$$

$$\frac{36}{27} = \frac{4}{3}, \quad \text{ou} \quad 36 = \frac{4}{3} \times 27,$$

$$\frac{20}{15} = \frac{4}{3}, \quad \text{ou} \quad 20 = \frac{4}{3} \times 15,$$

$$\frac{28}{21} = \frac{4}{3}, \quad \text{ou} \quad 28 = \frac{4}{3} \times 21,$$

$$\frac{4}{3} = \frac{4}{3}, \quad \text{ou} \quad 4 = \frac{4}{3} \times 3.$$

Or, en ajoutant membre à membre toutes ces égalités, on obtient

$$12 + 36 + 20 + 28 + 4 = \frac{4}{3}(9 + 27 + 15 + 21 + 3),$$

ou

$$\frac{12 + 36 + 20 + 28 + 4}{9 + 27 + 15 + 21 + 3} = \frac{4}{3},$$

conformément à l'énoncé de la proposition.

Le rapport obtenu est d'ailleurs $\frac{100}{75}$, qui est effectivement égal à $\frac{4}{3}$.

PROGRESSIONS.

155. Lorsqu'une suite de nombres est telle, qu'en retranchant de chaque terme celui qui le précède on obtient une différence constante, cette suite forme une *progression par différence*. Si, au lieu de la différence, c'était le rapport d'un terme quelconque au précédent qui fût constant, on aurait une *progression* par rapport ou *par quotient*.

Dans l'un et l'autre cas, la différence constante ou le quotient constant est appelé la *raison* de la progression.

Comme exemple d'une progression par différence, nous présenterons la suite

$$\div 4 . 7 . 10 . 13 . 16 . 19 . 22 . 25 . 28,$$

et, pour la progression par quotient,

$$\div\div 3 : 6 : 12 : 24 : 48 : 96 : 192 : 384.$$

Les points séparés par un trait, qu'on voit en tête des progressions, sont destinés à rappeler que, en énonçant ces progressions, on doit répéter chaque terme, excepté le premier et le dernier comme ci-après ;

4 est à 7 comme 7 est à 10, comme 10 est à 13, comme 13 est à 16,....
3 est à 6 comme 6 est à 12, comme 12 est à 24, comme 24 est à 48,....

Les deux progressions ci-dessus posées sont *croissantes*, c'est-à-dire que leurs termes vont en augmentant ; la raison de la première est 3, celle de la seconde est 2.

Il y aurait encore progression, mais progression *décrois-*

sante, si les termes allaient en diminuant. On retrancherait alors chaque terme du précédent pour avoir la raison de la progression par différence; dans la progression par quotient, on diviserait chaque terme par celui qui vient après lui. Telles seraient les deux progressions suivantes qui ne sont, d'ailleurs, que les deux premières lues en ordre inverse :

$$\div 28 . 25 . 22 . 19 . 16 . 13 . 10 . 7 . 4;$$
$$\div\div 384 : 192 : 96 : 48 : 24 : 12 : 6 : 3.$$

Ainsi qu'on le verra, les propriétés des progressions décroissantes sont absolument les mêmes, sauf quelques changements dans la manière de les énoncer, que celles des progressions croissantes; aussi nous bornerons-nous à parler ici de ces dernières.

DES PROGRESSIONS PAR DIFFÉRENCE.

156. D'après la définition de la progression par différence, le second terme est égal au premier, plus la raison; le troisième est égal au second, plus la raison, ou au premier, plus deux fois la raison; le quatrième est égal au troisième, plus la raison, ou au premier plus trois fois la raison, et ainsi de suite.

En général, *un terme quelconque d'une progression par différence est égal au premier, plus autant de fois la raison qu'il a de termes avant lui.*

Remarque. — Si le premier terme était zéro, tout autre terme de la progression serait égal à autant de fois la raison qu'il y aurait de termes avant lui.

157. Ce principe important peut recevoir une application immédiate dans la recherche d'un terme quelconque d'une progression par différence, sans passer par les termes qui le précèdent.

Supposons, par exemple, qu'on désire connaître quel serait le 53ᵉ terme de la progression

$$\div 7 . 12 . 17 . 22 . 27 . 32 . 37 . 42 . . . . .$$

Puisque ce terme cherché doit être le 53ᵉ, il en a 52 avant lui; il est donc égal au premier 7, plus 52 fois la raison 5, ou à 7 + 260, ou à 267 ; ce qui serait facile à vérifier.

158. Le même principe sert à lier deux nombres quelconques par une suite d'autant d'autres nombres que l'on voudra, de manière que le tout forme une progression par différence. C'est cette opération que l'on désigne sous le nom *d'insertion d'un nombre déterminé de moyens par différence entre deux nombres donnés.*

Soit, en effet, proposé d'insérer 6 moyens par différence entre les nombres 4 et 17. Le problème serait évidemment résolu, si nous connaissions la raison de la progression à former.

Or, le nombre 17 étant le 8e terme de ladite progression, il est égal au premier 4, plus 7 fois la raison. De cette manière on voit que, si du dernier terme 17 nous ôtons le premier 4, la différence 13 est exactement égale à 7 fois la raison qui, elle-même, est par conséquent égale à $\dfrac{13}{7}$.

Nous pouvons donc maintenant former la progression

$$\div 4 \cdot 5\tfrac{6}{7} \cdot 7\tfrac{5}{7} \; 9\tfrac{4}{7} \cdot 11\tfrac{3}{7} \cdot 13\tfrac{2}{7} \cdot 15\tfrac{1}{7} \cdot 17.$$

Posons cette règle générale : *Pour insérer entre deux nombres donnés autant de moyens par différence que l'on voudra, il faut retrancher le plus petit de ces deux nombres du plus grand, et diviser le reste par le nombre des moyens augmenté d'une unité; le quotient sera la raison de la nouvelle progression.*

On voit, par cette règle et par les raisonnements qui nous ont servi à l'établir, que l'on peut toujours insérer, entre deux nombres donnés, quelque voisins qu'ils soient, autant de moyens par différence qu'on le voudra. Cette remarque n'est pas sans importance, comme nous ne tarderons pas à le constater.

159. Dans une progression par différence, avons-nous dit (156), un terme quelconque est égal au premier, plus autant de fois la raison qu'il y a de termes avant lui. Par le même moyen, on établirait que : *un terme quelconque est égal au dernier, moins autant de fois la raison qu'il y a de termes après lui.*

De là résulte cette conséquence : *Deux termes à égale dis-*

tance des extrêmes forment une somme constante et égale à celle de ces mêmes extrêmes.

160. Il en découle encore que, si l'on ajoute terme à terme une progression par différence avec cette même progression prise dans un ordre inverse, on formera une somme double de celle de tous les termes de la progression, et qui se trouvera composée d'autant de fois la somme des extrêmes que la progression elle-même contient de termes.

Par conséquent, *pour avoir la somme des termes d'une progression par différence, il faut multiplier la somme des extrêmes par le nombre des termes et diviser le produit obtenu par 2.*

Appliquée à la progression par différence du n° 155, cette règle donne pour la somme des termes $\frac{(4 + 28) \times 9}{2}$ ou 144.

De même cette somme serait, pour la progression du n° 158, égale à $\frac{(4 + 17) \times 8}{2}$ ou 84.

DES PROGRESSIONS PAR QUOTIENT.

161. Ainsi qu'il résulte de la définition de la progression par quotient, le second terme est égal au premier multiplié par la raison; le troisième est égal au second multiplié par la raison, ou au premier multiplié par le carré de la raison; le quatrième est égal au troisième multiplié par la raison, ou au premier multiplié par le cube de la raison, et ainsi de suite. En général, *un terme quelconque d'une progression par quotient est égal au premier multiplié par la raison élevée à une puissance marquée par le nombre des termes qui le précèdent.*

Remarque. — Si le premier terme était l'unité, tout autre terme de la progression serait égal à une puissance de la raison marquée par le nombre des termes qu'il aurait avant lui.

162. Au moyen de ce principe, on peut évaluer un terme de rang quelconque d'une progression par quotient, sans passer par les termes intermédiaires.

Si l'on demandait, par exemple, quel serait le 17ᵉ terme de la progression

$$\div 4 : 12 : 36 : 108 : 324 : \text{etc.} \ldots,$$

nous dirions qu'il est égal à 4 multiplié par la 16ᵉ puissance
de la raison 3, ou à 4 multiplié par 43046721, ou à 172186884;
ce qu'il serait d'ailleurs aisé de vérifier.

163. Le même principe permet *d'insérer entre deux nombres donnés autant de moyens proportionnels qu'on le désire*,
en donnant la facilité de calculer la raison de la progression
qui doit résulter de cette opération.

Soit proposé d'insérer cinq moyens proportionnels entre les
nombres 3 et 12288.

Le dernier terme 12288 de la progression cherchée se composera du premier 3 multiplié par la 6ᵉ puissance de la raison
inconnue; par suite, la 6ᵉ puissance de la raison est égale au
quotient de 12288 par 3, ou à 4096; enfin, la raison elle-même
sera égale à la racine 6ᵉ de 4096, ou à 4, et la progression
pourra se développer comme il suit :

$$÷ 3 : 12 : 48 : 192 : 768 : 3072 : 12288.$$

La règle à suivre est donc celle-ci : *Pour insérer entre deux
nombres donnés autant de moyens proportionnels qu'on le
voudra, il faut diviser le plus grand des deux nombres par le
plus petit, et extraire du quotient une racine d'un degré
marqué par le nombre des moyens à insérer plus un. Cette racine est la raison de la progression cherchée.*

164. Pareillement, si l'on demandait d'insérer 7 moyens
proportionnels entre 3 et 36, nous diviserions 36 par 3, et du
quotient 12 nous aurions à extraire la racine huitième.

Or, le nombre 12 n'a pas de racine huitième exacte; on ne peut
donc pas obtenir exactement en nombres 7 moyens proportionnels entre 3 et 36; mais on peut approcher de cette racine
autant qu'on le désire, par une méthode tout à fait analogue à
celle que nous avons exposée (94 et 97) pour les racines carrée
et cubique, et qu'il serait aussi facile qu'inutile de généraliser
en ce lieu.

Il suffit, quant à présent, que l'on conçoive qu'il est toujours possible de calculer des nombres qui, multipliés 8 fois
par eux-mêmes, approchent de plus en plus de reproduire 12,
et qu'il en est de même pour tout autre nombre ou pour toute
autre racine.

Nous pourrons dès lors conclure que, *entre deux nombres quelconques, quelque voisins qu'ils soient, on peut toujours insérer un nombre déterminé de moyens proportionnels, soit exactement, soit avec une approximation aussi grande qu'on le veut.*

165. De même que nous avons établi (161) que, dans une progression par quotient, un terme quelconque est égal au premier multiplié par une puissance de la raison marquée par le nombre des termes qui le précèdent, nous montrerions que : *un terme quelconque est égal au dernier divisé par une puissance de la raison marquée par le nombre des termes qui le suivent.*

De là cette conséquence : *Deux termes également éloignés des extrêmes forment un produit constant et égal à celui de ces mêmes extrêmes.*

166. Si, dans la somme des termes d'une progression par quotient, nous multiplions tous les termes par la raison, la nouvelle somme se composera encore des termes de la première, moins le premier et plus un nouveau terme qui ne sera autre que le produit du dernier terme primitif par la raison. L'excès de la somme multipliée par la raison sur la somme elle-même, ou un nombre de fois la somme marquée par la raison moins une unité, sera donc égal à ce nouveau terme moins le premier de la progression.

Il en résulte que, *pour avoir la somme des termes d'une progression par quotient, il faut multiplier le dernier terme par la raison, retrancher du produit le premier terme, et diviser cette différence par la raison diminuée d'une unité.*

Appliquée à la progression par quotient du n° 155, cette règle nous donnera, pour la somme des termes, $\dfrac{2 \times 384 - 3}{2 - 1}$, ou $768 - 3$, ou 765, résultat facile à vérifier.

La somme des termes de la progression du n° 163 serait de la même manière $\dfrac{4 \times 12288 - 3}{4 - 1}$, ou $\dfrac{49142 - 3}{3}$, ou 16383.

Remarque. — Si la progression était décroissante, il suffirait de la renverser pour pouvoir appliquer à la lettre la règle qui précède. Il reviendrait, d'ailleurs, au même de prendre les deux différences dans le sens contraire à celui qui a été indiqué, ainsi qu'on le verrait en appliquant à ce cas le raisonnement ci-dessus.

167. Pour donner une idée de la rapidité avec laquelle croissent les nombres suivant la loi des progressions par quotient, nous résoudrons la question suivante :

On demande pour prix d'un cheval 1 centime pour le premier clou de ses fers, 2 centimes pour le second clou, 4 centimes pour le troisième, et ainsi de suite en doublant jusqu'au trente-deuxième clou. Quel est d'après cela le prix du cheval ?

Ce prix est évidemment la somme des 32 termes d'une progression par quotient, dont le premier terme est 1, la raison 2, et dont le dernier terme (161) est 2^{31}.

D'après la règle ci-dessus, cette somme équivaut à

$$\frac{2 \times 2^{31} - 1}{2 - 1},$$

ou $2 \times 2147483648 - 1$, ou 4294967295 centimes,

ou enfin

$$42949672^{fr},95.$$

Remarque. — Si l'énoncé donnait 1 centime pour le premier clou, 3 centimes pour le second clou, 5 centimes pour le troisième, et ainsi de suite, on aurait à considérer encore une progression, cette fois par différence, ayant 32 termes dont le premier serait 1, la raison 2, mais dont le dernier terme (156) serait $1 + 2 \times 31$ ou 63.

D'après la règle du n° 160, la somme des termes serait donc égale à $\dfrac{(1 + 63) \times 32}{2}$ ou 1024, et le cheval ne coûterait que 1024 centimes ou $10^{fr},24$.

LOGARITHMES.

THÉORIE GÉNÉRALE.

168. Les *logarithmes* sont des nombres qui correspondent à d'autres nombres suivant une loi que nous allons exposer, et au moyen desquels les *multiplications, divisions, élévations aux puissances* et *extractions de racines* de degrés quelconques à opérer sur ceux-ci sont respectivement abaissées à des

additions, soustractions, multiplications et *divisions* à faire sur les premiers.

On comprend dès à présent de quel immense avantage doit être cette précieuse découverte, puisqu'elle ramène à des calculs faciles des opérations toujours laborieuses et souvent même inexécutables par les moyens ordinaires ; elle est fondée sur une remarque bien simple, ainsi qu'on va le voir.

Soient les deux séries de nombres indéfinies et croissantes :

Nombres.	Logarithmes.		Nombres	Logarithmes
1	0	ou, sous une autre forme,	1	0
3	1×5		3	5
3^2	2×5		9	10
3^3	3×5		27	15
3^4	4×5		81	20
3^5	5×5		243	25
3^6	6×5		729	30
3^7	7×5		2187	35
3^8	8×5		6561	40
3^9	9×5		19683	45
3^{10}	10×5		59049	50

lesquelles représentent, la première une progression par quotient ayant son premier terme égal à l'unité et pour raison un nombre entier quelconque 3, l'autre une progression par différence commençant par zéro et ayant aussi pour raison un autre nombre entier 5.

Conformément aux remarques des n⁰ˢ 151 et 156, il est facile de voir que chaque terme de la première progression est égal à la raison 3 élevée à une puissance marquée par le nombre des termes qui le précèdent, et que chaque terme de la seconde est égal à la raison 5 répétée autant de fois qu'il y a de termes avant lui. Ainsi, par exemple, le septième terme 729 de la progression par quotient est égal à 3^6, et le terme de même rang 30 de la progression par quotient est égal à 6×5.

C'est cette corrélation entre les termes des deux suites qui, comme nous allons le montrer, donne naissance à la propriété fondamentale que nous avons énoncée en tête de ce numéro, et en vertu de laquelle chaque terme de la progression par différence est le logarithme du terme qui lui correspond dans la progression par quotient. On ne doit pas perdre de vue que, si les deux progressions choisies peuvent avoir des raisons quelconques, il est indispensable au moins que la première ait un terme égal à *t* et correspondant à un terme o de la seconde.

169. Lorsque, dans les deux suites qui précèdent, on fait le produit de deux termes de la progression par quotient et la somme des deux termes correspondants de la progression par différence, ce produit et cette somme font partie des deux progressions et s'y correspondent.

En effet, si l'on multiplie 27 par 729, ou 3^3 par 3^6, le produit $3^3 \times 3^6$, ou 3^{3+6}, ou 3^9, ou 19683, se trouve nécessairement dans la série des nombres, au même rang que la somme de 15 et 30, ou $3 \times 5 + 6 \times 5$, ou $(3 + 6) \times 5$, ou 45, dans la série des logarithmes.

Il suit de là que, pour avoir le produit 27×729 des deux termes de la première suite, il suffit d'ajouter ensemble les termes correspondants 15 et 30 de la seconde, et de prendre dans la première le terme 19683 correspondant à la somme 45.

Le même raisonnement s'applique identiquement à un nombre quelconque de termes de la progression par quotient, et le principe peut se généraliser dans l'énoncé suivant : *Le logarithme du produit de plusieurs termes de la progression par quotient est égal à la somme des logarithmes de ces termes.*

170. Dans une division exacte, le dividende n'est autre chose que le produit du diviseur par le quotient et, par suite, le logarithme du dividende est égal à celui du diviseur, plus celui du quotient; par conséquent aussi, *le logarithme du quotient est égal au logarithme du dividende, moins celui du diviseur.*

Si donc nous voulions obtenir le quotient de 19683 par 27, nous retrancherions le logarithme 15 du logarithme 45, et le reste 30 serait le logarithme du quotient; nous trouverions ainsi la valeur 729 de ce dernier.

171. En appliquant le principe du n° 169 à un produit composé de facteurs égaux, on le transforme en celui-ci : *Le lo-*

garithme d'une puissance quelconque d'un terme de la progression par quotient est égal au logarithme de ce terme multiplié par l'exposant de la puissance.

Il en résulte que, pour obtenir, par exemple, la cinquième puissance de 9, nous pouvons multiplier par 5 le logarithme 10 de ce nombre, et prendre dans la progression par quotient le terme 59049 qui correspond au produit 50.

172. Inversement, *le logarithme de la racine de degré quelconque d'un terme de la progression par quotient est égal au logarithme de ce terme divisé par l'indice de la racine.*

Ainsi, pour connaître la racine cubique de 19683, il suffira de prendre le tiers 15 du logarithme 45 de ce nombre; le nombre 27, qui correspond au logarithme 15, est la racine cherchée.

173. Toutefois, l'utilité de ces remarquables propriétés serait contestable, s'il fallait en restreindre l'application aux seuls termes de la progression par quotient que nous avons choisie, ou de toute autre que nous pourrions adopter dans des conditions analogues. Mais, si nous concevons qu'on insère successivement (163) un même nombre de moyens proportionnels entre tous les termes consécutifs de la progression par quotient, nous obtiendrons autant de nouvelles progressions, dont l'ensemble n'en formera en réalité qu'une seule, puisqu'elles auront toutes la même raison.

Or, quelle que soit la raison primitive, on comprend facilement que le nombre de moyens insérés puisse être suffisamment grand pour que la différence entre deux termes consécutifs quelconques de la nouvelle progression soit aussi faible que l'on voudra.

Tous les nombres plus grands que l'unité peuvent, par conséquent, être considérés comme faisant partie d'une telle progression par quotient, et cela avec une approximation aussi voisine qu'on le voudra de l'exactitude.

Si donc on a en même temps inséré (158) entre les termes de la progression par différence un égal nombre de moyens différentiels, on aura pareillement formé une nouvelle progression dont tous les termes correspondront à ceux de la série par quotient, et chacun de ces derniers aura ainsi son logarithme.

Cette conclusion fondamentale permet maintenant de généraliser les principes établis dans les n°° 169, 170, 171 et 172, et de poser sans aucune restriction les vérités suivantes :

1° *Le logarithme d'un produit est égal à la somme des logarithmes des facteurs ;*

2° *Le logarithme d'un quotient est égal au logarithme du dividende moins celui du diviseur ;*

3° *Le logarithme d'une puissance d'un nombre est égal au produit du logarithme de ce nombre par l'exposant de la puissance ;*

4° *Le logarithme d'une racine d'un nombre est égal au logarithme de ce nombre divisé par l'indice de la racine.*

174. Nous n'avons considéré jusqu'ici dans la théorie des logarithmes que des progressions par quotient croissantes et commençant par l'unité, en sorte que les nombres plus grands que 1 paraissent jouir seuls de la propriété d'avoir des logarithmes.

Rien n'est pourtant plus facile que d'introduire les fractions, quel que soit leur degré de grandeur entre l'unité et zéro, dans la série par quotient, où l'on peut regarder le terme égal à l'unité comme la séparation entre la période croissante depuis l'unité jusqu'à l'infini, et une période décroissante, suivant la même loi, depuis l'unité jusqu'à zéro. Il suffit, pour cela, de se rappeler que chaque terme de cette progression s'obtient de celui qui le suit en divisant ce dernier par la raison ; de telle sorte que, dans le cas qui nous occupe, chaque terme précédant le terme 1 aura pour numérateur l'unité, et pour dénominateur une puissance de la raison marquée par le nombre des termes qui le suivent, jusques et y compris ce terme 1 lui-même.

Il n'est pas aussi simple d'exprimer les termes de la progression par différence qui correspondent aux termes fractionnaires de la progression par quotient. Toutefois nous remarquerons que, dans cette série par différence, un terme quelconque se tire aussi du suivant en retranchant de celui-ci la raison ; le terme qui précédera zéro devra donc s'obtenir en ôtant la raison de zéro. Cette soustraction étant impossible, on est convenu de l'indiquer seulement en faisant précéder du signe — le nombre à retrancher.

Au moyen de cette notation conventionnelle, qui indique une soustraction à opérer et qui a fait donner aux nombres qui en sont affectés la dénomination de *quantités négatives*, par opposition avec les quantités plus grandes que zéro ou *positives*, on peut représenter tous les termes décroissants de la progression par différence à partir de zéro. Ces termes sont nécessairement d'autant plus petits que la valeur absolue du nombre qui les exprime est plus grande, et cette valeur absolue est toujours égale à autant de fois la raison que le terme considéré en compte après lui, jusques et y compris le terme o.

Ainsi se trouve complété l'ensemble de deux progressions qui assignent des logarithmes à tous les nombres compris entre zéro et l'infini. En conservant le système arbitrairement choisi dans le n° 168, on arrive à le présenter comme ci-après :

0	$\vdots$		0	$\vdots$
$\vdots$			$\vdots$	
$\dfrac{1}{3^5}$	-5×5		$\dfrac{1}{243}$	-25
$\dfrac{1}{3^4}$	-4×5		$\dfrac{1}{81}$	-20
$\dfrac{1}{3^3}$	-3×5		$\dfrac{1}{27}$	-15
$\dfrac{1}{3^2}$	-2×5		$\dfrac{1}{9}$	-10
$\dfrac{1}{3}$	-1×5		$\dfrac{1}{3}$	-5
1	0	ou	1	0
3	1×5		3	5
3^2	2×5		9	10
3^3	3×5		27	15
3^4	4×5		81	20
3^5	5×5		243	25
3^6	6×5		729	30
3^7	7×5		2187	35
$\vdots$	$\vdots$		$\vdots$	$\vdots$
infini.			infini.	

On peut immédiatement vérifier, sur cet ensemble ainsi coordonné des deux progressions logarithmiques, les principes ci-dessus posés, et le succès de cette vérification ne sera pas un faible argument en faveur de la convention faite à l'égard des nombres négatifs.

C'est ainsi, par exemple, que l'on obtiendra le produit de $\frac{1}{81}$ par 27, en faisant la somme du logarithme — 20 et du logarithme 15, somme qui équivaut à la différence 15 — 20, ou à 15 — 15 — 5, ou à — 5, et en prenant pour le produit cherché le nombre $\frac{1}{3}$ qui a pour logarithme — 5.

De même, le logarithme de la racine 4ᵉ de $\frac{1}{81}$ se trouvera, suivant la règle du n° **172**, en divisant par 4 le logarithme — 20 de cette fraction. Or, la division par 4 de la quantité — 20, qui équivaut à — 5 — 5 — 5 — 5 ou à 4 fois — 5, conduit évidemment au quotient — 5, et la racine cherchée est encore la fraction $\frac{1}{3}$, qui correspond à ce logarithme.

175. Ce que nous avons dit (173) sur l'insertion de moyens par quotient et par différence entre les termes des deux progressions adoptées, insertion qui a permis de conclure que tous les nombres plus grands que l'unité avaient des logarithmes, s'applique également, sans aucun changement, aux termes qui précèdent 1 et 0 dans les deux séries; par conséquent, il est établi de la manière la plus générale que, dans un système quelconque de deux progressions analogues à celles ci-dessus considérées, *tous les nombres compris entre zéro et l'infini ont des logarithmes, et les logarithmes des fractions sont toujours négatifs.*

On serait également arrivé à cette dernière conclusion, pour ce qui concerne les fractions, en les considérant (42) comme représentant le quotient de la division de leur numérateur par leur dénominateur. D'après ce dernier point de vue, en effet, *le logarithme d'une fraction est égal au logarithme de son numérateur, moins celui du dénominateur,* et cette soustraction, arithmétiquement impossible, se résout nécessairement en une quantité négative interprétée et notée comme nous l'avons fait ci-dessus.

LOGARITHMES VULGAIRES.

176. D'après tout ce qui précède, on voit que la définition donnée des logarithmes (168) serait pleinement justifiée, si l'on avait sous les yeux une Table contenant d'une part tous les nombres positifs, d'autre part et en regard leurs logarithmes. Une pareille Table est, par sa nature même, irréalisable : mais les propriétés des quantités dont il s'agit fournissent heureusement, comme on le verra bientôt, les moyens d'en restreindre le cadre à des limites usuelles qui comportent seulement les logarithmes des nombres entiers, depuis l'unité jusqu'à une limite plus ou moins éloignée.

De plus, il était nécessaire, pour pouvoir dresser utilement une Table de logarithmes, de faire un choix universellement adopté entre les divers systèmes de progressions que l'on peut employer. On fixe ordinairement, dans ce but, la valeur numérique du terme de la progression par quotient qui correspond au terme 1 de la progression par différence, et ce nombre, qui a pour logarithme l'unité, s'appelle alors la *base* du système adopté.

Les logarithmes généralement en usage, et que, pour cette raison, on appelle *logarithmes vulgaires*, ont pour base 10 ; ils se déduisent des deux progressions fondamentales suivantes :

0		.
		.
0,00001	—	5
0,0001	—	4
0,001	—	3
0,01	—	2
0,1	—	1
1		0
Base. 10		1
100		2
1000		3
10000		4
100000		5
1000000		6
.		.
infini.		.

en insérant, entre les termes de chacune d'elles, des moyens
en quantité suffisante pour faire ressortir dans la première tous
les nombres entiers qui, ainsi que nous l'avons annoncé, forment la partie véritablement utile d'une Table de logarithmes.

C'est de ce système qu'il sera exclusivement question dans
tout ce qui va suivre.

177. Nous allons voir, d'abord, combien les logarithmes décimaux apportent avec eux de simplifications dans les calculs.

*Le logarithme de l'unité suivie d'un nombre quelconque de
zéros n'est autre chose que ce nombre de zéros lui-même;* en
d'autres termes, *le logarithme d'une puissance de 10 est égal
à l'exposant de cette puissance.*

Ainsi, par exemple, le logarithme de 100000, ou de 10^5 est 5.

De même, *le logarithme de l'unité placée, sans autre chiffre
significatif, à un rang décimal quelconque après la virgule,
est égal au nombre qui exprime ce rang, ledit nombre pris
négativement;* autrement dit, *le logarithme d'une puissance
de 0,1 est égal négativement à l'exposant de cette puissance.*

Ainsi, le logarithme de 0,00001, ou de $(0,1)^5$, est — 5.

178. Suivant qu'un nombre est compris entre 1 et 10, entre 10 et 100, entre 100 et 1000, etc., son logarithme tombe entre 0 et 1, entre 1 et 2, entre 2 et 3, etc.

Par conséquent si, comme c'est l'usage, on évalue les logarithmes en décimales, *la partie entière du logarithme d'un nombre* (entier ou décimal) *plus grand que 1 contient autant d'unités, moins une, qu'il y a de chiffres dans la partie entière de ce nombre.*

Ainsi, le logarithme de 4,193 aura 0 à sa partie entière et celle du logarithme de 6794,27 sera 3.

Cette partie entière d'un logarithme s'appelle sa *caractéristique.*

On reconnaît de la même manière que *la caractéristique du logarithme négatif d'un nombre décimal plus petit que 1 comporte autant d'unités que ce nombre a de zéros entre le premier chiffre décimal et la virgule.*

Ainsi, le logarithme de 0,0457 a pour caractérisque — 1; celui de 0,000695 aurait pour caractéristique — 3.

179. Lorsque deux nombres ne diffèrent que par un facteur égal à une puissance de 10, leurs logarithmes (172) ne diffèrent entre eux que du logarithme de cette puissance de 10; en d'autres termes, *les caractéristiques de ces logarithmes ne diffèrent que d'un nombre d'unités égal à l'exposant de la puissance, et les parties décimales sont identiques.*

Ainsi,

$$\log(326 \times 1000) = \log 326 + \log 1000 = \log 326 + 3,$$

$$\log \frac{326}{1000} = \log 326 - \log 1000 = \log 326 - 3.$$

180. Admettons maintenant, ce qui est la vérité, que

$$\log 326 = 2,513217.6.$$

En divisant successivement par 10, on aura, d'après ce qu'on vient de voir,

$$\log 32,6 \qquad = 1,5132176,$$
$$\log 3,26 \qquad = 0,5132176,$$
$$\log 0,326 \qquad = \overline{1},5132176,$$
$$\log 0,0326 \qquad = \overline{2},5132176,$$
$$\log 0,00326 = \overline{3},5132176,$$

et ainsi de suite, en faisant toujours porter la soustraction exclusivement sur la caractéristique.

Cette forme nouvelle des logarithmes à caractéristique négative et à partie décimale positive est commode dans les
calculs, comme on le verra bientôt. Elle a surtout le grand
avantage de conserver intacte, au-dessous comme au-dessus de
l'unité, la partie décimale des logarithmes des nombres qui
ne diffèrent que par un facteur égal à une puissance de 10.

Rien n'est d'ailleurs plus facile que de passer, s'il en est
besoin, d'un logarithme à caractéristique seule négative au
logarithme entièrement négatif équivalent.

En effet, l'expression $\overline{3}$,5132176 représente — 3 + 0,5132176,
ou 0,5132176 — 3. Pour effectuer autant que possible cette
soustraction, nous décomposerons 3 en deux parties : l'une,
équivalente à 0,5132176, sera détruite par la soustraction ;
l'autre, égale à l'excès de 3 sur la première, ou à 3 — 0,5132176,
ou à 2,4867824, subsistera seule et avec le signe —.

Il y a donc identité de valeur entre les deux quantités
$\overline{3}$,5132176 et — 2,4867824, qui toutes deux représentent le
logarithme de 0,00326.

Ainsi rapprochées l'une de l'autre, ces deux formes du
même logarithme offrent un lien facile à saisir.

Leurs parties décimales sont *complémentaires*, c'est-à-dire
que leur somme est égale à l'unité ; l'une se déduit à vue de
l'autre en retranchant de 10 le premier chiffre significatif à
droite, puis successivement tous les autres de 9.

Quant aux caractéristiques, celle du logarithme entièrement
négatif est toujours et nécessairement moindre que l'autre
d'une unité.

USAGE DES TABLES.

181. Les Tables logarithmiques vulgaires, les seules dont
nous ayons à nous occuper ici, sont assez nombreuses, mais
présentent à peu près toutes la même disposition générale.
Elles ne diffèrent essentiellement que par leur étendue dans
l'échelle des nombres, et par l'approximation plus ou moins
grande avec laquelle y sont donnés les logarithmes.

Il est assez d'usage de n'employer dans les calculs que
les logarithmes à sept décimales que l'on trouve notamment

soit dans les petites Tables de F. Marie qui s'étendent jusqu'à 10000, soit dans celles de Callet qui vont jusqu'à 108000. On peut cependant, dans un grand nombre de cas et particulièrement dans les opérations topographiques, se contenter de cinq décimales et se servir avec avantage des Tables récemment publiées par M. Hoüel, qui les a arrêtées à 10800.

Quelles que soient celles de ces Tables que l'on adopte, on y remarque, outre la colonne des nombres et celle des logarithmes, une autre colonne renfermant toutes calculées les *différences* entre les logarithmes des nombres entiers consécutifs.

Ces différences jouent un rôle très-important dans les calculs logarithmiques. Elles vont en diminuant à mesure qu'elles s'appliquent à des nombres plus élevés et, en même temps qu'elles convergent vers zéro, elles tendent à devenir *proportionnelles* aux différences correspondantes entre les nombres.

C'est cette proportionnalité, admise comme rigoureuse dans la partie la plus élevée des Tables dont on dispose, qui sert à passer, avec une approximation bien suffisante, des quantités contenues dans les Tables aux quantités intermédiaires.

Ceci bien établi, nous allons résoudre successivement les deux problèmes fondamentaux du calcul par logarithmes, et nous supposerons d'abord que nous ayons en mains les Tables de Marie.

TABLES DE MARIE.

182. PROBLÈME I. — *Un nombre étant donné, trouver son logarithme.*

Premier cas. — *Si le nombre donné est entier et moindre que* 10000, on le cherchera à son rang naturel dans la colonne des nombres, et son logarithme se trouvera à sa droite dans la colonne des logarithmes.

Deuxième cas. — *Si le nombre donné est entier et plus grand que* 10000, on ramènera toujours la question à déterminer le logarithme d'un nombre compris entre 1000 et 10000, comme nous allons l'indiquer.

Soit, par exemple, à calculer le logarithme de 439857.

Ce nombre ayant 6 chiffres, nous savons d'abord (178) que son logarithme a pour caractéristique 5.

Maintenant, le même nombre est égal à $4398,57 \times 100$, et son logarithme ne diffère (179) que de deux unités de celui de $4398,57$, que nous allons par conséquent chercher.

Cela posé, $4398,57$ étant compris entre 4398 et 4399, son logarithme tombe entre les logarithmes tabulaires $3,6432552$ et $3,6433540$ de ces deux nombres.

Quant à la quantité dont il faut augmenter le plus petit de ces deux logarithmes pour avoir celui de $4398,57$, elle se calculera par la proportionnalité admise (181) entre les accroissements des nombres et ceux de leurs logarithmes.

Or, la Table indique que la différence entre les deux logarithmes de 4398 et 4399 est 988 unités du 7e ordre décimal. Si donc nous désignons momentanément par x le nombre d'unités décimales du 7e ordre que renferme la quantité cherchée, nous aurons à poser la proportion

$$1 : 0,57 :: 988 : x,$$

qui exprime que l'accroissement 1 du nombre 4398 est à l'accroissement $0,57$ du même nombre comme l'accroissement 988 du logarithme de ce nombre est à l'accroissement x cherché, et qui donne $x = 563$ unités décimales du 7e ordre.

Le logarithme de $4398,57$ est donc $3,6432552 + 0,0000563$, ou $3,6433115$, et celui de 439857 est, par suite, $5,6433115$.

Généralement, *on trouvera le logarithme d'un nombre entier quelconque plus grand que* 10000, *en séparant quatre chiffres sur sa gauche par une virgule, cherchant le logarithme du nombre décimal, moindre que* 10000, *ainsi obtenu, et assignant ensuite la caractéristique qui convient au nombre donné.*

Remarque. — Dans la pratique, on se dispense de poser la proportion des accroissements, se souvenant qu'elle conduit à multiplier invariablement la différence tabulaire par l'accroissement décimal du nombre inférieur, sauf à ne pas perdre de vue que la susdite différence tabulaire exprime des unités décimales du 7e ordre, et qu'il en doit être de même du produit obtenu.

Troisième cas. — *Si le nombre donné est décimal*, on le ramène, par un déplacement convenable de la virgule, à n'avoir que quatre chiffres à sa partie entière, et l'on opère absolument comme il vient d'être exposé dans le cas précédent.

On trouve ainsi que

$$\log 43,9857 = 1,6433115,$$
$$\log 0,0043985 = \bar{3},6433115.$$

Quatrième cas. — *Si le nombre donné est fractionnaire*, il faut, comme nous l'avons vu, retrancher le logarithme du dénominateur de celui du numérateur.

Exemple :

$$\log \frac{4398}{326} = \log 4398 - \log 326$$
$$= 3,6432552 - 2,5132176 = 1,1300376.$$

S'il s'agissait d'une fraction proprement dite, le logarithme cherché serait nécessairement négatif, et sa valeur absolue s'obtiendrait, par le procédé indiqué au nᵒ 175, en retranchant le logarithme du numérateur de celui du dénominateur :

$$\log \frac{326}{4398} = \log 326 - \log 4398$$
$$= 2,5132176 - 3,6432552 = -1,1300376.$$

Ce logarithme entièrement négatif serait, du reste, facilement converti en logarithme à caractéristique seule négative par la considération des parties décimales complémentaires qui donnerait sur-le-champ

$$\log \frac{326}{4398} = -1,1300376 = \bar{2},8699624.$$

On aurait aussi pu l'obtenir directement sous cette dernière forme en retranchant 3,6432552 de 2,5132176, sans faire attention à la grandeur relative de ces deux logarithmes, et n'appliquant le signe — qu'à la différence des deux caractéristiques, qui seules mettent en évidence l'impossibilité finale de la soustraction.

Remarque. — Nous venons de chercher les logarithmes de deux fractions qui avaient cela de particulier que l'une était égale à l'autre renversée, de deux *fractions inverses* l'une de l'autre, suivant l'expression consacrée, et les deux logarithmes trouvés, dont l'un est positif et l'autre négatif, sont

égaux en valeur absolue. Il en est nécessairement toujours
ainsi, puisque cette valeur absolue est, dans l'un comme dans
l'autre cas, la différence entre les logarithmes des deux termes
des fractions.

183. Problème II. — *Un logarithme étant donné, trouver le
nombre auquel il appartient.*

Premier cas. — *Si le logarithme donné est positif,* il correspond à un nombre plus grand que l'unité, et sa caractéristique, augmentée de 1, indique combien de chiffres a la
partie entière du nombre cherché.

Cela posé, *si la caractéristique du nombre donné est* 3, le
nombre correspondant est compris entre 1000 et 10000. On
cherche ce logarithme dans la deuxième colonne de la Table,
et, s'il s'y trouve exactement, le nombre que l'on veut obtenir se présente en regard dans la première colonne.

Si ce logarithme ne se trouve pas exactement dans la Table,
il tombe entre deux autres dont le plus petit correspond au
nombre qui exprime la partie entière de celui qu'on cherche.
Quant à la partie décimale de ce nombre, elle s'obtient par la
proportion déjà posée dans le problème précédent.

Soit, par exemple, à chercher à quel nombre appartient le
logarithme 3,6433115.

Nous voyons, dans la Table, que ce logarithme tombe
entre 3,6432552 et 3,6433540, qui correspondent respectivement à 4398 et à 4399, et nous concluons déjà que la partie
entière du nombre cherché est 4398.

Pour obtenir la partie décimale, nous prenons dans la Table
la différence 0,0000988 entre les deux logarithmes ci-dessus,
et, considérant que la différence entre le logarithme de 4398 et
le logarithme donné est 0,0000563, nous posons la proportion

$$0,0000988 : 0,0000563 :: 1 : x \quad\text{ou}\quad 988 : 563 :: 1 : x,$$

d'où

$$x = \frac{563}{988} = 0,5698 \quad\text{ou}\quad 0,57.$$

Le nombre cherché est, par conséquent, 4398,57.

Quand la caractéristique du logarithme donné n'est pas 3,
on la suppose momentanément égale à ce chiffre, et l'on
opère comme il vient d'être dit; on place ensuite, dans le

nombre trouvé, la virgule au rang que lui assigne la caractéristique primitive.

C'est ainsi qu'on trouverait que le logarithme 0,6433115 correspond à 4,39857, et le logarithme 5,6433115 au nombre 439857.

Remarque. — Comme pour le problème I, on ne pose pas cette proportion dans les calculs, et l'on se borne à diviser par la différence tabulaire l'excès du logarithme donné sur le plus petit des deux qui le comprennent.

Deuxième cas. — Supposons maintenant *que le logarithme donné soit négatif.*

1° *S'il est entièrement négatif,* on lui ajoute autant d'unités qu'il en faut pour que le résultat soit entièrement positif et ait pour caractéristique 3, ce qui revient à ajouter quatre unités de plus qu'il y en a dans la caractéristique primitive. On cherche alors, par la méthode précédente, le nombre qui correspond au logarithme ainsi transformé; puis on reporte la virgule d'autant de rangs vers la gauche (178) qu'on a ajouté d'unités au logarithme.

Soit, par exemple, à déterminer le nombre correspondant au logarithme — 2,3566885.

Ajoutant six unités à ce logarithme, nous obtenons 3,6433115.

Or, ce dernier nombre étant le logarithme de 4398,57, comme on vient de le voir dans le problème I, le nombre cherché sera 0,0043g857.

2° *Si la caractéristique seule est négative,* on lui ajoute assez d'unités pour qu'elle devienne positive et égale à 3; on opère comme ci-dessus, et l'on reporte la virgule vers la gauche d'autant de rangs qu'on a ajouté d'unités.

Soit, en effet, donné le logarithme $\overline{2}$,6433115.

Si nous ajoutons 5 unités à sa caractéristique, elle deviendra 3; le nombre 3,6433115 ainsi obtenu étant le logarithme de 4398,57, nous aurons à reporter la virgule de cinq rangs vers la gauche, pour avoir le nombre 0,0439857 auquel correspond le logarithme donné.

184. De l'ensemble des règles qui précèdent il résulte que, soit qu'il s'agisse de trouver le logarithme d'un nombre, soit qu'on cherche à quel nombre appartient un logarithme, on ra-

mène toujours, au moyen de changements opérés sur la place de la virgule ou sur la caractéristique, les calculs à se faire dans la période la plus élevée de la Table, celle qui s'étend de 1000 à 10000. Cette prescription est de rigueur; elle est fondée sur les deux propriétés que nous avons énoncées (181) relativement aux différences, savoir : d'une part, que les différences entre les logarithmes sont d'autant moindres; d'autre part, que la proportion employée est d'autant plus près d'être rigoureusement vraie, qu'on opère sur des nombres plus grands.

Les calculs y gagnent, comme on le voit, tant sous le rapport de la facilité que sous celui de l'exactitude. A ce double point de vue, les Tables de logarithmes sont donc d'autant plus avantageuses, en général, qu'elles s'arrêtent à une limite plus éloignée.

TABLES DE CALLET ET DU Dr SCHRÖN.

185. Quelques mots suffiront maintenant pour indiquer l'usage des Tables de Callet, qui sont encore assez généralement répandues, mais qui disparaîtront bientôt devant l'incontestable supériorité de celles du Dr Schrön, sous le rapport de l'exécution typographique et de la commodité qui en résulte pour leur emploi.

Ces Tables diffèrent de celles de Marie, outre quelques dispositions de détail que la seule inspection fait apercevoir, en ce que :

1° Elles s'étendent jusqu'à 108000, en sorte que c'est entre 10000 et 100000 que se développe la période dans laquelle il convient de ramener les nombres et les logarithmes;

2° Toutes les caractéristiques des logarithmes sont supprimées à cause des règles précises et simples qui ne laissent jamais d'incertitude sur ce point;

3° La portion de la partie décimale qui se reproduit dans plusieurs logarithmes successifs n'est écrite qu'une seule fois pour tous en tête du premier;

4° Les logarithmes des dix nombres de chaque dizaine sont écrits sur la même ligne horizontale dans dix colonnes respectivement correspondantes aux dix chiffres qui représentent les unités, le nombre qui exprime les dizaines étant seul écrit dans la colonne intitulée N;

5° Ces Tables contiennent, dans une dernière colonne intitulée *diff.*, non-seulement les différences entre les logarithmes consécutifs, mais encore les parties de ces différences, c'est-à-dire leurs produits successifs par 1, 2, 3, 4, 5, 6, 7, 8 et 9 dixièmes, lesdits produits étant arrêtés au chiffre décimal du 7ᵉ ordre, et les zéros qui précèdent les dernières décimales étant supprimés.

Cette disposition, qui se trouve aussi dans les Tables à cinq décimales de M. Houël, offre l'avantage précieux de donner tout calculés les résultats des multiplications et divisions auxquelles conduisent les opérations relatives à des logarithmes non compris dans les Tables.

186. Les Tables récemment publiées par le Dʳ Schrön sont, comme nous l'avons dit, bien supérieures à celles de Callet, et il n'est pas douteux qu'elles soient bientôt les seules employées. Elles sont généralement disposées de la même manière que ces dernières; mais leur format spécial, et la grosseur de leur caractère en rendent la lecture et l'usage beaucoup plus faciles, et nous ne saurions trop les recommander au choix de tous ceux qui sont appelés à manier usuellement les logarithmes.

Quelques améliorations de détail s'y font, en outre, remarquer; nous ne citerons que les deux principales. D'une part, les parties proportionnelles des différences ont été calculées avec une décimale qui permet d'atténuer dans beaucoup de cas l'erreur résultant de l'interpolation, puisqu'en négligeant, comme on le fait ordinairement, cette décimale, on s'expose à commettre une erreur d'une unité sur le dernier chiffre du logarithme. D'autre part, on a signalé par un petit trait placé sous le dernier chiffre les logarithmes approchés par excès, les autres restant par conséquent approchés par défaut; et cette indication, précieuse pour les calculs délicats de la Géodésie et de l'Astronomie, donne le moyen de diminuer de moitié l'erreur tabulaire, ainsi que les erreurs commises dans les calculs d'interpolation, d'addition ou de multiplication des logarithmes.

187. Pour rendre ces explications tout à fait claires, nous ne pouvons mieux faire que de transcrire ici l'une des pages des Tables de Callet, dont le format se prête mieux que celui du Dʳ Schrön à cette insertion, et nous allons résoudre, au moyen de cet emprunt, les deux problèmes des nᵒˢ 182 et 183.

L. 438.   L. 641.

N.	0	1	2	3	4	5	6	7	8	9	DIFF.
1380	641. 4741	4840	4939	5039	5138	5237	5336	5435	5534	5633	
81	5733	5832	5931	6030	6129	6228	6327	6426	6526	6625	
82	6724	6823	6922	7021	7120	7219	7318	7417	7517	7616	
83	7715	7814	7913	8012	8111	8210	8309	8408	8507	8606	
84	8705	8805	8904	9003	9102	9201	9300	9399	9498	9597	
1385	9696	9795	9894	9993	642. 0092	0191	0290	0389	0488	0587	
86	0686	0785	0884	0983	1082	1181	1280	1379	1478	1577	
87	1676	1775	1874	1973	2072	2171	2270	2369	2468	2567	99
88	2666	2765	2864	2963	3062	3161	3260	3359	3458	3557	1	10
89	3656	3755	3854	3953	4052	4151	4249	4348	4447	4546	2	20
1390	4645	4744	4843	4942	5041	5140	5239	5338	5437	5535	3	30
91	5635	5733	5832	5931	6030	6129	6228	6327	6426	6524	4	40
92	6623	6722	6821	6920	7019	7118	7217	7315	7414	7513	5	50
93	7612	7711	7810	7909	8007	8106	8205	8304	8403	8502	6	59
94	8601	8699	8798	8897	8996	9095	9194	9293	9391	9490	7	69
1395	9589	9688	9786	9885	9984	643. 0083	0182	0280	0379	0478	8	79
96	0577	0676	0774	0873	0972	1071	1170	1268	1367	1466	9	89
97	1565	1663	1762	1861	1960	2058	2157	2256	2355	2454	
98	2553	2651	2750	2848	2947	3046	3145	3243	3342	3441	
99	3540	3638	3737	3836	3933	4033	4132	4231	4329	4428	
1400	4527	4625	4724	4823	4921	5020	5119	5218	5316	5415	
01	5514	5612	5711	5810	5908	6007	6106	6204	6303	6402	
02	6500	6599	6698	6796	6895	6994	7092	7191	7290	7388	
03	7487	7585	7684	7783	7881	7980	8079	8177	8276	8374	
04	8473	8572	8670	8769	8868	8966	9065	9163	9262	9361	
1405	9459	9558	9656	9755	9853	9952	644. 0051	0149	0248	0346	
06	0445	0543	0642	0741	0839	0938	1036	1135	1233	1332	
07	1431	1529	1628	1726	1825	1923	2022	2120	2219	2317	
08	2416	2514	2613	2711	2810	2908	3007	3105	3204	3302	
09	3401	3499	3598	3696	3795	3893	3992	4090	4189	4287	
1410	4386	4484	4583	4681	4780	4878	4977	5075	5174	5272	
11	5371	5469	5567	5666	5764	5863	5961	6060	6158	6257	
12	6355	6453	6552	6650	6749	6847	6946	7044	7142	7241	
13	7339	7438	7536	7635	7733	7831	7930	8028	8127	8225	
14	8323	8422	8520	8618	8717	8815	8914	9012	9110	9209	
1415	9307	9405	9504	9602	9701	9799	9897	9996	645. 0094	0192	
16	0291	0389	0487	0586	0684	0782	0881	0979	1077	1176	
17	1274	1372	1471	1569	1667	1766	1864	1962	2061	2159	
18	2257	2355	2454	2552	2650	2749	2847	2945	3043	3142	
19	3240	3338	3437	3535	3633	3731	3830	3928	4026	4124	
1420	4223	4321	4419	4517	4616	4714	4812	4910	5009	5107	
21	5205	5303	5402	5500	5598	5696	5795	5893	5991	6089	
22	6187	6286	6384	6482	6580	6678	6777	6875	6973	7071	
23	7169	7268	7366	7464	7562	7660	7758	7857	7955	8053	
24	8151	8249	8348	8446	8544	8642	8740	8838	8936	9035	
1425	9133	9231	9329	9427	9525	9623	9721	9820	9918	646. 0016	
26	0114	0212	0310	0408	0507	0605	0703	0801	0899	0997	
27	1095	1193	1291	1390	1488	1586	1684	1782	1880	1978	
28	2076	2174	2272	2370	2468	2566	2665	2763	2861	2959	
29	3057	3155	3253	3351	3449	3547	3645	3743	3841	3939	
1430	4037	4135	4233	4331	4429	4527	4625	4723	4821	4919	98
31	5018	5116	5214	5312	5410	5508	5606	5704	5802	5900	1	10
32	5998	6096	6193	6291	6389	6487	6585	6683	6781	6879	2	20
33	6977	7075	7173	7271	7369	7467	7565	7663	7761	7859	3	29
34	7957	8055	8153	8251	8349	8447	8545	8643	8740	8838	4	39
1435	8936	9034	9132	9230	9328	9426	9524	9622	9720	9817	5	49
36	9915	647. 0013	0111	0209	0307	0405	0503	0601	0699	0796	6	59
37	0894	0992	1090	1188	1286	1384	1482	1579	1677	1775	7	69
38	1873	1971	2069	2167	2264	2362	2460	2558	2656	2754	8	78
39	2851	2949	3047	3145	3243	3341	3438	3536	3634	3732	9	88

| N. | 0 | 1 | 2 | 3 | 4 | 5 | 6 | 7 | 8 | 9 | |

186. Problème I. — *Calculer le logarithme de* 43985~7~.

Ce nombre ayant six chiffres entiers, la caractéristique de son logarithme sera 5.

Pour trouver la partie décimale, nous chercherons celle du nombre de cinq chiffres entiers 43985,7, laquelle est la même que la première. Prenons donc, dans la colonne N, le nombre 43985 et, combinant les indications des colonnes 0 et 5, nous trouverons que

$$\log 43985 = 4,6433046.$$

Pour trouver maintenant l'accroissement de la partie décimale du logarithme, en raison de l'accroissement résultant de la partie décimale 0,7 du nombre 43985,7, nous devrions (181, *Rem.*) multiplier 0,7 par la différence tabulaire 99, et ajouter le produit au logarithme ci-dessus. Mais les parties des différences qui sont toutes calculées nous dispensent de cette opération, et nous voyons, en examinant la petite Table relative à la différence 99, que le produit de cette différence par 0,7 donne 69 unités décimales du 7ᵉ ordre, lesquelles, ajoutées à 4,6433046, portent à 4,6433115 le logarithme de 43985,7. Celui de 439857 est, par conséquent, égal à 5,6433115, comme nous l'avions trouvé par les Tables de Marie.

187. Les petites Tables de différences peuvent également et surtout servir, quand la partie décimale du nombre ramené à une partie entière de 5 chiffres a elle-même plusieurs chiffres.

Cherchons, pour exemple, le logarithme de 43985726.

Il faudra encore au logarithme 4,6433046 de 43985 ajouter une quantité relative à la partie décimale 0,726.

Or, la petite Table de la différence 99 nous indique que le produit de cette différence par 0,7 donne 69 unités du 7ᵉ ordre décimal, que son produit par 0,02 donne 2,0 unités du même ordre, et que son produit par 0,006 donne 0,59 unités dudit ordre.

Le calcul se fera donc comme il suit :

	log 43985	= 4,6433046.
Ajoutons	pour	0,7	69
	pour	0,02	20
	pour	0,006	59

$$\log 43985,726 = 4,64331175_9 = 4,6433118,$$

et enfin   log 43985726 = ... = 7,6433118.

188. Problème II. — *Trouver à quel nombre appartient le logarithme* 7,6433118.

Supposant pour un moment à ce logarithme la caractéristique 4, et cherchant dans la Table le logarithme immédiatement inférieur, nous trouvons 4,6433046 qui appartient au nombre 43985. La différence des deux logarithmes consécutifs qui comprennent celui qui nous occupe est 99, et ce dernier surpasse de 72 le plus petit des deux, ces différences étant toujours des unités décimales du 7ᵉ ordre.

Au lieu de diviser 72 par 99 comme l'indique la règle connue (183, *Rem.*), nous chercherons, dans la petite Table des parties de la différence 99, celle qui approche le plus de 72 en moins. C'est 69 qui correspond au chiffre 7, ou mieux à un accroissement de 0,7.

Reste à chercher l'accroissement relatif aux trois autres unités du 7ᵉ ordre décimal.

Or la même Table montre que pour 30 l'accroissement serait 0,3; d'où nous concluons que pour 3 cet accroissement est 0,03.

Le nombre correspondant au logarithme 4,6433118 est donc 43985,73; pour le logarithme 7,6433118, on aura 43985730.

Remarque. — Nous trouvons 43985730 pour le nombre correspondant au logarithme 7,6433118, et cependant le problème inverse résolu dans le numéro précédent nous a montré que ce logarithme correspond au nombre 43985726.

On cessera de s'étonner de cette anomalie plus apparente que réelle, quand on aura fait avec nous les observations suivantes:

1° Le véritable logarithme trouvé (187) pour le nombre 43985726 est 7,6433117759; il n'y a donc rien d'impossible, au premier aspect, à ce que pour 43985730 on ait 7,6433118.

2° Les logarithmes ne sont fournis par les Tables qu'avec une approximation qui dépend du nombre des chiffres décimaux inscrits, et l'hypothèse de la proportionnalité des différences n'est elle-même qu'approchée. Il n'est donc nullement surprenant que les résultats d'opérations faites sur de pareilles quantités soient entachés d'erreurs qu'il importe bien moins d'éviter entièrement que de circonscrire dans des limites connues. C'est dans cette vue qu'il est recommandé

de ne jamais compter sur la troisième décimale obtenue par
le calcul pour un nombre cherché d'après son logarithme, et
de ne se la procurer que pour la supprimer en forçant la seconde d'une unité, s'il y a lieu.

Il n'entre pas, d'ailleurs, dans notre cadre de rechercher et
de déterminer les limites des erreurs dont il s'agit.

APPLICATIONS.

189. On a pu juger, par l'exposé qui précède, combien l'emploi des logarithmes permet de simplifier certains calculs
arithmétiques. Cet avantage ne peut cependant être complétement obtenu que si, à la parfaite intelligence de la théorie,
on joint une grande habitude du maniement des Tables. Nous
allons terminer cette partie de notre travail en présentant
quelques exemples numériques propres à servir de types
d'exercices, en même temps qu'ils mettront en évidence l'utilité pratique de l'emploi des logarithmes.

EXEMPLE I. — *Soit à extraire la racine septième de* 3,1416.

Nous savons que le logarithme de la racine cherchée est
égal (173) au septième du logarithme de 3,1416.

Écrivons donc d'abord le logarithme de 3,1416, lequel est
0,4971509. Le septième de ce logarithme est 0,0710216, et
le nombre 1,17766 qui a ce dernier pour logarithme est la
racine septième cherchée, résultat qu'il serait facile de vérifier en élevant 1,17766 à la septième puissance.

EXEMPLE II. — *Soit à extraire la racine cinquième de* $\dfrac{31}{5476}$.

Nous avons vu (173) que

$$\log \sqrt[5]{\frac{31}{5476}} = \frac{1}{5} \log \frac{31}{5476} = \frac{1}{5}\left(\log 31 - \log 5476\right).$$

Or
$$\log 31 = 1,4913617$$
$$\log 5476 = \overline{3,7384634}$$

et
$$\log 31 - \log 5476 = \overline{3},7528983$$

Pour diviser par 5, nous mettrons ce dernier logarithme
sous la forme évidemment équivalente

$$-5 + 2,7528983,$$

et le cinquième de ce nombre est $- 1 + 0,5505797$, ou $\overline{1},5505797$.

On aura donc

$$\log \sqrt[5]{\frac{31}{5476}} = \overline{1},5505797,$$

et, en passant du logarithme au nombre correspondant,

$$\sqrt[5]{\frac{31}{5476}} = 0,3552872.$$

Remarque. — Ayant à diviser par un certain nombre un logarithme à caractéristique négative, nous avons employé un artifice qui consiste à augmenter négativement la caractéristique d'assez d'unités pour qu'elle devienne divisible par le nombre diviseur, et à placer en même temps en avant de la partie décimale autant d'unités positives qu'on en a ajouté de négatives à la caractéristique.

Exemple III. — *Proposons-nous encore de calculer la valeur de l'expression*

$$\frac{\sqrt[5]{0,439 \times (67,231)^2}}{578 \times \sqrt[7]{(0,047)^3}}.$$

Le logarithme de cette quantité peut se représenter (173) par

$$\log\left[\sqrt[5]{0,439} \times (67,231)^2\right] - \log\left[578 \times \sqrt[7]{(0,047)^3}\right],$$

ou par

$$\log \sqrt[5]{0,439} + \log (67,231)^2 - \log 578 - \log \sqrt[7]{(0,047)^3}.$$

ou enfin par

$$\tfrac{1}{5} \log 0,439 + 2 \log 67,231 - \log 578 - \tfrac{3}{7} \log 0,047.$$

Or

$$\log 0,439 = \overline{1},6424645, \qquad \tfrac{1}{5}\log 0,439 = \overline{1},9284929 \left.\right\} 3,5836321$$
$$\log 67,231 = 1,8275696, \qquad 2 \log 67,231 = 3,6551392 \left.\right\}$$
$$\log 578 = 2,7619278 \left.\right\}$$
$$\log 0,047 = \overline{2},6720979, \qquad \tfrac{3}{7}\log 0,047 = \overline{1},4308991 \left.\right\} 2,1928269$$

$$\overline{}$$
$$1,3908052$$

et, ce dernier résultat étant le logarithme de 24,5926, telle est la valeur de l'expression fractionnaire donnée.

COMPLÉMENTS ARITHMÉTIQUES.

190. Au lieu de faire séparément, dans l'exemple précédent, la somme des deux nombres logarithmiques à ajouter, et d'en retrancher la somme des deux autres, on pouvait éviter la soustraction par l'emploi des *compléments arithmétiques*.

Il est clair en effet que, au lieu de retrancher 2,1928269, on peut sans altérer le résultat ajouter 10 — 2,1928269, pourvu que de la somme totale on retranche ensuite 10.

Or, la quantité 10 — 2,1928269, ou 7,8071731, est ce qu'on appelle le *complément arithmétique* de 2,1928269, et ce complément s'obtient à vue du premier nombre en retranchant de 10 le premier chiffre significatif à droite, puis successivement tous les autres de 9, ainsi qu'on le constate aisément par le calcul direct.

Nous aurions donc pu remplacer la soustraction

$$3,5836321$$
$$2,1928269$$
$$\overline{1,3908052}$$

par l'addition

$$3,5836321$$
$$7,8071731$$
$$\overline{11,3908052}$$

qui eût donné le même résultat, après qu'on eût enlevé 10 à cette dernière somme.

On aurait même pu, et c'est la marche pratique à suivre, substituer séparément aux deux logarithmes à soustraire leurs compléments, et faire ensuite la somme des quatre, que l'on eût alors diminuée de 20 comme il suit :

$$1,9284926$$
$$3,6551392$$
$$7,2380722$$
$$\overline{10,5691009}$$

Cette addition donne. 21,3908052
et, après retranchement de 20,   1,3908052 comme ci-dessus.

Remarque. — Quand nous avons pris le complément de l'expression logarithmique $\bar{1}$,4308991, nous avons eu à compléter jusqu'à 10 le premier chiffre à droite, et jusqu'à 9 les autres chiffres, y compris la caractéristique $\bar{1}$.

Le seul nombre qui, ajouté à 1, puisse donner 9, est évidemment 10, et l'on conclut de cette observation qu'il faut, en pareil cas, donner au logarithme complémentaire une caractéristique excédant 9 d'autant d'unités qu'il y en a de négatives dans la caractéristique du logarithme donné.

En résumé, la règle générale pour l'emploi des compléments dans les calculs logarithmiques consiste à *remplacer les logarithmes à soustraire par leurs compléments, à faire ensuite une addition unique et à retrancher de la somme autant de dizaines qu'on a introduit de compléments.*

Cette seule application suffira pour montrer combien l'emploi des compléments arithmétiques permet de simplifier e d'abréger les calculs logarithmiques; nous terminerons par cet aperçu ce que nous avions à dire sur ce sujet.

ALGÈBRE.

PRÉLIMINAIRES.

1. Lorsqu'on a résolu un problème d'après des données numériques, le résultat est lui-même fourni par un ou plusieurs nombres qui ne conservent aucune trace, ni des raisonnements auxquels ils doivent naissance, ni des opérations qu'il a fallu faire sur les données. De là la nécessité de recommencer la série de ces raisonnements et de ces opérations pour tous les problèmes de la même espèce, même quand ils diffèrent uniquement entre eux par les nombres de leurs énoncés.

On a donc été naturellement conduit à penser que, si l'on résolvait un problème sur des données générales représentées par des signes indéterminés, le résultat se présenterait lui-même sous une forme générale indiquant, indépendamment de toute valeur numérique attribuée aux quantités connues, les opérations qui doivent être faites dans chaque cas particulier pour déterminer les inconnues.

L'*Algèbre*, qui a pour objet cette extension des solutions, n'est donc, à proprement parler, que l'Arithmétique généralisée ; ses instruments sont des lettres qui représentent même, non plus seulement des nombres, mais des grandeurs quelconques, abstraction faite des unités qui les expriment. L'emploi de ces lettres, qui conservent dans tout le cours d'une question une signification convenue, permet en outre de fixer brièvement par écrit les diverses phases du raisonnement, et donne à l'intelligence le moyen de suivre sans s'égarer une analyse compliquée, alors qu'avec des chiffres elle aurait à faire des efforts laborieux et souvent même infructueux. C'est à cette découverte que l'on doit la mise en lumière de vérités ou théorèmes qui, sans ce puissant secours, seraient restés peut-être à jamais inaperçus.

Les problèmes suivants, quoique des plus simples, sont propres à faire ressortir sous ce double rapport les avantages de l'emploi des notations et des procédés algébriques.

2. Problème I. — *Trouver deux nombres dont la somme soit égale à 36, et la différence à 8.*

Solution arithmétique. — Le plus grand des deux nombres étant égal au plus petit augmenté de la différence 8, la somme 36 renferme deux fois le plus petit nombre plus 8. Si donc de cette somme 36 nous ôtons 8, le reste 28 équivaudra seulement à deux fois le plus petit nombre, qui par conséquent sera égal à $\dfrac{28}{2}$ ou 14.

Quand au plus grand nombre, il est égal au plus petit augmenté de 8, ou à 22.

Solution algébrique. — Désignons l'un des deux nombres cherchés par x, par exemple le plus petit; le plus grand sera alors $x + 8$ et, puisque leur somme est égale à 36, nous pourrons écrire

$$x + x + 8 = 36, \quad \text{ou} \quad 2x + 8 = 36.$$

Cette relation une fois posée, on en tire immédiatement

$$2x = 36 - 8 = 28;$$

et de cette dernière,

$$x = \frac{28}{2} = 14.$$

De là, comme plus haut, on déduit que le plus grand nombre est 22.

Le rapprochement de ces deux solutions fait clairement voir que la seconde est beaucoup plus facile, plus commode que celle qui procède par le seul raisonnement et sans l'aide des lettres. Nous allons montrer comment, en entrant plus encore dans l'emploi des notations spéciales à l'Algèbre, on arrive à une solution tout à fait générale, applicable à tous les couples de valeurs numériques qu'il plaira de choisir pour la somme et la différence des deux nombres cherchés.

Soit donc a la somme des deux nombres cherchés, et b leur différence; nous poserons comme ci-dessus

$$2x + b = a,$$

et cette relation nous donnera

$$2x = a - b;$$

d'où l'on tire

$$x = \frac{a - b}{2} = \frac{a}{2} - \frac{b}{2}.$$

Le plus grand de ces deux nombres étant égal au plus petit augmenté de b, il aura pour expression

$$\frac{a}{2} - \frac{b}{2} + b, \quad \text{ou} \quad \frac{a}{2} + \frac{b}{2}.$$

Ainsi résolue généralement, cette question nous montre que *quand on connaît la somme et la différence de deux nombres, le plus grand des deux est égal à la demi-somme augmentée de la demi-différence, et le plus petit à la demi-somme diminuée de la demi-différence.*

Si, par exemple, la somme était 73 et la différence 27, l'un des nombres serait

$$\frac{73}{2} + \frac{27}{2}, \quad \text{ou} \quad \frac{100}{2}, \quad \text{ou} \quad 5o;$$

l'autre

$$\frac{73}{2} - \frac{27}{2}, \quad \text{ou} \quad \frac{46}{2}, \quad \text{ou} \quad 23.$$

3. Problème II. — *Trouver deux nombres dont le rapport* R *et la différence* D *sont donnés.*

Si nous appelons x l'un de ces nombres, l'autre sera naturellement exprimé par $\frac{x}{R}$, et la seconde condition nous conduira à la relation

$$x - \frac{x}{R} = D,$$

dans laquelle, pour chasser le dénominateur, nous multiplierons tous les termes par R.

Il viendra alors

$$R x - x = DR, \quad \text{ou} \quad (R - 1)x = DR,$$

et enfin

$$x = D \times \frac{R}{R - 1}.$$

Telle est la valeur générale du premier nombre, et le second s'obtiendra en divisant celui-ci par R, sous la forme $D \times \dfrac{1}{R - 1}$.

Si, par exemple, le rapport et la différence donnés sont respectivement 7 et 54, les deux nombres correspondants seront 63 et 9.

Enfin, *quand on connaît le rapport* R *et la différence* D *de deux nombres, l'un de ces nombres s'obtient en multipliant la différence connue par la fraction* $\dfrac{R}{R - 1}$, *et l'autre en multipliant cette même différence par* $\dfrac{1}{R - 1}$.

4. **Problème III.** — Prenons encore un autre exemple que nous puiserons dans les problèmes résolus en Arithmétique, et choisissons la question des intérêts simples (*Arith.*, 122).

Soit désigné :

Par c le capital prêté ;

Par n le nombre des années, ou la durée du prêt ;

Par t le taux, ou l'intérêt de 100 francs pour un an ;

Et par i l'intérêt produit pendant le nombre d'années n.

Nous résoudrons cette question, comme nous l'avons fait en Arithmétique, à la manière d'une règle de trois composée :

	Capital.	Durée.	Taux.
Fait fondamental	100^f	1^{an}	t^f
Fait à compléter	c	n	i

et nous en tirerons, en supposant que i est la quantité non connue,

$$i = t \times \frac{c}{100} \times \frac{n}{1} = \frac{tcn}{100}.$$

Telle est donc

$$i = \frac{tcn}{100}$$

la relation qui lie entre eux les divers éléments du problème
de l'intérêt simple. Non-seulement elle permet de calculer
l'intérêt pour chacun des systèmes de valeurs que l'on peut
assigner au capital, au taux et au temps; mais encore, par des
multiplications ou divisions opérées sur ses deux membres
égaux, on lui donne sans hésitation les diverses formes suivantes :

$$c = \frac{100\,i}{tn}, \quad t = \frac{100\,i}{cn}, \quad n = \frac{100\,i}{tc},$$

qui, avec la précédente, résolvent de la manière la plus générale les quatre problèmes auxquels peuvent donner lieu les
intérêts simples, et que nous avons séparément traités dans
les n°s 122, 124, 125 et 126 de l'*Arithmétique*.

5. PROBLÈME IV. — Les questions d'intérêt composé (*Arith.*,
129) peuvent également se résoudre d'une manière générale
au moyen des notations précédentes.

Le taux étant t, chaque franc de capital rapporte $\dfrac{t}{100}$ par an.
Après la première année, le capital c aura donc produit
$c \times \dfrac{t}{100}$, et sera devenu, pour porter intérêt pendant la seconde année,

$$c + c \times \frac{t}{100}, \quad \text{ou} \quad c\left(1 + \frac{t}{100}\right).$$

Ce nouveau capital sera devenu

$$c\left(1 + \frac{t}{100}\right)^2 \quad \text{après la 2}^e \text{ année,}$$

$$c\left(1 + \frac{t}{100}\right)^3 \quad \text{après la 3}^e \text{ année,}$$

. . . .

et

$$c\left(1 + \frac{t}{100}\right)^n \quad \text{après la } n^{ième} \text{ année.}$$

Par conséquent, pour avoir les intérêts i produits après cette
$n^{ième}$ année depuis l'origine, il suffira de retrancher le capital

primitif c de sa dernière valeur $c\left(1+\dfrac{t}{100}\right)^{n}$, et l'on pourra poser

$$i = c\left(1+\dfrac{t}{100}\right)^{n} - c = c\left[\left(1+\dfrac{t}{100}\right)^{n} - 1\right].$$

Nous obtenons encore ainsi la formule générale

$$i = c\left[\left(1+\dfrac{t}{100}\right)^{n} - 1\right]$$

des intérêts composés, dans laquelle l'inconnue pourrait être aussi bien c, t ou n que i, et il est déjà facile de comprendre comment, par des opérations identiques appliquées aux deux membres égaux de cette égalité, on isolerait dans un membre cette quantité inconnue, quelle qu'elle fût, comme nous l'avons fait plus haut pour la formule de l'intérêt simple.

Ces nouveaux résultats seraient les suivants :

$$c = \dfrac{i}{\left(1+\dfrac{t}{100}\right)^{n} - 1}, \quad t = 100\left(\sqrt[n]{1+\dfrac{i}{c}} - 1\right), \quad n = \dfrac{\log\left(1+\dfrac{i}{c}\right)}{\log\left(1+\dfrac{t}{100}\right)}$$

ils permettent, concurremment avec la précédente expression de i, de calculer l'une quelconque des quantités i, c, t ou n en fonction des trois autres, ainsi que nous allons en donner quelques exemples.

EXEMPLE I. — *Quelle somme d'intérêts rapporte un capital de 6000 francs placé à $4\frac{1}{2}$ pour 100 pendant 14 ans ?*

Au moyen de la première des quatre relations ci-dessus, on écrit de suite

$$i = 6000\left(\overline{1,045}^{14} - 1\right).$$

Or, au moyen des logarithmes, on calcule sans peine la valeur $1,85217$ de $\overline{1,045}^{14}$, et l'on trouve alors

$$i = 6000 \times 0,85217 = 5113^{\text{fr}},02.$$

Le capital à rembourser sera naturellement, au bout des 14 années, égal à $6000^{\text{fr}} + 5113^{\text{fr}},02$, ou

$$11113^{\text{fr}},02.$$

Exemple II. — *Quelle somme aurait dû être remboursée le 1ᵉʳ janvier 1865 au représentant de celui qui aurait placé 1 centime à 5 pour 100 au commencement de l'ère chrétienne ?*

Nous pourrons appliquer encore ici la formule qui donne la valeur de i, sauf à ajouter le capital primitif ou 1 centime au résultat, ce qui paraîtra assurément fort peu utile en présence de l'énormité du chiffre obtenu. Cette relation se présente ici sous la forme

$$i = 0,01\,(\overline{1,05}^{\,1865} - 1).$$

Les logarithmes donnent d'abord

$$\overline{1,05}^{\,1865} = 31\,394\,614 \times 10^{31},$$

et l'on a

$$i = 0,01\,(31\,394\,614 \times \overline{10}^{\,31} - 1).$$

On voit que le premier terme de la parenthèse est un nombre de 40 chiffres, et que la parenthèse elle-même représente un nombre aussi de 40 chiffres, lequel est exprimé par $31\,394\,613$ suivi de 32 fois le chiffre 9.

Enfin, ce nombre multiplié par 0ᶠʳ,01 donne $31\,394\,613$ suivi de 30 fois le chiffre 9, plus 0ᶠʳ,99, ou très-approximativement

$$31\,394\,614 \times 10^{38},$$

qui représente un nombre de 38 chiffres.

Pour donner une forme plus facilement appréciable à ce résultat de la puissance des intérêts composés, nous dirons, et l'on pourra le calculer plus tard par les procédés géométriques, que cette somme énorme équivaudrait à une sphère en or dont le rayon aurait environ 4 814 350 kilomètres, et dont le volume serait, par suite, plus de 430 millions de fois le volume de la terre.

Exemple III. — *Après combien d'années un capital quelconque placé à 5 pour 100 se trouve-t-il doublé ?*

Il suffit évidemment pour résoudre cette question de supposer $i = c$ dans la valeur de n ci-dessus posée, laquelle devient au cas présent

$$n = \frac{\log 2}{\log 1,05} = \frac{0,30103}{0,02119} = 14,21.$$

Remarque. — Ce résultat montre que la valeur de n est plus grande que 14 et moindre que 15; ce qui indique que le capital placé ne sera pas tout à fait doublé après 14 ans, mais qu'il serait plus que doublé après 15 ans.

Il faudrait, toutefois, se garder de conclure que la vraie valeur de n s'obtiendrait en convertissant en mois et jours la fraction d'année 0,21. En effet, la formule fondamentale des intérêts composés a été établie dans la supposition d'une capitalisation des intérêts par années entières, et c'est suivant la loi des intérêts simples que doivent être calculés les produits du dernier capital, pendant la fraction d'année incomplète, quand le temps du placement n'est pas représenté par un nombre entier d'années.

Ceci suffit donc pour prouver que le complément fractionnaire de la valeur de n qui double exactement le capital n'est pas susceptible d'être donné par la relation des intérêts composés, mais qu'il faudrait le tirer d'une formule mixte que l'on établirait d'après les indications qui précèdent.

Nous n'irons pas plus loin sur ce sujet, qui nous écarterait du but que nous nous proposons. Bornons-nous, pour le moment et sans multiplier inutilement les exemples, à faire remarquer quelle précieuse extension est donnée aux solutions des problèmes par l'emploi des procédés algébriques, pour la mise en œuvre desquels nous allons maintenant poser des règles sûres et précises.

NOTATIONS ET DÉFINITIONS.

6. Il est d'usage, en Algèbre, de représenter les quantités données par les premières lettres de l'alphabet, et les inconnues par les dernières x, y, z; on emploie aussi, suivant les besoins, des alphabets différents, et même l'alphabet grec.

Dans une même question, les quantités différentes, mais analogues, se représentent par la même lettre à laquelle on donne un ou plusieurs accents. C'est ainsi qu'on écrit a', a'', a''', etc., que l'on appelle *a prime*, *a seconde*, *a tierce*, etc.

On fait encore usage, dans les mêmes circonstances, des signes a_1, a_2, a_3, etc., que l'on énonce *a indice* 1, *a indice* 2, *a indice* 3, ou simplement *a* un, *a* deux, *a* trois, quand on peut le faire sans ambiguïté.

Outre les signes que nous avons indiqués dans les n° 8, 11, 13, 22 et 77 de l'*Arithmétique* et dont nous venons de faire usage dans les problèmes qui précèdent, le calcul algébrique en emploie plusieurs autres qu'il importe de faire dès à présent connaître.

Le signe $\times$ de la multiplication se remplace souvent en Algèbre par un simple point placé entre les facteurs, ou même par la simple juxtaposition de ceux-ci. En d'autres termes, les trois expressions

$$a \times b, \quad a.b, \quad ab$$

représentent toutes les trois le produit de *a* par *b*.

Il en est de même lorsque les facteurs sont séparément le résultat d'opérations à faire subir préalablement à d'autres quantités, auquel cas ils doivent être placés entre parenthèses, comme dans le produit

$$(a + b - c)(b + c - d + f).$$

Lorsqu'on doit ajouter ensemble des quantités égales $a + a + a +$ etc., on écrit une seule fois la quantité *a*, et on la fait précéder du nombre qui indique combien de fois elle est répétée ; ainsi $a + a + a + a + a$ s'écrit $5a$. Le chiffre 5, dans ce cas, est dit le *coefficient* de *a*.

Un coefficient peut être fractionnaire, comme dans $\dfrac{5}{7}b$, ou dans $36,4 c$. Nous verrons plus loin qu'il peut encore être algébrique, c'est-à-dire exprimé par le moyen de lettres.

Si l'on veut exprimer par écrit l'inégalité de deux quantités, on les sépare par le signe $>$ dont on dirige la pointe vers la plus petite des deux. Ainsi,

$a > b$ veut dire que *a* est plus grand que *b*,
$c < d$ veut dire que *c* est plus petit que *d*.

7. Toute expression algébrique composée de *termes* séparés par les signes $+$ ou $-$ s'appelle un *polynôme* ; chacun de ces termes est un *monôme*, qui peut contenir l'indication de

toutes les opérations arithmétiques, sauf l'addition et la soustraction.

Les expressions

$$7\,a^3b^2c,\qquad \frac{5}{8}\,a^2b^3,\qquad \sqrt[3]{6ab^2c^3}$$

sont des monômes.

On désigne sous les noms de *binômes* et *trinômes* les expressions respectivement composées de deux et trois termes.

De même qu'une lettre ou un nombre sans exposant sont censés avoir l'exposant 1, une lettre sans coefficient est supposée avoir pour coefficient l'unité.

On ne sépare jamais de chaque terme d'un polynôme le signe qui le précède. Ainsi, dans le polynôme $a^3 - 3\,a^2b + 5\,ab^2 - c^3$, on distingue les termes a^3, $-3\,a^2b$, $+5\,ab^2$ et $-c^3$.

Ceux des termes qui ont le signe $+$ sont dits termes *additifs* ou *positifs;* ceux qui ont le signe $-$ sont *soustractifs* ou *négatifs*. Il est entendu que tout terme qui n'a aucun signe est additif, parce qu'il est censé précédé du signe $+$.

8. Dans une expression algébrique, les termes qui sont composés des mêmes lettres affectées des mêmes exposants sont appelés *termes semblables;* ils ne diffèrent entre eux que par les signes et les coefficients.

En se reportant à la définition du coefficient on voit que, dans un polynôme, s'il y a des termes semblables, il est facile de les réunir dans le but de simplifier l'expression sans en altérer la valeur. Par exemple, si l'on avait le polynôme

$$5\,a^2b + 6b^3 - 7\,a^2b + 3\,a^2b - 11\,b^3 + a^2b,$$

on remarquerait que $5\,a^2b - 7\,a^2b + 3\,a^2b + a^2b$ équivaut à $(5 - 7 + 3 + 1)$ fois a^2b, ou à $2\,a^2b$, et que $6b^3 - 11\,b^3$ équivaut à $(6 - 11)$ fois b^3, ou à $-5b^3$. Par conséquent, l'expression entière se réduit à

$$2\,a^2b - 5b^3.$$

En général, *pour réduire en un seul plusieurs termes semblables, on fera la somme des coefficients des termes positifs et celle des termes négatifs; on retranchera la plus petite de la plus grande, et l'on donnera au reste le signe de la plus grande ; ce reste, avec son signe, sera le coefficient du terme réduit.*

9. Les quantités qui ne contiennent aucun radical sont appelées *rationnelles ;* dans le cas contraire, elles sont dites *irrationnelles.*

Une quantité rationnelle est *entière*, lorsqu'elle ne contient aucun dénominateur numérique ou littéral. Ainsi, $\frac{5}{6}a^2c$, $4b^2 + \frac{3c^4}{d^2}$ sont des quantités rationnelles ; $4a^3 - b^2c$ est une quantité entière, et $\sqrt[3]{a^2b} + \dfrac{4c}{\sqrt{a+b}}$ est une quantité irrationnelle.

10. On appelle *degré* d'un monôme entier la somme des exposants des lettres qu'il contient. Le monôme a^3bx^4 est du huitième degré. On dit aussi qu'il est du troisième degré en a, du premier en b, du quatrième en x.

Le degré d'un polynôme est celui du terme du plus haut degré qu'il contienne.

Un polynôme dont tous les termes sont de même degré est dit *homogène.*

Ainsi, le polynôme $7a^6 - 11ab - 3b^2c + c^2d$ est du sixième degré ; il en est de même du polynôme $9a^3b^2c - a^3b^3 + 6bc^5 + 2d^6$ qui, de plus, est homogène.

11. Quand deux expressions sont réunies par le signe $=$, elles forment une égalité, qui, suivant les cas, s'appelle *identité* ou *équation.*

Il y a *identité* entre deux quantités numériques égales, ou entre deux expressions algébriques qui sont égales indépendamment de toutes valeurs particulières attribuées aux lettres qu'elles renferment.

Exemple :

$$7 - 3 = 2^2, \quad (a+b)(a-b) = a^2 - b^2.$$

On donne plus spécialement le nom d'*équation* à une égalité qui, n'ayant lieu que pour certaines valeurs des lettres qu'elle renferme, peut servir à la détermination de ces valeurs.

La relation $2x + 8 = 36$ du problème traité dans le n° 2 est une équation; il en est de même des formules d'intérêt (4 et 5)

$$i = \frac{tcn}{100}; \quad i = c\left[\left(1 + \frac{t}{100}\right)^n - 1\right].$$

quand une ou plusieurs des quantités t, c, i, n sont inconnues.

Ce sont encore des équations que l'on obtient quand on veut formuler algébriquement l'expression du dernier terme et de la somme des termes d'une progression par différence ou d'une progression par quotient.

Dans le premier cas, si l'on appelle S cette somme des termes, a le premier, l le dernier, n le nombre des termes, et d la raison, on aura, comme on l'a vu (*Arith.*, 156 et 160),

$$l = a + (n-1)d, \quad S = \frac{(a+l)n}{2} = \frac{[2a + (n-1)d]n}{2}.$$

Dans le second, les lettres S, a, l et n ayant les mêmes significations et q étant la raison, on peut écrire (*Arith.*, 161 et 166)

$$l = aq^{n-1}, \quad S = \frac{lq - a}{q - 1} = \frac{aq^n - a}{q - 1}.$$

Ces diverses définitions et notations étant bien comprises, nous allons donner des règles pour effectuer sur les quantités algébriques les opérations fondamentales qui permettent de les combiner. Il est bon, toutefois, d'observer d'avance que les résultats de ces opérations ne seront que des indications de calculs, lesquels ne pourront être réellement effectués qu'après que l'on aura donné aux lettres des valeurs numériques. On n'obtient donc, en réalité, qu'une transformation des opérations primitivement indiquées en d'autres plus simples et devant produire les mêmes résultats.

ADDITION.

12. *L'addition algébrique a pour objet de trouver un monôme ou un polynôme dont la valeur numérique soit égale à la somme des valeurs numériques de plusieurs monômes ou polynômes donnés.*

La règle consiste évidemment à *écrire les termes de ces monômes ou polynômes les uns à la suite des autres avec leurs signes respectifs, et à faire ensuite la réduction des termes semblables.*

Soit, pour exemple, à ajouter $a + 2b - 3c$ avec $3a - 5b + 8c$: le résultat sera, d'après la règle posée,

$$a + 2b - 3c + 3a - 5b + 8c,$$

et, cette somme contenant des termes semblables, il faudra en faire la réduction, qui donnera

$$4a - 3b + 5c.$$

Il est entendu que ce résultat de l'addition peut être aussi bien négatif que positif, suivant les systèmes de valeurs qui seront attribués aux lettres a, b et c.

Avec $a = 3$, $b = 5$, $c = 7$, cette expression est égale à 32 ;
Avec $a = 2$, $b = 9$, $c = 3$, elle devient égale à -4.

13. Lorsque les polynômes à additionner ont des termes semblables, au lieu de les écrire les uns à la suite des autres, on les dispose quelquefois de manière que les termes semblables se correspondent dans une même colonne verticale, comme dans l'exemple suivant :

$$4a^2b^3 + 3a^2b^3c + 7a^3b^3 - 14a^2bc^2$$
$$- 2a^2b^3 \qquad\qquad + 3a^3b^3 + 6a^2bc^2$$
$$+ 7a^2b^2 - 2a^2b^3c - 8a^3b^3$$

$$\text{Somme...}\quad 9a^2b^3 + a^2b^2c + 2a^3b^3 - 8a^2bc^2$$

SOUSTRACTION.

14. La *soustraction* est l'opération inverse de l'addition : *connaissant la somme de deux quantités et l'une d'elles, on se propose de trouver l'autre, à laquelle on donne le nom de différence ou reste.*

De cette définition et de la règle donnée pour l'addition, on conclut nécessairement que *pour retrancher d'une expression algébrique une autre quantité de même nature, il faut changer tous les signes du polynôme à soustraire, et l'écrire ainsi transformé à la suite du polynôme dont on* soustrait; on fait ensuite, s'il y a lieu, la réduction des termes semblables.

Soit, en effet, à retrancher $c - d$ de a; a est une somme, $c - d$ l'une des parties de cette somme, et le reste, ou l'autre partie, doit être tel que, si l'on y ajoute $c - d$, on retrouve a. Ce reste doit donc d'abord contenir a, puis c et d avec des signes tels que l'addition de $c - d$ les fasse disparaître, c'est-à-dire avec des signes contraires à ceux qu'ils ont dans $c - d$.

Donc enfin le reste est

$$a - c + d.$$

De même, si de $4a - 3b + 5c$ on retranche $3a - 5b + 8c$, le reste sera

$$4a - 3b + 5c - 3a + 5b - 8c, \quad \text{ou} \quad a + 2b - 3c,$$

résultat qui serait positif avec. . . . . $a = 7$, $b = 2$, $c = 3$;
     »   nul avec. . . . . $a = 5$, $b = 2$, $c = 3$;
     »   négatif avec. . . . $a = 3$, $b = 1$, $c = 2$.

15. La disposition propre à faciliter le calcul, dans le cas où les deux expressions contiennent des termes semblables, s'applique identiquement à la soustraction. Exemple :

$$9a^3b^2 + a^2b^3c + 2a^4b^4 - 8a^3bc^2$$
$$7a^3b^2 - 2a^2b^3c + 2a^4b^4 \qquad\qquad - 6abc^3$$

Reste... $2a^3b^2 - a^2b^3c \qquad\qquad - 8a^3bc^2 + 6abc^3$

MULTIPLICATION.

16. *La multiplication de deux facteurs algébriques a pour objet de trouver une troisième quantité qui ait pour valeur numérique le produit de celles du multiplicande et du multiplicateur, quelles que soient les valeurs numériques des lettres qui entrent dans les deux facteurs.*

Soit, en premier lieu, à multiplier l'un par l'autre les deux monômes $5a^3b^2c$ et $9a^2c^3d$.

Il faudra, pour effectuer cette opération, multiplier le multiplicande successivement par chacun des facteurs du multiplicateur. Le produit se présentera donc ainsi :

$$5.a^3.b^2.c.9.a^2.c^3.d,$$

ou, en intervertissant l'ordre de ces facteurs,

$$5.9.a^2.a^3.b^2.c.c^3.d,$$

ou encore

$$5.9.a.a.a.a.a.b.b.c.c.c.c.d,$$

ou enfin, d'après la notation connue,

$$45\,a^5\,b^2\,c^4\,d.$$

17. Lorsque les deux monômes à multiplier sont tous deux positifs, ou que le multiplicateur au moins a le signe +, la multiplication conserve absolument le même sens qu'en Arithmétique. En effet, multiplier $\pm a$ par b, c'est répéter la quantité $\pm a$ un nombre de fois exprimé par b, et le produit dans le premier cas est $+ab$; il est $-ab$ dans le second, et cela indépendamment de la valeur numérique de b qui peut être entier ou fractionnaire.

Mais si le multiplicateur est négatif, le produit cherché ne peut plus avoir qu'une signification tout à fait algébrique que l'on a déterminée en observant que, lorsque le multiplicateur est positif, le produit a le même signe que le multiplicande, et en convenant rationnellement que, quand le multiplicateur serait négatif, le produit aurait un signe contraire à celui du multiplicande.

C'est cette règle que l'on formule elliptiquement comme il suit :

$$+ \times + = +,$$
$$- \times + = -,$$
$$+ \times - = -,$$
$$- \times - = +.$$

18. De là la règle générale suivante pour la multiplication de deux monômes : *Effectuer le produit des coefficients; écrire ensuite toutes les lettres différentes des facteurs en donnant à chacune d'elles un exposant égal à la somme de ceux qu'elle a dans le multiplicande et le multiplicateur; affecter ce résultat du signe + ou du signe —, selon que les deux facteurs ont le même signe ou des signes contraires.*

Il est évident que cette règle s'applique identiquement, quel que soit le nombre des monômes à multiplier. On voit sans peine que, *si le nombre des facteurs négatifs est nul ou pair, le produit aura le signe +, et que le produit aura le signe —, si ce nombre est impair.*

Remarque I. — Quand on change à la fois les signes de deux des facteurs d'un produit, on ne change pas le signe de ce produit.

Remarque II. — Les puissances paires d'une quantité quelconque, positive ou négative, sont positives; les puissances impaires ont le même signe que cette quantité.

19. Passons maintenant à la multiplication des polynômes.

S'il s'agit de multiplier un polynôme par un monôme, on devra multiplier successivement chacun des termes du polynôme par le monôme, en observant, pour les signes des divers termes du produit, la règle donnée plus haut pour la multiplication des monômes entre eux. Ainsi,

$$(a - b + c - d)\,m = am - bm + cm - dm.$$

Si l'on doit multiplier un monôme par un polynôme, ces deux facteurs représentant des nombres peuvent être intervertis, et l'on rentre dans le cas précédent.

Enfin, pour multiplier un polynôme par un autre polynôme, on multiplie séparément les termes du multiplicande par chaque terme du multiplicateur, selon la règle donnée pour la multiplication des monômes. Soit, par exemple, à multiplier $a - b$ par $c - d$,

$$
\begin{aligned}
a &- b \\
c &- d \\
\hline
\end{aligned}
$$

$$\text{Produit}\ldots\quad ac - bc - ad + bd$$

20. En général, pour multiplier deux polynômes l'un par l'autre, on dispose les calculs comme en Arithmétique ; mais on commence ordinairement l'opération par la gauche des deux facteurs, bien que rien n'en fasse une loi rigoureuse.

Il est également très-commode, dans une opération qui peut parfois avoir un grand développement, de disposer les termes des facteurs dans un ordre déterminé qui permette d'embrasser facilement tout l'ensemble, et d'obtenir le produit pareillement disposé. On arrive à ce résultat en *ordonnant*, s'il y a lieu, le multiplicande et le multiplicateur par rapport aux puissances croissantes et décroissantes d'une même lettre qui s'appelle alors *lettre ordonnatrice*, et le produit est lui-même ordonné par rapport à la même lettre. Cette disposition, nous le répétons, dirige et rend facile la marche du calcul ; elle prévient les erreurs, ou tout au moins elle fait facilement découvrir celles qui auraient pu se glisser.

Comme exemple de cette méthode, nous multiplierons

$$2x^3 - 5ax^2 + 3a^2x - a^3$$
$$\text{par} \quad x^2 - 6ax - 4a^2$$

Produit par x^2 . . . . $2x^5 - 5ax^4 + 3a^2x^3 - a^3x^2$

Produit par $-6ax$ . . . $\quad -12ax^4 + 30a^2x^3 - 18a^3x^2 + 6a^4x$

Produit par $-4a^2$ . . . $\quad\qquad -8a^2x^3 + 20a^3x^2 - 12a^4x + 4a^5$

Produit total . . . . . $2x^5 - 17ax^4 + 25a^2x^3 + a^3x^2 - 6a^4x + 4a^5$

21. Le multiplicande et le multiplicateur, dans l'exemple ci-dessus, sont *homogènes*, l'un du troisième, l'autre du deuxième degré. Le produit, ne pouvant avoir que des termes formés par le produit d'un terme du multiplicande par un terme du multiplicateur, est lui-même forcément homogène et d'un degré égal à la somme des degrés des polynômes facteurs ; il est ici du cinquième degré.

De plus, il est facile de voir que, lorsque deux polynômes ont été ordonnés l'un et l'autre suivant les puissances croissantes ou décroissantes d'une même lettre, les termes extrêmes du produit sont, sans réduction possible, les produits des termes extrêmes des polynômes facteurs.

En effet, le premier terme du multiplicande contient la lettre ordonnatrice avec le plus haut exposant qu'elle a au multiplicande ; le premier terme du multiplicateur la contient avec le plus haut exposant qu'elle a dans ce facteur. Or, le produit d'un terme du multiplicande par un terme du multiplicateur contenant la somme des exposants de cette lettre, il est clair que le produit du premier terme du multiplicande par le premier terme du multiplicateur contiendra cette lettre avec un exposant plus fort que tous les autres produits.

Le raisonnement serait le même pour le produit des der-

niers termes qui donneraient le terme contenant la lettre ordonnatrice avec le plus faible exposant.

Exemple : soit à multiplier

$$x^9 + x^8 + x^7 + x^6 + x^5 + x^4 + x^3 + x^2 + x + 1$$

par

$$x - 1.$$

Le premier terme du produit sera x^{10}, et le dernier sera -1.
En effectuant ce produit, on voit même qu'il se réduit à ce
binôme $x^{10} - 1$, tous les autres termes se détruisant deux
à deux.

22. Lorsqu'on ordonne un polynôme par rapport à une
lettre, il peut arriver que cette lettre entre dans plusieurs
termes avec le même exposant. Il est alors commode d'écrire
les termes dont il s'agit en plaçant dans une colonne verticale,
en avant de la lettre ordonnatrice, les divers coefficients numériques ou littéraux de cette lettre.

Ainsi, le polynôme

$$a^3 + 2b^3x^3 - 7b^3x^2 - 5a^3b^3x + 4abx^3 + b^3x - 2b^3$$

s'écrirait

$$\begin{array}{c|c|c} -7b^3 & x^3 + 2b^3x^3 - 5a^3b^3 & x + a^3 \\ +4ab & + b^3 & -2b^3 \end{array}$$

et, s'il devait être multiplié par un autre de même forme, on
aurait à effectuer à part les multiplications des coefficients de
la lettre principale, coefficients qui sont ici de véritables polynômes, et qui peuvent être également ordonnés eux-mêmes
par rapport à une autre lettre.

Nous ne nous appesantirons pas davantage sur les détails
de cette opération, qui ne présente aucune difficulté, et qui
ne demande que de l'ordre et de la clarté pour s'exécuter
sans erreur.

23. Nous terminerons ce qui a rapport à la multiplication
algébrique, en indiquant les multiplications suivantes, qui
offrent des résultats remarquables fréquemment employés

en Algèbre :

$$a + b)(a + b) = (a + b)^2 = a^2 + 2ab + b^2,$$
$$a - b)(a - b) = (a - b)^2 = a^2 - 2ab + b^2,$$
$$(a + b)(a - b) = a^2 - b^2.$$

La première de ces trois égalités montre que *le carré de la somme de deux quantités est égal à la somme de leurs carrés, augmentée du double produit de ces quantités.*

La seconde, que *le carré de la différence de deux quantités est égal à la somme des carrés de ces quantités, diminuée de leur double produit.*

Enfin la troisième, que *le produit de la somme de deux quantités par leur différence est égal à la différence des carrés de ces quantités.*

DIVISION.

24. La division algébrique est, comme en Arithmétique, l'inverse de la multiplication ; elle a pour but, *étant donnés un produit et l'un de ses facteurs, de retrouver l'autre facteur.*

En ce qui concerne la division de deux monômes, les règles indiquées pour la multiplication donnent immédiatement celles qui conviennent à cette opération. Le coefficient du quotient sera évidemment le quotient de ceux du dividende et du diviseur ; l'exposant d'une lettre quelconque devra figurer au quotient avec un exposant égal à la différence de ceux qu'elle a dans le dividende et le diviseur. Enfin, quant aux signes, ils seront encore fournis par cette considération que, le quotient multiplié par le diviseur devant reproduire le dividende, le signe du quotient sera le même que celui du diviseur, si le dividende a le signe $+$, et contraire à celui du diviseur, quand le dividende aura le signe $-$.

Cette règle des signes peut également se présenter comme il suit :

$$+ : + = +,$$
$$+ : - = -,$$
$$- : + = -,$$
$$- : - = + ;$$

elle est identique à celle de la multiplication, et on l'exprime en disant que, *si le dividende et le diviseur sont de mêmes signes, le quotient est positif*, et que *le quotient est négatif si le dividende et le diviseur sont de signes contraires.*

Nous nous proposerons comme exemple de diviser $45\,a^5b^3c^2d$ par $9\,a^4b^2c$, et le quotient sera $5\,a\,bcd$.

25. Il peut se faire que la division ne soit pas toujours complétement possible, soit parce que le coefficient du dividende n'est pas divisible par celui du diviseur, soit parce que le diviseur contient des lettres qui n'entrent pas dans le dividende, ou qui y entrent avec un exposant moindre. Le mieux est alors de mettre le quotient sous la forme d'une fraction que l'on simplifie, autant que possible, par l'enlèvement des facteurs communs à ses deux termes.

Ainsi, le quotient de $45\,a^5b^3c^2d$ par $25\,a^4b^4c^2d^5e$ équivaut évidemment à la fraction

$$\frac{45\,a^5b^3c^2d}{25\,a^4b^4c^2d^5e},$$

que nous simplifierons comme il vient d'être dit, et qui se trouvera réduite à

$$\frac{9\,a^2}{5\,b\,d^4e}.$$

26. Rien ne s'oppose, toutefois, à ce que l'on conserve à la partie littérale de ce quotient la forme entière, en introduisant pour la lettre d, par exemple, un *exposant négatif* égal à -4. Ceci résulte de ce que de l'exposant 1 de cette lettre au dividende on a dû retrancher l'exposant 5 de la même lettre au diviseur.

Au moyen de cette observation, le quotient de la division ci-dessus serait

$$\frac{9}{5}\,a^2b^{-1}d^{-4}e^{-1}.$$

Le rapprochement de ces deux formes du quotient permet de conclure que :

1° *Toute quantité affectée d'un exposant négatif équivaut à l'unité divisée par la même quantité affectée du même exposant pris positivement ;*

2° *Toute quantité affectée de l'exposant o est équivalente à l'unité.*

Car, en général,

$$\frac{a^m}{a^{m+p}} = \frac{a^m}{a^m \times a^p} = \frac{1}{a^p} = a^{m-m-p} = a^{-p};$$

$$\frac{a^m}{a^m} = 1 = a^{m-m} = a^0.$$

27. Quand on voudra diviser un polynôme par un monôme, le quotient, qui sera d'ailleurs nécessairement un polynôme, s'obtiendra par la division successive de tous les termes du dividende, et il aura la forme entière si chacun des termes du dividende est exactement divisible par le diviseur.

Soit à diviser $15\,a^2x^3 - 10\,a^3x^2 + 5\,a^4x$ par $5\,a^2x$; le quotient sera $3\,x^2 - 2\,ax + a^2$, et, le dividende étant égal au produit du diviseur par le quotient, on aura

$$15\,a^2x^3 - 10\,a^3x^2 + 5\,a^4x = 5\,a^2x\,(3\,x^2 - 2\,ax + a^2).$$

Le second membre de cette égalité n'est, à vrai dire, qu'une seconde forme du polynôme du dividende dans lequel on a mis en évidence le *facteur commun* à tous les termes. En général, *pour mettre une quantité en facteur commun dans un polynôme, on divise le polynôme par cette quantité que l'on écrit comme multiplicateur du quotient placé lui-même entre parenthèses.*

28. Passons maintenant à la division de deux polynômes.

Nous supposerons d'abord que le dividende soit le produit exact du diviseur par le quotient, c'est-à-dire que l'opération donne lieu à un quotient entier (9) sans reste.

Le diviseur et le quotient ayant été ordonnés suivant les puissances croissantes ou décroissantes d'une même lettre, le produit sera pareillement ordonné, et le premier terme de ce produit sera (21) le produit du premier terme du diviseur par le premier terme du quotient. Si donc nous divisons le premier terme du dividende par le premier terme du diviseur, nous obtiendrons le premier terme du quotient.

Nous multiplierons ensuite tout le diviseur par ce premier terme du quotient, et nous retrancherons ce produit du dividende pour avoir un reste qui sera le produit du diviseur par les autres termes du quotient. Il faudra donc encore diviser

le premier terme de ce reste par le premier terme du diviseur,
et nous aurons ainsi le second terme du quotient.

En opérant de la même manière sur chacun des restes successifs, nous arriverons nécessairement à un reste nul, puisque
nous aurons retranché du dividende les produits du diviseur
par tous les termes du quotient.

Comme exemple, proposons-nous de diviser l'un par l'autre
les deux polynômes

$$12x^5 - 17ax^4 - 16a^2x^3 + 44a^3x^2 - 31a^4x + 6a^5$$

et

$$4x^3 - 7ax^2 + 5a^2x - a^3,$$

et disposons l'opération comme nous l'avons fait en Arithmétique (**12**) pour les nombres :

$$
\begin{array}{l|l}
12x^5 - 17ax^4 - 16a^2x^3 + 44a^3x^2 - 31a^4x + 6a^5 & 4x^3 - 7ax^2 + 5a^2x - a^3 \\
-12x^5 - 21ax^4 - 15a^2x^3 + 3a^2x^3 & \\
\cline{2-2}
 & 3x^2 + ax + 6a^2 \\
\hline
\quad 4ax^4 - 31a^2x^3 + 47a^3x^2 & \\
\quad -4ax^4 + 7a^2x^3 - 5a^3x^2 + a^4x & \\
\hline
\qquad -24a^2x^3 + 42a^3x^2 - 36a^4x & \\
\qquad +24a^2x^3 - 42a^3x^2 + 30a^4x - 6a^5 & \\
\end{array}
$$

Reste...   0

Remarque. — Pour faciliter la soustraction des produits du
diviseur par les divers termes du quotient, nous avons changé
les signes des termes de ces produits, avant de les écrire sous
les dividendes partiels ; de cette façon, la soustraction s'est
transformée en addition. Cette pratique est généralement
adoptée.

29. Dans le cas où le quotient ne doit pas être entier, on
agit comme s'il devait l'être, et l'on arrive à un dividende partiel, ou reste, dont le premier terme n'est pas exactement divisible par le premier terme du diviseur. On s'arrête alors, et l'on
complète le quotient par une fraction qui a pour numérateur
le reste et pour dénominateur le diviseur.

Exemple : le quotient de $x^7 - 3a^2x^5 - 2a^3x^4 + a^4x^3 + 7a^6x^2$
par $x^3 - 5a^2x + a^3$ donne pour quotient complet

$$x^4 + 2a^2x^3 - 3a^3x + 11a^4 + \frac{-10a^5x^2 + 58a^6x - 11a^7}{x^3 - 5a^2x + a^3}.$$

30. Lorsque le dividende et le diviseur, ou seulement l'un d'eux, renferment plusieurs termes contenant la lettre ordonnatrice avec le même exposant, on dispose, comme nous l'avons dit (22) pour la multiplication, les divers termes des coefficients sur des colonnes verticales. On est alors généralement amené à faire des divisions partielles de polynômes pour obtenir les coefficients des termes du quotient.

Toutefois, ces divisions partielles sont nécessairement plus simples que l'opération principale. L'essentiel est toujours d'éviter la confusion des quantités entre elles, et l'on y parvient aisément, les principes précédemment posés étant généraux et ne laissant d'incertitude dans aucun cas.

31. La division $x^m - a^m$ par $x - a$ présente un caractère remarquable.

Cette opération conduira toujours à un quotient entier; car les dividendes partiels successifs seront, ainsi qu'on peut s'en assurer en essayant l'opération,

$$x^m - a^m, \quad ax^{m-1} - a^m, \quad a^2 x^{m-2} - a^m, \quad a^3 x^{m-3} - a^m, \dots,$$
$$a^{m-2} x^2 - a^m, \quad a^{m-1} x - a^m, \quad a^m - a^m \quad \text{ou zéro.}$$

Le quotient sera d'ailleurs

$$x^{m-1} + ax^{m-2} + a^2 x^{m-3} + \dots + a^{m-2} x + a^{m-1}.$$

On en conclut que *la différence entre les puissances semblables de deux quantités est toujours exactement divisible par la différence de ces quantités.*

Exemple :

$$x^7 - a^7 = (x - a)(x^6 + ax^5 + a^2 x^4 + a^3 x^3 + a^4 x^2 + a^5 x + a^6).$$

Il est facile de voir que, si l'on avait divisé $x^m + a^m$ par $x - a$, les dividendes partiels eussent respectivement différé des précédents par le signe de a^m, et le dernier eût été $a^m + a^m$ ou $2a^m$.

On conclut donc aussi que *la somme des puissances semblables de deux quantités n'est jamais exactement divisible par la différence de ces quantités.*

Par des considérations du même genre, on constaterait que $x + a$ divise exactement $x^m - a^m$ lorsque m est pair, et $x^m + a^m$ quand m est impair.

ÉQUATIONS.

GÉNÉRALITÉS.

32. Nous avons dit (11) que deux quantités séparées par le signe $=$ formaient une équation quand, dans leur expression, il entrait une ou plusieurs lettres représentant des inconnues à déterminer par le moyen de cette relation même.

Résoudre une équation, c'est précisément chercher les valeurs numériques ou algébriques qui, mises à la place des inconnues, ramènent l'équation à une identité. Ces valeurs numériques ou algébriques sont appelées les *racines* de l'équation.

Dans les calculs relatifs à la détermination des racines, il y a à considérer le nombre des inconnues et le degré de l'équation. Si une équation ne contient pas d'inconnues en dénominateur ou sous un radical, son degré est marqué par la somme des exposants des inconnues prise dans le terme où cette somme est la plus forte.

Ainsi

$$2x + 8 = 36, \quad ax = b$$

sont des équations du premier degré à une seule inconnue;

$$4y^3 - 7x^2 + 2 = 3xy - x^4 \quad \text{et} \quad x^2 y = m^3$$

sont des équations du troisième degré à deux inconnues.

Si l'inconnue entrait en dénominateur, ou se trouvait engagée sous un radical, on ne pourrait déterminer le degré de l'équation qu'après avoir fait subir à celle-ci des transformations propres à faire disparaître soit le dénominateur, soit le radical contenant l'inconnue, ce qui n'offre généralement aucune difficulté.

33. La résolution des équations repose sur le principe suivant, qui n'a pas besoin de démonstration :

On peut, sans altérer les valeurs des inconnues : 1° ajouter ou retrancher aux deux membres d'une équation une même quantité; 2° multiplier ou diviser les deux membres d'une équation par une même quantité, pourvu que, dans ce second cas, la quantité dont il s'agit soit indépendante des inconnues et différente de zéro.

Il résulte de là que :

1° *Si une équation contient dans tous ses termes un facteur commun, on peut le faire disparaître, en divisant tous les termes par ce facteur;* car alors on divise les deux membres par une même quantité, ce qui n'altère pas l'égalité;

2° *Lorsqu'une équation contient des termes fractionnaires, on la ramène à la forme entière en réduisant tous les termes à des fractions de même dénominateur, et multipliant ensuite les deux membres par ce dénominateur commun;*

3° *Après la suppression des facteurs communs et la disparition des dénominateurs, une équation ne se compose plus que de termes entiers contenant ou ne contenant pas l'inconnue, et réunis par les signes + et —.*

34. Pour faciliter la détermination des valeurs des inconnues, il est nécessaire de pouvoir grouper selon les besoins les divers termes entre eux, et pour cela de savoir faire passer un terme quelconque d'un membre dans l'autre. Cette opération se fait *en transposant ce terme avec un signe contraire à celui qu'il avait précédemment.* On comprend d'abord que, dans l'équation

$$ax - b = cx + d,$$

si l'on veut faire passer cx dans le premier membre, on atteindra ce but en retranchant cx aux deux membres de l'équation, qui deviendra alors

$$ax - cx - b = d.$$

Pour faire passer b dans le second membre, on ajouterait b de part et d'autre, et il viendrait enfin

$$ax - cx = b + d.$$

Ces préliminaires posés, nous allons, suivant les limites de notre programme, les appliquer aux premier et deuxième degrés.

ÉQUATIONS DU PREMIER DEGRÉ A UNE SEULE INCONNUE.

35. D'après ce qui précède, pour résoudre l'équation du premier degré à une seule inconnue, nous pouvons dès à présent établir la règle suivante :

Chasser d'abord les dénominateurs, s'il y en a; transposer dans le premier membre tous les termes contenant l'inconnue, et dans le second tous les termes connus; puis, effectuer les calculs indiqués, en ayant soin, si l'équation est algébrique, de mettre l'inconnue en facteur commun. La valeur de cette dernière s'obtient ensuite en divisant le membre tout connu par le coefficient de l'inconnue.

Il est clair en effet que l'équation, préparée comme il est dit ci-dessus, apparaît finalement sous la forme générale

$$ax = b,$$

a et b étant des coefficients numériques ou algébriques, mais pouvant avoir le même signe ou des signes différents.

Quoi qu'il en soit, la valeur de x est nécessairement représentée par

$$x = \frac{b}{a}.$$

36. *Premier exemple.* — Soit à résoudre l'équation

$$3x - \frac{2}{15} - 74 + \frac{5}{6}x = \frac{8}{15} - 4 - 2x - \frac{2}{3}.$$

Pour chasser les dénominateurs, nous remarquerons que (*Arith.*, 48) le nombre 30 est à la fois divisible par 3, 6 et 15; nous multiplierons donc tous les termes de l'équation par 30, et nous aurons

$$90x - \frac{60}{15} - 2220 + \frac{150x}{6} = \frac{240}{15} - 120 - 60x - \frac{60}{3},$$

ou, en réduisant,

$$90x - 4 - 2220 + 25x = 16 - 120 - 60x - 20,$$

puis transposant,

$$90x + 25x + 60x = 16 - 120 - 20 + 4 + 2220,$$

ou encore

$$175x = 2100,$$

et enfin

$$x = \frac{2100}{175} = 12,$$

valeur dont on peut vérifier l'exactitude en la transportant dans l'équation proposée.

37. *Deuxième exemple.* — Soit l'équation algébrique

$$\frac{ax}{a+b} - 3x + \frac{a^2}{a^2-b^2} = 2a - \frac{7bx}{a-b}.$$

En multipliant tous les termes par $a^2 - b^2$, qui est divisible par $a + b$ et par $a - b$, nous ferons disparaître les dénominateurs, et nous aurons, après les premières simplifications,

$$a(a-b)x - 3(a^2-b^2)x + a^2 = 2a(a^2-b^2) - 7b(a+b)x.$$

Transposant suivant la règle donnée, nous obtenons

$$a(a-b)x - 3(a^2-b^2)x + 7b(a+b)x = 2a(a^2-b^2) - a^2,$$

et, après réduction,

$$(-2a^2 + 6ab + 10b^2)x = a(a^2 - 2b^2),$$

nous trouvons enfin

$$x = \frac{a(a^2 - 2b^2)}{-2a^2 + 6ab + 10b^2}.$$

38. *Troisième exemple.* — Résolvons l'équation

$$\frac{3}{x-2} - \frac{4}{x} = \frac{5}{x}.$$

Nous commencerons par la mettre sous forme entière, en chassant les dénominateurs, et nous aurons

$$3x - 4(x - 2) = 5(x - 2),$$

ou, en développant,

$$3x - 4x + 8 = 5x - 10.$$

La transposition des termes donne

$$3x - 4x - 5x = -10 - 8, \quad \text{ou} \quad -6x = -18.$$

Or on peut toujours, dans une équation quelconque, changer à la fois tous les signes, puisque cette opération revient évidemment à transposer tous les termes de chaque membre dans l'autre. Il viendra donc

$$6x = 18,$$

d'où

$$x = 3.$$

Il est facile, du reste, de vérifier que la valeur ainsi trouvée pour l'inconnue satisfait bien à l'équation proposée, qui donne alors

$$\frac{3}{3-2} - \frac{4}{3} = \frac{5}{3}, \quad \text{ou} \quad 3 - \frac{4}{3} = \frac{5}{3}.$$

Remarque. — L'équation donnée pouvait tout d'abord se simplifier par le passage du terme $-\frac{4}{x}$ dans le second membre, et devenait ainsi

$$\frac{3}{x-2} = \frac{9}{x}.$$

En chassant le dénominateur, on obtient

$$3x = 9(x - 2),$$

ou

$$3x = 9x - 18,$$

ou enfin, comme ci-dessus,

$$6x = 18.$$

39. Nous avons dit (33) qu'il était permis de multiplier les deux membres d'une équation par une même quantité, pourvu que cette quantité, d'ailleurs différente de zéro, ne contînt pas l'inconnue. Si l'on n'avait pas égard à cette restriction, on introduirait, en effet, de nouvelles racines qui seraient étrangères à l'équation primitive. Ainsi, pour n'en donner qu'un exemple fort simple, l'équation

$$x + 2 = 5$$

est vérifiée par la racine

$$x = 3.$$

Si l'on multipliait ses deux membres par $x - 7$, on aurait

$$(x + 2)(x - 7) = 5(x - 7),$$

et cette nouvelle équation admettrait évidemment les deux racines $x = 3$ et $x = 7$.

Le contraire aurait lieu si l'on supprimait dans une équation un facteur commun qui ne fût pas indépendant de l'inconnue; on ferait disparaître dans ce cas des racines qui appartenaient à l'équation proposée.

Il est inutile, d'ailleurs, d'ajouter que la multiplication ou la division par une quantité nulle d'elle-même ne peut avoir aucun avantage, et ne saurait présenter un sens digne de fixer l'attention.

ÉQUATIONS DU PREMIER DEGRÉ À PLUSIEURS INCONNUES.

Résolution de deux équations entre deux inconnues.

40. Une équation à deux inconnues admet une infinité de racines; car, pour chaque valeur donnée arbitrairement à l'une des inconnues, l'équation détermine la valeur correspondante de l'autre.

Ainsi l'équation

$$4x - 3y = 7,$$

résolue par rapport à x, d'après la méthode précédente, donnerait

$$x = \frac{3y + 7}{4}.$$

Or, pour chaque valeur attribuée à y, on trouverait une valeur correspondante pour x, et l'on verrait ainsi que cette équation serait satisfaite notamment par les couples de valeurs suivants :

$$\begin{cases} y = 1 \\ x = \dfrac{5}{2} \end{cases}, \quad \begin{cases} y = -1 \\ x = 1 \end{cases}, \quad \begin{cases} y = 0 \\ x = \dfrac{7}{4} \end{cases}, \quad \begin{cases} y = 3 \\ x = 4 \end{cases}, \quad \text{etc.}$$

Mais, si à cette équation on en joint une autre entre les mêmes inconnues, et que l'on se propose de trouver des valeurs de x et de y satisfaisant à la fois à ces deux équations, le problème est alors tout à fait déterminé, et la marche à suivre pour le résoudre consiste invariablement à déduire des deux équations proposées un autre système de deux équations qui admettent les mêmes racines que les premières, et dont l'une ne contienne plus qu'une seule inconnue. Cette opération s'appelle *éliminer* l'une des inconnues.

Cette élimination peut se faire de différentes manières que nous allons successivement indiquer, en les appliquant exclusivement à des équations ramenées à la forme entière, c'est-à-dire comprenant, sans dénominateurs numériques ou littéraux, un terme en x, un autre en y, et un terme tout connu. C'est en effet à cette forme qu'il est possible, et qu'il convient toujours de ramener les équations avant de les résoudre.

41. Soit donc proposé de résoudre les deux équations supposées coexistantes

$$\begin{cases} 2x + 3y = 13, \\ 5x + 4y = 22. \end{cases}$$

Première méthode. — *Élimination par substitution.* — On tire de la première équation

$$y = \frac{13 - 2x}{3},$$

et cette valeur de y, substituée dans la seconde équation, donne

$$5x + \frac{4(13 - 2x)}{3} = 22.$$

Cette dernière n'a plus qu'une seule inconnue, que l'on déterminera comme il a été dit plus haut, et sa résolution donnera

$$x = 2,$$

valeur de x qui, mise dans l'expression de y, fournit enfin

$$y = 3.$$

42. Deuxième méthode. — *Élimination par comparaison.* — On tire de chacune des équations proposées l'expression de l'une des deux inconnues, de y par exemple. Ces deux expressions contiennent x; l'une est, comme plus haut, $\dfrac{13 - 2x}{3}$; l'autre est $\dfrac{22 - 5x}{4}$.

La *comparaison* de ces deux expressions de y conduit nécessairement à conclure qu'elles sont égales pour une même valeur de x, et fournit l'équation à une seule inconnue

$$\frac{13 - 2x}{3} = \frac{22 - 5x}{4},$$

laquelle donne encore

$$x = 2.$$

Cette valeur mise dans l'une quelconque des expressions de y donne de son côté

$$y = 3.$$

43. Troisième méthode. — *Élimination par addition et soustraction.* — Pour éliminer y, par exemple, on observe que, si l'on pouvait déduire des deux équations proposées deux autres équations en x et y, dans lesquelles les coefficients de y fussent égaux, il suffirait, pour faire disparaître cette inconnue, d'*additionner* ou de *soustraire* membre à membre ces deux nouvelles équations, selon que les coefficients de y seraient de signes contraires ou de même signe.

Or, il est facile de voir qu'on parviendra aux deux équations demandées, en multipliant tous les termes de chacune des deux premières par le coefficient de y dans l'autre.

Multiplions donc dans la première par 4, et dans la seconde par 3; il viendra

$$\begin{cases} 8x + 12y = 52, \\ 15x + 12y = 66. \end{cases}$$

En retranchant la première de la deuxième, on trouve

$$7x = 14,$$

d'où

$$x = 2.$$

De même, pour éliminer x, on multiplie tous les termes de la première équation par 5, et ceux de la deuxième par 2; ce qui donne

$$\begin{cases} 10x + 15y = 65, \\ 10x + 8y = 44. \end{cases}$$

On retranche ces deux nouvelles équations l'une de l'autre, et l'on trouve

$$7y = 21,$$

d'où

$$y = 3.$$

44. Souvent, au lieu de résoudre directement les deux équations données, on se borne à substituer leurs coefficients dans les valeurs de x et y tirées des deux équations générales

$$\begin{cases} ax + by = c, \\ a'x + b'y = c'. \end{cases}$$

Ces valeurs, que l'on obtient sans aucune difficulté par l'une ou l'autre des trois méthodes sus-indiquées, sont les suivantes :

$$x = \frac{cb' - bc'}{ab' - ba'}, \quad y = \frac{ac' - ca'}{ab' - ba'}$$

et peuvent se retenir facilement au moyen des remarques mnémoniques suivantes :

1° *Le dénominateur commun aux deux inconnues est la différence des produits en croix et deux à deux des quatre coefficients des variables dans les équations;*

2° *Le numérateur de chaque inconnue se forme du dénominateur commun en y remplaçant les coefficients de cette inconnue par les termes tout connus des équations correspondantes.*

Appliquée aux équations

$$\begin{cases} 2x + 3y = 13, \\ 5x + 4y = 22, \end{cases}$$

cette méthode fournit sur-le-champ

$$x = \frac{13 \times 4 - 3 \times 22}{2 \times 4 - 3 \times 5} = \frac{52 - 66}{8 - 15} = \frac{-14}{-7} = 2,$$

$$y = \frac{2 \times 22 - 13 \times 5}{-7} = \frac{44 - 65}{-7} = \frac{-21}{-7} = 3.$$

Ce procédé constitue, on le voit, une quatrième méthode de résolution, qui est la plupart du temps préférée comme plus expéditive que les autres.

Résolution de trois équations entre trois inconnues.

45. Pour résoudre trois équations du premier degré entre trois inconnues, on élimine d'abord une des inconnues par l'une quelconque des méthodes précédemment exposées pour deux équations: par exemple, en déduisant de l'une des équations sa valeur exprimée au moyen des deux autres inconnues, et substituant cette valeur dans les deux autres équations. Ce calcul conduit à deux équations ne renfermant plus que deux des inconnues, que l'on détermine par les procédés qui viennent d'être indiqués, et la substitution de ces valeurs dans l'expression de la première inconnue complète la détermination des trois variables.

Appliquons ces principes au système suivant :

$$(1) \qquad \begin{cases} 5x - 6y + 4z = 15, \\ 7x - 4y - 3z = 19, \\ 2x + y - 6z = 46. \end{cases}$$

Prenant la valeur de x dans la troisième équation, on a

$$x = \frac{46 - y - 6z}{2},$$

et substituant cette valeur de x en y et z dans les deux premières équations, on remplace le système proposé par l'ensemble des trois équations

$$\begin{cases} 5\left(\dfrac{46 - y - 6z}{2}\right) - 6y + 4z = 15, \\ 7\left(\dfrac{46 - y - 6z}{2}\right) + 4y - 3z = 19, \\ x = \dfrac{46 - y - 6z}{2}, \end{cases}$$

lesquelles, après que l'on a effectué les calculs, chassé les dénominateurs et transposé les termes dans les deux premières, deviennent

$$(2) \qquad \begin{cases} 17y + 22z = 200, \\ -y + 48z = 284, \\ x = \dfrac{46 - y - 6z}{2}. \end{cases}$$

Il faut maintenant éliminer y ou z entre les deux premières équations de ce nouveau système. La seconde donne

$$y = 48z - 284,$$

et cette valeur de y, portée dans la première, donne une nouvelle équation qui ne contient plus d'inconnue autre que z; en sorte que le système (2) est lui-même remplacé, après que les calculs sont effectués, par le suivant :

$$(3) \quad \begin{cases} 838z = 5028, \\ y = 48z - 284, \\ x = \dfrac{46 - y - 6z}{2}. \end{cases}$$

La première de ces trois équations fournit enfin

$$z = \frac{5028}{838} = 6.$$

Portée dans la seconde, cette valeur de z conduit à celle de y,

$$y = 48 \times 6 - 284 = 288 - 284 = 4,$$

et ces deux valeurs de z et y, mises dans la troisième équation, donnent

$$x = \frac{46 - 4 - 36}{2} = \frac{6}{2} = 3.$$

46. Ainsi que nous l'avons indiqué (44) pour le cas de deux équations, on pourrait encore établir pour trois équations des formules générales de résolution tirées du système suivant :

$$\begin{cases} ax + by + cz = d, \\ a'x + b'y + c'z = d', \\ a''x + b''y + c''z = d''. \end{cases}$$

Ces formules, obtenues par la règle posée en tête du numéro précédent, sont celles-ci :

$$x = \frac{db'c'' - dc'b'' + cd'b'' - bd'c'' + bc'd'' - cb'd''}{ab'c'' - ac'b'' + ca'b'' - ba'c'' + bc'a'' - cb'a''},$$

$$y = \frac{ad'c'' - ac'd'' + ca'd'' - da'c'' + dc'a'' - cd'a''}{ab'c'' - ac'b'' + ca'b'' - ba'c'' + bc'a'' - cb'a''},$$

$$z = \frac{ab'd'' - ad'b'' + da'b'' - ba'd'' + bd'a'' - db'a''}{ab'c'' - ac'b'' + ca'b'' - ba'c'' + bc'a'' - cb'a''}.$$

En substituant, dans ces expressions, aux coefficients a, b, c, d, a', b', etc., les valeurs puisées dans les équations particulières données, on aurait ainsi les valeurs des trois inconnues. Mais ce moyen est rarement employé pour le troisième degré, à cause de la difficulté mnémonique de ces formules, qui sont toutefois soumises à une règle de formation analogue à celle du n° 44. Il est, d'ailleurs, assez rare que les équations données ne présentent pas quelque particularité qui simplifie assez leur résolution directe pour donner l'avantage à ce dernier mode de calcul.

Résolution d'un nombre quelconque d'équations entre des inconnues en pareil nombre.

47. Si l'on a à résoudre quatre équations entre quatre inconnues, on ramène ce cas au précédent par l'élimination de l'une des inconnues; par exemple, en tirant sa valeur de l'une des équations et la transportant dans les trois autres. On obtient ainsi trois équations entre trois inconnues dont on trouve les valeurs comme il vient d'être dit. En substituant ensuite ces valeurs dans l'expression de la première inconnue, on trouve la valeur de cette quantité.

Des raisonnements analogues donnent le moyen de résoudre un nombre quelconque d'équations du premier degré, lorsqu'il y a autant d'équations que d'inconnues.

Cette dernière condition est essentielle pour que le problème soit déterminé. Une équation de moins que d'inconnues suffirait, en effet, pour assigner au système une infinité de solutions, puisque toute valeur arbitrairement donnée à l'une des inconnues ramènerait la question à résoudre des équations en nombre égal à celui des inconnues, et par suite fournirait une valeur déterminée pour chacune de ces dernières.

La règle générale qui résume tout ce qui a été dit plus haut sur ce sujet est celle-ci :

Pour résoudre un système d'équations en nombre quelconque entre des inconnues en pareil nombre, on peut déduire de l'une de ces équations la valeur algébrique d'une inconnue, et la substituer dans toutes les autres équations, qui contiendront alors une inconnue de moins. La résolution de n équa-

tions à n inconnues se ramène ainsi à celle de n — 1 équations à n — 1 inconnues; celles-ci se ramènent de même à un système de n — 2 équations à n — 2 inconnues et, en continuant de cette manière, on arrive à résoudre une équation unique ne contenant plus qu'une seule inconnue.

48. Nous n'examinerons avec quelques détails que deux cas particulièrement remarquables, savoir : celui où *toutes les inconnues n'entrent pas dans chacune des équations*, et celui dans lequel *les équations proposées ne contiennent aucun terme indépendant des inconnues.*

La méthode indiquée est toujours, au moins en général, applicable à ces circonstances; seulement, il importe d'examiner attentivement de quelle manière les inconnues sont liées entre elles, afin de profiter de toutes les simplifications qui peuvent abréger et faciliter les calculs.

Soient, par exemple, à résoudre les quatre équations suivantes :

$$\left\{\begin{array}{l} x - z = 2, \\ x - y - z = 0, \\ x + y = 5, \\ 2z + t = 4. \end{array}\right.$$

Les trois premières, ne renfermant que les inconnues x, y et z, déterminent ces inconnues. En effet, ces trois équations donnent

$$x = 2 + z,$$
$$x = y + z,$$
$$x = 5 - y,$$

Or, en égalant les deux premières valeurs de x, on trouve $y = 2$, et la substitution de cette valeur dans la troisième donne $x = 3$. Faisant ensuite $x = 3$ dans $x = 2 + z$, on trouve $z = 1$; enfin, on fait $z = 1$ dans $2z + t = 4$, et il vient $t = 2$.

Il est, d'ailleurs, facile de s'assurer directement que les valeurs

$$x = 3,$$
$$y = 2,$$
$$z = 1,$$
$$t = 2,$$

satisfont aux équations proposées.

49. Soient, comme dernier exemple, à résoudre les trois équations

$$\begin{cases} ax + by + cz = 0, \\ a'x + b'y + c'z = 0, \\ a''x + b''y + c''z = 0. \end{cases}$$

Les formules générales du n° 46 donneraient évidemment

$$\begin{cases} x = 0, \\ y = 0, \\ z = 0. \end{cases}$$

Mais il arrive quelquefois dans les applications de l'Algèbre que la troisième des équations données n'est qu'une conséquence des deux autres, ou, ce qui revient au même, que l'on n'a entre les trois variables que les deux équations vraiment distinctes

$$\begin{cases} ax + by + cz = 0, \\ a'x + b'y + c'z = 0. \end{cases}$$

Alors les trois inconnues sont indéterminées (47); mais il est aisé de voir que leurs rapports entre elles sont déterminés, puisque l'on peut ramener les deux équations à celles-ci :

$$\begin{cases} a\,\dfrac{x}{z} + b\,\dfrac{y}{z} + c = 0, \\ a'\,\dfrac{x}{z} + b'\,\dfrac{y}{z} + c' = 0, \end{cases}$$

qui donnent (44) pour les rapports $\dfrac{x}{z}$ et $\dfrac{y}{z}$ les valeurs

$$\frac{x}{z} = \frac{bc' - cb'}{ab' - ba'}, \qquad \frac{y}{z} = \frac{ca' - ac'}{ab' - ba'}.$$

PROBLÈMES DU PREMIER DEGRÉ.

50. La résolution d'un problème algébrique comprend deux parties distinctes : 1° la *mise en équations*; 2° la *résolution des équations posées*.

On obtient les équations qui servent à déterminer les inconnues d'un problème en indiquant, à l'aide des signes algébriques, les opérations qu'il faudrait exécuter sur ces quantités, si elles étaient connues, pour s'assurer qu'elles satisfont aux diverses conditions de la question.

En examinant, en effet, bien attentivement l'énoncé, on reconnaît presque toujours qu'il s'agit de rendre égales entre elles certaines quantités plus ou moins explicitement indiquées. Après avoir reconnu quelles sont ces quantités et comment elles doivent être exprimées au moyen des données et des inconnues, on en formule algébriquement les valeurs que l'on égale pour établir les équations cherchées.

C'est cette méthode que nous avons appliquée, en commençant l'Algèbre, pour les questions résolues dans les n° 2, 3, 4 et 5. Quelques nouveaux exemples serviront mieux que tout ce que nous pourrions ajouter pour montrer la marche qu'il convient de suivre dans cette délicate, mais si importante opération.

51. PROBLÈME I. — *Trouver une proportion continue* (Arith., 132) *dont les trois termes surpassent de quantités égales les nombres* 3, 5 *et* 8.

Désignons par x la quantité cherchée qu'il faut ajouter aux nombres 3, 5 et 8 pour que les trois sommes soient en proportion continue. L'équation du problème résultera évidemment de la relation

$$3 + x : 5 + x :: 5 + x : 8 + x,$$

et sera

$$(3 + x)(8 + x) = (5 + x)^2.$$

Effectuant les calculs et supprimant le terme x^2 commun aux deux membres, on obtient sans peine

$$x = 1,$$

et, en effet, les nombres $3 + 1$, $5 + 1$ et $8 + 1$, ou 4, 6 et 9, sont bien les termes d'une proportion continue que l'on peut écrire

$$4 : 6 :: 6 : 9.$$

52. PROBLÈME II. — *Un père, interrogé sur l'âge de son fils, répond : Mon âge est le triple de celui de mon fils, et il y a dix ans qu'il en était le quintuple. On demande l'âge du fils ?*

Représentons par x l'âge cherché du fils. Puisque l'âge de son père est triple, il est $3x$.

Mais, il y a dix ans, le père avait $3x - 10$, et le fils $x - 10$. Or, à cette époque, l'âge du père était égal à 5 fois celui du fils; nous avons donc la relation

$$3x - 10 = 5(x - 10).$$

C'est l'équation du problème, et sa résolution donne

$$x = 20.$$

Le fils a donc 20 ans, le père en a 60; il y a dix ans, le père en avait 50, c'est-à-dire 5 fois plus que son fils qui n'avait que 10 ans.

53. **Problème III.** — *Un renard poursuivi par un lévrier a 60 sauts d'avance; il en fait 9 pendant que le lévrier n'en fait que 6; mais 3 sauts du lévrier en valent 7 du renard. Combien le lévrier fera-t-il de sauts pour atteindre le renard?*

Soit désigné par x le nombre des sauts cherché. Puisque le renard fait 9 sauts pendant que le lévrier n'en fait que 6, il en fait $\frac{9}{6}$ ou $\frac{3}{2}$ pendant que celui-ci en fait 1, et il en fera $\frac{3}{2}x$ pendant que ce dernier en fera x. Mais 3 sauts du lévrier en valent 7 du renard; donc 1 saut du lévrier vaut $\frac{7}{3}$ du saut du renard, et par conséquent x sauts du lévrier en valent $\frac{7}{3}x$ du renard.

Maintenant, le chemin à parcourir par le lévrier pour atteindre le renard se compose des 60 sauts que celui-ci a d'avance sur lui, plus le chemin qu'il parcourt encore à partir du moment où le lévrier se lance à sa poursuite. Nous aurons donc à égaler les x sauts du lévrier, ou plutôt les $\frac{7}{3}x$ sauts qu'eût faits le renard, aux 60 sauts d'avance plus les $\frac{3}{2}x$ qu'il effectue réellement.

De là l'équation

$$\frac{7}{3}x = 60 + \frac{3}{2}x,$$

qui donne

$$x = 72$$

Le lévrier fera donc 72 sauts pour atteindre le renard. Dans le même temps, le renard en fera $\frac{3}{2} \times 72$ ou 108 qui, ajoutés aux 60 d'avance, font 168, et les 168 sauts du renard sont bien équivalents aux 72 du lévrier ; car $\frac{7}{3} \times 72 = 168$.

54. PROBLÈME IV. — *Une marchande apporte des œufs au marché. A une première personne, elle vend la moitié de ce qu'elle a, plus la moitié d'un œuf ; à une seconde la moitié du reste, plus la moitié d'un ; enfin, à une troisième personne, la moitié de son second reste, plus encore la moitié d'un. Après cette troisième vente, il ne lui reste plus rien. Combien avait-elle apporté d'œufs ?*

Soit x le nombre cherché. Au premier acquéreur, la marchande vend $\frac{x}{2} + \frac{1}{2}$ ou

$$\frac{x+1}{2} ; \quad \text{il lui reste alors} \quad x - \frac{x+1}{2}, \quad \text{ou} \quad \frac{x-1}{2}.$$

A la deuxième personne, elle vend $\frac{x-1}{4} + \frac{1}{2}$ ou

$$\frac{x+1}{4} ; \quad \text{il lui en reste} \quad \frac{x-1}{2} - \frac{x+1}{4}, \quad \text{ou} \quad \frac{x-3}{4}.$$

Enfin, à la troisième personne, elle vend $\frac{x-3}{8} + \frac{1}{2}$ ou

$$\frac{x+1}{8} ; \quad \text{il lui en reste} \quad \frac{x-3}{4} - \frac{x+1}{8}, \quad \text{ou} \quad \frac{x-7}{8}.$$

Or, d'après l'énoncé, ce dernier reste est nul. On a donc l'équation

$$\frac{x-7}{8} = 0, \quad \text{d'où} \quad x = 7.$$

Il est facile de vérifier que, avec 7 œufs, la marchande en vend d'abord $3\frac{1}{2}$ plus $\frac{1}{2}$, ou 4 ; il lui en reste 3, dont elle vend à la seconde personne $1\frac{1}{2}$ plus $\frac{1}{2}$, ou 2. Enfin, au troisième acquéreur, elle vend la moitié de l'œuf qui lui reste alors, plus $\frac{1}{2}$, et il ne lui reste plus rien.

On voit, de plus, que ces 3 ventes ont pu se faire sans que les conditions de l'énoncé aient obligé la marchande à partager des œufs.

Cette question est très-propre à faire ressortir les avantages des méthodes algébriques pour simplifier la résolution des problèmes. Voici, en effet, comment il eût fallu raisonner pour arriver au résultat par la simple spéculation arithmétique :

A la troisième vente, la marchande vend la moitié de son second reste, plus $\frac{1}{2}$, et il ne lui reste rien ; donc, ce demi-œuf est égal à la moitié du second reste, et ce reste est égal à 1.

A la deuxième vente, elle a vendu la moitié du premier reste, plus un demi-œuf, et il lui en est resté 1 ; donc, si elle n'avait vendu que la moitié du premier reste, il lui en serait resté $1\frac{1}{2}$, qui eût été nécessairement égal à la moitié vendue dudit premier reste. Ce premier reste eût, par conséquent, été égal à 3.

Enfin, à la première vente, elle vend la moitié de ce qu'elle a apporté, plus $\frac{1}{2}$, et il lui en reste 3 ; donc, si elle n'eût vendu que la moitié de sa provision, il lui en serait resté $3\frac{1}{2}$, qui eussent été égaux à la moitié vendue, et par suite son apport eût été le double de $3\frac{1}{2}$, ou 7 œufs.

Remarque. — En général, si la condition du reste nul était remplie seulement après la $n^{ième}$ vente, le reste analytiquement fourni par le calcul pour cette vente serait exprimé par $\dfrac{x-(2n+1)}{2n+2}$, et la valeur de x serait alors fournie par la relation

$$x-(2n+1)=0, \quad \text{d'où} \quad x=2n+1.$$

55. Problème V. — *On a des pièces de 2 et de 5 francs, et l'on veut payer 26 francs en donnant en tout 10 pièces. Combien doit-on en donner de chaque espèce ?*

Soit x le nombre des pièces de 2 francs, et y celui des pièces de 5 francs ; la valeur des premières sera $2x$, celle des secondes $5y$, et le tout vaudra 26 francs. De plus, le nombre des $x+y$ pièces est égal à 10 ; nous aurons donc, pour déterminer x et y, les deux équations

$$\begin{cases} 2x+5y=26, \\ x+y=10, \end{cases}$$

qui sont satisfaites par

$$\begin{cases} x = 8, \\ y = 2. \end{cases}$$

On vérifie en effet que, avec 8 pièces de 2 francs on fait 16 francs, et avec 2 pièces de 5 francs on a 10 francs; en tout 26 francs.

Remarque. — On aurait pu résoudre ce problème en ne mettant en évidence qu'une seule inconnue; car, si x est le nombre des pièces de 2 francs, celui des pièces de 5 francs sera $10 - x$, et l'on aura, comme ci-dessus, la relation

$$2x + 5(10 - x) = 26,$$

d'où

$$x = 8 \quad \text{et} \quad 10 - x = 2.$$

56. Problème VI. — *Deux personnes ont fait un pari de 12 francs. Si la première gagne, elle sera trois fois plus riche que la seconde; dans le cas contraire, elle ne sera que deux fois aussi riche. Quel est l'avoir actuel de chacune ?*

Représentons par x l'avoir de la première personne et par y celui de la seconde.

Si la première gagne, elle possédera $x + 12$ et sa partie adverse n'aura plus que $y - 12$. Or, en cet état, la première quantité est triple de la seconde; nous aurons donc à poser l'équation

$$x + 12 = 3(y - 12) = 3y - 36.$$

Si c'est la seconde qui gagne, elle aura alors $y + 12$, tandis que l'autre ne possédera plus que $x - 12$, et nous écrirons, d'après la seconde condition de l'énoncé,

$$x - 12 = 2(y + 12) = 2y + 24.$$

Telles seront donc, après toute réduction possible, les deux équations à résoudre :

$$\begin{cases} 3y - x = 48, \\ x - 2y = 36, \end{cases}$$

lesquelles donnent finalement

$$x = 204,$$
$$y = 84.$$

Il est facile de vérifier que ces racines des équations du problème satisfont bien aux conditions posées. En effet, si la première personne gagne, elle aura 216 francs et l'autre seulement 72 ou le tiers; dans l'hypothèse contraire, la seconde aurait 96 francs, et la première 192 ou 2 fois 96.

57. PROBLÈME VII. — *Un nombre est composé de trois chiffres dont la somme est 11; le chiffre des unités est double de celui des centaines, et si l'on ajoute 297 au nombre cherché, on obtient ce nombre renversé. On demande quel est ce nombre.*

Appelons x, y, z dans leur ordre les chiffres du nombre cherché; ce nombre sera représenté algébriquement par $100x + 10y + z$, et le nombre renversé par $100z + 10y + x$. Les trois équations du problème sont dès lors faciles à établir d'après les trois conditions de l'énoncé.

Ce sont

$$\begin{cases} x + y + z = 11, \\ z = 2x, \\ 100x + 10y + z + 297 = 100z + 10y + x, \end{cases}$$

ou, après réduction,

$$\begin{cases} x + y + z = 11, \\ z = 2x, \\ x + 3 = z. \end{cases}$$

Des deux dernières on tire sans difficulté $x = 3$ et $z = 6$. Ces valeurs mises dans la première donnent $y = 2$, et le nombre cherché est 326.

Interprétation des solutions singulières des équations d'un problème.

58. Dans les problèmes qui viennent d'être résolus, nous n'avons trouvé que des *valeurs positives* des inconnues; ces valeurs ont été des réponses directes aux questions dans le sens même de leur énoncé, et il en est généralement ainsi. On rencontre, toutefois, des cas où toutes les valeurs positives des inconnues ne sont pas admissibles, ainsi qu'il arrive lors-

que le problème contient certaines conditions qui n'ont pu
être introduites dans les équations. Il est clair, par exemple,
que le Problème VII n'eût pas été résolu si les équations eussent mis en évidence, pour les inconnues, des valeurs fractionnaires ou plus grandes que 9, puisque les chiffres d'un
nombre doivent nécessairement exprimer des entiers au plus
égaux à 9.

Mais quand on trouve, et cela arrive souvent, des *valeurs
négatives* pour les inconnues d'un problème, il semblerait que
ces solutions, n'exprimant à proprement parler aucune grandeur, dussent être rejetées comme annonçant une impossibilité. C'est en effet ce qui aurait lieu si, dans la mise en équations, on pouvait toujours exprimer d'une manière générale
et pour tous les cas possibles les conditions du problème proposé. Or, bien souvent il n'en est pas ainsi, et les solutions
négatives peuvent alors trouver une interprétation rationnelle
qu'il importe d'étudier. Le plus ordinairement il arrive que
ces valeurs négatives, abstraction faite de leur signe, peuvent
être regardées comme la réponse à un problème dont l'énoncé
ne diffère de celui du problème proposé qu'en ce que certaines quantités, d'*additives* qu'elles étaient, deviennent *sous-
tractives*, et réciproquement. Nous allons donner un exemple
de ce genre d'interprétation, qui n'est guère susceptible d'être
développé d'une manière tout à fait générale.

59. Problème VIII. — *Un père est âgé de* A *années et son
fils de* B *années; dans combien de temps l'âge du père sera-t-il
double de celui du fils?*

Soit x le nombre d'années cherché. Le père aura alors
$A + x$ années, le fils en aura $B + x$, et l'équation du problème
sera

$$A + x = 2(B + x),$$

d'où l'on déduit

$$x = A - 2B.$$

Si A est plus grand que 2B, la valeur trouvée pour x est
positive et répond directement à la question. Par exemple, si
A est égal à 53 et B égal à 21, x deviendra égal à 11, et dans
11 ans le père aura 64 ans et le fils 32; ces deux âges satisfe-

ront à la condition de l'énoncé. Mais si, A étant égal à 53, nous avions B égal à 31, nous trouverions pour solution la valeur

$$x = -9.$$

Cette réponse paraît tout d'abord dénuée de sens; mais remarquons que, si dans l'équation du problème nous eussions remplacé x par $-x$, nous eussions obtenu la nouvelle relation

$$A - x = 2(B - x),$$

laquelle eût évidemment admis pour racine

$$x = 2B - A,$$

et qui n'est autre que celle que fournirait l'énoncé primitif, si l'on y demandait à *quelle époque l'âge du père a été double de celui du fils*, et non plus à quelle époque future cette circonstance aura lieu.

Les deux équations

$$53 + x = 2(31 + x),$$
$$53 - x = 2(31 - x),$$

respectivement applicables aux deux cas particuliers examinés et qui se ramènent à

$$x = 53 - 2 \times 31,$$
$$x = 2 \times 31 - 53,$$

montrent d'ailleurs clairement que le problème n'est directement possible pour un temps à venir que lorsque l'âge du père est plus grand que le double de l'âge actuel du fils, et pour un temps passé dans le cas contraire.

Elles font voir également que l'une d'elles, établie pour une hypothèse quelconque, indiquera par le signe de sa racine si le temps cherché et trouvé est passé ou futur.

Ce seul exemple suffit pour montrer de quelle utilité peut être, pour la généralisation des problèmes, l'introduction des quantités négatives. Nous retrouverons (81 et 82) l'occasion de renouveler l'application de ces principes dans l'examen des problèmes du second degré; mais nous insisterons dès à présent sur la nécessité de faire subir à toutes les solutions une analyse ayant pour objet de mettre en évidence les causes d'inadmissibilité de certaines valeurs obtenues par le calcul, d'étudier toutes les circonstances remarquables que présentent les formules des solutions générales, et de déterminer les limites entre lesquelles doivent être renfermées les quantités données pour que le problème proposé soit possible.

C'est cet examen que l'on désigne sous le nom de *discussion*, et que nous recommandons au lecteur comme l'exercice le plus propre à affermir et étendre ses connaissances.

60. Quelquefois l'équation d'un problème, ou l'équation résultant de l'élimination des inconnues, se présente sous la forme étrange

$$o \times x = b,$$

d'où l'on tire

$$x = \frac{b}{o}.$$

Elle ne peut évidemment être satisfaite par aucun nombre déterminé. Mais, si nous remarquons que la valeur du quotient $\frac{b}{a}$ augmente indéfiniment à mesure que l'on suppose que a diminue, b restant constant, on comprendra que, quand a est devenu nul, la valeur du quotient $\frac{b}{a}$ a pris son accroissement limite. C'est cette valeur extrême, valeur que l'on peut concevoir comme étant plus grande que toute quantité donnée, que l'on appelle l'*infini*, et que l'on représente par le signe ∞.

Une telle circonstance indique généralement une *impossibilité* manifeste du problème posé, en tant qu'il ne peut s'accommoder que de solutions finies. La question suivante en offre un exemple.

61. **Problème IX.** — *Trouver un nombre dont la moitié, plus le tiers, plus le quart et plus 3, fassent une somme égale à ses $\frac{13}{12}$ plus 5.*

En désignant ce nombre par x, nous aurons pour équation

à résoudre

$$\frac{x}{2} + \frac{x}{3} + \frac{x}{4} + 3 = \frac{13}{12}x + 5,$$

ou

$$6x + 4x + 3x + 36 = 13x + 60,$$

ou enfin

$$(13 - 13)x = 24,$$

c'est-à-dire

$$0 \times x = 24, \quad \text{ou} \quad x = \frac{24}{0} = \infty.$$

L'impossibilité du problème se révèle d'ailleurs d'elle-même, quand on constate que les trois fractions $\frac{1}{2}$, $\frac{1}{3}$ et $\frac{1}{4}$ font une somme précisément égale à $\frac{13}{12}$.

Remarque. — Nous venons de poser la formule symbolique

$$\frac{b}{0} = \infty;$$

elle peut tout aussi bien se présenter sous cette autre forme

$$\frac{b}{\infty} = 0.$$

En langage ordinaire, toutes deux se traduisent respectivement ainsi : *Le quotient d'une quantité finie quelconque par zéro est l'infini, et le quotient d'une quantité finie par l'infini est zéro.*

62. Enfin il peut arriver que, l'équation finale d'un problème se présentant sous la forme

$$0 \times x = 0,$$

elle soit par conséquent satisfaite par toutes les valeurs finies de l'inconnue. Dans ce cas, l'équation et le problème lui-même sont dits *indéterminés*; tel est le caractère général des questions dans lesquelles l'inconnue ressort avec la forme

$$x = \frac{0}{0}.$$

Nous allons en voir un exemple dans le problème suivant.

63. Problème X. — *Trouver un nombre dont la moitié, le tiers et le quart plus 5 fassent une somme égale à ses $\frac{13}{12}$ augmentés de la même quantité 5.*

Nous aurons, comme dans le problème IX,

$$\frac{x}{2} + \frac{x}{3} + \frac{x}{4} + 5 = \frac{13}{12}x + 5,$$

équation qui devient

$$6x + 4x + 3x + 60 = 13x + 60,$$

et donne

$$(13 - 13)x = 60 - 60,$$

ou

$$0 \times x = 0.$$

Un nombre quelconque satisfait donc à cette équation qui est essentiellement indéterminée. Cette circonstance se retrouve d'ailleurs dans l'énoncé, puisque, la somme des trois fractions $\frac{1}{2}$, $\frac{1}{3}$ et $\frac{1}{4}$ étant précisément égale à $\frac{13}{12}$, l'équation du problème revient à l'identité

$$\frac{13}{12}x + 5 = \frac{13}{12}x + 5,$$

et met ainsi en évidence l'indétermination.

64. Toutefois, la valeur de x peut souvent prendre la forme $\frac{0}{0}$, sans qu'il y ait réellement indétermination. Cela arrivera notamment lorsqu'on aura laissé subsister au numérateur et au dénominateur de cette inconnue un facteur commun susceptible de s'annuler.

Supposons en effet que, par la résolution des équations d'un problème, on soit arrivé à une expression de la forme

$$x = \frac{a^2 - b^2}{a^2 - b^2}.$$

Si l'on vient à donner à a et à b des valeurs égales, celle de x se présentera sous la forme $\frac{0}{0}$. Mais, en remarquant que les deux termes de cette fraction sont divisibles par $a - b$, on pourra supprimer ce facteur commun, et alors l'inconnue deviendra

$$x = \frac{a^2 + ab + b^2}{a + b}.$$

L'hypothèse $a = b$ n'y donne plus la valeur singulière $\frac{0}{0}$, mais la quantité parfaitement déterminée $\frac{3a}{2}$.

65. Au lieu de l'expression précédente, on aurait pu obtenir

$$x = \frac{a^2 - b^2}{(a - b)^2}, \quad \text{ou} \quad x = \frac{(a - b)^2}{a^2 - b^2},$$

fractions qui toutes deux deviennent $\frac{0}{0}$ quand on y suppose $a = b$. Mais la suppression du facteur commun $a - b$ les ramène respectivement à

$$x = \frac{a + b}{a - b}, \quad \text{ou} \quad x = \frac{a - b}{a + b},$$

et celles-ci, pour $a = b$, deviennent

$$x = \frac{2a}{0}, \quad \text{ou} \quad x = \frac{0}{2a}.$$

De ce qui précède on peut donc conclure que le symbole $\frac{0}{0}$, qui annonce généralement l'indétermination, indique aussi quelquefois la présence d'un facteur commun par la disparition duquel l'expression peut prendre une valeur *finie, infinie* ou *nulle*.

66. Nous donnons ci-après quelques énoncés de problèmes du premier degré, dont nous proposons au lecteur de rechercher et de discuter les solutions.

I. *Trouver deux nombres tels que leur différence, leur*

somme et leur produit soient entre eux comme les nombres 2, 3 et 5.

Réponse : $x = 10$, $y = 2$.

II. *Trouver trois nombres en progression arithmétique tels que leur somme soit égale à 63 et que le premier soit au troisième comme 5 est à 9.*

Réponse : $x = 15$, $y = 21$, $z = 27$.

III. *Trouver un nombre de quatre chiffres, sachant :* 1° *que le chiffre des dizaines est égal à la moyenne arithmétique de celui des centaines et de celui des unités;* 2° *que le chiffre des centaines est double de celui des unités;* 3° *que la division du nombre cherché par la somme de ses chiffres a pour quotient 98 et pour reste* 2 *;* 4° *qu'enfin la différence du même nombre et de celui qu'on obtient en rangeant ses chiffres en ordre inverse est 2817.*

Réponse : 1864.

IV. *Dix personnes se réunissent pour faire un repas. La dépense s'élève à 47 francs, à raison de 6 francs par homme, 5 francs par femme et 2 francs par enfant. Le garçon reçoit, en outre, un pourboire de* $1^{fr},20$, *à raison de 15 centimes par grande personne.*

On demande combien il y avait de convives de chaque catégorie ?

Réponse : 3 hommes, 5 femmes et 2 enfants.

V. *Trois joueurs conviennent que, à la fin de chaque partie, le perdant doublera l'argent des deux autres. Ils perdent chacun une partie et il arrive que, tout compte fait, ils se retirent tous trois avec 8 francs.*

Quelle somme possédait chaque joueur avant de commencer ?

Réponse : Celui qui a perdu la première partie avait 13 francs, le second 7 francs et l'autre 4 francs.

VI. *Par testament un père donne à l'aîné de ses enfants une somme de 1000 francs et la sixième partie du reste de sa succession; il donne au second 2000 francs et le sixième du reste; au troisième 3000 francs et le sixième de ce qui reste, et ainsi de suite. L'héritage étant ainsi entièrement partagé,*

*les enfants ont tous reçu des parts égales. Quelle est la valeur
de l'héritage? Quel est le nombre des enfants? Quelle est la
part de chacun d'eux?*

Réponse : L'héritage était de 25000 francs; il y avait 5 enfants, et chacun d'eux a reçu 5000 francs.

VII. *Généraliser et discuter le problème précédent, en désignant par* A *la somme à prélever par le premier enfant, et
par* $\frac{1}{n}$ *la fraction du reste qui doit compléter sa part.*

Réponse : L'héritage est égal à $(n-1)^2$A, et il y a $n-1$ enfants, qui tous ont une part égale à $(n-1)$A.

VIII. *Deux courriers parcourant la même route partent au
même moment de deux points distants de la quantité d, avec
des vitesses connues et respectivement égales à v et v'. Après
combien de temps se rencontreront-ils?*

Réponse : $x = \dfrac{d}{v - v'}$.

On discutera cette valeur de l'inconnue en faisant toutes les
hypothèses possibles sur la vitesse et le sens de la marche de
chaque courrier.

ÉQUATIONS DU SECOND DEGRÉ À UNE INCONNUE.

67. Toute équation du second degré à une inconnue peut
se ramener à la forme générale

$$ax^2 + bx + c = 0,$$

a, b et c étant des nombres connus, et a étant toujours positif, puisqu'il suffirait, au besoin, de changer (37) les signes de
tous les termes de l'équation pour que le coefficient de x^2
prît le signe $+$.

Si, pour faciliter sa résolution, nous multiplions tous les
termes de cette équation par $4a$, puis qu'après avoir fait
passer le terme tout connu à droite du signe $=$ nous ajou-
tions b^2 aux deux membres, nous aurons, sans que les racines
de l'équation aient pu être altérées par ces opérations,

$$4a^2x^2 + 4abx + b^2 = b^2 - 4ac,$$

ou

$$(2ax + b)^2 = b^2 - 4ac.$$

Il s'agit maintenant d'extraire la racine carrée des deux membres de cette relation. Celle du premier sera tout naturellement $2ax + b$; mais, pour obtenir celle du second, il faut remarquer que $b^2 - 4ac$ est aussi bien le carré de $-\sqrt{b^2 - 4ac}$ que celui de $+\sqrt{b^2 - 4ac}$. Nous devrons, en conséquence, affecter ce radical du double signe $\pm$, pour ne laisser de côté aucune des solutions de l'équation.

Nous écrirons donc

$$2ax + b = \pm\sqrt{b^2 - 4ac},$$

d'où

$$x = \frac{-b \pm \sqrt{b^2 - 4ac}}{2a}.$$

De là cette règle générale : *Dans une équation du second degré, la valeur de l'inconnue est égale au coefficient du second terme pris en signe contraire, plus ou moins la racine carrée du carré de ce coefficient diminué de quatre fois le produit du terme tout connu par le coefficient du premier terme, le tout divisé par le double de ce dernier coefficient.*

68. Cette règle se simplifie encore dans le cas où le coefficient b est pair et égal à $2b'$; car alors, au lieu de multiplier l'équation par $4a$, on peut ne la multiplier que par a, et il vient successivement

$$a^2 x^2 + 2ab' x + ac = 0,$$
$$a^2 x^2 + 2ab' x + b'^2 = b'^2 - ac,$$
$$(ax + b')^2 = b'^2 - ac,$$
$$ax + b' = \pm\sqrt{b'^2 - ac},$$

et enfin

$$x = \frac{-b' \pm \sqrt{b'^2 - ac}}{a}.$$

Par conséquent, *dans une équation du second degré dont le coefficient du terme en x est pair, la valeur de l'inconnue est égale à la moitié de ce coefficient pris en signe contraire, plus ou moins la racine carrée du carré de ladite moitié diminué du produit du terme tout connu par le coefficient du premier terme, le tout divisé par ce dernier coefficient.*

69. La formule générale ci-dessus établie (67) montre que toute équation du second degré a deux racines et n'en peut avoir que deux. Ces deux racines sont :

l'une

$$x' = \frac{-b + \sqrt{b^2 - 4ac}}{2a} = -\frac{b}{2a} + \frac{\sqrt{b^2 - 4ac}}{2a},$$

l'autre

$$x'' = \frac{-b - \sqrt{b^2 - 4ac}}{2a} = -\frac{b}{2a} - \frac{\sqrt{b^2 - 4ac}}{2a}.$$

Si nous les ajoutons l'une avec l'autre, les deuxièmes termes se détruiront, et il restera

$$x' + x'' = \frac{-2b}{2a} = -\frac{b}{a}.$$

Pour en faire le produit, nous aurons à multiplier la somme de $-\dfrac{b}{2a}$ et de $\dfrac{\sqrt{b^2 - 4ac}}{2a}$ par la différence de ces mêmes quantités, et le produit sera égal (22) à la différence de leurs carrés. Il viendra donc

$$x' x'' = \frac{b^2}{4a^2} - \frac{b^2 - 4ac}{4a^2} = \frac{b^2}{4a^2} - \frac{b^2}{4a^2} + \frac{4ac}{4a^2} = \frac{c}{a}.$$

Par conséquent, dans une équation du second degré :

1° *La somme des racines est égale au coefficient du second terme pris en signe contraire et divisé par celui du premier.*

2° *Le produit des racines est égal au terme tout connu divisé par le coefficient du premier terme.*

Remarque. — Si le premier terme de l'équation a pour coefficient l'unité, le coefficient du second terme, pris en signe contraire, représente la somme des deux racines, et le terme tout connu n'est autre chose que leur produit.

70. Les relations

$$x' + x'' = -\frac{b}{a},$$

$$x' x'' = \frac{c}{a},$$

qui peuvent respectivement se mettre sous la forme

$$b = - a(x' + x''),$$
$$c = ax' x'',$$

permettent de transporter ces valeurs de b et c dans l'équation générale

$$ax^2 + bx + c = 0,$$

laquelle devient alors

$$ax^2 - a(x' + x'')x + ax' x'' = 0,$$

ou

$$a[x^2 - (x' + x'')x + x' x''] = 0,$$

ou enfin

$$a(x - x')(x - x'') = 0.$$

On voit ainsi que *le premier membre d'une équation du second degré est le produit du coefficient du premier terme par deux binômes du premier degré respectivement égaux à l'excès de x sur chacune des deux racines.*

Remarque. — L'équation générale du premier degré, mise sous la forme

$$ax + b = 0,$$

jouit d'une propriété analogue, puisque sa racine

$$x' = - \frac{b}{a}$$

donne également

$$b = - ax',$$

valeur qui, transportée dans l'équation, amène

$$ax - ax' = 0,$$

ou

$$a(x - x') = 0,$$

71. Reprenons l'équation générale du second degré

$$ax^2 + bx + c = 0,$$

et ses racines

$$x' = \frac{-b + \sqrt{b^2 - 4ac}}{2a}, \quad x'' = \frac{-b - \sqrt{b^2 - 4ac}}{2a}.$$

Nous voyons que ces deux racines ne diffèrent que par le signe du radical $\sqrt{b^2 - 4\,ac}$. Si donc ce radical disparaissait par suite de la relation

$$b^2 - 4\,ac = 0$$

entre les coefficients, les deux racines seraient égales entre elles, et l'on aurait

$$x' = x'' = - \frac{b}{2\,a}.$$

Dans ce cas, l'équation peut évidemment (70) se mettre sous la forme

$$a(x - x')^2 = 0.$$

Mais on peut encore, à cause de $b^2 = 4\,ac$, d'où $c = \dfrac{b^2}{4\,a}$, écrire

$$ax^2 + bx + \frac{b^2}{4\,a} = 0.$$

De là on tire, en chassant le dénominateur,

$$4\,a^2 x^2 + 4\,ab\,x + b^2 = (2\,ax + b)^2 = 0,$$

et, sous cette forme, se trouve de nouveau mise en évidence la réunion des deux racines en une seule, dont la valeur, tirée de

$$2\,ax + b = 0,$$

est bien

$$x = - \frac{b}{2\,a}.$$

72. Il pourrait arriver aussi, et cela se réalise souvent, que la quantité $b^2 - 4\,ac$ fût négative. Le radical $\sqrt{b^2 - 4\,ac}$ ne représente alors aucun nombre positif ou négatif, puisqu'il n'existe aucun nombre dont le carré soit négatif.

L'équation n'a donc, dans cette hypothèse, aucune solution. Cependant, pour rester fidèle à l'esprit de généralisation qui forme l'essence de la science algébrique, on est convenu de dire que, même alors, cette équation a deux racines, que l'on signale sous le nom d'*imaginaires*, et qui sont encore exprimées par la forme générale

$$x = \frac{- b \pm \sqrt{b^2 - 4\,ac}}{2\,a}.$$

Nous n'insisterons pas davantage sur l'introduction de pareilles quantités dans les calculs, introduction dont on peut toutefois saisir sur-le-champ un des avantages, puisqu'elle permet d'établir en principe que l'équation du second degré a toujours deux racines qui sont

$$
\begin{aligned}
&\text{réelles et inégales} \ldots\ldots\ldots\ldots && \text{si } b^2 - 4ac > 0, \\
&\text{réelles et égales} \ldots\ldots\ldots\ldots && \text{si } b^2 - 4ac = 0, \\
&\text{imaginaires} \ldots\ldots\ldots\ldots\ldots && \text{si } b^2 - 4ac < 0.
\end{aligned}
$$

Mais pour nous, qui n'avons à considérer ici cette équation qu'au point de vue restreint de la solution des problèmes qui y donnent lieu, nous dirons, avec non moins de vérité, que l'équation du second degré admet deux racines différentes dans le premier cas, n'en a qu'une seule dans le second, et aucune dans le troisième.

73. EXEMPLE I. — *Soit à résoudre l'équation*

$$x^2 - 10x + 21 = 0.$$

Cette équation a deux racines, car $(-10)^2 - 4 \times 21$ est positif.

Le produit des deux racines (68) est égal à 21; elles sont donc de même signe. Leur somme est 10; donc toutes deux sont positives.

En effet, la résolution donne (68)

$$x = \frac{5 \pm \sqrt{25 - 21}}{1} = 5 \pm \sqrt{4} = 5 \pm 2,$$

$$x' = 7, \quad x'' = 3.$$

74. EXEMPLE II. — *Résolvons* $10x^2 + 17x - 63 = 0.$

Nous avons encore ici deux racines, à cause de

$$17^2 + 4 \times 10 \times 63 > 0.$$

Elles sont de signes contraires; car leur produit $-\dfrac{63}{10}$ est négatif. La plus grande en valeur absolue est négative, puisque la somme des deux est $-\dfrac{17}{10}$.

Le calcul de ces racines par la méthode connue (66) donne d'ailleurs, conformément à ces prévisions,

$$x' = \frac{9}{5}, \quad x'' = -\frac{7}{2}.$$

75. EXEMPLE III. — *Soit l'équation* $x^2 - 14x + 49 = 0$.

$14^2 - 4 \times 49 = 196 - 196 = 0$, et cette relation indique la présence d'une racine unique, dont (71) la valeur est $\frac{14}{2}$ ou 7.

On voit, en effet, sans difficulté que l'équation donnée équivaut à

$$(x - 7)^2 = 0.$$

76. EXEMPLE IV. — *Soit encore* $3x^2 - 4x + 29 = 0$.

Puisque $(-4)^2 - 4 \times 3 \times 29 < 0$, cette équation n'admet aucune racine, à moins que, comme nous l'avons dit (72), on ne veuille donner ce nom aux symboles imaginaires

$$x' = \frac{2 + \sqrt{-83}}{3}, \quad x'' = \frac{2 - \sqrt{-83}}{3},$$

qui résultent de l'application de la formule générale de résolution et qui, mis à la place de x dans l'équation, suivant les règles de calcul démontrées généralement pour les quantités réelles, ont la propriété de rendre son premier membre algébriquement nul.

77. EXEMPLE V. — *Résolvons enfin l'équation*

$$3x^4 - 5x^2 + 1 = 0.$$

Bien que cette équation paraisse avec raison être du quatrième degré, elle peut très-facilement se ramener au second. Il suffit pour cela de considérer x^2 comme l'inconnue, et de poser $x^2 = y$; l'équation deviendra alors

$$3y^2 - 5y + 1 = 0,$$

d'où l'on tire

$$y = \frac{5 \pm \sqrt{13}}{6},$$

Enfin, x étant égal à $\pm \sqrt{y}$, il viendra

$$x = \pm \sqrt{\frac{5 \pm \sqrt{13}}{6}}.$$

L'équation *bicarrée*, tel est le nom significatif que portent celles de l'espèce qui nous occupe, admet pour l'inconnue quatre valeurs, qui résultent de la combinaison des deux doubles signes $\pm$ entre eux, et qui sont égales deux à deux et de signes contraires. Ces valeurs sont, dans l'exemple ci-dessus :

$$x' = \sqrt{\frac{5 + \sqrt{13}}{6}}, \quad x'' = \sqrt{\frac{5 - \sqrt{13}}{6}},$$

$$x''' = -\sqrt{\frac{5 + \sqrt{13}}{6}}, \quad x'''' = -\sqrt{\frac{5 - \sqrt{13}}{6}}.$$

La forme générale de l'équation bicarrée est la suivante :

$$ax^4 + bx^2 + c = 0,$$

et les quatre valeurs de l'inconnue sont exprimées par la formule

$$x = \pm \sqrt{\frac{- b \pm \sqrt{b^2 - 4ac}}{2a}}.$$

Une discussion fort simple montrerait que les racines peuvent être toutes les quatre réelles, ou toutes les quatre imaginaires, ou enfin que deux d'entre elles peuvent être réelles, les deux autres étant imaginaires.

PROBLÈMES DU SECOND DEGRÉ.

78. PROBLÈME I. — *La somme de deux nombres est 24, leur produit est 63; quels sont ces deux nombres?*

Si nous désignons par x l'un de ces nombres, l'autre sera $24 - x$. Leur produit étant 63, nous pourrons écrire

$$x(24 - x) = 63,$$

d'où

$$24x - x^2 = 63,$$

ou enfin

$$x^2 - 24\,x + 63 = 0.$$

La résolution de cette équation donne

$$x = 12 \pm \sqrt{144 - 63} = 12 \pm \sqrt{81} = 12 \pm 9,$$

et ses deux racines sont

$$x' = 21, \quad x'' = 3.$$

Ces deux valeurs de x sont les deux nombres cherchés. Elles devaient, en effet, être fournies par la même équation, puisque nous avons désigné par x l'un quelconque des deux nombres, sans spécifier l'un plutôt que l'autre.

La propriété du n° 68 nous permettait, d'ailleurs, de conclure que les nombres cherchés seraient les deux racines d'une équation du second degré ayant pour coefficients à ses trois termes 1, — 24 et 63. Nous aurions donc pu poser tout d'abord l'équation

$$x^2 - 24\,x + 63 = 0.$$

79. Résolvons d'une manière générale le problème qui précède, et proposons-nous de *trouver deux nombres dont la somme soit s et le produit p.*

Ces deux nombres, avons-nous dit, seront les deux racines de l'équation

$$x^2 - sx + p = 0$$

qui, résolue, fournit

$$x = \frac{s}{2} \pm \sqrt{\left(\frac{s}{2}\right)^2 - p}.$$

Nous savons, d'une part, que ces racines ne seront réelles qu'autant que la quantité sous le radical sera positive; d'autre part, que la limite précise correspondra au moment où cette quantité, passant du positif au négatif, sera égale à zéro.

Il en résulte que, si la somme s des deux nombres était seule connue, leur produit serait le plus grand possible pour le système de valeurs de ces nombres qui rendrait ce produit égal au carré de la demi-somme, auquel cas chacun des nombres cherchés serait égal lui-même à $\frac{s}{2}$ ou à cette demi-somme.

Si, au contraire, c'est le produit p qui est connu, la moindre valeur que pourra prendre la somme s sera celle qui donnera encore

$$\left(\frac{s}{2}\right)^2 = p,$$

ou

$$\frac{s}{2} = \sqrt{p},$$

ou enfin

$$s = 2\sqrt{p}.$$

Ainsi, par exemple, le plus grand produit que l'on puisse former avec deux nombres dont la somme égale 14 est $\left(\frac{14}{2}\right)^2$ ou 49; la plus petite somme que l'on puisse faire avec deux nombres dont le produit est 49 est égale à $2\sqrt{49}$ ou 14.

Cette extension donnée au problème du n° **78** est le germe d'une série de questions de *maximum* et *minimum* qui sont susceptibles d'être résolues par la considération de la réalité des racines dans les équations du second degré, mais sur lesquelles nous ne pourrions nous appesantir ici sans sortir des bornes posées à notre travail.

80. PROBLÈME II. — *Trouver un nombre de deux chiffres tel que : 1° divisé par le produit de ces deux chiffres, il donne pour quotient* $5\frac{1}{3}$; *2° si l'on en retranche* 9, *il reste le nombre lui-même renversé.*

Désignons par x le chiffre des dizaines du nombre cherché, et par y celui des unités : ce nombre sera évidemment exprimé par $10x + y$, et les deux conditions de l'énoncé seront traduites dans les équations coexistantes

$$\begin{cases} \dfrac{10x + y}{xy} = 5\dfrac{1}{3}; \\ 10x + y - 9 = 10y + x, \end{cases}$$

ce dernier membre $10y + x$ étant le nombre $10x + y$ renversé.

Les équations ci-dessus se ramènent sans peine au système

$$\begin{cases} 16xy - 30x - 3y = 0, \\ y - x + 1 = 0, \end{cases}$$

et, la valeur de y fournie par la seconde étant portée dans la première, on trouve à résoudre l'équation

$$16x^2 - 49x + 3 = 0,$$

qui a pour racines

$$x' = 3, \quad x'' = \frac{1}{16}.$$

La première est seule admissible dans le problème actuel, puisque la nature de la question repousse toute solution fractionnaire; nous devons donc exclusivement admettre les valeurs

$$x = 3 \quad \text{et} \quad y = 3 - 1 = 2,$$

qui donnent le nombre 32, satisfaisant parfaitement aux deux conditions posées.

81. **PROBLÈME III.** — *Trouver un nombre de trois chiffres tel que : 1° le second chiffre soit moyen proportionnel entre les deux autres; 2° ce nombre soit à la somme de ses chiffres comme 124 est à 7; en lui ajoutant 594, on obtienne ce nombre renversé.*

Soient x, y, z les chiffres cherchés dans leur ordre naturel à partir de la gauche; le nombre sera exprimé par

$$100x + 10y + z,$$

et le même renversé par

$$100z + 10y + x.$$

Les trois conditions de l'énoncé se traduiront par les relations

$$\begin{cases} y^2 = xz, \\ 7(100x + 10y + z) = 124(x + y + z), \\ 100x + 10y + z + 594 = 100z + 10y + x, \end{cases}$$

que les réductions ramènent à

$$\begin{cases} y^2 = xz, \\ 64\,x - 6y - 13z = 0. \\ z = x + 6. \end{cases}$$

Pour résoudre ces trois équations, nous pouvons d'abord, par un procédé d'élimination déjà employé pour le premier degré, mettre dans les deux premières la valeur de z tirée de la troisième ; ce qui donne, après toutes les réductions possibles,

$$\begin{cases} y^2 = x\,(x + 6), \\ 17\,x - 2y - 26 = 0, \end{cases}$$

et la valeur de y, par exemple, tirée de la seconde de ces dernières, puis mise dans la première, fournira pour celle-ci, tout calcul fait,

$$285\,x^2 - 908\,x + 676 = 0.$$

Excluant, comme dans le problème précédent, la racine fractionnaire, nous trouvons ici la racine $x = 2$, qui conduit immédiatement à

$$x = 8$$

et

$$y = 4.$$

Le nombre cherché est donc finalement 248, résultat que l'on peut aisément vérifier en le soumettant aux trois épreuves indiquées par l'énoncé du problème.

82. PROBLÈME IV. — *Un ouvrier reçoit 96 francs pour salaire ; un autre, qui a travaillé 6 jours de moins, reçoit 54 francs. Si le premier avait, au contraire, manqué pendant 6 jours et que le second eût travaillé tous les jours, ils eussent reçu tous les deux la même somme. On demande pendant combien de jours chacun a travaillé, et le prix de leur journée.*

Soit x le nombre de jours de travail du premier ouvrier. Puisqu'il a reçu 96 francs pour x journées, le prix de sa journée était $\dfrac{96}{x}$. De même, le second ouvrier, qui n'a tra-

vaillé que pendant $x - 6$ jours, et qui a reçu 54 francs, ga-
gnait $\dfrac{54}{x - 6}$ par jour.

Si le premier ouvrier n'eût travaillé que pendant $x - 6$ jours,
il n'eût reçu que $x - 6$ fois $\dfrac{96}{x}$ ou $\dfrac{96(x - 6)}{x}$; si le second
eût, au contraire, travaillé pendant x jours, il eût reçu x fois
$\dfrac{54}{x - 6}$ ou $\dfrac{54x}{x - 6}$. Or, puisque ces deux sommes eussent été
égales, nous devons poser l'équation

$$\frac{96(x - 6)}{x} = \frac{54x}{x - 6},$$

dont la résolution donne les deux racines

$$x' = 24, \quad x'' = \frac{24}{7}.$$

La première de ces deux solutions se vérifie parfaitement. Le
premier ouvrier a travaillé 24 jours, et a gagné $\dfrac{96}{24}$ ou 4 francs
par jour; le second, qui n'a travaillé que 18 jours, a gagné
$\dfrac{54}{18}$ ou 3 francs par jour. Si le premier eût travaillé seulement
18 jours, il eût gagné 72 francs, justement autant qu'aurait
gagné le second, s'il eût travaillé 24 jours.

La seconde solution ne saurait convenir à la question, puisqu'elle conduirait à conclure que le second ouvrier a travaillé
pendant $\left(\dfrac{24}{7} - 6\right)$ ou $-\dfrac{18}{7}$ jours. Cette circonstance tient à ce
que nous n'avons pu introduire dans l'équation la condition
essentielle qui résulte de ce que le premier ouvrier a travaillé
pendant au moins 6 jours, puisque le second a travaillé 6 jours
de moins que lui.

83. PROBLÈME V. — *Deux personnes ont acheté chacune
pour 240 francs de drap; mais la seconde, qui en a 3 mètres
de moins, paye le sien 4 francs de plus par mètre. Combien
de mètres de drap chaque personne a-t-elle achetés?*

Si nous appelons x le nombre de mètres achetés par la première personne, la seconde en aura acheté $x - 3$; la première aura donc payé son drap $\dfrac{240^{fr}}{x}$ par mètre, et la deuxième $\dfrac{240^{fr}}{x-3}$.

Or le premier de ces deux prix est inférieur à l'autre de 4 francs, et nous aurons entre eux la relation

$$\frac{240}{x} = \frac{240}{x-3} - 4,$$

d'où l'on tire

$$x^2 - 3x - 180 = 0,$$

et, en résolvant,

$$x' = 15, \quad x'' = -12.$$

La première racine répond directement à la question : la première personne a acheté 15 mètres de drap à $\dfrac{240}{15}$ ou 16 francs le mètre ; la seconde en a acheté 12 à raison de $\dfrac{240}{12}$ ou 20 francs, et ce dernier prix surpasse bien de 4 francs le premier.

Quant à la seconde racine, $x'' = -12$, elle ne peut répondre à la question posée que moyennant une certaine interprétation (58) qui y renverse le sens de la condition correspondant à l'inconnue, de manière à permettre d'en changer le signe dans les équations du problème. Ici l'idée d'*achat* se transforme naturellement en celle de *vente*, qui lui est opposée, et cette modification doit nécessairement se traduire algébriquement par le changement du signe de la quantité achetée. L'énoncé primitif peut donc se remplacer, à ce point de vue, par le suivant :

Deux personnes ont vendu chacune pour 240 francs de drap; mais la seconde, qui en a vendu 3 mètres de plus, a reçu 4 francs de moins par mètre. Combien de mètres de drap chaque personne a-t-elle vendus?

L'équation de ce nouveau problème sera

$$\frac{240}{x} = \frac{240}{x+3} + 4, \quad \text{ou} \quad x^2 + 3x - 180 = 0,$$

qui n'est autre chose que la première dans laquelle on changerait x en $-x$, et qui, résolue, donnerait

$$x' = 12, \quad x'' = -15.$$

Comme on devait s'y attendre, ces racines sont les mêmes que précédemment, mais avec des signes contraires. La première satisfait directement au nouvel énoncé; la seconde nous ramènerait au problème primitif, au moyen d'une interprétation pareille à celle qui vient de nous occuper.

84. PROBLÈME VI. — *Deux lumières d'intensités données i et i' éclairent un point quelconque, d'après la loi de physique connue, en raison inverse des carrés de leurs distances à ce point. On se demande quel est, sur la ligne droite qui les unit, le point qu'elles éclairent également.*

Soit d la distance qui sépare les deux lumières, et x celle qui sépare de la première le point cherché; ce dernier sera à une distance $d - x$ de la seconde. De plus, la première lumière éclairera le point cherché avec une intensité $\dfrac{i}{x^2}$, et la seconde avec une intensité $\dfrac{i'}{(d-x)^2}$. Or, ces deux intensités devant être égales, nous poserons l'équation

$$\frac{i}{x^2} = \frac{i'}{(d-x)^2},$$

dont la résolution donne

$$x = \frac{i \pm \sqrt{ii'}}{i - i'}\, d.$$

On peut, par une transformation très-simple qui consisterait à multiplier les deux termes de la fraction $\dfrac{i \pm \sqrt{ii'}}{i - i'}$ par $i \mp \sqrt{ii'}$, et à diviser ensuite haut et bas par i, remplacer cette valeur de x par une autre beaucoup plus commode, que l'on obtient, du reste, directement, en remarquant que l'équation elle-même peut se mettre sous la forme

$$\frac{(d - x)^2}{x^2} = \frac{i'}{i}.$$

En extrayant alors la racine carrée des deux membres, on trouve

$$\frac{d - x}{x} = \pm \sqrt{\frac{i}{i'}},$$

d'où l'on tire immédiatement

$$x = \frac{d}{1 \pm \sqrt{\frac{i'}{i}}}.$$

85. Le problème admet donc généralement deux solutions exprimées par

$$x' = \frac{d}{1 + \sqrt{\frac{i'}{i}}} \quad \text{et} \quad x'' = \frac{d}{1 - \sqrt{\frac{i'}{i}}},$$

Examinons ce qu'elles deviennent, suivant que l'intensité i de la première lumière est supérieure, égale ou inférieure à celle i' de la seconde.

1° Si $i > i'$, le dénominateur de x' est compris entre 1 et 2, et x' lui-même est compris entre d et $\frac{d}{2}$, résultat qui signifie que le point également éclairé est plus près de la moins intense lumière que de l'autre.

Quant à x'', cette valeur a un dénominateur plus petit que 1, et est par suite elle-même plus grande que d. On trouve donc, comme on devait s'y attendre, un second point également éclairé au delà de la lumière la moins intense.

2° $i = i'$. Le point intermédiaire se place à égale distance des deux lumières, tandis que l'autre s'éloigne assez pour que la différence d de ses distances aux deux lumières soit sans influence sensible sur lui.

C'est ce double résultat que mettent en évidence les valeurs trouvées qui deviennent

$$x' = \frac{d}{2}, \quad \text{et} \quad x'' = \frac{d}{0} = \infty.$$

3° Enfin soit $i < i'$. La valeur de x' est alors plus petite que

$\frac{d}{2}$, et le point intermédiaire se trouve encore plus rapproché de la lumière la moins vive.

La deuxième solution x'' est négative, et peut s'interpréter facilement en considérant : 1° que le problème doit nous donner dans ce cas, comme il l'a donné dans le cas contraire de $i > i'$, un point également éclairé situé en dehors des deux lumières et du côté de la lumière la moins intense ; 2° que si l'on avait supposé de prime abord cette position au point cherché, en appelant toujours x sa distance à la lumière i, on aurait dû poser la relation

$$\frac{i}{x^2} = \frac{i'}{(d+x)^2}$$

laquelle ne diffère de l'équation primitive qu'en ce que x est remplacé par $-x$.

Toute racine positive de celle-ci doit donc être donnée par la première avec le signe $-$, et nous sommes amenés à conclure que cette valeur négative correspond à une solution du problème pour laquelle la distance serait comptée en sens inverse de la première à partir de la lumière i.

86. Enfin nous terminerons ce que nous avons à dire sur l'Algèbre en donnant quelques énoncés de problèmes du second degré, que nous engageons le lecteur à résoudre et à discuter avec soin.

I. *Trouver deux nombres consécutifs dont la différence des cubes soit 169.*
Réponse : 7 et 9.

II. *Trouver quatre nombres en proportion, sachant que la somme des extrêmes est 21, celle des moyens 19 et celle des quatre carrés 442.*
Réponse : $x = 6$, $y = 9$, $z = 10$ et $t = 15$.

Cette question donne lieu à quatre équations, dont trois sont du premier degré par rapport à chacune des inconnues, et l'élimination est facile à effectuer.

III. *Trouver deux nombres, connaissant leur rapport* R *et leur produit* P.

Réponse : $x = \sqrt{PR}$, $y = \sqrt{\dfrac{P}{R}}$.

IV. *Trouver trois nombres, connaissant les produits respectifs* P, P′, P″ *de chacun d'eux par la somme des deux autres.*

En désignant par x, y, z les trois nombres cherchés, on trouvera facilement, d'après les équations fournies par l'énoncé, la valeur des trois produits xy, xz et yz, dont les deux derniers donneront par la division $\dfrac{x}{y}$. La question sera donc, en ce qui concerne x et y, ramenée à la précédente, et la troisième inconnue z se déterminera de la même manière concurremment avec l'une des deux autres, ou plus simplement en reportant les valeurs trouvées pour ces deux dernières dans l'une quelconque des trois équations primitives.

V. *Trouver trois nombres, connaissant les quotients respectifs* Q, Q′, Q″ *de chacun d'eux par le produit des deux autres.*

Réponse : $x = \dfrac{1}{\sqrt{Q'Q''}}$, $y = \dfrac{1}{\sqrt{QQ''}}$, $z = \dfrac{1}{\sqrt{QQ'}}$.

VI. *Trouver quatre nombres en progression par différence, connaissant leur somme* 4A *et celle de leurs inverses* $\dfrac{1}{B}$.

Réponse : En représentant les quatre nombres cherchés par $x - 3y$, $x - y$, $x + y$ et $x + 3y$, on trouve par la première condition que $x = A$; puis, par la seconde, que la moitié de la raison, ou y, est fournie par l'équation bicarrée

$$9y^4 - 10A(A - 2B)y^2 - A^2(4B - A) = 0.$$

VII. *Trouver cinq nombres en progression par différence, connaissant leur somme* 5A *et leur produit* P⁵.

Réponse : Le terme du milieu est égal à A, et la raison d est donnée par l'équation bicarrée

$$4A\,d^4 - 5A^3\,d^2 + A^5 - P^5 = 0.$$

Discuter et appliquer à $5A = 15$ et $P^5 = 120$.

VIII. *Deux voyageurs partent au même moment de deux points distants de la quantité d; ils marchent l'un sur l'autre avec des vitesses constantes, telles que le premier arrive au point de départ de l'autre quatre heures après qu'ils se sont rencontrés, et que ce dernier arrive au point de départ du premier neuf heures après cette rencontre. On demande quel est le rapport des deux vitesses, et la position du point de rencontre.*

Réponse : Ce rapport est égal à $\dfrac{3}{2}$, et la rencontre a lieu aux $\dfrac{3}{5}$ de d à partir du point de départ du premier voyageur.

IX. *Trouver les valeurs de x qui satisfont à l'équation*

$$6x^4 - 35x^3 + 62x^2 - 35x + 6 = 0.$$

Réponse : En se basant sur cette remarque que les coefficients à égale distance des extrêmes sont égaux, on groupe les termes deux à deux, et l'on prend pour inconnue auxiliaire $x + \dfrac{1}{x} = z$, relation qui donne $x^2 + \dfrac{1}{x^2} = z^2 - 2$.

On obtient ainsi, par une simple substitution, une équation du deuxième degré en z ayant pour ses racines $z' = \dfrac{10}{3}$, $z'' = \dfrac{5}{2}$. Chacune de ces racines, reportée dans la relation précédente, donne une équation du second degré en x dont les deux racines satisfont à la proposée, et l'on trouve finalement quatre valeurs de x qui sont 3, $\dfrac{1}{3}$, 2, $\dfrac{1}{2}$.

X. *Trouver trois nombres en progression par quotient, connaissant leur somme A et celle B^2 de leurs carrés.*

Réponse : La raison q de la progression sera donnée par l'équation

$$(A^2 - B^2)\, q^4 - 2 B^2 q^3 + (A^2 - 3 B^2) q^2 - 2 B^2 q + A^2 - B^2 = 0,$$

que l'on résoudra comme celle du problème précédent, et le premier terme aura pour valeur $x = \dfrac{A}{1 + q + q^2}$.

Si les données étaient $A = 26$ et $B^2 = 364$, on trouverait $q = 3$, $x = 2$, et les trois nombres cherchés seraient 2, 6 et 18.

XI. *Trouver quelle relation rationnelle doit exister entre les coefficients des deux équations*

$$a x^2 + b x + c = 0,$$
$$a' x^2 + b' x + c' = 0,$$

pour qu'elles admettent une racine commune.

Réponse : $(ac' - ca')^2 = (ab' - ba')(bc' - cb')$.

Conclure de cette relation et des calculs qui y ont conduit que, quand elle a lieu, les racines des deux équations sont exprimées sans radicaux.

Appliquer, comme exemple, aux équations

$$3 x^2 - 17 x + 20 = 0,$$
$$2 x^2 - 15 x + 28 = 0,$$

GÉOMÉTRIE.

PRÉLIMINAIRES.

1. La *Géométrie* est la science qui traite des propriétés et de la mesure de l'*étendue*.

Un corps, quelque petit qu'il soit, présente de l'étendue dans tous les sens. Toutefois on est le plus souvent conduit à ne considérer cette étendue que dans trois sens principaux, que l'on appelle *dimensions*, et que l'on désigne sous les noms de *longueur, largeur, hauteur*.

Au lieu de hauteur on dit, selon les cas, *profondeur* ou *épaisseur*.

2. Les limites par lesquelles les corps se manifestent à nos sens sont des *surfaces*. Une surface n'étant qu'une enveloppe idéale, dépourvue d'épaisseur, elle ne peut avoir que deux dimensions, la longueur et la largeur.

Quand un corps présente plusieurs faces, les lieux de leurs intersections sont des *lignes* qui n'ont plus qu'une seule dimension, la longueur.

Enfin on appelle *point* le lieu de la rencontre de deux lignes. Le point n'a d'étendue dans aucun sens; il n'a, par conséquent, aucune dimension; il n'a non plus aucune forme.

Les surfaces, les lignes et les points peuvent se concevoir et s'étudier indépendamment des corps sur lesquels ils se trouvent situés, c'est-à-dire abstraction faite d'une ou de deux des dimensions de ces corps. C'est par cet effort du raisonnement que nous considérerons tantôt des surfaces ou des lignes indéfinies, tantôt des lignes et des points isolés des surfaces ou des lignes auxquelles ils doivent naissance.

3. L'étude de la Géométrie élémentaire commencera donc rationnellement par les lignes, ou du moins par celles des lignes les plus simples qui sont nécessaires au but que nous nous proposons; viendront ensuite quelques surfaces, puis les *volumes*, c'est-à-dire les corps eux-mêmes ou tout au moins la portion de l'espace que renferme leur surface.

Le point ne trouve pas place en tête de cette nomenclature par la raison que, dénué de dimension et de forme, il ne possède isolément aucune propriété qui puisse motiver un examen spécial.

4. Parmi les lignes, celle qui s'offre la première est la *ligne droite*, que l'on peut concevoir aisément comme *décrite par un point qui serait mû de manière à tendre constamment vers un autre point fixe et déterminé.*

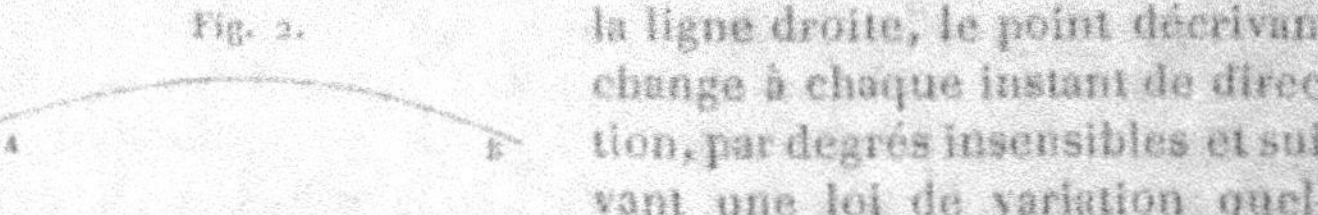

Telle serait la ligne AB.

La principale conséquence de cette génération de la ligne droite la constitue comme le *chemin le plus court* pour aller du point A au point B et, par suite, comme devant être naturellement choisie pour mesurer la *distance* de ces deux points.

La ligne droite AB peut être indéfiniment prolongée dans les deux sens au delà des points A et B vers les points C et D, et l'ensemble ne forme nécessairement encore qu'une seule et même droite. La direction d'une ligne droite est donc déterminée par deux points, et deux droites ne peuvent avoir deux points communs ou une partie commune sans coïncider dans toute leur étendue.

5. Si l'on imagine que, contrairement à ce qui a été dit pour la ligne droite, le point décrivant change à chaque instant de direction, par degrés insensibles et suivant une loi de variation quelconque, on aura l'idée d'une *ligne courbe*. La figure ci-contre présente une ligne AB de cette espèce.

Il ressort clairement de ce qui précède que, entre deux points A et B, on ne peut mener qu'une seule ligne droite,

mais que l'on peut faire passer par ces deux points une infinité
de courbes différentes.

6. Une ligne est dite *brisée*, comme celle que montre la

fig. 3, lorsqu'elle est formée
de plusieurs portions de ligne
droite, quelle que soit la grandeur relative ou absolue de
ces divers éléments.

7. On distingue de même plusieurs espèces de surfaces,
parmi lesquelles se présente tout d'abord la *surface plane*, ou
le *plan*. Cette surface se caractérise par une propriété exclu-
sive, qui consiste en ce que l'*on peut, dans tous les sens, y
appliquer exactement ou y tracer une ligne droite.*

De même qu'il ne peut y avoir qu'une seule sorte de ligne
droite, on ne saurait imaginer qu'une seule espèce de plan.

Par une autre analogie avec la ligne droite, le plan peut être
prolongé par la pensée indéfiniment et dans tous les sens;
l'ensemble ne forme toujours qu'un seul et même plan.

Conformément au programme et à la logique, nous nous
occuperons d'abord des propriétés de l'étendue dans un seul
et même plan; en d'autres termes, nous étudierons en premier lieu la *Géométrie plane*.

8. Pour plus de clarté, nous rappellerons ici que l'on nomme
en Géométrie, comme dans tout autre ordre d'idées :

Théorème, une vérité qui devient évidente au moyen d'une
démonstration : l'énoncé d'un théorème s'appuie toujours sur
une *hypothèse* ou supposition, et se termine par une *conclusion*;

Problème, une question qui exige une solution : son énoncé
comporte également une hypothèse ou *donnée*, et une conclusion qui est l'objet du problème;

Réciproque, une proposition inverse d'un théorème ou d'un
problème, dans l'énoncé de laquelle la supposition primitive
prend la place de la conclusion, et la conclusion celle de la
supposition;

Corollaire, une conséquence qui découle d'une ou plusieurs
propositions démontrées.

Enfin, on donne le nom de *lemme* à une proposition qui ne sert que de préparation à la démonstration d'une autre vérité plus saillante.

GÉOMÉTRIE PLANE.

LA LIGNE DROITE ET LES ANGLES.

9. On mesure la distance de deux points, ou la longueur d'une droite donnée, en cherchant le rapport de cette droite à une autre prise pour unité.

Deux droites sont dans le même rapport que deux nombres, 7 et 13 par exemple, quand une troisième droite est contenue 7 fois dans la première et 13 fois dans la seconde ; cette troisième droite est alors une *mesure commune* aux deux autres. On voit donc que, pour déterminer le rapport de deux lignes, il faut chercher une mesure commune à ces deux lignes, et diviser l'un par l'autre les nombres qui expriment combien de fois chacune des deux lignes contient la commune mesure.

10. Cherchons donc une mesure commune à deux droites données AB et CD. Nous porterons la plus petite CD sur la

Fig. 4.

plus grande autant de fois qu'elle pourra y être contenue ; supposons qu'elle y soit 3 fois depuis A jusqu'en E, avec un reste EB. Nous aurons

$$AB = 3 \times CD + EB.$$

Nous porterons ensuite sur CD le reste EB qui y est contenu 4 fois avec un second reste FD, et nous pourrons écrire encore :

$$CD = 4 \times EB + FD.$$

Ce second reste FD sera de même contenu 1 fois de E en G avec un troisième reste GB, et nous aurons

$$EB = FD + GB.$$

Enfin, GB étant porté 4 fois exactement sur FD, on obtient

$$FD = 4 \times GB.$$

Si maintenant nous reportons cette valeur de FD dans EB, nous trouvons

$$EB = 5 \times GB,$$

et, par des substitutions successives, nous arriverons aux deux relations

$$CD = 24 \times GB,$$
$$AB = 77 \times GB.$$

Il faut donc conclure : 1° que le dernier reste GB est une commune mesure des droites AB et CD ; 2° que, cette commune mesure étant contenue 77 fois dans la première et 24 fois dans la seconde, ces deux droites sont entre elles dans le rapport de 77 à 24.

Remarque. — La commune mesure qui vient d'être trouvée n'est pas la seule, puisque tous ses sous-multiples sont nécessairement contenus exactement dans les deux droites données.

En général, lorsque deux droites ont une commune mesure, elles en ont une infinité d'autres, que l'on obtiendrait en prenant successivement tous les sous-multiples de la première.

Nous dirons enfin que celle qui nous a été fournie par le procédé ci-dessus décrit a cette propriété remarquable d'être *la plus grande de toutes les communes mesures* des deux droites données ; ce que nous établirions par une série de raisonnements tout à fait analogues à ceux employés (*Arithmétique*, 34) pour la détermination du plus grand diviseur commun à deux nombres.

11. Deux droites qui ont une commune mesure sont dites *commensurables* entre elles ; elles sont dites *incommensurables* dans le cas contraire. Toutefois, on comprend aisément que, en descendant suffisamment dans l'échelle des grandeurs,

il doit toujours être possible d'atteindre une ligne assez petite pour qu'elle soit contenue exactement à la fois dans deux lignes données quelconques, ou, autrement, pour que les différences, s'il y en a, arrivent à un tel degré de petitesse qu'elles échappent complétement à nos sens.

Ce n'est donc que théoriquement que certaines lignes peuvent se présenter comme incommensurables, et l'on ne se fait, du reste, une idée nette d'un rapport incommensurable qu'en le considérant comme la limite du rapport de deux quantités commensurables dont la commune mesure peut être aussi petite qu'on le veut.

Sous cette réserve nous regarderons, dans ce qui va suivre et dans tout le cours de cet Ouvrage, deux lignes ou deux grandeurs quelconques comme ayant toujours une commune mesure, quelque petite qu'elle soit. Par suite de ce principe une vérité, démontrée pour deux quantités commensurables entre elles, sera toujours considérée comme nécessairement établie pour le cas général de deux quantités quelconques, même théoriquement réputées comme incommensurables.

12. Sauf un cas exceptionnel qui sera l'objet d'un examen tout spécial, deux droites BD et EF se rencontrent toujours en un point A. Chacune des quatre portions dans lesquelles est partagé le plan s'appelle un *angle*; le point A est le *sommet* commun, et les quatre portions de droites sont les côtés de ces angles.

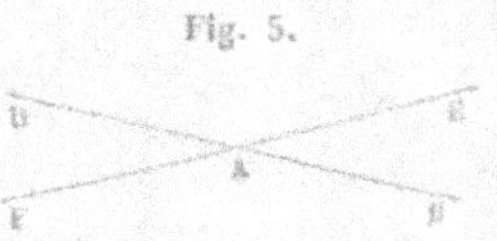
Fig. 5.

On désigne ordinairement un angle par trois lettres en mettant au milieu celle qui occupe le sommet; c'est ainsi que la figure ci-contre nous offre les quatre angles BAE, EAD, DAF et FAB. S'il n'y avait qu'un seul angle au même point, on pourrait le désigner sans confusion par la seule lettre du sommet.

Les quatre angles de la *fig.* 5 sont deux à deux *adjacents* ou *opposés par le sommet*. Les angles BAE et EAD, par exemple, qui ont le même sommet et un côté commun, sont adjacents; les angles BAE et DAF, qui ont leurs côtés se prolongeant les uns les autres, sont opposés par le sommet.

La grandeur d'un angle ne dépend pas de la longueur de ses côtés, mais seulement de leur écartement. Deux angles sont égaux lorsque, étant posés l'un sur l'autre, ils se recouvrent parfaitement, indépendamment de la longueur relative de leurs côtés, qui sont toujours censés pouvoir être prolongés indéfiniment.

DROITES PERPENDICULAIRES.

13. Pour étudier commodément les diverses positions relatives que deux droites peuvent occuper l'une par rapport à

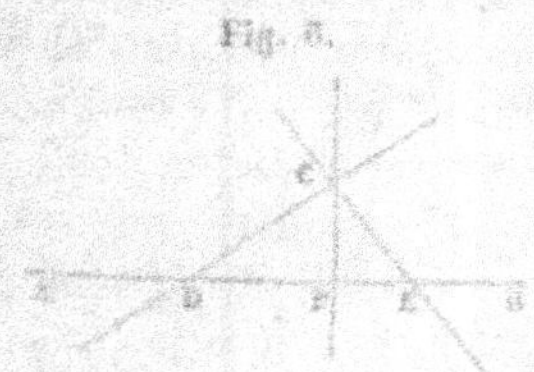

Fig. 8.

l'autre, nous considérerons l'une d'elles AB comme fixe, et nous supposerons que l'autre CD tourne d'un mouvement continu autour de l'un quelconque C des points de sa direction.

Dans la position CD, la droite mobile fait avec AB deux angles adjacents ADC, BDC qui sont visiblement inégaux; ADC $>$ BDC.

Si le mouvement a lieu de telle sorte que le point de croisement se rapproche du point B, il arrive nécessairement une position CP où les deux angles adjacents APC et BPC sont égaux, puisque la suite du mouvement amène forcément aussi la position CE dans laquelle AEC $<$ BEC.

Dans cette position remarquable et *unique* que nous avions en vue de mettre en relief, et dans laquelle les deux angles adjacents sont égaux, la droite CP est dite *perpendiculaire* sur la droite AB.

Nous pouvons donc dès à présent conclure de cette analyse que, *par un point donné, on peut toujours imaginer une droite perpendiculaire sur une autre droite, mais on n'en peut imaginer qu'une.*

Chacun des angles adjacents égaux formés par une droite perpendiculaire à une autre s'appelle un angle *droit;* les angles inégaux situés de chaque côté d'une droite non perpendiculaire ou *oblique* sur une autre sont l'un *aigu*, l'autre *obtus.* Ainsi l'angle BDC, qui est moindre qu'un droit, est aigu; ADC, qui est supérieur à un droit, est un angle obtus.

14. On a vu que, dans le mouvement de la droite CD autour du point C, il n'y a qu'un seul moment où les deux angles adjacents soient égaux. Les angles aigus ou obtus sont donc en nombre infini; mais l'angle droit est unique; il est le même, en quelque point de la droite AB qu'il soit formé; il est aussi le même, quelle que soit la droite sur laquelle on le considère. Bref, *tous les angles droits sont égaux*.

15. Si le point autour duquel on fait tourner la droite mobile était situé sur la droite fixe elle-même, comme le point A

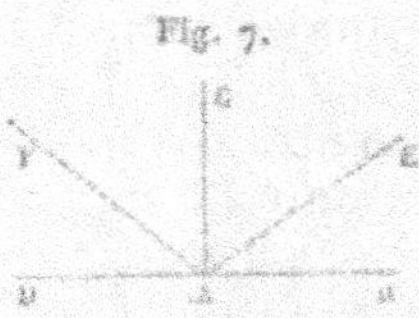
Fig. 7.

dans la *fig.* 7, on verrait : 1° que la somme des deux angles adjacents DAF et FAB est constante pour toutes les positions de la droite mobile ; 2° que cette somme est égale à celle des deux angles droits CAD, CAB. De là ce principe que *la somme de tous les angles formés autour d'un point et d'un même côté d'une droite est toujours égale à deux angles droits*.

Deux angles, tels que BAE et EAC, dont la somme fait un angle droit, sont dits *complémentaires*; l'un est le *complément* de l'autre.

Deux angles, tels que BAE et EAD, dont la somme fait deux angles droits, sont dits *supplémentaires*; l'un est le *supplément* de l'autre.

16. *Les angles opposés par le sommet sont égaux entre eux*. Il résulte en effet du numéro précédent que la somme (*fig.* 5) des angles BAE et DAE, placés du même côté de la droite BD, est égale à deux droits, ainsi que celle des deux angles DAE et DAF situés du même côté de la droite EF. On a donc

$$BAE + DAE = DAE + DAF,$$

égalité qui entraîne nécessairement la suivante :

$$BAE = DAF.$$

On prouverait de la même manière que l'angle DAE est égal à BAF.

Corollaire. — Si l'on prolonge au-dessous de AB la droite AC, qui fait avec BD deux angles droits CAB et CAD, les angles

BAE et DAE formés par le prolongement AE seront respectivement égaux aux deux premiers qui leur sont opposés par
le sommet. Or, ceux-ci étant droits, les
angles BAE et DAE seront aussi droits, et
l'on devra conclure que, CE étant perpendiculaire sur BD, BD est également perpendiculaire sur CE.

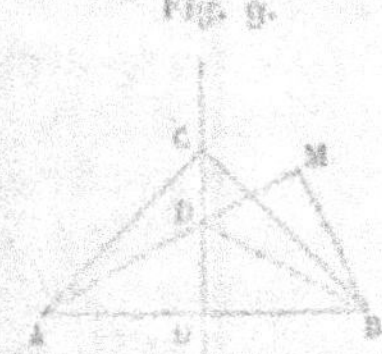

Fig. 8.

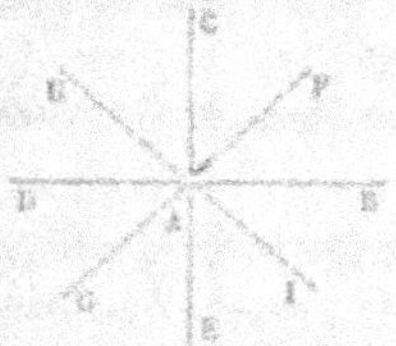

Les quatre angles égaux formés autour
du point A sont droits. Si l'on mène par
ce point autant de droites AF, AH, etc.,
que l'on voudra, la somme de tous les angles égaux ou inégaux BAF, FAC, CAH, etc., que ces droites formeront entre
elles, sera visiblement constante et égale à quatre angles
droits.

17. *Tout point de la perpendiculaire élevée sur le milieu
d'une droite est à égale distance des extrémités de cette droite,
et tout point pris en dehors de cette perpendiculaire est à des
distances inégales des mêmes extrémités.*

Pour prouver la première partie de ce théorème, nous plie-
rons le plan de la figure selon la perpendiculaire CO, pour rabattre la partie de
gauche sur celle de droite. A cause de
l'égalité des deux angles droits, OA tombera sur OB et, par suite, la droite CA
s'appliquera sur CB; donc CA = CB.

Fig. 9.

On montre aussi facilement que MB
est plus petit que MA, en joignant le
point D au point B par une droite BD qui, d'après ce que
l'on vient de voir, est égale à AD. La figure MBD donne
alors (4)

$$MB < MD + BD,$$

c'est-à-dire

$$MB < MD + DA, \quad ou \quad < MA.$$

Remarque. — On énonce encore ce théorème en disant que
la perpendiculaire OC est le *lieu géométrique* de tous les
points situés à égale distance des extrémités de la droite AB.

Il est à peine nécessaire d'insister sur le sens et la portée
de l'appellation *lieu géométrique* que nous venons d'em-

ployer. On a compris que nous désignions ainsi l'ensemble des points qui jouissent de la propriété énoncée, le lieu du plan où tous ces points se trouvent, lieu caractérisé par cela même que tous ses points satisfont à ladite propriété et que les points qui lui sont étrangers n'y satisfont pas.

Cette définition a, d'ailleurs, sa corrélative dans la Géométrie de l'espace.

COROLLAIRE. — *Toute droite dont deux points sont également distants des extrémités d'une autre droite est perpendiculaire sur le milieu de celle-ci;* car ces deux points appartiennent à ladite perpendiculaire qui, ayant deux points communs avec la proposée, se confond avec elle.

18. *Si d'un point pris hors d'une droite on mène à cette droite la perpendiculaire et plusieurs obliques :* 1° *la perpendiculaire sera plus courte que toute oblique;* 2° *deux obliques également écartées du pied de la perpendiculaire seront égales;* 3° *de deux obliques inégalement écartées, la plus écartée sera la plus longue.*

Pour établir cette triple propriété, nous prolongerons la perpendiculaire CM d'une quantité MD égale à elle-même; puis nous joindrons les points R et P au point D.

Fig. 10.

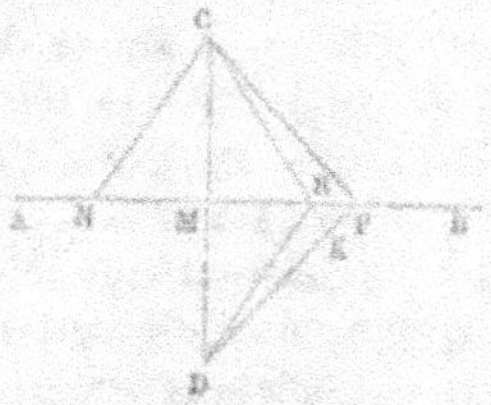

1° Le point M étant le milieu de la droite CD, les points R et P de la perpendiculaire AB sont également distants (17) des extrémités C et D; par conséquent, CR = DR, et CP = DP.

Maintenant de C en D le plus court chemin est la droite CD, et l'on a

$$CM + MD < CR + DR,$$

ou

$$2CM < 2CR,$$

ou enfin

$$CM < CR.$$

2° Le point M étant le milieu de NR, le point C est également ment distant de N et de R, et l'on a (17)

$$CN = CR.$$

3° En prolongeant CR en K, et considérant encore que de C en K le plus court chemin est CK, de même que de R en D le plus court chemin est RD, on posera successivement

$$CK \quad \text{ou} \quad CR + RK < CP + PK,$$
$$RD < RK + KD.$$

La somme de ces deux inégalités membre à membre donnera, après suppression du terme commun RK,

$$CR + RD < CP + PK + KD, \quad \text{ou} \quad < CP + PD,$$

c'est-à-dire

$$2CR < 2CP, \quad \text{ou} \quad CR < CP.$$

COROLLAIRE I. — La perpendiculaire CM est la plus courte de toutes les droites que l'on peut mener du point C sur la droite AB; elle est, par conséquent, la mesure naturelle de la *distance de ce point à cette droite*.

COROLLAIRE II. — *D'un point à une droite on ne peut mener plus de deux droites égales.*

19. *Tout point situé sur la droite qui partage un angle en deux parties égales*, en un mot, *sur la bissectrice de cet angle, est également distant des deux côtés dudit angle, et tout point situé en dehors de cette bissectrice est inégalement distant des mêmes côtés.*

En pliant la figure suivant la bissectrice OM, le côté OA se rabat nécessairement sur OB, puisque les angles AOM et BOM sont égaux. Le point C n'ayant, d'ailleurs, pas bougé dans ce mouvement, la perpendiculaire CH ne pourra tomber que sur CG, sans quoi l'on pourrait avoir deux perpendiculaires tirées du même point C sur la même droite OB; par conséquent, le point H tombe en G, et CH = CG.

Fig. 11.

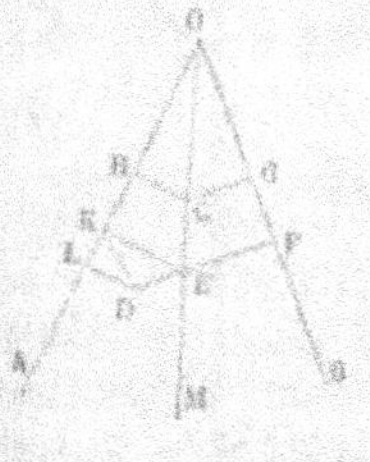

Pour établir maintenant que DL est plus petit que DF, nous mènerons EK perpendiculaire sur AO, et nous aurons EK égal à EF, puisque le point E est sur la bissectrice; nous tirerons ensuite DK.

Or, la perpendiculaire DL est plus petite que l'oblique DK. D'un autre côté, le plus court chemin de K en D étant la droite DK, cette droite DK est elle-même plus petite que DE + EK, ou DE + EF, ou DF; par conséquent et à plus forte raison, nous avons

$$DL < DF.$$

COROLLAIRE. — *Les bissectrices de deux angles adjacents et supplémentaires forment entre elles un angle droit, et constituent le lieu géométrique de tous les points du plan équidistants des deux droites qui forment les deux angles proposés.*

DROITES PARALLÈLES.

20. Nous avons vu (13) que lorsque l'on considère une droite et un point situé au dehors de cette droite, on peut toujours abaisser une perpendiculaire du point sur la droite, et que cette perpendiculaire est unique.

Supposons donc abaissée du point C sur AB cette perpendiculaire unique CP avec laquelle la droite mobile CD fait deux angles adjacents et inégaux DCP et ECP.

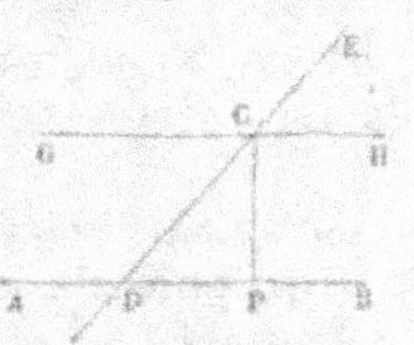

Fig. 12.

Si maintenant nous concevons que la droite CD s'infléchisse de manière que son point de rencontre D avec AB s'éloigne du point P, l'angle DCP augmentera, tandis que son supplémentaire ECP diminuera d'autant; il arrivera enfin un moment où les deux angles supplémentaires dont il s'agit seront égaux, tels que GCP et HCP, et la droite GH sera alors aussi perpendiculaire à CP.

A ce moment unique, le point de rencontre D se sera éloigné jusqu'à l'infini, ce qui veut dire que les deux droites ne se rencontrent plus du tout; et en effet, si elles se coupaient en un certain point, on verrait partir de ce point deux perpendiculaires à la droite CP, ce qui (13) est impossible. Ce point de rencontre ne saurait, d'ailleurs, exister d'un côté de la perpendiculaire CP, sans que, à cause de la symétrie de la figure par rapport à cette droite, on ne doive en concevoir un second pareillement situé de l'autre côté, auquel cas les deux droites AB et GH, ayant deux points communs, se confondraient.

Deux droites qui, comme AB et GH, ne peuvent se rencontrer, quelque loin qu'on les prolonge, sont appelées *droites parallèles*. Il faut toutefois ne pas donner à cette définition un sens trop absolu, et se rappeler que nous ne nous occupons ici que des propriétés de lignes contenues dans un seul et même plan. Plus tard nous verrons que, dans l'espace, deux droites peuvent ne pas se rencontrer, sans être pour cela parallèles entre elles.

21. Les conséquences immédiates de ce qui précède sont les suivantes :

1° *Par un point extérieur à une droite on peut toujours imaginer une autre droite parallèle à la première ; mais on n'en peut imaginer qu'une.*

2° *Deux droites en même temps perpendiculaires ou parallèles à une troisième sont parallèles entre elles.*

3° *Quand deux droites sont parallèles, toute perpendiculaire sur l'une d'elles est également perpendiculaire sur l'autre ;* sans quoi la perpendiculaire à CP (*fig.* 12), menée au point C, serait nécessairement aussi parallèle à AB, et l'on aurait par le point C deux droites parallèles à AB, ce qui est impossible.

22. Lorsque deux droites quelconques sont coupées par une troisième, elles forment avec celle-ci huit angles qui sont égaux deux à deux comme opposés par le sommet.

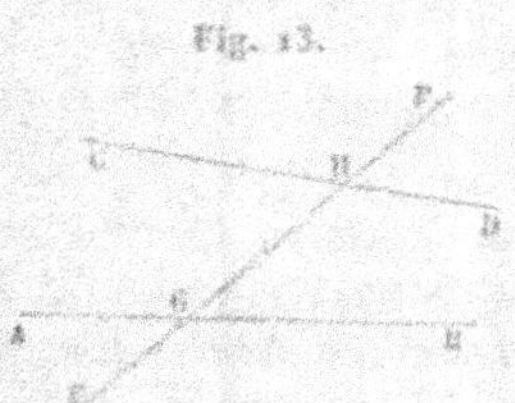

Fig. 13.

Considérés par rapport aux deux premières droites, quatre de ces angles sont intérieurs ou *internes* ; les quatre autres sont extérieurs ou *externes*. Par rapport à la sécante et pris deux à deux, ces angles sont *du même côté*, ou de côtés différents, c'est-à-dire *alternes*.

Accouplés d'une manière différente, les mêmes angles sont :

Alternes-internes, tels que, par exemple, CHG et BGH, AGH et DGH ; ou *alternes-externes*, tels que CHF et BGE, DHF et

AGE; ou *internes d'un même côté*, tels que CHG et AGH, BGH et DHG; ou *externes d'un même côté*, tels que FHD et EGE, FHC et AGE; ou enfin *internes-externes*, autrement dit *correspondants*: tels sont CHF et AGH, BGH et DHF, etc.

23. *Lorsque deux parallèles sont traversées par une troisième droite, deux angles alternes-internes sont égaux.*

En effet, si par le point K, milieu de LM, nous menons la perpendiculaire DF commune aux deux parallèles DE

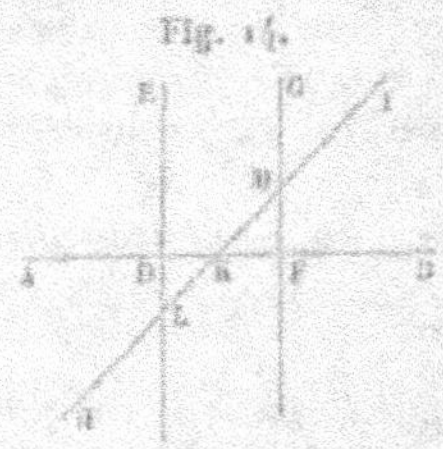

et FG, et si nous faisons tourner par la pensée autour du point K la partie gauche de la figure pour la placer sur la partie de droite, nous amènerons KL sur son égal KM. Les angles DKL et FKM étant égaux comme opposés par le sommet (16), la droite KA prendra nécessairement la direction KB; alors, puisque du point M on ne peut mener qu'une seule perpendiculaire sur KB, la droite LD perpendiculaire sur KA tombera sur MF, qui est perpendiculaire à KB, et les deux angles alternes-internes KLD et KMF seront superposés et, par suite, égaux, comme il fallait le démontrer.

24. L'égalité des angles alternes-internes conduit à cette conséquence que les huit angles formés autour des points L et M par les deux parallèles et la sécante sont égaux deux à deux ou supplémentaires. Il est, par conséquent, établi que *les angles alternes-internes sont égaux; que les angles internes ou externes d'un même côté sont supplémentaires; que les angles correspondants sont égaux.*

25. La réciproque de l'importante proposition du n° 23 se démontre également sans difficulté. Elle exprime que, *si les angles alternes-internes sont égaux, les deux droites coupées sont parallèles.*

Pour établir cette vérité, nous ferons tourner la partie ELMG de la *fig.* 14 autour du milieu K de la transversale; nous amènerons ainsi le point L en M, et le point M en L. L'angle ELM étant égal par hypothèse à l'angle KMF, la droite LE prendra la direction MF et, par la même raison, MG tombera sur la direction DL.

On voit par là que, si les droites DE et FG se coupaient d'un côté de la sécante AB, elles se couperaient aussi nécessairement de l'autre côté de cette ligne et, par suite, devraient se confondre ensemble.

Remarque. — L'égalité des angles alternes-internes étant une conséquence immédiate de l'une quelconque des relations énoncées au n° 24, la réciproque qui nous occupe est également établie pour ces divers cas.

26. *Deux droites qui sont perpendiculaires aux côtés d'un angle ne peuvent être parallèles entre elles.*

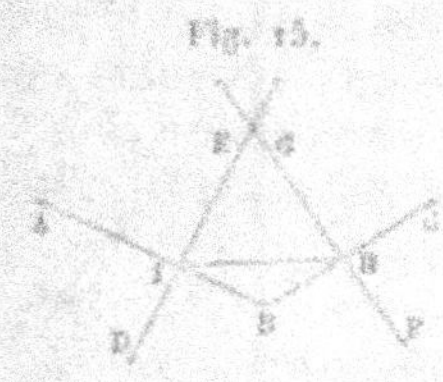

Fig. 15.

Il est visible, en effet, que si les angles EIB, GHB sont droits, les angles EIH, GHI sont nécessairement aigus.

La somme de ces deux derniers, qui sont internes d'un même côté dans le système des droites DE, FG coupées par la sécante IH, ne saurait donc être égale à deux droits et, par conséquent, lesdites droites DE, FG ne peuvent être parallèles.

27. *Deux angles qui ont leurs côtés parallèles sont égaux ou supplémentaires ; ils sont égaux, si leurs côtés sont dirigés à la fois dans le même sens ou dans des sens contraires ; ils sont supplémentaires, lorsque cette condition n'est pas remplie.*

On voit, en effet, que les angles DEF et ABC sont tous deux correspondants de l'angle DHC, auquel ils sont par conséquent égaux ; ils sont donc aussi égaux entre eux.

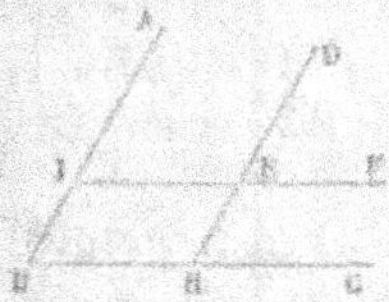

Il en est de même des angles ABC et IEH, dont les côtés sont dirigés à la fois dans des sens contraires.

Si l'on considère maintenant les angles ABC et DEI, dont les côtés sont deux dans le même sens, et deux en sens contraires, on voit que le premier est correspondant et égal à AIE, lequel est lui-même supplémentaire de DEI, ces deux derniers étant internes et d'un même côté par rapport aux deux parallèles AB et DH coupées par la droite IF.

Fig. 16.

Corollaire. — Lorsque deux droites, sur un plan, sont trop écartées pour que l'on puisse les prolonger jusqu'à leur rencontre, il est néanmoins facile de tracer l'angle qu'elles font entre elles, en leur menant par un point quelconque deux parallèles qui font nécessairement, comme on vient de le voir, le même angle que les droites proposées elles-mêmes.

28. *Deux angles dont les côtés sont deux à deux perpendiculaires sont égaux ou supplémentaires.*

Pour s'en rendre compte, il suffit de faire tourner simultanément d'un angle droit et dans le même sens les deux côtés du premier angle autour de son sommet ; cet angle ne changera pas de grandeur, mais ses côtés deviendront parallèles à ceux du second, et le théorème énoncé résultera directement alors de celui du n° 27.

29. *Les portions de parallèles comprises entre parallèles ont des longueurs égales.*

Pour prouver que AC = BD, tirons BC et supposons que, la figure ABC restant immobile, la portion BDC fasse une demi-révolution autour du point milieu de BC, en sorte que le point B vienne en C et le point C en B.

Fig. 17.

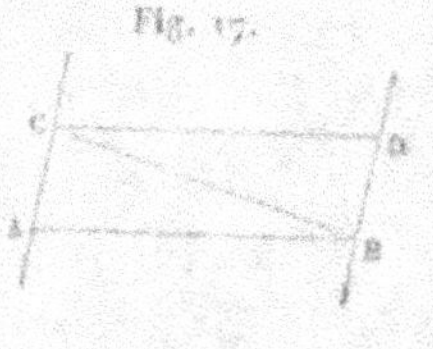

L'angle ACB étant égal à son alterne interne BDC, la droite BD prendra la direction CA et le point D tombera sur CA ou sur son prolongement. Par une raison analogue, CD prendra la direction BA et le point D tombera aussi sur BA ou sur son prolongement.

Devant être à la fois sur les directions CA et BA, le point D ne peut tomber qu'au point d'intersection A, et, par conséquent, BD coïncide exactement avec AC ; ces deux lignes sont donc égales.

Corollaire. — *Deux parallèles sont partout également distantes,* car les perpendiculaires communes qui mesurent les distances des deux lignes en leurs divers points sont toutes parallèles et, par suite, égales entre elles.

TRIANGLES.

30. Un *triangle* est la portion limitée d'un plan qu'interceptent trois droites dont chacune coupe les deux autres ou, plus simplement, trois portions de droites qui ont deux à deux une extrémité commune.

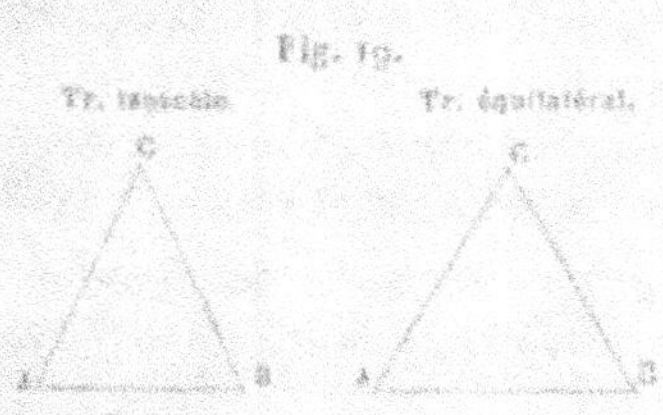

Fig. 18.

Tout triangle ABC a six éléments principaux : ses trois *côtés* AB, BC, CA, et ses trois *angles* qui sont A, B et C.

Les points A, B, C où se rencontrent les côtés sont les *sommets* du triangle.

Fig. 19.

Tr. isoscèle.   Tr. équilatéral.

Au point de vue des côtés, on distingue particulièrement le triangle *isoscèle*, qui a deux côtés égaux, le troisième côté étant généralement appelé la *base* du triangle; et le triangle *équilatéral*, dont les trois côtés sont égaux entre eux.

31. *Dans tout triangle, l'un quelconque des côtés est toujours plus petit que la somme des deux autres et plus grand que leur différence.*

En effet (*fig.* 18 et 19), le plus court chemin du point A au point B étant la droite AB, on a d'abord

$$AB < AC + CB.$$

Par la même raison on a aussi

$$AB + BC > AC$$

et, si l'on retranche de part et d'autre BC, il viendra

$$AB > AC - BC. \qquad \text{c. q. f. d.}$$

32. Un angle de triangle peut être aigu, droit ou obtus.

Dans le cas d'un angle droit, le triangle est dit *rectangle*, et le côté opposé à l'angle droit est l'*hypoténuse* du triangle.

Quelle que soit la nature des angles d'un triangle, leur somme est constante et toujours égale à deux angles droits.

On le prouve en menant par le sommet A du triangle ABC une parallèle au côté opposé BC, et prolongeant le côté AB.

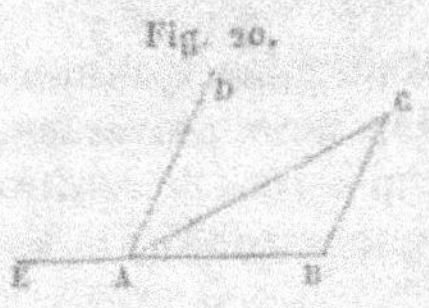

Fig. 20.

Il est évident que l'angle CAE, extérieur au triangle, se trouve ainsi partagé en deux autres respectivement égaux aux deux angles intérieurs opposés B et C, savoir : DAE égal à B comme lui étant correspondant par rapport aux parallèles AD et BC coupées par EB; CAD égal à C comme étant alterne-interne avec lui par rapport aux mêmes parallèles et à la sécante AC.

Les trois angles du triangle sont donc respectivement égaux à ceux qui sont assemblés en A d'un même côté de la droite EB; par suite (15), ces trois angles valent ensemble deux angles droits.

Corollaire I. — *Un triangle ne peut avoir qu'un seul angle droit, et à plus forte raison qu'un seul angle obtus.*

Corollaire II. — *Dans un triangle rectangle, les deux angles autres que l'angle droit sont aigus et complémentaires.*

Corollaire III. — *Quand deux angles d'un triangle sont respectivement égaux à deux angles d'un autre triangle, le troisième angle de l'un est aussi égal au troisième angle de l'autre.*

Corollaire IV. — *On appelle* angle extérieur *à un triangle tout angle formé en l'un des sommets par un côté et le prolongement du côté voisin. La* fig. *20 montre que* l'un quelconque des angles extérieurs à un triangle est égal à la somme des deux angles intérieurs opposés.

33. *Dans un triangle isoscèle, les angles opposés aux côtés égaux sont égaux.*

Soit le côté AC égal au côté BC; prouvons que l'angle A est égal à l'angle B.

En effet, si nous joignons le point C au milieu D de la base, la droite CD, ayant deux points C et D également éloignés des extrémités de AB, sera perpendiculaire (17, Coroll.) sur cette ligne. Si donc nous rabattons la moitié ACD de la figure sur l'autre moitié BCD, le point A tombera en B et, par suite, AC couvrira CB; donc aussi l'angle A sera superposé à l'angle B, et ces deux angles seront égaux.

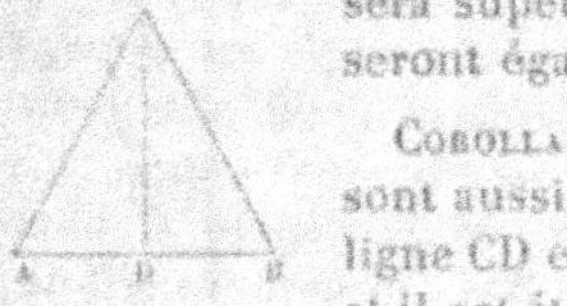

Fig. 21.

COROLLAIRE I. — Les deux angles ACD et BCD sont aussi superposés et, par suite, égaux. La ligne CD est donc la bissectrice de l'angle ACB, et il est établi que, *dans tout triangle isocèle, la droite menée du sommet au milieu de la base 1° est perpendiculaire sur cette base; 2° partage l'angle du sommet en deux parties égales.*

COROLLAIRE II. — *Un triangle équilatéral a ses trois angles égaux;* ce que l'on prouve en le considérant comme isocèle par rapport à deux côtés successivement pris pour base. L'angle d'un pareil triangle a, par conséquent (32), une valeur constante; il est égal au tiers de deux angles droits, ou aux deux tiers d'un angle droit.

34. Réciproquement, *si deux angles d'un triangle sont égaux, les côtés opposés à ces angles sont aussi égaux, et le triangle est isocèle.*

Supposons (*fig.* 21) l'angle A égal à l'angle B et menons la bissectrice CD de l'angle au sommet C. Cette bissectrice sera nécessairement perpendiculaire sur la base AB; car les deux triangles ADC, BDC ayant deux angles respectivement égaux (32, Coroll. III), les troisièmes angles sont aussi égaux. Or, ces deux angles égaux ADC, BDC étant adjacents, ils sont droits.

Rabattons donc encore autour de CD la demi-figure de gauche sur celle de droite. Le côté CA prendra la direction CB, et le point A tombera sur CB ou sur son prolongement; de même DA s'abattra sur DB, et le point A tombera aussi sur DB ou sur son prolongement. De là il résulte que ce point A, qui doit se trouver à la fois sur CB et sur DB, ne pourra tomber qu'au point B commun à ces deux lignes.

Par conséquent, le côté CA couvrira exactement CB auquel il sera égal, ainsi qu'il fallait le démontrer.

COROLLAIRE. — *Un triangle qui a ses trois angles égaux est aussi équilatéral.*

35. Dans un triangle quelconque, si deux angles sont inégaux, les côtés opposés sont nécessairement inégaux, en vertu
de ce qui vient d'être démontré pour la réciprocité du cas
d'égalité des angles et des côtés. Il y a
plus : *à un plus petit angle est opposé
un plus petit côté, et à un plus petit
côté correspond un plus petit angle.*

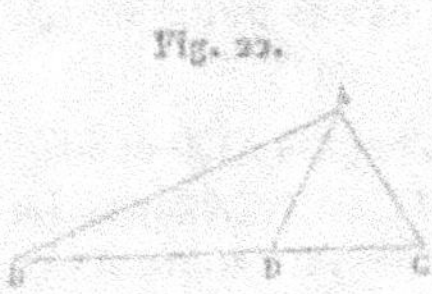

Fig. 22.

Supposons, en effet, l'angle C plus
petit que l'angle BAC, et menons AD de
telle sorte que l'angle DAC soit égal à l'angle C. Le triangle
ADC sera isoscèle et fournira

$$AD = DC.$$

Maintenant, considérons le triangle ABD; nous aurons

$$AB < BD + AD, \quad \text{ou} \quad < BD + BC, \quad \text{ou} \quad < BC.$$

Soit, pour démontrer la réciproque, le côté AB plus petit que
le côté BC. Si l'angle BAC était égal à l'angle C, on aurait (34)
le côté BC égal à AB; si l'angle BAC était plus petit que ce
même angle C, on vient de voir que le côté BC serait aussi
plus petit que le côté AB.

Or ces deux conclusions sont contraires à l'hypothèse; donc
l'angle C est plus petit que l'angle BAC.

36. *Les perpendiculaires tirées sur les milieux des trois
côtés d'un triangle concourent au même point.*

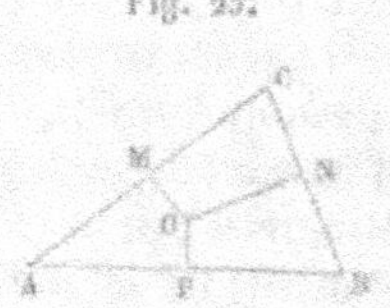

Fig. 23.

Si nous menons, en effet, les deux
droites OP et OM respectivement perpendiculaires aux côtés AB et AC en leurs
milieux, le point de rencontre O de ces
deux droites sera à des distances égales
des trois sommets du triangle. Il appartient donc (17) à la perpendiculaire éle-
vée sur le milieu du côté BC, et cette perpendiculaire passe
par le point O.

37. *Les perpendiculaires tirées des trois sommets d'un
triangle sur les côtés opposés concourent au même point.*

Pour démontrer ce théorème, menons, par les trois sommets du triangle ABC, des parallèles B'C', C'A', A'B' aux côtés
opposés; ces trois parallèles formeront le triangle A'B'C'.

Puisque les parallèles comprises entre parallèles sont égales (29), nous aurons AB' = BC = AC'; le point A est donc le milieu de B'C'. Par la même raison, les points B et C sont les milieux des côtés A'C' et A'B'. De plus, les perpendiculaires aux côtés du triangle ABC ne sont autre chose que les perpendiculaires aux milieux de ceux du triangle A'B'C', lesquelles concourent au même point d'après la proposition précédente.

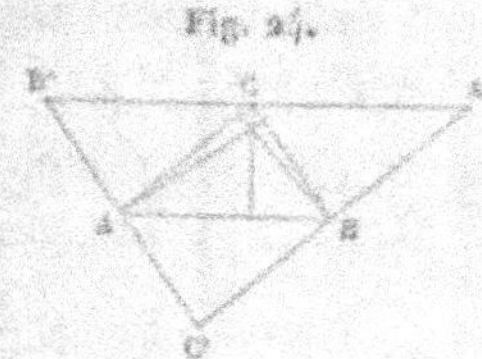

Fig. 24.

38. *Les bissectrices des trois angles d'un triangle concourent au même point.*

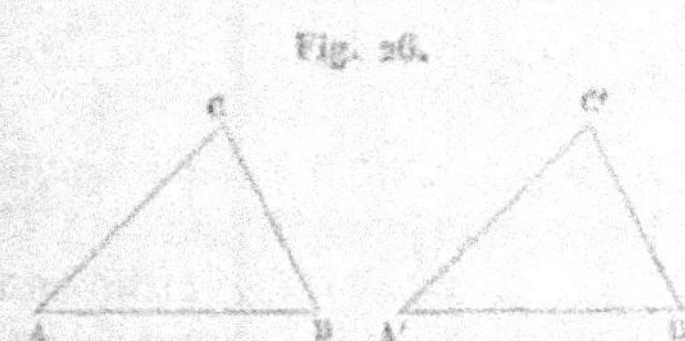

Fig. 25.

Tirons les bissectrices AO et BO des deux angles BAC et ABC du triangle ABC. Leur point de rencontre O sera également distant de trois côtés du triangle; il appartiendra donc (19) à la bissectrice de l'angle ACB, qui ne sera autre que CO.

TRIANGLES ÉGAUX.

39. *Deux triangles quelconques sont égaux lorsqu'ils ont un côté égal adjacent à deux angles égaux, chacun à chacun.*

Fig. 26.

Soient les deux triangles ABC, A'B'C', dans lesquels le côté AB est égal à A'B', l'angle A à l'angle A', et l'angle B à l'angle B'. Transportons le second triangle sur le premier, de manière à faire coïncider le côté A'B' avec son égal AB.

A cause de l'égalité des angles susénoncés, le côté A'C' tombera sur AC et le point C' sur ce même côté AC ou sur son prolongement; par la même raison, le côté B'C' se dirigera suivant BC, et son point C' devra encore tomber sur BC ou sur son prolongement. Par conséquent le point C', qui doit se trouver en même temps sur les deux directions AC et BC, ne pourra tomber qu'à l'intersection C de ces deux droites, et les triangles coïncideront alors dans toute leur étendue; ils seront donc égaux.

Remarque. — Quand deux triangles ont deux angles égaux chacun à chacun, le troisième angle est aussi égal de part et d'autre (32, Coroll. III).

On peut donc dire que, généralement, *deux triangles sont égaux, lorsqu'ils ont un côté égal et deux angles égaux, chacun à chacun.*

40. *Deux triangles sont égaux lorsqu'ils ont un angle égal compris entre deux côtés égaux, chacun à chacun.*

Supposons maintenant (*fig.* 26) que l'angle A soit égal à l'angle A', le côté AB égal à A'B', et AC égal à A'C'; transportons encore le second triangle sur le premier, de manière à superposer les deux angles égaux A et A', A'B' couvrant exactement son égal AB, et A'C' couvrant également AC. Le troisième côté B'C' ne peut évidemment manquer de coïncider de même avec BC, et les deux triangles sont par suite égaux.

Remarque. — Il est bon d'observer que les côtés égaux, ou ceux qui se confondent lorsque les deux figures sont superposées, se trouvent opposés à des angles égaux dans chacun des triangles. Ainsi A'B', qui se confond avec AB, est opposé à l'angle C' égal à l'angle C. Cette remarque, applicable aux deux propositions précédentes, l'est également aux trois suivantes.

41. *Deux triangles sont égaux lorsqu'ils ont les trois côtés égaux, chacun à chacun.*

Considérons les deux triangles ABC, A'B'C' dans lesquels

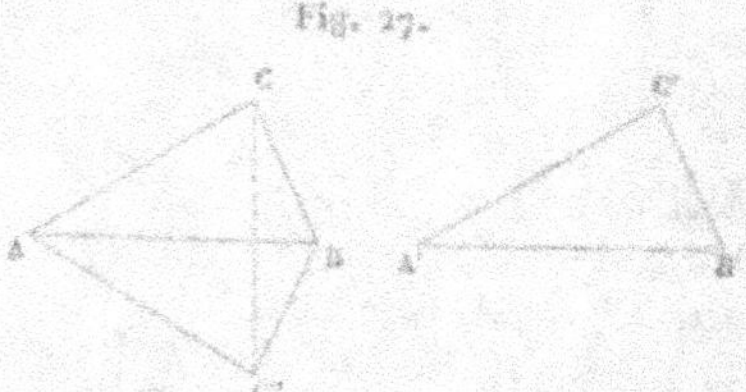
Fig. 27.

AB = A'B', AC = A'C', BC = B'C', et transportons le second de manière à faire tomber A'B' sur son égal AB. Rabattons ensuite ce même triangle A'B'C' au-dessous du premier en ABC"; puis, tirons CC". Puisque AC = AC", le triangle ACC" est isoscèle et l'angle ACC" est égal à l'angle AC"C. Par la même raison, l'angle BCC" est égal à BC"C, et la somme ACC" + BCC" est égale à la somme $AC''C + BC''C$; donc le triangle ABC et le triangle $AC''B$, ou son égal $A'B'C'$, sont égaux comme ayant un angle égal compris entre deux côtés égaux, chacun à chacun (40).

Remarque. — *Un triangle est déterminé par un côté et deux angles, ou par deux côtés et l'angle qu'ils comprennent, ou par les trois côtés*, puisque deux triangles qui sont égaux dans ces parties le sont dans toutes les autres.

Mais un triangle n'est pas déterminé par la connaissance des trois angles. On se rend parfaitement compte de cette circonstance en observant que, si l'on mène trois droites respectivement parallèles aux côtés d'un triangle quelconque, le nouveau triangle ainsi formé aura ses trois angles respectivement égaux (**27**) à ceux du premier, duquel il pourra néanmoins différer notablement.

42. Outre les cas généraux d'égalité que nous venons de déterminer, la condition d'avoir un angle droit donne naissance à deux nouveaux cas spéciaux aux triangles rectangles.

Deux triangles rectangles sont égaux lorsqu'ils ont l'hypoténuse égale et un angle aigu égal, chacun à chacun.

L'égalité de l'un des angles aigus entraîne nécessairement celle de l'autre qui est (**32**, Coroll. II) complémentaire du premier, et les deux triangles rentrent alors dans le cas général d'un côté égal adjacent à deux angles égaux.

On obtient, d'ailleurs, une démonstration directe par la superposition. Supposons en effet que, dans les triangles rectangles ABC, $A'B'C'$, on ait l'hypoténuse BC égale à $B'C'$, et l'angle B égal à B'.

Si l'on porte le triangle $A'B'C'$ sur ABC de manière que l'angle B' couvre son égal B, l'hypoténuse $B'C'$

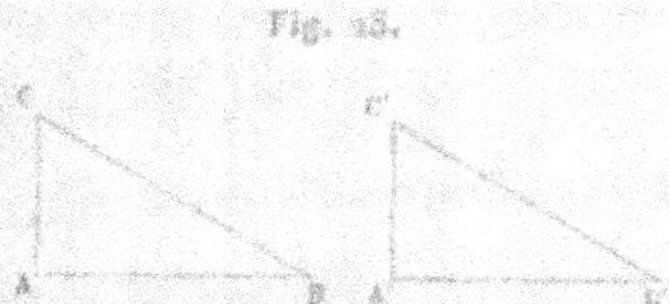

Fig. 25.

tombera exactement sur son égale BC; le côté $A'B'$ se placera dans la direction de AB, et alors le troisième côté $C'A'$, dont l'extrémité C' se trouve en C, s'appliquera exactement sur CA, puisque l'on ne peut abaisser du point C qu'une seule perpendiculaire sur AB

43. *Deux triangles rectangles sont égaux lorsqu'ils ont l'hypoténuse égale et un côté de l'angle droit égal, chacun à chacun.*

Soit, dans les mêmes triangles ABC, A′B′C′ (*fig.* 28), l'hypoténuse BC égale à B′C′, et le côté AC égal à A′C′.

En posant l'un de ces triangles sur l'autre, de manière que A′C′ tombe sur AC, le côté A′B′ se placera sur son égal AB, à cause de l'angle droit qui est égal de part et d'autre. Alors les hypoténuses seront, par rapport à la perpendiculaire CA, deux obliques égales qui, étant situées du même côté de la perpendiculaire, s'en écarteront également (18) et tomberont, par conséquent, l'une sur l'autre.

Remarque. — Un triangle rectangle est déterminé soit par son hypoténuse et un angle aigu, soit par son hypoténuse et l'un des côtés de l'angle droit.

44. *Les trois droites qui unissent les sommets d'un triangle aux milieux des côtés opposés concourent au même point.*

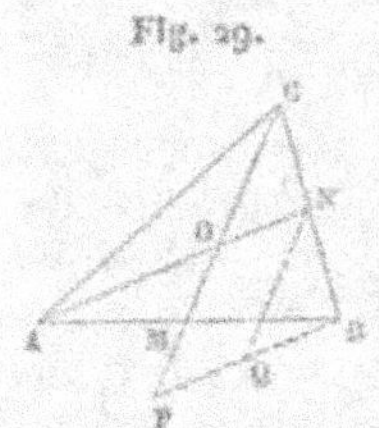

Fig. 29.

Soient, en effet, M et N les milieux des côtés AB et BC; tirons BP parallèlement à AN et NQ parallèlement à CM.

Les triangles AMO et BMP sont égaux; car AM = MB, les angles en M sont égaux comme opposés par le sommet, et les angles MAO et MBP sont égaux à cause des parallèles AN et BP coupées par AB. Il en résulte que MO = MP.

De même, les triangles NCO et BNQ sont égaux, parce que CN = NB, et que les angles CNO et NBQ sont correspondants ainsi que les angles NCO et BNQ. Par suite CO = NQ.

Or, comme parallèles comprises entre parallèles,

$$NQ = OP, \quad \text{d'où} \quad CO = OP = 2MO.$$

On voit ainsi que chacune des trois droites dont il s'agit est coupée par l'une quelconque des deux autres en un point situé au tiers de sa longueur à partir du côté sur lequel elle tombe; ces trois droites se coupent donc toutes les trois en ce même point.

Remarque. — Le point de concours O est situé *au tiers de
chaque droite à partir des côtés, ou aux
deux tiers à partir des sommets.*

Fig. 30.

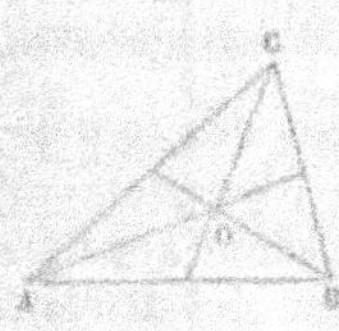

On donne quelquefois, pour abréger le
discours, le nom de *médiane* à la droite qui
joint un sommet d'un triangle au milieu du
côté opposé.

POLYGONES.

45. Les surfaces planes terminées par un assemblage quelconque de lignes droites se nomment *polygones*. Le plus
simple de tous est le *triangle*; les polygones de quatre côtés
s'appellent, en général, *quadrilatères*; pour cinq côtés, on dit
pentagone; pour six, *hexagone*; pour sept, *heptagone*; pour
huit, *octogone*; pour neuf, *ennéagone*; pour dix, *décagone*, etc.

Au delà du polygone de dix côtés, cette nomenclature ne
s'applique guère qu'à celui de douze côtés,
ou *dodécagone*, et à celui de quinze côtés,
ou *pentédécagone*.

Fig. 31.

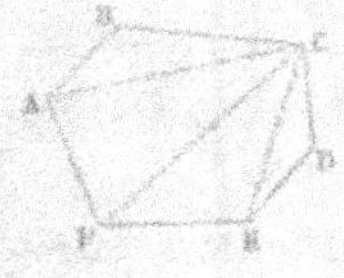

La *fig.* 31 ci-contre représente un hexagone
dont tous les angles sont *saillants*, c'est-à-dire
ont leur ouverture en dedans du polygone.
Dans la *fig.* 32, l'angle DEF a son ouverture
tournée vers l'extérieur; c'est un angle *rentrant.*

Fig. 32.

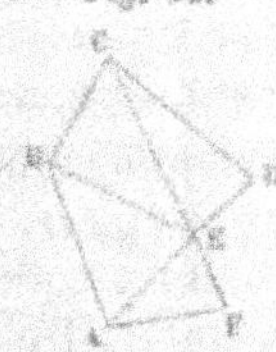

Le premier polygone est dit *convexe* pour
ce motif; un côté quelconque, prolongé dans
les deux sens, ne peut rencontrer le *périmètre*
ou la ligne brisée qui termine le polygone.
Cette condition n'est pas remplie par le polygone à angle rentrant, notamment en ce qui concerne les
côtés DE et EF.

46. Les droites telles que CA, CF, CE (*fig.* 31), qui joignent
les sommets d'angles non adjacents au même côté, se nomment *diagonales.*

Un triangle n'a pas de diagonales; un quadrilatère en a deux, un pentagone cinq, un hexagone neuf, un décagone trente-cinq, etc.

En général, un polygone de n côtés a $\dfrac{n(n-3)}{2}$ diagonales, attendu que, d'une part, chacun des n sommets donne naissance à $n - 3$ diagonales, lesquelles, d'autre part, seraient comptées deux fois dans cette supputation comme appartenant à chacun des deux sommets auxquels elles aboutissent. Au moyen de cette formule on calcule, par exemple, que le polygone de 100 côtés aurait 4850 diagonales.

Remarque. — Ce qui précède ne s'applique en apparence qu'aux polygones convexes, tels que celui de la *fig.* 31. Dans l'hexagone de la *fig.* 32, si l'on considère les diagonales issues du point C, on voit que la diagonale qui joint le sommet C au sommet E est sensiblement dans la même direction que le côté EF et, par suite, peut se confondre avec la diagonale CF. Sous cette réserve et en observant que la diagonale AD serait en partie hors du polygone, et la diagonale DF tout à fait extérieure, on retrouverait encore ici les neuf diagonales de l'hexagone.

Dans tout ce qui va suivre, nous nous occuperons exclusivement des polygones convexes, et nous engageons le lecteur à ne pas perdre de vue cette importante restriction.

47. *La somme de tous les angles intérieurs de tout polygone est égale à autant de fois deux droits qu'il a de côtés moins deux.*

Pour le prouver, on trace (*fig.* 31) toutes les diagonales issues d'un même sommet, et l'on décompose ainsi le polygone en autant de triangles qu'il y a de côtés moins deux; car, à l'exception des deux côtés qui aboutissent au sommet commun, chacun des autres côtés fournit un triangle. Or, les trois angles de chacun de ces triangles valant deux droits (32), la somme de tous les angles du polygone vaudra autant de fois deux droits qu'il y a de triangles, c'est-à-dire autant de fois qu'il y a de côtés moins deux.

C. Q. F. D.

COROLLAIRE. — La somme des angles intérieurs d'un polygone de n côtés est égale à un nombre d'angles droits marqué par 2 fois le nombre des côtés diminué de 2, ou par $2(n-2)$.

Ainsi, le triangle présente une somme d'angles égale à 2 droits; dans le quadrilatère, cette somme est égale à 4; dans le pentagone à 6; dans l'hexagone à 8, etc. La somme des angles d'un polygone de 100 côtés vaudrait 2×98 ou 196 angles droits.

48. *Si l'on prolonge dans le même sens tous les côtés d'un polygone, la somme des angles extérieurs formés par chaque côté et par le prolongement du côté voisin sera égale à quatre angles droits, quel que soit le nombre des côtés.*

On se rend facilement compte de cette propriété, en remarquant que chaque angle extérieur aAB, joint à l'angle intérieur

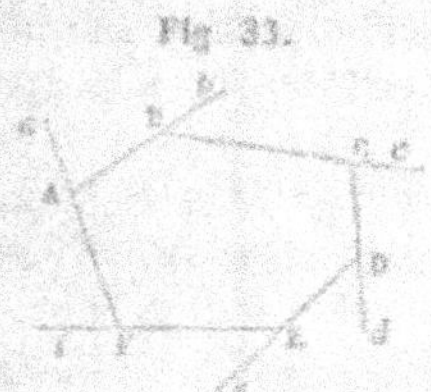

Fig. 33.

BAF auquel il est adjacent, forme une somme égale à deux droits, et que cette somme se trouve répétée autant de fois qu'il y a d'angles ou de côtés dans le polygone. La somme des angles extérieurs et intérieurs vaudra donc autant de fois deux droits qu'il y a de côtés.

Si maintenant nous ôtons de cette somme celle des angles intérieurs qui (47) vaut autant de fois deux droits qu'il y a de côtés moins deux, il restera deux fois deux droits ou quatre droits pour la somme des angles extérieurs.

Cette même propriété deviendrait d'ailleurs manifeste si, par un point quelconque du plan, on menait une parallèle à chacun des côtés. Chaque angle extérieur se trouverait ainsi transporté au point commun, et la somme de tous ces angles serait visiblement égale (16, Coroll.) à quatre droits.

COROLLAIRE. — *Tout polygone a au plus trois angles aigus.*

49. Parmi les quadrilatères ou polygones de quatre côtés, on désigne particulièrement sous le nom de *trapèze* celui qui a deux de ses côtés parallèles entre eux (*fig.* 34), et l'on ap-

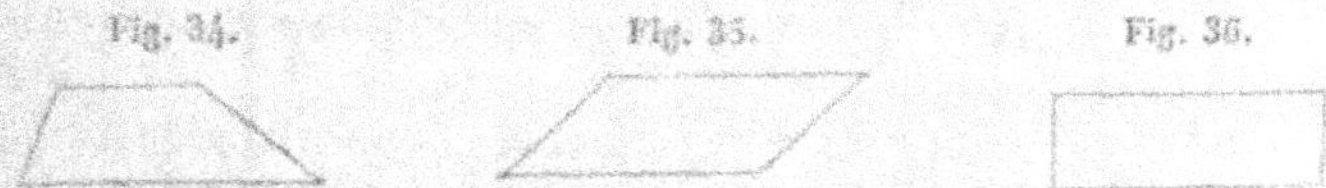

Fig. 34.   Fig. 35.   Fig. 36.

pelle *parallélogramme* le quadrilatère dont les côtés opposés sont parallèles; tel est celui que représente la *fig.* 35.

On nomme *parallélogramme rectangle*, ou simplement *rectangle* (*fig.* 36), le parallélogramme dont les angles sont droits.

Si le parallélogramme a ses quatre côtés égaux, on lui donne le nom de *losange* ou de *carré*, selon qu'il a des angles inégaux ou que ses quatre angles sont égaux et, par conséquent, droits.

50. Les propriétés des parallèles mettent d'abord en évidence les propositions suivantes relatives aux parallélogrammes :

1° *Les angles opposés sont égaux*, car ils ont les côtés parallèles et dirigés en sens contraires (27).

2° *Les angles adjacents au même côté sont supplémentaires*, parce qu'ils sont intérieurs d'un même côté entre deux parallèles et une sécante (24).

Fig. 37.

3° *Les côtés opposés sont égaux*, comme parallèles comprises entre parallèles (29).

4° *Une diagonale d'un parallélogramme le partage en deux triangles égaux*. En effet, on voit que les deux triangles ABC, ACD, dans lesquels est partagé le parallélogramme ABCD, sont égaux comme ayant leurs trois côtés égaux chacun à chacun.

51. Il est utile, pour ce qui suivra, de démontrer que réciproquement *un quadrilatère est un parallélogramme :* 1° *si ses angles opposés sont égaux ;* 2° *si ses angles adjacents sont supplémentaires ;* 3° *si ses côtés opposés sont égaux ;* 4° *si deux côtés opposés sont égaux et parallèles.*

1° Si les angles opposés sont égaux, la somme de deux angles adjacents vaudra la moitié de la somme totale, ou la moitié de quatre droits, ou deux droits. Ces angles adjacents étant dans la position d'internes du même côté (25), les côtés correspondants sont parallèles deux à deux, et la figure est un parallélogramme.

2° Si les angles adjacents sont supplémentaires, on rentre dans le cas précédent.

3° Si les côtés opposés sont égaux, les deux triangles formés par une diagonale sont égaux, comme ayant leurs trois côtés égaux chacun à chacun. Par suite, les angles opposés du parallélogramme sont égaux, et l'on est encore dans le premier cas.

4° Si AB est égal et parallèle à CD (*fig.* 37), les deux triangles ABC et ACD seront égaux comme ayant un angle égal compris entre deux côtés égaux chacun à chacun, et la démonstration s'achèvera comme dans le cas précédent.

52. *Dans un parallélogramme, les deux diagonales se coupent mutuellement en deux parties égales.*

Les triangles AOD et BOC, dans la *fig.* 37, sont égaux (39); car les côtés AD et BC sont égaux par hypothèse; les angles OAD et OCB sont égaux comme alternes-internes par rapport aux parallèles AD et BC; les angles ODA et OBC le sont aussi comme alternes-internes par rapport aux mêmes parallèles coupées par BD. Par conséquent, on a

$$AO = OC \quad \text{et} \quad DO = OB.$$

CorollAIRE I. — *Dans un rectangle, les diagonales sont égales; dans un losange, les diagonales se coupent à angle droit.*

Après ce que nous venons de dire, la démonstration de ces vérités ne saurait offrir aucune difficulté.

CorollAIRE II. — Un carré étant à la fois un rectangle et un losange, ses diagonales sont égales et se coupent rectangulairement.

53. Un polygone est *régulier* lorsque ses côtés sont égaux entre eux, ainsi que ses angles. Le triangle équilatéral et le carré sont des polygones réguliers.

Dans un polygone régulier : 1° *les bissectrices des angles et les perpendiculaires tirées sur les milieux des côtés concourent en un même point;* 2° *ce point est à égale distance de tous les sommets, et à égale distance de tous les côtés.*

Menons la bissectrice de l'angle EAB et élevons sur le milieu M de AB une perpendiculaire. Soit O le point de rencontre de ces deux lignes; joignons ce point O à tous les autres sommets et au milieu de tous les autres côtés.

Fig. 38.

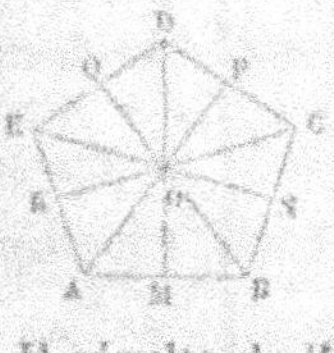

Les deux triangles AMO et BMO sont égaux, car ils sont tous deux rectangles en M; MO leur est commun, et AM = MB.

Il résulte de l'égalité de ces deux triangles que l'angle MBO est égal à l'angle MAO. Or, comme l'angle total EAB du polygone régulier est égal à l'angle ABC, et comme l'angle MAO est la moitié de EAB, on voit que l'angle MBO est aussi la moitié de ABC, et BO est la bissectrice de cet angle ABC.

Les triangles MBO et BNO sont aussi égaux; car OB leur est commun, l'angle MBO est égal à NBO, et le demi-côté MB est égal au demi-côté NB. Il en résulte que l'angle BNO, égal à BMO qui est droit, est droit lui-même; par suite, la ligne NO mesure la distance du point O au côté BC.

On démontrerait encore de proche en proche que OC est la bissectrice de l'angle BCD, et que OP est perpendiculaire sur CD, et ainsi de suite. On voit donc que : 1° les droites OA, OB, OC, etc., issues du point O, sont respectivement bissectrices des angles A, B, C, etc., du polygone régulier, et les droites OM, ON, OP, etc., sont respectivement perpendiculaires sur les milieux des côtés AB, BC, CD, etc.; 2° à cause de l'égalité de tous les triangles de la figure, on a, d'une part,

$$OA = OB = OC = \ldots,$$

d'autre part,

$$OM = ON = OP = \ldots,$$

ce qui démontre le théorème énoncé.

Remarque I. — Le point O est le *centre* du polygone régulier; les distances égales du centre aux divers sommets sont les *rayons;* les distances égales du centre aux divers côtés sont les *apothèmes*, et l'on appelle *angles au centre* les angles égaux que forment entre eux les rayons consécutifs.

Remarque II. — L'angle au centre d'un polygone régulier est égal à quatre angles droits divisés par le nombre des côtés.

Ainsi, dans un triangle équilatéral, l'angle au centre vaut $\frac{4}{3}$ d'angle droit; dans le carré, $\frac{4}{4}$ ou 1 droit; dans le pentagone régulier, $\frac{4}{5}$ d'angle droit; dans l'hexagone, $\frac{4}{6}$ ou $\frac{2}{3}$ de droit; dans l'octogone, $\frac{4}{8}$ ou $\frac{1}{2}$ droit, etc....

En général, dans un polygone régulier de n côtés, l'angle au centre est exprimé par $\frac{4}{n}$ droits.

Remarque III. — L'angle intérieur d'un polygone régulier de n côtés est égal à $\dfrac{2(n-2)}{n}$ angles droits.

Dans le triangle équilatéral, cet angle vaut $\dfrac{2}{3}$ de droit; dans le carré, 1 droit; dans le pentagone régulier, $\dfrac{6}{5}$ d'angle droit; dans l'hexagone, $\dfrac{4}{3}$ de droit, etc. . . . .

POLYGONES ÉGAUX.

54. Deux polygones sont égaux lorsqu'ils sont composés d'un même nombre de triangles égaux chacun à chacun et pareillement assemblés. Il est clair en effet que, placés l'un sur l'autre, ces polygones se couvriront exactement.

En dehors de cette décomposition en triangles, on peut encore dire que *deux polygones de même espèce sont égaux lorsque, abstraction faite d'un côté et des deux angles adjacents, tous les autres angles et côtés sont égaux chacun à chacun.*

Supposons que, dans les deux polygones de la figure ci-contre, les angles A, B et C soient respectivement égaux aux angles A′, B′ et C′; les côtés AE, AB, BC et CD aux côtés A′E′, A′B′, B′C′ et C′D′, de telle sorte que tout, angles et côtés, soit égal de part et d'autre, à l'exception du côté DE et des angles adjacents D et E.

Fig. 39.

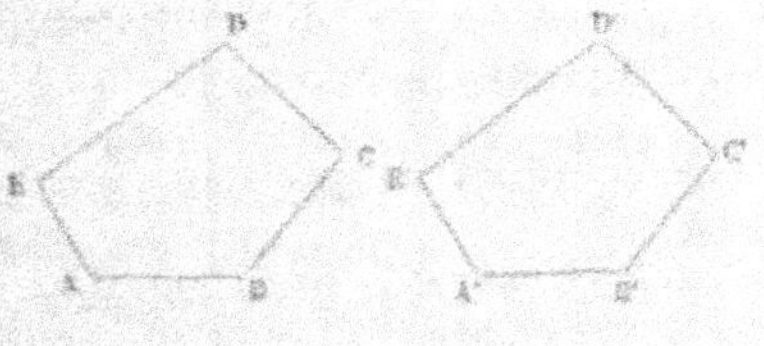

Plaçons le second polygone sur le premier, de manière que A′E′ tombe sur son égal AE. Puisque l'angle A′ est égal à l'angle A, le côté A′B′ tombera sur son égal AB et le couvrira exactement; de même, B′C′ tombera sur BC, et C′D′ sur CD. Il faudra bien alors que D′E′ coïncide avec DE, et les deux polygones seront entièrement superposés; ils sont donc égaux.

Corollaire I. — Un polygone de n côtés est déterminé par $2n - 3$ conditions, savoir : par $n - 1$ côtés et les $n - 2$ angles qu'ils forment entre eux, en tout $2n - 3$. Ainsi un triangle est déterminé par 3 conditions, un quadrilatère par 5, un pentagone par 7, etc.

Corollaire II. — *Deux polygones réguliers de même espèce sont égaux quand ils ont un côté égal;* car ils ont nécessairement alors tous leurs côtés et tous leurs angles égaux. Par conséquent, *un polygone régulier est déterminé par son côté.*

55. *Deux quadrilatères sont égaux lorsqu'ils ont un angle égal et leurs quatre côtés égaux chacun à chacun.*

Soit l'angle A égal à l'angle A', et de plus AB = A'B', BC = B'C', CD = C'D' et DA = D'A'; tirons les diagonales BD et B'D'.

Les triangles BAD, B'A'D' sont égaux comme ayant un angle égal compris entre côtés égaux chacun à chacun; par suite, BD = B'D'. Les triangles BCD, B'C'D' sont égaux comme ayant leurs trois côtés égaux chacun à chacun, et les deux quadrilatères sont égaux (54) comme composés de deux triangles égaux chacun à chacun et pareillement assemblés.

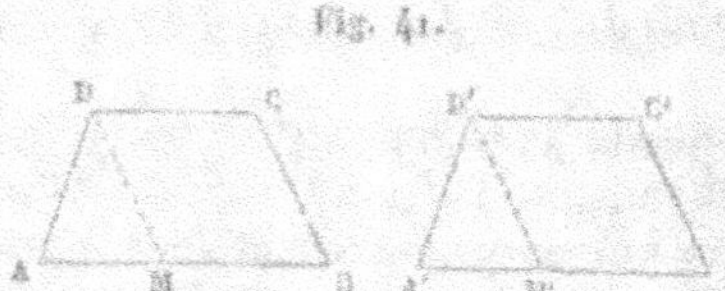

Fig. 40.

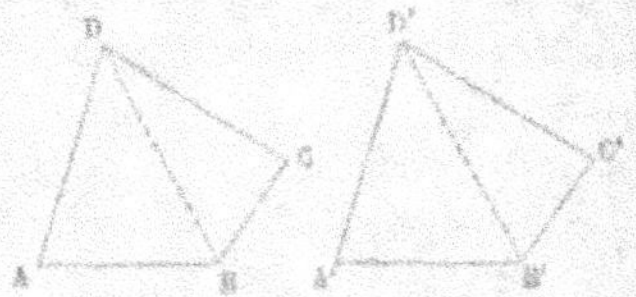

56. *Deux trapèzes sont égaux quand ils ont leurs quatre côtés égaux, chacun à chacun.*

Si l'on tire, en effet, DM parallèle à BC et D'M' parallèle à B'C', on aura les deux triangles AMD, A'M'D' qui sont égaux comme ayant leurs trois côtés égaux chacun à chacun, savoir : AD = A'D'; DM = D'M', comme étant respectivement égaux aux côtés égaux BC, B'C'; AM = A'M', comme étant respectivement égaux aux différences égales AB — MB ou AB — CD, A'B' — M'B' ou A'B' — C'D'.

Fig. 41.

L'égalité des triangles AMD, A'M'D' donne l'angle A égal à l'angle A', et les deux trapèzes rentrent dans le cas général d'égalité des quadrilatères.

57. *Sont égaux : 1° deux parallélogrammes qui ont un angle égal compris entre deux côtés égaux, chacun à chacun ; 2° deux losanges qui ont un côté égal et un angle égal ; 3° deux rectangles qui ont deux côtés adjacents égaux chacun à chacun ; 4° deux carrés qui ont leur côté égal.*

Les démonstrations de ces théorèmes sont trop simples pour que nous ayons besoin de les développer.

Remarque. — Un quadrilatère est généralement déterminé (54. Coroll. I) par cinq conditions ; mais, en particulier, un trapèze est déterminé par quatre éléments, un parallélogramme par trois, un losange et un rectangle par deux, et un carré par un seul.

LIGNES PROPORTIONNELLES ET POLYGONES SEMBLABLES.

LIGNES PROPORTIONNELLES.

58. Quand on cherche, par la méthode que nous avons exposée (10), une commune mesure de deux lignes, il peut se faire, nous y revenons à dessein, que l'on finisse par arriver à une longueur tellement petite qu'elle échappe à nos sens et que l'on ne puisse plus en tenir compte. On démontre même en Géométrie, par des moyens autres que le mesurage direct, qu'il est des lignes dont le rapport est le même que celui qui existe en Arithmétique entre certaines quantités dites *incommensurables* et l'unité. Telles sont $\sqrt{2}$, $\sqrt{7}$, etc., dont on ne peut obtenir numériquement une expression finie exacte, mais dont on peut approcher autant qu'on le veut.

Dans la comparaison de pareilles lignes, la commune mesure, à proprement parler, n'existe plus ; mais il est toujours permis de considérer les quantités incommensurables comme les limites de quantités commensurables variables dont la commune mesure a décru jusqu'à atteindre la valeur zéro.

Au moyen de cette extension, parfaitement conforme au sentiment de la continuité mathématique, toutes les propriétés des quantités commensurables qui dépendront de l'existence, mais non de la grandeur de la commune mesure, seront par cela seul applicables aux quantités incommensurables, puisqu'elles seront rigoureusement établies pour des quantités dont la commune mesure diffère de zéro d'aussi peu que l'on voudra.

Cette observation importante a déjà été formulée (11); si nous l'avons rappelée ici, c'est pour en fixer irrévocablement la portée, et parce que le moment est venu d'en faire pour la première fois l'application. Ces occasions seront nombreuses dans le cours de cet Ouvrage; mais nous n'y insisterons plus désormais.

59. *Deux droites étant données, si par des points également espacés sur l'une d'elles on mène un système quelconque de lignes parallèles, ces dernières intercepteront des longueurs égales sur la seconde droite.*

Soit AB = BC = CD, etc. Par les points G, H, I, etc., menons les droites GN, HO, IP, etc., parallèles à AF. Nous formerons ainsi les triangles GNH, HOI, IPK, etc., dans lesquels les côtés GN, HO, IP, etc., sont respectivement égaux à AB, BC, CD, etc., comme parallèles comprises entre parallèles, et sont par conséquent égaux entre eux.

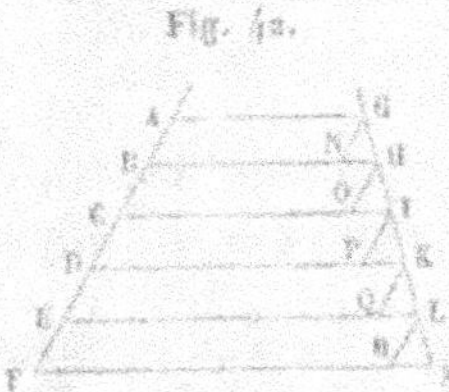
Fig. 42.

Les angles NGH, OHI, IPK, etc., sont égaux comme correspondants (24), et enfin les angles GNH, HOI, IPK, etc., sont égaux comme ayant leurs côtés parallèles et dirigés dans le même sens (27).

Les triangles susindiqués ont, comme on le voit, un côté égal adjacent à deux angles égaux chacun à chacun. Ils sont donc égaux; ce qui donne, ainsi qu'on l'avait annoncé,

$$GH = HI = IK = \ldots.$$

60. *Trois parallèles interceptent toujours sur deux droites quelconques des longueurs proportionnelles.*

Supposons que D*d* soit une commune mesure entre AD et AF, et que cette mesure soit contenue dans AD 7 fois, et dans

AF 13 fois. La droite AF étant divisée en 13 parties égales, AD en contiendra 7 et DF 6.

Menons ensuite par toutes les divisions des parallèles de, $d'e'$, ..., à FM; nous diviserons la droite GM (59) en 13 parties égales, dont 7 dans GQ et 6 dans KM.

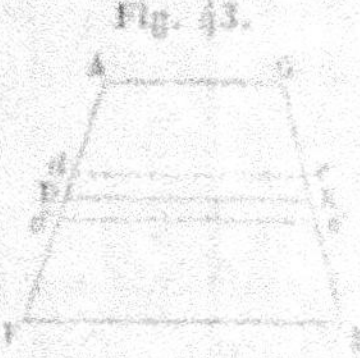

Fig. 43.

Nous aurons donc d'une part

$$\frac{AD}{DF} = \frac{7}{6},$$

d'autre part aussi

$$\frac{GK}{KM} = \frac{7}{6},$$

et de là nous tirerons

$$\frac{AD}{DF} = \frac{GK}{KM},$$

conformément à l'énoncé.

Remarque. — Nous pourrions également écrire

$$\frac{AD}{AF} = \frac{7}{13}, \quad \frac{GK}{GM} = \frac{7}{13}$$

et, par suite,

$$\frac{AD}{AF} = \frac{GK}{GM}.$$

61. La proposition qui vient d'être démontrée est vraie, quelle que soit la longueur AG; elle subsiste donc aussi quand le point G se confond avec le point A. De là ce théorème important :

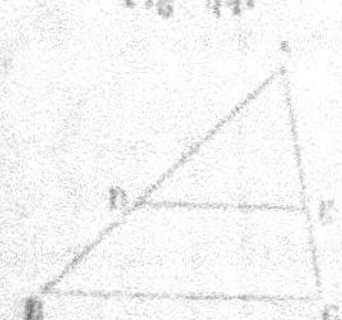

Fig. 44.

Dans un triangle, toute parallèle à l'un des côtés divise les deux autres en parties proportionnelles.

Cet énoncé se traduit algébriquement par la proportion

$$\frac{AD}{BD} = \frac{AE}{EC}.$$

La remarque du n° 60 donne aussi

$$\frac{AD}{AB} = \frac{AE}{AC},$$

ou, si l'on aime mieux,

$$\frac{AD}{AE} = \frac{AB}{AC},$$

et l'on conclut de ces égalités que *les parties des côtés sont également proportionnelles aux côtés eux-mêmes.*

62. Réciproquement, *toute droite qui divise deux côtés d'un triangle en parties proportionnelles est parallèle au troisième côté.*

En effet (*fig.* 44), une parallèle à BC menée par le point D couperait AC en parties proportionnelles à AD et DB, et passerait par conséquent au point E; donc cette parallèle se confond avec DE.

63. *Dans un triangle, la bissectrice d'un angle partage le côté opposé en deux parties proportionnelles aux côtés adjacents.*

Soient, en effet, le triangle ABC et la bissectrice CM de l'angle ACB. Menons BK parallèlement à CM jusqu'à la rencontre en K du prolongement de AC.

Fig. 45.

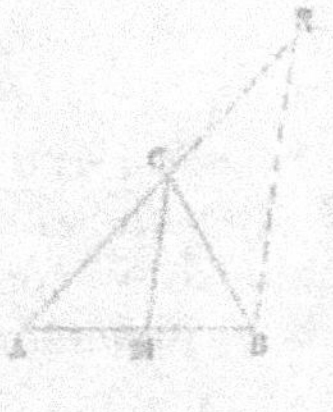

Puisque, dans le triangle ABK, CM est parallèle à BK, nous avons (54)

$$\frac{AM}{BM} = \frac{AC}{CK}.$$

Mais le triangle BCK est isoscèle; car l'angle CBK est égal à BCM comme alterne-interne avec lui, et les angles BKC et ACM sont aussi égaux comme correspondants. Or, à cause de la bissectrice, les angles ACM et BCM sont égaux; donc les angles CBK et BKC le sont aussi, et CK est égal à CB; donc, enfin,

$$\frac{AM}{BM} = \frac{AC}{BC}.$$

C. Q. F. D.

64. Réciproquement, *toute droite qui passe par le sommet d'un angle d'un triangle, et qui divise le côté opposé en parties proportionnelles aux côtés adjacents, est la bissectrice de cet angle.*

Ceci résulte évidemment de ce que, la bissectrice (*fig.* 45) de l'angle ACB devant partager le côté AB en parties proportionnelles aux côtés adjacents, cette bissectrice passe nécessairement par le point M qui est supposé réaliser cette division proportionnelle, et coïncide par conséquent avec la droite CM elle-même.

65. Par une démonstration tout à fait analogue, on établirait que *la bissectrice d'un angle extérieur coupe le prolongement du côté opposé en un point dont les distances aux deux sommets situés sur ce côté sont proportionnelles aux deux autres côtés.*

Fig. 46.

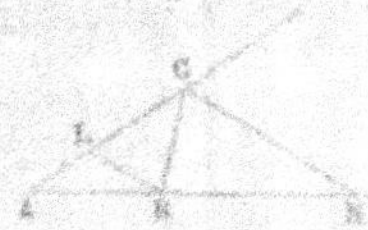

On a, par conséquent,

$$\frac{AN}{BN} = \frac{AC}{BC}$$

La réciproque de cette proposition se démontrerait, d'ailleurs, absolument comme nous venons de le faire pour celle de la précédente (64).

POLYGONES SEMBLABLES.

66. On nomme *polygones semblables* ceux dont les angles sont égaux chacun à chacun, et dont les côtés *homologues* (semblablement placés) sont proportionnels.

Le rapport de deux côtés homologues est dit *rapport de similitude.*

Deux polygones réguliers d'un même nombre de côtés sont semblables; car ils ont tous leurs angles égaux, et leurs côtés sont nécessairement proportionnels.

Quand il s'agit de triangles, les deux conditions relatives aux angles et aux côtés sont, comme nous allons le voir, la conséquence forcée l'une de l'autre, en sorte qu'il suffirait de dire que *deux triangles semblables sont ceux dont les angles sont égaux chacun à chacun,* ou encore *dont les côtés sont proportionnels.*

67. *Toute parallèle à l'un des côtés d'un triangle détermine un second triangle semblable au précédent.*

Les deux triangles ABC, ADE ont d'abord leurs angles égaux chacun à chacun, savoir : A commun ; ADE = B comme correspondants ; AED = C par la même raison.

Nous avons ensuite (61)

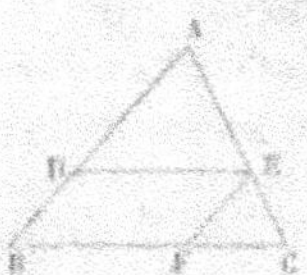

Fig. 47.

$$\frac{AD}{AB} = \frac{AE}{AC}.$$

Si nous menons maintenant EF parallèlement à AB, nous aurons aussi

$$\frac{AE}{AC} = \frac{BF}{BC}.$$

Or BF = DE comme parallèles comprises entre parallèles ; donc

$$\frac{AE}{AC} = \frac{DE}{BC}$$

et, par suite,

$$\frac{AD}{AB} = \frac{AE}{AC} = \frac{DE}{BC}.$$

Ainsi, les deux triangles ont leurs angles égaux et leurs côtés proportionnels ; ils sont donc semblables.

68. *Deux triangles qui ont un angle égal compris entre côtés proportionnels sont semblables.*

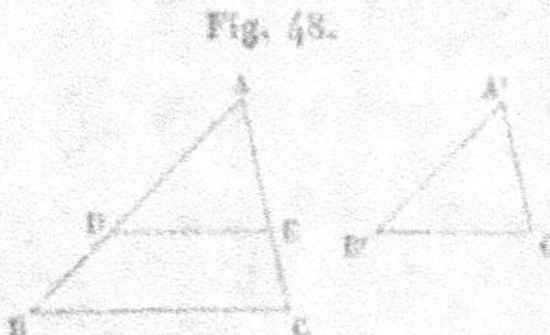

Fig. 48.

A cause de l'égalité des angles A et A', le triangle A'B'C' pourra se transporter en ADE sur le triangle ABC, et, par suite de la proportionnalité des côtés, la ligne DE (62) sera parallèle à BC. Donc, en vertu du théorème précédent, le triangle ADE, ou son égal A'B'C', est semblable au triangle ABC.

69. *Deux triangles qui ont leurs angles égaux chacun à chacun sont semblables.*

Prenons (*fig.* 48) sur AB une longueur AD égale à A'B', et

menons DE parallèle à BC. L'angle ADE, qui est égal à l'angle B comme correspondant, sera aussi égal à B', puisque les angles B et B' sont égaux par hypothèse. Il en résulte que les deux triangles A'B'C' et ADE sont égaux comme ayant un côté égal adjacent à deux angles égaux chacun à chacun. Mais le triangle ADE est semblable à ABC (67); il en est donc de même de A'B'C'.

Remarque. — *Deux triangles qui ont deux angles égaux chacun à chacun sont semblables.* La même chose a lieu pour deux triangles rectangles qui ont un angle égal.

70. *Deux triangles qui ont les côtés parallèles, ou qui les ont perpendiculaires chacun à chacun, sont semblables.*

Cela résulte de ce que, dans chacun de ces deux cas, les deux triangles ont leurs angles égaux (27) et (28).

Un facile examen des conditions de la question, basé sur la propriété de la somme des angles d'un triangle (32), fait d'ailleurs voir clairement que deux angles homologues des deux triangles ne peuvent être supplémentaires.

Remarque. — Les côtés homologues des deux triangles sont ceux qui sont parallèles ou perpendiculaires entre eux.

71. *Deux triangles qui ont les côtés proportionnels sont semblables.*

Supposons, en effet (*fig.* 48), que l'on ait

$$\frac{AB}{A'B'} = \frac{AC}{A'C'} = \frac{BC}{B'C'}$$

La même construction étant faite que dans le n° 69, les triangles semblables ABC et ADE donnent

$$\frac{AB}{AD} = \frac{AC}{AE} = \frac{DC}{DE};$$

mais, puisque AD = A'B', tous les rapports ci-dessus sont égaux entre eux, et l'on tire de cette égalité

$$AE = A'C', \quad DE = B'C'.$$

Il suit de là que le triangle A'B'C' est égal au triangle ADE et, par conséquent, semblable au triangle ABC; c'est ce qu'il fallait démontrer.

Remarque. — Dans deux triangles semblables, les côtés proportionnels ou homologues sont opposés aux angles égaux.

72. *Deux triangles rectangles qui ont l'hypoténuse et un côté proportionnels sont semblables.*

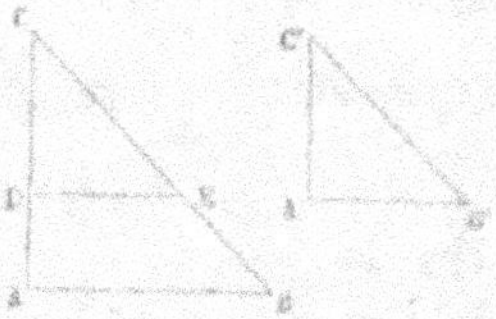

Soit

$$\frac{BC}{B'C'} = \frac{AC}{A'C'}.$$

Fig. 49.

Prenons $CD = C'A'$ et $CE = C'B'$; tirons DE. Nous aurons alors

$$\frac{BC}{CE} = \frac{AC}{DC}$$

et, par suite, DE étant (62) parallèle à AB, l'angle CDE sera droit.

Les deux triangles rectangles CDE et A'B'C' sont donc égaux, puisqu'ils ont l'hypoténuse égale et un côté égal; par conséquent, la similitude des deux triangles ABC et CDE (67) entraîne celle des triangles ABC et A'B'C'.

73. *Deux polygones semblables peuvent se décomposer d'une infinité de manières en triangles semblables chacun à chacun et pareillement assemblés.*

Il suffit, pour cela, de choisir un point O quelconque que l'on joint à tous les sommets du premier polygone. Aux sommets A' et B' du second, on mène deux droites faisant avec A'B' des angles respectivement égaux aux angles OAB et OBA; ces deux droites se coupent en un point O' que l'on joint à tous les sommets du second polygone, et tous les triangles dans lesquels il se trouve ainsi décomposé sont respectivement semblables à ceux du premier.

Fig. 50.

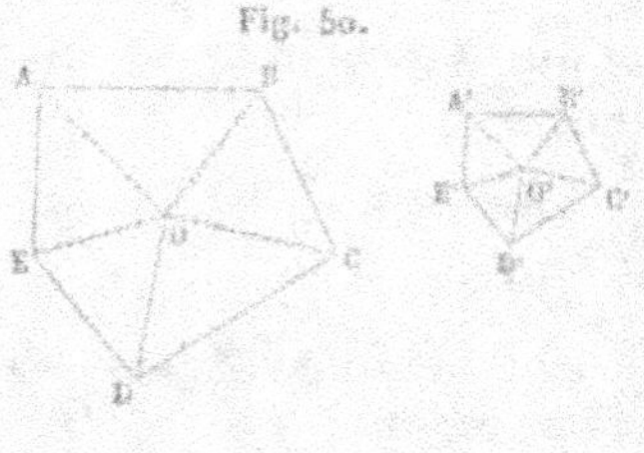

En effet, les deux triangles OAB, O'A'B' sont semblables, puisqu'ils ont (69) deux angles égaux chacun à chacun; il en résulte

$$\frac{OB}{O'B'} = \frac{AB}{A'B'}.$$

Mais, d'après l'hypothèse, on a

$$\frac{AB}{A'B'} = \frac{BC}{B'C'},$$

donc

$$\frac{OB}{O'B'} = \frac{BC}{B'C'}.$$

De plus OBC, différence des deux angles ABC et OBA, est égal à O'B'C', différence des deux angles A'B'C' et O'B'A' respectivement égaux aux premiers. Les deux triangles OBC et O'B'C' sont donc semblables comme ayant un angle égal compris entre côtés proportionnels.

On démontrerait de même la similitude des triangles ODC et O'D'C', ODE et O'D'E', etc.

74. Réciproquement, *deux polygones composés de triangles semblables pareillement disposés sont semblables.*

D'abord, il est évident (*fig.* 50) que les angles des deux polygones seront égaux deux à deux, comme étant composés d'angles homologues dans des triangles semblables. On voit, de plus, que leurs côtés sont proportionnels et que l'on a, par exemple,

$$\frac{AB}{A'B'} = \frac{BC}{B'C'},$$

puisque la similitude des triangles OAB et O'A'B', OBC et O'B'C', donne d'une part

$$\frac{OB}{O'B'} = \frac{AB}{A'B'},$$

d'autre part

$$\frac{OB}{O'B'} = \frac{BC}{B'C'}.$$

Remarque. — Les points O et O' sont dits *points homologues.*

75. Si le point O était précisément l'un des sommets A du premier polygone, le point O' ne serait autre chose que le sommet homologue A' du second. Les lignes de division seraient dans ce cas les diagonales du polygone, et l'on peut dire que les diagonales issues de deux sommets homologues, dans deux polygones semblables, partagent ceux-ci en triangles semblables et pareillement disposés.

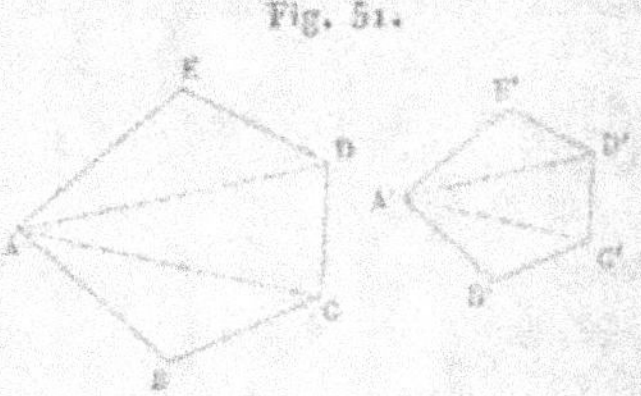

Fig. 51.

La réciproque de cette proposition est, du reste, également vraie.

Remarque. — Les diagonales homologues de deux polygones semblables sont entre elles dans le même rapport que les côtés homologues.

76. *Les périmètres de deux polygones semblables sont entre eux dans le même rapport que les côtés homologues.*

Les polygones ABCDE, A'B'C'D'E' (*fig.* 51) étant semblables, on a la suite de rapports égaux

$$\frac{AB}{A'B'} = \frac{BC}{B'C'} = \frac{CD}{C'D'} = \frac{DE}{D'E'} = \frac{EA}{E'A'}.$$

Or la propriété fondamentale d'une pareille suite (*Arithm.*, 154) nous donne

$$\frac{AB + BC + CD + DE + EA}{A'B' + B'C' + C'D' + D'E' + E'A'} = \frac{AB}{A'B'},$$

ce qui démontre la propriété énoncée.

COROLLAIRE. — *Les périmètres de deux polygones réguliers d'un même nombre de côtés sont entre eux comme leurs rayons et comme leurs apothèmes;* car ces lignes sont elles-mêmes dans le rapport des côtés.

Remarque. — Nous verrons plus loin que *les aires des polygones semblables sont entre elles comme les carrés des côtés homologues.*

77. *Si du sommet de l'angle droit d'un triangle rectangle on abaisse une perpendiculaire sur l'hypoténuse, cette perpendiculaire partage le triangle en deux autres qui lui sont semblables et qui le sont par suite entre eux.*

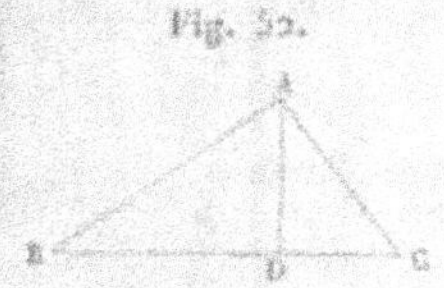

Fig. 52.

En effet, les deux triangles rectangles ABC, DAB ont l'angle B commun; ils sont donc semblables (69, *Rem.*).

Par la même raison, le triangle DAC est semblable au triangle ABC et, par suite, aussi semblable à DAB.

78. *La perpendiculaire est moyenne proportionnelle entre les deux parties ou* segments *de l'hypoténuse;* car, les deux triangles DAB, DAC étant semblables (*fig.* 52), on peut écrire, en se rappelant que les côtés homologues sont ceux qui sont opposés à des angles égaux,

$$\frac{BD}{AB} = \frac{AD}{DC}, \quad \text{ou} \quad \overline{AD}^2 = BD \times DC.$$

79. *Chaque côté de l'angle droit est moyen proportionnel entre l'hypoténuse et le segment adjacent.*

Ceci résulte encore de la similitude des trois triangles de la *fig.* 52. Les triangles ABC et DAB donnent

$$\frac{BC}{AB} = \frac{AB}{BD}, \quad \text{ou} \quad \overline{AB}^2 = BC \times BD;$$

et des triangles ABC et DAC l'on tire

$$\frac{BC}{AC} = \frac{AC}{DC}, \quad \text{ou} \quad \overline{AC}^2 = BC \times DC.$$

80. La somme des deux égalités qui viennent d'être obtenues est

$$\overline{AB}^2 + \overline{AC}^2 = BC(BD + DC) = BC \times BC = \overline{BC}^2;$$

elle montre que *le carré du nombre qui exprime la longueur de l'hypoténuse d'un triangle rectangle est égal à la somme des carrés des nombres qui expriment les longueurs des deux autres côtés.*

Ce résultat permet de calculer l'un des côtés d'un triangle

rectangle, quand les deux autres sont connus. Si, par exemple, AB = 5 et AC = 12, on aura

$$\overline{BC}^2 = 25 + 144 = 169;$$

d'où

$$BC = \sqrt{169} = 13.$$

Si l'on avait encore BC = 5 et AC = 3, on poserait

$$\overline{AB}^2 = 25 - 9 = 16;$$

d'où

$$AB = \sqrt{16} = 4.$$

Remarque. — Le triangle rectangle dont les côtés sont 3, 4 et 5 est le seul dont les côtés soient exprimés par trois nombres consécutifs, ainsi qu'on peut s'en convaincre en représentant par $x - 1$, x et $x + 1$ ces trois côtés entre lesquels existe, dans tous les cas, la relation

$$(x + 1)^2 = x^2 + (x - 1)^2.$$

Or cette relation devient, après calcul et réduction,

$$x(x - 4) = 0,$$

et ne peut être géométriquement satisfaite que par $x = 4$ qui donne

$$x - 1 = 3 \quad \text{et} \quad x + 1 = 5.$$

81. Nous allons citer encore quelques théorèmes qui n'ont peut-être pas toute l'importance des précédents, mais dont les démonstrations constituent au moins pour le lecteur d'excellents exercices. Par ce motif, nous nous bornerons à en donner les énoncés avec les figures et les formules finales y relatives.

1° *Dans un triangle quelconque, les côtés étant exprimés en nombres, le carré d'un côté est égal à la somme des carrés des deux autres côtés, plus ou moins deux fois le produit de l'un de ces deux derniers par la projection de l'autre sur celui-là; plus, si l'angle opposé au premier côté est obtus; moins, si cet angle est aigu.*

Ainsi, dans le triangle ABC, on a

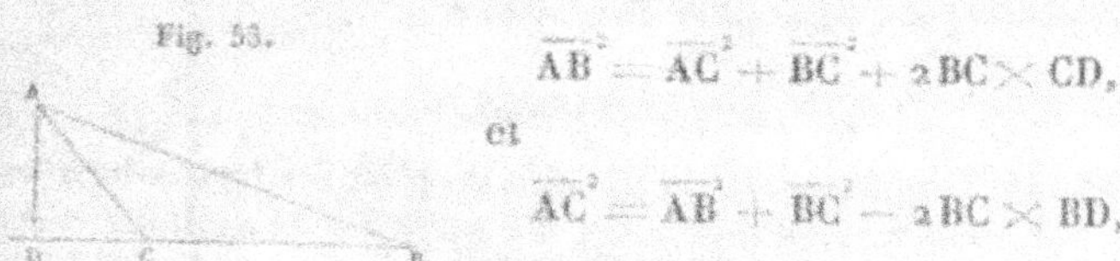

Fig. 53.

$$\overline{AB}^2 = \overline{AC}^2 + \overline{BC}^2 + 2\,BC \times CD,$$

et

$$\overline{AC}^2 = \overline{AB}^2 + \overline{BC}^2 - 2\,BC \times BD,$$

en appelant *projection* d'une droite de longueur déterminée sur une autre la portion de cette autre comprise entre les pieds des perpendiculaires abaissées des deux extrémités de la première.

Corollaire. — Il résulte des deux théorèmes précédents que le carré d'un côté d'un triangle est *supérieur*, *égal* ou *inférieur* à la somme des carrés des deux autres côtés, selon que l'angle opposé à ce côté est *obtus*, *droit* ou *aigu*. On peut donc, à l'inspection des nombres qui représentent les côtés, savoir de quelle espèce est l'angle opposé à l'un quelconque d'entre eux.

2° *La somme des carrés de deux côtés d'un triangle* (*fig.* 54) *est égale à deux fois le carré de la moitié du troisième côté, plus deux fois le carré de la droite qui joint le milieu de ce dernier au sommet opposé :*

$$\overline{AB}^2 + \overline{AC}^2 = 2\,\overline{AD}^2 + 2\,\overline{BD}^2.$$

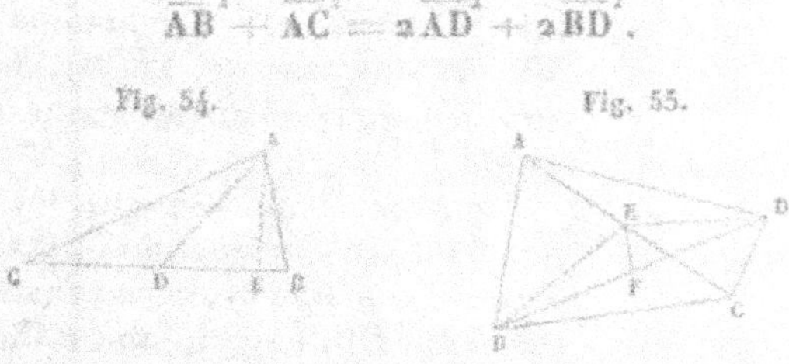

Fig. 54.   Fig. 55.

3° *Dans un quadrilatère* (*fig.* 55) *la somme des carrés des quatre côtés est égale à la somme des carrés des diagonales, plus quatre fois le carré de la droite qui joint les milieux de ces dernières :*

$$\overline{AB}^2 + \overline{BC}^2 + \overline{CD}^2 + \overline{DA}^2 = \overline{AC}^2 + \overline{BD}^2 + 4\,\overline{EF}^2.$$

Remarque. — Si le quadrilatère est un parallélogramme, la

ligne EF est nulle, et la *somme des carrés des côtés est égale à la somme des carrés des diagonales.*

LE CERCLE.

82. On nomme *cercle* la portion de plan comprise dans une ligne courbe fermée dont tous les points sont également distants d'un point intérieur appelé *centre*.

La ligne courbe elle-même se désigne sous le nom de *circonférence de cercle*, ou simplement de *circonférence*.

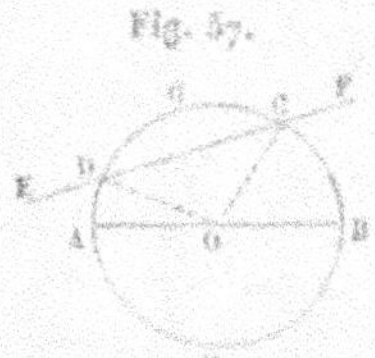
Fig. 56.

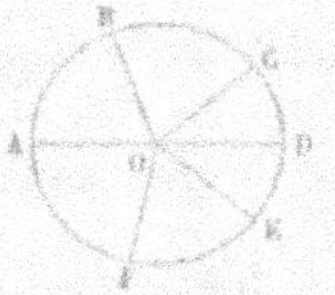

Dans la figure ci-contre, ABCDEFA est une circonférence de cercle dont le centre est en O. Les droites AO, BO, CO, etc., qui mesurent la distance des points A, B, C, etc., de cette ligne au centre O, et qui sont toutes égales, se nomment les *rayons* du cercle.

Une partie quelconque de la circonférence est un *arc de cercle*.

83. Puisque (18, COROLL. II) on ne peut mener d'un point à une droite donnée plus de deux droites égales, une droite et une circonférence de cercle ne peuvent se couper en plus de deux points.

Toute droite qui coupe la circonférence se nomme *sécante*;

Fig. 57.

EF est une sécante. La partie de cette droite comprise dans le cercle s'appelle *corde*.

La corde CD qui passe par les extrémités d'un arc quelconque CGD *sous-tend* cet arc; la même droite est aussi la corde de l'arc CHD, lequel, joint à CGD, compose la circonférence entière. Il est visible que, si le premier de ces arcs est moindre que la demi-circonférence, le second sera nécessairement plus grand.

Lorsqu'une corde passe par le centre du cercle, comme AB, on l'appelle *diamètre*.

Tous les diamètres du cercle sont égaux, puisqu'ils sont composés de deux rayons.

Le diamètre est la plus grande des droites que l'on puisse

tirer dans la circonférence du cercle, puisque toute autre corde CD est moindre que la somme des deux rayons menés par ses extrémités.

84. *Le diamètre partage la circonférence en deux parties égales;* car si l'on plie la *fig.* 57 le long de la droite AB, la partie AGB de la circonférence doit se confondre avec AHB, sans quoi tous les points de l'une et de l'autre ne seraient pas également éloignés du centre O.

Le même raisonnement prouve aussi que deux cercles décrits avec le même rayon sont égaux; car il en résulte que, si l'on place le centre de l'un de ces cercles sur celui de l'autre, leurs deux circonférences se confondent.

COROLLAIRE. — *Deux arcs d'une même circonférence, ou de deux circonférences décrites avec le même rayon, sont superposables et peuvent se mesurer l'un par l'autre, comme s'il s'agissait de deux portions de ligne droite.*

85. *Dans le même cercle, ou dans deux cercles décrits du même rayon, les arcs égaux ont des cordes égales.*

Supposons l'arc AB égal à l'arc CD.

Par le point K milieu de BC, menons le diamètre OK autour duquel nous rabattrons la demi-circonférence KCD sur la demi-circonférence KBA.

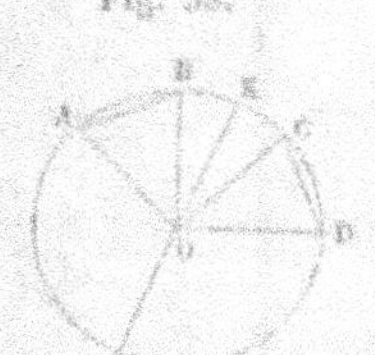

Fig. 58.

Puisque le point K est le milieu de BC, le point C tombera sur le point B; puisque les deux arcs AB et CD sont égaux, le point D tombera sur le point A; par conséquent, les deux cordes coïncideront et seront égales.

Réciproquement, *à des cordes égales correspondent des arcs égaux.*

En menant les quatre rayons OA, OB, OC, OD, on forme deux triangles AOB, COD qui sont égaux comme ayant trois côtés égaux chacun à chacun; par conséquent, les angles AOB, COD sont égaux. Si donc on effectue le même rabattement que plus haut, les deux rayons OC et OD tomberont respectivement sur OB et OA; les deux cordes seront superposées, et il en sera de même des arcs AB et CD qui seront égaux.

Remarque. — La réciproque qui vient d'être démontrée n'est exacte qu'autant que les arcs considérés sont moindres tous deux, ou qu'ils sont tous les deux plus grands qu'une demi-circonférence.

86. Considérons maintenant une circonférence et une sécante AC issue d'un point quelconque A de cette ligne.

Si nous supposons que, tournant autour du point A, la

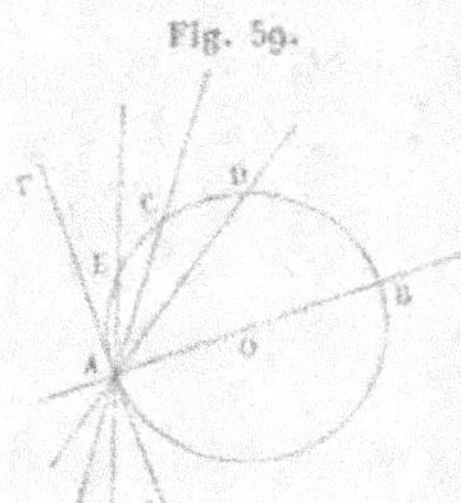

Fig. 59.

droite AC s'infléchisse vers la position AD, il est visible que la portion AC comprise dans le cercle augmentera d'une manière continue jusqu'à ce que, le mouvement se poursuivant, la sécante atteigne la position AB. A ce moment, la corde AB est devenue un diamètre; c'est la plus grande corde possible (83).

Si, au contraire, la sécante AC s'était transportée dans la direction AE, la corde AC aurait progressivement diminué, et cette diminution n'aurait eu d'autre limite que zéro.

Il est clair, en outre, que ces diverses phases se reproduiraient symétriquement au-dessous du diamètre AB, mais dans un ordre inverse, et l'on peut conclure de cet ensemble : 1° que, *pour des arcs inférieurs à une demi-circonférence, à un plus grand arc correspond une plus grande corde;* 2° que *quand les arcs sont supérieurs à la demi-circonférence,* le contraire a lieu, et *à un plus grand arc correspond une plus petite corde.*

87. *Tout diamètre perpendiculaire sur une corde divise en deux parties égales cette corde et chacun des deux arcs sous-tendus.*

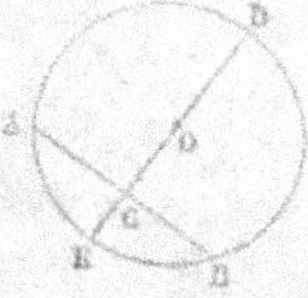

Fig. 60.

Rabattons, en effet, la demi-circonférence de gauche sur celle de droite autour du diamètre DE; AC perpendiculaire à DE se dirigera sur CB, et le point A tombera en B, puisque les deux demi-circonférences doivent coïncider (84).

On aura, par conséquent,

$$AC = BC, \quad \text{arc } AE = \text{arc } BE, \quad \text{arc } AD = \text{arc } BD.$$

COROLLAIRE I. — Puisque deux points suffisent pour déterminer la position d'une droite, et que le milieu d'une corde, le centre du cercle et les milieux des deux arcs sous-tendus sont toujours sur la même droite, il en résulte que, lorsqu'on sait qu'une droite passe par deux de ces points, on doit en conclure qu'elle passe nécessairement aussi par les deux autres.

COROLLAIRE II. — La droite CE qui joint le milieu d'une corde au milieu de l'arc sous-tendu est dite la *flèche* de cet arc. *La flèche d'un arc est perpendiculaire à la corde et passe par le centre.*

COROLLAIRE III. — *Toute perpendiculaire élevée sur le milieu d'une corde passe par le centre.*

88. *Deux cordes égales sont également distantes du centre; de deux cordes inégales, la plus petite en est la plus éloignée.*

Considérons d'abord les deux cordes égales AB et CD dont les distances au centre sont respectivement OE et OF; tirons les rayons OB et OC. Les deux triangles rectangles OEB, OFC sont égaux, puisqu'ils ont $OB = OC$ comme rayons et $BE = CF$ comme moitiés de cordes égales; il en résulte $OE = OF$.

Fig. 61.

Soient ensuite deux cordes inégales AB et AG auxquelles nous pourrons supposer une extrémité commune, attendu que, comme nous venons de le voir, la distance d'une corde au centre ne dépend pas de la position qu'elle occupe. Il est clair qu'alors la distance OH de la corde AG est plus grande que OE, puisque sa partie OI est déjà plus longue, comme oblique, que la perpendiculaire OE.

Remarque. — On établit aussi cette vérité par un rabattement autour du diamètre qui passe par le milieu de l'arc AC.

COROLLAIRE. — La réciproque de cette proposition est nécessairement vraie; il en résulte que *deux cordes également*

*éloignées du centre sont égales, et que, de deux cordes iné-
galement éloignées, la plus éloignée est la plus petite.*

89. Nous avons vu (86) que, dans le mouvement de la sécante AC autour du point A (*fig.* 59), il y avait un sens dans
lequel, la corde AC diminuant d'une manière continue, le
point C se rapprochait sans cesse du point A jusqu'à ce que
ces deux points fussent confondus en un seul. Dans cette position limite, la sécante prend le nom spécial de *tangente* au
cercle, avec lequel elle n'a plus qu'un seul point commun,
et qu'elle ne fait plus, en effet, que *toucher.*

On pourrait déjà conclure que la tangente est nécessairement perpendiculaire au rayon AB ; car la ligne AC aurait pu
parvenir à la même position FAG par un mouvement inverse
qui eût reproduit de l'autre côté du diamètre AB les mêmes
circonstances. A cause de cette parité des deux moitiés de la
figure, les deux angles BAF et BAG doivent être égaux et, par
conséquent, sont droits.

D'ailleurs, la proposition du n° 87 a été établie indépendamment de la corde et quelque petite que soit celle-ci, et
d'après cela la tangente peut être aussi considérée comme la
limite d'un système de sécantes parallèles entre elles et perpendiculaires au rayon qui passe par leurs milieux.

Nous allons, toutefois, démontrer directement que *toute
droite perpendiculaire à l'extrémité d'un rayon est une tangente au cercle.*

Il est clair, en effet, que la ligne AB, perpendiculaire sur
AO, a tous ses points, sauf le point A, plus éloignés du centre O
que ne l'est le point A, puisque les droites OB, OC, menées
d'un côté ou de l'autre, sont des obliques nécessairement plus

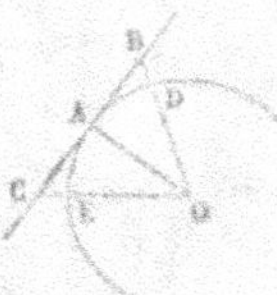

Fig. 62.

longues que AO. Les points B et C sont donc
en dehors du cercle et la ligne AB est une tangente, puisqu'elle n'a qu'un seul point commun avec la circonférence.

*Réciproquement, toute tangente à la cir-
conférence est perpendiculaire sur le rayon
du point de contact.* Car, si la ligne AB a tous
ses points, sauf le point A, au dehors de la
circonférence et, par suite, plus éloignés du centre que ce

dernier, le rayon OA est la plus courte ligne que l'on puisse mener du centre sur la tangente; c'est donc la perpendiculaire à cette tangente.

COROLLAIRE I. — *Il n'existe qu'une seule tangente en chacun des points d'une circonférence.*

COROLLAIRE II. — *Les tangentes aux extrémités d'un diamètre sont parallèles*, comme étant perpendiculaires à une même droite.

COROLLAIRE III. — *Toutes les droites également distantes d'un point donné touchent une circonférence dont ce point est le centre.*

90. *Deux parallèles interceptent sur une circonférence des arcs égaux.*

Soient BC et DE ces deux parallèles, et soit mené le rayon OA qui leur est perpendiculaire; les arcs AB et AC sont égaux, ainsi que AD et AE.

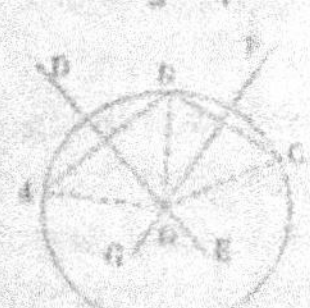

Fig. 63.

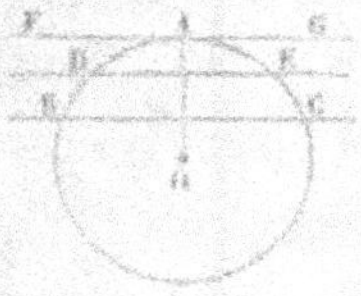

On a donc

$$AB - AD \quad ou \quad BD = AC - AE \quad ou \quad CE.$$

Si l'une des sécantes parallèles devenait la tangente AF, la propriété énoncée aurait évidemment encore lieu dans ce cas. Il en serait de même encore (89, Coroll. II) si les deux parallèles étaient tangentes; car alors elles passeraient aux extrémités d'un même diamètre qui leur serait perpendiculaire, et les deux arcs égaux seraient les deux moitiés de la circonférence.

91. *Par trois points donnés non en ligne droite, on peut toujours faire passer une circonférence; mais il n'en peut passer qu'une.*

Fig. 64.

Soient A, B et C les trois points donnés; traçons les deux droites AB et BC; puis, menons DE perpendiculaire au milieu de AB, et FG perpendiculaire au milieu de BC. Ces deux perpendiculaires se rencontrent nécessairement, puisqu'elles sont (26) respectivement perpendiculaires aux deux côtés d'un angle.

Si O est le point de rencontre de ces deux droites, ce point sera également distant des trois points A, B et C. On pourra donc décrire une circonférence du point O comme centre avec un rayon égal à OA, et cette circonférence passera en A, en B et en C.

Il est, d'ailleurs, facile de voir que le centre de toute circonférence passant par les points A et B est nécessairement sur la perpendiculaire DE; de même, toute circonférence passant en B et en C a son centre sur FG. Ces deux droites DE et FG ne pouvant se rencontrer qu'en un seul point, le centre d'une circonférence passant en A, B et C ne peut se trouver qu'en ce point O, et, par suite, cette circonférence est unique.

COROLLAIRE 1. — Deux circonférences ne peuvent avoir trois points communs sans se confondre; *deux circonférences distinctes ne peuvent donc avoir plus de deux points communs.*

COROLLAIRE II. — *Le point de rencontre des trois perpendiculaires élevées sur les milieux des trois côtés d'un triangle (36) est le centre d'une circonférence passant par les trois sommets.*

La circonférence est dite alors *circonscrite* au triangle qui y est lui-même *inscrit*.

CONTACT ET INTERSECTION DES CERCLES.

92. Nous venons de voir que deux circonférences ne peuvent se couper en plus de deux points. Dans ce cas, *la ligne qui joint les deux centres est perpendiculaire à la corde commune, et divise cette droite en deux parties égales.*

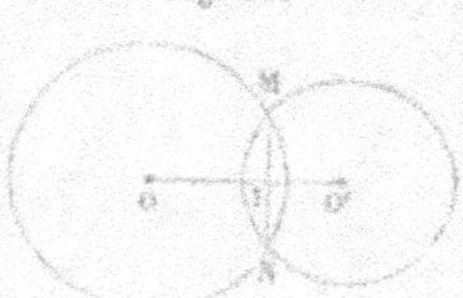
Fig. 65.

On sait, en effet, que la perpendiculaire menée par le point I, milieu de la corde MN (87, Coroll. II), passe par le centre de chaque cercle, et se confond, par conséquent, avec la ligne des centres.

COROLLAIRE. — Lorsque deux circonférences n'ont qu'un seul point commun, auquel cas elles sont dites *tangentes*, ce point est sur la ligne des centres; car deux circonférences, qui n'ont qu'un point commun, peuvent être considérées comme la situation limite de deux circonférences se coupant d'abord en deux points placés de part et d'autre de la ligne des centres, et que l'on aurait écartées en faisant glisser les centres sur leur ligne primitive, jusqu'à ce que les deux points d'intersection se fussent réduits à un seul. Or, comme ces points sont toujours à des distances égales de la ligne des centres, il est évident qu'ils ne peuvent se réunir que sur cette ligne, la corde commune étant alors devenue une *tangente commune.*

93. Deux circonférences situées dans le même plan ne peuvent occuper, l'une par rapport à l'autre, que cinq positions distinctes; elles peuvent être : 1° *extérieures l'une à l'autre* (*fig.* 66); 2° ou *tangentes extérieurement* (*fig.* 67);

Fig. 66.   Fig. 67.

3° ou *sécantes* et se coupant, par conséquent en deux points (*fig.* 68); 4° ou *tangentes intérieurement* (*fig.* 69); 5° ou *intérieures l'une à l'autre* (*fig.* 70).

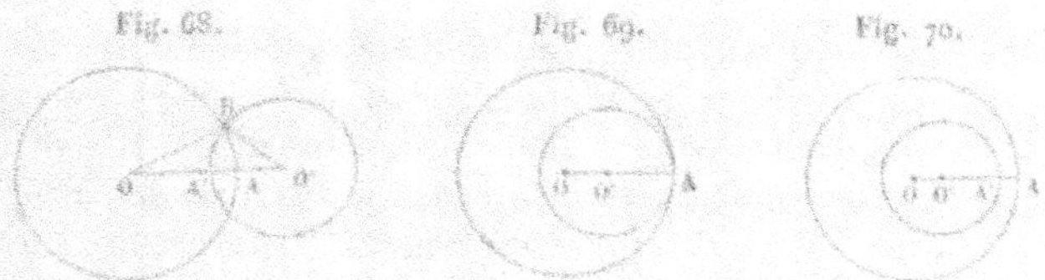

Fig. 68.   Fig. 69.   Fig. 70.

Dans ces divers cas, la distance des centres jouit des propriétés caractéristiques suivantes :

1° *Quand deux circonférences sont extérieures l'une à l'autre, la distance des centres est plus grande que la somme des rayons;* car il est clair que cette distance se compose des deux rayons OA, O'A', et de la partie AA' comprise entre les deux circonférences.

2° *Lorsque deux circonférences se touchent extérieurement, la distance des centres est égale à la somme des rayons;* car, la ligne des centres passant par le point de contact A (92, Coroll.), on a évidemment

$$OO' = OA + O'A.$$

3° *Lorsque deux circonférences se coupent, la distance des centres est plus petite que la somme des rayons et plus grande que leur différence.*

En effet, les trois points O, O′ et B n'étant pas en ligne droite, ils forment un triangle dans lequel on a (31)

$$OO' < OB + O'B, \quad \text{et} \quad OO' > OB - O'B.$$

4° *Quand deux circonférences se touchent intérieurement, la distance des centres est égale à la différence des rayons.*

La ligne des centres passe en effet (92, Coroll.) par le point de contact, et l'on a visiblement

$$OO' = OA - O'A.$$

5° *Lorsque les deux circonférences sont intérieures l'une à l'autre, la distance des centres est moindre que la différence des rayons.*

En effet, la *fig.* 70 montre que

$$OO' + AA' = OA - O'A :$$

OO' n'est donc qu'une partie de la différence des rayons.

94. Les relations qui viennent d'être posées entre la distance des centres et la somme ou la différence des rayons sont incompatibles deux à deux ; elles constituent, par conséquent, autant de caractères propres à chacune des cinq positions relatives de deux circonférences. Il en résulte que les cinq réciproques des propositions ci-dessus sont vraies ; elles s'établissent toutes par cette simple considération que, si de la relation donnée entre la distance des centres et les rayons on concluait à une autre position que celle énoncée, on tomberait sur une incompatibilité produite par l'une des quatre autres propositions directes.

MESURE DES ANGLES.

95. *Dans un même cercle ou dans des cercles de même rayon, si deux arcs sont égaux, les angles au centre qui s'appuient sur ces arcs sont égaux.*

Si les arcs AB, A′B′ sont égaux, les cordes AB, A′B′ de ces

arcs seront égales (85); les deux triangles AOB, A'OB' seront donc aussi égaux, comme ayant leurs trois côtés égaux chacun à chacun, et, par conséquent, l'angle AOB sera égal à A'OB'.

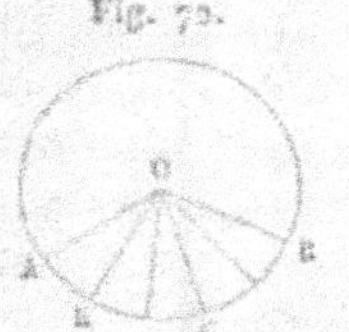

Fig. 71.

Réciproquement, *si les angles au centre sont égaux, les arcs le seront également;* car les triangles AOB, A'OB' seront encore égaux, comme ayant un angle égal entre côtés égaux; par suite, les cordes seront égales, et enfin les arcs seront égaux.

96. *Dans le même cercle ou dans des cercles de même rayon, le rapport de deux angles au centre est le même que celui des arcs compris entre leurs côtés.*

Soient les deux angles au centre AOB et AOC dont les arcs AB et AC ont pour commune mesure (58) l'arc AK contenu 5 fois dans le premier et 3 fois dans le second, de telle sorte que l'on ait

Fig. 72.

$$\frac{AB}{AC} = \frac{5}{3}.$$

Les angles au centre correspondants aux divisions des arcs AB et AC étant égaux entre eux, le petit angle AOK est contenu 5 fois dans AOB, et 3 fois dans AOC. On a donc aussi

$$\frac{AOB}{AOC} = \frac{5}{3},$$

égalité qui, rapprochée de la précédente, donne

$$\frac{AOB}{AOC} = \frac{AB}{AC}.$$

C. Q. F. D.

97. Le rapport des arcs AB et AC étant le même que celui des angles AOB et AOC, il en résulte que, si l'on prend AC pour unité d'arc et AOC pour unité d'angle, l'angle AOB contiendra autant d'unités d'angle que l'arc AB contient d'unités d'arc, en sorte qu'il suffira de connaître la mesure de l'une de ces grandeurs pour en déduire celle de l'autre.

C'est dans ce sens que l'on dit qu'*un angle a pour mesure*

l'arc de circonférence décrit de son sommet comme centre et compris entre ses côtés. Cette locution concise revient à celle-ci : Tout angle contient autant de fois l'angle pris pour terme de comparaison des angles ou pour unité d'angle que l'arc décrit de son sommet comme centre et compris entre ses côtés contient l'arc du même cercle compris entre les côtés de ce second angle.

98. L'angle qui paraît le plus propre à servir d'unité est l'angle droit. Cet angle comprend entre ses côtés le quart de la circonférence ou le *quadrant*. On aura donc la mesure d'un angle en comparant l'arc compris entre ses côtés avec celui qu'intercepte sur la même circonférence l'angle droit ayant son sommet au centre.

Cette manière d'évaluer les angles est cependant moins usitée que la suivante :

On a divisé la circonférence en 360 parties ou *degrés*, chaque degré en 60 *minutes*, chaque minute en 60 *secondes*.

Un angle s'évalue alors par le nombre de degrés, minutes et secondes compris sur l'arc intercepté par ses côtés. Les mots *degrés, minutes, secondes* s'appliquent d'ailleurs indifféremment aux arcs ou aux angles qui leur correspondent.

Le degré se désigne ordinairement par le signe °, la minute par ', la seconde par ". Ainsi, l'arc ou l'angle de 37 degrés 28 minutes 17 secondes s'écrit

$$37° 28' 17''.$$

99. Les additions et soustractions de degrés, minutes et secondes s'effectuent sans aucune difficulté, et d'après le même principe que pour les nombres.

S'il s'agit d'une somme à faire, on fait d'abord l'addition des nombres de secondes; si ce total surpasse 60, on en extrait autant de fois 60 secondes ou autant de minutes que cela est possible; on écrit seulement les secondes qui restent et l'on reporte les minutes extraites au total des minutes, que l'on traite de la même manière par rapport aux degrés.

Pour faire une soustraction, on retranche les secondes du nombre à soustraire de celles du nombre duquel il faut soustraire; en cas d'impossibilité, on emprunte une minute de ce dernier pour la convertir en 60 secondes, et l'opération s'achève en agissant de la même manière pour les minutes, s'il y a lieu.

Les multiplications et divisions s'exécutent de même, suivant les règles ordinaires, en tenant seulement compte de la division sexagésimale des degrés et minutes.

Proposons-nous, pour exercice, de résoudre les deux questions suivantes :

1° *Deux angles* A *et* B *d'un triangle valent respectivement*

$$A = 21°34'19'',$$
$$B = 83°17'54''.$$

Quelle est la valeur du troisième angle C ?

Les trois angles valent deux droits ou 180 degrés. On aura donc l'angle C en faisant la somme A + B, et retranchant cette somme de 180 degrés. Ces calculs donnent d'abord

$$A + B = 104°51'73'' \quad \text{ou} \quad 104°52'13'';$$

puis, en retranchant A + B de 180°, ou de 179°59'60''.

on trouve

$$C = 75°7'47''.$$

2° *Évaluer en degrés la somme des angles d'un polygone de 25 côtés.*

La somme des angles d'un polygone de 25 côtés vaut (47) 46 angles droits. Or, un angle droit vaut le quart de 360 degrés ou 90 degrés; le nombre cherché est donc 4140 degrés.

S'il s'agissait d'un polygone régulier, tous les angles seraient égaux et chacun d'eux vaudrait

$$\frac{4140°}{25}, \quad \text{ou} \quad 165°,6 \quad \text{ou} \quad 165°36'.$$

100. Outre cette division sexagésimale de la circonférence, les auteurs du système métrique ont créé une division *centésimale* en *400 grades*, dont chacun vaut 100 minutes de 100 secondes chacune. Mais l'ancien usage a prévalu jusqu'à ce jour, et c'est la première division qui est encore communément admise; nous l'adopterons exclusivement dans tout le cours de cet Ouvrage.

101. *Tout angle dont le sommet est placé sur la circonfé-*

rence d'un cercle a pour mesure la moitié de l'arc compris entre ses côtés.

Plusieurs cas sont à considérer :

Fig. 73.

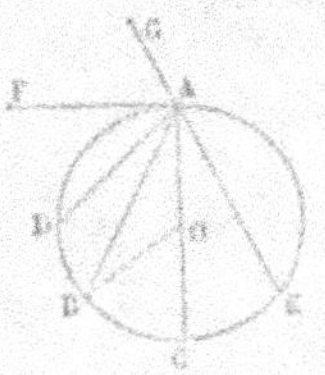

1° *Si l'un des côtés de l'angle proposé passe par le centre,* comme dans l'angle BAC, nous mènerons le rayon OB. L'angle BOC étant extérieur au triangle ABO (32. Coroll. IV), on a

$$BOC = BAO + OBA ;$$

mais, le triangle ABO étant isocèle, on a aussi

$$BAO = OBA,$$

et, par suite,

$$BOC = 2\,BAO ;$$

donc

$$BAO \quad ou \quad BAC = \tfrac{1}{2}\,BOC.$$

Or l'angle BOC a pour mesure l'arc BC; l'angle BAC, qui en est la moitié, aura donc pour mesure la moitié de l'arc BC.

2° Soit maintenant l'angle BAE *qui comprend le centre entre ses deux côtés.*

Cet angle est la somme de deux angles BAC et CAE qui ont respectivement pour mesure la moitié de BC et la moitié de CE; il aura donc pour mesure la somme des deux mesures précédentes, ou la moitié de l'arc total BCE.

3° Par le même raisonnement, l'angle DAB, *dont les côtés ne comprennent pas le centre,* aura pour mesure la moitié de l'arc CD moins la moitié de BC, ou la moitié de DB.

4° Si, le côté AE restant immobile, le côté AB de l'angle BAE tournait autour du sommet A jusqu'à devenir la tangente AF à la circonférence, le nouvel angle EAF aurait encore pour mesure la moitié de l'arc ECBDA compris entre ses côtés, puisque cette propriété est applicable à l'angle variable, quelque près qu'il soit de sa valeur limite EAF.

Corollaire I. — Tous les angles qui, comme EIF, EHF, EGF, DEF (*fig.* 74), ont leur sommet à la circonférence et s'appuient sur le même arc sont égaux entre eux, puisqu'ils ont pour mesure la moitié du même arc EAF compris entre leurs côtés.

COROLLAIRE II. — L'angle BAC, dont le sommet est sur la circonférence et qui s'appuie sur les extrémités d'un diamètre BC, est droit, puisqu'il a pour mesure la moitié de la demi-circonférence BHC comprise entre ses côtés, ou le quart de la circonférence entière (98).

Fig. 74.

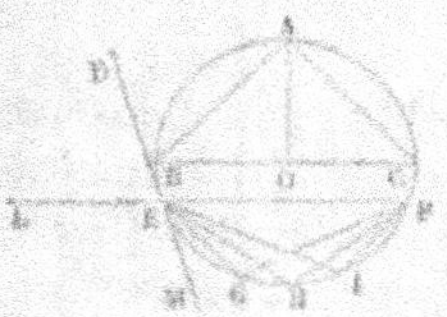

COROLLAIRE III. — L'angle G est dit *inscrit* dans l'arc FHE, lequel par contre est dit *capable* de cet angle.

Au moyen de cette locution abrégée, les deux corollaires précédents peuvent s'énoncer ainsi : *Tous les angles inscrits dans le même arc sont égaux*, et *tout angle inscrit dans une demi-circonférence est droit*.

102. *Tout angle dont le sommet est intérieur à la circonférence a pour mesure la demi-somme des deux arcs compris entre ses côtés et entre leurs prolongements.*

Fig. 75.

Soit BAC l'angle en question; prolongeons ses côtés jusqu'à la circonférence en D et en E, et tirons CD.

L'angle BAC, comme extérieur au triangle ACD, est égal à la somme des deux angles intérieurs ACD et ADC, lesquels étant inscrits ont pour mesure, l'un la moitié de DE, l'autre la moitié de BC; ledit angle BAC a donc lui-même pour mesure $\frac{BC + DE}{2}$.

103. *Tout angle dont le sommet est extérieur à la circonférence et dont les deux côtés rencontrent cette ligne a pour mesure la demi-différence des deux arcs compris entre ses côtés.*

Fig. 76.

Si nous tirons en effet CD, nous formerons encore un triangle ACD, dans lequel l'angle A est égal à l'angle extérieur BDC diminué de l'autre angle intérieur ACD.

Or, les deux angles inscrits BDC et ACD ont pour mesure, l'un la moitié de l'arc BC, l'autre la moitié de

DE; par suite, l'angle A a pour mesure la différence de ces deux mesures, ou $\dfrac{BC - DE}{2}$.

COROLLAIRE I. — Le théorème qui précède étant démontré pour toutes les positions que peuvent avoir les deux côtés de l'angle, tant qu'ils coupent chacun en deux points la cir-conférence, la même mesure s'ap-plique encore au cas où les deux côtés de l'angle, ou seulement l'un d'eux, deviennent tangents au cercle.

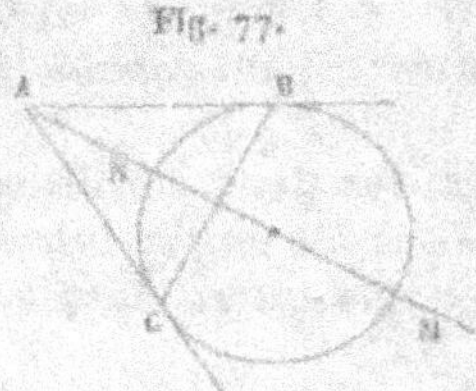

Ainsi, l'angle BAC a pour mesure

$$\frac{BMC - BNC}{2}.$$

Cet angle est dit *circonscrit* à la circonférence.

COROLLAIRE II. — Nous avons vu (101, 4°) que l'angle ABC a pour mesure la moitié de l'arc BNC, ainsi que l'angle ACB. Ces deux angles sont donc égaux et le triangle ABC est isoscèle; par suite AB = AC.

De plus, la bissectrice de l'angle BAC est perpendiculaire sur le milieu de la corde BC et passe par le centre. De là cet énoncé :

Les côtés d'un angle circonscrit, limités aux points de con-tact, sont égaux entre eux, et la bissectrice est un diamètre perpendiculaire sur le milieu de la corde de contact.

PROPRIÉTÉS MÉTRIQUES DES CORDES, SÉCANTES ET TANGENTES.

104. *La perpendiculaire abaissée d'un point quelconque d'une circonférence sur un diamètre est moyenne propor-tionnelle entre les deux parties du diamètre; toute corde est moyenne proportionnelle entre le diamètre issu de l'une de ses extrémités et sa projection sur ce diamètre.*

Supposons que du point A de la circonférence nous abais-sions AD perpendiculaire sur le diamètre BC, et que nous

tirions les deux cordes AB et AC; le triangle ABC sera rectangle, et fournira (78 et 79)

Fig. 78.

$$\overline{AD}^2 = BD \times DC,$$

ainsi que

$$\overline{AB}^2 = BD \times BC.$$

COROLLAIRE. — *Les carrés de deux cordes issues d'un même point de la circonférence sont entre eux comme les projections de ces cordes sur le diamètre partant du même point.*

105. *Si d'un point pris dans le plan d'un cercle on mène une sécante quelconque, le produit des distances de ce point aux deux points d'intersection avec la circonférence est constant.*

Soit E le point de départ de deux sécantes EB et EC, les deux *fig.* 79 et 80 se rapportant, l'une au cas où le point est

Fig. 79.

Fig. 80.

à l'extérieur, l'autre au cas où il est à l'intérieur de la circonférence. Tirons les deux cordes AC et BD.

Les deux triangles AEC et BED sont semblables, comme ayant deux angles égaux chacun à chacun (69, Rem.), savoir : l'angle ACD et l'angle ABD, qui ont pour mesure la moitié du même arc AD; puis l'angle AEC, qui est superposé ou opposé par le sommet à BED.

Si donc on compare les côtés homologues, on aura la proportion

$$\frac{AE}{DE} = \frac{CE}{BE},$$

qui équivaut à $AE \times BE = CE \times DE$, conformément à l'énoncé.

106. Si dans la *fig.* 79 on conçoit que la sécante EC tourne autour du point E en s'avançant vers F pour se dégager du cercle, les points C et D se rapprocheront sans cesse, et la différence entre cette sécante et sa partie extérieure deviendra de plus en plus petite.

La proposition ci-dessus aura nécessairement encore lieu quand cette différence sera nulle, c'est-à-dire lorsque la sécante EC sera devenue la tangente EF, la partie extérieure étant elle-même égale à la ligne entière.

On aura alors

$$\overline{EF}^2 = AE \times BE,$$

ce qui nous apprend que *la tangente est moyenne proportionnelle entre la sécante entière et sa partie extérieure.*

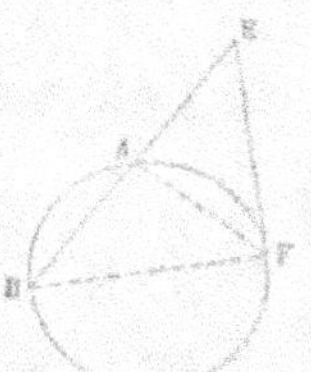

Fig. 81.

Cette proposition peut, du reste, se démontrer directement comme il suit :

Ayant tiré les cordes AF et BF, on a les triangles AEF et BEF qui sont semblables ; car l'angle E est commun, et les angles EBF et EFA sont égaux, comme ayant pour mesure la moitié du même arc AF.

Ces triangles donnent donc, par la comparaison de leurs côtés homologues,

$$\frac{AE}{EF} = \frac{EF}{BE}.$$

POLYGONES INSCRITS ET CIRCONSCRITS AU CERCLE.

107. Un polygone est dit *inscrit* dans une circonférence lorsque tous ses sommets sont situés sur cette ligne ; la circonférence est alors *circonscrite* au polygone.

Un polygone est *circonscrit* à une circonférence lorsque tous ses côtés sont tangents à cette ligne, qui est alors dite *inscrite* dans le polygone.

Dans la *fig.* 82 ci-après, le quadrilatère ABCD est inscrit, et le pentagone EFGHK est circonscrit à la circonférence.

Corollaire I. — *Tout triangle* (*fig.* 83) *est inscriptible à une circonférence* (91, Coroll. II). *Tout triangle est également cir-*

conscriptible à une circonférence*, puisque (38) le point de rencontre des bissectrices est à égale distance des trois côtés.

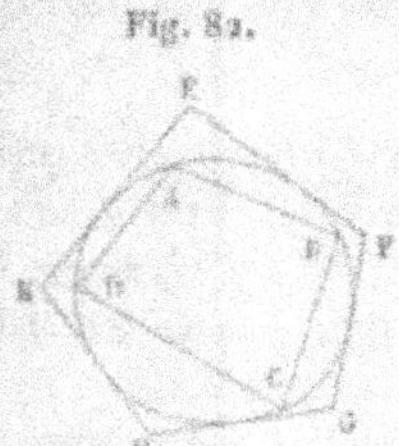

Fig. 82.

Fig. 83.

Fig. 84.

COROLLAIRE II. — Il résulte aussi du n° 53 qu'à *tout polygone régulier correspondent deux circonférences, l'une inscrite et l'autre circonscrite*, ayant pour centre commun celui du polygone, et pour rayons respectifs son apothème et son rayon propre, ainsi que le montre la *fig.* 84.

108. *Dans tout quadrilatère inscriptible, deux angles opposés quelconques sont supplémentaires.*

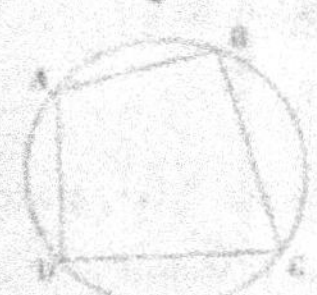

Fig. 85.

En effet, les angles inscrits A et C étant respectivement mesurés (101) par la moitié de l'arc BCD et la moitié de l'arc BAD, leur somme a pour mesure la moitié de la circonférence entière, ou deux quadrants.

109. *Dans tout quadrilatère circonscriptible, les deux sommes des côtés opposés sont égales.*

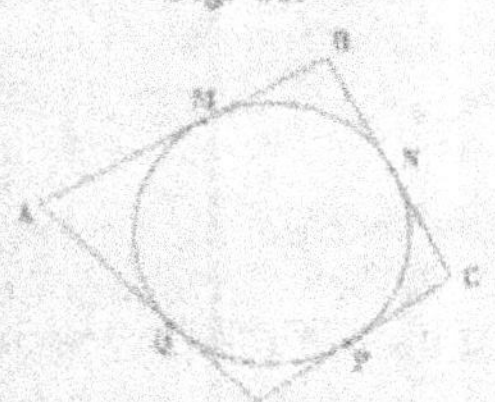

Fig. 86.

On a en effet (103, Coroll. II)

$$AM = AQ,$$
$$BM = BN,$$
$$DP = DQ,$$
$$CP = CN;$$

d'où l'on tire, en additionnant,

$$AM + BM + DP + CP = AQ + BN + DQ + CN,$$

ou

$$AB + CD = BC + AD.$$

110. *Un polygone inscrit dont les sommets partagent la circonférence en parties égales est régulier;* car tous ses côtés sont des cordes égales, et tous ses angles ont des mesures égales.

111. Problème. — *Un polygone régulier d'un nombre quelconque de côtés étant inscrit dans un cercle, calculer la valeur du côté du polygone régulier inscrit dans le même cercle et d'un nombre double de côtés.*

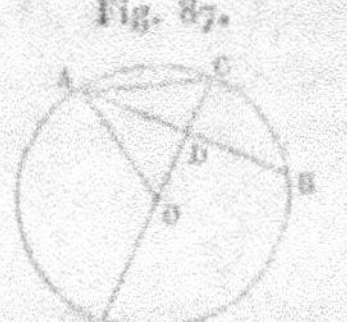
Fig. 87.

Soit AB le côté du premier polygone, AC sera celui du second.

D'après le théorème du n° 104, nous aurons

$$\overline{AC}^2 = CK \times CD = 2CO \times CD = 2CO(CO - OD).$$

Mais le triangle rectangle AOD donne (80), à cause de AO = CO et AD = $\dfrac{AB}{2}$,

$$OD = \sqrt{\overline{AO}^2 - \overline{AD}^2} = \sqrt{\overline{CO}^2 - \dfrac{AB^2}{4}}.$$

Reportant cette valeur de OD dans l'expression de $\overline{AC}^2$, nous obtenons

$$\overline{AC}^2 = 2CO \left(CO - \sqrt{\overline{CO}^2 - \dfrac{AB^2}{4}} \right).$$

Au moyen de cette relation, nous calculerons aisément le côté AC, quand nous connaîtrons le rayon CO du cercle et le côté AB du premier polygone.

Remarque. — On trouverait de même le côté du polygone régulier inscrit au même cercle et d'un nombre de côtés double de celui qu'on vient de calculer, et ainsi de suite indéfiniment.

112. Si deux circonférences sont partagées en un même nombre de parties égales, deux polygones ayant ces points de division pour sommets seront réguliers et semblables (66).

En doublant le nombre des côtés de ces polygones et de ceux qu'on obtiendra successivement, on formera deux suites de polygones inscrits semblables deux à deux et ayant pour limites les cercles eux-mêmes, dont ils se rapprochent de plus en plus, en même temps que leurs rayons et apothèmes tendent à se confondre dans la valeur unique du rayon de chaque cercle.

Fig. 88.

Ainsi, *deux cercles quelconques peuvent toujours être considérés comme deux polygones réguliers semblables.*

Mais deux polygones réguliers semblables ont leurs périmètres (76, Coroll.) dans le même rapport que les rayons et apothèmes. Il est donc permis de dire aussi que *deux circonférences quelconques sont entre elles dans le même rapport que leurs rayons.*

113. Puisque deux circonférences sont entre elles dans le rapport de leurs rayons R et R', on a

$$\frac{\text{circ. R}}{\text{circ. R'}} = \frac{R}{R'} = \frac{2R}{2R'},$$

ou

$$\frac{\text{circ. R}}{2R} = \frac{\text{circ. R'}}{2R'}$$

Ceci montre que le *rapport d'une circonférence à son diamètre* est un nombre constant pour toutes les circonférences. En désignant ce rapport par la lettre grecque π, qui se prononce *pi*, nous aurons donc

$$\frac{\text{circ. R}}{2R} = \pi, \quad \text{ou} \quad \text{circ. R} = 2\pi R.$$

Telle est la formule qui donnera la longueur développée d'une circonférence, quand on connaîtra son rayon R et la valeur constante du nombre π, que nous allons chercher à déterminer, en nous bornant, bien entendu, à des indications sommaires.

114. Pour simplifier la recherche du nombre constant π, nous emploierons de préférence la circonférence dont le rayon R est égal à $\frac{1}{2}$, et la formule du numéro précédent nous

donnera

$$\pi = \frac{\text{circ.}\,\frac{1}{2}}{1} = \text{circ.}\,\frac{1}{2}.$$

On voit déjà par là qu'*on obtiendra π en déterminant la longueur de la circonférence dont le rayon est $\frac{1}{2}$.*

Ne pouvant connaître cette longueur indépendamment de la valeur cherchée de π, nous y suppléerons en y inscrivant d'abord un polygone régulier dont le côté soit facile à calculer, par exemple le carré; puis, en doublant successivement le nombre des côtés et calculant les périmètres au moyen de la formule du n° 111.

On comprend aisément qu'il soit possible de pousser assez loin ces opérations pour que, sans erreur sensible, on y puisse prendre le périmètre du dernier polygone obtenu pour la longueur de la circonférence elle-même. Ces calculs conduisent à la valeur

$$\text{circ.}\,\frac{1}{2} = \pi = 3,141592653589799,\ \text{etc.}$$

Remarque I. — Archimède avait indiqué pour π la valeur $\frac{22}{7}$, un peu plus forte que celle ci-dessus. Un géomètre du nom de Métius cite la valeur $\frac{355}{113}$, qui en approche davantage et qui a été conservée à cause de la facilité mnémonique qu'elle présente, ses deux termes étant formés par le partage de la suite de chiffres impairs 113355.

Remarque II. — Nous avons dit que le carré était facile à inscrire dans le cercle. Il suffit, en effet, de tracer deux diamètres perpendiculaires l'un sur l'autre, et de joindre deux à deux leurs extrémités.

Fig. 89.

Les angles du quadrilatère ainsi formé sont tous droits, comme inscrits dans une demi-circonférence, et les côtés AB, BC, CD, DA sont égaux comme hypoténuses de triangles rectangles visiblement égaux entre eux.

On calcule, du reste, facilement le côté AB du carré, par le moyen du triangle rectangle AOB qui donne

$$\overline{AB}^2 = \overline{AO}^2 + \overline{BO}^2 = 2\overline{AO}^2.$$

On tire de là

$$AB = AO\sqrt{2},$$

ou, si le rayon AO est égal à $\frac{1}{2}$,

$$AB = \frac{\sqrt{2}}{2} = \frac{1}{\sqrt{2}}.$$

Nous verrons plus loin que l'inscription de l'hexagone régulier dans la circonférence est encore plus simple que celle du carré, puisque le côté de ce polygone est précisément égal au rayon du cercle qui lui est circonscrit. Le lecteur fera un exercice utile en calculant, concurremment par l'emploi du carré et de l'hexagone régulier, la valeur du rapport de la circonférence au diamètre.

AIRE DES POLYGONES ET DU CERCLE.

115. Mesurer une surface, c'est chercher combien elle contient de fois l'unité superficielle; en d'autres termes, c'est chercher le rapport de son étendue à celle de l'unité de surface. Le nombre qui exprime ce rapport se nomme la *mesure* ou l'*aire* de cette surface.

Il est évident que deux figures de formes très-différentes peuvent renfermer des aires égales; nous les appellerons *équivalentes*, et nous continuerons à nommer *égales* celles qui peuvent être superposées.

Dans un triangle, on appelle *hauteur* une perpendiculaire abaissée du sommet de l'un des angles sur la direction du côté opposé, qui prend alors le nom de *base*. Dans les deux triangles de la *fig.* 90, le côté AB est la base, et la hauteur correspondante est CD. On voit que, selon le cas, cette hauteur tombe sur le côté AB lui-même ou sur son prolongement.

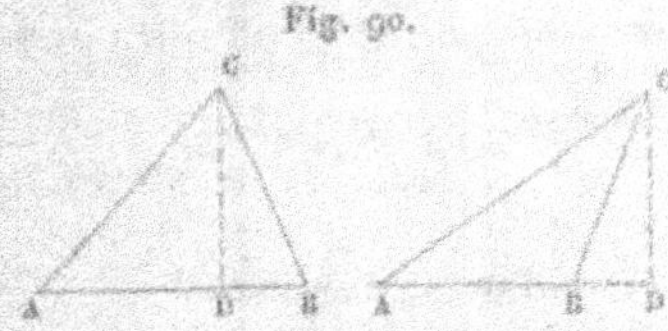

Fig. 90.

Un triangle a trois hauteurs qui se rapportent respectivement à chacun des trois côtés pris pour base.

Dans un parallélogramme ABCD (*fig.* 91), on appelle *bases* deux côtés opposés quelconques AB et CD, et l'on nomme *hauteur* la distance uniforme DE de ces deux parallèles.

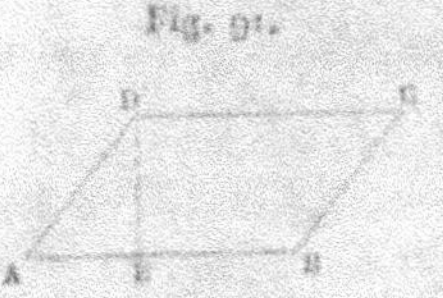

Fig. 91.

Une pareille figure comporte nécessairement deux hauteurs différentes, relatives chacune à un couple de bases opposées.

S'il s'agit d'un rectangle, chacun des côtés représente la hauteur relative aux deux autres côtés opposés pris pour bases.

La *hauteur* d'un trapèze est la distance des deux côtés parallèles qui s'appellent exclusivement les *bases* de la figure.

116. *Les aires de deux rectangles de même base sont entre elles comme les hauteurs.*

Soient les deux rectangles ABCD et ABFE, dont les hauteurs respectives sont AD et AE.

Supposons qu'une commune mesure de ces deux hauteurs soit contenue 5 fois dans AD et 3 fois dans AE, de telle sorte que l'on ait

Fig. 92.

$$\frac{AD}{AE} = \frac{5}{3}.$$

Par les points de division menons des parallèles à la base, et nous formerons 5 rectangles partiels qui seront tous égaux entre eux, comme ayant (57) deux côtés adjacents égaux chacun à chacun ou, si l'on veut, comme ayant même base et même hauteur.

Le plus grand rectangle ABCD contiendra 5 de ces rectangles partiels, et le plus petit ABFE en contiendra 3 ; on aura donc

$$\frac{ABCD}{ABFE} = \frac{5}{3},$$

relation qui, rapprochée de la précédente, donnera

$$\frac{ABCD}{ABFE} = \frac{AD}{ED}.$$

C. Q. F. D.

Remarque. — On peut dire aussi que les aires de deux rectangles de même hauteur sont dans le même rapport que les bases, puisque l'on pourrait prendre AD et AE pour bases des deux rectangles qui auront alors pour hauteur commune AB.

117. *Les aires de deux rectangles quelconques sont entre elles comme les produits des bases par les hauteurs.*

Soient R et R' les deux rectangles, b et b' leurs bases, h et h' leurs hauteurs. Imaginons un troisième rectangle R″ ayant même base b que le premier, et même hauteur h' que le second.

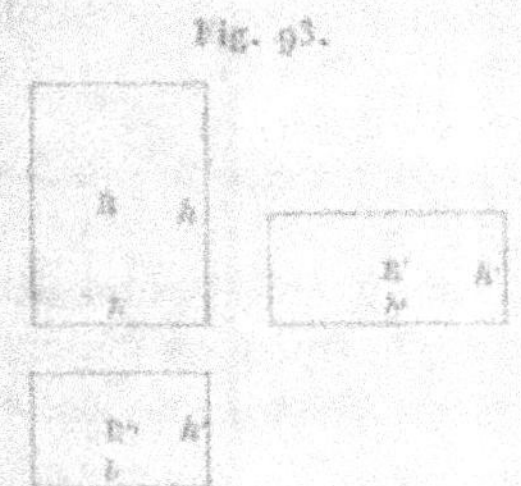

Fig. 93.

Puisque R et R″ ont une même base b, ils sont entre eux comme leurs hauteurs, et l'on a

$$\frac{R}{R''} = \frac{h}{h'};$$

puisque R″ et R' ont même hauteur h', on a

$$\frac{R''}{R'} = \frac{b}{b'}$$

et, si nous multiplions membre à membre ces deux égalités, nous trouverons

$$\frac{R \times R''}{R'' \times R'} \quad \text{ou} \quad \frac{R}{R'} = \frac{b \times h}{b' \times h'},$$

ce qu'il s'agissait d'établir.

118. La mesure des aires ayant pour objet de chercher combien une aire donnée en contient une autre prise pour terme de comparaison ou pour unité, on a adopté pour ce terme de comparaison un rectangle carré dont le côté est égal à l'unité de longueur. En supposant donc la base b et la hauteur h d'un rectangle rapportées à cette unité de longueur, et exprimées en nombres, on aura

$$\frac{R}{1} = \frac{b \times h}{1 \times 1}, \quad \text{ou} \quad R = b \times h;$$

ce qui montre que *le rectangle R contient le rectangle-unité autant de fois qu'il y a d'unités numériques dans le produit*

*du nombre d'unités linéaires de la base b par le nombre d'u-
nités linéaires de la hauteur h.* C'est dans ce sens que l'on remplace cet énoncé par le suivant, qui est plus abrégé : *l'aire
d'un rectangle est égale au produit de sa base par sa hauteur.*

COROLLAIRE. — Si les deux côtés du rectangle devenaient
égaux, auquel cas la figure deviendrait un carré, son aire serait mesurée par la seconde puissance de son côté.

De là vient qu'on appelle aussi *carré* d'un nombre la seconde
puissance de ce nombre.

119. *L'aire d'un parallélogramme a pour mesure le produit
de sa base par sa hauteur,*

Cette proposition sera évidente, si nous établissons que
tout parallélogramme équivaut au rectangle ou, plus généralement, *à tout parallélogramme de même base et de même
hauteur.*

Les deux parallélogrammes ayant même base et même hau-
teur, on pourra poser la base de l'un sur celle de l'autre, et le côté opposé à la base du pre-mier tombera sur le côté correspondant du se-cond ou sur le prolon-

Fig. 94.

gement de ce côté, ainsi que le montrent les deux parties de
la figure ci-dessus.

Cela posé, les triangles ADF et BCE sont égaux parce que
les côtés AD et BC, AF et BE sont respectivement égaux
comme côtés opposés d'un même parallélogramme, et que les
angles DAF, CBE sont égaux comme ayant les côtés parallèles
et dirigés dans le même sens.

Or, si du quadrilatère ABDE on retranche, d'une part le
triangle ADF, de l'autre le triangle égal BCE, on aura nécessairement deux aires équivalentes, dont l'une sera le parallélogramme ABEF, et l'autre le parallélogramme ABCD.

COROLLAIRE. — Ainsi que les rectangles, *deux parallélogrammes quelconques sont entre eux comme les produits de
leur base par leur hauteur,* et simplement comme leurs bases

si les hauteurs sont égales, ou comme leurs hauteurs s'ils ont des bases égales.

120. *L'aire d'un triangle est mesurée par la moitié du produit de sa base par sa hauteur.*

Cette vérité deviendra manifeste quand nous aurons démontré que *tout triangle est la moitié d'un parallélogramme de même base et de même hauteur.*

En effet, si par les sommets B et C du triangle ABC nous menons les droites BD et CD respectivement parallèles aux côtés AC et AB, la figure ABDC sera un parallélogramme ayant même base et même hauteur que le triangle ABC, et dans lequel les triangles ABC et BCD seront égaux. Le triangle ABC est donc la moitié du parallélogramme ABDC.

Fig. 95.

COROLLAIRE I. — *Deux triangles qui ont même base et même hauteur sont équivalents :* car chacun d'eux est la moitié d'un parallélogramme de même base et de même hauteur, et ces deux parallélogrammes sont équivalents.

COROLLAIRE II. — *Deux triangles quelconques sont entre eux comme les produits de leur base par leur hauteur,* ou comme leurs bases quand les hauteurs sont égales, ou comme les hauteurs s'ils ont même base.

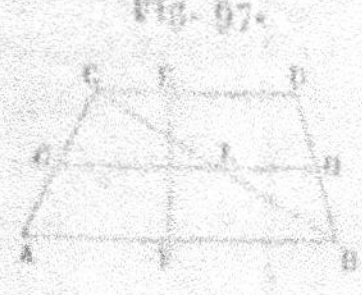
Fig. 96.

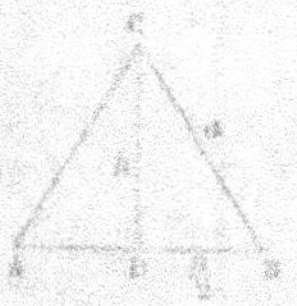

COROLLAIRE III. — L'aire d'un triangle équilatéral dont le côté est a s'exprime par $\dfrac{a}{2} \times \dfrac{a\sqrt{3}}{2}$, ou $\dfrac{a^2\sqrt{3}}{4}$, puisque sa hauteur est égale à

$$\sqrt{\overline{BC}^2 - \overline{BD}^2} = \sqrt{a^2 - \frac{a^2}{4}} = \sqrt{\frac{3a^2}{4}} = \frac{a\sqrt{3}}{2}.$$

121. *L'aire d'un trapèze a pour mesure le produit de la demi-somme de ses bases par sa hauteur.*

Fig. 97.

En tirant la diagonale BC, on partage le trapèze ABDC en deux triangles ABC et BCD, dont la hauteur commune est EF, et qui ont respectivement pour bases les deux bases du trapèze.

Or, le triangle ABC a pour mesure $\frac{1}{2}$ AB $\times$ EF,

et le triangle BCD . . . . $\frac{1}{2}$ CD $\times$ EF.

Par conséquent, le trapèze entier a pour mesure

$$\frac{1}{2} \text{ AB} \times \text{EF} + \frac{1}{2} \text{ CD} \times \text{EF}, \quad \text{ou} \quad \frac{1}{2}(\text{AB} + \text{CD}) \times \text{EF},$$

comme nous l'avions annoncé.

Remarque. — La droite GH, menée parallèlement à AB par le milieu de AC, et qui passe aussi par le milieu de BD (61), est égale à la demi-somme des bases du trapèze; car, d'un côté, GL est égal à la moitié de AB, à cause de la similitude des triangles ABC et GLC; de l'autre, LH est égal à la moitié de CD, à cause de la similitude des triangles CBD et LHB.

On peut donc dire encore qu'*un trapèze a pour mesure le produit de sa hauteur par la droite qui joint les milieux des côtés non parallèles.*

122. Plusieurs moyens se présentent maintenant pour évaluer l'aire d'un polygone quelconque.

Nous allons d'abord donner le procédé qui permet de transformer un polygone en un autre polygone équivalent et qui ait un côté de moins que le premier. On pourra alors successivement réduire le nombre des côtés de tout polygone donné, et le ramener à un triangle équivalent que l'on changera facilement lui-même en carré.

123. Pour *transformer un polygone* ABCDE *d'un certain nombre de côtés en un autre qui ait un côté de moins, et qui lui soit équivalent*, nous tirerons la diagonale EC qui détache un triangle EDC; puis, par le sommet D, nous mènerons parallèlement à CE la droite DE, qui déterminera un point F sur le prolongement du côté AE.

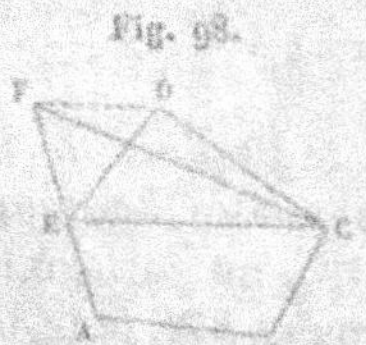

En joignant ce point F au sommet C, on formera un triangle CEF équivalent à EDC, comme ayant même base EC et même hauteur que lui, et dont l'un des côtés EF sera dans la direction de l'un EA des côtés du polygone primitif.

Il en résulte que le nouveau polygone ABCF a nécessairement un côté de moins que ABCDE auquel il est évidemment équivalent.

124. Par la méthode précédente on peut ramener tout polygone à un triangle équivalent. Voici comment on transformerait enfin ce triangle en un carré :

Soient b la base et h la hauteur du triangle obtenu; l'aire de ce triangle sera représentée par $b \times \dfrac{h}{2}$. Si nous désignons par x le côté cherché du carré équivalent, la surface de ce carré sera x^2, et l'on devra avoir

$$x^2 = b \times \frac{h}{2}.$$

On aura donc x en calculant une moyenne proportionnelle entre la base et la moitié de la hauteur du triangle, ou en construisant géométriquement cette longueur par l'un des moyens qui seront indiqués plus loin (143).

COROLLAIRE. — Si, au lieu d'un triangle, c'était un parallélogramme que l'on eût à ramener à un carré, on aurait

$$x^2 = b \times h,$$

et cette relation conduirait à déterminer une moyenne proportionnelle entre la base et la hauteur du parallélogramme.

125. Tout polygone pouvant être partagé en triangles, on obtient encore son aire en calculant séparément celle de chacun des triangles qui le composent, et en faisant la somme de ces aires partielles.

On peut encore, et c'est le procédé qu'on trouve le plus commode dans la pratique, décomposer le polygone en triangles rectangles et en trapèzes rectangles, par le moyen de perpendiculaires abaissées de chaque sommet sur une même diagonale AF.

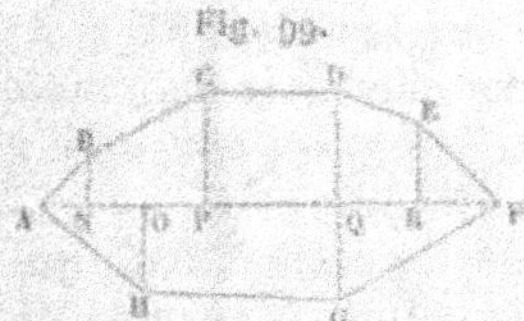
Fig. 99.

Les différentes portions de cette base AF, et les perpendiculaires BN, CP, etc., étant mesurées avec soin, on évaluera, par les méthodes exposées aux n°s 120 et 121, les aires des figures partielles dont se compose l'aire cherchée.

Au lieu de mener une diagonale, on peut tracer une droite quelconque, rencontrant ou non le polygone, et de tous les sommets abaisser des perpendiculaires sur cette droite. On obtient encore, dans ce cas, la surface du polygone en faisant la somme ou la différence des aires d'un certain nombre de trapèzes ou de triangles.

126. *Le carré construit sur l'hypoténuse d'un triangle rectangle est équivalent à la somme des carrés construits sur les deux autres côtés.*

Cette vérité est contenue implicitement dans le n° 80, puisque nous y avons fait voir que les secondes puissances des nombres qui représentent les longueurs des côtés, puissances qui (118, Coroll.) expriment les aires des carrés correspondants, ont entre elles une relation telle, que celle qui correspond à l'hypoténuse est égale à la somme des deux autres. Nous allons, toutefois, démontrer cette importante propriété directement sur les surfaces elles-mêmes.

Il faut, pour cet objet, abaisser du sommet B de l'angle droit sur l'hypoténuse la perpendiculaire BK, que l'on prolonge jusqu'en I. On a ainsi partagé le carré de l'hypoténuse en deux rectangles ALIK et CHIK, respectivement équivalents aux carrés faits sur les deux autres côtés.

En effet, si l'on mène les deux droites EC et BL, les deux triangles EAC, BAL sont égaux, parce que les côtés AE et AB, AL et AC sont respectivement égaux comme côtés d'un même carré, et que les angles CAE et BAL, composés chacun d'un angle droit et de l'angle BAC, sont aussi égaux.

Or, le triangle EAC est la moitié (120) du carré ABDE, qui a même base AE et même hauteur AB ; de même, le triangle BAL est la moitié du rectangle ALIK qui a même base AL et même hauteur AK.

Par conséquent, le rectangle ALIK équivaut au carré ABDE. On démontrerait de même que le rectangle CHIK équivaut au carré BCFG ; donc la somme des deux rectangles, ou le carré ACHL, équivaut à la somme des deux autres carrés.

COROLLAIRE. — Les rectangles ALIK, CHIK et le carré ACHL, ayant même hauteur AL, sont entre eux comme leurs bases (116). Mais ces deux rectangles sont respectivement équivalents aux carrés ABDE et BCFG ; donc *les carrés construits sur les trois côtés d'un triangle rectangle sont respectivement entre eux comme les projections de ces côtés sur l'hypoténuse.*

Remarque. — La construction ci-dessus, appliquée à un triangle quelconque, fournirait sans difficulté une nouvelle démonstration ou, si l'on veut, une vérification géométrique du théorème énoncé dans le 1° du n° 81. On acquerrait ainsi une confirmation de la corrélation intime des relations géométriques d'une figure et des relations numériques de ses éléments, corrélation qui permet d'employer à volonté les calculs algébriques ou les déductions géométriques dans les démonstrations.

127. *Les aires de deux polygones semblables sont dans le même rapport que les carrés de leurs côtés homologues.*

1° Considérons d'abord deux triangles semblables ABC, A'B'C', et menons leurs hauteurs correspondantes CD et C'D'.

La similitude de ces triangles donne

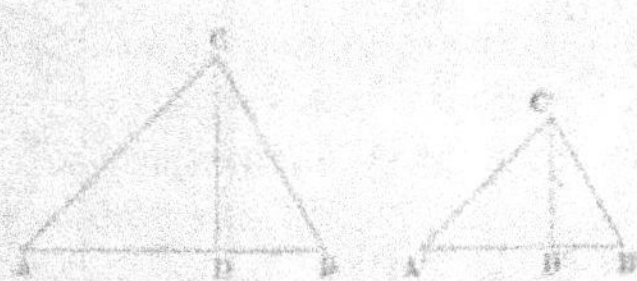

$$\frac{AB}{A'B'} = \frac{AC}{A'C'} ;$$

de plus, les triangles rectangles ACD, A'C'D', qui ont l'angle A égal à A', sont aussi semblables, et donnent

$$\frac{CD}{C'D'} = \frac{AC}{A'C'} .$$

En multipliant ces deux égalités membre à membre, on

trouve

$$\frac{AB \times CD}{A'B' \times C'D'} = \frac{\overline{AC}^2}{\overline{A'C'}^2}.$$

Or, les triangles donnés sont (120, Coroll. II) dans le même rapport que les produits $AB \times CD$, $A'B' \times C'D'$; donc aussi

$$\frac{ABC}{A'B'C'} = \frac{\overline{AC}^2}{\overline{A'C'}^2}.$$

2° Soient maintenant les deux polygones semblables ABCDE, A'B'C'D'E', que nous partageons en un même nombre de triangles semblables et pareillement disposés (73). Chaque triangle du premier sera, à son correspondant dans le second, comme le carré de l'un des côtés du premier polygone est au carré du côté homologue du second; on aura donc

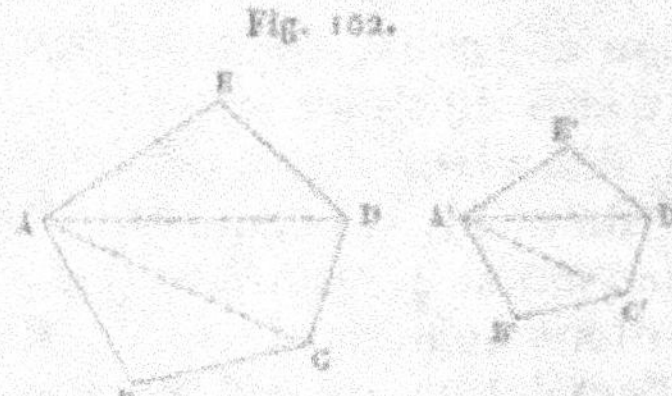

Fig. 152.

$$\frac{ABC}{A'B'C'} = \frac{\overline{BC}^2}{\overline{B'C'}^2}, \quad \frac{ACD}{A'C'D'} = \frac{\overline{CD}^2}{\overline{C'D'}^2}, \quad \frac{ADE}{A'D'E'} = \frac{\overline{DE}^2}{\overline{D'E'}^2}.$$

Mais la similitude des polygones donne, d'ailleurs, cette suite de rapports égaux :

$$\frac{AB}{A'B'} = \frac{BC}{B'C'} = \frac{CD}{C'D'} = \frac{DE}{D'E'},$$

de laquelle on tire

$$\frac{\overline{AB}^2}{\overline{A'B'}^2} = \frac{\overline{BC}^2}{\overline{B'C'}^2} = \frac{\overline{CD}^2}{\overline{C'D'}^2} = \frac{\overline{DE}^2}{\overline{D'E'}^2},$$

Par suite, le rapport d'un triangle du premier polygone à son correspondant dans le second est constant, et l'on a

$$\frac{ABC}{A'B'C'} = \frac{ACD}{A'C'D'} = \frac{ADE}{A'D'E'}.$$

nouvelle suite de rapports égaux dans laquelle on trouve
(*Arithm.*, 154)

$$\frac{ABC + ACD + ADE}{A'B'C' + A'C'D' + A'D'E'} \quad \text{ou} \quad \frac{ABCDE}{A'B'C'D'E'} = \frac{ABC}{A'B'C'} = \frac{\overline{AB}^2}{\overline{A'B'}^2}.$$

128. Si l'on construit, sur les côtés de l'angle droit d'un
triangle rectangle et sur son hypoténuse trois polygones semblables dans lesquels ces trois lignes soient homologues, on

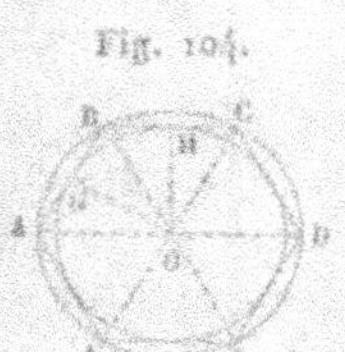

Fig. 103.

aura, en désignant ces trois polygones
par X, Y, Z, et par suite de la proposition qui précède,

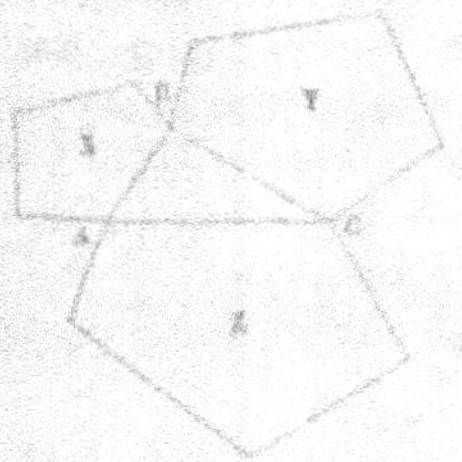

$$\frac{X}{\overline{AB}^2} = \frac{Y}{\overline{BC}^2} = \frac{Z}{\overline{AC}^2}.$$

De cette suite de rapports égaux on
tirera

$$\frac{X + Y}{\overline{AB}^2 + \overline{BC}^2} = \frac{Z}{\overline{AC}^2};$$

mais, puisque (126) l'on a

$$\overline{AB}^2 + \overline{BC}^2 = \overline{AC}^2,$$

on aura nécessairement aussi

$$X + Y = Z,$$

ce qui veut dire que *le polygone construit sur l'hypoténuse
est équivalent à la somme des deux autres.*

129. *L'aire d'un polygone régulier a pour mesure la moitié
du produit de son périmètre par son apothème.*

En joignant le centre du polygone à tous les sommets, on
partage cette figure en autant de triangles égaux qu'elle a de
côtés, et l'un de ces triangles ABO est me-

Fig. 104.

suré par $\frac{1}{2} AB \times OG$. Or, si le polygone a
n côtés, son aire se composera de n produits pareils, et sera exprimée par

$$\frac{1}{2} n \times AB \times OG.$$

Mais $n \times$ AB n'est autre chose que le périmètre p; l'aire totale équivaut donc à

$$\frac{1}{2} p \times \text{OG}. \qquad\qquad \text{c. q. f. d.}$$

130. *L'aire d'un cercle est égale au produit de sa circonférence par la moitié de son rayon.*

En effet, si l'on imagine d'abord un polygone régulier quelconque inscrit au cercle, puis que l'on en double indéfiniment (111) le nombre des côtés, on formera une suite de polygones réguliers qui s'approcheront de plus en plus de la circonférence. L'aire de ces polygones tendra ainsi vers celle du cercle, leur périmètre vers la circonférence, et l'apothème vers le rayon.

On aura donc encore, à la limite, l'aire du cercle égale à la moitié du produit de la circonférence par le rayon ou au produit de la circonférence par la moitié du rayon.

En désignant par R le rayon du cercle, sa circonférence sera exprimée (113) par 2πR, et l'on aura

$$\text{cercl. R} = 2\pi \text{R} \times \frac{\text{R}}{2} = \pi \text{R}^2.$$

formule qui permettra d'obtenir la surface sans passer par le calcul de la circonférence.

131. Si l'on nomme R et R' les rayons de deux cercles, on aura

$$\text{cercle R} = \pi \text{R}^2,$$
$$\text{cercle R'} = \pi \text{R'}^2;$$

d'où l'on tire, par division,

$$\frac{\text{cercle R}}{\text{cercle R'}} = \frac{\text{R}^2}{\text{R'}^2}.$$

On voit par là que *le rapport des aires de deux cercles est égal au rapport des carrés de leurs rayons.*

132. La figure limitée par un arc de circonférence et par deux rayons faisant entre eux un angle quelconque s'appelle un *secteur.*

L'aire d'un secteur a pour mesure la moitié du produit de son arc par le rayon.

Supposons, en effet, que dans l'arc AMB on inscrive une ligne polygonale régulière, c'est-à-dire dont les côtés soient égaux et fassent entre eux des angles égaux, on formera un

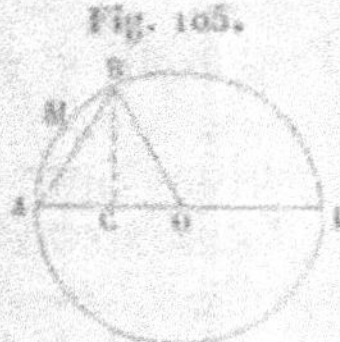
Fig. 105.

secteur polygonal qui aura pour mesure son périmètre extérieur multiplié par la moitié de son apothème (129). Mais, si l'on double indéfiniment le nombre des côtés de ce contour inscrit, le secteur polygonal différera de moins en moins du secteur circulaire; l'apothème tendra vers le rayon et la ligne polygonale vers l'arc AMB. En passant à la limite, on trouvera donc pour l'aire du secteur la moitié de l'arc AMB multipliée par le rayon, conformément à ce qui a été annoncé.

Remarque. — D'après la proposition précédente, l'aire du secteur AOB est exprimée par la relation

$$\text{sect. AOB} = \text{arc AMB} \times \frac{1}{2}\,\text{AO}.$$

Si n est le nombre de degrés que comprend l'arc AB, sa longueur sera à celle de la circonférence entière comme n est à 36o, et l'on aura

$$\frac{\text{arc AMB}}{2\pi\,\text{AO}} = \frac{n}{36\text{o}};$$

d'où l'on tire

$$\text{arc AMB} = 2\pi\,\text{AO} \times \frac{n}{36\text{o}}.$$

Substituant cette valeur dans celle du secteur ci-dessus posée, on trouve

$$\text{sect. AOB} = \pi\,\overline{\text{AO}}^2 \times \frac{n}{36\text{o}}.$$

Cette seconde expression de l'aire d'un secteur est plus commode que la première, lorsque l'arc est donné en degrés. On aurait pu l'écrire directement en remarquant que le secteur est nécessairement avec le cercle entier dans le même rapport que l'arc avec la circonférence, ou que le nombre n de degrés avec 36o; et cette considération eût permis d'écrire sur-le-champ :

$$\frac{\text{sect. AOB}}{\pi \,\overline{AO}^2} = \frac{n}{360}.$$

133. La portion du cercle comprise entre l'arc AMB et sa corde s'appelle un *segment*.

Une pareille figure a évidemment une aire exprimée par la différence entre celle du secteur AOBM et celle du triangle AOB dont la base est AO et la hauteur BC. On a donc

$$\text{segm. AMB} = \text{arc AMB} \times \tfrac{1}{2}\,AO - BC \times \tfrac{1}{2}\,AO$$

$$= \tfrac{1}{2}\,AO\,(\text{arc AMB} - BC),$$

c'est-à-dire *la moitié du produit du rayon par l'excès de l'arc du segment sur la perpendiculaire abaissée de l'une des extrémités de cet arc sur le rayon passant par l'autre extrémité.*

PROBLÈMES DE GÉOMÉTRIE PLANE.

134. Les figures qui servent à l'exposition des théorèmes n'ont pas besoin, pour remplir leur objet, d'être exécutées avec un soin minutieux ; il suffit qu'elles représentent à peu près le sujet de chaque proposition et les diverses lignes nécessaires à la démonstration. Dans ce cas, la figure n'est tracée que pour aider l'esprit à bien suivre les raisonnements, lesquels portent uniquement sur les relations explicitement ou implicitement renfermées dans l'énoncé.

On a souvent aussi à résoudre en Géométrie des *problèmes numériques*, dans lesquels il s'agit de déterminer en nombres les valeurs de certains éléments (angles ou côtés) d'une figure, d'après la connaissance d'autres éléments donnés. Ces problèmes sont, à proprement parler, du ressort de l'Arithmétique, et la Géométrie n'y intervient que pour faire connaître les relations qui lient les inconnues avec les données. Tels sont, par exemple, ceux que nous avons résolus à titre d'applications dans le n° 80.

Mais il n'en est pas ainsi quand on se propose de résoudre un *problème graphique*, c'est-à-dire de construire certaines figures satisfaisant à des conditions assignées, pour obtenir graphiquement le résultat cherché. On comprend que la solution d'une pareille question ne sera réalisée que si l'on trace les diverses lignes avec une exactitude aussi complète que possible.

Nous n'avons à nous occuper ici que de ces derniers, et nous allons passer rapidement en vue quelques-uns des problèmes graphiques élémentaires dont la solution ne demande que l'emploi de la ligne droite et du cercle au moyen de la règle et du compas. Ces notions sont d'un continuel usage dans les constructions relatives à la plupart des questions de Géométrie.

TRACÉ DES PERPENDICULAIRES ET DES PARALLÈLES.

135. *Par un point donné C sur une droite* AB, *élever une perpendiculaire à cette droite.*

De part et d'autre du point C, prenons des distances égales AC et BC; des points A et B, avec des rayons égaux et plus grands que la moitié de AB, décrivons deux arcs de cercle, et soit D l'un des points de croisement de ces deux arcs. Ce point étant joint avec C déterminera CD perpendiculaire sur AB.

En effet, les deux points C et D sont tous deux à des distances égales des deux points A et B; ils appartiennent donc à la perpendiculaire élevée sur le milieu de AB, et la déterminent complétement (17, Coroll.).

Remarque. — A l'aide de la même ouverture de compas qui a servi à déterminer le point D, ou avec toute autre plus grande que la moitié de AB, on pourra se procurer de l'autre côté de AB un troisième point de la perpendiculaire cherchée. Ce dernier point servira de *vérification* à la construction, puisqu'il devra nécessairement se trouver en ligne droite avec les deux autres.

136. Si, par quelque cause que ce fût, on ne pouvait pas prolonger AB à droite du point B, et que l'on voulût élever une perpendiculaire par ce point, on emploierait la construction suivante :

On décrirait une circonférence quelconque passant par le point B et rencontrant la ligne AB en un second point D situé en deçà du premier; on joindrait ce point D au centre C par un diamètre DCE dont l'extrémité E appartiendrait à la perpendiculaire cherchée, puisque l'angle DBE inscrit dans une demi-circonférence serait droit (101, Coroll. III).

Fig. 107.

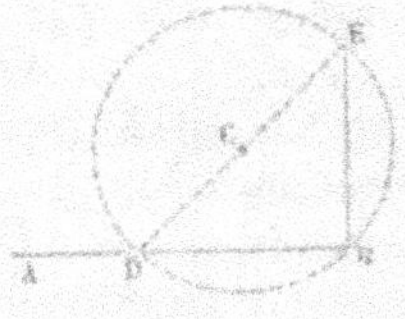

137. *Par un point donné C hors d'une droite AB, abaisser une perpendiculaire sur cette droite.*

Du point C comme centre, et avec un rayon quelconque plus grand que la plus courte distance du point C à la droite AB, décrivons un arc de cercle qui coupera AB aux points A et D. De ces derniers points comme centres et avec un même rayon plus grand que la moitié de AD, nous décrirons deux arcs qui, se coupant en E, détermineront un second point de la perpendiculaire demandée CE.

Fig. 108.

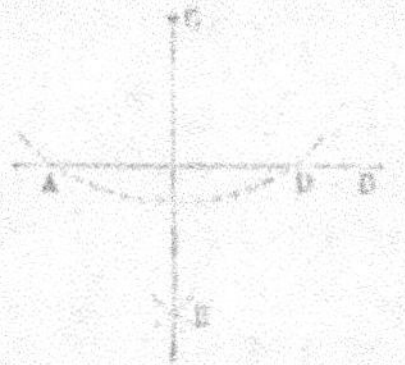

En effet, les deux points C et E étant, par construction, également éloignés des extrémités de la droite AD, CE est perpendiculaire sur AD (17, Coroll.).

138. *Par un point donné A, mener une droite parallèle à une droite donnée BC.*

Du point A comme centre, décrivons un arc CD qui coupe BC en un point C; de ce point C, avec le même rayon CA, décrivons un autre arc AB qui coupe BC en B. Du point C, avec un rayon égal à la corde de l'arc AB, décrivons encore un arc qui coupe le premier arc CD en un point D, et tirons AD.

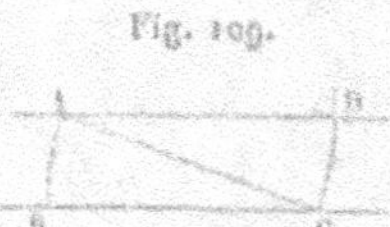

Fig. 109.

Cette droite est parallèle à BC; car le quadrilatère ABCD, dont les côtés opposés sont égaux, serait un parallélogramme (51).

Remarque. — On se sert le plus souvent de la *règle* et de l'*équerre* pour tracer des droites perpendiculaires ou parallèles ; ces instruments seront décrits plus tard, quand nous traiterons des divers procédés du dessin graphique.

CONSTRUCTION DES ANGLES ET DES TRIANGLES.

139. *Construire en un point* B *d'une droite donnée* BC *un angle égal à un angle donné* A.

Du point A comme centre, décrivons entre les côtés de l'angle A un arc DE ; du point B, avec le même rayon, décrivons un second arc FG qui coupe la ligne BC en F ; enfin, du point F comme centre et avec un rayon égal à la corde de l'arc ED, décrivons un troisième arc qui coupe FG en H, et tirons BH.

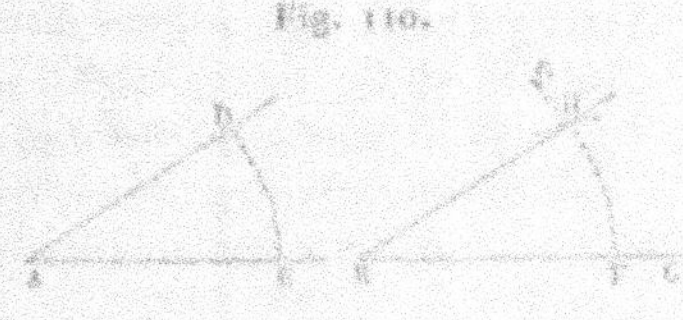

Fig. 110.

L'angle CBH ainsi obtenu est égal à l'angle A ; car les arcs FH et DE décrits avec le même rayon sont égaux, puisque leurs cordes DE et FH seraient égales par construction ; donc les angles A et B sont égaux comme interceptant sur des circonférences égales des arcs égaux (95).

140. *Deux angles* A, B *d'un triangle étant donnés, construire le troisième.*

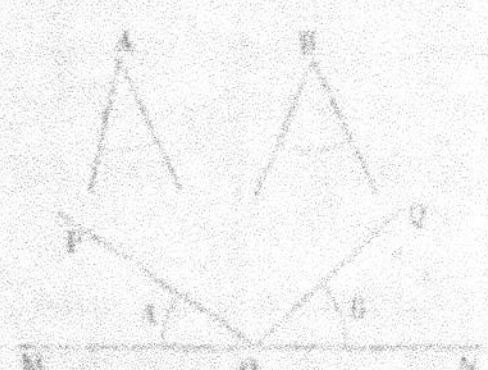

Fig. 111.

Sur une droite indéfinie MN formons, en un point O et d'après la construction précédente, un angle MOP égal à A, et un angle NOQ égal à B. L'angle POQ, supplément de la somme des deux autres, est l'angle cherché (32).

141. *Construire un triangle dans lequel on connaît un angle* C *et les deux côtés* a *et* b *qui comprennent cet angle.*

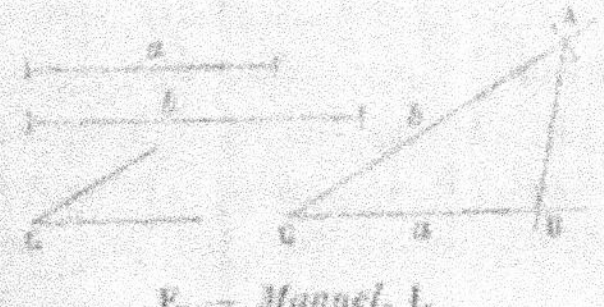

Fig. 112.

Nous prendrons, sur une droite indéfinie avec laquelle nous aurons préalablement fait un angle égal à C, une longueur CB égale au côté *a*; puis, sur l'autre côté de l'angle C, nous prendrons une longueur CA égale à *b*. En joignant les points A et B, nous formerons le triangle ABC, qui remplit évidemment les conditions de l'énoncé.

142. *Construire un triangle dans lequel on connaît un côté a et les deux angles adjacents B et C.*

Sur une droite indéfinie nous prendrons une longueur BC

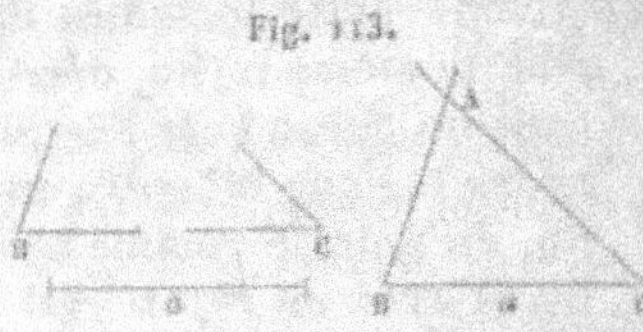

Fig. 113.

égale à *a*; aux extrémités de cette longueur, nous formerons deux angles respectivement égaux aux angles donnés B et C. Ayant ainsi la direction de chacun des deux autres côtés, nous les prolongerons jusqu'à ce qu'ils se rencontrent, et nous aurons le triangle demandé.

143. *Construire un triangle dont les trois côtés a, b et c sont donnés.*

Ayant pris le premier côté *a* limité par les points B et C,

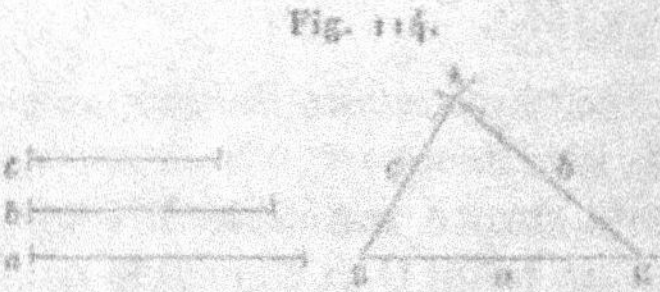

Fig. 114.

nous décrirons, du point B comme centre et avec un rayon égal à *c*, un arc de cercle; du point C, avec un rayon égal à *b*, nous tracerons un second arc qui coupera le premier en un point A, et ce point sera le troisième sommet du triangle cherché ABC.

Remarque. — Il est entendu que ce problème n'a de solution qu'autant que la somme des deux plus petits côtés donnés est plus grande que le troisième (31), condition d'ailleurs nécessaire pour que les deux cercles aient une intersection.

144. *Construire un triangle dans lequel on connaît deux côtés a et b, ainsi que l'angle B opposé à l'un d'eux b.*

Sur une ligne indéfinie BC nous prendrons BC égal à *a*, et nous ferons au point B l'angle CBA égal à B. Du point C comme centre et avec *b* comme rayon, nous décrirons un arc de

cercle qui rencontre en A et A' le côté BA de l'angle B; en
joignant le point C aux points A et A', nous aurons les deux
triangles ABC, A'BC qui satis-
font séparément à la question.

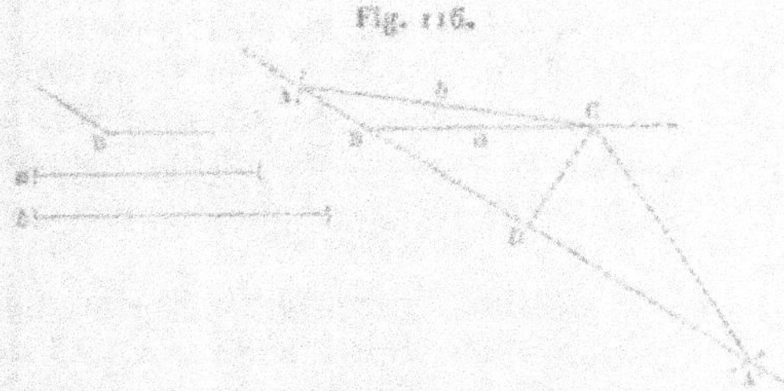

Fig. 115.

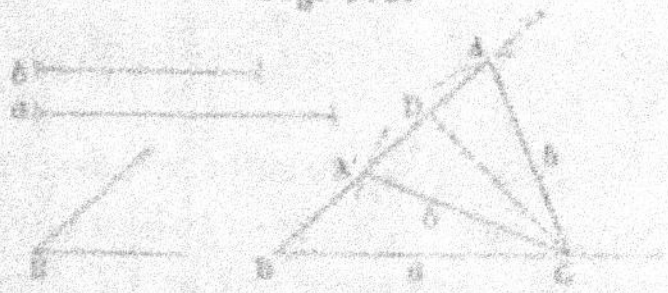

Discussion. — Le problème
qui nous occupe est, on le voit,
généralement susceptible de
deux solutions; mais il n'en
est pas toujours ainsi.

Si le côté donné b eût été plus petit que la perpendiculaire
CD abaissée du point C sur BA, il n'y eût pas eu rencontre de
l'arc de cercle avec la droite BA, et le problème n'eût eu aucune solution. Il n'en aurait eu qu'une seule dans le cas où b
eût été précisément égal à la perpendiculaire CD, ou si, le
côté b étant plus grand que a, la rencontre A' se fût trouvée
de l'autre côté du point B.

Mais nous n'avons encore examiné que le cas où l'angle
donné B est aigu. Si cet angle était obtus, comme dans la
fig. 116, il n'y aurait jamais qu'une seule solution, qui dispa-
raîtrait elle-même si le côté b était plus petit que a, puisque

Fig. 116.

les deux rencontres A et A' seraient toutes deux au delà du
sommet B.

Enfin, si l'angle donné B était droit, le côté b serait l'hypoténuse et devrait être, par conséquent, plus grand que a.

Dans ce cas, il ne peut y avoir, et il n'y a en effet qu'une
seule solution; car les deux rencontres A et A' sont situées
de côtés différents du sommet, mais à des distances égales, ce
qui donne deux triangles rectangles égaux ne formant qu'une
seule et même réponse à la question.

19.

DIVISION DES DROITES EN PARTIES PROPORTIONNELLES ET CONSTRUCTION DES POLYGONES SEMBLABLES.

145. *Diviser une droite donnée* AB *en parties proportion-nelles à des longueurs données* M, N, P.

Du point A menons la droite indéfinie AK, faisant un angle quelconque avec AB, et prenons sur AK les longueurs AC = M, CD = N, DE = P. Tirons BE; menons DG et CF pa-rallèles à BE, et la droite AB sera partagée aux points F et G en parties proportionnelles à M, N et P.

En effet, dans le triangle ABE, on trouve (60 et 61)

$$\frac{AF}{AC} = \frac{FG}{CD} = \frac{GB}{DE},$$

ou

$$\frac{AF}{M} = \frac{FG}{N} = \frac{GB}{P}.$$

COROLLAIRE. — Si les longueurs M, N, P étaient égales, la ligne AB serait divisée aux points F et G en trois parties égales. On a donc ainsi le moyen de *partager une longueur donnée en un nombre quelconque de parties égales*, en por-tant sur AK des parties de grandeur quelconque, mais égales entre elles.

Toutefois, on a rarement recours à cette méthode pour *partager une droite donnée* AB *en deux par-ties égales;* voici comment on procède :

Fig. 118.

Des points A et B pris successivement pour centres et avec un rayon plus grand que la moitié de AB, on décrit deux arcs de cercle qui se coupent en C et en D, au-dessus et au-dessous de AB. La droite CD se confond évi-demment avec la perpendiculaire menée par le milieu de AB, puisqu'elle a deux de ses points C et D également distants des extrémi-tés A et B (17, Coroll.); le point E où elle rencontre AB est donc le milieu de cette droite, qui se trouve ainsi partagée en deux parties égales.

146. *Construire une quatrième proportionnelle à trois droites données* M, N, P.

Nous tracerons deux droites indéfinies AB et AC sous un

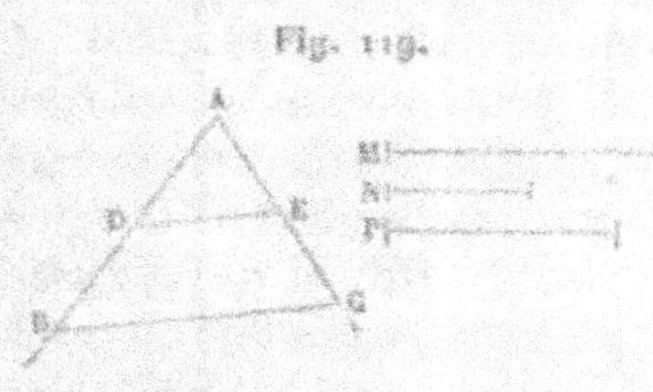

Fig. 119.

angle quelconque. Sur la première nous prendrons une distance AB égale à M, et une distance AD égale à N; sur la seconde nous porterons AC = P et nous tirerons la droite BC. Menant ensuite par le point D la parallèle DE à BC,

nous aurons AE, qui sera la quatrième proportionnelle demandée; car (60, *Rem.*)

$$\frac{AB}{AD} = \frac{AC}{AE}, \quad \text{ou} \quad \frac{M}{N} = \frac{P}{AE}.$$

CorollAIRE. — Si les deux droites N et P étaient égales entre elles, la ligne AE serait ce que l'on nomme une *troisième proportionnelle* à M et N.

147. *Construire une moyenne proportionnelle à deux droites données.*

On prend sur une même droite, à la suite l'une de l'autre, deux longueurs AG et GB respectivement égales aux deux

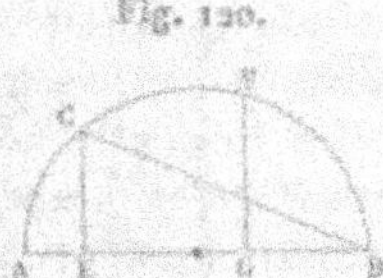

Fig. 120.

lignes données; sur AB comme diamètre on décrit une demi-circonférence. On élève ensuite GF perpendiculaire à AB, et GF est la moyenne proportionnelle demandée (104).

On peut encore prendre AB égal à la plus grande des lignes données et décrire

la demi-circonférence, puis prendre EB égal à la plus petite des droites données et élever la perpendiculaire EC; CB est aussi la moyenne proportionnelle (104).

148. *Sur une droite donnée* A′B′, *comme côté homologue au côté* AB *du polygone* ABCDE, *décrire un polygone semblable à ce dernier.*

Par un sommet A nous mènerons les diagonales AC et AD
du polygone donné, pour le partager en triangles. Aux points

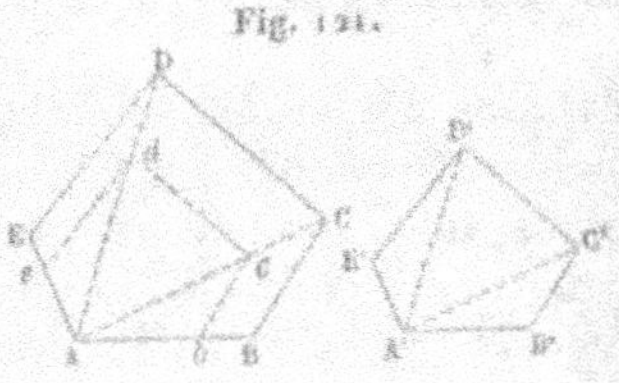
Fig. 121.

A' et B' nous ferons les angles
C'A'B' et A'B'C' respectivement
égaux aux angles CAB et ABC,
et le triangle A'B'C' sera semblable au triangle ABC (69).

Sur A'C' comme homologue
à AC, nous ferons de la même
manière le triangle A'C'D' sem-
blable à ACD; puis A'D'E' semblable à ADE, et le polygone
A'B'C'D'E' sera semblable à ABCDE, puisque ces deux figures
seront composées d'un même nombre de triangles semblables
chacun à chacun et pareillement assemblés (74).

COROLLAIRE. — Si l'on portait le côté A'B' sur AB, de A en b,
il suffirait de tirer par le point b la droite bc parallèle à BC,
puis cd parallèle à CD, puis de parallèle à DE, pour former les
triangles Abc, Acd, Ade respectivement semblables aux triangles ABC, ACD, ADE. Le polygone A$bcde$ serait ainsi construit
sur le côté donné pour homologue à AB, et serait semblable
à ABCDE.

149. *Partager une ligne* AB *en moyenne et extrême raison*,
c'est-à-dire de manière que la plus grande BC des deux parties

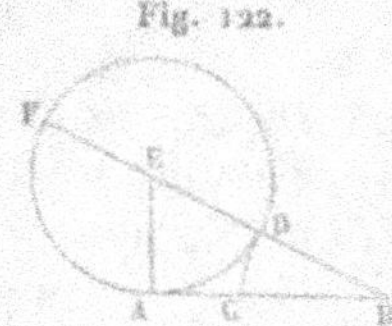
Fig. 122.

soit moyenne proportionnelle entre la
ligne entière et la plus petite partie AC.

On élèvera, à l'une des extrémités
de AB, la perpendiculaire AE égale à la
moitié de AB; on décrira le cercle de
rayon EA, et l'on tirera BE qui coupe
la circonférence en D. Enfin, on décrira
l'arc DC du centre B avec le rayon BD, et le point C partagera AB comme il est demandé.

Pour le prouver, on prolongera BE jusqu'en F, et l'on
aura (106)

$$\overline{AB}^2 = BD \times BF,$$

ou

$$\overline{AB}^2 = BD\,(BD + AB) = \overline{BD}^2 + BD \times AB.$$

On tire de là

$$\overline{BD}^2 = \overline{AB}^2 - BD \times AB = AB\,(AB - BD).$$

Mais on a

$$BD = BC \quad \text{et} \quad AB - BD = AB - BC = AC;$$

donc

$$\overline{BC}^2 = AB \times AC,$$

ce qui est conforme à l'énoncé.

COROLLAIRE. — Il est aisé de voir que la droite FB est elle-même partagée au point D en moyenne et extrême raison. Son plus grand segment FD étant, d'ailleurs, égal à AB, il en résulte que la construction indiquée devrait être employée sans modification, s'il s'agissait de trouver une droite dont AB serait le plus grand segment résultant du partage en moyenne et extrême raison.

BISSECTION DE L'ANGLE, TANGENTE AU CERCLE ET ARC CAPABLE
D'UN ANGLE DONNÉ.

130. *Diviser un angle ou un arc en deux parties égales.*

Pour partager l'angle AOB en deux parties égales, nous décrirons, du point O comme centre, un arc quelconque qui coupera en A et B les deux côtés; nous tirerons la corde AB, et la perpendiculaire OE abaissée du sommet O sur AB résoudra le problème; car les deux triangles rectangles AOC, BOC seront égaux comme ayant l'hypoténuse égale et un côté commun.

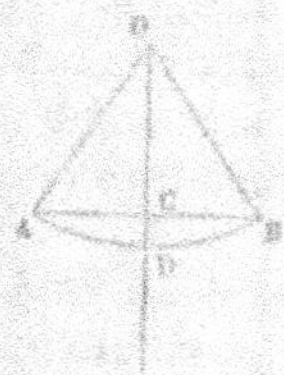

Fig. 123.

La même construction partagera l'arc ABD en deux parties égales AD et DB.

131. *Par un point A donné hors d'un cercle, mener une tangente à la circonférence.*

Nous joindrons le point A avec le centre O du cercle donné, et nous décrirons sur AO comme diamètre une circonférence qui coupera ledit cercle donné en deux points B et B'; les

droites BA et B'A, qui joindront ces points avec le point
donné A, seront les tangentes deman-
dées.

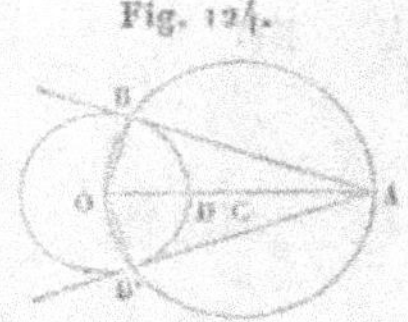
Fig. 124.

En effet, si l'on tire dans le cercle
donné BDB' les rayons BO et B'O, les
angles OBA, OB'A seront droits comme
étant inscrits dans des demi-circonférences.

152. *Mener une tangente à une circonférence parallèlement
à une droite donnée.*

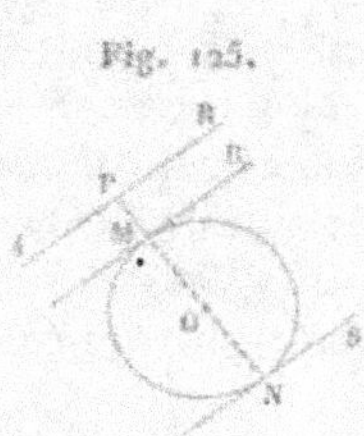
Fig. 125.

Du centre O nous abaisserons une perpendiculaire OP sur la droite donnée AB,
et les deux droites MR, NS, menées perpendiculairement à OP par les points de
rencontre avec la circonférence, seront tangentes à cette dernière, en même temps
qu'elles seront parallèles à la droite donnée.

153. *Mener une tangente commune à deux circonférences.*
Du centre O du plus grand des deux cercles et avec un rayon
égal à la différence de leurs rayons, nous décrirons une circon-

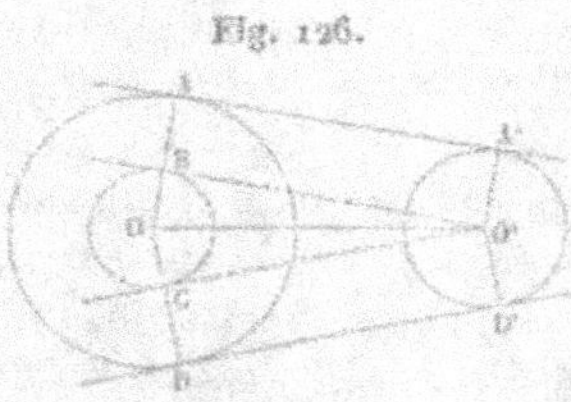
Fig. 126.

férence; par le second centre O',
nous mènerons une tangente O'B
à cette circonférence; nous tirerons OB jusqu'à la rencontre de
la première circonférence en A,
puis O'A' parallèle à OA, et la
ligne AA' sera la tangente commune cherchée.

En effet, le quadrilatère ABO'A', dans lequel deux côtés
opposés AB, O'A' sont égaux et parallèles, est un parallélogramme; c'est de plus un rectangle, car l'angle ABO' est droit;
par conséquent, la ligne AA' est perpendiculaire à la fois aux
deux rayons OA et O'A', et elle touche les deux circonférences.

Comme on peut mener par le point O' deux tangentes au
cercle auxiliaire OB, la construction donne nécessairement,

comme le montre d'ailleurs la *fig.* 126, une seconde tangente commune DD'.

Par une construction en tout semblable à la précédente, si

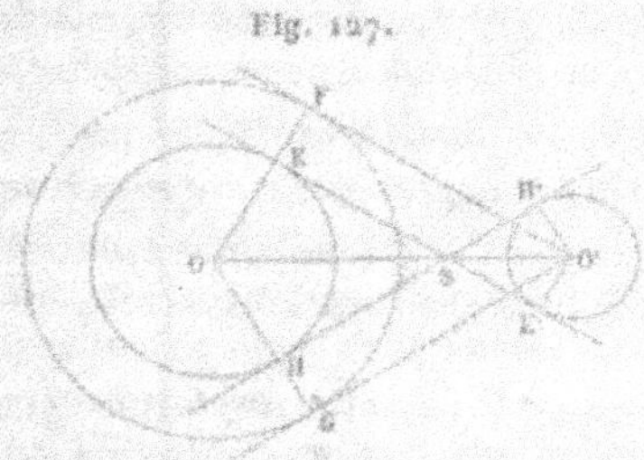

Fig. 127.

ce n'est que la circonférence auxiliaire aurait pour rayon la somme des deux rayons donnés et non pas leur différence, on obtiendrait deux autres tangentes communes EE', HH' (*fig.* 127) intérieures au système des deux circonférences données et se coupant d'ailleurs, ainsi que les deux premières, sur la ligne des centres.

Remarque. — Nous avons considéré deux cercles extérieurs l'un à l'autre, et nous avons trouvé quatre tangentes communes. Laissons au lecteur le soin d'examiner par quelle transformation les quatre tangentes se réduisent : 1° à trois par la réunion des deux intérieures en une seule, quand les circonférences deviennent tangentes extérieurement; 2° à deux, quand les circonférences se coupent; 3° à une seule, quand les circonférences se touchent intérieurement.

Deux circonférences intérieures l'une à l'autre ne sauraient enfin, on le comprend, avoir aucune tangente commune.

154. *Décrire sur une corde donnée* AB *un arc capable d'un angle donné.*

Par le point B menons la droite DC faisant avec AB un angle

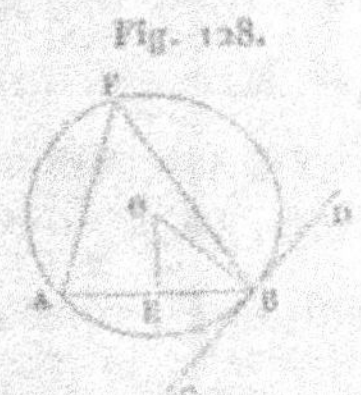

Fig. 128.

ABC égal à l'angle donné; élevons ensuite en B une perpendiculaire à CD, puis au milieu E de AB une perpendiculaire à AB. Le point de rencontre O de ces deux perpendiculaires est le centre du cercle cherché que l'on trace avec OB pour rayon.

En effet, l'angle ABC, formé par une tangente et une corde (101), a pour mesure la moitié de l'arc AB, ainsi que tout autre angle AFB qui serait inscrit dans l'arc AFB. Par conséquent, l'angle AFB est bien égal à l'angle donné ABC.

INSCRIPTION DES POLYGONES RÉGULIERS A LA CIRCONFÉRENCE,
ET RECOUVREMENT D'UN PLAN PAR DES POLYGONES RÉGULIERS ÉGAUX.

155. Nous avons vu (114, *Rem. II*) comment on inscrit un carré dans une circonférence, et nous avons constaté que le côté du carré est égal au rayon du cercle multiplié par $\sqrt{2}$, relation qui équivaut à dire que *le rapport de la diagonale au côté d'un carré quelconque est égal à* $\sqrt{2}$, puisque la diagonale n'est autre chose que le double du rayon du cercle circonscrit.

Notons en passant cet exemple d'incommensurabilité entre le côté du carré et sa diagonale, circonstance mise en évidence par le rapport $\sqrt{2}$ que l'on ne peut calculer qu'approximativement avec le secours des nombres.

La Géométrie donne bien un moyen rigoureux de construire la quantité incommensurable $\sqrt{2}$ comme diagonale du carré dont le côté est égal à 1; mais il n'en est pas moins vrai (11) que la recherche d'une commune mesure entre $\sqrt{2}$ et 1 ne saurait se terminer rationnellement, et ne s'arrêterait que matériellement limitée par l'imperfection de nos sens.

On sait comment on inscrirait, au moyen du carré (112), les polygones de 8, 16, 32, 64..... côtés; les expressions des côtés de ces différents polygones, d'après la valeur du rayon du cercle, seraient d'ailleurs successivement fournies par la relation du n° 111.

156. *Inscrire dans un cercle un hexagone régulier.*

Dans l'hexagone régulier, l'angle au centre AOB vaut le sixième de quatre droits, ou $\frac{4}{6}$, ou $\frac{2}{3}$ d'un droit. Mais, les trois

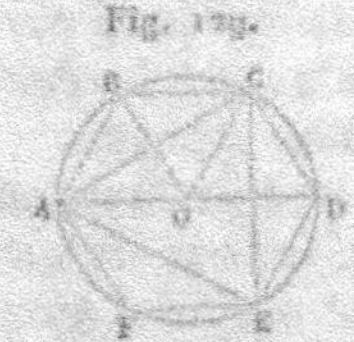
Fig. 129.

angles du triangle isocèle AOB valant deux droits, les deux autres OAB, OBA valent ensemble $2 - \frac{2}{3}$ ou $\frac{4}{3}$ d'un droit et, comme ils sont égaux entre eux, chacun d'eux vaut $\frac{2}{3}$. Le triangle AOB, qui a ses trois angles égaux, est donc équilatéral et AB = AO.

On inscrira donc un hexagone régulier dans un cercle en portant le rayon du cercle six fois sur sa circonférence, et joignant les points de division consécutifs.

COROLLAIRE I. — On passerait, suivant le mode indiqué plus haut (155), aux polygones de 12, 24, 48,... côtés.

COROLLAIRE II. — Pour obtenir le *triangle équilatéral inscrit*, il suffirait de joindre de deux en deux les sommets de l'hexagone, et l'on aurait ainsi le triangle ACE.

L'expression de son côté est facile à trouver. Elle a cela de remarquable que, comme celle du carré, elle est incommensurable avec le rayon.

En effet, le triangle ACD est rectangle en C (101, Coroll. III), et donne

$$\overline{AC}^2 = \overline{AD}^2 - \overline{CD}^2 = 2\overline{AO}^2 - \overline{AO}^2 = 4\overline{AO}^2 - \overline{AO}^2 = 3\overline{AO}^2 ;$$

d'où

$$AC = AO\sqrt{3}.$$

157. *Inscrire dans un cercle un décagone régulier.*

Soit AB le côté du décagone régulier. Son angle au centre AOB est égal à $\frac{4}{10}$ ou $\frac{2}{5}$ d'angle droit; les angles égaux ABO et BAO valent ensemble $2 - \frac{2}{5}$ ou $\frac{8}{5}$, ce qui fait $\frac{4}{5}$ pour chacun. L'angle BAO est donc le double de l'angle AOB.

Si maintenant nous traçons la bissectrice AG de l'angle BAO, le triangle AGO sera isocèle, et donnera AG = GO. Le triangle BAG donnera lui-même aussi AB = AG; car l'angle AGB, extérieur au triangle AGO, vaut deux fois $\frac{2}{5}$ ou $\frac{4}{5}$, comme l'angle ABG (32, Coroll. IV).

Fig. 130.

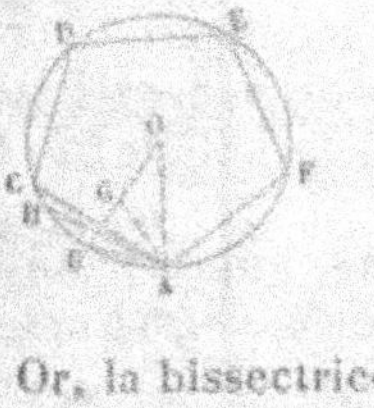

Il résulte de là que AB est égal à GO.

Or, la bissectrice AG donne (63)

$$\frac{BG}{AB} = \frac{GO}{AO}, \quad \text{ou} \quad \frac{BG}{GO} = \frac{GO}{BO}.$$

On voit donc que le rayon BO est partagé au point G en

moyenne et extrême raison (149), et que le côté AB du décagone, lequel est égal à GO, représente le plus grand des deux
segments.

COROLLAIRE. — En joignant de deux en deux les sommets du
décagone, on formera le pentagone ACDEF. On aurait, par
l'opération inverse, les polygones de 20, 4o, 8o, ... côtés.

158. *Inscrire un pentédécagone régulier dans une circonférence.*

Supposons que, dans la *fig.* 13o, AB étant le côté du décagone régulier inscrit, AH soit celui de l'hexagone. L'arc BH
sera égal au sixième de la circonférence diminué du dixième,
ou au quinzième de la même circonférence, et sa corde sera
précisément le côté du pentédécagone.

COROLLAIRE. — On voit que l'on peut facilement inscrire à
la circonférence des polygones réguliers de 15, 3o, 6o,
120, ... côtés.

159. En général, il résulte de ce qui précède que l'on peut
inscrire géométriquement un polygone régulier d'une espèce
donnée dans une circonférence, toutes les fois que le nombre
des côtés est égal à l'un des nombres 3, 4, 5 et 15, ou à l'un
de ces nombres multiplié par une puissance de 2.

Ces divisions de la circonférence en parties égales ne sont
cependant pas les seules que l'on sache effectuer. On donne
notamment de la division en 17 parties égales, ou de l'inscription du polygone régulier de 17 côtés, une démonstration qui
n'est pas de nature à trouver place ici. Mais pour les autres
polygones et même, dans la pratique, pour la plupart de ceux
ci-dessus examinés, on a recours à la division approximative
soit de la longueur de la circonférence donnée, soit de 36o degrés par le nombre des côtés.

C'est ainsi que l'on trouve, par exemple, que le côté du
polygone régulier de 7 côtés correspond à un arc égal à o,8976
du rayon et comprenant 51°25'43".

160. *Recouvrir un plan avec des polygones réguliers égaux.*

Soit x le nombre de polygones réguliers égaux de y côtés
que l'on puisse assembler exactement autour d'un point. Cha-

que angle (53, *Rem. III*) de ces polygones vaudra $\dfrac{2(y-2)}{y}$,
et les x angles vaudront ensemble 4 droits. Nous pourrons
donc poser

$$\frac{2(y-2)}{y}\,x = 4,$$

d'où nous tirerons

$$x = \frac{2y}{y-2} = \frac{2y-4+4}{y-2} = \frac{2(y-2)+4}{y-2} = 2 + \frac{4}{y-2}.$$

Or, x ne pouvant être qu'un nombre entier, il faut que sa

partie $\dfrac{4}{y-2}$ soit entière, c'est-à-dire que $y-2$ soit égal à

l'un des diviseurs 1, 2, 4 du numérateur 4.

Les seules solutions de la question sont donc

$y - 2 = 1$, d'où $y = 3$, et $x = 6$ triangles équilatéraux;
$y - 2 = 2$, $y = 4$, $x = 4$ carrés;
$y - 2 = 4$, $y = 6$, $x = 3$ hexagones réguliers.

Elles ressortent toutes trois de la figure ci-dessous.

Fig. 131.

Remarque. — Il existe d'autres manières de recouvrir un
plan avec des polygones réguliers, et la connaissance de ces
solutions est particulièrement précieuse pour la disposition
de certains parquets; mais les trois qui viennent d'être indiquées sont les seules qui comportent des polygones réguliers
égaux.

PROBLÈMES SUR LES AIRES DES POLYGONES ET DU CERCLE.

161. *Construire un carré équivalent à la somme de plusieurs carrés donnés a^2, b^2, c^2, d^2,....*

Tirons, sous un angle droit, les lignes LO, LM, respective-

ment égales aux côtés a, b, et ensuite l'hypoténuse MO ;
nous avons

$$\overline{MO}^2 = \overline{LO}^2 + \overline{LM}^2 = a^2 + b^2 ;$$

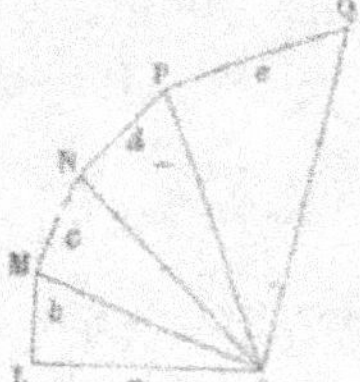

Fig. 132.

donc OM est déjà le côté du carré équivalent à la somme des carrés a^2 et b^2.

Au sommet M élevons sur MO la perpendiculaire MN égale au côté c, et joignons le point N au point O ; nous aurons encore

$$\overline{NO}^2 = \overline{MO}^2 + \overline{MN}^2 = a^2 + b^2 + c^2 ;$$

donc NO est le côté du carré équivalent à la somme des trois carrés a^2, b^2 et c^2.

En tirant sur NO une perpendiculaire NP égale au côté d, on obtient pareillement

$$\overline{PO}^2 = a^2 + b^2 + c^2 + d^2,$$

et ainsi de suite.

COROLLAIRE. — Soit x le côté d'un carré *multiple* d'un carré donné, par exemple quintuple du carré a^2. On a

$$x^2 = 5 a^2,$$

d'où vient

$$\frac{a}{x} = \frac{x}{5a}.$$

Ainsi, le côté cherché x est moyen proportionnel entre a et $5a$, et on le construit par l'un des procédés indiqués (147).

162. *Construire le carré équivalent à la différence de deux carrés donnés a^2 et b^2.*

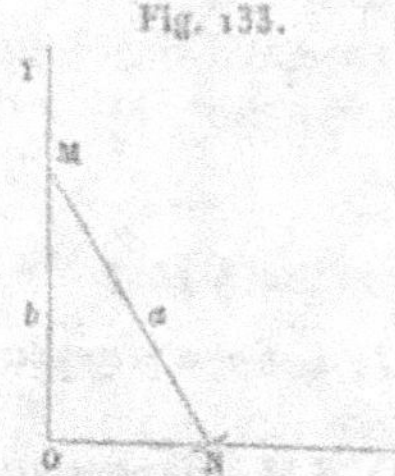

Fig. 133.

Sur le côté OY d'un angle droit YOX, prenons OM égal au côté b, et du centre M avec a pour rayon décrivons un arc qui coupe OX en N ; nous aurons ainsi

$$\overline{ON}^2 = \overline{MN}^2 - \overline{OM}^2 = a^2 - b^2.$$

Donc ON est le côté du carré cherché.

163. *Trouver le carré équivalent à un polygone donné.*

Nous avons vu (123 et 124) comment on ramène le polygone donné à un triangle équivalent, et comment on détermine ensuite le côté du carré équivalent à ce triangle.

Il est inutile de revenir ici sur cette question, si ce n'est pour indiquer la simplification qu'éprouve sa solution, quand le polygone donné est régulier.

Dans ce cas, si a représente l'apothème et p le périmètre, la surface du polygone est (129) égale à $\frac{1}{2}\,pa$, et l'on doit poser la relation

$$x^2 = \frac{1}{2}\,pa,$$

laquelle montre que le côté du carré cherché est la moyenne proportionnelle entre le demi-périmètre et l'apothème.

164. *Trouver le carré équivalent à un cercle donné.*

Par l'assimilation déjà indiquée d'un cercle à un polygone régulier d'un nombre indéfiniment croissant de côtés, et d'après le problème précédent, nous établirons sans peine que le côté cherché est la moyenne proportionnelle entre le rayon et la moitié de la circonférence rectifiée, ou entre la moitié du rayon et la circonférence.

Tel est le fameux problème de la *quadrature du cercle*, qui n'offrirait aucune difficulté si l'on avait un moyen rigoureux de rectifier une circonférence. Mais la relation ci-dessus, que l'on peut mettre sous la forme

$$x^2 = 2\pi r \times \frac{r}{2} = \pi r^2,$$

montre que cette opération ne peut être faite qu'approximativement, puisqu'elle dépend essentiellement de la quantité incommensurable π.

165. *Déterminer le rayon d'un cercle équivalent* à la différence de deux cercles concentriques donnés ou *à une couronne donnée.*

Si l'on mène la droite AB tangente au plus petit des deux cercles qui limitent la couronne, le triangle rectangle AOB donnera

$$\overline{OA}^2 - \overline{OB}^2 = \overline{AB}^2,$$

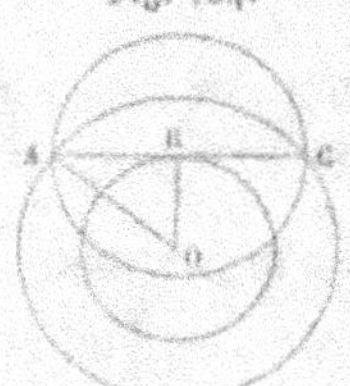

Fig. 134.

d'où

$$\pi.\overline{OA}^2 - \pi.\overline{OB}^2 = \pi.\overline{AB}^2,$$

c'est-à-dire

cercle OA — cercle OB = cercle AB,

ou enfin, *la couronne est égale au cercle qui a pour diamètre la corde inscrite dans le plus grand cercle tangentiellement au plus petit.*

166. *Sur une base donnée, construire un rectangle équivalent à un rectangle donné.*

Soient b et h les dimensions du rectangle donné, b' la base donnée du rectangle à déterminer, et x sa hauteur.

Fig. 135.

L'aire du premier rectangle sera $b \times h$; celle du second sera $b' \times x$, et nous aurons l'égalité

$$b' \times x = b \times h,$$

de laquelle il résulte que la hauteur cherchée est une quatrième proportionnelle à la base donnée b' et aux deux dimensions b et h du rectangle donné.

167. *Construire un rectangle équivalent à un carré donné, et dont les deux dimensions aient ensemble une longueur donnée.*

Fig. 136.

Sur un diamètre AB égal à la somme des dimensions données, décrivons une demi-circonférence; au point A élevons la tangente AC égale au côté du carré donné, et tirons la droite CC' parallèle au diamètre.

Il est clair que le rectangle construit sur CP et CQ répond à la question puisque, d'une part (106), on a

$$\overline{AC}^2 = CP \times CQ;$$

et que, d'autre part

$$CP + CQ = C'Q + CQ = AB.$$

Remarque. — La parallèle CC′ peut ne pas rencontrer le cercle, et alors le problème est impossible.

168. *Construire un rectangle équivalent à un carré donné, et dont les dimensions aient une différence donnée.*

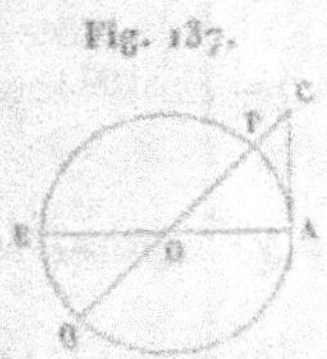

Fig. 137.

Après avoir décrit une circonférence ayant pour diamètre la différence donnée, et tracé la tangente AC égale au côté du carré, tirons le diamètre COQ.

Le rectangle CP $\times$ CQ, qui équivaut à $\overline{AC}^2$, satisfait aussi à la seconde condition de l'énoncé.

169. *Deux polygones semblables,* P *et* Q, *étant donnés, construire un polygone qui leur soit semblable, en même temps qu'égal à leur somme ou à leur différence.*

Soient a et b deux côtés homologues dans les polygones P et Q; déterminons (161 et 162) le côté c du carré équivalent à la somme $a^2 + b^2$, ou à la différence $a^2 - b^2$; puis, sur le côté c homologue à a et b, construisons un polygone R semblable aux deux premiers; c'est le polygone cherché.

En effet, on a (127)

$$\frac{P}{Q} = \frac{a^2}{b^2};$$

d'où l'on tire (*Arithm.*, 150)

$$\frac{P \pm Q}{P} = \frac{a^2 \pm b^2}{a^2};$$

Mais on a aussi (127)

$$\frac{R}{P} = \frac{c^2}{a^2};$$

Or, par construction,

$$c^2 = a^2 \pm b^2;$$

donc aussi

$$R = P \pm Q.$$

Remarque. — Soit x le rayon d'un cercle égal à la somme ou à la différence des deux cercles dont les rayons sont respectivement R et R', nous aurons (131)

$$\pi x^2 = \pi R^2 \pm \pi R'^2,$$

ou

$$x^2 = R^2 \pm R'^2.$$

On pourra donc construire le rayon x à l'aide des problèmes des n°ˢ 161 ou 162.

170. *Construire un carré qui soit au carré* K^2 *comme la droite* m *est à la droite* n.

Prenons à la suite l'une de l'autre les deux longueurs AB égale à m, et BC égale à n; décrivons, sur AC comme diamètre, une demi-circonférence, et élevons en B la perpendiculaire BF.

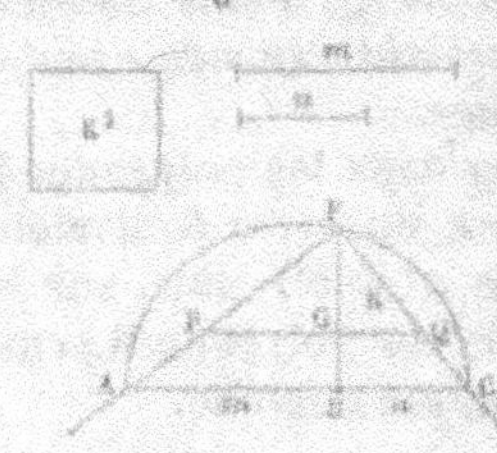

Tirons les deux cordes indéfinies FA et FC; prenons FQ égale à K, et menons QP parallèle à AC; la longueur FP est le côté du carré demandé.

Pour s'en convaincre, il suffit de remarquer que les triangles AFC et PFQ sont rectangles en F (101, Coroll. III); on a donc (126, Coroll.)

$$\frac{\overline{FP}^2}{\overline{FQ}^2} \quad \text{ou} \quad \frac{\overline{FP}^2}{K^2} = \frac{GP}{GQ}.$$

Mais, en remarquant que les deux couples de triangles semblables FPG et FAB, FQG et FCB, sont liés par les côtés homologues communs FG et FB, on trouve

$$\frac{GP}{AB} = \frac{FG}{BF} = \frac{GQ}{BC}, \quad \text{ou} \quad \frac{GP}{GQ} = \frac{AB}{BC} = \frac{m}{n};$$

par conséquent, on a

$$\frac{\overline{FP}^2}{K^2} = \frac{m}{n}.$$

171. *Construire un polygone semblable à un polygone donné Q, et qui soit avec lui dans le rapport de deux droites données m et n.*

Nous déterminerons (170) le côté x du carré qui est au carré a^2, fait sur un côté quelconque a du polygone Q, comme m est à n. Sur ce côté x homologue à a, nous construirons (148) un polygone P semblable à Q, et ce sera le polygone cherché.

On a, en effet (127),

$$\frac{P}{Q} = \frac{x^2}{a^2},$$

Mais, par construction,

$$\frac{x^2}{a^2} = \frac{m}{n}; \quad \text{donc} \quad \frac{P}{Q} = \frac{m}{n}.$$

Remarque. — Soit x le rayon d'un cercle qui soit à un cercle de rayon donné R dans le rapport des droites m et n; on aura

$$\frac{\pi x^2}{\pi R^2} = \frac{m}{n}, \quad \text{ou} \quad \frac{x^2}{R^2} = \frac{m}{n},$$

et l'on déterminera le rayon x par la construction du n° 170.

172. *Construire un polygone semblable au polygone P, et équivalent au polygone Q.*

Dans le polygone cherché X, soit x le côté homologue au côté a de P. Nous aurons

$$\frac{P}{X} = \frac{a^2}{x^2},$$

d'où, extrayant la racine carrée et observant que X équivaut à Q, nous tirons

$$\frac{\sqrt{P}}{\sqrt{Q}} = \frac{a}{x}.$$

Or, $\sqrt{P}$ et $\sqrt{Q}$ ne sont pas autre chose que les côtés des carrés respectivement équivalents aux polygones P et Q. On cherchera donc une quatrième proportionnelle à ces deux côtés et au côté a; puis, sur x homologue à a, on construira un polygone semblable à P. Ce sera le polygone cherché.

173. Nous terminerons la Géométrie plane en donnant quelques énoncés de problèmes dont la résolution formera une série d'exercices utiles pour le lecteur.

I. *Insérer entre les côtés d'un angle une droite parallèle et égale à une droite donnée.*

II. *Par un point donné, tirer une droite sur laquelle deux parallèles données interceptent une longueur donnée.*

III. *Trouver un point dont les distances à deux points donnés fassent entre elles un angle donné, et dont les distances à deux autres points donnés fassent entre elles un autre angle aussi donné.*

IV. *Trouver sur une droite donnée le point dont la somme des distances à deux points donnés d'un même côté de cette droite soit la plus petite possible.*

Vérifier que ces deux distances font des angles égaux avec la droite donnée.

V. *Trouver sur une droite donnée le point dont la différence des distances à deux points donnés de divers côtés de la droite soit la plus grande possible.*

Même vérification que pour le problème précédent.

VI. *Trouver la bissectrice de l'angle de deux droites qu'on ne peut prolonger.*

VII. *Diviser un triangle en trois parties équivalentes :* 1° *par des droites issues d'un sommet;* 2° *par des parallèles à un côté;* 3° *par des droites issues d'un point intérieur.*

VIII. *Construire un trapèze dont on donne les quatre côtés.*

IX. *Construire un triangle, connaissant :*

1° *Un côté, l'angle opposé et la médiane correspondante;*

2° *Un côté, l'angle opposé et la hauteur correspondante;*

3° *Un côté, l'angle opposé et la bissectrice de cet angle;*

4° *Deux côtés et la médiane qu'ils comprennent;*

5° *Deux côtés et la hauteur issue de leur sommet commun;*

6° *Deux côtés et la bissectrice qu'ils comprennent.*

X. *Construire un quadrilatère, connaissant les quatre angles et un côté.*

XI. *Construire un quadrilatère inscriptible à la circonférence, connaissant les quatre côtés.*

XII. *Diviser un quadrilatère en deux, trois, etc., polygones équivalents.*

XIII. *Construire un carré, connaissant l'excès de la diagonale sur le côté.*

XIV. *Diviser, par une droite parallèle aux bases, un trapèze en parties proportionnelles à deux longueurs données.*

XV. *Par un point donné, tirer une droite sur laquelle une circonférence donnée intercepte une corde de longueur donnée.*

XVI. *Tirer une parallèle à une droite donnée, sur laquelle une circonférence donnée intercepte une corde de longueur donnée.*

XVII. *Par un point donné, tirer une droite sur laquelle deux circonférences données interceptent des cordes égales ou des cordes qui aient une différence donnée.*

XVIII. *Inscrire un carré dans un triangle.*

XIX. *Par deux points donnés, faire passer une circonférence qui touche une droite donnée.*

XX. *Par un point donné, faire passer une circonférence qui touche deux droites données.*

XXI. *Tracer une circonférence qui touche trois droites données.*

XXII. *Tracer une circonférence qui touche une droite donnée en un point donné, et qui touche en même temps une circonférence donnée.*

XXIII. *Calculer en fonction du rayon le côté du décagone régulier inscrit à une circonférence.*

XXIV. *Calculer en fonction du rayon du cercle circonscrit le rayon du cercle inscrit à un décagone régulier.*

XXV. *Inscrire dans un triangle une droite telle, que la longueur interceptée soit égale à la somme des deux portions non adjacentes des côtés coupés.*

XXVI. *Tracer deux circonférences qui se touchent entre elles, et qui touchent deux droites données en deux points donnés.*

Lieu des points de contact des deux circonférences.

XXVII. *Tracer deux circonférences qui se touchent entre elles, et qui touchent deux circonférences données en deux points données.*

Lieu des points de contact.

GÉOMÉTRIE DANS L'ESPACE.

LA LIGNE DROITE ET LE PLAN.

174. Nous avons dit (7) qu'un plan était une surface telle, qu'une ligne droite pût exactement s'y appliquer dans tous les sens. Il en résulte nécessairement qu'*une droite qui a deux de ses points dans un plan y est située tout entière*, et qu'*une droite ne peut rencontrer un plan en plus d'un point :* car, si elle avait deux points communs avec lui, elle y serait contenue tout entière.

175. Par une même droite AB on peut faire passer une infinité de plans différents CD, EF, GH, etc.; mais on conçoit que,

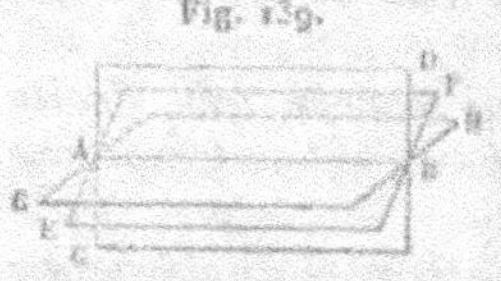

Fig. 139.

si ces divers plans représentent les positions d'un plan mobile autour de AB, ce plan sera complétement arrêté, dès qu'on l'astreindra à passer par le point C, par exemple, pris en dehors de AB.

On conclut de là qu'*un plan est déterminé de position lorsque l'on connaît une droite et un point qui sont situés dans ce plan, pourvu que le point soit en dehors de la droite.* Cette droite étant elle-même déterminée par deux de ses points, on peut dire aussi que *trois points non en ligne droite déterminent un plan.*

Il en est de même de deux droites AB, AC qui se coupent;

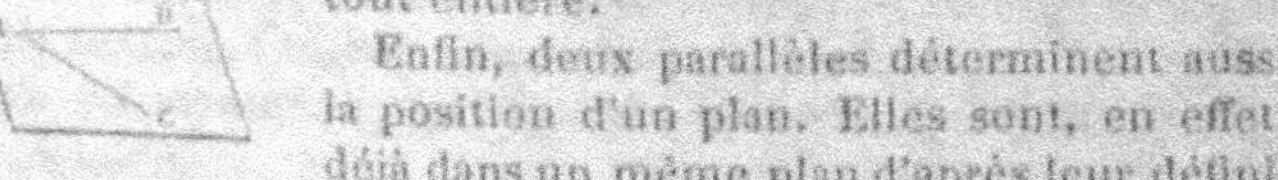

Fig. 140.

car tout plan qui passe par l'une d'elles AB, et par un point C de l'autre, contient celle-ci tout entière.

Enfin, deux parallèles déterminent aussi la position d'un plan. Elles sont, en effet, déjà dans un même plan d'après leur définition, et deux plans ne sauraient les contenir sans avoir au moins trois points communs non en ligne droite, c'est-à-dire sans se confondre.

Remarque. — Un triangle est toujours tout entier dans un même plan.

176. *L'intersection de deux plans est une ligne droite.*

En effet, s'il y avait sur l'intersection trois points qui ne fussent pas en ligne droite, les deux plans passant tous deux par ces trois points se confondraient (175), ce qui est contraire à l'hypothèse.

177. *L'intersection commune de trois plans est un point;* car les points communs aux trois plans ne peuvent se trouver qu'à la rencontre de l'un d'entre eux avec l'intersection des deux autres, et cette intersection est une droite (176), laquelle ne peut rencontrer le premier plan en plus d'un point (174).

DROITES ET PLANS PERPENDICULAIRES.

178. Dans l'espace, une droite AB (*fig.* 139) peut être en même temps perpendiculaire sur plusieurs autres AC, AE, AG; car, si l'on conduit plusieurs plans par cette droite AB, dans chacun d'eux on pourra lui tracer une perpendiculaire.

Si l'on fait passer un plan par deux quelconques AC, AG de ces perpendiculaires, toutes les autres seront aussi dans ce plan. En d'autres termes, nous allons démontrer que *toute droite perpendiculaire à deux autres, qui passent par son pied dans un plan, est perpendiculaire à toute autre droite menée par ce pied dans le même plan.*

Soit donc AB perpendiculaire aux deux droites BC et BD, qui sont situées dans le plan P; cherchons à prouver que cette même ligne AB est aussi perpendiculaire à BI. Pour y arriver, prolongeons AB au-dessous du plan P d'une quantité BA' égale à AB; tirons dans le plan la droite CD qui coupe BI en I; puis, joignons les points C, I et D aux points A et A'.

Fig. 140.

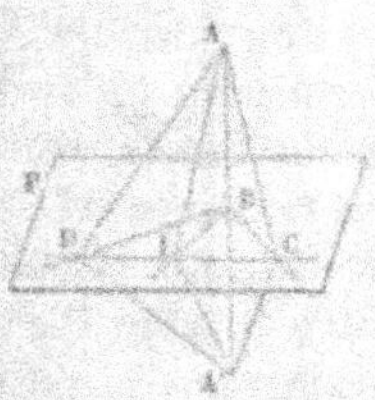

Les triangles ACD, A'CD sont égaux; car : 1° les deux obliques AC, A'C, qui s'écartent également du pied B de la perpendiculaire CB, sont égales; 2° par une raison pareille, les deux obliques AD, A'D sont égales; 3° le côté CD est commun.

Or, si nous faisons tourner l'un de ces deux triangles A′ CD autour de CD pour le rabattre sur son égal ACD, il est clair que la droite A′ I couvrira exactement AI. Le triangle AIA′ est donc isoscèle, et la ligne BI qui joint le sommet I au milieu B de la base AA′ est perpendiculaire sur cette base, conformément à l'énoncé.

Remarque. — La ligne AB, qui tombe à angle droit sur toutes celles que l'on peut mener par son pied dans le plan P, est dite *perpendiculaire* à ce plan. Réciproquement, le plan P est dit perpendiculaire à AB.

Toute droite qui, rencontrant un plan, ne lui est pas perpendiculaire, est *oblique* à ce plan.

Corollaire I. — *Lorsqu'un plan est perpendiculaire à une droite, il contient toutes les perpendiculaires que l'on peut mener à cette droite par son pied.*

Corollaire II. — *Lorsqu'un plan est perpendiculaire sur le milieu d'une droite, tout point de ce plan est également distant des extrémités de cette droite, et tout point pris hors du plan est inégalement distant des mêmes extrémités. En d'autres termes, le plan mené perpendiculairement sur le milieu d'une droite est le lieu géométrique des points situés à égale distance des extrémités de cette droite.*

179. *Par un point donné, on ne peut mener qu'une seule perpendiculaire à un plan donné.*

Si le point donné est A, et si AB est perpendiculaire au plan P, toute autre droite AC issue du point A sera oblique au plan. En effet, les deux droites AB et AC, qui se coupent, déterminent un autre plan qui coupe le premier suivant la droite BC, et dans ce nouveau plan la droite AC est nécessairement oblique sur BC; elle ne saurait donc être perpendiculaire au plan P.

Fig. 142.

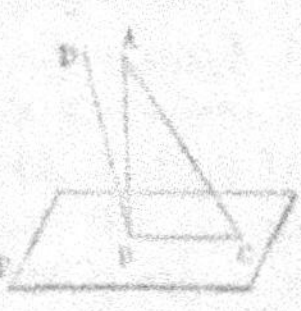

Rien ne serait à changer à cette démonstration, si le point donné était en B sur le plan; car toute droite BD, autre que la perpendiculaire BA, serait oblique sur l'intersection BC des deux plans et, par suite, sur le plan donné lui-même.

Corollaire I. — *Par un point donné, on ne peut mener*

qu'un seul plan perpendiculaire à une droite donnée ; car, si l'on en supposait deux, les droites qui joindraient le point donné aux deux intersections avec la droite donnée seraient toutes deux perpendiculaires à cette dernière ; ce qui est impossible.

COROLLAIRE II. — *Deux plans perpendiculaires à une même droite ne peuvent se rencontrer.*

COROLLAIRE III. — *Toutes les perpendiculaires menées à une droite par un de ses points sont dans un même plan perpendiculaire à cette droite.*

180. *Si d'un point pris hors d'un plan on mène sur ce plan une perpendiculaire et plusieurs obliques, 1° la perpendiculaire est plus courte que toute oblique ; 2° deux obliques également écartées de la perpendiculaire sont égales ; 3° de deux obliques, la plus grande est celle qui s'écarte le plus de la perpendiculaire.*

1° La perpendiculaire AB est plus courte que l'oblique AC.

Fig. 143.

Ceci résulte de ce que, dans la figure plane ABC, la droite AB, perpendiculaire à BC, est plus courte (18) que l'oblique AC.

2° Si les écartements BC et BD sont égaux, les deux obliques AC, AD seront égales ; car les deux triangles rectangles ABC, ABD sont égaux, et les hypoténuses AC, AD sont, par suite, égales.

3° Si les écartements BC, BE sont tels que l'on ait BE > BC, nous prendrons BD égal à BC et, à cause du 2°, les obliques AC, AD seront égales. Or, dans le plan ABE, l'oblique AE est (18) plus longue que AD, donc aussi AE > AC.

COROLLAIRE I. — *La perpendiculaire abaissée d'un point sur un plan mesure la plus courte distance de ce point au plan.*

COROLLAIRE II. — *Les extrémités C, D, etc., des obliques égales AC, AD, etc., sont toutes situées sur une circonférence de cercle qui a pour centre le pied B de la perpendiculaire au plan, et pour rayon BC.*

On conclut de là que, pour abaisser d'un point A une perpendiculaire AB sur un plan, il suffit de marquer sur ce plan trois points également éloignés du point A, et de chercher ensuite (91) le centre de la circonférence que déterminent ces trois points.

COROLLAIRE III. — *La perpendiculaire élevée par le centre d'un cercle au plan de ce cercle est le lieu géométrique des points également distants de la circonférence.*

COROLLAIRE IV. — La distance BC, comprise entre le pied B d'une perpendiculaire AB à un plan et le pied C d'une oblique AC, s'appelle la *projection* de l'oblique sur le plan.

L'énoncé ci-dessus peut donc se simplifier ainsi : *Deux obliques qui ont des projections égales sont égales, et de deux obliques inégales la plus grande a la plus grande projection.*

181. *Si du pied d'une perpendiculaire à un plan on abaisse une perpendiculaire sur une droite quelconque située dans ce plan, et si l'on joint le pied de cette seconde perpendiculaire à un point quelconque de la première, la droite ainsi obtenue sera perpendiculaire à la droite située dans le plan.* (A démontrer.)

DROITES ET PLANS PARALLÈLES.

182. Deux plans, ou une droite et un plan, sont dits *parallèles* lorsqu'ils ne peuvent se rencontrer, à quelque distance qu'on les prolonge.

Il est aisé, d'ailleurs, de voir sur-le-champ qu'il peut exister des plans et des droites parallèles entre eux, car deux plans, ou une droite et un plan, qui sont perpendiculaires à une même droite, ne peuvent se rencontrer, puisque les deux droites joignant un point de l'intersection aux deux points de rencontre avec la droite devraient être perpendiculaires à cette dernière, ce que l'on sait être impossible (13).

Toute droite parallèle à une autre droite située dans un plan est parallèle à ce plan.

En effet, la droite AB étant parallèle à CD et, par conséquent, dans un même plan Q avec elle, cette droite AB ne pourrait rencontrer le plan P que dans son intersection CD avec le précédent, ce qui est contraire à l'hypothèse.

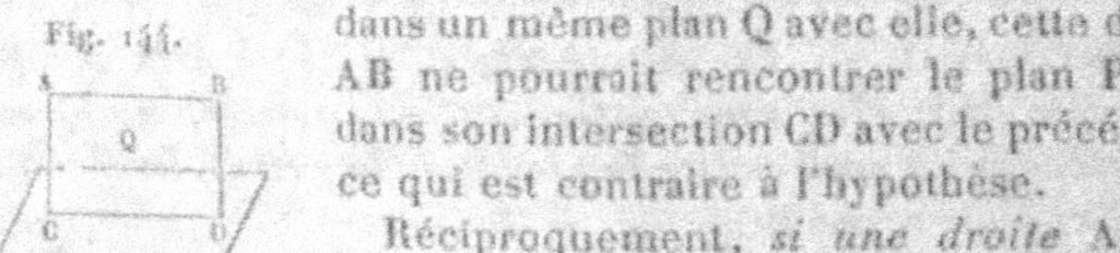

Réciproquement, si une droite AB est parallèle à un plan P, tout plan Q mené par cette droite rencontrera le premier suivant une droite CD

parallèle à la première. Car la droite AB ne pourrait rencontrer CD sans rencontrer en même temps le plan P, ce qui serait encore contraire à la supposition.

COROLLAIRE I. — Une parallèle à AB, menée par un point du plan P, est tout entière dans ce plan.

COROLLAIRE II. — La figure ABDC est un parallélogramme dans lequel AC est égal à BD; par conséquent, *les parallèles comprises entre une droite et un plan qui lui est parallèle sont égales.*

COROLLAIRE III. — Si le parallélogramme ABDC est un rectangle, c'est-à-dire si les côtés AC et BD sont perpendiculaires au plan P, on conclura qu'*une droite parallèle à un plan a tous ses points à égale distance de ce plan.*

183. *Les intersections de deux plans parallèles par un troisième sont parallèles.*

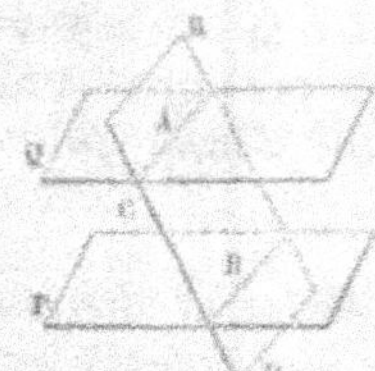

En effet, si les deux intersections A et B se rencontraient, ce ne pourrait être qu'en un point appartenant à la fois aux deux plans P et Q, dans lesquels elles sont respectivement situées tout entières. Ces deux plans ne seraient donc pas parallèles; ce qui est contraire à notre hypothèse.

184. *Si deux plans sont parallèles, toute droite perpendiculaire sur l'un des deux est aussi perpendiculaire sur l'autre.*

Soit, en effet, une droite AB perpendiculaire au plan P; soit encore une droite quelconque AC tirée à volonté dans le plan Q par le point A. Le plan de ces deux droites coupera le plan P suivant une troisième droite BD, qui sera (183) parallèle à AC et, par suite, perpendiculaire à AB.

Cette propriété étant vraie pour une droite quelconque AC menée par le point A dans le plan Q, ce plan est perpendiculaire à la droite AB et la proposition énoncée est démontrée.

185. Si, par deux droites AB, CD (*fig.* 146) parallèles entre elles et comprises entre deux plans parallèles P et Q, on fait passer un troisième plan, les deux intersections AC et BD seront également parallèles (183) et la figure ABDC sera un parallélogramme, dans lequel les côtés opposés AB, CD seront égaux. Par conséquent, *les parallèles comprises entre deux plans parallèles sont égales.*

COROLLAIRE. — Si les parallèles AB, CD sont des perpendiculaires communes aux deux plans, elles seront encore égales, et l'on pourra dire que *deux plans parallèles sont partout à égale distance.*

186. Deux plans parallèles ayant toutes leurs perpendiculaires communes (184), tout plan parallèle au plan P (*fig.* 146) et mené par le point A doit être perpendiculaire à AB, si cette dernière droite est supposée perpendiculaire au plan P. Or, on ne peut (179, Coroll. I) mener par un point qu'un seul plan perpendiculaire à une droite; donc le plan Q est le seul plan parallèle au plan P que l'on puisse mener par le point A, et, en général, *on ne peut mener par un point donné qu'un seul plan parallèle à un plan donné.*

187. *Deux angles qui ont leurs côtés parallèles et dirigés dans le même sens sont égaux, et leurs plans sont parallèles.*

Soient, en effet, les deux angles BAC et EDF dont les côtés AB et DE sont parallèles, ainsi que les côtés AC et DF. Prenons AB égal à DE, AC égal à DF; puis, menons AD, BE, CF, EF et BC.

Fig. 147.

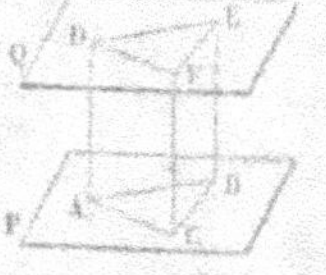

La droite DE étant égale et parallèle à AB, EB est aussi égale et parallèle à AD (51). Par la même raison, CF est égale et parallèle à AD; d'où il résulte que EB est égale et parallèle à CF. La figure CFEB est donc un parallélogramme, et l'on a BC = EF.

Les deux triangles ABC, DEF, qui ont leurs trois côtés égaux chacun à chacun, sont égaux et, par suite, l'angle EDF est égal à l'angle BAC.

En second lieu, les parallèles comprises entre plans parallèles étant égales, tout plan parallèle à ABC, et mené par le point D, devra rencontrer BE à une distance du point B égale à AD, c'est-à-dire au point E. Par la même raison, ce plan passera par le point F ; donc il se confondra avec le plan DEF.

COROLLAIRE. — Par deux droites, AB et DF, qui ne se rencontrent pas, on peut toujours faire passer deux plans parallèles ; car, si l'on mène AC parallèle à DF, et DE parallèle à AB, les deux plans ABC, DEF seront parallèles et contiendront les deux droites proposées.

188. *Si une droite est perpendiculaire à un plan, sa parallèle est aussi perpendiculaire à ce plan.*

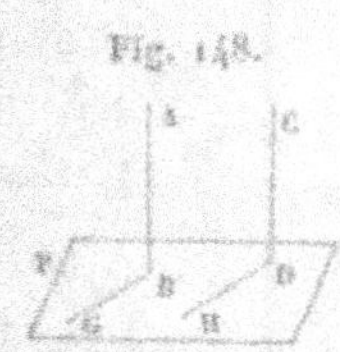

Fig. 148.

Si nous tirons à volonté dans le plan P et par les pieds B et D deux parallèles BG et DH, les angles ABG et CDH seront égaux (187). Or, si le premier est droit par hypothèse, le second le sera également et, par suite, la droite CD sera perpendiculaire au plan.

189. *Deux droites perpendiculaires à un même plan sont parallèles.*

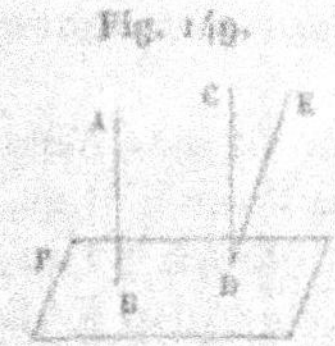

Fig. 149.

S'il n'en était pas ainsi, nous pourrions mener par le point D la droite DE parallèlement à AB, et cette droite DE serait (188) perpendiculaire au plan. Nous pourrions donc élever du point D deux perpendiculaires CD et DE au même plan, ce qui est impossible (179).

190. *Dans l'espace, deux droites parallèles à une troisième sont parallèles entre elles.*

En effet, si l'on imagine un plan perpendiculaire à l'une d'elles, chacune des deux autres sera aussi perpendiculaire à ce plan (188) et, par conséquent (189), ces deux dernières seront parallèles entre elles.

191. *Si deux droites sont comprises entre deux plans parallèles, tout plan parallèle aux deux premiers coupe ces droites en parties proportionnelles.*

Soient les deux plans P et R qui coupent les deux droites AB et CD ; joignons le point B au point C. Le plan parallèle Q coupe les trois lignes AB, BC et CD aux points L, M et N, que nous réunirons par les droites LM et MN, respectivement parallèles (183) à AC et BD.

Le triangle ABC donne alors (61)

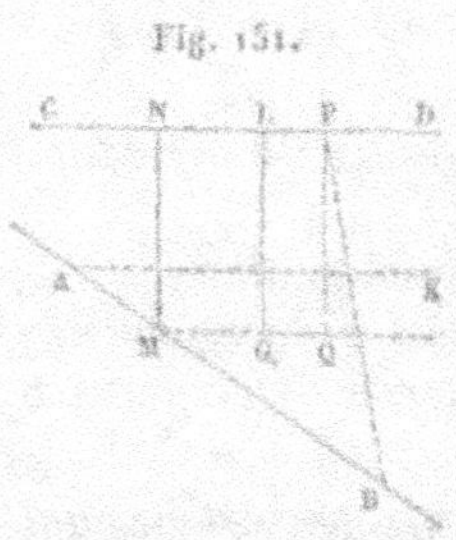

Fig. 150.

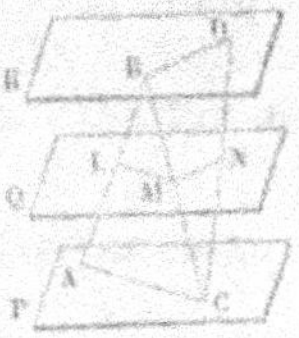

$$\frac{BL}{AL} = \frac{BM}{CM},$$

et le triangle BCD fournit de son côté

$$\frac{BM}{CM} = \frac{DN}{CN},$$

De ces deux égalités on tire enfin

$$\frac{BL}{AL} = \frac{DN}{CN},$$

conformément à l'énoncé.

Corollaire. — Deux droites telles que BA et BC qui passent par un même point sont coupées par deux plans parallèles P et Q en parties proportionnelles.

192. *Entre deux droites de l'espace la plus courte distance est à la fois perpendiculaire à chacune d'elles.*

Soient AB et CD deux droites données et non situées dans le même plan. Si, par un point quelconque A de l'une d'elles, nous menons une parallèle AK à l'autre, nous déterminerons un plan KAB qui sera parallèle à CD. D'un point quelconque L de cette dernière droite, nous abaisserons sur le plan KAB une perpendiculaire et, par le pied G de cette perpendiculaire, nous tirerons à CD la parallèle GM; enfin, par le point M où cette parallèle coupe AB, nous mènerons MN parallèle à LG.

Fig. 151.

Cette droite MN, qui rencontre CD en N, est la plus courte distance annoncée.

D'abord, la ligne MN est parallèle à LG et, par suite, perpendiculaire au plan KAB; donc elle est perpendiculaire à la droite AB, ainsi qu'à la droite GM et à sa parallèle CD; c'est donc une perpendiculaire commune aux deux droites données.

Maintenant, cette perpendiculaire commune est la plus courte droite que l'on puisse mener entre AB et CD. Car, si nous la comparons à une droite quelconque PB tirée entre ces deux lignes, nous pourrons mener PQ parallèle et égal à MN, et plus petit que PB comme perpendiculaire nécessairement moindre que l'oblique.

ANGLES FORMÉS PAR DES PLANS.

ANGLES DIÈDRES.

193. Lorsque deux plans P et Q se rencontrent, ils comprennent entre eux une portion de l'espace qu'on appelle *angle dièdre*, ou simplement *dièdre*; ces deux plans sont les *faces* de l'angle dièdre, et l'intersection commune BE en est l'*arête*.

Fig. 152.

On désigne un angle dièdre par quatre lettres, dont la première et la dernière sont prises chacune sur une des faces, et les deux autres sur l'arête.

Quand il n'y a suivant une arête qu'un seul angle dièdre, on peut se contenter de nommer l'arête.

Quelquefois enfin, on désigne simplement l'angle dièdre par deux lettres qui désignent ses deux faces, et l'on dit indifféremment l'angle dièdre ABEF, ou l'angle dièdre BE, ou l'angle dièdre PQ.

194. Ainsi que nous l'avons indiqué (13) pour les angles plans, on peut considérer tous les angles dièdres comme engendrés par le mouvement d'un plan mobile autour d'une droite AB, lequel s'écartant de plus en plus de sa position initiale Q, viendrait successivement en P, P₁, P₂,..., Q'.

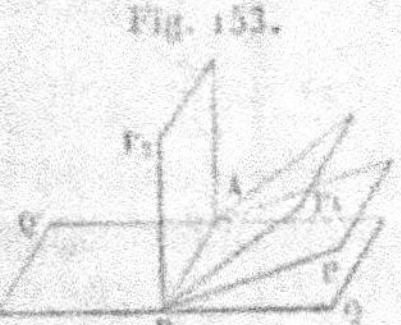

Fig. 153.

On voit alors que, lorsqu'un plan P rencontre un plan Q, il forme avec les deux portions de ce dernier deux angles dièdres qu'on nomme *adjacents*.

Lorsque ces deux angles sont égaux, le plan est dit perpendiculaire sur le plan Q, et chacun des angles dièdres est appelé *dièdre droit*. Le plan P, de la *fig.* 153 est dans ce cas.

Par la droite AB, située sur un plan Q, on ne peut imaginer qu'un seul plan perpendiculaire au premier, et cette vérité résulte directement de l'égalité des dièdres droits, comme la propriété analogue des droites situées dans un plan résulte (13) de l'égalité des angles droits.

On appelle *angle plan d'un dièdre* PQ (*fig.* 152) l'angle ABC formé par deux perpendiculaires menées à l'arête BE dans chacune des deux faces. Cet angle a la même valeur en quelque point de l'arête qu'il soit construit. Il est clair en effet que, si on le suppose fait en E, les droites EF et BC seront parallèles et de même sens, ainsi que les droites AB et ED, et les deux angles ABC, DEF seront égaux (187).

Remarque. — Le plan de l'angle ABC est perpendiculaire à l'arête BE (178).

195. *Deux angles dièdres égaux ont le même angle plan, et réciproquement deux angles dièdres qui ont des angles plans égaux sont égaux.*

On s'assure aisément de ce double fait en superposant, dans le premier cas, les angles dièdres; dans le second, les angles plans. La superposition des dièdres égaux amène, en effet, celle des angles plans; de même, si les derniers coïncident, les arêtes des dièdres étant perpendiculaires aux plans des angles plans, ces droites et, par suite, les faces se confondront.

196. *Le rapport de deux angles dièdres est le même que celui de leurs angles plans.*

Supposons, en effet, qu'une commune mesure des deux angles plans ABC, A'B'C' soit telle, que le rapport de ces angles soit $\frac{5}{3}$, et partageons le premier en 5 et le second en 3 parties toutes égales entre elles. Par l'arête de chaque dièdre et par les lignes de division de son angle plan faisons passer des plans. Nous avons ainsi partagé les

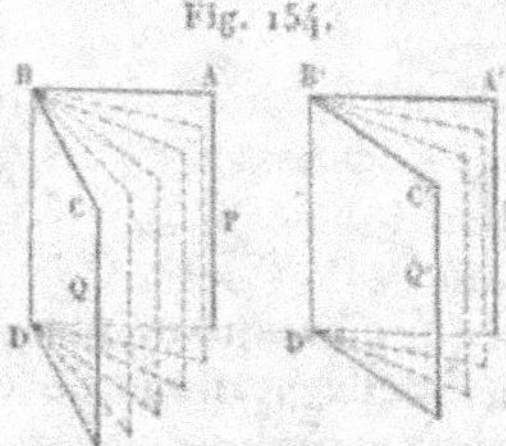

Fig. 154.

angles dièdres PQ et P′Q′ en parties toutes égales entre elles, comme ayant même angle plan ; PQ contient 5 de ces parties, P′Q′ en contient 3, et le rapport de PQ à P′Q′ est $\frac{5}{3}$, comme celui des angles plans.

COROLLAIRE I. — Le nombre qui représente un angle dièdre, quand on a pris un certain angle dièdre pour unité, est le même que celui qui exprime le rapport de l'angle du premier à l'angle plan du second ; en d'autres termes, *un angle dièdre a pour mesure son angle plan.*

COROLLAIRE II. — Un angle dièdre droit correspond à un angle plan droit.

197. Les angles dièdres jouissent nécessairement des mêmes propriétés que les angles plans qui leur servent de mesure ; nous ne citerons que les principales, dont la démonstration directe n'offre aucune difficulté.

Ainsi, *deux dièdres adjacents valent deux dièdres droits* (15).

Deux dièdres opposés par l'arête sont égaux (16).

Tout point du plan bissecteur d'un dièdre est à égale distance des faces, et tout point pris hors de ce plan est inégalement éloigné desdites faces (19).

Les plans bissecteurs de deux dièdres adjacents et supplémentaires font entre eux un dièdre droit, et sont le lieu géométrique de tous les points de l'espace équidistants des deux plans formant les dièdres proposés (19, Coroll.).

Lorsque deux plans parallèles sont traversés par un troisième, deux dièdres alternes-internes sont égaux ; deux dièdres internes d'un même côté sont supplémentaires ; deux dièdres. . . . . , et réciproquement (23, 24 et 25).

Les perpendiculaires abaissées sur les faces d'un dièdre d'un point intérieur forment un angle dont le plan est perpendiculaire à l'arête et qui est le supplément de l'angle plan de ce dièdre (28).

198. *Tout plan mené suivant une droite perpendiculaire à un plan est perpendiculaire à ce plan.*

Par le pied B de la perpendiculaire AB au plan Q, menons

dans ce plan une perpendiculaire BE à l'intersection commune CD des deux plans P et Q; l'angle ABE sera l'angle plan de ce dièdre PQ.

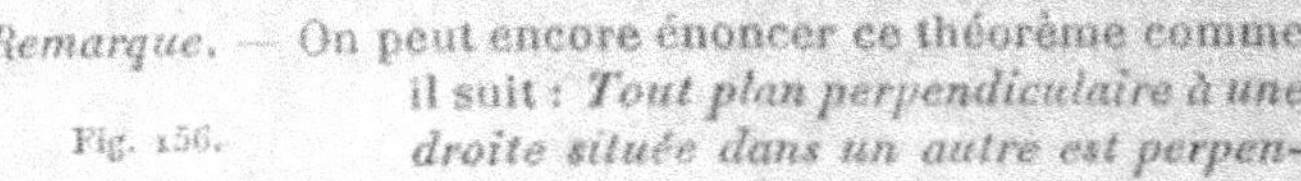

Fig. 155.

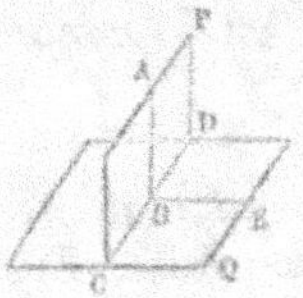

Mais, puisque la droite AB est perpendiculaire au plan, elle l'est également à BE, et l'angle plan ABE est droit; donc le dièdre PQ est droit, et le plan P est perpendiculaire au plan Q, comme nous l'avions annoncé.

Remarque. — On peut encore énoncer ce théorème comme il suit : *Tout plan perpendiculaire à une droite située dans un autre est perpendiculaire à ce dernier.*

Fig. 156.

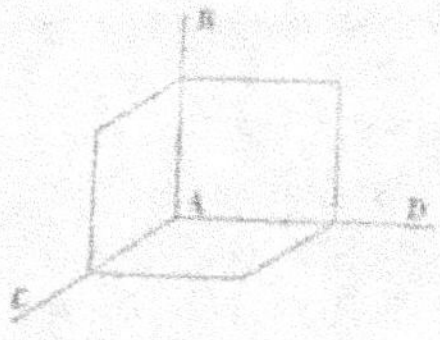

COROLLAIRE. — *Lorsque trois droites AB, AC, AD sont perpendiculaires deux à deux, chacune d'elles est perpendiculaire au plan des deux autres, et les trois plans sont perpendiculaires deux à deux.*

199. *Si deux plans sont perpendiculaires, toute droite menée dans l'un d'eux perpendiculairement à l'intersection est perpendiculaire à l'autre.*

En effet, l'angle dièdre (*fig.* 155) étant droit, la droite AB, perpendiculaire à CD, l'est aussi à BE et, par suite, au plan Q lui-même.

200. *Si deux plans sont perpendiculaires, une perpendiculaire menée à l'un d'eux par un point de l'autre est tout entière dans ce dernier.*

S'il n'en était pas ainsi, la perpendiculaire menée par le même point à l'intersection serait aussi perpendiculaire (199) au premier plan. On pourrait donc mener par un même point sur un même plan deux perpendiculaires; ce qui est impossible.

201. *L'intersection de deux plans perpendiculaires à un troisième est perpendiculaire à ce dernier.*

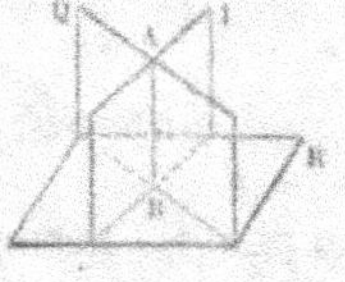

Fig. 157.

Pour démontrer cette vérité, nous supposerons qu'on élève, par le point B commun aux trois plans P, Q et R, une perpendiculaire à ce troisième plan R.

Cette perpendiculaire devra se trouver (200) dans chacun des deux autres; elle ne pourra donc être que leur intersection.

ANGLES TRIÈDRES. — ANGLES POLYÈDRES.

202. La portion de l'espace que comprennent entre eux trois plans qui se coupent en un même point s'appelle un *angle trièdre* ou à trois *faces*. Ainsi, les trois faces angulaires ASB, ASC, BSC se coupent deux à deux suivant les arêtes SA, SB, SC qui se réunissent au sommet S.

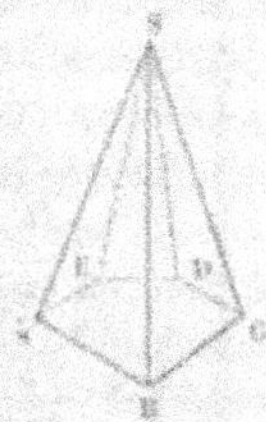

Fig. 158.

Comme dans le triangle, il y a six éléments à considérer dans un angle trièdre, savoir : les trois faces et les trois angles dièdres que ces faces deux à deux forment entre elles.

Un *angle polyèdre* est la partie de l'espace comprise entre plusieurs plans qui se coupent en un sommet commun; comme l'angle trièdre, qui n'en est qu'un cas particulier, il a ses arêtes, ses faces et ses dièdres.

Fig. 159.

On dit qu'un angle polyèdre est *convexe* lorsque toutes les sections que l'on peut obtenir en le coupant par des plans sont des polygones convexes (45); il est *concave* ou à *angles rentrants* si cette condition n'est pas remplie. Un angle trièdre est toujours convexe.

203. Si l'on prolonge les arêtes d'un angle trièdre SABC au delà du sommet S, on forme un nouvel angle trièdre SA′B′C′ composé des mêmes éléments que le premier; car les angles dièdres et les angles plans sont égaux deux à deux, comme étant opposés par l'arête ou par le sommet. Cependant, les parties égales ne sont pas disposées de la même manière et, généralement, on ne pourra pas superposer ces deux dièdres.

Fig. 160.

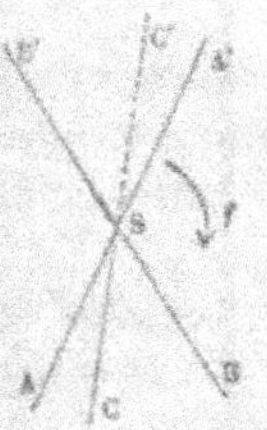

On voit en effet que, en faisant tourner l'angle trièdre SA′B′C′ autour du sommet S, de manière que

21.

la face A′SB′ couvre la face correspondante et égale ASB, SA′ tombant sur SB, SB′ sur SA, la face B′SC′ ne prendra pas la direction de la face ASC, parce que les angles dièdres SA et SB′ ne sont pas égaux. Si, au contraire, on applique SA′ sur SA, et SB′ sur SB, les deux trièdres resteront situés de part et d'autre de ce plan commun ASB; dans ce cas encore, les deux figures ne pourront coïncider.

Deux angles trièdres, disposés comme SABC et SA′B′C′, sont dits *symétriques* l'un par rapport à l'autre.

204. *Dans tout angle trièdre :* 1° *un angle plan quelconque est plus petit que la somme des deux autres;* 2° *la somme des trois angles plans est moindre que quatre droits.*

1° Si l'on rabat les deux faces ASB, BSC (*fig.* 158) sur la face ASB, que nous supposons à dessein la plus grande des trois, il ne pourra arriver que les deux faces rabattues se juxtaposent exactement sur ladite face ASB, encore moins qu'elles laissent entre elles un intervalle angulaire non recouvert. Il y aura forcément, au contraire, par analogie avec un triangle dont on rabattrait deux côtés sur le troisième, recouvrement de deux portions des faces rabattues, et cette partie doublée sera précisément l'excès angulaire de la somme des deux plus petites faces sur la plus grande.

2° Si l'on suppose cette fois les trois faces détachées suivant leurs arêtes et rabattues progressivement sur un plan passant par le sommet S, ces trois angles s'écarteront de plus en plus à mesure de l'épanouissement du trièdre, et laisseront entre eux, sur le plan, des intervalles angulaires dont la somme sera égale à l'excès de quatre angles droits sur la somme des faces.

Corollaire. — Par le même procédé d'épanouissement des angles plans, on montrerait que, comme pour l'angle trièdre, *la somme des angles plans d'un angle polyèdre convexe est plus petite que quatre angles droits.*

On voit, d'ailleurs, avec la même évidence que pour les trièdres, que l'*une quelconque des faces d'un angle polyèdre convexe est moindre que la somme de toutes les autres.*

Remarque. — Il serait facile de donner de cette double propriété une démonstration en forme; mais les raisonnements les mieux appuyés n'ajouteraient rien à l'évidence géométrique de ces faits, que le bon sens décide seul d'avance, et qui ne font que s'obscurcir sous l'appareil dont on les entoure d'ordinaire. Nous les laissons comme exercices au lecteur, qu'elles ne sauraient embarrasser.

205. *Deux angles trièdres sont égaux :* 1° *lorsqu'ils ont un dièdre égal compris entre deux faces égales chacune à chacune et semblablement disposées;* 2° *lorsqu'ils ont un angle plan égal adjacent à deux dièdres égaux chacun à chacun et semblablement disposés;* 3° *lorsqu'ils ont leurs angles plans égaux chacun à chacun et semblablement disposés.*

Nous ne donnerons pas ici le détail de la démonstration de cette propriété; nous nous bornerons à indiquer qu'elle s'établit par la superposition des deux trièdres, directement pour les deux premiers cas, et à l'aide de deux triangles auxiliaires dans le troisième, lesdits triangles étant formés dans chaque trièdre par un plan perpendiculaire à l'une des arêtes, et à égale distance du sommet sur cette arête, de manière à mettre en évidence les deux angles plans qui mesurent les dièdres correspondants, pour démontrer leur égalité et faire rentrer ce cas dans le premier.

206. *Les perpendiculaires abaissées, d'un point intérieur à un trièdre sur ses trois faces, forment un second trièdre dont les angles plans et les dièdres sont respectivement les suppléments des dièdres et des angles plans du premier.*

La proposition est déjà établie en ce qui concerne les angles plans du second trièdre, lequel a, de plus (197), ses faces perpendiculaires aux arêtes du premier. Il en résulte donc aussi que les angles plans de celui-ci sont également les suppléments des dièdres de l'autre.

Fig. 161.

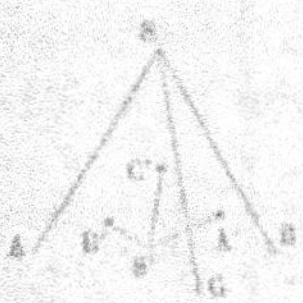

Les deux trièdres, dans ces circonstances, sont dits *supplémentaires* l'un de l'autre.

Remarque. — Ce théorème serait encore vrai, si l'on substituait au premier trièdre un angle polyèdre quelconque.

TÉTRAÈDRES.

207. On ne peut fermer de toutes parts un espace par un nombre de plans moindre que quatre. Le corps ABCD, compris entre les quatre plans ABC, ACD, BCD, ABD, se nomme *tétraèdre.*

Un tétraèdre est compris sous quatre faces triangulaires; il a six arêtes opposées deux à deux, et quatre sommets. Cette figure joue dans l'espace le même rôle que le triangle sur un plan; nous nous convaincrons de cette vérité par les développements qui seront donnés plus loin sur la mesure des volumes.

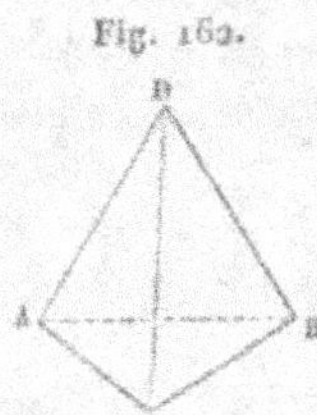

Fig. 162.

Les propriétés du tétraèdre, considéré isolément, sont nombreuses. Nous ne pourrions, sans sortir de nos limites, les examiner avec quelques détails, et nous nous bornerons à indiquer les trois suivantes, avant d'établir les cas d'égalité de deux tétraèdres.

208. *Dans un tétraèdre, les trois droites qui unissent les milieux des arêtes opposées se rencontrent au même point et s'y coupent mutuellement en deux parties égales.*

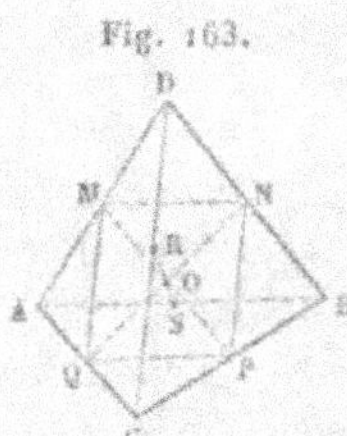

Fig. 163.

En effet, les droites MN, PQ, toutes deux parallèles (62) à l'arête AB, sont parallèles entre elles; pareillement, MQ est parallèle à NP et la figure MNPQ est un parallélogramme dont les diagonales MP, NQ se coupent mutuellement en deux parties égales au point O.

Cette propriété convenant à deux quelconques des trois droites MP, NQ, RS, les trois milieux de ces droites se confondent en O.

209. *Dans un tétraèdre, les six plans perpendiculaires aux milieux des arêtes se rencontrent en un même point qui est également éloigné des quatre sommets.*

Soit, en effet, MN la droite suivant laquelle se rencontrent les deux plans élevés perpendiculairement sur les milieux G et H des arêtes BC et CD; soit ensuite O le point où cette droite perce un troisième plan élevé perpendiculairement au milieu K d'une troisième arête AB.

Comme appartenant au premier plan, le point O est également éloigné (178, Coroll. II) des sommets B et C; comme situé dans le second, il est à égale distance des sommets C et D; pareillement, il est également distant de A et de B. Par conséquent, il est à des distances égales des quatre sommets A, B, C et D, et il appartient nécessairement aux plans menés perpendiculairement sur les milieux de chacune des six arêtes.

Fig. 164.

210. *Dans un tétraèdre, les six plans bissecteurs des dièdres se rencontrent en un même point également distant des quatre faces.*

Soit DM la droite suivant laquelle se rencontrent les deux plans bissecteurs des dièdres AD et CD; soit O le point où cette droite DM perce le plan bissecteur du dièdre AC.

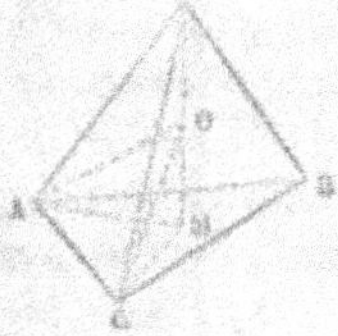

Comme appartenant au plan ADM, le point O est à égale distance (197) des deux faces ABD et ACD; comme situé dans le plan CDM, il est également distant des faces ACD et BCD; enfin il est dans le plan AOC et, par suite, à égale distance des faces ACD et ABC. Ce point O est donc également éloigné des quatre faces ABC, ABD, ACD et BCD; comme tel, il appartient nécessairement aux plans bissecteurs de chacun des six dièdres.

Fig. 165.

TÉTRAÈDRES ÉGAUX.

211. *Deux tétraèdres sont égaux lorsqu'ils ont un angle trièdre égal compris entre trois arêtes égales chacune à chacune et pareillement situées.*

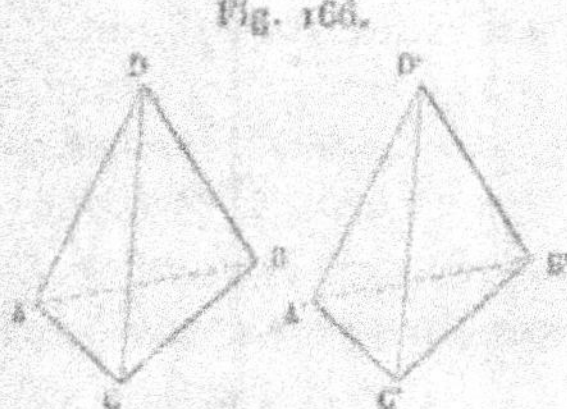

Fig. 166.

Soit l'angle trièdre D' égal à D, et les trois arêtes D'A', D'B', D'C' respectivement égales à DA, DB, DC. Nous placerons la seconde figure sur la première, de manière à faire coïncider les deux trièdres égaux D et D'.

A cause de l'égalité des arêtes deux à deux, les trois sommets A', B', C' tomberont respectivement en A, B, C, et les deux tétraèdres seront complétement superposés; ils seront donc égaux.

212. *Deux tétraèdres sont égaux lorsqu'ils ont un angle dièdre égal compris entre deux faces égales chacune à chacune et pareillement situées.*

Soit (*fig.* 166) l'angle dièdre A'C' égal à AC, la face A'B'C' égale à ABC, et la face A'C'D' égale à ACD.

Les deux trièdres A et A' ayant, d'après cette supposition, un dièdre égal compris entre deux angles plans égaux chacun à chacun, ils sont égaux entre eux (205). Les deux tétraèdres ont donc un trièdre égal compris entre trois arêtes égales chacune à chacune, et sont égaux (211).

Remarque. — Ce théorème peut également se démontrer par la superposition des figures.

213. *Deux tétraèdres sont égaux lorsqu'ils ont une face égale adjacente à trois dièdres égaux chacun à chacun, et pareillement situés.*

La superposition des deux tétraèdres par la face qui est égale de part et d'autre montre immédiatement la vérité de cette proposition.

214. *Deux tétraèdres sont égaux lorsqu'ils ont leurs six arêtes égales chacune à chacune et pareillement situées.*

L'égalité des arêtes entraîne nécessairement celle des faces triangulaires; l'égalité des faces amène celle des trièdres (205) et, par suite, celle des tétraèdres (211).

Remarque. — En général, *il faut six conditions pour l'égalité de deux tétraèdres.* Chacun des énoncés des n°s 211, 212 et 213 satisfait à cette règle, si l'on compte, comme cela doit être, l'égalité d'un trièdre pour trois conditions, celle d'une face triangulaire également pour trois, et si l'on remarque dans l'énoncé du n° 212 que, les deux faces égales étant liées par un côté commun, leur ensemble n'équivaut qu'à cinq conditions.

COROLLAIRE. — Un tétraèdre ayant six arêtes, *le nombre des conditions nécessaires pour le déterminer est précisément égal à celui des arêtes.*

POLYÈDRES.

215. Les corps terminés de toutes parts par des portions de plans sont nommés *corps polyèdres*, ou simplement *polyèdres*. Les polygones que forment ces plans par leurs intersections sont les *faces* du polyèdre; ses *arêtes* sont les côtés des faces, et ses *diagonales* sont les droites qui unissent deux sommets non situés sur la même face.

Nous avons déjà vu que le polyèdre à quatre faces s'appelle *tétraèdre*; on appelle aussi *pentaèdre, hexaèdre, octaèdre, dodécaèdre, icosaèdre,...*, les polyèdres à cinq, six, huit, douze, vingt,... faces.

Ainsi que cela a eu lieu (45) pour les polygones plans, nous ne considérerons ici que les polyèdres *convexes*, c'est-à-dire ceux qui sont tels, que l'une quelconque des faces, prolongée dans tous les sens, ne puisse rencontrer aucune des autres.

216. On distingue parmi les polyèdres, après le tétraèdre qui a été l'objet d'un examen spécial, le *prisme*, dont deux faces opposées sont des polygones égaux et parallèles, et dont toutes les autres faces sont des parallélogrammes.

Le polyèdre ABCDEKHIGF est un prisme. Ses bases sont les deux pentagones ABCDE, FGHIK; ses arêtes latérales sont nécessairement toutes égales et parallèles entre elles.

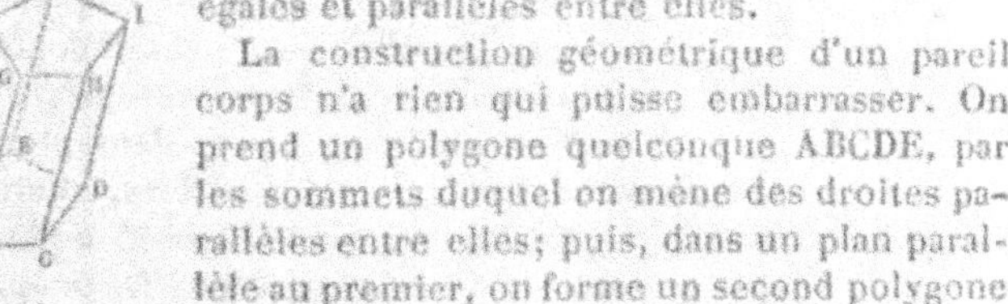

La construction géométrique d'un pareil corps n'a rien qui puisse embarrasser. On prend un polygone quelconque ABCDE, par les sommets duquel on mène des droites parallèles entre elles; puis, dans un plan parallèle au premier, on forme un second polygone ayant pour sommets les points de percement des parallèles. La figure ainsi obtenue est un prisme, car les faces latérales sont des parallélogrammes, et les deux polygones qui servent de bases sont parallèles et égaux.

Un prisme est *triangulaire, quadrangulaire, pentagonal, etc.*, suivant que sa base est un triangle, un quadrilatère, un pentagone, etc.

Si les arêtes latérales d'un prisme sont perpendiculaires aux plans des bases, le prisme est *droit*; il est *oblique* dans le cas contraire.

Un prisme est *régulier* lorsqu'il est droit, et que sa base est un polygone régulier.

On nomme *hauteur* d'un prisme la distance des deux plans dans lesquels sont situées les bases.

On ne peut évidemment construire qu'un seul prisme droit ayant une base et une hauteur données. *Deux prismes droits sont* donc *égaux lorsqu'ils ont des bases égales et la même hauteur.*

217. *Les sections faites dans un prisme par deux plans parallèles sont des polygones égaux.*

Deux côtés homologues de ces polygones sont, en effet, parallèles comme étant les intersections de deux plans parallèles par un troisième, et ils sont égaux comme parallèles comprises entre parallèles. De plus, les angles homologues sont égaux comme ayant leurs côtés parallèles et de même sens; les polygones eux-mêmes sont donc égaux.

Corollaire. — *Toute section parallèle à la base d'un prisme est égale à cette base.*

218. Un prisme tel que ABCDHGFE, que l'on désigne aussi par AG, se nomme *parallélépipède* (¹), parce que sa base est un parallélogramme.

Fig. 168.

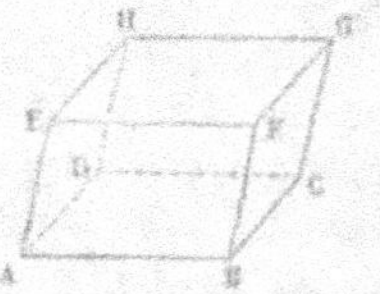

Un parallélépipède est compris sous six parallélogrammes. Non-seulement les deux bases sont égales et parallèles, comme cela a lieu dans un prisme quelconque; mais il en est de même de deux faces opposées arbitrairement choisies, ABFE et DCGH, par exemple.

L'égalité de ces faces est en effet évidente; car AB et DC

(¹) La plupart des auteurs écrivent *parallélipipède*. Nous n'adoptons l'orthographe ci-dessus, à l'exemple de quelques autres non moins recommandables, que parce qu'elle nous paraît plus conforme à l'étymologie naturelle de ce mot composé.

sont égaux et parallèles, ainsi que AE et DH; par suite, les deux parallélogrammes considérés, qui ont un angle égal compris entre deux côtés égaux chacun à chacun, sont égaux, et de plus leurs plans sont parallèles (187).

Remarque. — Dans un parallélépipède, on peut prendre pour bases deux faces opposées quelconques.

COROLLAIRE. — *Tout corps compris sous six faces parallèles deux à deux est un parallélépipède.*

219. *Les quatre diagonales d'un parallélépipède se coupent mutuellement en deux parties égales.*

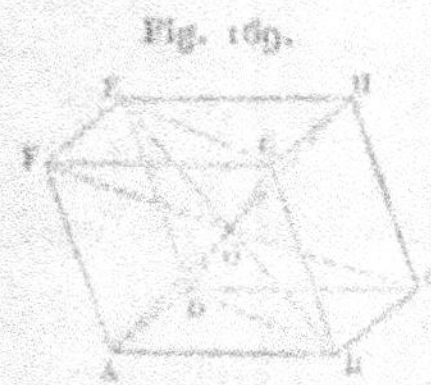

Fig. 169.

Il suffit évidemment d'établir cette propriété pour deux diagonales quelconques, BE et DG par exemple. Or, les arêtes BG et DE étant égales et parallèles, le quadrilatère BGED est un parallélogramme, dans lequel les diagonales BE et DG se coupent en deux parties égales au point O.

220. Un parallélépipède *droit* est, comme cela a lieu pour un prisme quelconque, celui dont les arêtes latérales sont perpendiculaires aux plans des bases.

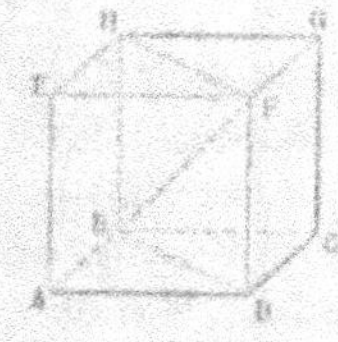

Fig. 170.

Dans un parallélépipède droit, un plan mené par deux arêtes opposées BH et DF le décompose en deux prismes triangulaires droits égaux; ces deux prismes ont en effet même hauteur, et leurs bases ABD, BDC sont égales (216).

221. Un prisme droit dont les bases sont rectangulaires est dit parallélépipède *rectangle*.

Si, de plus, les six arêtes sont égales, il prend le nom de *cube*; il est alors compris sous six carrés égaux.

Dans un parallélépipède rectangle, le carré d'une diagonale est égal à la somme des carrés des trois dimensions.

On voit, en effet, que le triangle BDF (*fig.* 170) est rectangle en D, et donne

$$\overline{BF}^2 = \overline{DF}^2 + \overline{BD}^2 .$$

Or le triangle ABD, s'il est rectangle en A, fournit

$$\overline{BD}^2 = \overline{AB}^2 + \overline{AD}^2 = \overline{DC}^2 + \overline{AD}^2 ;$$

cette égalité, rapprochée de la précédente, conduit alors à celle-ci,

$$\overline{BF}^2 = \overline{DF}^2 + \overline{DC}^2 + \overline{AD}^2 ,$$

laquelle est la traduction de la propriété énoncée.

Corollaire. — Si les trois arêtes DF, DC et AD étaient égales entre elles, auquel cas le parallélépipède serait un cube, l'égalité qui vient d'être établie deviendrait

$$\overline{BF}^2 = 3\overline{AD}^2 ; \quad \text{d'où} \quad BF = AD\sqrt{3}.$$

Il en résulte que *la diagonale d'un cube est égale à son côté multiplié par* $\sqrt{3}$.

Remarque. — On a vu (156, Coroll. II) que le côté du triangle équilatéral inscrit à une circonférence est égal au rayon multiplié par $\sqrt{3}$. Ce rapprochement donne un moyen facile de construire la diagonale d'un cube dont le côté est donné.

222. Un polyèdre SABCDE, compris sous plusieurs faces triangulaires SAB, SBC, SCD, etc., qui ont un sommet commun S, et dont les bases AB, BC, CD, etc., aboutissent aux côtés d'un polygone ABCDE, est une *pyramide*.

Fig. 171.

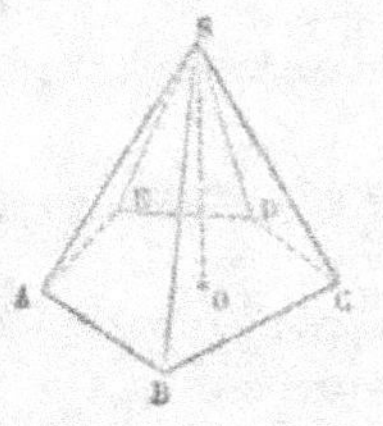

Le point S est le *sommet* de la pyramide; le polygone ABCDE en est la *base*, et la perpendiculaire SO abaissée du sommet sur la base est la *hauteur*.

Une pyramide est *triangulaire, quadrangulaire, pentagonale, etc.*, selon que sa base est un triangle, un quadrilatère, un pentagone, etc. Un tétraèdre est une pyramide triangulaire.

Une pyramide est *régulière* lorsque sa base ABCDE est un polygone régulier ayant pour centre le pied O de la hauteur SO.

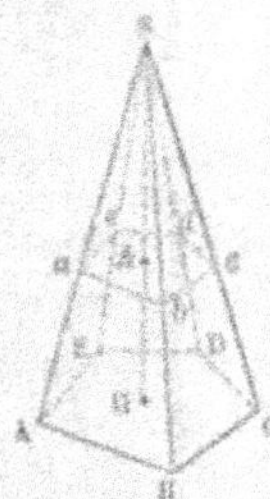
Fig. 172.

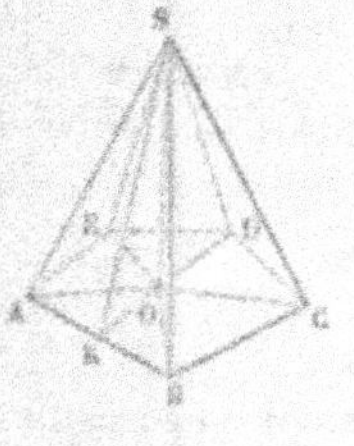

Les triangles rectangles SOA, SOB, SOC, etc., étant tous égaux, toutes les arêtes latérales sont égales; par suite, les faces latérales SAB, SBC, SCD, etc., sont des triangles isoscèles égaux. La hauteur SK de l'un quelconque de ces triangles est l'*apothème* de la pyramide.

223. *Tout plan parallèle à la base d'une pyramide divise proportionnellement les arêtes et la hauteur. De plus, la section est un polygone semblable à la base.*

1° Les arêtes et la hauteur étant des droites issues d'un même point et coupées par deux plans parallèles (191, Coroll.), on a

Fig. 173.

$$\frac{SA}{Sa} = \frac{SB}{Sb} = \frac{SC}{Sc} = \frac{SD}{Sd} = \frac{SE}{e} = \frac{SH}{Sh}.$$

2° Deux côtés homologues AB et ab sont parallèles comme intersections de deux plans parallèles par un troisième; les angles des deux polygones ont donc leurs côtés parallèles et de même sens, et ces angles sont égaux.

Ensuite, les côtés AB, BC, CD, DE, EA étant respectivement parallèles à ab, bc, cd, de, ea, nous avons

$$\frac{AB}{ab} = \frac{SB}{Sb}, \qquad \frac{BC}{bc} = \frac{SB}{Sb},$$

d'où l'on tire, à cause du rapport commun $\dfrac{SB}{Sb}$,

$$\frac{AB}{ab} = \frac{BC}{bc}.$$

Par le même moyen nous établirions la suite de rapports égaux

$$\frac{AB}{ab} = \frac{BC}{bc} = \frac{CD}{cd} = \frac{DE}{de} = \frac{EA}{ea}.$$

Ainsi, la base et la section ont leurs angles égaux et leurs côtés homologues proportionnels; donc ces polygones sont semblables.

Corollaire I. — Si l'on désigne par B et b les aires de la base et de la section, on aura (127)

$$\frac{B}{b} = \frac{\overline{AB}^2}{\overline{ab}^2} = \frac{\overline{SA}^2}{\overline{Sa}^2} = \frac{\overline{SH}^2}{\overline{Sh}^2};$$

ce qui prouve que *la base et la section sont entre elles dans le même rapport que les carrés de leurs distances au sommet.*

Si, par exemple, la section est faite au milieu de la hauteur, on aura

$$\frac{B}{b} = \frac{H^2}{\left(\dfrac{H}{2}\right)^2} = 4,$$

ou

$$b = \frac{B}{4}.$$

Corollaire II. — Cette proposition permet de déterminer la hauteur de la pyramide à laquelle appartient un *tronc* tel que ABCDE *edcba*, qui reste après qu'on a retranché la partie supérieure par un plan *abcde* parallèle à la base.

On a, d'après ce qui précède,

$$\frac{SH}{Sh} = \frac{AB}{ab}$$

d'où l'on tire (*Arithm.*, 150)

$$\frac{SH}{SH - Sh} = \frac{AB}{AB - ab}.$$

Le tronc étant donné avec sa hauteur $SH - Sh$, tout est connu dans cette relation, sauf SH que l'on cherchait, et qui se trouve ainsi déterminé.

224. *Si deux pyramides de même hauteur ont leurs bases sur un même plan, les sections faites par un plan parallèle aux bases sont entre elles comme ces bases.*

D'après le théorème précédent, nous avons (*fig.* 174)

$$\frac{ABCD}{abcd} = \frac{\overline{SH}^2}{\overline{Sh}^2}, \quad \frac{A'B'C'}{a'b'c'} = \frac{\overline{S'H'}^2}{\overline{S'h'}^2}.$$

Mais, par hypothèse,

$$SH = S'H' \quad \text{et} \quad Sh = S'h';$$

donc les seconds membres des égalités précédentes sont

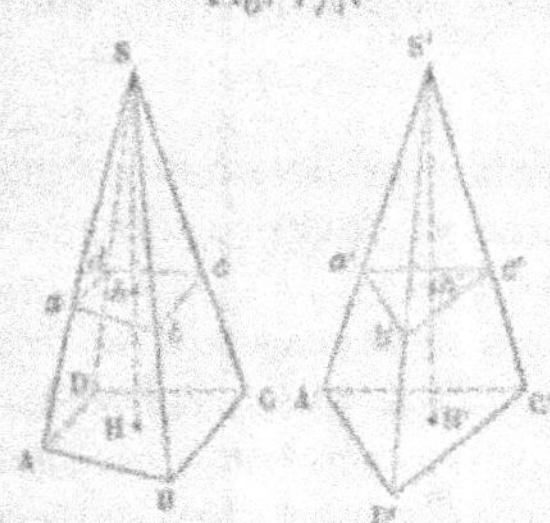

Fig. 174.

égaux, et l'on a

$$\frac{ABCD}{abcd} = \frac{A'B'C'}{a'b'c'},$$

ou bien

$$\frac{abcd}{a'b'c'} = \frac{ABCD}{A'B'C'}.$$

C. Q. F. D.

COROLLAIRE. — Si les bases étaient équivalentes, les sections menées à égales distances des deux bases seraient aussi équivalentes.

POLYÈDRES ÉGAUX.

225. *Deux prismes sont égaux, lorsqu'ils ont un angle dièdre à la base égal et compris entre deux faces égales chacune à chacune et pareillement situées.*

Soit l'angle dièdre AB égal à A'B', la base ABCDE égale à A'B'C'D'E', et la face latérale AB*ba* égale à A'B'*b'a'*.

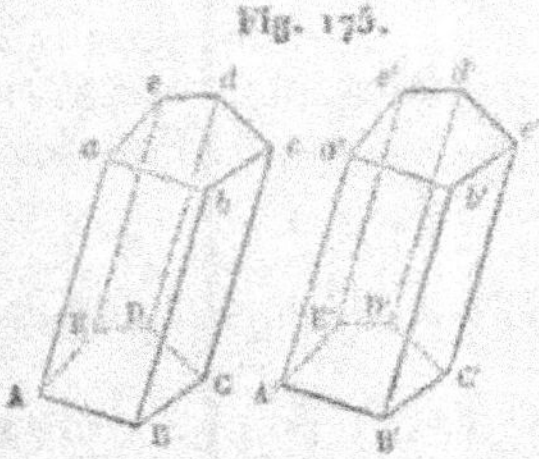

Fig. 175.

Plaçons la seconde figure sur la première, de manière à faire coïncider les deux bases égales. A cause de l'égalité des angles dièdres AB et A'B', le plan de la face A'B'*b'a'* tombera sur celui de AB*ba*; enfin, puisque ces deux faces sont égales, elles coïncideront, et les points *a'* et *b'* tomberont respectivement sur les points *a* et *b*. Cela étant, l'arête C'*c'* parallèle à B'*b'* coïncidera avec C*c* parallèle à B*b*, et le point *e'* tombera au point *e*, puisque les arêtes latérales des deux prismes sont toutes égales; de même le point *d'* tombera en *d*, et ainsi de suite.

Les deux prismes coïncideront donc complétement; par conséquent, ils sont égaux.

COROLLAIRE I. — Il résulte encore de là, comme nous l'avons déjà vu (216), que *deux prismes droits de même base et de même hauteur sont égaux.*

COROLLAIRE II. — *Deux cubes qui ont un côté égal sont égaux.*

226. *Deux pyramides sont égales, lorsqu'elles ont un angle dièdre à la base égal et compris entre deux faces égales chacune à chacune et pareillement assemblées.*

Ce théorème se démontre encore par la superposition des deux bases égales. L'égalité d'un dièdre de base fait coïncider les deux autres faces égales et, par suite, les sommets des deux pyramides. Il en résulte que toutes les autres arêtes coïncident également, et que les deux pyramides sont entiérement superposées.

Remarque. — Si les bases des deux pyramides sont des polygones de *n* côtés, leur égalité est assurée (54, Coroll. 1) par $2n - 3$ conditions; la face triangulaire égale en représente seulement 2, à cause de son côté commun avec la base, et le dièdre égal apporte enfin une autre condition. Il faut donc en tout $2n - 3 + 2 + 1$ ou $2n$ conditions pour déterminer une pyramide, c'est-à-dire *autant qu'il y a d'arêtes* dans cette figure.

Ce résultat est d'ailleurs conforme à celui que nous avons mis en évidence (214, Coroll.) pour le cas particulier de la pyramide triangulaire ou tétraèdre.

227. *Un polyèdre quelconque peut être décomposé en pyramides d'une infinité de manières.*

On comprend, en effet, que si l'on joint un point S arbitrairement choisi dans l'intérieur du polyèdre à tous les sommets, et que l'on fasse passer des plans par tous les couples de droites issues du point S qui aboutissent aux extrémités d'une même arête, on partagera le corps en pyramides ayant pour sommet commun le point S, et pour bases les diverses faces du polyèdre.

Cette décomposition peut, d'ailleurs, être opérée d'une infinité de manières différentes, puisqu'il suffit évidemment de changer la position du point arbitraire S pour modifier plus ou moins considérablement le système des pyramides.

Remarque. — Chacune des pyramides dans lesquelles a été transformé le polyèdre pouvant être divisée elle-même par des plans diagonaux en pyramides triangulaires ou tétraèdres, on en conclut que tout polyèdre peut être décomposé en tétraèdres.

On voit ainsi que le tétraèdre est l'élément du polyèdre, de même que nous avons vu dans le triangle l'élément du polygone.

228. *Deux polyèdres sont égaux, lorsqu'ils sont composés d'un même nombre de pyramides égales chacune à chacune et pareillement assemblées.*

Ceci résulte immédiatement de ce que la superposition successive des pyramides égales amènerait nécessairement la superposition complète et, par suite, l'égalité des deux polyèdres.

Remarque. — Les conditions nécessaires pour que deux polyèdres soient égaux sont les mêmes que celles qui assurent l'égalité des pyramides dans lesquelles ils sont décomposables; cherchons donc le nombre de ces dernières conditions.

Chaque pyramide a pour base une face de polyèdre; elle est déterminée par autant de conditions qu'elle a d'arêtes (226, *Rem.*) ou, ce qui revient au même, par deux fois autant de conditions que sa base a de côtés. L'ensemble des pyramides ou le polyèdre, lequel est déterminé par la somme des nombres de conditions déterminantes des pyramides, exigera donc seulement autant de conditions que toutes ses faces ont d'arêtes, puisque chacune de ses arêtes appartient à deux pyramides accolées.

De là cette proposition remarquable : *Un polyèdre quelconque est déterminé par autant de conditions qu'il a d'arêtes.*

229. On nomme *polyèdres semblables* ceux qui sont compris sous un même nombre de faces semblables chacune à chacune, et dont les angles polyèdres homologues sont égaux.

L'égalité des angles polyèdres entraîne évidemment celle des angles dièdres.

Dans les tétraèdres, la similitude des faces entraîne l'égalité des angles trièdres, et réciproquement, ainsi que nous le verrons bientôt.

230. *Tout plan parallèle à la base d'une pyramide détermine une seconde pyramide semblable à la première.*

Nous avons vu (223) que les polygones ABCDE et FGHIK sont semblables. La similitude des faces triangulaires résulte immédiatement de ce que les côtés des deux polygones sont parallèles deux à deux ; ainsi, les deux pyramides ont déjà leurs faces semblables.

Il reste à faire voir que les angles polyèdres sont égaux. Or, l'angle polyèdre S est commun ; ensuite deux angles trièdres, tels que A et F, sont égaux comme ayant (205) un angle dièdre commun compris entre des angles plans égaux chacun à chacun, savoir : SAB égal à SFG, SAE à SFK.

Les deux pyramides, ayant leurs faces semblables et leurs angles polyèdres égaux, sont donc semblables.

CoROLLAIRE. — Dans la *fig.* 173, les deux pyramides SABCDE, S*abcde* sont semblables, et il est par là même établi que (223, Coroll. 1) *deux pyramides semblables ont leurs bases proportionnelles aux carrés des arêtes et des hauteurs homologues.*

231. *Deux tétraèdres sont semblables, lorsqu'ils ont un angle trièdre égal compris entre arêtes proportionnelles et pareillement situées.*

Soient SABC, S'A'B'C' (*fig.* 177) les deux tétraèdres qui ont les deux trièdres S et S' égaux. Plaçons les deux figures l'une

sur l'autre de manière que les sommets coïncident en S, et
que les arêtes proportionnelles
soient situées dans la même direction. Dans cette position, les
droites DE et EF sont respectivement parallèles à AC et BC;
par suite, le plan DEF est parallèle à ABC (187) et, d'après
le théorème précédent, le tétraèdre SABC est semblable à
SDEF ou à son égal S'A'B'C'.

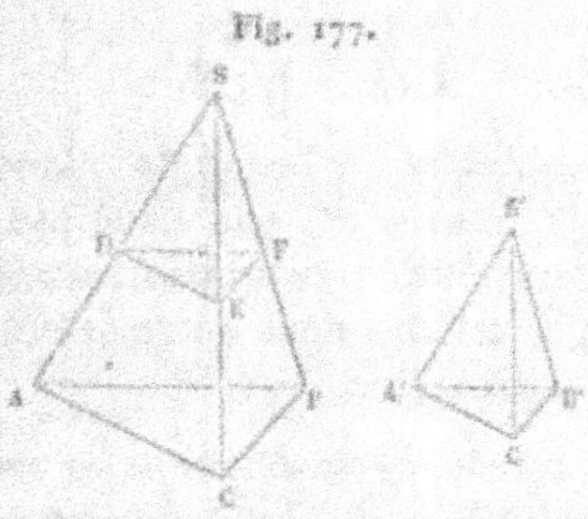
Fig. 177.

232. *Deux tétraèdres sont semblables, lorsqu'ils ont un angle dièdre égal compris entre deux faces semblables chacune à chacune et pareillement situées.*

Mettons encore le tétraèdre S'A'B'C' sur SABC, de manière que, les sommets S et S' coïncidant ainsi que les dièdres égaux SA et S'A', le point A' tombe en D.

Puisque le triangle S'A'B' est semblable à SAB, le point B' viendra en F et DF sera parallèle à AB; de même DE sera parallèle à AC. Par suite, le plan DEF sera parallèle à ABC, et le tétraèdre SDEF ou son égal S'A'B'C' sera semblable à SABC.

233. *Deux tétraèdres sont semblables, lorsqu'ils ont une face semblable adjacente à trois dièdres égaux chacun à chacun et pareillement situés.*

Soient (*fig.* 177) la face A'B'C' semblable à ABC, et les trois dièdres adjacents à ces faces égaux chacun à chacun. Les trièdres A et A' ont ainsi un angle plan égal adjacent à deux dièdres égaux chacun à chacun et, par suite, l'angle plan S'A'C' est égal à SAC.

On trouverait de même que les angles plans SCA et S'C'A' sont égaux. De là il résulte que les triangles SAC, S'A'C' sont semblables, et les deux tétraèdres sont alors dans le cas du théorème précédent, puisqu'ils ont un dièdre égal compris entre deux faces semblables chacune à chacune; ces deux tétraèdres sont donc semblables.

234. *Deux tétraèdres sont semblables, lorsqu'ils ont les arêtes proportionnelles et pareillement situées.*

22.

Si l'on a (*fig.* 177)

$$\frac{SA}{S'A'} = \frac{SB}{S'B'} = \frac{SC}{S'C'} = \frac{AB}{A'B'} = \frac{AC}{A'C'} = \frac{BC}{B'C'},$$

les triangles homologues seront semblables, et les angles plans homologues seront égaux. L'angle trièdre S', par exemple, sera donc égal à l'angle S, et les deux tétraèdres se trouveront dans le cas du n° 231, avec un angle trièdre égal entre arêtes proportionnelles; ils seront donc semblables.

235. *Deux pyramides semblables peuvent se décomposer en un même nombre de tétraèdres semblables chacun à chacun et pareillement disposés, au moyen de plans menés par les sommets et par les diagonales homologues de la base.*

Les pyramides étant semblables, les deux bases sont des polygones semblables que les diagonales homologues partagent en triangles semblables chacun à chacun; de plus, les angles dièdres et trièdres de ces pyramides sont égaux. Il est donc établi que deux tétraèdres homologues quelconques ont un angle dièdre égal compris entre deux faces semblables chacune à chacune et pareillement disposées; ces tétraèdres sont donc semblables (232), et c'est ce que nous voulions démontrer.

Fig. 178.

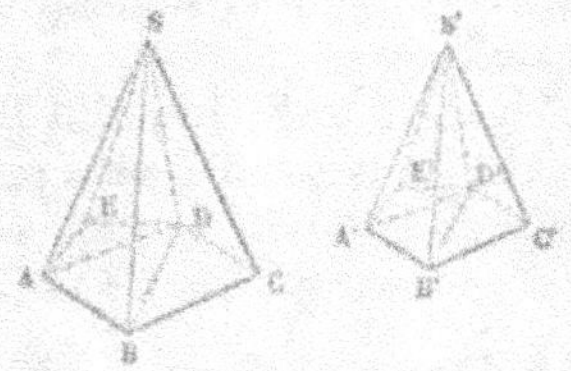

La réciproque de cette proposition ne présente aucune difficulté.

236. *Deux pyramides sont semblables, lorsqu'elles ont un dièdre à la base égal et compris entre deux faces semblables chacune à chacune et pareillement assemblées.*

Supposons (*fig.* 178) le dièdre AE égal au dièdre A'E', la face SAE semblable à S'A'E' et la base ABCDE semblable à A'B'C'D'E'.

En vertu de ces hypothèses, les angles trièdres A et A' ont un dièdre égal compris entre deux angles plans égaux chacun à chacun et sont égaux (205). L'angle dièdre SA est donc égal à l'angle dièdre S'A'; le dièdre AB est égal au dièdre A'B', et

l'angle plan SAB est égal à l'angle plan S'A'B'. De plus, la similitude des faces SAE, S'A'E' donne

$$\frac{SA}{S'A'} = \frac{AE}{A'E'};$$

ce'le des bases fournit aussi

$$\frac{AB}{A'B'} = \frac{AE}{A'E'},$$

et l'on conclut de ces deux relations

$$\frac{SA}{S'A'} = \frac{AB}{A'B'}.$$

Les deux triangles SAB, S'A'B' ont donc un angle égal compris entre côtés proportionnels; donc ils sont semblables.

En considérant maintenant les angles trièdres B et B', on
établirait de la même manière l'égalité des dièdres BC et B'C',
SB et S'B', ainsi que la similitude des faces SBC et S'B'C'. On
continuerait de la sorte, et l'on conclurait que les deux pyramides, ayant leurs dièdres égaux deux à deux et leurs faces
semblables chacune à chacune, le tout disposé pareillement,
sont semblables.

237. *Deux prismes sont semblables, lorsqu'ils ont un angle
dièdre à la base égal et compris entre deux faces semblables
chacune à chacune et pareillement situées.*

La démonstration de cette vérité serait calquée sur la précédente, et nous ne nous y arrêterons pas.

COROLLAIRE I. — *Deux prismes droits ou deux pyramides régulières sont semblables, lorsque les bases sont semblables et
les hauteurs proportionnelles aux côtés homologues des bases.*

COROLLAIRE II. — *Deux parallélépipèdes rectangles qui ont
leurs trois dimensions proportionnelles sont semblables.*

COROLLAIRE III. — *Tous les cubes sont semblables.*

238. *Deux polyèdres semblables peuvent se décomposer en
pyramides semblables deux à deux et pareillement assemblées.*

Soient ABCDE, A'B'C'D'E' (*fig.* 178) deux faces homologues des deux polyèdres, et S un point pris dans l'intérieur du

premier; joignons ce point S à tous les sommets de la face ABCDE. Le théorème du n° 236 permet de déterminer dans le second polyèdre le point S′ homologue du point S, en faisant d'abord un dièdre A′B′ égal à AB, et un triangle A′S′B′ semblable à ASB. Ce point S′ une fois trouvé, les deux pyramides SABCDE, S′A′B′C′D′E′ seront semblables, en vertu du théorème cité et d'après leur construction même.

Cela posé, si nous joignons les points homologues S et S′ à tous les autres sommets des deux polyèdres, nous formerons des pyramides nécessairement semblables deux à deux (236), puisqu'elles auront, chacun à chacun, la base semblable, une face triangulaire semblable comme appartenant aux deux pyramides voisines dont la similitude a été établie, et l'angle dièdre compris égal comme étant, dans chaque polyèdre, la différence entre un dièdre égal et celui de la pyramide semblable voisine.

Corollaire I. — Chacune des pyramides, dans lesquelles chaque polyèdre a été décomposé, pouvant elle-même se diviser en tétraèdres qui seront semblables chacun à chacun, si les pyramides remplissent cette condition, il est prouvé que *deux polyèdres semblables peuvent se décomposer en tétraèdres semblables et pareillement situés.*

Corollaire II. — *Dans deux polyèdres semblables, les arêtes et les diagonales homologues sont proportionnelles;* car les points homologues S et S′, choisis pour sommets communs des pyramides, pourraient être également des sommets homologues des deux polyèdres.

239. Réciproquement, *deux polyèdres composés d'un même nombre de tétraèdres semblables chacun à chacun et pareillement assemblés sont semblables.*

La démonstration de cette réciproque ne saurait offrir la moindre difficulté, puisqu'il ne s'agit que de composer des corps semblables avec des éléments semblables deux à deux.

240. *Dans deux polyèdres semblables :* 1° *les périmètres sont entre eux comme les arêtes homologues;* 2° *les surfaces sont entre elles comme les carrés des arêtes homologues.*

1° Les arêtes homologues des deux polyèdres forment une

suite de rapports égaux. Par conséquent, la somme des antécédents et celle des conséquents, ou les deux périmètres, sont entre elles comme deux arêtes homologues.

2° Les aires des faces semblables sont proportionnelles aux carrés des arêtes homologues. Or, ces faces forment encore une suite de rapports égaux dans laquelle la somme des antécédents et celle des conséquents, ou les deux aires, sont entre elles comme les carrés de deux arêtes homologues.

Remarque. — Nous verrons plus loin que *les volumes de deux polyèdres semblables sont entre eux comme les cubes des arêtes homologues.*

LES CORPS RONDS.

LA SPHÈRE.

241. Les trois *corps ronds* considérés en Géométrie élémentaire sont la *sphère*, le *cylindre droit* et le *cône droit à base circulaire.* Ils ont reçu ce nom parce qu'on peut les engendrer en faisant tourner une figure plane autour d'une ligne droite.

Nous allons les passer successivement en revue et exposer leurs propriétés les plus saillantes.

242. On nomme *sphère* un corps compris sous une surface courbe dont tous les points sont également distants d'un point intérieur que l'on appelle *centre.* Cette distance constante du centre à la surface s'appelle le *rayon* de la sphère.

Une droite qui, passant par le centre, est limitée dans les deux sens à la surface, porte le nom de *diamètre.* Tous les diamètres sont doubles du rayon et, par suite, égaux entre eux.

La sphère peut être engendrée par la rotation d'un demi-cercle autour de son diamètre; car tous les points de la surface ainsi décrite par la demi-circonférence sont équidistants du centre.

243. Tout plan qui passe par le centre d'une sphère coupe la surface suivant une courbe qui est évidemment un cercle ayant pour centre et pour rayon le centre et le rayon de la sphère. Tels sont les cercles CILK, AIBK de la *fig.* 179.

Un pareil plan CILK divise la surface de la sphère en deux

parties égales ; car les deux parties mises l'une dans l'autre, de manière à avoir pour base commune le cercle CILK, doivent coïncider, sans quoi la surface aurait des points inégalement éloignés de son centre.

244. Tout plan qui coupe la sphère sans passer par son centre détermine sur la surface une courbe DGF également circulaire. Abaissons, en effet, du centre O la perpendiculaire OE ; le pied E de cette perpendiculaire sera à égale distance de tous les points de la section DGF, car toutes les obliques OD, OG, OF seront égales comme rayons de la sphère, et s'écarteront également du pied E de OE (180, Coroll. II). La courbe DGF sera donc un cercle ayant son centre en E, et DE pour rayon.

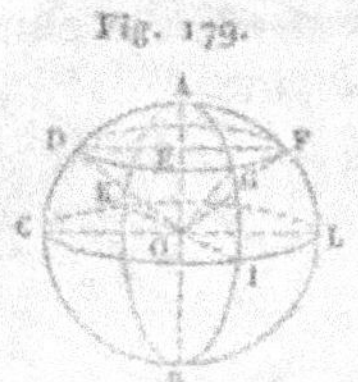

Fig. 179.

La droite DE étant nécessairement moindre que le rayon OD, le cercle DGF sera moindre que celui qui résulterait d'une section faite par le centre ; par ce motif, ce dernier s'appelle *grand cercle*, et l'autre *petit cercle*.

Tous les grands cercles ayant même rayon, ils sont égaux entre eux.

Un grand cercle est déterminé par deux de ses points ; car son plan est lui-même déterminé par ces deux points et par le centre de la sphère.

Deux grands cercles ACBF, AIBK, se coupent toujours en deux parties égales, attendu que l'intersection AB de leurs plans passe par leur centre commun et est en même temps diamètre de l'un et de l'autre.

245. Le cercle DGF (*fig.* 179) sera d'autant plus petit que OE sera plus grand, c'est-à-dire que son plan sera plus éloigné du centre. Si nous imaginons que ce plan se meuve parallèlement à lui-même, son intersection avec la surface sphérique se réduira évidemment au seul point A lorsque OE sera devenu égal à OA.

Ce plan, qui n'a plus alors qu'un seul point commun avec la sphère, prend le nom de *plan tangent*.

246. *Tout diamètre perpendiculaire sur un petit cercle coupe*

la sphère en deux points, dont chacun est également éloigné de tous ceux du petit cercle.

Nous avons vu (244) que la perpendiculaire passe par le centre du petit cercle DGF, et nous savons en outre (180, Coroll. II) que cette droite a tous ses points également éloignés de tous ceux de la circonférence dudit cercle. Il en est donc ainsi, en particulier, des deux points A et B dans lesquels elle rencontre la surface sphérique.

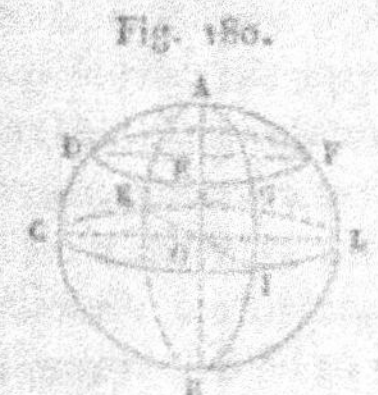

Fig. 180.

COROLLAIRE. — Les arcs de grand cercle AD, AG, AF ayant pour cordes égales les distances du point A à chacun des points de la circonférence DGF, ces arcs sont égaux entre eux. Par suite, les points A et B peuvent servir à décrire le cercle DGF, sans qu'il soit nécessaire de connaître son centre, qui se trouve dans l'intérieur de la sphère. Il suffit, en effet, de marquer tous les points dont les distances au point A ou au point B, mesurées sur la surface sphérique par les arcs de grand cercle AD et AG, ou BD et BG, sont égales à celle qui a été choisie, pour décrire le cercle demandé.

Par ce motif, les points A et B se nomment les *pôles* du cercle DGF, dont la perpendiculaire AE est l'*axe*.

Les propriétés des pôles permettent de tracer sur la surface sphérique des circonférences, à l'aide d'un compas dont les branches sont recourbées, et que l'on nomme, dans les arts, *compas sphérique* ou *compas d'épaisseur*.

Remarque. — Tout cercle de la sphère a deux pôles, et tous les cercles dont les plans sont parallèles ont les mêmes pôles.

247. L'arc de grand cercle AI, mené du pôle d'un grand cercle CILK à sa circonférence, est le quart de la circonférence d'un grand cercle, ou un *quadrant*.

Si l'on voulait déterminer sur la surface d'une sphère les pôles d'un arc de grand cercle donné, on décrirait deux arcs ayant pour centres deux points quelconques de l'arc donné, et pour ouverture celle qui correspond à un quadrant. Les deux points de rencontre de ces arcs entre eux seraient à la distance d'un quadrant de deux points de l'arc donné; ils se-raient donc les pôles cherchés.

248. On a quelquefois besoin de trouver le rayon d'une sphère donnée ; le procédé suivant conduit à ce résultat.

On prend sur la surface de la sphère deux points quelconques D et F. De ces deux points, comme pôles, on décrit avec

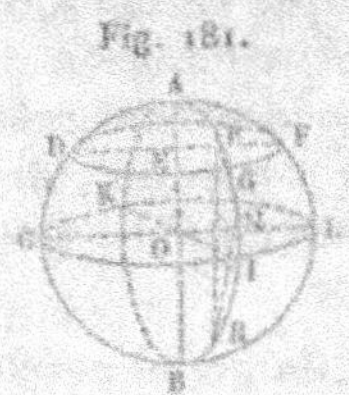

Fig. 181.

la même ouverture deux arcs de cercle qui se coupent en un point P également éloigné des points D et F. On détermine de même deux autres points Q et R, et l'on a ainsi trois points P, Q et R, tous trois à des distances égales des points D et F. Or, ces trois points appartiennent au plan perpendiculaire élevé sur le milieu de DF, lequel renferme tous les points également distants de D et de F (178. Coroll. II), et contient aussi, par conséquent, le centre de la sphère.

Il résulte de là que le cercle circonscrit au triangle PQR est un grand cercle. Si donc on mesure avec le compas sphérique les distances PQ, QR et PR, on pourra construire à part, sur un plan, ce triangle PQR, et lui circonscrire une circonférence dont le rayon sera celui de la sphère.

249. *Les petits cercles égaux sont à égale distance du centre de la sphère ; de deux cercles inégaux, le plus grand en est le moins distant.*

Cela résulte de ce que les intersections de deux petits cercles quelconques avec le grand cercle qui passe par leurs centres sont des diamètres respectifs de ces petits cercles, lesquels sont d'autant plus petits qu'ils sont plus éloignés du centre (88).

250. Nous avons dit (244) que si un plan, coupant la sphère,

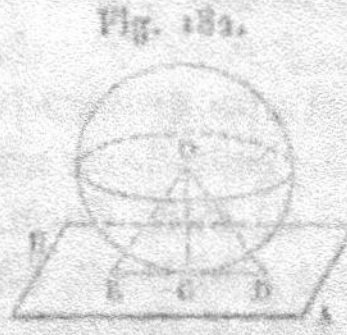

Fig. 182.

suivant un petit cercle, s'éloignait parallèlement du centre jusqu'à l'extrémité du rayon qui lui est perpendiculaire, il deviendrait tangent à la sphère. Il est, d'ailleurs, facile de démontrer directement que *tout plan perpendiculaire à l'extrémité d'un rayon est tangent à la sphère.*

En effet, le plan AB a tous ses points D, E, etc., plus éloignés du centre O que ne l'est le point C, puisque les obliques

OD, OE, etc., sont toutes plus longues que la perpendiculaire OC. Ces points D, E, etc., sont donc situés hors de la sphère, et le plan AB, n'ayant que le seul point C commun avec la surface, lui est tangent.

251. Réciproquement, *tout plan tangent à la sphère est perpendiculaire sur le rayon du point de contact.* Car ce plan n'a de commun avec la sphère que le seul point de contact C (*fig.* 182), et tous ses autres points sont en dehors de la surface; ils sont donc plus éloignés du centre que le point C et, le rayon OC étant la plus courte droite que l'on puisse mener du centre au plan tangent, ce rayon est perpendiculaire audit plan.

Corollaire I. — *Il n'existe qu'un seul plan tangent en chacun des points d'une sphère.*

Corollaire II. — *Les plans tangents aux extrémités d'un même diamètre sont parallèles,* comme étant perpendiculaires à une même droite.

Corollaire III. — *Tous les plans également distants d'un point donné touchent une sphère dont ce point est le centre.*

252. *Par quatre points donnés non dans un même plan, on peut toujours faire passer une surface sphérique; mais il n'en peut passer qu'une.*

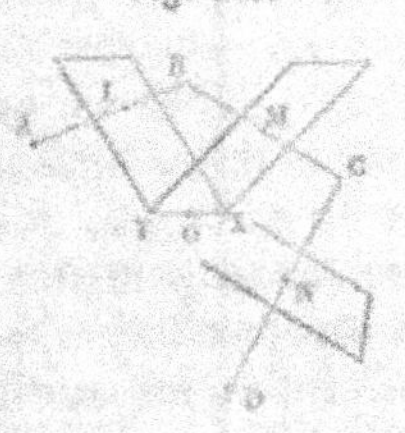

Le centre de la sphère cherchée étant équidistant des deux points A et B, il est situé dans le plan perpendiculaire sur le milieu de la droite AB. Il est de même dans le plan perpendiculaire sur le milieu de BC, et se trouve donc déjà situé quelque part sur l'intersection XY des deux plans sus-indiqués. Ce même centre, étant encore équidistant des deux points C et D, se trouvera dans le plan perpendiculaire sur le milieu N de la droite CD; il sera donc à la rencontre en O de ce dernier plan avec la droite XY.

Il est d'ailleurs aisé de voir que, ce point de rencontre O du plan NO avec la droite XY étant unique, il ne peut exister qu'un seul centre et, par conséquent, qu'une seule sphère passant par les quatre points A, B, C et D.

Fig. 183.

Remarque. — Si les quatre points donnés appartenaient à un même plan, la droite XY serait parallèle au plan NO, et le problème serait impossible; à moins que ladite droite XY ne se trouvât elle-même comprise dans le plan NO, le quadrilatère ABCD étant alors inscriptible à une circonférence passant par les quatre points donnés. Dans ce cas, le problème serait évidemment indéterminé, puisque tout point de XY pourrait servir de centre à une sphère passant par A, B, C et D.

Corollaire. — *Le point de rencontre des six plans bissecteurs des dièdres d'un tétraèdre* (210) *est le centre d'une sphère tangente à chacune des six faces, c'est-à-dire inscrite au tétraèdre.*

CONTACT ET INTERSECTION DES SPHÈRES.

253. *Lorsque deux sphères se coupent, cette intersection a lieu suivant une circonférence dont le plan est perpendiculaire à la ligne des centres, et qui a son centre sur cette ligne.*

Cette vérité résulte suffisamment du Corollaire II du n° 180. Nous pouvons, en effet, en conclure que tout point de l'intersection des deux surfaces est situé sur une circonférence dont le plan est perpendiculaire au rayon de chacune des deux sphères qui passe par le centre de ladite circonférence. Ces deux rayons sont donc sur une même ligne droite qui n'est autre chose que la ligne des centres.

Corollaire. — *Lorsque deux sphères n'ont qu'un seul point commun,* auquel cas elles sont dites *tangentes, ce point est sur la ligne des centres;* car deux sphères qui n'ont qu'un seul point commun peuvent être considérées comme limites de deux sphères se coupant d'abord suivant un cercle, et que l'on aurait fait mouvoir, de manière à laisser les trois centres sur la même ligne droite, jusqu'à ce que le cercle d'intersection se fût réduit à son centre, toujours situé lui-même sur la ligne des deux autres.

254. Les positions relatives que deux sphères peuvent occuper dans l'espace sont absolument les mêmes que celles qui ont été exposées (93) pour deux cercles sur un plan, et les relations propres à chaque cas entre la distance des centres et les rayons sont aussi les mêmes, et se démontrent de la même

manière. Nous nous bornerons, en conséquence, à les énoncer ici :

1° *Quand deux sphères sont extérieures l'une à l'autre, la
distance des centres est plus grande que la somme des rayons.*

2° *Lorsque deux sphères se touchent extérieurement, la distance des centres est égale à la somme des rayons.*

3° *Lorsque deux sphères se coupent, la distance des centres
est plus petite que la somme des rayons, et plus grande que
leur différence.*

4° *Quand deux sphères se touchent intérieurement, la distance des centres est égale à la différence des rayons.*

5° *Lorsque deux sphères sont intérieures l'une à l'autre, la
distance des centres est moindre que la différence des rayons.*

Les réciproques de ces cinq propositions sont également
vraies et s'établissent comme celles du n° 93.

LE CYLINDRE DROIT.

255. On appelle *cylindre droit à base circulaire* le corps engendré par la révolution d'un rectangle autour d'un de ses
côtés. Dans la figure ci-contre, le côté AA′
décrit la *surface cylindrique droite* proprement
dite ou la surface latérale du cylindre, et les
côtés AC, A′C′ décrivent des cercles qui sont
les deux *bases.*

Un point quelconque A″ du côté AA′ décrit
la circonférence A″D″B″ égale et parallèle aux
deux bases, et le rayon A″C″ lui-même décrit
un plan parallèle aux bases. D'où résulte ce
principe que *la section d'un cylindre droit par un plan parallèle à ses bases est un cercle égal auxdites bases.*

256. Il est entendu que nous n'avons voulu parler, dans les
lignes qui précèdent, que du cylindre circulaire droit.

Plus généralement, on donne le nom de *surface cylindrique*
à celle qui est engendrée par une droite glissant parallèlement
à elle-même le long d'une courbe fermée quelconque, et l'on
appelle *cylindre* le corps compris entre deux plans parallèles
dans cette surface.

Ces deux plans déterminent deux courbes égales qui limitent les bases du cylindre. Enfin, ce dernier est *droit* ou *oblique*, suivant que sa
génératrice est perpendiculaire ou oblique
sur les bases.

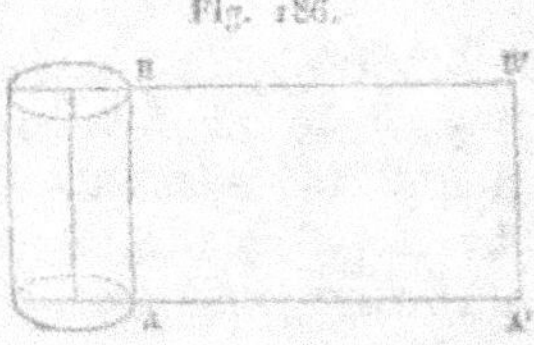

La *hauteur* d'un cylindre est la perpendiculaire aux bases comprise entre leurs
plans. Telle est la droite OC' dans la figure
ci-contre, qui représente un cylindre
oblique à base circulaire. Dans le cylindre droit de la *fig.* 184,
cette hauteur n'est autre chose que l'axe CC' lui-même, ou la
longueur de la droite décrivante ou génératrice AA'.

257. Nous bornant plus spécialement au cylindre droit, supposons que l'on circonscrive une circonférence aux deux bases
d'un prisme régulier (216), et que l'on double ensuite, par le
procédé connu, le nombre des côtés de ces polygones réguliers inscrits. On déterminera un nouveau prisme régulier qui
aura deux fois autant de faces latérales que le premier.

Si l'on continue ainsi à doubler le nombre des côtés des
bases, ces polygones tendront à se confondre avec la circonférence circonscrite, et la surface du prisme avec la surface
d'un cylindre droit.

On trouve ainsi une nouvelle manière d'envisager la surface
cylindrique droite. Elle pourrait
encore être considérée comme
produite par la circonférence ABD
(*fig.* 184) glissant parallèlement à
elle-même le long de CC' comme
axe; ou encore (*fig.* 186) par l'enroulement autour de la même cir-
conférence de la base d'un rectangle ayant pour hauteur AB, et
pour base la longueur développée AA' de ladite circonférence.

Remarque. — Cette considération de la surface cylindrique
comme limite de prismes inscrits n'est pas spéciale au cylindre
droit, et convient de même à toutes les autres surfaces de cet
ordre, notamment au cylindre circulaire oblique, aussi bien
que la génération par glissement parallèle de l'une des bases
le long de l'axe.

258. Nous avons vu (237, Coroll. I) que deux prismes droits sont semblables, quand ils ont les bases semblables et les hauteurs proportionnelles aux côtés homologues des bases.

Puisqu'un cylindre circulaire droit n'est autre chose qu'un prisme d'un nombre infiniment grand de faces, et que les cercles peuvent tous être considérés (112) comme des polygones réguliers semblables, nous devons conclure que *deux cylindres droits sont semblables quand ils ont les hauteurs proportionnelles aux circonférences ou aux rayons des bases.* Ils sont alors le produit de la rotation de deux rectangles semblables.

LE CÔNE DROIT.

259. On nomme *cône droit à base circulaire* le corps engendré par un triangle rectangle qui tourne autour de l'un des côtés de l'angle droit. Dans ce mouvement, l'hypoténuse SA, qui prend alors le nom de *côté* ou *apothème* du cône, décrit la surface conique qui enveloppe latéralement le corps, et le sommet A décrit la circonférence du cercle AC qu'on nomme la *base* du cône.

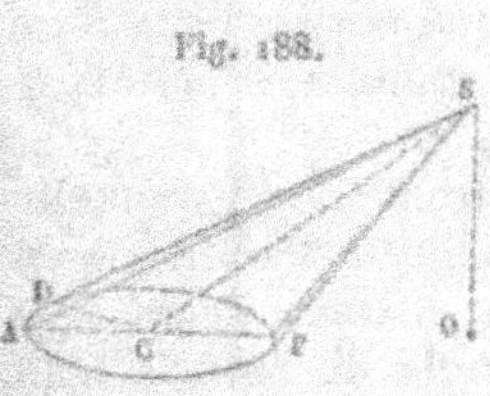
Fig. 187.

Un point quelconque A' de la génératrice décrit une circonférence dont le centre est en C' sur l'*axe* SC du cône, et le rayon A'C' lui-même décrit un plan parallèle à la base. On en peut conclure que *la section d'un cône circulaire droit par un plan parallèle à la base est un cercle.*

260. Plus généralement, on donne le nom de *surface conique* à celle qu'engendre une droite SA en tournant autour d'un *sommet* S et glissant constamment sur une courbe fermée quelconque ABD. Le corps compris dans une pareille surface et limité par une section plane est un *cône*, dont la *hauteur* est la perpendiculaire abaissée du sommet sur le plan où est située la *base*.

Le cône est *circulaire* si sa base est un cercle. Il est, de plus, *droit* (*fig.* 187), si le pied de sa hauteur tombe sur le centre C de sa base; il est *oblique* (*fig.* 188) dans le cas contraire.

261. Revenons au cône circulaire droit, qui doit nous occuper exclusivement. La *fig.* 187 nous montre que les triangles SAC, SA′C′ sont semblables et donnent

$$\frac{AC}{A'C'} = \frac{SC}{SC'} = \frac{SA}{SA'};$$

égalité qui prouve que les rayons des cercles ADB, A′D′B′ sont entre eux comme les distances de leurs plans au sommet du cône, distances comptées soit sur la génératrice, soit sur la hauteur. Mais on sait que les circonférences de ces cercles sont entre elles (112) comme les rayons, et leurs aires comme les carrés des mêmes rayons (131); nous pouvons donc écrire aussi que *les circonférences de la base et de la section sont entre elles comme les distances de leurs plans au sommet, et leurs aires comme les carrés de ces distances.*

Cette double propriété est tout à fait analogue à celle que nous avons démontrée (223) pour les pyramides.

262. Si l'on circonscrit une circonférence à la base d'une

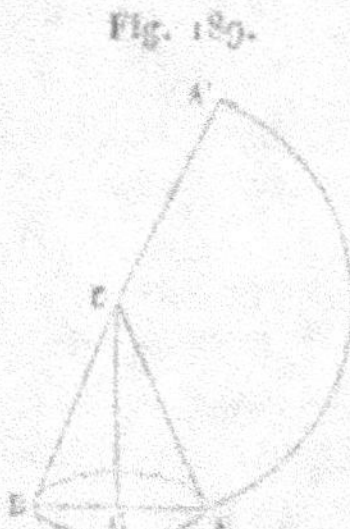
Fig. 189.

pyramide régulière (222), et que l'on double ensuite le nombre des côtés de ce polygone régulier inscrit, on déterminera une nouvelle pyramide régulière, qui aura deux fois autant de faces latérales que la première.

En continuant ainsi à doubler le nombre des côtés des bases, les pyramides régulières tendront à se confondre avec le cône droit qui aurait même sommet, et pour base le cercle circonscrit.

Ainsi se présente, comme pour le cylindre, une nouvelle manière de considérer le cône comme la limite d'une série de pyramides régulières. On pourrait, de même, l'envisager comme produit par le glissement du cercle de base le long de l'axe, avec la condition que le rayon de ce cercle diminue dans le même rapport que sa distance au sommet (261), ou encore par l'enroulement (*fig.* 189) d'un secteur circulaire ASA′ dont le rayon serait la génératrice SA du cône, et dont l'arc serait égal au développement de la circonférence de base.

263. Un *tronc de cône* est la portion d'un cône comprise (*fig.* 187) entre deux sections parallèles ADB, A′D′B′. Ces sections sont les deux *bases* du tronc, et leur distance CC′ en est la *hauteur*.

Le tronc de cône circulaire peut être engendré par un trapèze rectangle ACC′A′ tournant autour de son côté CC′ perpendiculaire aux deux bases. L'autre côté prend alors le nom d'*apothème* du tronc.

264. L'assimilation du cône droit à une pyramide régulière permet de conclure, comme pour le cylindre droit, que *deux cônes sont semblables quand les hauteurs sont proportionnelles aux circonférences ou aux rayons des bases*. Ils sont alors engendrés par deux triangles rectangles semblables.

Deux troncs de cône sont semblables lorsqu'ils sont engendrés par des trapèzes semblables, c'est-à-dire lorsque leurs dimensions homologues sont proportionnelles.

AIRES DES POLYÈDRES ET DES CORPS RONDS.

265. L'aire d'un polyèdre quelconque n'est autre chose que la somme des aires de chacune de ses faces polygonales; on évalue, d'ailleurs, ces aires partielles par les procédés exposés dans la Géométrie plane. Dans certains cas particuliers, il est cependant possible de grouper d'une manière commode tout ou partie des éléments superficiels de la surface des polyèdres.

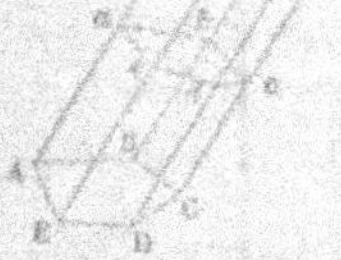

S'il s'agit, par exemple, d'un prisme, toutes ses faces latérales sont des parallélogrammes, qui tous ont pour base l'arête longitudinale AA′ du prisme, et pour hauteur l'un des côtés du polygone *abcde* que l'on obtiendrait en coupant le prisme par un plan perpendiculaire à ses arêtes parallèles, polygone que, pour ce motif, on appelle *section droite* du prisme.

Il est clair que *la surface latérale*, ou la somme des faces

Fig. 190.

latérales, est alors *mesurée par le produit de l'arête du prisme et du périmètre de la section droite.*

Corollaire I. — *L'aire latérale d'un prisme droit est égale à sa hauteur multipliée par le périmètre de sa base.* On sait en effet que, dans un prisme droit, la section droite est égale à la base.

Corollaire II. — L'aire totale d'un parallélépipède rectangle, ayant pour dimensions a, b, c, est exprimée par $2(ab+ac+bc)$. Si $a=b=c$, auquel cas le parallélépipède devient un cube de côté a, l'aire totale est égale à $6a^2$.

Corollaire III. — Si nous appelons p et r le périmètre et l'apothème de la base d'un prisme régulier de hauteur h, sa surface latérale sera ph, celle de chacune de ses bases $p \times \dfrac{r}{2}$, et l'aire totale sera $ph + 2p \times \dfrac{r}{2}$, ou $p(h+r)$.

266. *L'aire latérale d'un cylindre droit est égale à la circonférence de la base multipliée par la hauteur;* car le cylindre n'est autre chose qu'un prisme droit (265, Coroll. I) compris sous une infinité de pans très-étroits.

Remarque I. — *L'aire latérale d'un cylindre oblique est égale à sa génératrice multipliée par le contour de la section droite.*

Remarque II. — Si nous appelons R le rayon de la base d'un cylindre droit et H sa hauteur, son aire latérale sera exprimée par $2\pi RH$.

L'aire de chaque base étant πR^2, l'aire totale sera

$$2\pi RH + 2\pi R^2 \quad \text{ou} \quad 2\pi R(H+R).$$

267. *L'aire latérale d'une pyramide régulière est égale au périmètre de sa base multiplié par la moitié de l'apothème.*

On voit, en effet (*fig.* 171), que l'aire latérale se compose de triangles isocèles, dont chacun a pour mesure sa base multipliée par la moitié de l'apothème SK. La somme de ces triangles, ou l'aire latérale de la pyramide, est donc exprimée par

$$(AB + BC + CD + DE + EA) \times \frac{SK}{2}, \quad \text{ou} \quad 5AB \times \frac{SK}{2}.$$

COROLLAIRE I. — L'aire de la base est égale à son périmètre multiplié par la moitié de son apothème OK; l'aire totale de la pyramide sera donc

$$5AB \times \frac{SK}{2} + 5AB \times \frac{OK}{2}, \quad \text{ou} \quad 5AB \times \frac{SK + OK}{2}.$$

COROLLAIRE II. — L'aire totale d'un tétraèdre régulier quelconque est quadruple de l'aire de l'une de ses faces; car un pareil corps est compris sous quatre triangles équilatéraux égaux.

Or, l'aire de l'un de ces triangles (120, Coroll. III) est égale à $\frac{a^2\sqrt{3}}{4}$, si le côté est a; par conséquent, l'aire totale du tétraèdre régulier sera égale à 4 fois celle-ci, ou à

$$a^2\sqrt{3}.$$

268. *L'aire latérale d'un tronc de pyramide régulière à bases parallèles est égale à l'apothème du tronc multiplié par la demi-somme des périmètres des deux bases.*

En effet, l'aire latérale du tronc se compose de cinq trapèzes égaux, dont l'un EDD'E' a pour mesure $\frac{ED + E'D'}{2} \times KK'$.

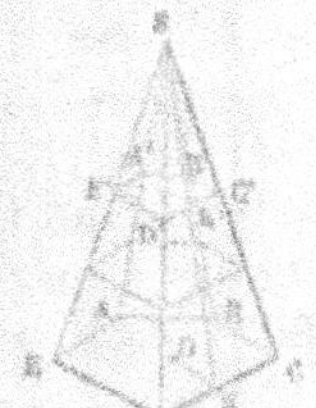

Fig. 191.

Cette aire est donc égale à

$$\frac{5(ED + E'D')}{2} \times KK',$$

ou

$$\frac{5ED + 5E'D'}{2} \times KK',$$

conformément à l'énoncé.

COROLLAIRE. — Dans chacun des trapèzes, on peut remplacer la demi-somme des deux bases par la parallèle équidistante. On voit donc que l'aire du tronc équivaut aussi à l'apothème multiplié par le périmètre de la section polygonale menée à égale distance des deux bases.

Remarque. — Soient p et p' les périmètres des deux bases, r et r' leurs apothèmes, a l'apothème du tronc; l'aire totale de ce tronc sera

$$\frac{p+p'}{2} \times c + \frac{pr}{2} + \frac{p'r'}{2}, \quad \text{ou} \quad p \times \frac{c+r}{2} + p' \times \frac{c'+r'}{2}.$$

269. *L'aire latérale d'un cône droit est égale à la circonférence de sa base multipliée par la moitié de l'apothème,* puisque le cône droit n'est autre chose qu'une pyramide régulière (267) d'un nombre infini de pans très-étroits.

Remarque I. — On arriverait à la même conclusion en considérant la surface conique comme un secteur circulaire enroulé (262).

Remarque II. — Soit R le rayon de la base d'un cône droit et c le côté générateur. La surface latérale sera, d'après ce qu'on vient de voir,

$$2\pi R \times \frac{c}{2}, \quad \text{ou} \quad \pi R c.$$

L'aire de la base étant πR^2, on aura pour la surface totale

$$\pi R c + \pi R^2, \quad \text{ou} \quad \pi R(c + R).$$

270. *L'aire latérale d'un tronc de cône droit à bases parallèles est égale à l'apothème multiplié par la demi-somme des circonférences des deux bases.*

Cette proposition étant démontrée (268) pour le tronc de pyramide régulière, elle s'applique en effet au cas limite du tronc de cône. On y arriverait, fort simplement aussi, en considérant la surface développée du tronc, soit comme la différence des deux secteurs (262), soit comme un trapèze birectangle ayant pour hauteur l'apothème et pour bases les circonférences développées des deux bases du tronc.

Corollaire. — Il est également vrai de dire que *la surface latérale du tronc de cône a pour mesure l'apothème multiplié par la circonférence de la section équidistante des deux bases,* puisque cette propriété a été établie (268, Coroll.) pour le tronc de pyramide.

On peut encore transformer cet énoncé, en remarquant que les deux triangles OIK et ABL sont semblables comme ayant leurs côtés perpendiculaires, et donnent

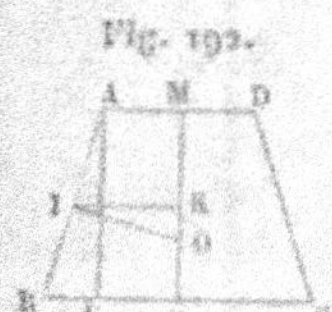

Fig. 192.

$$AB \times IK = AL \times OI = MN \times OI.$$

On a donc

$$AB \times 2\pi.IK = MN \times 2\pi.OI.$$

Donc, aussi, *la surface d'un tronc de cône est égale à la hauteur multipliée par la circonférence dont le rayon est la perpendiculaire élevée par le milieu de l'apothème jusqu'à la rencontre de l'axe.*

Remarque.— Appelons R et R′ les rayons des deux bases, et c l'apothème du tronc de cône; nous aurons pour l'aire latérale l'expression

$$\frac{2\pi R + 2\pi R'}{2} \times c, \quad \text{ou} \quad \pi(R + R')c.$$

Si R″ est le rayon de la circonférence équidistante des deux bases, on a $R'' = \dfrac{R + R'}{2}$, et l'on tombe encore sur la même valeur de l'aire latérale, $\pi(R + R')c$. Quant à l'aire totale, elle est

$$\pi(R + R')c + \pi R^2 + \pi R'^2,$$

ou

$$\pi[R(c + R) + R'(c + R')].$$

271. La surface d'une sphère peut être envisagée comme étant produite par la révolution d'une demi-circonférence autour de son diamètre, de même que le cylindre et le cône ont été respectivement engendrés par la révolution d'un rectangle et d'un triangle.

Fig. 193.

Supposons maintenant une ligne brisée régulière CDEF inscrite dans un arc quelconque CF de la demi-circonférence AFB, et imaginons que cette ligne, dans laquelle les distances au centre Om, On, Op sont égales, tourne autour du diamètre AB. Chacun des trois côtés CD, DE, EF engendrera la surface d'un tronc de cône et, d'après le Corollaire du numéro précédent, l'aire totale sera exprimée par

$$2\pi.Om \times GH + 2\pi.On \times HK + 2\pi.Op \times KL,$$

ou

$$2\pi.Om(GH + HK + KL),$$

ou enfin

$$2\pi.Om \times GL.$$

Or, ce résultat est acquis, quel que soit le nombre des côtés égaux de la ligne inscrite dans l'arc CF. Si donc nous doublons indéfiniment, suivant le mode connu, le nombre de ces côtés, la ligne brisée tendra de plus en plus à se confondre avec l'arc CF lui-même, et les apothèmes égaux *om*, *on*, *op* tendront vers une limite qui n'est autre que le rayon OC de la circonférence primitive. Dès lors, on peut dire que la surface de la *zone* sphérique comprise entre les deux plans parallèles CG et FL est égale à $2\pi.OC \times GL$. En d'autres termes, *la surface d'une zone sphérique est égale à sa hauteur multipliée par la circonférence d'un grand cercle.*

Remarque. — Ce résultat est indépendant de la distance des extrémités de l'arc décrivant au diamètre; il est donc le même quand la zone a une base nulle et a son origine à l'extrémité du diamètre. Dans ce cas, la zone prend le nom particulier de *calotte.*

Corollaire. — Si H et H′ sont les hauteurs de deux zones et R le rayon de la sphère, les aires de ces deux zones seront respectivement

$$2\pi RH \quad \text{et} \quad 2\pi RH',$$

ce qui prouve qu'elles sont entre elles dans le même rapport que leurs hauteurs H et H′.

Ainsi, par exemple, pour partager une surface sphérique en un certain nombre de zones équivalentes, il faut diviser le diamètre en ce même nombre de parties égales, et lui mener des plans perpendiculaires par les points de division.

272. En appliquant les considérations et les résultats qui précèdent à la demi-circonférence entière, on obtient la sphère elle-même, dont la surface est, par conséquent, *égale*

à une circonférence de grand cercle multipliée par le diamètre, soit à

$$2\pi R \times 2R, \quad \text{ou} \quad 4\pi R^2.$$

Remarque. — La surface de la sphère équivaut à quatre grands cercles.

COROLLAIRE. — Deux surfaces sphériques de rayon R et R' sont respectivement exprimées par $4\pi R^2$ et $4\pi R'^2$; elles sont donc *proportionnelles aux carrés de leurs rayons.*

273. Si l'on appelle *fuseau* la portion CDEF de la surface sphérique comprise entre deux demi-grands cercles s'appuyant sur le même diamètre CD, son aire sera égale au diamètre multiplié par l'arc EF qui mesure l'angle rectiligne de l'inclinaison des deux plans, et que l'on appelle l'*arc* du fuseau.

Le fuseau CDEF est, en effet, contenu dans la surface sphérique autant de fois que l'arc EF dans la circonférence AEFB; on a donc la proportion

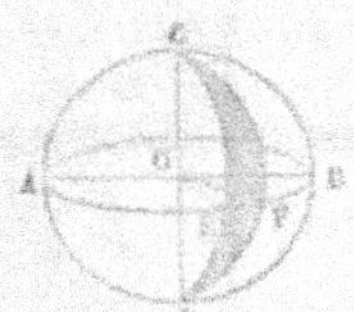
Fig. 194.

$$\frac{CDEF}{4\pi R^2} = \frac{EF}{2\pi R};$$

d'où l'on tire, conformément à l'énoncé,

$$CDEF = EF \times 2R.$$

COROLLAIRE. — *Sur une même sphère, deux fuseaux sont entre eux comme leurs arcs.*

VOLUMES DES POLYÈDRES ET DES CORPS RONDS.

274. Mesurer un corps, c'est l'exprimer numériquement en le comparant à un autre corps pris pour unité. Le nombre qui exprime le résultat de cette comparaison s'appelle *volume* du corps. L'unité de volume est le *mètre cube* (*Arithm.*, 89).

On comprend aisément que deux corps de formes très-différentes peuvent avoir le même volume. Nous les appellerons *équivalents,* et nous continuerons à nommer *égaux* ceux qui peuvent être superposés.

275. *Deux parallélépipèdes rectangles de même base sont entre eux comme leurs hauteurs.*

Soient les deux parallélépipèdes rectangles ABCDP et ABCDQ, qui ont respectivement pour hauteur AP et AQ. Supposons qu'une commune mesure de ces deux hauteurs soit contenue 5 fois dans AP, et 3 fois dans AQ, de telle sorte que l'on ait

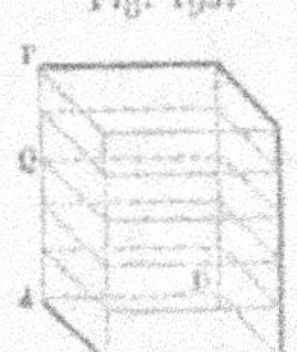

Fig. 195.

$$\frac{AP}{AQ} = \frac{5}{3}.$$

Par les points de division menons des plans parallèles à la base ABCD. Toutes les sections seront égales entre elles et à cette base; par suite, les deux parallélépipèdes seront décomposés, l'un en 5, l'autre en 3 parallélépipèdes rectangles qui seront égaux comme ayant même hauteur et même base (225, Coroll. I). Il résulte de là que les deux parallélépipèdes donnés sont aussi dans le rapport de 5 à 3, et que l'on a

$$\frac{ABCDP}{ABCDQ} = \frac{5}{3}.$$

Par conséquent, on peut conclure, conformément à l'énoncé, que

$$\frac{ABCDP}{ABCDQ} = \frac{AP}{AQ}.$$

Remarque. — Comme on peut prendre pour bases d'un parallélépipède (218, *Rem.*) deux faces opposées quelconques, le théorème qui vient d'être démontré peut s'énoncer comme il suit :

Deux parallélépipèdes rectangles qui ont deux dimensions communes sont dans le même rapport que leurs troisièmes dimensions.

276. *Deux parallélépipèdes rectangles sont entre eux comme les produits de leurs trois dimensions, ou comme les produits de leurs bases par leurs hauteurs.*

Soient, en effet, P et P' les deux parallélépipèdes considérés,

a, b, c, les dimensions de P,
a', b', c', celles de P'.

Imaginons deux autres parallélépipèdes rectangles Q et R, et soient

$$a', b, c, \text{ les dimensions de Q,}$$
$$a', b', c, \text{ celles de R.}$$

Les parallélépipèdes P et Q ont deux dimensions communes, et donnent (275, *Rem.*)

$$\frac{P}{Q} = \frac{a}{a'}.$$

Par la même raison, on a

$$\frac{Q}{R} = \frac{b}{b'} \quad \text{et} \quad \frac{R}{P'} = \frac{c}{c'}.$$

Multipliant ces trois égalités membre à membre, on obtient

$$\frac{P \times Q \times R}{Q \times R \times P'}, \quad \text{ou} \quad \frac{P}{P'} = \frac{a \times b \times c}{a' \times b' \times c'}. \quad \text{c. q. f. d.}$$

277. Si, au lieu de comparer le parallélépipède P à un parallélépipède P' quelconque, nous le rapprochons de celui qui a été choisi pour servir d'unité, c'est-à-dire du cube dont les trois dimensions sont égales à 1 mètre, la relation générale qui vient d'être établie deviendra

$$\frac{P}{1^{mc}} = \frac{a}{1^m} \times \frac{b}{1^m} \times \frac{c}{1^m},$$

ou

$$P = a \times b \times c.$$

Nous pouvons ainsi conclure que *le volume d'un parallélépipède rectangle a pour mesure le produit de ses trois dimensions* ou, parce que le produit de deux dimensions représente l'aire de la base, *le produit de sa base par sa hauteur.*

Il est clair qu'il faut entendre par là que le parallélépipède considéré contient autant de mètres cubes qu'il y a d'unités dans le produit des trois nombres qui expriment les longueurs métriques des trois arêtes contiguës.

Corollaire I. — Si les trois arêtes a, b, c étaient égales entre elles, le parallélépipède se réduirait à un cube et serait mesuré par a^3. De là vient qu'on appelle *cube* la troisième puissance d'un nombre.

Corollaire II. — Nous avons démontré (275) que deux parallélépipèdes rectangles de même base sont entre eux comme leurs hauteurs. La relation

$$\frac{P}{P'} = \frac{a \times b \times c}{a' \times b' \times c'}$$

nous montre que, si a est égal à a', c'est-à-dire *si les deux parallélépipèdes ont même hauteur, ils seront entre eux comme leurs bases*, puisqu'il restera dans cette hypothèse

$$\frac{P}{P'} = \frac{b \times c}{b' \times c'};$$

278. *Un parallélépipède droit est toujours équivalent à un parallélépipède rectangle de même hauteur et de base équivalente.*

Soit ABCDQNOP un parallélépipède droit. Par les deux arêtes parallèles NA et OB conduisons deux plans NASU et OBRT perpendiculaires à la face CPQD; nous déterminerons ainsi un parallélépipède rectangle ABRSUNOT qui aura pour hauteur la hauteur AN du premier, et pour base le rectangle ABRS équivalent à la première base ABCD.

Fig. 196.

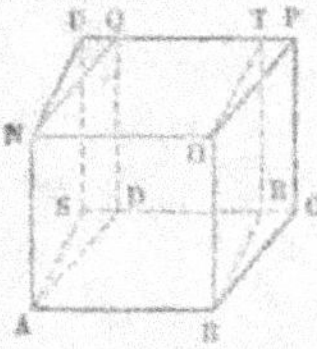

Or, les deux prismes triangulaires droits non communs ADSUQN et BCRTPO sont égaux entre eux, puisqu'ils ont des bases égales et même hauteur (216); par conséquent, les deux parallélépipèdes, qui ne diffèrent que par ces deux prismes, sont eux-mêmes équivalents.

Corollaire. — *Un parallélépipède droit a pour mesure le produit de sa base par sa hauteur*, puisqu'il équivaut à un parallélépipède rectangle de base équivalente et de même hauteur.

Remarque. — Le parallélépipède rectangle et le parallélépipède droit peuvent être encore considérés comme ayant pour base commune le rectangle ABON, et pour hauteur la distance AS des deux bases; celui-ci, comme le premier, a donc aussi pour mesure *le produit de l'une des faces rectangulaires par la hauteur correspondante.*

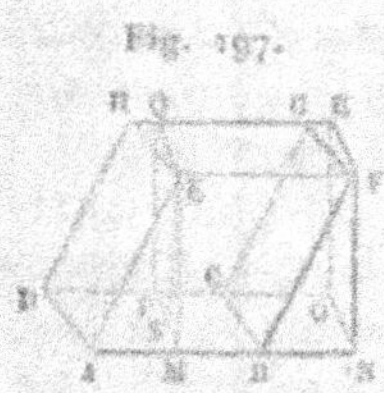

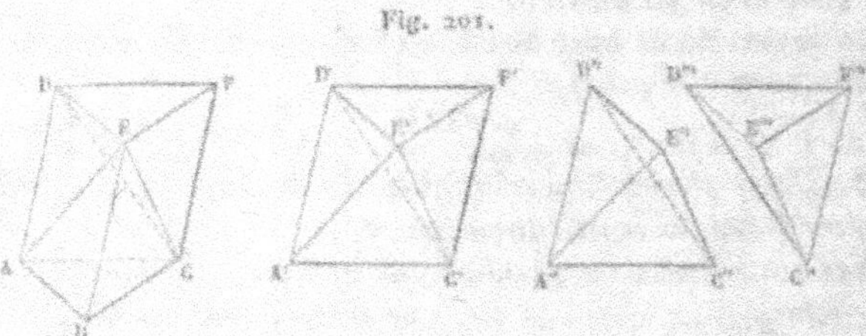

De même, le *secteur sphérique*, engendré par un secteur circulaire tournant autour d'un diamètre, est égal à l'aire de la zone sur laquelle il s'appuie, multipliée par le tiers du rayon. Ce volume est, si l'on conserve les notations du n° 271,

exprimé par $2\pi\mathrm{RH} \times \dfrac{\mathrm{R}}{3}$, ou $\dfrac{2}{3}\pi\mathrm{R}^2\mathrm{H}$.

En appelant *onglet sphérique* la portion de la sphère qui a pour base un fuseau (273), on aura encore pour son volume V, si l'on désigne son arc par a,

$$V = 2a\mathrm{R} \times \frac{\mathrm{R}}{3} = \frac{2}{3}a\mathrm{R}^2.$$

Corollaire. — On voit, par ces diverses expressions, que : *1° les volumes de deux sphères sont entre eux comme les cubes des rayons; 2° deux secteurs sphériques, dans une même sphère, sont entre eux comme les hauteurs des zones qui les limitent; 3° dans une même sphère, deux onglets, ainsi que leurs deux fuseaux, sont entre eux comme leurs arcs.*

294. Le *segment sphérique*, engendré par la rotation du segment circulaire ALB autour du diamètre MN, est la différence des corps engendrés par le secteur OALB et par le triangle isoscèle OAB.

Fig. 207.

Le secteur sphérique OALB, si l'on appelle H sa hauteur PQ, a pour expression (294)

$$\frac{2}{3}\pi\mathrm{R}^2\mathrm{H}.$$

Le triangle isoscèle OAB donne naissance à un corps qui peut être aussi considéré comme composé d'une infinité de petites pyramides ayant pour sommet commun le centre de la sphère, pour base les éléments de la surface du tronc de cône décrit par le trapèze PABQ, et pour hauteur celle OK du triangle. Ce corps s'exprime (270, Coroll.) par

$$2\pi\mathrm{H} \times \mathrm{OK} \times \frac{\mathrm{OK}}{3}, \quad \text{ou } \frac{2}{3}\pi\mathrm{H} \times \overline{\mathrm{OK}}^2.$$

Le segment sphérique a, par conséquent, pour expression,

$$\frac{2}{3}\pi\mathrm{R}^2\mathrm{H} - \frac{2}{3}\pi\mathrm{H} \times \overline{\mathrm{OK}}^2,$$

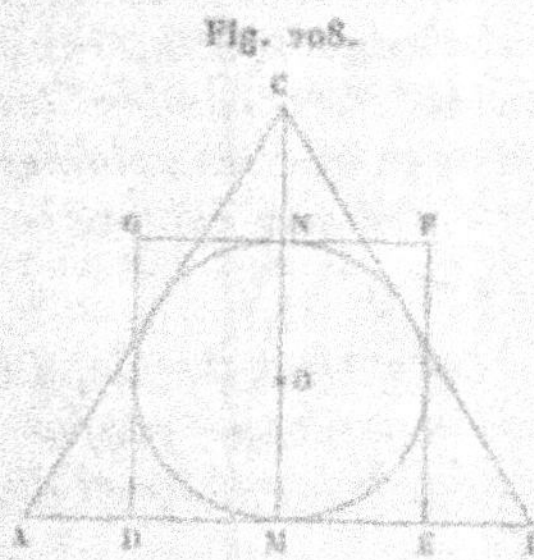

10°	0,174533	10′	0,002909	10″	0,000048
20	0,349066	20	0,005818	20	0,000097
30	0,523599	30	0,008727	30	0,000145
40	0,698132	40	0,011636	40	0,000194
50	0,872665	50	0,014544	50	0,000242
60	1,047198	60	0,017453	60	0,000291
70	1,221731	70	0,020362	70	0,000339
80	1,396264	80	0,023271	80	0,000388
90	1,570797	90	0,026180	90	0,000436

Proposons-nous, comme exemple, de trouver la longueur d'un arc de $43° \, 27' \, 39''$.

Nous posons

$$40° \dots\dots\dots\dots\dots\dots = 0,698\,132$$

$$3° = \frac{30°}{10} \dots\dots\dots\dots\dots = 0,052\,360$$

$$20' \dots\dots\dots\dots\dots\dots = 0,005\,818$$

$$7' = \frac{70'}{10} \dots\dots\dots\dots\dots = 0,002\,036$$

$$30'' \dots\dots\dots\dots\dots\dots = 0,000\,145$$

$$9'' = \frac{90''}{10} \dots\dots\dots\dots\dots = 0,000\,044$$

$$\overline{43° \, 27' \, 39'' \dots\dots\dots\dots\dots = 0,758\,535}$$

Le premier nombre de la Table ci-dessus a été calculé, comme les suivants, par la formule déjà connue (*Géom.*, 132, *Rem.*)

$$\frac{l}{2 \pi R} = \frac{n}{360},$$

en y supposant $R = 1$ et $n = 10°$, l étant la longueur de l'arc correspondant à chaque valeur de n.

La même relation serait naturellement celle qu'il faudrait employer si l'on voulait résoudre le problème inverse, et chercher à exprimer en degrés un arc dont la longueur l serait connue. La nouvelle inconnue serait n, et il suffirait de se rappeler que, s'il s'agit de la division sexagésimale du degré, on devra multiplier les restes des divisions par 60 pour les convertir en minutes et secondes.

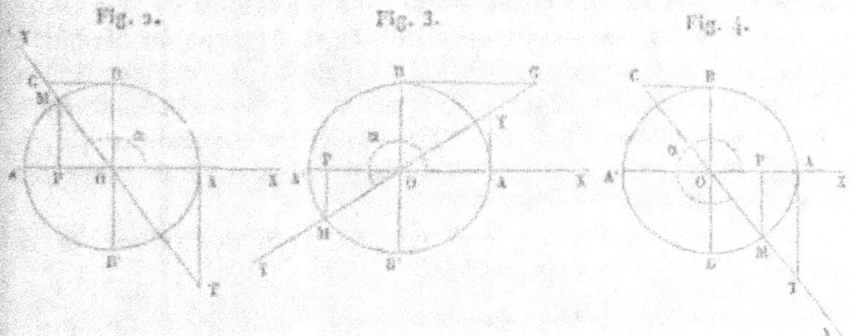

279. De même que nous venons de transformer un parallélépipède droit en un parallélépipède rectangle équivalent, nous allons remplacer un parallélépipède quelconque par un parallélépipède droit équivalent.

Soit donc le parallélépipède oblique ABCDEFG. Par les extrémités de l'une des arêtes EF, menons deux plans perpendiculaires à cette arête, et formons ainsi un parallélépipède droit MNOPQEFR, qui sera équivalent au premier, si nous démontrons que les parties non communes AMPDHEQ et BNOCGFR sont égales.

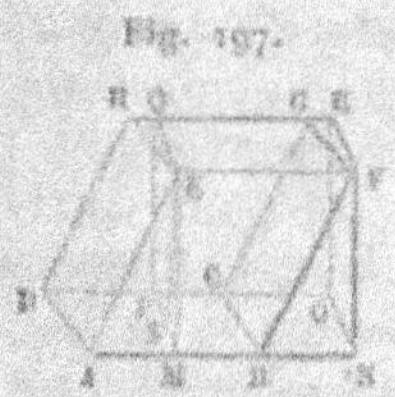

Fig. 197.

Or, si nous transportons par glissement la seconde de ces parties sur la première, de telle façon que le rectangle FNOR vienne couvrir son égal EMPQ, les trois autres sommets B, C et G tomberont nécessairement sur leurs correspondants A, D et H, puisque BN = AM, CO = DP et GR = QH. On voit donc que le parallélépipède oblique est équivalent au parallélépipède droit, et que tous deux ont pour hauteur commune ES abaissée perpendiculairement sur PM, avec des bases correspondantes équivalentes EFGH et EFRQ.

Mais, la mesure du parallélépipède droit étant EFRQ $\times$ ES (278, *Rem.*), celle du parallélépipède oblique sera la même, ou bien

$$EFGH \times ES,$$

c'est-à-dire *le produit de sa base par sa hauteur.*

COROLLAIRE. — Deux parallélépipèdes quelconques sont entre eux dans le même rapport que les produits de leurs bases par leurs hauteurs, ou que le produit de leurs trois dimensions.

Il résulte de là que *deux parallélépipèdes de bases équivalentes sont entre eux dans le rapport de leurs hauteurs, et que deux parallélépipèdes de hauteurs égales sont entre eux dans le rapport de leurs bases.*

Remarque. — La construction et la démonstration qui précèdent peuvent s'appliquer sans aucune différence à un *prisme polygonal quelconque* qui se trouverait ainsi *transformé en un prisme droit équivalent, ayant pour base la section droite du premier et pour hauteur son arête latérale.*

De cette remarque on conclut immédiatement que *deux prismes qui ont des sections droites équivalentes et les arêtes perpendiculaires à la section droite égales sont équivalents,* puisque tous deux seraient équivalents au même prisme droit.

280. *Tout plan mené par deux arêtes opposées d'un parallélépipède le divise en deux prismes triangulaires équivalents.*

Soit BDEG le plan dont il s'agit et qui passe par les arêtes

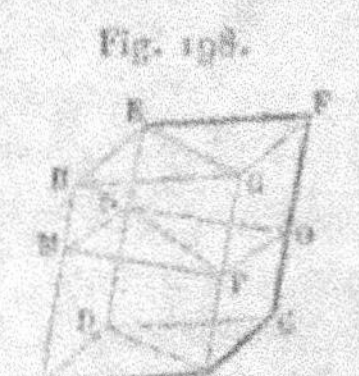

Fig. 198.

opposées BG et DE. Par un point quelconque M de l'arête AH, menons un plan perpendiculaire à cette arête; la section MNOP est un parallélogramme que le plan BDEG partage en deux triangles égaux MNP et PNO.

Chacun des triangles MNP et PNO sera la section droite de l'un des prismes ABDEGH, BCDEFG qui, ayant des sections droites égales et une arête latérale égale, sont équivalents d'après la remarque du numéro précédent.

Corollaire. — *Tout prisme triangulaire est la moitié d'un parallélépipède de base double et de même hauteur.*

281. *Le volume d'un prisme triangulaire est égal à sa base multipliée par sa hauteur.*

Ceci résulte de ce que, le prisme étant la moitié d'un parallélépipède de base double et de même hauteur, et celui-ci ayant pour mesure le produit de sa base par sa hauteur, il en est nécessairement de même du prisme dont le volume est égal à la moitié de la base du parallélépipède, ou à sa propre base, multipliée par la hauteur commune.

282. Plus généralement, *le volume d'un prisme quelconque a pour mesure le produit de sa base par sa hauteur.*

Il est toujours facile, en effet, de décomposer (*fig.* 199) le prisme polygonal en prismes triangulaires par des plans diagonaux, joignant l'une AF de ses arêtes parallèles à toutes les autres, à l'exception des deux voisines BG et EK. Chacun de ces prismes partiels aura pour mesure le produit de sa base par sa hauteur; le prisme total sera donc mesuré par le produit de la somme des bases triangulaires, ou de la base polygonale ABCDE par la hauteur commune.

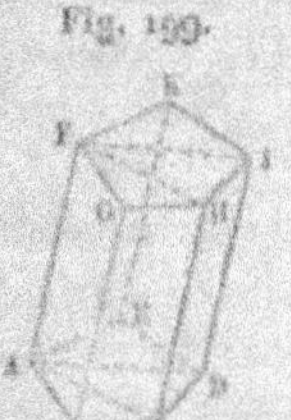

Fig. 199.

COROLLAIRE I. — On conclut de là que *les volumes de deux prismes quelconques sont entre eux comme les produits de leur base par leur hauteur;* ils sont donc entre eux *comme leurs hauteurs lorsqu'ils ont des bases équivalentes, ou comme leurs bases lorsqu'ils ont la même hauteur.* Enfin, quelles que soient les formes de leurs bases, *deux prismes quelconques sont équivalents, si les bases sont équivalentes et si les hauteurs sont égales.*

COROLLAIRE II. — En regardant, comme nous l'avons fait au nº 257, un cylindre droit ou oblique comme la limite d'une série de prismes inscrits, on conclut que *deux cylindres de même base et de même hauteur sont équivalents,* et que *le volume d'un cylindre droit ou oblique est mesuré par le produit de sa base et de sa hauteur.*

Si le rayon de la base est R et la hauteur H, le volume du cylindre sera

$$\pi R^2 H.$$

283. *Deux pyramides triangulaires de bases équivalentes et de même hauteur sont équivalentes.*

Supposons les bases placées sur un même plan et divisons,

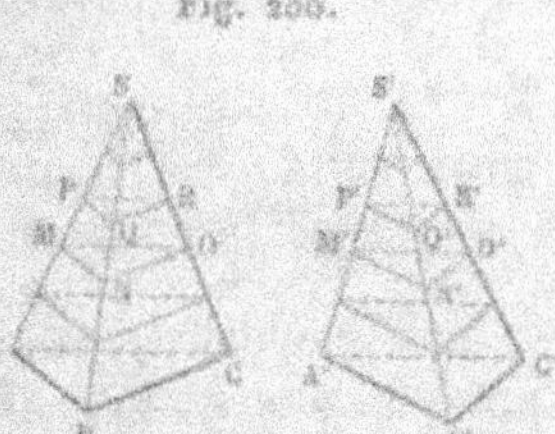

Fig. 200.

par des plans parallèles à celui des bases, les deux pyramides en un même nombre de tranches d'égale épaisseur.

Deux sections quelconques MNO, M'N'O' seront semblables et proportionnelles aux bases, et par conséquent équivalentes entre elles (113). Si donc nous supposons que les deux tranches correspondantes MNOPQP, M'N'O'R'Q'P' ont une épaisseur très-petite, elles ne différeront pas sensiblement de deux prismes de bases

équivalentes et de même hauteur, et seront équivalentes
entre elles; ou, du moins, elles s'approcheront d'autant plus
de cet état que leur épaisseur sera plus faible, c'est-à-dire
que les deux hauteurs comprendront un plus grand nombre
de ces tranches.

On voit donc que les deux pyramides peuvent être regardées
comme composées d'un égal nombre de tranches infiniment
minces et équivalentes chacune à chacune; ces deux corps
sont donc eux-mêmes équivalents.

284. *Une pyramide triangulaire est équivalente au tiers du
prisme triangulaire de même base et de même hauteur.*

Soit EABC la pyramide donnée; achevons le prisme ABCFED
sur la base ABC et l'arête latérale EB. Le prisme ainsi formé
différera de la pyramide triangulaire EABC par une pyramide
quadrangulaire EACFD que, pour plus de clarté, nous reproduisons à part en E'A'C'F'D', et qui a pour base le parallélogramme ACFD opposé au sommet E.

Par le plan DEC cette pyramide quadrangulaire est partagée
en deux pyramides triangulaires EACD, ECFD, respectivement

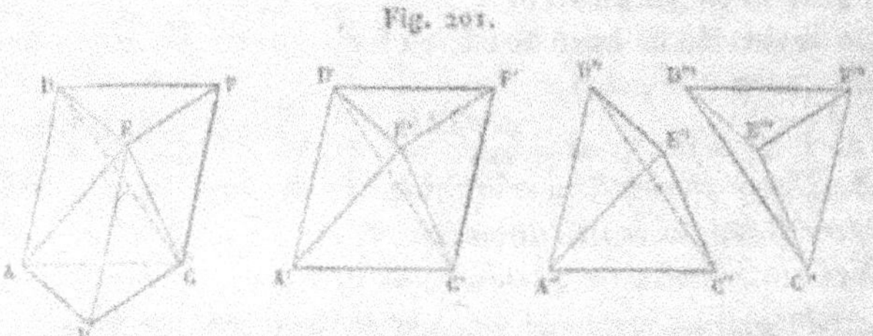

Fig. 201.

représentées à part en E″A′C′D″, E‴C‴F‴D‴. Ces deux dernières figures sont équivalentes entre elles (283) comme
ayant leurs sommets réunis en E, et ayant pour bases les deux
moitiés du parallélogramme ACFD.

Or, la pyramide ECFD peut aussi être considérée comme
ayant son sommet en C, et ayant pour base le triangle DEF
égal à ABC; elle est donc aussi équivalente à la première pyramide EABC. Partant, les trois pyramides triangulaires dans
lesquelles se trouve décomposé le prisme, et dont l'une est
la proposée, sont équivalentes entre elles; en d'autres termes,

cette dernière est le tiers du prisme, comme nous l'avions annoncé.

285. *Le volume d'une pyramide triangulaire a pour mesure le tiers du produit de sa base par sa hauteur.*

On vient de voir, en effet, que ce volume est le tiers de celui d'un prisme de même base et de même hauteur, lequel a pour mesure le produit de sa base par cette hauteur.

286. Plus généralement, *le volume d'une pyramide quelconque a pour mesure le tiers du produit de sa base par sa hauteur.*

En effet, une pyramide polygonale peut toujours se décom-

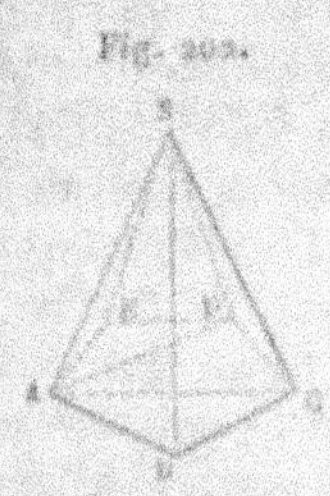

poser en pyramides triangulaires, au moyen des plans passant par le sommet S et par chacune des diagonales AC, AD de la base. Chacune des pyramides SABC, SACD, SADE ayant pour mesure le tiers du produit de sa base par sa hauteur, la pyramide donnée elle-même aura pour volume le tiers du produit de la somme des bases, ou de sa propre base, par la hauteur commune.

CorollaIRE I. — On conclut de là que *deux pyramides quelconques sont entre elles comme les produits de leurs bases par leurs hauteurs;* elles sont donc entre elles *comme leurs bases, si les hauteurs sont les mêmes, ou comme leurs hauteurs, si les bases sont équivalentes.* Enfin, quelles que soient les formes de leurs bases, *deux pyramides quelconques sont équivalentes, si elles ont à la fois même hauteur et des bases équivalentes.*

CorollaIRE II. — En considérant (262) un cône comme la limite des pyramides qu'on peut lui inscrire, on conclut que *le volume d'un cône circulaire, droit ou oblique, a pour mesure le tiers de sa base multiplié par sa hauteur,* ou $\frac{1}{3}\pi R^2 H$, si H est sa hauteur et R le rayon de la base.

CorollaIRE III. — *Un cône est le tiers du cylindre de même base et de même hauteur.*

287. *Un tronc de pyramide triangulaire à bases parallèles* *équivaut à trois pyramides triangulaires de même hauteur que lui, et ayant respectivement pour bases la base inférieure du tronc, la base supérieure, et une moyenne proportionnelle entre ces deux bases.*

Le plan AEC détache du tronc une pyramide triangulaire EABC qui a pour sommet E et pour base ABC : c'est la première des trois pyramides annoncées.

Coupons maintenant la pyramide quadrangulaire EACFD par le plan DEC; le tétraèdre EDFC a son sommet en C et sa base est DEF : c'est la seconde des pyramides annoncées.

Enfin, nous avons la pyramide EADC, qu'il s'agit de transformer en une autre qui ait même hauteur que le tronc. Nous mènerons, pour cela, EG parallèle à AD, et nous tirerons CG. Les deux pyramides CEAG, CEAD, qui ont un sommet commun C, et dont les bases EAG, EAD, sont égales comme moitiés du parallélogramme AGED, sont équivalentes; par suite, notre troisième pyramide EADC, ou CEAD, peut se remplacer par CEAG, qui a un sommet en E, et pour base opposée le triangle CAG.

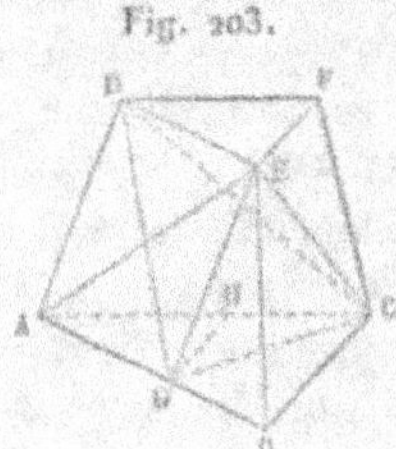

Il ne nous reste plus, maintenant, qu'à montrer que le triangle CAG est une moyenne proportionnelle entre ABC et DEF, et nous rapporterons ce dernier en AGH sur la base inférieure par GH parallèle à BC.

Or, les deux triangles ABC, AGC, ont une hauteur commune correspondante aux bases AB, AG; ils sont donc entre eux comme ces bases (120, Coroll. II), et donnent

$$\frac{ABC}{AGC} = \frac{AB}{AG}.$$

Par une raison analogue, on trouverait

$$\frac{AGC}{AGH} = \frac{AC}{AH}.$$

Mais, puisque GH est parallèle à BC, nous avons

$$\frac{AB}{AG} = \frac{AC}{AH};$$

il vient donc

$$\frac{ABC}{AGC} = \frac{AGC}{AGH},$$

et le théorème annoncé est complétement démontré.

288. L'expression précédente du volume d'un tronc de pyramide triangulaire convient également à un tronc de pyramide quelconque.

On sait, en effet :

1° Que les deux pyramides SABC, TGHIK, qui ont une même hauteur et des bases équivalentes (283), sont équivalentes ;

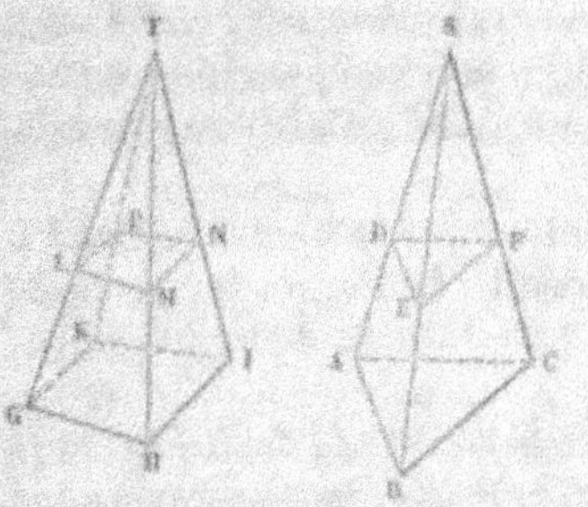

2° Que les sections DEF, LMNP, faites par un plan parallèle aux bases (224, Coroll.), sont équivalentes ;

3° Que les petites pyramides SDEF, TLMNP, qui ont même hauteur et des bases équivalentes, sont équivalentes.

Par conséquent, les deux troncs ABCFED, GHIKPNML, différences de pyramides équivalentes, sont eux-mêmes équivalents, et l'expression du volume de l'un appartient également à l'autre.

En désignant par H la hauteur du tronc de pyramide, et par B et b ses deux bases, son volume V sera, d'après ce qui précède,

$$V = \frac{1}{3} BH + \frac{1}{3} bH + \frac{1}{3} \sqrt{Bb} \times H,$$

ou

$$V = \frac{H}{3} (B + b + \sqrt{Bb}).$$

Comme on doit s'y attendre, on retrouverait dans cette formule :

1° Le volume $V = BH$ du prisme, en y supposant $b = B$;

2° Le volume $V = \frac{BH}{3}$ de la pyramide, en faisant $b = 0$.

R. — *Manuel*, I.   24

289. Le même énoncé (287) s'applique encore, et pour les raisons déjà déduites, au tronc de cône à bases parallèles.

Si H est la hauteur de ce tronc, R et r les rayons de ses deux bases, son volume sera

$$\frac{1}{3}\pi R^2 H + \frac{1}{3}\pi r^2 H + \frac{1}{3}H\sqrt{\pi R^2 \times \pi r^2},$$

ou

$$\frac{1}{3}\pi H(R^2 + r^2 + R\,r).$$

290. Un corps prismatique à bases non parallèles, ou *prisme triangulaire tronqué*, *est équivalent à trois pyramides ayant toutes trois pour base l'une des bases du tronc, et ayant leurs sommets respectifs placés en chacun des sommets de l'autre base.*

Le plan AEC détache d'abord du tronc une pyramide EABC, qui a son sommet en E et sa base en ABC; c'est l'une des pyramides annoncées.

Le plan DEC partage la pyramide quadrangulaire EACFD en deux pyramides triangulaires EACD, ECFD, respectivement équivalentes à deux autres que nous allons successivement ramener à celles de l'énoncé.

Si nous menons, dans ce but, un plan par la droite BC et le

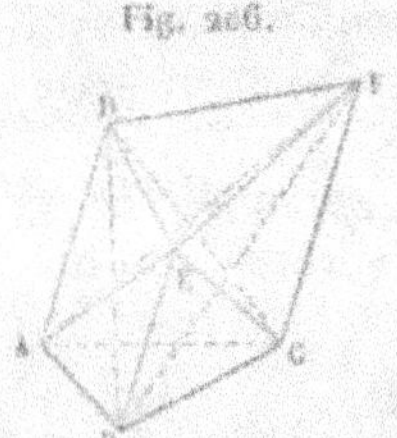

sommet D, nous formerons une pyramide DABC qui, comparée à EACD, a même base ACD, et dont le sommet B est placé sur une même parallèle à la base que le sommet E. Ces deux pyramides DABC, EACD, ont donc même base et même hauteur; elles sont équivalentes, et l'une d'elles, DABC, a bien aussi pour base ABC et son sommet en D.

Reste la troisième pyramide ECFD. Nous ferons, de même, passer le plan FAB pour déterminer une pyramide FABC, qui répondra parfaitement à la condition de l'énoncé, si nous prouvons qu'elle est équivalente à ECFD. Or, les bases ACF, CFD de ces deux pyramides sont équivalentes, puisque ces triangles ont même base CF, et les sommets sur la même parallèle AD à cette base; de plus, les deux pyramides ont même hauteur, puisque leurs sommets B et E sont sur une même parallèle BE au plan de leurs bases; elles sont donc bien équivalentes, et le théorème est entièrement démontré.

COROLLAIRE. — Le volume d'un prisme triangulaire tronqué a pour mesure le produit de l'une de ses bases B par la moyenne des trois perpendiculaires H, H′ et H″, abaissées sur cette base de chacun des sommets de la base supérieure. Ce volume est exprimé par $B \times \dfrac{H + H' + H''}{3}$.

291. Si l'on veut évaluer le *volume d'un polyèdre quelconque*, on le décomposera en pyramides ayant pour bases ses diverses faces, et pour hauteurs les distances de ces mêmes faces au point intérieur choisi pour le sommet commun des pyramides (227).

En désignant par F, F′, F″,...., F^a les faces du polyèdre, et par H, H′, H″,...., H^a les hauteurs des pyramides respectivement correspondantes, nous aurons, pour le volume V du polyèdre,

$$V = \frac{FH}{3} + \frac{F'H'}{3} + \frac{F''H''}{3} + \ldots + \frac{F^a H^a}{3},$$

ou

$$V = \frac{1}{3}(FH + F'H' + F''H'' + \ldots + F^a H^a).$$

Remarque. — Quand le polyèdre a des angles rentrants, il faut le décomposer d'abord en deux ou plusieurs polyèdres convexes.

292. Établissons maintenant le rapport des volumes des polyèdres semblables.

Nous avons vu (238) que deux polyèdres semblables sont composés de pyramides semblables deux à deux et pareillement assemblées, et que (235) ces pyramides semblables ne sont elles-mêmes que des assemblages de tétraèdres semblables chacun à chacun.

Or, si B et b sont les bases semblables, H et h les hauteurs de deux tétraèdres semblables dont les volumes sont respectivement (235)

$$\frac{1}{3}BH \quad \text{et} \quad \frac{1}{3}bh,$$

nous nous rappellerons que, les bases B et b étant entre elles (230, Coroll.) comme les carrés des hauteurs ou comme les carrés des arêtes qui sont proportionnelles à ces dernières, le rapport $\frac{B}{b} \times \frac{H}{h}$ des volumes peut se mettre sous la forme

$$\frac{H^2}{h^2} \times \frac{H}{h} \quad \text{ou} \quad \frac{H^3}{h^3}, \quad \text{ou} \quad \frac{A^3}{a^3},$$

A et a étant deux arêtes homologues.

Mais deux tétraèdres semblables étant proportionnels aux cubes des arêtes homologues, les tétraèdres dont les deux polyèdres semblables sont composés forment une suite de rapports égaux, dans laquelle la somme des antécédents et la somme des conséquents, ou *les deux polyèdres, sont également entre eux comme les cubes des arêtes homologues,* ainsi que nous l'avions annoncé (240, *Rem.*).

Remarque. — Deux cubes sont toujours semblables.

Corollaire. — Sachant (258 et 264) que deux cylindres ou deux cônes semblables sont ceux qui ont leurs hauteurs proportionnelles aux rayons des bases, on établirait, comme il vient d'être fait pour les polyèdres, que *deux cylindres ou deux cônes semblables sont entre eux comme les cubes de leurs hauteurs ou de leurs rayons de base; ou encore, comme les cubes de leurs côtés générateurs.*

293. Il nous reste encore à évaluer le volume de la sphère et des principaux corps dans lesquels elle peut être divisée.

On voit d'abord que, si l'on considère le centre de la sphère comme le sommet commun d'une infinité de petites pyramides ayant pour bases les éléments de la surface, la sphère elle-même, ou toute partie de la sphère qui sera limitée intérieurement suivant des surfaces engendrées par un rayon, aura pour mesure la somme des bases de toutes ces petites pyramides, ou la portion de surface sphérique correspondante, multipliée par le tiers du rayon.

C'est ainsi que la sphère a pour volume $4\pi R^2 \times \frac{R}{3}$, ou $\frac{4}{3}\pi R^3$; ou encore $\frac{\pi D^3}{6}$, si nous appelons D son diamètre 2R.

De même, le *secteur sphérique*, engendré par un secteur circulaire tournant autour d'un diamètre, est égal à l'aire de la zone sur laquelle il s'appuie, multipliée par le tiers du rayon. Ce volume est, si l'on conserve les notations du n° 271, exprimé par $2\pi RH \times \dfrac{R}{3}$, ou $\dfrac{2}{3}\pi R^2 H$.

En appelant *onglet sphérique* la portion de la sphère qui a pour base un fuseau (273), on aura encore pour son volume V, si l'on désigne son arc par a,

$$V = 2aR \times \frac{R}{3} = \frac{2}{3}aR^2.$$

Corollaire. — On voit, par ces diverses expressions, que : *1° les volumes de deux sphères sont entre eux comme les cubes des rayons; 2° deux secteurs sphériques, dans une même sphère, sont entre eux comme les hauteurs des zones qui les limitent; 3° dans une même sphère, deux onglets, ainsi que leurs deux fuseaux, sont entre eux comme leurs arcs.*

294. Le *segment sphérique*, engendré par la rotation du segment circulaire ALB autour du diamètre MN, est la différence des corps engendrés par le secteur OALB et par le triangle isoscèle OAB.

Fig. 207.

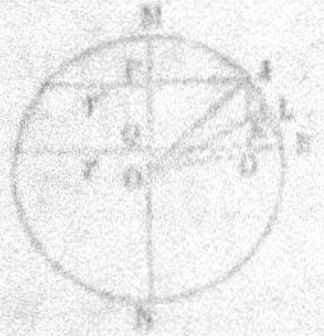

Le secteur sphérique OALB, si l'on appelle H sa hauteur PQ, a pour expression (294)

$$\frac{2}{3}\pi R^2 H.$$

Le triangle isoscèle OAB donne naissance à un corps qui peut être aussi considéré comme composé d'une infinité de petites pyramides ayant pour sommet commun le centre de la sphère, pour base les éléments de la surface du tronc de cône décrit par le trapèze PABQ, et pour hauteur celle OK du triangle. Ce corps s'exprime (270, Coroll.) par

$$2\pi H \times OK \times \frac{OK}{3}, \quad \text{ou} \quad \frac{2}{3}\pi H \times \overline{OK}^2.$$

Le segment sphérique a, par conséquent, pour expression,

$$\frac{2}{3}\pi R^2 H - \frac{2}{3}\pi H \times \overline{OK}^2,$$

ou

$$\frac{2}{3}\pi H\left(R^2 - \overline{OK}^2\right).$$

Mais

$$R^2 - \overline{OK}^2 = \overline{AO}^2 - \overline{OK}^2 = \overline{AK}^2 = \frac{\overline{AB}^2}{4};$$

le volume du segment a donc définitivement pour expression

$$\frac{2}{3}\pi H \times \frac{\overline{AB}^2}{4}, \quad \text{ou} \quad \pi\overline{AB}^2 \times \frac{H}{6}.$$

En langage ordinaire, *le volume d'un segment sphérique est égal au cercle qui a pour rayon la corde de ce segment, multiplié par le sixième de la hauteur dudit segment.*

CorOLLAIRE. — La sphère qui aurait pour diamètre la corde AB du segment sphérique aurait pour volume $\pi\dfrac{\overline{AB}^3}{6}$, et le rapport dudit segment à cette sphère serait $\dfrac{H}{AB}$, c'est-à-dire le rapport de la hauteur à la corde.

295. *Le volume d'une tranche sphérique, comprise entre deux plans parallèles, équivaut à la demi-somme de ses bases multipliée par la hauteur, plus la sphère décrite sur cette hauteur comme diamètre.*

Ce volume V est, en effet, la somme du segment sphérique ALB (*fig.* 207) et du tronc de cône décrit par le trapèze PABQ. On a donc pour son expression (289 et 294)

$$V = \pi\overline{AB}^2 \times \frac{H}{6} + \pi(r^2 + r'^2 + rr')\frac{H}{3}.$$

Or, on a évidemment sur la figure

$$\overline{AB}^2 = \overline{AD}^2 + \overline{BD}^2 = H^2 + (r - r')^2,$$

et il vient, en remplaçant,

$$V = \pi\frac{H}{6}(H^2 + r^2 + r'^2 - 2rr') + \pi\frac{H}{3}(r^2 + r'^2 + rr').$$

ou, après réduction,

$$V = \frac{\pi r^2 + \pi r'^2}{2} \times H + \pi \frac{H^3}{6}.$$ C. Q. F. D.

COROLLAIRE. — Si la tranche sphérique n'avait plus qu'une seule base, il suffirait d'introduire dans l'expression ci-dessus l'hypothèse $r' = 0$, et elle deviendrait

$$V = \frac{\pi r^2}{2} H + \pi \frac{H^3}{6}.$$

On voit ainsi que *la tranche sphérique à une seule base équivaut à la moitié du cylindre de même base et même hauteur, plus la sphère qui a cette hauteur pour diamètre.*

296. Soient, suivant les dispositions de la figure ci-contre,

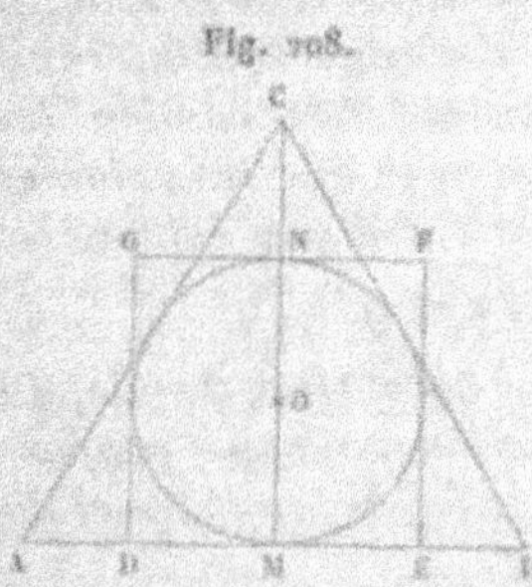

Fig. 108.

DEFG et ABC un carré et un triangle équilatéral circonscrits à la circonférence OM, et supposons que cette figure tourne autour de la droite CN. La circonférence engendrera une sphère; le carré et le triangle donneront respectivement naissance à un cylindre et à un cône équilatéral circonscrits à cette sphère.

Désignons dans leur ordre par S, S' et S" les surfaces totales, et par V, V' et V" les volumes de ces trois corps, dont le dernier a pour hauteur 3R, et pour côté $2R\sqrt{3}$, si nous appelons R le rayon OM de la sphère (156, Coroll. II).

Cela posé, les formules précédemment établies pour les aires et les volumes nous donneront sans difficulté :

$$S = 4\pi R^2, \qquad\qquad V = \frac{4}{3}\pi R^3,$$

$$S' = 4\pi R^2 + 2\pi R^2 = 6\pi R^2, \qquad V' = 2\pi R^3,$$

$$S'' = 6\pi R^2 + 3\pi R^2 = 9\pi R^2. \qquad V'' = 3\pi R^3.$$

Or, ces expressions nous permettent de conclure les proportions suivantes :

$$S : S' : S'' :: V : V' : V'' :: 4 : 6 : 9,$$

desquelles il résulte que *les surfaces de la sphère, du cylindre et du cône équilatéral circonscrits à une sphère sont entre eux, ainsi que les volumes de ces trois corps, comme les nombres 4, 6 et 9.*

Remarques. — 1° *La surface latérale du cylindre est équivalente à la surface totale de la sphère ;*

2° *La surface totale du cylindre est moyenne proportionnelle entre celles de la sphère et du cône ;*

3° *Le volume du cylindre est moyen proportionnel entre ceux de la sphère et du cône.*

297. On peut aussi démontrer, d'une manière tout à fait analogue, que *les surfaces de la sphère, du cylindre et du cône équilatéraux inscrits sont entre elles comme les nombres 16, 12 et 9; et que les volumes de ces corps sont entre eux comme les nombres 32, 12 $\sqrt{2}$ et 9.*

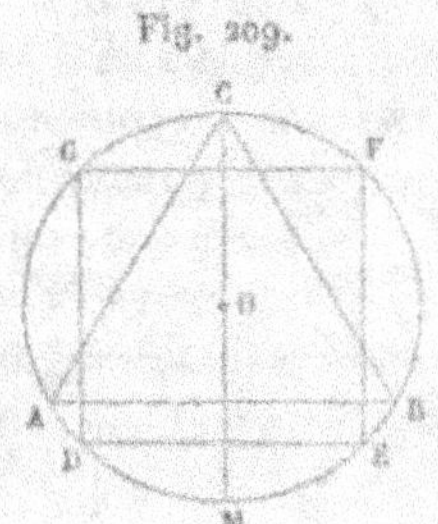

Fig. 209.

Remarque. — *La surface totale du cylindre est encore moyenne proportionnelle entre celles de la sphère et du cône.*

Il en est de même pour les volumes respectifs de ces corps.

TRIGONOMÉTRIE RECTILIGNE.

PRÉLIMINAIRES.

1. La Trigonométrie a pour objet spécial de fournir des méthodes qui permettent de calculer tous les éléments d'un triangle, quand on a des données suffisantes pour les déterminer. On la divise en *Trigonométrie rectiligne* et *Trigonométrie sphérique*, selon qu'il s'agit des éléments d'un triangle rectiligne ou de ceux d'un triangle sphérique; c'est-à-dire, d'un triangle dont les côtés sont des lignes droites, ou d'un triangle dont les côtés sont des arcs de grand cercle situés sur une même sphère.

C'est seulement de la Trigonométrie rectiligne que nous avons à nous occuper ici.

Avant toute chose, il importe que nous rappelions ce qui a été déjà dit en Géométrie, relativement à la mesure des angles par la longueur des arcs qu'ils interceptent sur une circonférence ayant son centre à leur sommet, et à la substitution de la subdivision sexagésimale en degrés, minutes et secondes à l'énonciation métrique ordinaire des longueurs de ces arcs. Nous n'avons pas besoin d'insister sur la nécessité d'évaluer pour tous les arcs leur longueur, soit en degrés, soit en mètres, dans des cercles d'un rayon unique et convenu; ce rayon sera égal à l'unité dans tout ce qui va suivre, toutes les fois qu'il n'en sera pas décidé autrement d'une manière explicite.

Ceci posé, il ne sera pas sans intérêt de placer ici une petite Table permettant de déterminer facilement, pour le cercle dont le rayon est égal à l'unité, la longueur d'un arc exprimé en degrés, minutes et secondes.

10°	0,174533	10'	0,002909	10″	0,000048
20	0,349066	20	0,005818	20	0,000097
30	0,523599	30	0,008727	30	0,000145
40	0,698132	40	0,011636	40	0,000194
50	0,872665	50	0,014544	50	0,000242
60	1,047198	60	0,017453	60	0,000291
70	1,221731	70	0,020362	70	0,000339
80	1,396264	80	0,023271	80	0,000388
90	1,570797	90	0,026180	90	0,000436

Proposons-nous, comme exemple, de trouver la longueur d'un arc de $43°\,27'\,39''$.

Nous posons

$$40° \dots\dots\dots\dots\dots\dots\dots\dots\dots = 0,698132$$

$$3° = \frac{30°}{10} \dots\dots\dots\dots\dots\dots\dots = 0,052360$$

$$20' \dots\dots\dots\dots\dots\dots\dots\dots\dots = 0,005818$$

$$7' = \frac{70'}{10} \dots\dots\dots\dots\dots\dots\dots = 0,002036$$

$$30'' \dots\dots\dots\dots\dots\dots\dots\dots\dots = 0,000145$$

$$9'' = \frac{90''}{10} \dots\dots\dots\dots\dots\dots\dots = 0,000044$$

$$\overline{43°\,27'\,39'' \dots\dots\dots\dots\dots\dots\dots = 0,758535}$$

Le premier nombre de la Table ci-dessus a été calculé, comme les suivants, par la formule déjà connue (*Géom.*, 132. *Rem.*)

$$\frac{l}{2\pi \mathrm{R}} = \frac{n}{360},$$

en y supposant $\mathrm{R} = 1$ et $n = 10°$, l étant la longueur de l'arc correspondant à chaque valeur de n.

La même relation serait naturellement celle qu'il faudrait employer si l'on voulait résoudre le problème inverse, et chercher à exprimer en degrés un arc dont la longueur l serait connue. La nouvelle inconnue serait n, et il suffirait de se rappeler que, s'il s'agit de la division sexagésimale du degré, on devra multiplier les restes des divisions par 60 pour les convertir en minutes et secondes.

LIGNES TRIGONOMÉTRIQUES.

2. Il importait de trouver des relations unissant entre eux les côtés et les angles et, pour faciliter l'introduction simultanée de ces quantités de nature différente dans les formules, il était convenable de remplacer les angles, ou les arcs qui les mesurent, par des lignes droites liées avec eux d'une manière précise, variant avec eux et les déterminant dès qu'ils sont eux-mêmes déterminés. Parmi les lignes qui ont été adoptées, celles dont l'usage est le plus fréquent sont au nombre de six; elles portent les noms suivants :

sinus, cosinus, tangente, cotangente, sécante et *cosécante,*

et prennent respectivement dans l'écriture, quand elles précédent immédiatement l'arc auquel elles se rapportent, les abréviations ci-après :

sin, cos, tang, cot, séc et *coséc.*

Nous allons donner la définition de chacune de ces lignes.

Soit décrite, du sommet O d'un angle XOY comme centre, une circonférence de rayon OA = R.

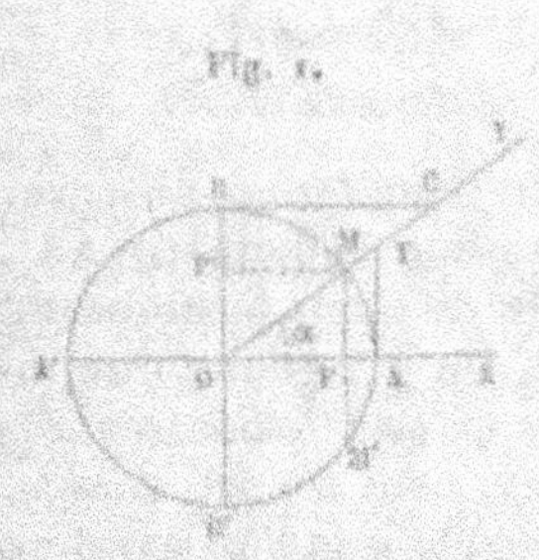

Fig. 1.

Dans cette circonférence, l'angle XOY, que nous supposerons provisoirement plus petit qu'un quadrant et que nous désignerons, pour abréger, par α, est mesuré par l'arc AM, qui croît proportionnellement avec lui depuis zéro jusqu'à la circonférence entière, quand, le côté OA restant fixe, l'angle α croît de zéro à 360 degrés.

Cela posé, la perpendiculaire MP, abaissée de l'extrémité M de l'arc AM sur le rayon OA qui passe par l'autre extrémité, s'appelle, dans la circonférence de rayon R, le *sinus* de l'angle AOM et s'écrit *sin* α.

La ligne OP, qui va du centre au pied P du sinus de α, s'appelle le *cosinus* de cet angle; on l'écrit *cos* α. On voit que cette longueur est précisément égale à celle MP' du sinus de l'angle MOB, qui lui-même est le *complément* de l'angle α, c'est-à-dire qui forme avec lui une somme égale à 90 degrés.

La portion de la tangente à l'origine AT, comprise entre le point A et le point de rencontre T du prolongement du rayon qui passe par l'autre extrémité, s'appelle trigonométriquement la *tangente* de l'angle α ou, dans l'écriture, *tang* α. La longueur BC, mesurée sur la tangente en B entre ce point et le point de rencontre du même rayon, est dite la *cotangente* de α ou *cot* α; elle est de même égale à la tangente de l'angle complémentaire MOB ou 90° — α.

Enfin, la *sécante* de l'angle AOM, ou *séc* α, est la portion OT du rayon OM comprise entre le centre du cercle et l'extrémité de la tangente. La portion du même rayon qui va du centre à l'extrémité C de la cotangente est dite la *cosécante* de l'angle α ou *coséc* α; c'est encore la sécante du complément de α, et c'est cette relation qu'on a eu pour but de rappeler en plaçant la syllabe *co* en tête des mots *cosinus*, *cotangente* et *cosécante*.

En résumé, l'ensemble des six lignes trigonométriques de l'angle α est, relativement à la circonférence R, dans la figure ci-dessus :

$$\sin \alpha = \text{MP}, \quad \text{tang } \alpha = \text{AT}, \quad \text{séc } \alpha = \text{OT},$$
$$\cos \alpha = \text{OP}, \quad \text{cot } \alpha = \text{BC}, \quad \text{coséc } \alpha = \text{OC}.$$

Remarque. — Avant d'aller plus loin nous ferons observer que, si l'on prolonge le sinus MP au-dessous du diamètre AA′, on obtient la corde MM′ qui est double du sinus et sous-tend l'arc MAM′, double lui-même de AM. On peut donc dire en général que *le sinus d'un arc moindre qu'une demi-circonférence est la moitié de la corde qui sous-tend un arc double*. C'est cette relation simple et remarquable que l'on exprime algébriquement par la formule

$$\sin \alpha = \frac{1}{2} \text{ corde } 2\alpha.$$

3. Les définitions qui précèdent s'appliquent non-seulement à un angle aigu quelconque, comme on vient de le voir, mais encore à tous les angles compris entre 0 et 360 degrés; soit qu'il s'agisse d'un angle obtus proprement dit, c'est-à-dire

se terminant dans le second quadrant, soit que l'on considère un angle ou une somme d'angles se terminant dans le troisième ou dans le quatrième quadrant.

Les trois figures ci-après présentent un exemple de chacun de ces cas, et il ne reste que quelques observations de détail à ajouter pour rendre complète leur interprétation.

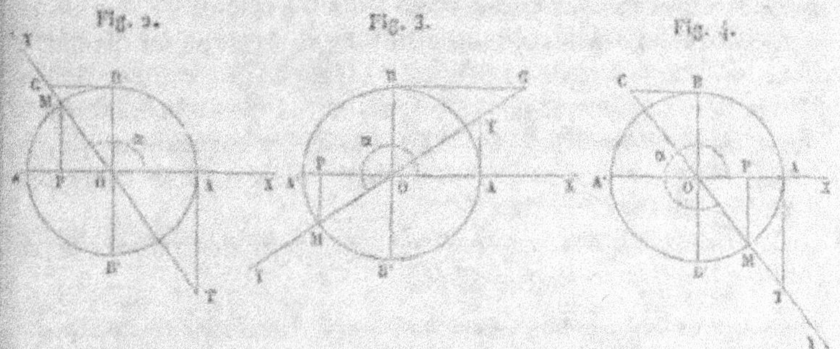

En suivant avec attention la marche de chacune des lignes trigonométriques, à mesure que l'angle α augmente, on voit sans peine que, dès que cet angle franchit le premier quadrant ou 90 degrés, quelques-unes de ses lignes, tracées et mesurées comme il a été exposé dans le numéro précédent, repassent nécessairement par les valeurs déjà observées, dont elles diffèrent toutefois par leur position ou par le sens dans lequel elles sont comptées. Ce sont précisément ces différences qui vont nous servir à distinguer entre eux des angles qui se terminent dans telle ou telle région de la circonférence.

C'est ainsi que, de 90 à 270 degrés, le cosinus qui se mesurait à droite du centre sur le diamètre horizontal AA′ se porte maintenant vers la gauche, parce que c'est de ce côté que se trouve l'extrémité de l'arc et, par suite, le pied de son sinus.

De 180 à 360 degrés, les sinus se trouvent tous au-dessous du même diamètre, puisque c'est dans cette partie du plan que se trouve l'extrémité de l'arc considéré.

Dans le deuxième et le quatrième quadrant, les tangentes et cotangentes se trouvent les unes au-dessous de l'origine A, les autres à gauche du point B.

Enfin, de 90 à 270 degrés, la sécante qui, mesurée à partir du centre sur le rayon extrême de l'angle, était dirigée dans

le sens de ce rayon, se trouve en sens opposé à ce dernier, et la même circonstance se reproduit pour la cosécante, quand l'angle considéré varie entre 180 et 360 degrés.

Pour utiliser ces différences au profit de la distinction des arcs ou angles, on a introduit dans les lignes trigonométriques un élément algébrique en affectant du signe des quantités négatives et en traitant comme tels dans les calculs : 1° les sinus qui seraient géométriquement situés au-dessous du diamètre fixe AA′; 2° les cosinus mesurés à gauche du centre; 3° les tangentes au-dessous de l'origine A; 4° les cotangentes à gauche du point B; 5° les sécantes et les cosécantes qui, à partir du centre, seraient portées en sens inverse du rayon extrême de l'arc.

Il résulte de ces conventions que, pour des valeurs de x comprises entre 0 et 90 degrés,

$$\sin x \text{ varie de } 0 \text{ à } + r, \qquad \tan x \text{ varie de } 0 \text{ à } + \infty, \qquad \sec x \text{ varie de } + r \text{ à } + \infty,$$
$$\cos x \qquad\quad \text{de } + r \text{ à } 0, \qquad \cot x \qquad\quad \text{de } + \infty \text{ à } 0, \qquad \operatorname{coséc} x \qquad\quad \text{de } + \infty \text{ à } + r;$$

entre 90 et 180 degrés,

$$\sin x \text{ varie de } + r \text{ à } 0, \qquad \tan x \text{ varie de } + \infty \text{ à } 0, \qquad \sec x \text{ varie de } - \infty \text{ à } - r,$$
$$\cos x \qquad\quad \text{de } 0 \text{ à } - r, \qquad \cot x \qquad\quad \text{de } 0 \text{ à } - \infty, \qquad \operatorname{coséc} x \qquad\quad \text{de } + r \text{ à } + \infty;$$

entre 180 et 270 degrés,

$$\sin x \text{ varie de } 0 \text{ à } - r, \qquad \tan x \text{ varie de } 0 \text{ à } + \infty, \qquad \sec x \text{ varie de } - r \text{ à } - \infty,$$
$$\cos x \qquad\quad \text{de } - r \text{ à } 0, \qquad \cot x \qquad\quad \text{de } + \infty \text{ à } 0, \qquad \operatorname{coséc} x \qquad\quad \text{de } - \infty \text{ à } - r;$$

enfin, de 270 à 370 degrés,

$$\sin x \text{ varie de } - r \text{ à } 0, \qquad \tan x \text{ varie de } - \infty \text{ à } 0, \qquad \sec x \text{ varie de } + \infty \text{ à } + r,$$
$$\cos x \qquad\quad \text{de } 0 \text{ à } + r, \qquad \cot x \qquad\quad \text{de } 0 \text{ à } - \infty, \qquad \operatorname{coséc} x \qquad\quad \text{de } - r \text{ à } - \infty.$$

4. Si, comme cela se présente fréquemment dans les applications, on a à considérer une somme d'angles qui dépasse 4 angles droits ou 360 degrés, il est facile de voir que, l'extrémité d'un pareil angle venant forcément prendre l'une des positions déjà considérées dans l'un des quatre quadrants, ses lignes trigonométriques seront respectivement les mêmes que celles de l'angle résultant de la soustraction de la circonférence entière ou d'un nombre entier de circonférences.

En général, *deux angles qui ne diffèrent que par un nombre*

quelconque de circonférences ont les mêmes lignes trigono-
métriques.

Par le même motif si, au lieu de faire croître les angles à partir de zéro vers les valeurs supérieures, on considère *des*

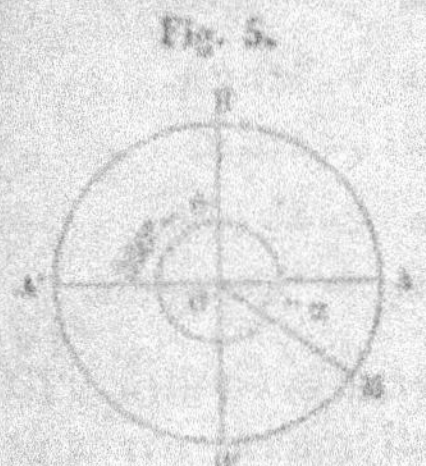

Fig. 5.

angles négatifs comptés en sens contraire à partir de la même origine A, les lignes trigonométriques reprendront, mais dans un ordre inverse, les valeurs assignées dans le tableau précédent.

Si l'on considère en particulier un angle négatif $-\alpha$, il est évident que ses lignes trigonométriques, en valeur absolue et quant aux signes, seront les mêmes que celles de l'angle positif $360° - \alpha$, qui en diffère, d'ailleurs, de 360 degrés ou d'une circonférence.

5. *Si la différence des deux arcs était de trois quadrants,*

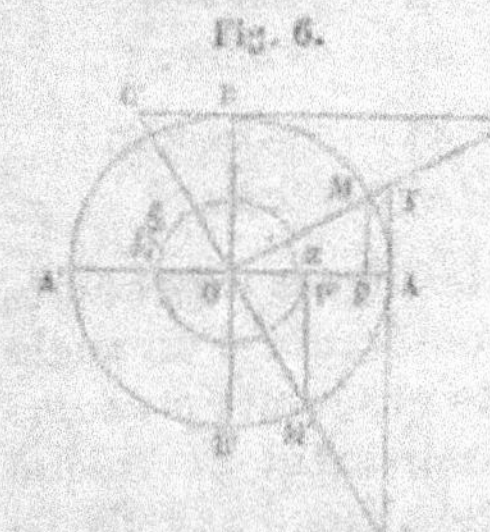

Fig. 6.

on verrait, à la seule inspection de la figure et par la comparaison deux à deux des triangles qu'elle comporte, que

$$M'P' = OP, \qquad OP' = MP,$$
$$AT' = BC, \qquad BC' = AT,$$
$$OT' = OC, \qquad OC' = OT.$$

En tenant compte des signes suivant les règles posées au n° 3, ces égalités se traduisent trigonométriquement dans les suivantes :

$$\sin(270° + \alpha) = -\cos\alpha,$$
$$\cos(270° + \alpha) = \sin\alpha;$$
$$\tang(270° + \alpha) = -\cot\alpha,$$
$$\cot(270° + \alpha) = -\tang\alpha;$$
$$\séc(270° + \alpha) = \coséc\alpha,$$
$$\coséc(270° + \alpha) = -\séc\alpha.$$

6. *Si deux angles diffèrent entre eux de deux quadrants ou d'une demi-circonférence,* comme sont les angles AOM, AOM' de la *fig.* 7, leurs sinus et cosinus sont respectivement égaux et de signes contraires ; les tangentes et cotangentes

sont les mêmes; les sécantes et cosécantes sont égales et de
signes contraires. On a donc

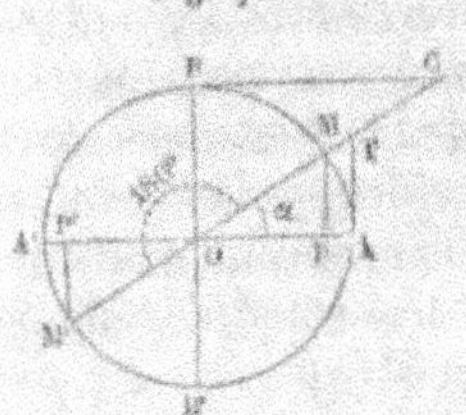

Fig. 7.

$$\sin(180° + \alpha) = -\sin\alpha,$$
$$\cos(180° + \alpha) = -\cos\alpha;$$
$$\tang(180° + \alpha) = \tang\alpha,$$
$$\cot(180° + \alpha) = \cot\alpha;$$
$$\séc(180° + \alpha) = -\séc\alpha,$$
$$\coséc(180° + \alpha) = -\coséc\alpha.$$

7. *Si deux angles diffèrent d'un quadrant;* c'est-à-dire, s'ils
s'expriment respectivement par α et
$90° + \alpha$, on reconnaît encore que

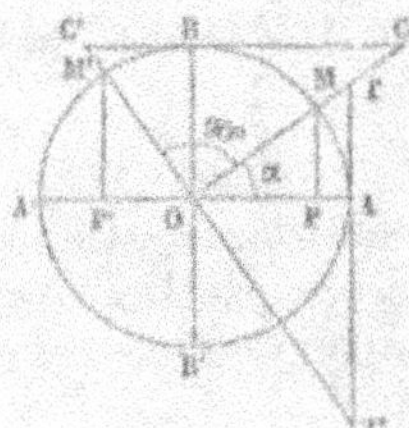

Fig. 8.

$$\sin(90° + \alpha) = \cos\alpha,$$
$$\cos(90° + \alpha) = -\sin\alpha;$$
$$\tang(90° + \alpha) = -\cot\alpha,$$
$$\cot(90° + \alpha) = -\tang\alpha;$$
$$\séc(90° + \alpha) = -\coséc\alpha,$$
$$\coséc(90° + \alpha) = \séc\alpha.$$

8. Nous avons déjà dit, en définissant les lignes trigonométriques, que les cosinus, cotangente et cosécante d'un angle
étaient respectivement les sinus, tangente et sécante du *complément* de cet angle. Il résulte nécessairement de là que
cette réciprocité s'étend aux six li-
gnes trigonométriques, et que l'on a

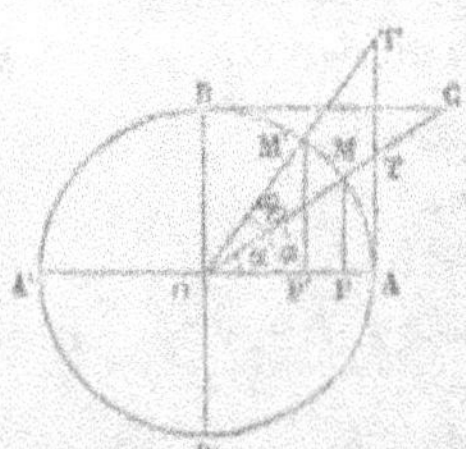

Fig. 9.

$$\sin(90° - \alpha) = \cos\alpha,$$
$$\cos(90° - \alpha) = \sin\alpha;$$
$$\tang(90° - \alpha) = \cot\alpha,$$
$$\cot(90° - \alpha) = \tang\alpha;$$
$$\séc(90° - \alpha) = \coséc\alpha,$$
$$\coséc(90° - \alpha) = \séc\alpha.$$

Ces nouvelles relations sont mises en évidence par le seul examen de la *fig.* 9, dont elles sont la représentation algébrique,
comme les *fig.* 5, 6, 7 et 8 ont fourni les formules des nᵒˢ 4,
5, 6 et 7.

9. *Quand deux angles sont supplémentaires,* c'est-à-dire, lorsque leur somme équivaut à 180 degrés, on a, toujours en combinant les indications de la figure avec les règles données plus haut pour les signes,

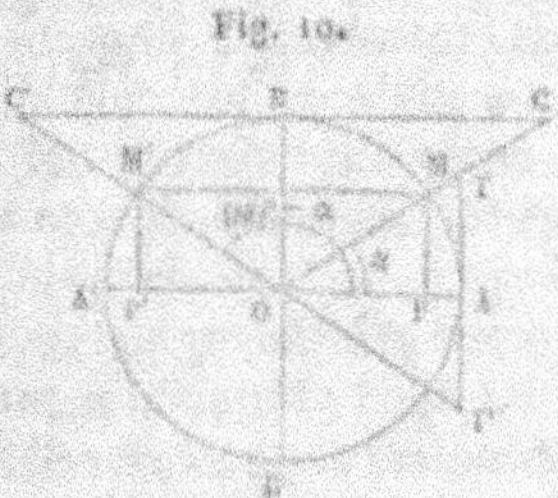

Fig. 10.

$$\sin(180° - \alpha) = \sin\alpha,$$
$$\cos(180° - \alpha) = -\cos\alpha;$$
$$\tang(180° - \alpha) = -\tang\alpha,$$
$$\cot(180° - \alpha) = -\cot\alpha;$$
$$\séc(180° - \alpha) = -\séc\alpha,$$
$$\coséc(180° - \alpha) = \coséc\alpha.$$

10. *Enfin, si deux angles sont égaux et de signes contraires,* on aura

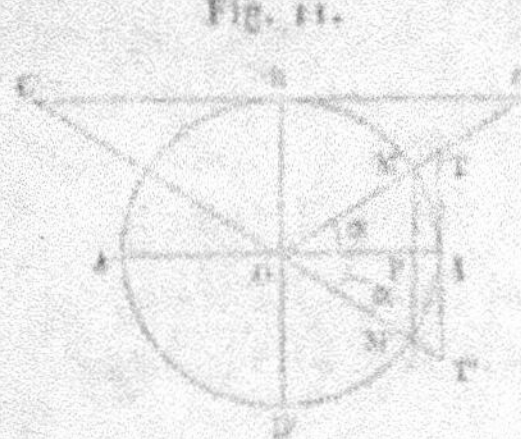

Fig. 11.

$$\sin(-\alpha) = -\sin\alpha,$$
$$\cos(-\alpha) = \cos\alpha;$$
$$\tang(-\alpha) = -\tang\alpha,$$
$$\cot(-\alpha) = -\cot\alpha;$$
$$\séc(-\alpha) = \séc\alpha,$$
$$\coséc(-\alpha) = -\coséc\alpha.$$

11. Telles sont, dans leur ensemble, les variations qu'éprouvent les lignes trigonométriques, quand varie l'angle auquel elles appartiennent. Il est d'une extrême importance d'étudier attentivement ces préliminaires, en s'attachant moins à les retenir littéralement de mémoire qu'à se bien pénétrer de leur esprit. L'étude facile et la possession sérieuse de la Trigonométrie sont à ce prix.

RELATIONS ENTRE LES LIGNES TRIGONOMÉTRIQUES D'UN ARC.

12. Nous avons établi, dans ce qui précède, la nomenclature des six lignes trigonométriques des arcs ou angles, et nous avons fait voir que, quelle que soit la grandeur et quel que soit le signe d'un angle, chacune de ses lignes trigonométriques se lie par une relation très-simple à celles d'un angle compris dans le premier quadrant; à tel point que toutes les lignes d'un angle quelconque sont respectivement égales, en valeur absolue et sauf le signe, à quelqu'une de celles d'un angle moindre que 90 degrés.

Fig. 12.

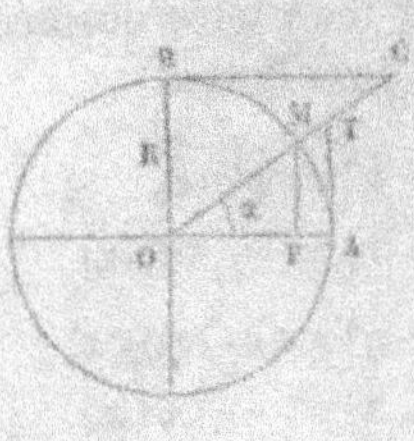

Nous allons maintenant chercher, pour un même angle α, les relations qui unissent entre elles ses six lignes trigonométriques. Ces relations sont au nombre de cinq.

Soient R le rayon arbitraire, mais constant, de la circonférence dans laquelle nous prenons les mesures angulaires, et α un angle quelconque; soient également construites les six lignes trigonométriques de cet angle.

Le triangle rectangle MOP donne immédiatement

$$\overline{MP}^2 + \overline{OP}^2 = R^2,$$

d'où

$$\sin^2\alpha + \cos^2\alpha = R^2.$$

Les triangles semblables OMP, OTA donnent ensuite

$$TA : MP :: OA : OP, \quad \text{ou} \quad \text{tang}\,\alpha : \sin\alpha :: R : \cos\alpha,$$
$$OT : OM :: OA : OP, \quad \text{ou} \quad \text{séc}\,\alpha : R :: R : \cos\alpha;$$

d'où

$$\text{tang}\,\alpha = R\frac{\sin\alpha}{\cos\alpha}, \quad \text{séc}\,\alpha = \frac{R^2}{\cos\alpha}.$$

De même, les triangles semblables OPM, BOC fournissent

$$BC : OP :: OB : MP, \quad \text{ou} \quad \cot\alpha : \cos\alpha :: R : \sin\alpha,$$
$$OC : OB :: OM : MP, \quad \text{ou} \quad \text{coséc}\,\alpha : R :: R : \sin\alpha;$$

d'où

$$\cot\alpha = R\frac{\cos\alpha}{\sin\alpha} \quad \text{et} \quad \text{coséc}\,\alpha = \frac{R^2}{\sin\alpha}.$$

13. Ces cinq formules, que nous réunissons ici, et dont on fera bien de vérifier l'exactitude dans tous les états de grandeur de l'angle α,

$$1^\circ\ \sin^2\alpha + \cos^2\alpha = R^2, \quad \left|\ \begin{array}{l} 2^\circ\ \text{tang}\,\alpha = R\dfrac{\sin\alpha}{\cos\alpha}, \\ 3^\circ\ \cot\alpha = R\dfrac{\cos\alpha}{\sin\alpha}, \end{array}\ \right| \begin{array}{l} 4^\circ\ \text{séc}\,\alpha = R^2\dfrac{1}{\cos\alpha}, \\ 5^\circ\ \text{coséc}\,\alpha = R^2\dfrac{1}{\sin\alpha}, \end{array}$$

ces cinq formules, disons-nous, sont les seules relations distinctes qui lient entre elles les six quantités $\sin\alpha$, $\cos\alpha$, $\tang\alpha$, $\cot\alpha$, $\sec\alpha$, $\cosec\alpha$. Si donc l'une quelconque des six lignes trigonométriques d'un angle était donnée, il serait toujours facile de déterminer chacune des cinq autres.

14. Comme exemple de ce problème, nous appliquerons ce que nous venons de dire à une question qui se présente assez fréquemment; nous voulons parler de la détermination du sinus et du cosinus d'un angle dont on connaît seulement la tangente.

Les formules propres à conduire à la solution cherchée sont les deux premières de celles qui précèdent.

Tirant successivement $\cos\alpha$, puis $\sin\alpha$ de la deuxième et les reportant dans la première, nous obtenons, d'une part :

$$\cos\alpha = R\,\frac{\sin\alpha}{\tang\alpha}, \qquad \sin^2\alpha\left(1 + \frac{R^2}{\tang^2\alpha}\right) = R^2,$$

d'où

$$\sin^2\alpha = \frac{R^2}{1 + \dfrac{R^2}{\tang^2\alpha}} = \frac{R^2\,\tang^2\alpha}{R^2 + \tang^2\alpha};$$

d'autre part,

$$\sin\alpha = \frac{\tang\alpha\,\cos\alpha}{R}, \qquad \cos^2\alpha\left(1 + \frac{\tang^2\alpha}{R^2}\right) = R^2,$$

d'où

$$\cos^2\alpha = \frac{R^2}{1 + \dfrac{\tang^2\alpha}{R^2}} = \frac{R^2}{R^2 + \tang^2\alpha}.$$

Enfin, ces résultats deviennent

$$\sin\alpha = \pm\frac{R\,\tang\alpha}{\sqrt{R^2 + \tang^2\alpha}} \quad\text{et}\quad \cos\alpha = \pm\frac{R^2}{\sqrt{R^2 + \tang^2\alpha}};$$

ce sont les deux valeurs cherchées.

On peut, d'ailleurs, facilement vérifier sur la *fig.* 12 l'exactitude géométrique des deux relations qui viennent d'être trouvées. Cette figure donne, en effet, à cause de la similitude des triangles OMP et OTA, et parce que $OT = \sqrt{\overline{OA}^2 + \overline{TA}^2}$,

$$MP : TA :: OM : OT, \quad \text{ou} \quad \sin\alpha : \tang\alpha :: R : \sqrt{R^2 + \tang^2\alpha},$$

$$OP : OA :: OM : OT, \quad \text{ou} \quad \cos\alpha : R \quad :: R : \sqrt{R^2 + \tang^2\alpha},$$

Nous avons enfin à expliquer comment il se fait que, pour une valeur unique de $\tang\alpha$, nous trouvions pour le sinus et le cosinus deux valeurs égales et de signes contraires.

Or, les *fig.* 2, 3 et 4 nous montrent d'abord que la même tangente AT correspond toujours et exclusivement à deux angles qui diffèrent entre eux d'une demi-circonférence, et que ces deux angles (6) ont leurs sinus et cosinus respectivement égaux et de signes contraires.

Si donc la tangente donnée est positive, auquel cas le plus petit des deux angles correspondants a son sinus positif ainsi que son cosinus, le second angle aura son sinus et son cosinus en même temps négatifs, et nous aurons :

Pour le premier,

$$\sin\alpha = + \frac{R\,\tang\alpha}{\sqrt{R^2 + \tang^2\alpha}}, \quad \cos\alpha = + \frac{R^2}{\sqrt{R^2 + \tang^2\alpha}},$$

et pour le second,

$$\sin\alpha = - \frac{R\,\tang\alpha}{\sqrt{R^2 + \tang^2\alpha}}, \quad \cos\alpha = - \frac{R^2}{\sqrt{R^2 + \tang^2\alpha}}.$$

Si, au contraire, la tangente est négative, le premier angle aura son sinus positif et son cosinus négatif, et l'autre le sinus négatif et le cosinus positif. Il faudra donc, dans ce cas, poser :

Pour le premier angle,

$$\sin\alpha = - \frac{R\,\tang\alpha}{\sqrt{R^2 + \tang^2\alpha}}, \quad \cos\alpha = - \frac{R^2}{\sqrt{R^2 + \tang^2\alpha}},$$

et pour le second,

$$\sin\alpha = + \frac{R\,\tang\alpha}{\sqrt{R^2 + \tang^2\alpha}}, \quad \cos\alpha = + \frac{R^2}{\sqrt{R^2 + \tang^2\alpha}}.$$

En d'autres termes, que l'on comprendra d'après ce qui vient d'être dit, quel que soit le signe de la tangente donnée, on obtient pour le sinus et le cosinus deux couples de valeurs auxquelles il faut donner les signes qui se correspondent dans les deux expressions.

15. Dans toutes les formules qui précèdent, le rayon R a conservé une valeur constante, mais quelconque, en ce sens que nous n'avons encore fait aucune hypothèse particulière sur la grandeur du cercle dans lequel nous comptions les angles. Il est, en effet, évident *à priori* que les vérités que nous avons déduites sont complétement indépendantes de cet élément. Toutefois, pour la simplification des calculs ultérieurs, et pour donner plus de précision aux règles qui vont être posées, il est convenable d'assigner au rayon une valeur déterminée et convenue, et celle qu'il était le plus simple et le plus naturel d'adopter était l'*unité* de longueur.

La généralité des déductions que nous tirerons des formules n'est, nous le répétons, nullement altérée par cette supposition. Seulement, au lieu de représenter des longueurs géométriques, les lignes trigonométriques qui entrent dans les calculs ne sont plus alors que les *rapports*, constants pour un même angle, qui existent entre les sinus, cosinus, tangentes, etc., mesurés dans une circonférence d'un rayon quelconque, et ce même rayon. Ces rapports prennent le nom de *lignes trigonométriques naturelles*, et rien n'est si simple que de revenir, d'une formule dans laquelle entrent des lignes trigonométriques naturelles, à la relation qui lui serait analogue dans une circonférence de rayon R, en remplaçant chacune de ces lignes par le rapport de la même ligne au nouveau rayon.

Ceci posé, les cinq relations précédemment établies deviennent, quand on y fait $R = 1$,

$$\sin^2\alpha + \cos^2\alpha = 1, \qquad \tang\,\alpha = \frac{\sin\alpha}{\cos\alpha}, \qquad \sec\alpha = \frac{1}{\cos\alpha},$$
$$\cot\alpha = \frac{\cos\alpha}{\sin\alpha}, \qquad \cosec\,\alpha = \frac{1}{\sin\alpha},$$

et les valeurs du sinus et du cosinus en fonction de la tangente donnent, abstraction faite du double signe,

$$\sin\alpha = \frac{\tang\,\alpha}{\sqrt{1 + \tang^2\alpha}}, \qquad \cos\alpha = \frac{1}{\sqrt{1 + \tang^2\alpha}},$$

16. Ces deux dernières expressions sont également d'un usage fréquent et veulent être retenues. Elles prennent encore une forme plus symétrique, et par conséquent plus simple, quand la tangente est donnée sous la forme d'une fraction $\dfrac{m}{n}$ qui produit, toutes réductions faites,

$$\sin\alpha = \frac{m}{\sqrt{m^2 + n^2}} \quad \text{et} \quad \cos\alpha = \frac{n}{\sqrt{m^2 + n^2}}.$$

Exemples. — Quel est le sinus et quel est le cosinus de l'angle dont la tangente est $\dfrac{5}{4}$?

Les formules ci-dessus donnent $\sin\alpha = \dfrac{3}{5}$ et $\cos\alpha = \dfrac{4}{5}$.

Si l'on avait $\tang\alpha = -\dfrac{17}{5}$, les formules donneraient de la même manière, sauf application des signes suivant les conclusions du n° 14,

$$\sin\alpha = \frac{17}{\sqrt{314}} \quad \text{et} \quad \cos\alpha = \frac{5}{\sqrt{314}}.$$

17. Les deux valeurs de $\tang\alpha$ et de $\cot\alpha$ sont telles, que leur produit est égal au carré du rayon ou, dans l'hypothèse nouvelle, à l'unité. Il est donc bon de se rappeler que, quelle que soit la valeur de l'angle α, sa tangente et sa cotangente sont des quantités inverses l'une de l'autre et liées par la relation

$$\tang\alpha \cot\alpha = 1.$$

PRINCIPALES FORMULES TRIGONOMÉTRIQUES.

RELATIONS ENTRE LES LIGNES TRIGONOMÉTRIQUES DE DEUX ANGLES ET CELLES DE LEUR SOMME OU DE LEUR DIFFÉRENCE.

18. Soient deux arcs AM et MN (*fig.* 13), que nous appellerons l'un a et l'autre b.

Leur somme $a + b$ sera représentée par l'arc AN, et les lignes MP, OP, NI, OI, NQ et OQ représenteront respectivement $\sin a$, $\cos a$, $\sin b$, $\cos b$, $\sin(a+b)$ et $\cos(a+b)$.

Abaissons du point I les deux perpendiculaires IT et IK sur OA et OB.

Cette construction nous donne

$$NQ \quad \text{ou} \quad \sin(a + b) = KQ + NK = IT + NK,$$
$$OQ \quad \text{ou} \quad \cos(a + b) = OT - QT = OT - IK.$$

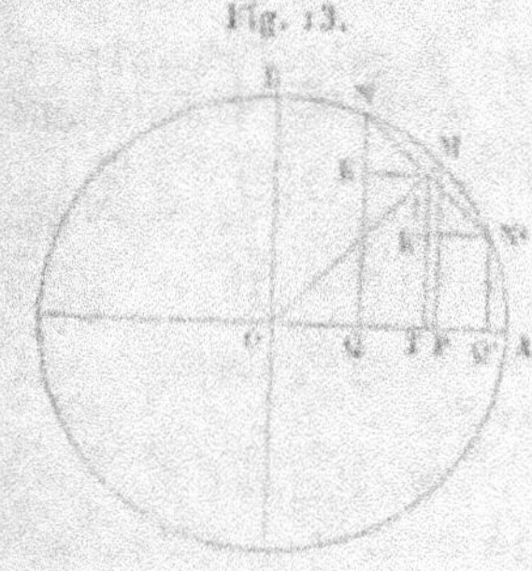

Fig. 13.

Or, les triangles semblables OIT, OMP et KNI fournissent, le rayon étant égal à l'unité, les quatre proportions

$$IT : MP :: OI : OM,$$
$$NK : OP :: NI : OM,$$
$$OT : OP :: OI : OM,$$
$$IK : MP :: NI : OM,$$

et par suite,

$$IT : \sin a :: \cos b : 1, \quad \text{d'où} \quad IT = \sin a \cos b;$$
$$NK : \cos a :: \sin b : 1, \quad \text{d'où} \quad NK = \cos a \sin b;$$
$$OT : \cos a :: \cos b : 1, \quad \text{d'où} \quad OT = \cos a \cos b;$$
$$IK : \sin a :: \sin b : 1, \quad \text{d'où} \quad IK = \sin a \sin b.$$

Par la substitution de ces valeurs dans celles de $\sin(a + b)$ et $\cos(a + b)$, il vient enfin

$$\sin(a + b) = \sin a \cos b + \sin b \cos a,$$
$$\cos(a + b) = \cos a \cos b - \sin a \sin b.$$

Ces deux expressions sont les formules fondamentales de la Trigonométrie. Elles viennent d'être établies pour des angles tels que $a + b < 90°$; mais rien ne serait plus facile que de faire une série de démonstrations analogues pour montrer directement qu'elles s'appliquent à tous les cas, quelles que soient les valeurs absolues et relatives de a et de b. Cette propriété peut, d'ailleurs, s'établir aussi par une discussion qui, bien qu'assez simple, sort des limites de notre cadre.

Nous regarderons, en conséquence, les deux formules ci-dessus comme ayant une généralité complète et pouvant s'appliquer à deux angles quelconques, pourvu que l'on ait égard aux valeurs corrélatives des lignes.

Remarque. — Puisque $\cos a$ et $\cos b$ sont nécessairement des fractions proprement dites, $\sin a \cos b$ est plus petit que $\sin a$, et $\sin b \cos a$ est plus petit que $\sin b$; par suite, $\sin(a+b)$ est toujours plus petit que $\sin a + \sin b$.

19. Les formules les plus importantes, parmi celles qui peuvent se déduire des précédentes, sont celles qui fournissent le sinus et le cosinus de la différence de deux arcs a et b.

Nous pourrions simplement y remplacer l'arc b par l'arc négatif $-b$, et nous obtiendrions immédiatement (10) :

$$\sin(a-b) = \sin a \cos(-b) + \sin(-b)\cos a$$
$$= \sin a \cos b - \sin b \cos a,$$

$$\cos(a-b) = \cos a \cos(-b) - \sin a \sin(-b)$$
$$= \cos a \cos b + \sin a \sin b.$$

Mais, les formules primitives n'ayant été démontrées directement que pour des arcs positifs, on trouvera peut-être plus satisfaisant de procéder ainsi qu'il suit :

Les relations du n° 18 étant supposées vraies, quels que soient les arcs positifs a et b, rien ne nous empêche de poser

$$a + b = a',$$

d'où

$$a = a' - b,$$

et d'y substituer ces valeurs. Il vient alors

$$\sin a' = \sin(a'-b)\cos b + \sin b \cos(a'-b),$$
$$\cos a' = \cos(a'-b)\cos b - \sin(a'-b)\sin b.$$

Si maintenant, après avoir multiplié tous les termes de la première de ces équations par $\cos b$ et ceux de la seconde par $\sin b$, nous retranchons l'une de l'autre les deux relations obtenues, nous trouverons

$$\sin a' \cos b - \cos a' \sin b = \sin(a'-b)(\cos^2 b + \sin^2 b).$$

Or, nous savons (15) que $\cos^2 b + \sin^2 b = 1$, et la relation précédente se réduit par conséquent à

$$\sin(a'-b) = \sin a' \cos b - \cos a' \sin b.$$

De même, en multipliant la première des équations ci-dessus par $\sin b$ et la seconde par $\cos b$, puis faisant leur somme, on obtient

$$\sin a' \sin b + \cos a' \cos b = \cos(a' - b)(\cos^2 b + \sin^2 b),$$

ou

$$\cos(a' - b) = \cos a' \cos b + \sin a' \sin b.$$

On voit donc que, en supprimant l'accent de a' et ayant soin de ne regarder comme se correspondant que les signes supérieurs ou les signes inférieurs, les valeurs de $\sin(a + b)$, $\cos(a + b)$, $\sin(a - b)$ et $\cos(a - b)$ en fonction de $\sin a$, $\cos a$, $\sin b$ et $\cos b$, peuvent se grouper de la manière la plus générale comme il suit :

$$\sin(a \pm b) = \sin a \cos b \pm \sin b \cos a,$$
$$\cos(a \pm b) = \cos a \cos b \mp \sin a \sin b.$$

Remarque. — Les valeurs de $\sin(a - b)$ et $\cos(a - b)$ pourraient aussi s'obtenir directement par une démonstration géométrique tout à fait analogue à celle qui a servi pour établir les valeurs de $\sin(a + b)$ et $\cos(a + b)$. La *fig.* 13 montre en effet que, en prolongeant NI en IN' de façon que $MN' = b$ et $AN' = a - b$, tirant ensuite N'K' parallèle à OA, on forme le triangle K'N'I semblable aux deux triangles OIT, OMP, et au moyen duquel la démonstration s'achève identiquement comme la première.

Il est inutile d'ajouter que les deux nouvelles expressions comportent un caractère de généralité qui s'établirait par les mêmes moyens qui ont été indiqués plus haut (18) pour $\sin(a + b)$ et $\cos(a + b)$.

20. La tangente d'un angle étant, avec le sinus et le cosinus, l'une des lignes trigonométriques le plus usuellement employées, nous allons encore déduire des formules précédentes les valeurs de la tangente de la somme et de la différence des arcs a et b, en fonction des tangentes de ces arcs.

Nous écrirons à cet effet :

$$\tan(a \pm b) = \frac{\sin(a \pm b)}{\cos(a \pm b)} = \frac{\sin a \cos b \pm \sin b \cos a}{\cos a \cos b \mp \sin a \sin b},$$

et si, dans cette expression, nous divisons le numérateur et le dénominateur par $\cos a \cos b$, en remplaçant ensuite $\dfrac{\sin a}{\cos a}$ par $\operatorname{tang} a$, $\dfrac{\sin b}{\cos b}$ par $\operatorname{tang} b$, il viendra

$$\operatorname{tang}(a \pm b) = \frac{\operatorname{tang} a \pm \operatorname{tang} b}{1 \mp \operatorname{tang} a \operatorname{tang} b}.$$

Des calculs semblables nous conduiraient, sans aucune difficulté, à des valeurs analogues de $\cot(a \pm b)$, $\sec(a \pm b)$ et $\operatorname{coséc}(a \pm b)$; mais ces expressions sont moins usuelles que les premières, et nous ne nous y arrêterons pas.

21. La valeur trouvée pour $\operatorname{tang}(a + b)$ montre que si, les angles a et b étant complémentaires, la tangente de leur somme devient infinie, le dénominateur $1 - \operatorname{tang} a \operatorname{tang} b$ est forcément nul et l'on a

$$\operatorname{tang} a \operatorname{tang} b = 1.$$

Ce résultat était d'ailleurs facile à prévoir; car, si $a + b = 90°$, $\operatorname{tang} b$ n'est autre chose que $\cot a$, et nous savons (17) que, pour un angle quelconque, $\operatorname{tang} a \cot a = 1$.

22. En changeant b en $b + c$ dans les formules ci-dessus et introduisant les valeurs connues de $\sin(b + c)$, $\cos(b + c)$, $\operatorname{tang}(b + c)$, etc., on arriverait aussi sans peine à trouver $\sin(a + b + c)$, $\cos(a + b + c)$, $\operatorname{tang}(a + b + c)$, etc. Généralement, les lignes trigonométriques d'un arc composé de la somme ou de la différence de tant d'autres que l'on voudra se détermineront aisément par des procédés analogues à ceux que nous venons d'indiquer.

Sans aller plus loin dans ces calculs, qui n'offrent pas d'intérêt pour le but que nous nous proposons, nous mettrons néanmoins encore en évidence deux résultats remarquables qui ressortent de la valeur de $\operatorname{tang}(a + b + c)$:

Si dans $\operatorname{tang}(a + b)$ nous changeons b en $b + c$, il vient

$$\operatorname{tang}(a + b + c) = \frac{\operatorname{tang} a + \operatorname{tang}(b + c)}{1 - \operatorname{tang} a \operatorname{tang}(b + c)};$$

puis, en remplaçant $\operatorname{tang}(b + c)$ par sa valeur connue, nous aurons

$$\text{tang}(a+b+c) = \frac{\text{tang}\,a + \dfrac{\text{tang}\,b + \text{tang}\,c}{1 - \text{tang}\,b\,\text{tang}\,c}}{1 - \text{tang}\,a\,\dfrac{\text{tang}\,b + \text{tang}\,c}{1 - \text{tang}\,b\,\text{tang}\,c}},$$

ou, en chassant les doubles dénominateurs,

$$\text{tang}(a+b+c) = \frac{\text{tang}\,a + \text{tang}\,b + \text{tang}\,c - \text{tang}\,a\,\text{tang}\,b\,\text{tang}\,c}{1 - (\text{tang}\,a\,\text{tang}\,b + \text{tang}\,a\,\text{tang}\,c + \text{tang}\,b\,\text{tang}\,c)}.$$

Or, on peut conclure de cette expression deux choses :

1° Si $a+b+c = 90°$, on a

$$\text{tang}(a+b+c) = \text{tang}\,90° = \infty$$

d'où

$$\text{tang}\,a\,\text{tang}\,b + \text{tang}\,a\,\text{tang}\,c + \text{tang}\,b\,\text{tang}\,c = 1.$$

2° Si $a+b+c = 180°$, comme cela a lieu dans tout triangle, on a

$$\text{tang}(a+b+c) = \text{tang}\,180° = 0,$$

et par suite,

$$\text{tang}\,a + \text{tang}\,b + \text{tang}\,c = \text{tang}\,a\,\text{tang}\,b\,\text{tang}\,c.$$

Ces deux résultats peuvent ainsi se traduire en langage ordinaire :

1° *Si trois angles forment une somme égale à 90 degrés, la somme des produits deux à deux de leurs tangentes est égale à l'unité;*

2° *Si trois angles forment une somme égale à 180 degrés, la somme de leurs tangentes est égale au produit de ces mêmes tangentes.*

On fera bien de s'exercer à démontrer géométriquement ces résultats curieux du calcul.

RELATIONS ENTRE LES LIGNES TRIGONOMÉTRIQUES D'UN ANGLE ET CELLES DE L'ANGLE DOUBLE, TRIPLE, QUADRUPLE, ETC.

23. Ces relations se déduisent immédiatement des précédentes, en y supposant que l'angle b devienne égal à l'angle a;

ce qui donne

$$\sin 2a = 2 \sin a \cos a, \qquad\qquad \tang 2a = \frac{2 \tang a}{1 - \tang^2 a}$$
$$\cos 2a = \cos^2 a - \sin^2 a,$$

Remarquons en passant que la valeur de $\cos 2a$ se prête à une simplification notable qui permet de faire disparaître de la formule le cosinus ou le sinus de l'arc a, au moyen de la relation connue $\sin^2 a + \cos^2 a = 1$. On obtient ainsi à volonté :

$$\cos 2a = 1 - 2 \sin^2 a = 2 \cos^2 a - 1.$$

24. Pour passer de là à $\sin 3a$, $\cos 3a$, $\tang 3a$, il suffit de faire $b = 2a$ dans $\sin(a + b)$, $\cos(a + b)$, $\tang(a + b)$, et d'y substituer les valeurs trouvées plus haut pour $\sin 2a$, $\cos 2a$, $\tang 2a$.

C'est ainsi qu'on obtient, toutes réductions faites,

$$\sin 3a = 3 \sin a - 4 \sin^3 a, \qquad\qquad \tang 3a = \frac{3 \tang a - \tang^3 a}{1 - 3 \tang^2 a}$$
$$\cos 3a = 4 \cos^3 a - 3 \cos a,$$

En faisant enfin $b = 3a$, puis $b = 4a$, et ainsi de suite, dans les formules fondamentales du n° 18, on arriverait aux relations qui existent entre les lignes trigonométriques d'un multiple quelconque de a et celles de l'angle a lui-même.

Par la même raison que dans le paragraphe précédent, nous ne nous arrêterons pas à établir les valeurs des cotangentes, sécantes et cosécantes des arcs multiples; mais les méthodes exposées ci-dessus s'appliquent évidemment aussi à ces lignes, et nous ne les omettons ici que parce qu'elles sont moins fréquemment employées que les trois autres.

RELATIONS ENTRE LES LIGNES TRIGONOMÉTRIQUES D'UN ANGLE a

ET CELLES DES ANGLES $\dfrac{a}{2}$, $\dfrac{a}{3}$, ETC.

25. Si, dans les formules relatives à l'arc $2a$, nous remplaçons $2a$ par a, et par conséquent a par $\dfrac{a}{2}$, les deux premières deviendront (23)

$$\sin a = 2 \sin \frac{a}{2} \cos \frac{a}{2},$$

$$\cos a = \cos^2 \frac{a}{2} - \sin^2 \frac{a}{2} = 1 - 2 \sin^2 \frac{a}{2} = 2 \cos^2 \frac{a}{2} - 1.$$

De la dernière on tire

$$2\sin^2\frac{a}{2}=1-\cos a, \quad \text{ou} \quad \sin\frac{a}{2}=\pm\sqrt{\frac{1-\cos a}{2}},$$

$$2\cos^2\frac{a}{2}=1+\cos a, \quad \text{ou} \quad \sin\frac{a}{2}=\pm\sqrt{\frac{1+\cos a}{2}};$$

et, en divisant l'une par l'autre ces deux valeurs de $\sin\frac{a}{2}$ et $\cos\frac{a}{2}$, on trouve immédiatement

$$\operatorname{tang}\frac{a}{2}=\pm\sqrt{\frac{1-\cos a}{1+\cos a}}, \quad \cot\frac{a}{2}=\pm\sqrt{\frac{1+\cos a}{1-\cos a}}.$$

26. Il est facile aussi de trouver les sinus, cosinus et tangente de $\frac{a}{2}$ en fonction du sinus de a. Pour cela, on combine les formules

$$\sin^2\frac{a}{2}+\cos^2\frac{a}{2}=1, \quad 2\sin\frac{a}{2}\cos\frac{a}{2}=\sin a.$$

En les ajoutant ensemble, puis en les retranchant l'une de l'autre, on obtient successivement

$$\left(\sin\frac{a}{2}+\cos\frac{a}{2}\right)^2=1+\sin a, \quad \left(\sin\frac{a}{2}-\cos\frac{a}{2}\right)^2=1-\sin a,$$

ou

$$\sin\frac{a}{2}+\cos\frac{a}{2}=\pm\sqrt{1+\sin a} \text{ et } \sin\frac{a}{2}-\cos\frac{a}{2}=\pm\sqrt{1-\sin a}.$$

Connaissant maintenant la somme et la différence des deux quantités $\sin\frac{a}{2}$ et $\cos\frac{a}{2}$, il vient, pour les expressions de ces quantités elles-mêmes (*Algèbre*, 2),

$$\sin\frac{a}{2}=\frac{\pm\sqrt{1+\sin a}\pm\sqrt{1-\sin a}}{2},$$

$$\cos\frac{a}{2}=\frac{\pm\sqrt{1+\sin a}\mp\sqrt{1-\sin a}}{2},$$

et pour celle de tang $\dfrac{a}{2}$,

$$\operatorname{tang}\frac{a}{2} = \frac{\pm\sqrt{1+\sin a}\pm\sqrt{1-\sin a}}{\pm\sqrt{1+\sin a}\mp\sqrt{1-\sin a}},$$

lesdites expressions admettant autant de valeurs distinctes qu'il peut être fait de combinaisons différentes des signes qu'elles comportent.

27. La valeur trouvée ci-dessus pour tang $\dfrac{a}{2}$, en fonction de $\cos a$, est

$$\operatorname{tang}\frac{a}{2} = \pm\sqrt{\frac{1-\cos a}{1+\cos a}}.$$

Si, dans cette expression déjà simple, nous multiplions sous le radical les deux termes de la fraction alternativement par $1+\cos a$ et par $1-\cos a$, il vient

$$\operatorname{tang}\frac{a}{2} = \pm\sqrt{\frac{1-\cos^2 a}{(1+\cos a)^2}} = \pm\frac{\sin a}{1+\cos a},$$

et

$$\operatorname{tang}\frac{a}{2} = \pm\sqrt{\frac{(1-\cos a)^2}{1-\cos^2 a}} = \pm\frac{1-\cos a}{\sin a}.$$

Ces nouvelles valeurs sont surtout précieuses parce qu'elles sont débarrassées de radicaux.

28. Enfin, si l'on voulait avoir tang $\dfrac{a}{2}$ en fonction de tang a, on devrait, dans la formule $\operatorname{tang} 2a = \dfrac{2\operatorname{tang} a}{1-\operatorname{tang}^2 a}$, remplacer $2a$ par a, et l'on aurait la relation

$$\operatorname{tang} a = \frac{2\operatorname{tang}\dfrac{a}{2}}{1-\operatorname{tang}^2\dfrac{a}{2}},$$

qui revient à l'équation du deuxième degré

$$\operatorname{tang}^2\frac{a}{2} + \frac{2}{\operatorname{tang} a}\operatorname{tang}\frac{a}{2} = 1.$$

La résolution de cette équation par la méthode connue (*Algèbre*, 68) conduit à l'expression suivante :

$$\tan\frac{a}{2} = -\frac{1}{\tan a} \pm \sqrt{\frac{1}{\tan^2 a} + 1} = \frac{1}{\tan a}\left(-1 \pm \sqrt{1+\tan^2 a}\right),$$

laquelle présente, comme l'on voit, une double valeur de $\tan\frac{a}{2}$ pour chaque valeur de $\tan a$.

29. Pour obtenir les lignes trigonométriques de l'angle $\frac{a}{3}$ en fonction de celles de a, il faut, dans les expressions (24)

$$\sin 3a = 3\sin a - 4\sin^3 a,$$
$$\cos 3a = 4\cos^3 a - 3\cos a,$$
$$\tan 3a = \frac{3\tan a - \tan^3 a}{1 - 3\tan^2 a},$$

remplacer $3a$ par a et, en conséquence, a par $\frac{a}{3}$.

Il vient alors

$$\sin a = 3\sin\frac{a}{3} - 4\sin^3\frac{a}{3},$$

$$\cos a = 4\cos^3\frac{a}{3} - 3\cos\frac{a}{3},$$

et

$$\tan a = \frac{3\tan\frac{a}{3} - 3\tan^3\frac{a}{3}}{1 - 3\tan^2\frac{a}{3}}.$$

Ces trois relations sont autant d'équations du troisième degré dans lesquelles les inconnues sont respectivement $\sin\frac{a}{3}$, $\cos\frac{a}{3}$, $\tan\frac{a}{3}$. L'impossibilité de les résoudre algébriquement nous force à les laisser sous cette forme.

Il en serait de même, et à plus forte raison, des lignes relatives à des angles tels que $\frac{a}{4}$, $\frac{a}{5}$, etc. Nous ne pourrions qu'indiquer les relations qui lient ces lignes à celles de l'angle a;

mais la méthode pour arriver à ces relations est absolument la même que celle qui a servi pour $\frac{a}{2}$ et $\frac{a}{3}$.

30. Il nous reste maintenant à expliquer pourquoi, lorsqu'un angle est donné par son sinus, son cosinus ou sa tangente, on obtient plusieurs valeurs pour le sinus, le cosinus et la tangente de la moitié de cet angle et, en général, pour les lignes trigonométriques d'un sous-multiple quelconque dudit angle.

On comprend en effet que, quand on donne le sinus, par exemple, d'un arc AM ou a (*fig.* 14), on désigne en même temps et au même titre l'arc a et l'arc supplémentaire AN ou $\pi - a$, qui a le même sinus. Ce sinus appartient, en outre, à la série indéfinie des arcs que l'on obtient en ajoutant à chacun des deux sus-indiqués un nombre entier quelconque k de circonférences 2π, et tous ces arcs sont, par conséquent, compris dans l'un des deux groupes représentés par

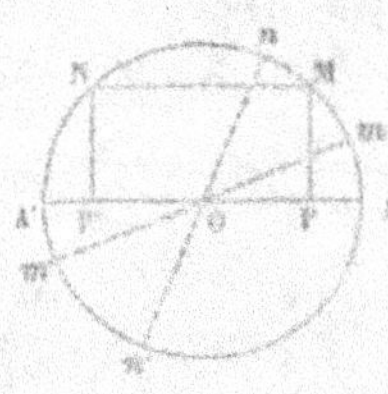

$$a + 2k\pi, \quad \pi - a + 2k\pi.$$

Fig. 14.

Si donc on cherche l'expression de l'une des lignes trigonométriques de la moitié de l'arc dont le sinus est a, on ne peut manquer de trouver en même temps la valeur de cette ligne pour les angles égaux à la moitié de tous ceux que nous venons d'indiquer; c'est-à-dire, pour tous les angles groupés dans les deux expressions

$$\frac{a}{2} + k\pi, \quad \frac{\pi - a}{2} + k\pi,$$

k devant recevoir successivement toutes les valeurs entières depuis zéro jusqu'à l'infini. Ces angles s'obtiennent évidemment tous en ajoutant séparément aux moitiés Am et An des deux angles AM et AN, ou a et $\pi - a$, un nombre croissant de demi-circonférences.

Or, quand on aura ajouté à chacune de ces moitiés deux demi-circonférences, on retombera nécessairement encore sur les points m et n; les arcs dont il s'agit se termineront donc tous en l'un des quatre points m, n, m' et n'. Par conséquent, chacune de leurs lignes trigonométriques sera généralement susceptible de quatre valeurs différentes, et n'en pourra recevoir un plus grand nombre.

La même conclusion s'applique au cas où, l'angle a étant donné par son cosinus, ce cosinus correspond également à l'arc négatif $-a$. Elle subsiste aussi quand c'est la tangente de a qui est donnée; car on doit considérer en même temps l'arc $\pi + a$ qui a la même tangente que a.

Toutefois, dans certains cas, comme lorsqu'il s'agit de déterminer les lignes trigonométriques de la moitié de a en fonction de $\cos a$, les quatre valeurs peuvent devenir égales deux à deux et se réduire à deux, ainsi qu'on l'a vu plus haut (25).

En effet, quand on donne le cosinus OP de l'arc AM et de l'arc négatif AN, le calcul doit conduire aux sinus et cosinus : 1° de l'arc Am ou $\dfrac{\text{AM}}{2}$, et de ce même arc augmenté d'un nombre quelconque de demi-circonférences; c'est-à-dire, d'arcs qui tous se terminent en m ou en m'; 2° de l'arc négatif An et de ce même arc augmenté d'un nombre quelconque de demi-circonférences, c'est-à-dire, d'arcs terminés en n ou en n'.

Or, ces quatre points m, m', n, n' étant symétriques deux à deux par rapport aux deux diamètres principaux du cercle, ils correspondent à des arcs qui, deux à deux, ont même sinus et même cosinus. Ceci explique comment on n'a trouvé, pour chacune des lignes $\sin \dfrac{a}{2}$ et $\cos \dfrac{a}{2}$ en fonction de $\cos a$, que deux valeurs égales et de signes contraires.

Nous ne pousserons pas plus loin cette discussion, qui pourrait, par des considérations tout à fait analogues, s'étendre aux autres lignes trigonométriques et à des sous-multiples quelconques de l'arc a. On établirait même facilement que, en général, si l'on cherche à exprimer $\sin \dfrac{a}{n}$ et $\cos \dfrac{a}{n}$ en fonction de $\sin a$ ou de $\cos a$, on doit trouver soit $2n$ valeurs, soit seulement n, suivant les cas qui sont signalés dans le tableau ci-après :

ÉTANT DONNÉ	TROUVER	NOMBRE DE VALEURS DISTINCTES.	
		n pair.	n impair.
sin a	$\sin \dfrac{a}{n}$	$2n$	n
	$\cos \dfrac{a}{n}$	$2n$	$2n$
cos a	$\sin \dfrac{a}{n}$	n	$2n$
	$\cos \dfrac{a}{n}$	n	n

AUTRES RELATIONS IMPORTANTES TIRÉES DES FORMULES FONDAMENTALES.

31. Remontons aux formules fondamentales :

$$\sin(a+b) = \sin a \cos b + \sin b \cos a, \quad \cos(a+b) = \cos a \cos b - \sin a \sin b,$$
$$\sin(a-b) = \sin a \cos b - \sin b \cos a, \quad \cos(a-b) = \cos a \cos b + \sin a \sin b.$$

En combinant par addition et soustraction ces quatre relations deux à deux, on obtient

$$2 \sin a \cos b = \sin(a+b) + \sin(a-b),$$
$$2 \cos a \sin b = \sin(a+b) - \sin(a-b),$$
$$2 \cos a \cos b = \cos(a-b) + \cos(a-b),$$
$$2 \sin a \sin b = \cos(a-b) - \cos(a+b),$$

et ces nouvelles formules servent à transformer le produit de deux lignes trigonométriques en une somme ou une différence.

32. Si, dans ces dernières relations, nous faisons

$$a+b = p \quad \text{et} \quad a-b = q,$$

d'où

$$a = \frac{p+q}{2} \quad \text{et} \quad b = \frac{p-q}{2},$$

elles deviendront

$$\sin p + \sin q = 2 \sin \frac{p+q}{2} \cos \frac{p-q}{2},$$

$$\sin p - \sin q = 2 \cos \frac{p+q}{2} \sin \frac{p-q}{2},$$

$$\cos p + \cos q = 2 \cos \frac{p+q}{2} \cos \frac{p-q}{2},$$

$$\cos q - \cos p = 2 \sin \frac{p+q}{2} \sin \frac{p-q}{2},$$

formules d'un fréquent usage, surtout dans le calcul logarithmique, pour changer une somme ou une différence en un produit.

33. En divisant deux à deux ces quatre dernières formules, et en se rappelant que, en général,

$$\frac{\sin A}{\cos A} = \tang A = \frac{1}{\cot A},$$

on obtient encore des résultats remarquables dont, toutefois, les plus saillants sont ceux-ci :

$$\frac{\sin p + \sin q}{\sin p - \sin q} = \frac{\tang \frac{p+q}{2}}{\tang \frac{p-q}{2}},$$

$$\frac{\sin p + \sin q}{\cos p + \cos q} = \tang \frac{p+q}{2},$$

$$\frac{\sin p - \sin q}{\cos p + \cos q} = \tang \frac{p-q}{2}.$$

Le premier, en particulier, dont nous indiquerons plus loin une application à la résolution des triangles, peut s'énoncer ainsi : *La somme des sinus de deux angles est à leur différence comme la tangente de la demi-somme de ces angles est à la tangente de leur demi-différence.*

26.

34. C'est ici le lieu de faire remarquer que, les diverses formules qui précèdent n'étant que des transformations des relations fondamentales établies géométriquement dans les n⁰ˢ 12 et 18, elles peuvent toutes plus ou moins facilement se démontrer ou, si on le préfère, se vérifier géométriquement. Comme exemple et comme exercice utile, nous appliquerons cette observation aux trois importantes formules ci-dessus.

Soient, à cet effet, l'angle $AOP = p$, l'angle $AOQ = q$.

Tirons l'horizontale QS et, du point S comme centre avec le rayon du cercle, décrivons l'arc ON; menons à AA′ les perpendiculaires PTP′, QR, KO et VNL, cette dernière étant tangente en N au cercle dont le centre est en S. Il résultera de cette construction :

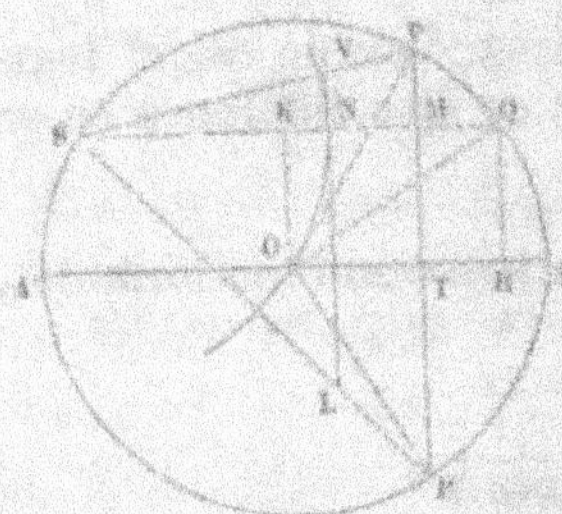

Fig. 16.

$$QOP' = p - q,$$
$$QOP = p - q;$$

$$QSP' = \frac{QOP'}{2} = \frac{p+q}{2},$$

$$QSP = \frac{QOP}{2} = \frac{p-q}{2};$$

$$PT = \sin p, \quad QR = \sin q,$$
$$OT = \cos p, \quad OR = \cos q,$$

$$MP' = P'T + MT = PT + QR = \sin p + \sin q,$$
$$MP = PT - MT = PT - QR = \sin p - \sin q,$$
$$MS = MK + KS = OT + OR = \cos p + \cos q;$$

$$LN = \tan QSP' = \tan \frac{p+q}{2}, \quad VN = \tan QSP = \tan \frac{p-q}{2}.$$

Cela posé, les trois lignes SP, SQ, SP′, coupées par les deux parallèles VL et PP′, fournissent immédiatement les trois proportions suivantes :

$$MP' : MP :: LN : VN,$$
$$MP' : MS :: LN : NS \quad \text{ou} \quad 1,$$
$$MP : MS :: VN : NS \quad \text{ou} \quad 1,$$

lesquelles ne sont autre chose que les trois relations sus-indiquées.

35. Enfin, en revenant aux formules fondamentales rappelées au n° 31, si nous multiplions membre à membre les deux égalités de chaque couple, nous obtiendrons, par une transformation extrêmement simple et que, pour cette raison, il serait superflu de développer ici, les relations

$$\sin(a+b)\sin(a-b) = \sin^2 a - \sin^2 b = \cos^2 b - \cos^2 a,$$
$$\cos(a+b)\cos(a-b) = \cos^2 a - \sin^2 b = \cos^2 b - \sin^2 a,$$

qui peuvent servir à remplacer par des produits les différences de sinus ou cosinus carrés.

USAGE DES TABLES TRIGONOMÉTRIQUES.

36. On a publié, comme pour les logarithmes des nombres (*Arithm.*, 181 et suiv.), une assez grande quantité de Tables trigonométriques, dont les principales et les plus usuelles sont dues à Marie, à Callet et au Dr Schrön. Il n'entre pas dans notre cadre de faire connaître les méthodes qui ont servi à calculer les divers éléments de ces Tables; nous dirons seulement que leur construction est basée sur cette considération que, *plus un arc diminue et s'approche de zéro, plus il tend à devenir égal à son sinus*, en sorte que, pour un arc α suffisamment petit, on peut poser, sans erreur appréciable,

$$\sin \alpha = \alpha.$$

On conçoit dès lors comment, calculant d'abord par le moyen géométrique connu la longueur d'un petit arc, de l'arc de $1''$ par exemple, et prenant cette longueur pour celle de $\sin 1''$, il a été possible, au moyen des formules de multiplication des arcs (23 et suivants), de déterminer successivement les lignes des arcs de $2''$, $3''$, $4''$,...., jusqu'à telle limite que l'on a voulu s'assigner.

37. Admettant donc les Tables comme construites, sans nous appesantir sur les méthodes plus expéditives et plus avantageuses que l'on a pu substituer à celle que nous venons d'indiquer, nous nous bornerons à dire, pour première initiation générale à leur emploi :

1° Que toutes les indications de ces Tables sont limitées au premier quadrant, les lignes des angles supérieurs à 90° passant par les mêmes valeurs absolues (3 et suivants) que celles des angles inférieurs ;

2° Que l'étendue des Tables a pu encore être réduite de moitié, et descendre à 45°, par la considération des angles complémentaires (8) qui ont toujours leurs six lignes trigonométriques égales deux à deux au nom près ;

3° Que les Tables qui donnent les valeurs propres des lignes trigonométriques sont d'un usage très-restreint, tandis que celles dont l'emploi est journalier dans les calculs, les seules par conséquent sur lesquelles nous ayons à nous arrêter, fournissent les logarithmes de ces lignes ;

4° Que, pour éviter les logarithmes négatifs de toutes les lignes trigonométriques qui sont moindres que le rayon (tous les sinus et cosinus, et une partie des tangentes et cotangentes), on a pris pour rayon des Tables le nombre 10^{10} dont le logarithme est 10. De cette manière, les arcs inférieurs à celui qui aurait pour sinus l'unité auraient seuls des sinus à logarithmes négatifs, et ces arcs sont bien plus petits que ceux que nous considérons dans la pratique, puisque le logarithme du sinus de $1''$ est déjà égal à $4,6855749$;

5° Que la plupart des Tables usuelles ne font aucune mention des sécantes et cosécantes, par la raison que les logarithmes de ces lignes, ainsi que cela ressort des deux dernières relations du n° 13, ne sont autre chose que les compléments à 20 de ceux des cosinus et sinus, et que leur emploi dans les formules peut être facilement remplacé par celui de ces dernières, en changeant les multiplications en divisions et réciproquement.

38. D'après ce qui vient d'être dit concernant le rayon des Tables, on voit que, dans les calculs où doivent entrer des formules trigonométriques, il faut préalablement, s'il y a lieu, rétablir (15) dans ces formules le rayon R et le supposer égal à 10^{10}, ou mieux réduire directement le rayon des Tables à l'unité, en retranchant à toutes les caractéristiques tabulaires 10, c'est-à-dire le logarithme du rayon, opération que rend très-simple l'emploi des logarithmes à caractéristique seule négative.

TABLES DE MARIE.

39. Les Tables de Marie renferment les logarithmes à 7 décimales des quatre lignes trigonométriques les plus usitées, de minute en minute et pour toute l'étendue du premier quadrant.

Ces lignes étant égales deux à deux (37, 4°) pour les angles complémentaires, on a placé en haut de chaque page, et dans la première colonne à gauche, l'indication des degrés et minutes de zéro à 45 degrés, et les indications analogues pour les angles compris entre 45 et 90 degrés se trouvent au bas de la page et dans la dernière colonne à droite.

D'après cette simple indication, nous lisons immédiatement

$$\log \sin 17°23' = \log \cos 72°37' = 9{,}4753271,$$
$$\log \tang 34°29' = \log \cot 55°31' = 9{,}8368636.$$

La différence entre les logarithmes des sinus et cosinus des angles consécutifs qui diffèrent entre eux d'une minute est placée dans une colonne spéciale à la droite de l'espace qui sépare ces deux logarithmes. Comme pour les logarithmes des nombres, ces différences expriment des unités décimales du septième ordre, et leur emploi se fait aussi par le moyen d'une proportion, dans les calculs relatifs à des angles dont l'expression contient des secondes ou parties de seconde.

Une autre colonne, placée entre celles qui sont relatives aux tangentes et cotangentes, renferme les différences communes aux logarithmes de ces deux lignes.

Cela posé, l'usage des Tables n'offre aucune difficulté, comme on va le voir par les exemples suivants :

40. Problème I. — Soit à *calculer le logarithme du sinus de* $39°23'47''$.

Ce logarithme tombe entre $\log \sin 39°23'$, qui est $9{,}8024355$, et $\log \sin 39°24'$, lesquels diffèrent entre eux, d'après la Table, de $0{,}0001539$. Comme pour les nombres, nous aurons ce qu'il faut ajouter au $\log \sin 39°23'$, pour avoir celui qui est cherché, en établissant la proportion

$$60'' : 47'' :: 0{,}0001539 : x, \quad \text{d'où} \quad x = 0{,}0001206.$$

Par conséquent,

$$\log \sin 39°23'47'' = 9,8024355 + 0,0001206 = 9,8025561.$$

Remarque. — Il est entendu que, si l'angle donné était obtus, il faudrait le remplacer par son supplément qui a même sinus que lui.

Soit encore à *calculer log cot* $52°54'51''$.

Un premier moyen se présente qui consiste à considérer, au lieu de la cotangente de $52°54'51''$, la tangente de son complément $37°5'9''$.

Pour opérer directement, la méthode est la même que pour le sinus et la tangente, avec cette différence que, la cotangente diminuant à mesure que l'angle augmente, il faut retrancher le résultat de la proportion du logarithme correspondant au plus petit des deux angles qui comprennent l'angle donné.

Ainsi, l'angle donné étant compris entre $52°54'$ et $52°55'$, le logarithme cotangente cherché tombe entre les logarithmes tabulaires de ces deux angles, c'est-à-dire entre $9,8786907$ et $9,8784281$, qui diffèrent de $0,0002626$.

La proportion

$$60 : 51 :: 0,0002626 : x$$

donne

$$x = 0,0002232$$

qu'il faut retrancher de $9,8786907$, et le reste $9,8784675$ est le log cot $52°54'51''$ que nous cherchions.

41. Problème II. — *Calculer l'angle dont le log tang est* $9,7803251$.

Pour la facilité des recherches, remarquons que le logarithme en question est plus petit que le logarithme 10 de tang $45°$. L'angle qui nous occupe est donc moindre que 45 degrés, et nous devons chercher le logarithme donné dans les colonnes dont le titre supérieur est *tang*. Nous trouvons ainsi qu'il tombe entre les logarithmes tabulaires $9,7802034$ et $9,7804891$ de tang $31°5'$ et tang $31°6'$, lesquels diffèrent entre eux de $0,0002857$.

L'angle cherché est donc composé de $31°5'$, plus un nombre de secondes ou parties de seconde qu'il s'agit de calculer. La proportion à poser dans ce cas est celle-ci :

o,ooo2857, différence tabulaire,

est à

o,ooo1217, différence entre le logarithme donné et le logarithme tabulaire immédiatement inférieur,

comme 6o″ *est à* x ;

plus brièvement,

$$2857 : 1217 :: 6o : x, \quad \text{d'où} \quad x = 26″,7.$$

L'angle cherché est donc

$$31°5'26″,7.$$

Comme deuxième exercice, *cherchons l'angle dont le log cos
est* 9,4755274.

Le logarithme donné étant moindre que 9,8494850, c'est-
à-dire moindre que log cos de 45°, l'angle cherché est plus
grand que 45 degrés. Nous devons donc chercher ce logarithme dans la colonne dont le titre inférieur est *cosinus*.

Il tombe entre 9,4757304 et 9,4753271 qui correspondent
respectivement à cos 72°36' et cos 72°37', et qui diffèrent
entre eux de o,ooo4o33. La proportion qui donne ce qu'il
faut retrancher à l'arc 72°37' est donc la suivante :

$$4o33 : 2o3o :: 6o″ : x, \quad \text{et donne} \quad x = 3o″,198.$$

L'angle cherché est, par conséquent,

$$72°37' - 3o″,198, \quad \text{ou} \quad 72°36'29″,8o2.$$

TABLES DE CALLET ET DU Dr SCHRÖN.

42. Les Tables de Callet sont disposées d'une façon tout à
fait analogue à celles de Marie, dont elles ne diffèrent essentiellement qu'en ce qu'elles contiennent les logarithmes des
lignes trigonométriques des angles de dix en dix secondes
pour tout le quart de cercle. On y remarque les degrés écrits
hors du cadre en haut et en bas de chaque page. Les minutes

et secondes qu'on voit à la première et à la seconde colonne se rapportent aux degrés qui sont écrits en haut; celles qu'on trouve à l'avant-dernière et à la dernière colonne se rapportent aux degrés qui sont marqués au bas de la page.

Une première Table, qui précède celle-ci, donne par leurs logarithmes les sinus et tangentes de seconde en seconde pour les cinq premiers degrés et, par conséquent, les cosinus et cotangentes pour les cinq derniers degrés du quadrant.

La manière d'opérer avec les Tables de Callet est absolument la même que pour celles de Marie, auxquelles elles sont supérieures :

1° En ce qu'elles donnent des résultats plus exacts, puisqu'elles fournissent, calculés par les moyens directs, les éléments relatifs à des arcs croissant de 10 secondes en 10 secondes, et qu'elles restreignent ainsi considérablement l'étendue des intervalles dans lesquels on est obligé d'avoir recours à une proportion plus ou moins rigoureuse;

2° En ce que, ces intervalles étant moindres, la proportion, plus exacte en elle-même, s'établit en outre entre des différences moindres et présente toujours un terme égal à 10, circonstances qui rendent les calculs plus faciles et plus prompts.

43. Outre les avantages que nous avons déjà signalés à l'occasion des logarithmes des nombres, les Tables du Dr Schrön se distinguent encore, dans la partie consacrée aux lignes trigonométriques, par l'inscription des parties proportionnelles des différences tabulaires, élément qui manque complétement dans les autres Tables, et notamment dans celles de Callet.

Ajoutons que, pour donner encore plus de facilité aux deux Tables principales dont se compose l'ouvrage du Dr Schrön, il a joint une Table spéciale d'interpolation, servant au calcul rapide des parties proportionnelles de toutes les différences tabulaires et susceptible, en outre, d'usages très-variés.

44. Nous allons répéter, en nous servant des Tables de Callet, dont nous reproduisons ci-après une page entière, la solution des deux problèmes précédents. Comme pour les logarithmes des nombres (*Arithm.*, 187), la différence du format nous empêche seule de donner la préférence aux Tables de Schrön, qui sont incontestablement et de beaucoup les meilleures.

39 DEGRÉS.

'	"	SINUS.	DIFF.	COSINUS.	DIFF.	TANG.	DIFF. com.	COTANG.	"	'
20	0	9.80197.35	256	9.88844.44	173	9.91352.91	429	0.08647.09	0	40
	10	9.80199.91	257	9.88842.71	172	9.91357.20	430	0.08642.80	50	
	20	9.80202.48	257	9.88840.99	173	9.91361.50	429	0.08638.50	40	
	30	9.80205.05	257	9.88839.26	173	9.91365.79	430	0.08634.21	30	
	40	9.80207.62	257	9.88837.53	172	9.91370.09	429	0.08629.91	20	
	50	9.80210.19	257	9.88835.81	173	9.91374.38	430	0.08625.62	10	
21	0	9.80212.76	256	9.88834.08	173	9.91378.68	429	0.08621.32	0	39
	10	9.80215.32	257	9.88832.35	172	9.91382.97	429	0.08617.03	50	
	20	9.80217.89	257	9.88830.63	173	9.91387.26	430	0.08612.74	40	
	30	9.80220.46	257	9.88828.90	173	9.91391.56	429	0.08608.44	30	
	40	9.80223.03	256	9.88827.17	172	9.91395.85	430	0.08604.15	20	
	50	9.80225.59	257	9.88825.45	173	9.91400.15	429	0.08599.85	10	
22	0	9.80228.16	257	9.88823.72	173	9.91404.44	429	0.08595.56	0	38
	10	9.80230.73	256	9.88821.99	173	9.91408.73	430	0.08591.27	50	
	20	9.80233.29	257	9.88820.26	172	9.91413.03	429	0.08586.97	40	
	30	9.80235.86	256	9.88818.54	173	9.91417.32	429	0.08582.68	30	
	40	9.80238.42	257	9.88816.81	173	9.91421.61	430	0.08578.39	20	
	50	9.80240.99	256	9.88815.08	173	9.91425.91	429	0.08574.09	10	
23	0	9.80243.55	257	9.88813.35	173	9.91430.20	429	0.08569.80	0	37
	10	9.80246.12	256	9.88811.62	173	9.91434.49	430	0.08565.51	50	
	20	9.80248.68	257	9.88809.89	172	9.91438.79	429	0.08561.21	40	
	30	9.80251.25	256	9.88808.17	173	9.91443.08	429	0.08556.92	30	
	40	9.80253.81	256	9.88806.44	173	9.91447.37	430	0.08552.63	20	
	50	9.80256.37	257	9.88804.71	173	9.91451.67	429	0.08548.33	10	
24	0	9.80258.94	256	9.88802.98	173	9.91455.96	429	0.08544.04	0	36
	10	9.80261.50	256	9.88801.25	173	9.91460.25	429	0.08539.75	50	
	20	9.80264.06	257	9.88799.52	173	9.91464.54	430	0.08535.46	40	
	30	9.80266.63	256	9.88797.79	173	9.91468.84	429	0.08531.16	30	
	40	9.80269.19	256	9.88796.06	173	9.91473.13	429	0.08526.87	20	
	50	9.80271.75	256	9.88794.33	173	9.91477.42	429	0.08522.58	10	
25	0	9.80274.31	256	9.88792.60	173	9.91481.71	430	0.08518.29	0	35
	10	9.80276.87	257	9.88790.87	173	9.91486.01	429	0.08513.99	50	
	20	9.80279.44	256	9.88789.14	173	9.91490.30	429	0.08509.70	40	
	30	9.80282.00	256	9.88787.41	174	9.91494.59	429	0.08505.41	30	
	40	9.80284.56	256	9.88785.67	173	9.91498.88	430	0.08501.12	20	
	50	9.80287.12	256	9.88783.94	173	9.91503.18	429	0.08496.82	10	
26	0	9.80289.68	256	9.88782.21	173	9.91507.47	429	0.08492.53	0	34
	10	9.80292.24	256	9.88780.48	173	9.91511.76	429	0.08488.24	50	
	20	9.80294.80	256	9.88778.75	173	9.91516.05	429	0.08483.95	40	
	30	9.80297.36	256	9.88777.02	174	9.91520.34	429	0.08479.66	30	
	40	9.80299.92	256	9.88775.28	173	9.91524.63	430	0.08475.37	20	
	50	9.80302.48	256	9.88773.55	173	9.91528.93	429	0.08471.07	10	
27	0	9.80305.04	255	9.88771.82	173	9.91533.22	429	0.08466.78	0	33
	10	9.80307.59	256	9.88770.09	174	9.91537.51	429	0.08462.49	50	
	20	9.80310.15	256	9.88768.35	173	9.91541.80	429	0.08458.20	40	
	30	9.80312.71	256	9.88766.62	173	9.91546.09	429	0.08453.91	30	
	40	9.80315.27	256	9.88764.89	174	9.91550.38	429	0.08449.62	20	
	50	9.80317.83	255	9.88763.15	173	9.91554.67	429	0.08445.33	10	
28	0	9.80320.38	256	9.88761.42	173	9.91558.96	429	0.08441.04	0	32
	10	9.80322.94	256	9.88759.69	174	9.91563.25	429	0.08436.75	50	
	20	9.80325.50	255	9.88757.95	173	9.91567.54	430	0.08432.46	40	
	30	9.80328.05	256	9.88756.22	173	9.91571.84	429	0.08428.16	30	
	40	9.80330.61	256	9.88754.49	174	9.91576.13	429	0.08423.87	20	
	50	9.80333.17	256	9.88752.75	173	9.91580.42	429	0.08419.58	10	
29	0	9.80335.73	255	9.88751.02	174	9.91584.71	429	0.08415.29	0	31
	10	9.80338.28	255	9.88749.28	173	9.91589.00	429	0.08411.00	50	
	20	9.80340.83	256	9.88747.55	174	9.91593.29	429	0.08406.71	40	
	30	9.80343.39	255	9.88745.81	173	9.91597.58	429	0.08402.42	30	
	40	9.80345.94	256	9.88744.08	174	9.91601.87	429	0.08398.13	20	
	50	9.80348.50	255	9.88742.34	173	9.91606.16	429	0.08393.84	10	
30	0	9.80351.05		9.88740.61		9.91610.45		0.08389.55	0	30
'	"	COSINUS.	DIFF.	SINUS.	DIFF.	COTANG.	DIFF.	TANG.	"	'

50 DEGRÉS.

45. Problème I bis. — *Calculer le logarithme du sinus de* 39°23′47″.

La Table fournit pour le log sin de 39°23′40″ le nombre 9,8025381, et pour la différence avec celui de 39°23′50″ la quantité 0,0000256. La proportion différentielle à établir est donc

$$10 : 7 :: 0,0000256 : x,$$

d'où

$$x = 0,0001792,$$

et le logarithme cherché devient ainsi

$$9,8025381 + 0,0000179 \quad \text{ou} \quad 9,8025560.$$

Remarquons, en passant, que les calculs exigés par la proportion ci-dessus peuvent se traduire en une règle générale fort simple. Ils reviennent, en effet, à *multiplier la différence tabulaire par la partie de l'angle donné qui excède le nombre des dizaines de secondes, à supprimer le dernier chiffre à droite du produit et à ajouter le reste au logarithme inférieur, en considérant ce reste comme exprimant des unités décimales du septième ordre.*

Si le nombre donné renferme, outre les secondes, des tierces, des quartes, etc., on réduira ces subdivisions sexagésimales de la seconde en parties décimales, et l'on opérera comme il a été dit plus haut. Seulement, dans la pratique, au lieu de retrancher purement et simplement un chiffre à droite du produit des différences, on se rappelle que ce produit renferme nécessairement des figures décimales en nombre indéterminé et variable, et l'on fait la division par 10, non plus en supprimant un chiffre à droite, mais en avançant la virgule d'un rang vers la gauche.

46. Problème II bis. — *Déterminer à quel angle appartient le log cot* 10,0844712.

Cherchant ce logarithme dans les colonnes *cot* de la Table (¹),

---

(¹) On doit observer que, les tangentes des arcs compris entre 45 et 90 degrés, ainsi que les cotangentes entre 0 et 45 degrés, étant plus grandes que le rayon, et ayant par suite leurs logarithmes supérieurs à 10, on a pu, dans la 9ᵉ colonne des Tables, ne pas faire figurer la dizaine, qu'il est toujours facile de rétablir à la caractéristique.

nous trouvons qu'il est compris entre 10,0844533 et 10,0844962, qui appartiennent respectivement aux angles 39ᵍ27′50″ et 39ᵍ27′40″, et qui diffèrent entre eux de 429 unités du septième ordre.

Le logarithme donné différant de celui qui lui est immédiatement inférieur de 179 unités du même ordre, la proportion

$$429 : 179 :: 10 : x$$

nous donne $x = 4″,17$, et l'angle cherché est 39ᵍ27′50″ — 4″,17 ou 39ᵍ27′45″,83.

On obtient ainsi les unités de secondes et les parties décimales de seconde, qu'il est ensuite facile de convertir, s'il en est besoin, en subdivisions sexagésimales.

Le calcul ci-dessus se réduit encore à la règle générale suivante : *Multiplier par* 10 *les unités décimales du septième ordre qui représentent l'excès du logarithme donné sur celui qui lui est immédiatement inférieur ; diviser le produit par la différence tabulaire, et retrancher les secondes obtenues au quotient de l'angle qui correspond au logarithme tabulaire employé.*

RÉSOLUTION DES TRIANGLES.

47. *Étant donnés trois des six éléments principaux d'un triangle, angles ou côtés, déterminer numériquement les trois autres ;* tel est le but spécial de la Trigonométrie ; telle est la question qu'il nous reste maintenant à traiter, et qui porte le nom de *résolution des triangles.*

Hâtons-nous d'ajouter que ce problème n'est susceptible d'une solution complète qu'à cette condition que, parmi les trois données, il entre au moins un côté ; car la Géométrie nous enseigne (*Géom.*, 69) que la connaissance des trois angles d'un triangle ne suffit pas pour le déterminer, puisque tous les triangles semblables ont leurs trois angles égaux chacun à chacun.

Cela posé, nous allons examiner successivement le cas où, le triangle proposé étant rectangle, deux autres données, dont un côté, suffisent, et celui où le triangle n'a que des angles aigus ou obtus. Nous commencerons par établir, au moyen des vérités précédemment démontrées, des relations qui lient entre eux les angles et les côtés et, pour simplifier, nous conviendrons, comme il est d'usage de le faire, de désigner invariablement les trois angles par A, B, C, et par a, b, c les côtés respectivement opposés à ces angles.

Il sera de plus admis que, s'il s'agit d'un triangle rectangle, c'est toujours l'angle A qui sera droit; par conséquent, a sera l'hypoténuse.

RELATIONS ENTRE LES CÔTÉS ET LES ANGLES D'UN TRIANGLE.

48. Théorème I. — *Dans tout triangle rectangle, chaque côté de l'angle droit est égal à l'hypoténuse multipliée par le cosinus de l'angle adjacent, ou par le sinus de l'angle opposé.*

Prenons, en effet, $m\mathrm{B} = 1$ et soit décrit, avec ce rayon, l'arc de cercle mn; puis, traçons le sinus naturel mp de l'angle B.

Fig. 17.

Les triangles semblables ABC, Bmp donnent

$$\mathrm{AC} : mp :: \mathrm{BC} : 1, \quad b : \sin \mathrm{B} :: a : 1,$$

d'où l'on tire

$$b = a \sin \mathrm{B} = a \cos \mathrm{C},$$

puisque, B et C étant complementaires, $\sin \mathrm{B} = \cos \mathrm{C}$.

On a de même

$$c = a \sin \mathrm{C} = a \cos \mathrm{B}.$$

49. Théorème II. — *Dans tout triangle rectangle, chaque côté de l'angle droit est égal à l'autre multiplié par la tangente de l'angle opposé au premier, ou par la cotangente de l'angle opposé au second.*

Cette vérité peut se déduire de la précédente, puisque des égalités $b = a \sin \mathrm{B}$, $c = a \cos \mathrm{B}$, on conclut immédiatement

$$\frac{b}{c} = \frac{a \sin \mathrm{B}}{a \cos \mathrm{B}} = \tan \mathrm{B}, \quad \text{d'où} \quad b = c \tan \mathrm{B} = c \cot \mathrm{C},$$

puisque, B et C étant complémentaires, $\tan \mathrm{B} = \cot \mathrm{C}$.

On a de même

$$c = b \tan \mathrm{C} = b \cot \mathrm{B}.$$

La démonstration peut, d'ailleurs, se faire aussi directement en menant sur la figure la tangente nq de l'angle B, et en comparant les triangles semblables ABC et Bnq.

50. THÉORÈME III. — *Dans tout triangle, les côtés sont entre eux comme les sinus des angles opposés.*

Pour le prouver, d'un sommet C du triangle ABC tirons la perpendiculaire CD sur le côté opposé c. Cette perpendiculaire

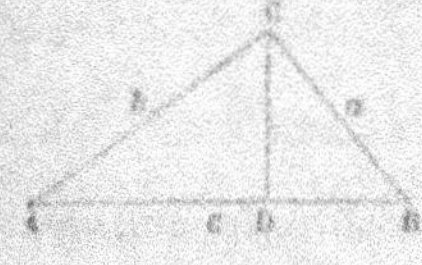

déhtermine deux triangles rectangles ACD, BCD qui fournissent, en vertu du théorème Ier (48),

l'un $CD = b \sin A$,   l'autre $CD = a \sin B$;

d'où
$$b \sin A = a \sin B.$$

De là la proportion
$$a : b :: \sin A : \sin B.$$

On ferait une démonstration analogue en prenant l'un des deux autres sommets A et B pour abaisser la perpendiculaire, et il serait facile d'établir ainsi que

$$a : b : c :: \sin A : \sin B : \sin C. \qquad \text{c. q. f. d.}$$

Remarque. — Quand la perpendiculaire CD tombe en dehors du triangle, le triangle rectangle BCD n'a pas d'angle qui fasse directement partie de ceux du triangle ABC; mais les angles en B de ces deux triangles sont supplémentaires et, par conséquent, leurs sinus sont égaux. La démonstration précédente s'applique donc encore à ce cas.

51. THÉORÈME IV. — *Dans tout triangle, le carré d'un côté est égal à la somme des carrés des deux autres, moins le double rectangle de ces deux derniers multiplié par le cosinus de l'angle qu'ils comprennent.*

En effet, si l'on abaisse la perpendiculaire CD, les triangles rectangles BCD, ACD donnent, l'un

$$a^2 = \overline{CD}^2 + (c - AD)^2 = \overline{CD}^2 + c^2 + \overline{AD}^2 - ac \times AD,$$

l'autre

$$\overline{AD}^2 = b^2 - \overline{CD}^2\ ;$$

d'où, par substitution,

$$a^2 = b^2 + c^2 - 2c \times AD.$$

Mais le triangle ACD fournit encore (46)

$$AD = b \cos A\ ;$$

donc enfin

$$a^2 = b^2 + c^2 - 2bc \cos A. \qquad\qquad \text{c. q. f. d.}$$

52. Si l'angle A était obtus, la formule resterait la même.
Dans ce cas, en effet, la perpendiculaire CD tomberait en dehors du triangle et l'on aurait, d'une part,

$$a^2 = \overline{CD}^2 + (c + AD)^2 = \overline{CD}^2 + c^2 + \overline{AD}^2 + 2c \times AD\ ;$$

Fig. 21.   de l'autre,

$$\overline{AD}^2 = b^2 - \overline{CD}^2.$$

Ces deux égalités conduisent à

$$a^2 = b^2 + c^2 + 2c \times AD.$$

Mais $AD = b \cos CAD$ et, CAD étant le supplément de l'angle A du triangle, les cosinus de
ces deux angles sont égaux et de signes contraires ; on a donc

$$AD = -b \cos A,$$

et, par suite encore,

$$a^2 = b^2 + c^2 - 2bc \cos A.$$

Remarque. — Ce théorème nous a conduit à donner ici la
démonstration de celui que nous n'avons fait qu'énoncer au 1ᵃ
du nᵒ 81 de la Géométrie.

RÉSOLUTION DES TRIANGLES RECTANGLES.

53. Problème I. — *Résoudre un triangle rectangle, connaissant l'hypoténuse a et l'un des angles aigus,* B *par exemple.*

Il s'agit de déterminer : 1ᵒ le deuxième angle aigu C qui est le complément de B et égal, par conséquent, à $90° - $B; 2° les deux côtés de l'angle droit b et c, lesquels (48) sont donnés par les relations $b = a \sin B$, $c = a \cos B$.

La substitution des valeurs données de a et B dans ces expressions et l'emploi des logarithmes conduiront immédiatement aux valeurs numériques de b et c.

54. PROBLÈME II. — *Résoudre un triangle rectangle, connaissant un côté b et l'angle aigu opposé B.*

Comme dans le problème précédent, $C = 90° - B$.

La même relation $b = a \sin B$ donne

$$a = \frac{b}{\sin B}.$$

Enfin, la relation (49) $b = c \tang B$ donnera

$$c = \frac{b}{\tang B}.$$

55. PROBLÈME III. — *Résoudre un triangle rectangle, connaissant l'hypoténuse a et un autre côté b.*

Le côté c sera donné par la relation connue

$$c = \sqrt{a^2 - b^2} = \sqrt{(a+b)(a-b)}.$$

L'équation $b = a \sin B$ donnera

$$\sin B = \frac{b}{a};$$

puis enfin nous aurons

$$C = 90° - B.$$

Remarque. — L'angle B obtenu par son sinus est déterminé sans aucune incertitude possible; car, cet angle faisant partie d'un triangle rectangle, il ne saurait être confondu avec son supplément, qui est nécessairement obtus.

56. PROBLÈME IV. — *Résoudre un triangle rectangle, connaissant les deux côtés b et c de l'angle droit.*

On a (49)

$$b = c \tang B, \quad \text{d'où} \quad \tang B = \frac{b}{c}.$$

Le second angle aigu C est donc égal à $90° - B$, et l'hypoténuse a se tire de la relation $b = a \sin B$, qui donne

$$a = \frac{b}{\sin B}.$$

RÉSOLUTION DES TRIANGLES QUELCONQUES.

57. PROBLÈME I. — *Résoudre un triangle, connaissant deux angles A et B, et le côté a opposé à l'un d'eux.*

Dans tout triangle, la somme des angles étant égale à 180 degrés, on a de suite

$$C = 180° - (A + B);$$

les trois angles sont donc connus.

D'après le théorème III (50), on peut poser ensuite les proportions

$$\sin A : \sin B :: a : b, \quad \text{d'où} \quad b = a \frac{\sin B}{\sin A},$$

$$\sin A : \sin C :: a : c, \quad \text{d'où} \quad c = a \frac{\sin C}{\sin A},$$

et toutes les inconnues se trouvent déterminées.

58. PROBLÈME II. — *Résoudre un triangle, connaissant deux côtés a et b, et l'angle A opposé à l'un d'eux.*

De la proportion

$$\sin A : \sin B :: a : b$$

nous tirons sur-le-champ

$$\sin B = \frac{b}{a} \sin A.$$

Nous avons ensuite

$$C = 180° - (A + B);$$

puis

$$\sin A : \sin C :: a : c, \quad \text{d'où} \quad c = a \frac{\sin C}{\sin A}.$$

59. *Discussion.* — Cette solution demande quelques éclaircissements.

En effet l'angle B a été obtenu par son sinus qui correspond à deux angles supplémentaires dont l'un est aigu, l'autre obtus. Or la question posée ne sera complétement résolue que quand nous saurons avec précision lequel des deux angles convient aux données; ou s'il faut les admettre tous les deux comme formant deux solutions distinctes; ou enfin si, par suite d'incompatibilité dans les données, la question n'est susceptible d'aucune solution.

Cette dernière circonstance se présentera nécessairement quand, a étant plus petit que $b \sin A$, la valeur qui en résulterait pour $\sin B$ serait plus grande que 1. La condition pour que la question admette au moins une solution est donc écrite dans la relation

$$a \lessgtr b \sin A.$$

Cette condition est, du reste, identique avec celle que fournit la Géométrie, quand on veut construire (*Géom.*, 144) avec les données le triangle lui-même. On fait, en effet, un angle A en un point d'une ligne indéterminée; on prend sur le côté ainsi tracé et à partir du point A une longueur $CA = b$; puis, du point C, avec un rayon égal à a, on décrit un arc qui coupe

Fig. 22.   Fig. 23.

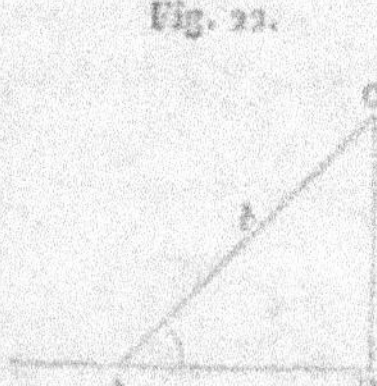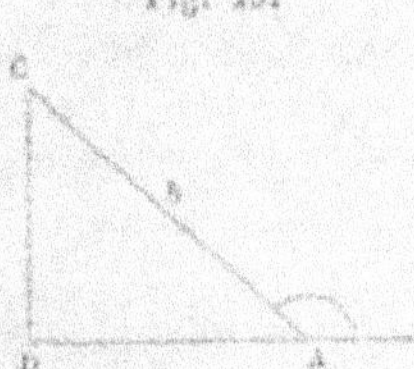

la ligne indéterminée en deux points, qui la touche en un seul ou qui ne la rencontre pas, selon que le côté a est supérieur, égal ou inférieur à la perpendiculaire CD, laquelle n'est autre que $b \sin A$, soit que l'angle A soit aigu (*fig.* 22), soit que, cet angle étant obtus (*fig.* 23), la perpendiculaire tombe du côté de son supplément.

Voyons maintenant ce que devient la condition ci-dessus suivant les diverses valeurs de A, c'est-à-dire selon que cet angle est obtus, droit ou aigu.

60. 1° *Si l'angle A est obtus ou droit*, l'angle inconnu B est nécessairement aigu, et toute incertitude est levée sur celle des

deux valeurs qu'il faut admettre pour l'angle correspondant à

Fig. 24.

sin B. Il y a donc, dans ce cas, une solution unique : c'est le triangle ABC de la figure ci-contre.

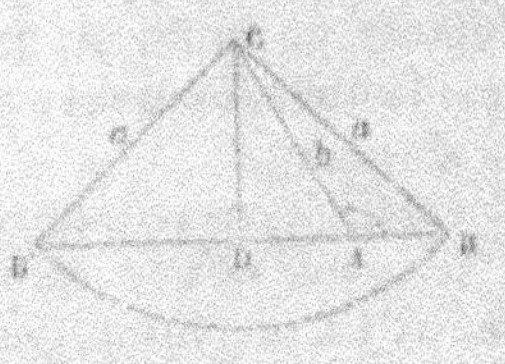

Il est bien entendu que le côté a, qui est donné, doit être forcément plus grand que le côté b aussi donné, puisque l'angle B est nécessairement plus petit que l'angle A. Si cette condition n'était pas remplie, la question serait insoluble, à cause de l'incompatibilité manifeste des données.

61. 2° *L'angle* A *étant aigu*, le côté a peut être supérieur, égal ou inférieur à b.

Si $a > b$ (*fig.* 25), l'angle A est encore plus grand que l'angle B, qui est par conséquent aigu, et il y a une solution unique ABC, qui ne saurait embarrasser.

Fig. 25.   Fig. 26

Si $a = b$, le triangle est isoscèle, et l'angle B est égal à l'angle A.

Mais si $a < b$ (*fig.* 26), l'angle B, qui est plus grand que l'angle aigu A, peut être lui-même aigu ou obtus, et il y a alors deux solutions ABC et AB'C qui ne se réduisent à une seule que pour le cas limite où, a étant égal à $b \sin A$, les deux côtés CB et CB' se confondent en un seul CD perpendiculaire sur le troisième côté.

62. Si, au lieu de commencer par déterminer les angles B et C, puis le côté c au moyen de l'angle C, on avait désiré se procurer ce côté en fonction des seules données, il eût fallu recourir à la formule suivante, établie au n° 51 :

$$a^2 = b^2 + c^2 - 2bc \cos A.$$

Elle représente une équation du deuxième degré par rapport à l'inconnue c, et sa résolution donne (*Algèbre*, 68)

$$c = b \cos A \pm \sqrt{a^2 - b^2 + b^2 \cos^2 A} = b \cos A \pm \sqrt{a^2 - b^2 \sin^2 A}.$$

L'examen de cette expression conduit aux mêmes conséquences que la valeur de $\sin B$ précédemment trouvée, puisque la condition nécessaire pour que la valeur de c soit réelle est, comme l'enseignent les principes élémentaires de l'Algèbre, que la quantité sous le radical soit nulle ou positive, c'est-à-dire que l'on ait

$$a^2 \gtrless b^2 \sin^2 A, \quad \text{ou} \quad a \gtrless b \sin A.$$

Mais on renonce le plus souvent à l'avantage plus spécieux que réel que procurerait l'emploi de cette valeur de c, parce qu'il faudrait lui faire préalablement subir une transformation qui permit d'y appliquer commodément le calcul logarithmique, et que nous croyons inutile de développer ici.

63. **Problème III.** — *Résoudre un triangle dans lequel on connaît deux côtés a et b, et l'angle C compris entre ces côtés.*

Nous poserons à cet effet la proportion à deux inconnues A et B,

$$\sin A : \sin B :: a : b,$$

laquelle se transforme, par une propriété connue des proportions (*Arithm.*, 159, Coroll.), en celle-ci :

$$\sin A + \sin B : \sin A - \sin B :: a + b : a - b;$$

et nous remplacerons encore cette dernière, au moyen d'une formule établie au n° 33, par la suivante :

$$\tang \frac{A + B}{2} : \tang \frac{A - B}{2} :: a + b : a - b.$$

Or, quoique A et B soient tous deux inconnus, nous savons que leur somme est le supplément de l'angle donné C, en sorte que

$$A + B = 180° - C.$$

La proportion qui précède ne renferme donc plus d'inconnu

que le terme $\tang \dfrac{A - B}{2}$, et elle donne la valeur

$$\tang \frac{A - B}{2} = \frac{a - b}{a + b} \tang \frac{180° - C}{2},$$

de laquelle on déduit $A - B$.

La somme et la différence des angles A et B étant alors connues, ces angles le sont par là même (*Algèbre*, 2), et il ne reste plus à déterminer que le côté c. Ce côté est donné par la proportion $\sin A : \sin C :: a : c$, de laquelle on tire $c = a \dfrac{\sin C}{\sin A}$.

COROLLAIRE. — On peut obtenir une expression simple et calculable par logarithmes pour la surface du triangle, en fonction des données du présent problème. Il faut, dans ce but, prendre pour base l'un des côtés donnés, a par exemple ; la hauteur correspondante est égale (48) à $b \sin C$, et la surface S est alors exprimée par

$$S = \frac{ab \sin C}{2}.$$

Cette relation prouve que *deux triangles qui ont un angle égal ont leurs surfaces proportionnelles aux produits des côtés qui comprennent l'angle égal.*

Il est facile de donner de ce théorème une démonstration purement géométrique que le lecteur fera bien d'étudier.

64. PROBLÈME IV. — *Résoudre un triangle, connaissant les trois côtés.* — Des formules

$$\left. \begin{array}{l} a^2 = b^2 + c^2 - 2bc \cos A, \\[1em] b^2 = a^2 + c^2 - 2ac \cos B, \\[1em] c^2 = a^2 + b^2 - 2ab \cos C, \end{array} \right\} \quad \text{on tire} \quad \left\{ \begin{array}{l} \cos A = \dfrac{b^2 + c^2 - a^2}{2bc}, \\[1em] \cos B = \dfrac{a^2 + c^2 - b^2}{2ac}, \\[1em] \cos C = \dfrac{a^2 + b^2 - c^2}{2ab}. \end{array} \right.$$

Pour vérification, on s'assure ensuite que les valeurs ainsi déterminées pour A, B et C satisfont à la condition de rigueur

$$A + B + C = 180°.$$

65. Les trois valeurs ci-dessus de $\cos A$, $\cos B$, $\cos C$, ont l'inconvénient de ne pas se prêter à l'emploi des logarithmes ; mais il est facile de les transformer en d'autres beaucoup plus

favorables sous ce rapport. Souvenons-nous en effet (25) que $2\sin^2\frac{A}{2} = 1 - \cos A$, et mettons dans cette relation la valeur de $\cos A$ que nous venons de trouver; il viendra

$$2\sin^2\frac{A}{2} = 1 - \frac{b^2 + c^2 - a^2}{2bc} = \frac{a^2 - b^2 - c^2 + 2bc}{2bc}$$

$$= \frac{a^2 - (b - c)^2}{2bc} = \frac{(a + b - c)(a - b + c)}{2bc},$$

d'où nous tirerons, en extrayant la racine carrée,

$$\sin\frac{A}{2} = \sqrt{\frac{(a + b - c)(a - b + c)}{4bc}}.$$

Or, si l'on pose

$$a + b + c = 2p,$$

d'où

$$a + b - c = 2(p - c) \quad \text{et} \quad a - b + c = 2(p - b),$$

il vient enfin

$$\sin\frac{A}{2} = \sqrt{\frac{(p - b)(p - c)}{bc}}.$$

Les mêmes calculs conduiraient à

$$\sin\frac{B}{2} = \sqrt{\frac{(p - a)(p - c)}{ac}}, \quad \sin\frac{C}{2} = \sqrt{\frac{(p - a)(p - b)}{ab}}.$$

Enfin, par l'emploi de la formule $\cos A = \sqrt{1 - \sin^2 A}$, on obtiendrait sans la moindre difficulté les trois relations

$$\cos\frac{A}{2} = \sqrt{\frac{p(p - a)}{bc}}, \quad \cos\frac{B}{2} = \sqrt{\frac{p(p - b)}{ac}},$$

$$\cos\frac{C}{2} = \sqrt{\frac{p(p - c)}{ab}},$$

qui, combinées avec les précédentes, donnent respectivement

$$\tan\frac{A}{2} = \sqrt{\frac{(p - b)(p - c)}{p(p - a)}}, \quad \tan\frac{B}{2} = \sqrt{\frac{(p - a)(p - c)}{p(p - b)}},$$

$$\tan\frac{C}{2} = \sqrt{\frac{(p - a)(p - b)}{p(p - c)}}.$$

Remarque. — Les trois angles $\dfrac{A}{2}$, $\dfrac{B}{2}$ et $\dfrac{C}{2}$ étant nécessairement aigus, il ne peut y avoir d'incertitude sur le choix entre les deux angles respectivement fournis par les valeurs de $\sin\dfrac{A}{2}$, $\sin\dfrac{B}{2}$ et $\sin\dfrac{C}{2}$, comme par celles de $\tang\dfrac{A}{2}$, $\tang\dfrac{B}{2}$ et $\tang\dfrac{C}{2}$. Par suite, il n'y a aucun doute possible sur les valeurs à prendre pour A, B et C.

66. Les transformations ci-dessus conduisent à une expression très-remarquable de la surface d'un triangle en fonction seulement de ses trois côtés.

Fig. 27.

Cette surface est en effet, comme l'on sait,

$$S = \tfrac{1}{2}\,AB \times CD = \tfrac{1}{2}\,c \times b\,\sin A,$$

ou, en remplaçant $\sin A$ par sa valeur $2\sin\dfrac{A}{2}\cos\dfrac{A}{2}$ (25),

$$S = bc\,\sin\dfrac{A}{2}\cos\dfrac{A}{2}.$$

Nous aurons donc, en substituant dans S les valeurs qui viennent d'être trouvées (63),

$$S = \sqrt{p\,(p-a)\,(p-b)\,(p-c)},$$

formule simple et symétrique par rapport aux trois côtés a, b et c, et qui se prête facilement aux exigences du calcul logarithmique. Elle est, d'ailleurs, identique avec celle que l'on tirerait des propriétés linéaires établies dans la Géométrie, en exprimant en fonction des trois côtés la hauteur CD du triangle, au moyen des deux relations

$$\overline{CD}^2 = b^2 - \overline{AD}^2 \ (\textit{Géom.}, 80),$$
$$a^2 = b^2 + c^2 - 2c \times AD \ (\textit{Géom.}, 81, 1^o).$$

EXERCICES SUR LA RÉSOLUTION DES TRIANGLES.

67. *Résoudre un triangle rectangle, connaissant le côté $b = 3^m,17$ et l'angle $B = 31°27'53''$.*

Les trois angles du triangle sont : 1° l'angle A qui est égal 90°; 2° l'angle donné B; 3° l'angle C qui est le complément de B, et égal à

$$90° - 31°27'53'' \quad \text{ou} \quad 58°32'7''.$$

Restent à déterminer les deux côtés a et c, pour lesquels nous aurons à employer les formules du n° 55 :

$$a = \frac{b}{\sin B}, \quad c = \frac{b}{\tan g B}.$$

Préparées pour l'application des logarithmes et, suivant l'indication du n° 38, le rayon des Tables y étant introduit, elles deviennent

$$\log a = 10 + \log b - \log \sin B,$$
$$\log c = 10 + \log b - \log \tan g B,$$

ou, par l'emploi des compléments arithmétiques (*Arithm.*, 193),

$$\log a = \log b + C' \log \sin B,$$
$$\log c = \log b + C' \log \tan g B.$$

Prenant donc en main les Tables, nous écrirons :

$$\log b = \log 3,17 = 0,5010593$$
$$C' \log \sin B = C' \log \sin 31°27'53'' = 0,2823516$$
$$\log a = 0,7834109 = \log 6,0732.$$

$$\log b = 0,5010593$$
$$C' \log \tan g B = C' \log \tan g 31°27'53'' = 0,2132811$$
$$\log c = 0,7143404 = \log 5,18.$$

En résumé, les éléments du triangle sont

$a = 6^m,0732,$		$A = 90°,$	
$b = 3^m,17.$		$B = 31°27'53'',$	
$c = 5^m,18,$		$C = 58°32'\ 7''.$	

Une vérification facile des calculs consisterait à s'assurer que les trois côtés satisfont, dans les limites d'exactitude compatibles avec l'emploi des logarithmes, à la relation $a^2 = b^2 + c^2$.

Remarque. — On a vu que l'introduction d'un complément arithmétique dans chacune des formules ci-dessus employées en a fait disparaître le terme 10 qu'avait amené le rétablissement du rayon tabulaire. Cette coïncidence et la simplification qui en résulte se présentent assez fréquemment, et il faut toujours en profiter à l'occasion ; il importe seulement de savoir toujours s'en rendre compte, afin d'éviter tout embarras et toute chance d'erreur.

68. *Résoudre un triangle rectangle, sachant que ses trois côtés sont trois nombres entiers consécutifs.*

On a déjà vu (*Géom.*, 80, Rem.) que les côtés d'un pareil triangle sont nécessairement $a = 5$, $b = 4$, $c = 3$, et nous n'avons plus qu'à en déterminer les angles par la formule déjà employée (48)

$$b = a \sin B, \quad \text{d'où} \quad \sin B = \frac{b}{a}.$$

On en tire

$$\log \sin B = \log b + C^t \log a.$$

$$\log b = \log 4 = 0,60205999$$
$$C^t \log a = C^t \log 5 = 9,30103000$$
$$\log \sin B = 9,90308999 = \log \sin 53°7'48'',35.$$

L'angle C est le complément de celui qui vient d'être déterminé. Si nous préférons le calculer directement pour obtenir une vérification, nous écrirons

$$\sin C = \frac{c}{a};$$

puis,

$$\log c = \log 3 = 0,47712125$$
$$C^t \log a = 9,30103000$$
$$\log \sin C = 9,77815125 = \log \sin 36°52'11'',64.$$

Résumé :

$$
\begin{array}{ll|l}
a = 5, & A = 90°, & \\
b = 4, & B = 53°\ 7'48'',35, & \Big\} \ 89°59'59'',99. \\
c = 3, & C = 36°52'11'',64. &
\end{array}
$$

69. *Résoudre un triangle connaissant ses trois côtés.*

$$a = 2^m, \quad b = 1^m,80, \quad c = 1^m,70.$$

Au moyen de ces données, nous formerons d'abord (65) les quantités

$$p = 2^m,75, \quad \begin{cases} p - a = 0^m,75, \\ p - b = 0^m,95, \\ p - c = 1^m,05. \end{cases}$$

Nous adopterons ensuite la formule

$$\operatorname{tang} \frac{A}{2} = \sqrt{\frac{(p - b)(p - c)}{p(p - a)}}$$

et, ayant égard tant au rayon des Tables qu'aux compléments, nous poserons

$$\log \operatorname{tang} \frac{A}{2} = 10 + \tfrac{1}{2}[\log(p - b) + \log(p - c) + \mathrm{C}\log p + \mathrm{C}\log(p - a) - 20]$$

$$= \tfrac{1}{2}[\log(p - b) + \log(p - c) + \mathrm{C}\log p + \mathrm{C}\log(p - a)].$$

Prenant en main pour cette fois des Tables à cinq décimales, celles de M. Hoüel par exemple, nous écrirons

$$\log(p - b) = \log 0,95 = \overline{1},97772,$$
$$\log(p - c) = \log 1,05 = 0,02119,$$
$$\mathrm{C}\log p = \mathrm{C}\log 2,75 = 9,56067,$$
$$\mathrm{C}\log(p - a) = \mathrm{C}\log 0,75 = 10,12494,$$

$$2 \log \operatorname{tang} \frac{A}{2} = 19,68452.$$

$$\log \operatorname{tang} \frac{A}{2} = 9,84226 = \log \operatorname{tang} 34°48'58''.$$

On peut, et c'est en cela que l'emploi de $\operatorname{tang} \frac{A}{2}$ a mieux valu que celui de $\sin \frac{A}{2}$ ou $\cos \frac{A}{2}$, calculer les deux autres angles sans avoir de nouveaux logarithmes à chercher :

$$\log (p - a) = \overline{1},8750 6,$$
$$\log (p - c) = 0,02119,$$
$$\text{C}^{\iota}\log p = 9,56067,$$
$$\text{C}^{\iota}\log (p - b) = 10,02228,$$

$$2 \log \operatorname{tang} \frac{\text{B}}{2} = 19,47920,$$

$$\log \operatorname{tang} \frac{\text{B}}{2} = 9,73960 = \log \operatorname{tang} 28°46'6''.$$

$$\log (p - a) = \overline{1},87506,$$
$$\log (p - b) = \overline{1},97772,$$
$$\text{C}^{\iota}\log p = 9,56067,$$
$$\text{C}^{\iota}\log (p - c) = 9,97881,$$

$$2 \log \operatorname{tang} \frac{\text{C}}{2} = 19,39226,$$

$$\log \operatorname{tang} \frac{\text{C}}{2} = 9,69613 = \log \operatorname{tang} 26°24'56''.$$

Puisque nous connaissons ainsi les moitiés de chacun des angles, nous sommes en mesure de résumer les éléments du triangle :

$$a = 2^{m}, \qquad\qquad A = 69°37'56'',$$
$$b = 1^{m},80, \qquad\qquad B = 57°32'12'',$$
$$c = 1^{m},70, \qquad\qquad C = 52°49'52''.$$

Vérification : $A + B + C = 180°$.

70. Si l'on demandait, en outre, la *surface du triangle* résolu dans le numéro précédent, nous appliquerions la formule (66)

$$S = \sqrt{p(p - a)(p - b)(p - c)},$$

ou

$$\log S = \frac{1}{2}[\log p + \log (p - a) + \log (p - b) + \log (p - c)].$$

$$\log p = 0,43933,$$
$$\log (p - a) = \overline{1},87506,$$
$$\log (p - b) = \overline{1},97772,$$
$$\log (p - c) = 0,02119,$$
$$2 \log S = 0,31330,$$
$$\log S = 0,15665 = \log 1,43434.$$

On a donc

$$S = 1^{mq},434.$$

71. *Résoudre un triangle dans lequel on connaît deux côtés, $a = 2^m,50$, $b = 3^m,20$, et l'angle opposé à l'un d'eux, $A = 46°21'35''$.*

Les formules à employer sont les suivantes :

$$\sin B = \frac{b}{a} \sin A, \quad C = 180° - (A + B), \quad c = a \frac{\sin C}{\sin A},$$

dont la première et la dernière deviennent respectivement :

$$\log \sin B = \log b + C^l \log a + \log \sin A - 10,$$
$$\log c = \log a + \log \sin C + C^l \log \sin A - 10.$$

Or

$$\log b = \log 3,2 = 0,5051500,$$
$$C^l \log a = C^l \log 2,5 = 9,6020600,$$
$$\log \sin A = \log \sin 46°21'35'' = 9,8595507,$$
$$\log \sin B = 9,9667607 = \log \sin 67°52'5'',41.$$

De cette valeur de B nous tirons

$$C = 180° - (A + B) = 65°46'19''59.$$

D'un autre côté,

$$\log a = \log 2,5 = 0,3979400,$$
$$\log \sin C = \log \sin 65°46'19'',59 = 9,9599569,$$
$$C^l \log \sin A = 0,1404493,$$
$$\log c = 0,4983462 = \log 3,15.$$

Résumé :

$a = 2^m,50,$	$A = 46°21'35'',$
$b = 3^m,20,$	$B = 67°52'\ 5'',41,$
$c = 3^m,15,$	$C = 65°46'19'',59.$

72. Comme on l'a vu (59) dans la discussion générale de ce *cas douteux*, il y a lieu d'examiner attentivement les diverses circonstances de la question posée.

Sans rentrer dans les déductions précédemment établies, nous pouvons dire sur-le-champ que, l'angle donné A étant aigu, et le côté donné a étant plus petit que b, il y a nécessairement deux solutions; c'est-à-dire, un second triangle satisfaisant aux données, et dont l'angle B' est le supplément $112°7'54''59$ de l'angle B déterminé plus haut.

L'angle C' du second triangle sera, comme pour le premier, le supplément de la somme A + B' et égal, par suite, à $21°30'30'',41$.

Enfin, le côté c' sera fourni par la relation $c' = a \dfrac{\sin C'}{\sin A}$.

$$\log a = 0,3979400,$$
$$\log \sin C' = \log \sin 21°30'30'',41 = 9,5642380,$$
$$C' \log \sin A = 0,1404493,$$
$$\overline{\log c' = 0,1026273 = \log 1,27.}$$

Résumé :

$a = 2^m,50,$	$A = 46°21'35'',$
$b = 3^m,20,$	$B' = 112°\ 7'54'',59,$
$c' = 1^m,27,$	$C = 21°30'30'',41.$

73. *Résoudre un triangle, sachant que ses trois côtés sont trois nombres entiers consécutifs, et que le plus grand angle est double du plus petit.*

Soient $2C$ et C le plus grand et le plus petit des trois angles du triangle, et b le côté opposé au troisième angle B. D'après l'énoncé, à l'angle $2C$ sera opposé le côté $b + 1$, et à l'angle C le côté $b - 1$.

Appliquons successivement à ces données les deux propriétés démontrées dans les nᵒˢ 50 et 51. La première nous donnera

$$\sin 2C : \sin C :: b + 1 : b - 1;$$

ou, en remplaçant $\sin 2C$ par sa valeur $2\sin C \cos C$ et divisant les deux termes du premier rapport par $\sin C$,

$$2 \cos C : 1 :: b + 1 : b - 1;$$

d'où

$$2\cos C = \frac{b+1}{b-1}.$$

La seconde permet d'écrire

$$(b-1)^2 = b^2 + (b+1)^2 - 2b(b+1)\cos C,$$

ou, en remplaçant $2\cos C$ par la valeur qui vient d'être obtenue,

$$(b-1)^2 = b^2 + (b+1)^2 - \frac{b(b+1)^2}{b-1}.$$

Telle est l'équation qui donnera la valeur de b. En en chassant le dénominateur, effectuant les calculs et réduisant, on obtient finalement

$$b(b-5) = 0,$$

relation qui évidemment ne peut être satisfaite, dans les termes de la question présente, que par $b = 5$.

Les trois côtés seront donc 4, 5 et 6.

Quant à l'angle C, son cosinus est donné par

$$2\cos C = \frac{b+1}{b-1} = \frac{6}{4},$$

d'où

$$\cos C = \frac{3}{4} = 0,75,$$

Or, procédant par logarithmes pour déterminer l'angle C, nous aurons

$$\log\cos C = 10 + \log 0,75 = 10 + \overline{1},8750613 = 9,8750613,$$

et ce log cos est celui de l'angle de $41°24'34'',63$.

L'angle opposé au côté b est double de celui-ci, et le troisième est le supplément de la somme des deux premiers; en sorte que le triangle résolu se présente ainsi :

$a = 6$,	$A = 82°49'\ 9'',26.$
$b = 5$,	$B = 55°46'16'',11,$
$c = 4$,	$C = 41°24'34'',63.$

74. *Déterminer l'angle au sommet d'un triangle, connaissant la base, la hauteur et le rectangle des deux autres côtés.*

Soit c la base connue, h la hauteur, et m^2 le carré équivalent au rectangle ab des deux côtés a et b.

Rappelons-nous (63, Coroll.) que la surface du triangle, que représente le produit $\dfrac{ch}{2}$, est aussi exprimée par $\dfrac{ab\sin C}{2}$, et nous poserons immédiatement

$$\frac{ch}{2} = \frac{ab\sin C}{2}, \quad \text{ou} \quad ch = ab\sin C;$$

d'où

$$\sin C = \frac{ch}{ab} = \frac{ch}{m^2}$$

et

$$\log\sin C = \log c + \log h + C^{\iota}\log m^2.$$

Supposons, par exemple,

$$c = 7^{m},25, \quad h = 5^{m},43 \quad \text{et} \quad m^2 = 47 \text{ mètres carrés.}$$

Nous écrirons

$$\log c = \quad \log 7,25 = 0,86033801,$$
$$\log h = \quad \log 5,43 = 0,73479983,$$
$$C^{\iota}\log m^2 = C^{\iota}\log 47 \quad = 8,32790214.$$
$$\overline{\log\sin C = 9,92303998 = \log\sin 56°53'17'',59.}$$

Remarque. — Si l'on voulait achever la résolution du triangle, on pourrait tirer de la *fig.* 27 la relation

$$c = \sqrt{a^2 - h^2} + \sqrt{b^2 - h^2}$$

qui, jointe à

$$ab = m^2,$$

servirait à déterminer les deux côtés a et b.

Sans entrer dans les détails, nous indiquerons seulement que la première de ces équations donnera facilement la valeur de $a^2 + b^2$, avec la seconde qui fournit immédiatement $a^2 b^2 = m^4$. Par suite, les quantités a^2 et b^2 sont les racines d'une équation du second degré qu'il est aisé d'établir (*Algèbre*, 78) et de résoudre.

On trouverait enfin les deux angles A et B par l'un des procédés précédemment exposés.

73. *Dans un triangle, connaissant la base c, la hauteur h et la somme $2l$ des deux autres côtés a et b, déterminer ces côtés et l'angle qu'ils comprennent.*

Rappelant une expression connue (64) de la surface du triangle, nous poserons

$$\frac{ch}{2} = \frac{1}{4}\sqrt{(a+b+c)(b+c-a)(a-b+c)(a+b-c)},$$

ou

$$4c^2h^2 = (a+b+c)(b+c-a)(a-b+c)(a+b-c).$$

Remplaçons maintenant $a+b$ par $2l$, et $b-a$ par $2(l-a)$, nous aurons

$$\begin{aligned} 4c^2h^2 &= (2l+c)[c+2(l-a)][c-2(l-a)](2l-c) \\ &= (4l^2-c^2)[c^2-4(l-a)^2]; \end{aligned}$$

puis successivement

$$c^2 - 4(l-a)^2 = \frac{4c^2h^2}{4l^2-c^2},$$

$$l - a = \frac{c}{2}\sqrt{1 - \frac{4h^2}{4l^2-c^2}},$$

$$a = l - \frac{c}{2}\sqrt{1 - \frac{4h^2}{4l^2-c^2}};$$

et enfin, à cause de $a + b = l$,

$$b = l + \frac{c}{2}\sqrt{1 - \frac{4h^2}{4l^2-c^2}}.$$

Au moyen des valeurs ainsi calculées pour les côtés a et b, nous déterminerons l'angle au sommet C, comme dans le problème précédent, en posant

$$\sin C = \frac{ch}{ab}.$$

On pourrait, du reste, former facilement l'expression de l'angle C au moyen des données c, h et l, en substituant à a et b leurs valeurs algébriques ci-dessus déterminées, et l'on arriverait, toutes réductions faites, à la relation

$$\operatorname{tang}\frac{C}{2}=\frac{2ch}{4l^2-c^2}=\frac{2ch}{(2l+c)(2l-c)}.$$

74. *Résoudre un triangle, connaissant la hauteur h, l'angle au sommet A et la différence d des côtés de cet angle.*

En égalant deux expressions connues (64) de la surface du triangle, nous aurons d'abord la relation

$$ah=2bc\sin\frac{A}{2}\cos\frac{A}{2}.$$

D'un autre côté, le n° 63 nous fournit encore la formule

$$\sin\frac{A}{2}=\sqrt{\frac{(a+b-c)(a-b+c)}{4bc}}=\sqrt{\frac{(a+d)(a-d)}{4bc}}=\sqrt{\frac{a^2-d^2}{4bc}},$$

qui devient facilement

$$a^2-d^2=4bc\sin^2\frac{A}{2}.$$

En divisant l'une par l'autre ces deux équations, on obtient

$$\frac{a^2-d^2}{ah}=2\,\frac{\sin\dfrac{A}{2}}{\cos\dfrac{A}{2}}=2\operatorname{tang}\frac{A}{2},$$

équation du second degré qui, résolue par rapport à l'inconnue a, donne

$$a=h\operatorname{tang}\frac{A}{2}+\sqrt{h^2\operatorname{tang}^2\frac{A}{2}+d^2}.$$

Pour calculer maintenant les deux côtés b et c, il suffirait de se rappeler que l'on connaît, d'une part, leur différence $b-c=d$ d'après l'énoncé; d'autre part, leur produit bc par l'une quelconque des deux équations qui ont servi à la détermination de a. C'est là un problème d'Algèbre trop élémentaire pour que nous devions nous y arrêter un instant.

75. On trouvera ci-après quelques énoncés de problèmes qui constitueront d'utiles exercices.

I. *Déterminer l'angle au centre, le côté, l'apothème, le périmètre et la surface d'un polygone régulier de m côtés, inscrit dans un cercle de rayon R.*

II. *Exprimer le rayon du cercle circonscrit et celui du cercle inscrit à un triangle, en fonction des trois côtés.*

Réponse :

$$R = \frac{abc}{4\sqrt{p(p-a)(p-b)(p-c)}}, \qquad r = \sqrt{\frac{(p-a)(p-b)(p-c)}{p}},$$

les trois côtés étant a, b et c, et $2p = a + b + c$.

III. *Deux droites étant données, mener une autre droite telle, que le rapport des deux côtés interceptés soit égal à m, et que la surface du triangle obtenu soit égale à S^2.*

IV. *Par un point donné sur le contour d'un triangle, mener une droite telle, que la longueur interceptée entre les deux côtés qu'elle partage soit égale à la somme des segments compris entre elle et le troisième côté.*

V. *Résoudre un triangle, connaissant :*

1° *Un angle, le côté opposé à cet angle, et la somme ou la différence des deux autres côtés;*

2° *Un côté, la somme ou la différence des deux autres, et l'angle opposé à l'un de ces derniers;*

3° *Un angle, le côté opposé, et le rectangle ou le rapport des deux autres côtés;*

4° *La hauteur, l'angle au sommet et le périmètre;*

5° *La hauteur, l'angle au sommet, et l'excès de la somme des deux côtés sur la base;*

6° *Un côté, la somme des deux autres, et le rayon du cercle circonscrit;*

7° *Un côté, la hauteur correspondante à ce côté, et le rayon du cercle circonscrit;*

8° *Un côté, la somme des deux autres, et le rayon du cercle inscrit;*

9° *Un côté, l'angle opposé, et le rectangle fait sur la somme et la différence des deux autres côtés;*

10° *Un côté, le périmètre et la surface;*

11° *Deux angles et le périmètre;*

12° *Deux angles et la surface;*

13° *Un angle, le côté opposé et la surface ;*

14° *Deux angles et le rayon du cercle inscrit ;*

15° *Un angle, le périmètre, et le rayon du cercle inscrit.*

VI. *Exprimer la surface d'un quadrilatère en fonction des deux diagonales et de l'angle qu'elles forment entre elles.*

Réponse : $S = \dfrac{\delta \delta'}{2} \sin \omega$, δ et δ' étant les deux diagonales, et ω l'angle sous lequel elles se coupent.

VII. *Exprimer la surface d'un quadrilatère inscrit dans un cercle, en fonction de ses quatre côtés.*

Réponse : $S = \sqrt{(p-a)(p-b)(p-c)(p-d)}$, les quatre côtés étant a, b, c et d, et $2p = a + b + c + d$.

GÉOMÉTRIE DESCRIPTIVE.

PRÉLIMINAIRES.

1. L'objet spécial de la *Géométrie descriptive* est de *résou-dre, par des constructions effectuées sur un seul plan, les questions qui embrassent les trois dimensions de l'étendue.*

On a compris, en effet, que les figures qui nous ont servi pour exposer les vérités relatives à la Géométrie dans l'espace n'étaient que de simples représentations perspectives, absolument impropres à la détermination pratique de la véritable grandeur des éléments inconnus des problèmes.

Nous savons bien, par exemple, que la distance d'un point à un plan se mesure par la longueur de la perpendiculaire abaissée de ce point sur le plan; mais, sans le secours de procédés particuliers, dont l'ensemble constitue la Géométrie descriptive, nous resterions complétement impuissants pour fixer la vraie grandeur de cette distance entre un plan et un point donnés.

Plusieurs méthodes sont susceptibles de remplir ce but. La plus simple, la plus féconde de toutes, est précisément celle dont nous avons à développer ici les principes; c'est la *méthode des projections.*

Elle consiste sommairement à projeter par des perpendiculaires tous les points de l'espace sur deux plans qui se coupent; à établir par la pensée les relations géométriques qui lient les données aux inconnues du problème, et celles qui en résultent entre les projections; à rabattre les deux plans l'un sur l'autre pour y exécuter les opérations indiquées et y tracer les projections des quantités cherchées; enfin, fixer par une conception inverse leur position dans l'espace, et déterminer graphiquement leurs véritables grandeurs.

Les détails qui suivent vont bientôt éclaircir ce que cette première indication peut conserver d'obscur.

MÉTHODE DES PROJECTIONS.

2. Nous avons déjà plus d'une fois employé dans cet Ouvrage le mot *projection*. Appliqué à un point, il désigne le pied de la perpendiculaire abaissée de ce point sur un plan; s'il s'agit d'une ligne, c'est le lieu des projections de tous les points de cette ligne.

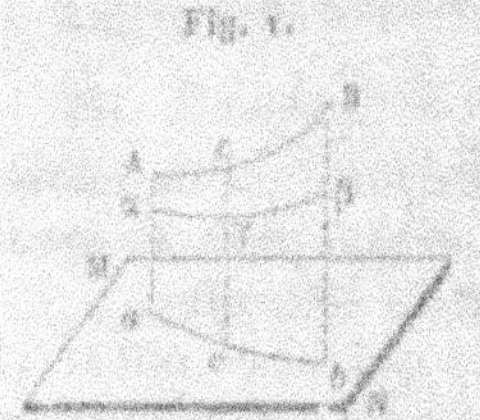

Fig. 1.

Ainsi, les points A, B, C ont respectivement pour projections sur le plan MN les points a, b, c, et la projection de la courbe ACB est la courbe *acb*. La perpendiculaire Aa est la *droite projetante* du point A, et la surface cylindrique AacbBC formée par la série des droites projetantes, ou par l'une d'elles Aa glissant sur les deux courbes *acb* et ACB, est le *cylindre projetant* de cette dernière.

Remarque. — Il est évident que le point A est en même temps la projection de chacun des points α situés sur la droite projetante Aa, et que toute ligne $\alpha y \delta$ tracée sur le cylindre projetant de la courbe ACB a aussi pour projection la ligne *acb*.

3. Si la ligne ACB était plane et située dans un plan perpendiculaire au plan MN, sa projection serait évidemment la droite d'intersection des deux plans.

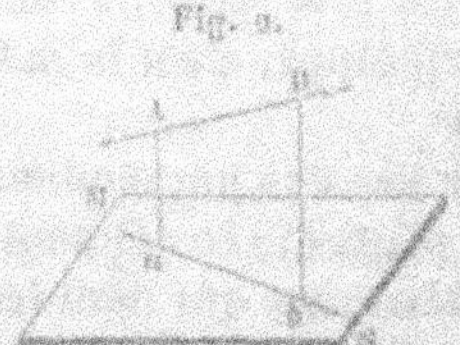

Fig. 2.

Cette circonstance se présente toujours, quand la ligne à projeter est elle-même droite. Or, comme une ligne droite est déterminée par deux points, il suffira, pour avoir la projection d'une droite donnée AB sur un plan donné MN, d'y projeter deux points A et B de cette ligne, et de réunir par une droite les deux projections a et b.

Remarque. — On voit que le plan projetant d'une droite

n'est autre que celui qui serait mené par la droite elle-même et par la ligne projetante de l'un de ses points.

COROLLAIRE I. — Si la droite AB était parallèle au plan MN, une portion quelconque de cette droite s'y projetterait en vraie grandeur; car la figure AB*ba* serait, dans ce cas, un rectangle, dans lequel les côtés AB et *ab* seraient égaux.

COROLLAIRE II. — Quand la droite à projeter est perpendiculaire au plan de projection, elle se confond avec les droites projetantes de chacun de ses points, et sa projection se réduit au seul point où elle perce le plan de projection.

COROLLAIRE III. — *Lorsque deux droites* AB, CD, *sont parallèles, leurs projections sur un même plan* MN *sont parallèles.*

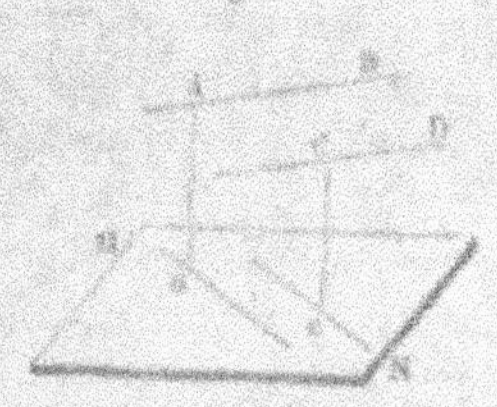

Fig. 3.

En effet, les angles BA*a*, DC*c*, dont les côtés sont parallèles deux à deux, ont leurs plans parallèles (*Géom.*, 187), et les intersections de ces derniers avec le plan MN, ou les projections des deux droites AB et CD, sont parallèles entre elles.

4. La connaissance de la projection d'un point sur un plan donné ne suffit pas pour déterminer ce point, puisque cette projection appartient en même temps à tous les points de la droite projetante; mais le point serait complétement déterminé, si l'on possédait sa projection sur deux plans non parallèles, puisque ce point serait nécessairement situé à la rencontre des deux droites projetantes dont chacune doit le contenir.

On comprend dès lors que deux projections données a et a',

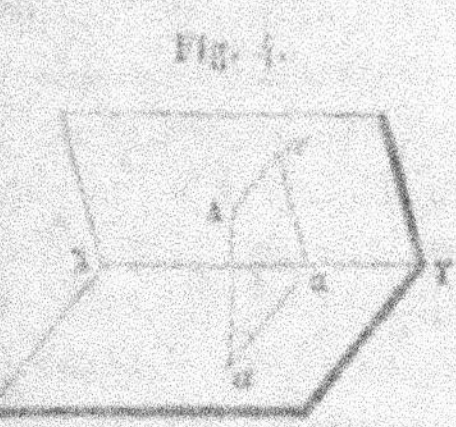

Fig. 4.

sur deux plans qui se coupent, ne peuvent appartenir à un même point A de l'espace, qu'autant que les deux droites projetantes se rencontrent, condition qui équivaut à dire que les perpendiculaires, menées par les deux projections sur l'intersection des deux plans, tombent au même point de cette intersection.

Il est clair, en effet, que le plan des deux droites az, $a'z$ est alors perpendiculaire à l'intersection XY (*Géom.*, 178) et, par suite, à chacun des deux plans de projection (*Géom.*, 198, Rem.); les deux perpendiculaires élevées en a et a' à ces deux plans sont donc situées dans ce même plan $a\alpha a'$, et s'y rencontrent en A.

Réciproquement, si le point A est projeté en a et a' sur les deux plans, le plan $a A a'$ des droites projetantes sera perpendiculaire à chacun des plans de projection et, par suite, à leur intersection XY (*Géom.*, 198 et 201); ce plan $a A a'$ coupera donc les deux plans de projection suivant deux droites $a\alpha$ et $a'\alpha$ réunies au point α, et toutes deux perpendiculaires à XY.

5. Nous avons vu (2, Rem.) que la projection d'une droite sur un plan appartient à toutes les lignes, et en particulier à toutes les droites qui seraient tracées dans le plan projetant correspondant. Mais si les deux projections rectilignes ab, $a'b'$, sur deux plans qui se coupent, sont données comme appartenant à une même droite de l'espace,

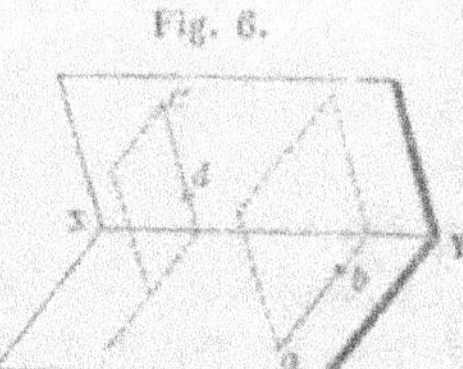

Fig. 5.

cette droite sera complétement déterminée, puisqu'elle ne pourra être que l'intersection unique AB des deux plans projetants ab BA, $a'b'$ BA.

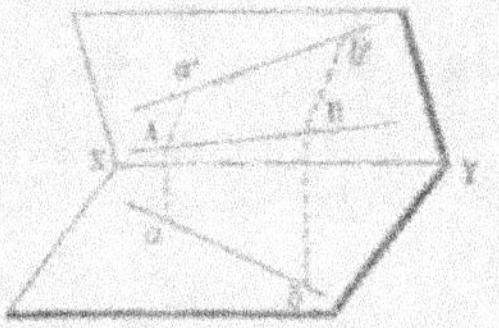

Il est surabondant de remarquer que deux droites tracées sur deux plans ne peuvent représenter les projections d'une même droite sur ces plans, qu'autant que les deux plans projetants correspondants se coupent dans l'espace. Cette condition est généralement remplie, sauf cependant le cas où les deux projections sont à la fois perpendiculaires à l'intersection XY des deux plans donnés. En effet, les deux plans projetants sont alors perpendiculaires à chacun des plans de projection et, par suite, à l'intersection XY de ces derniers (*Géom.*, 201); ils sont donc parallèles entre eux et ne peuvent se rencontrer.

Fig. 6.

Si cependant les deux projections perpendiculaires à l'in-

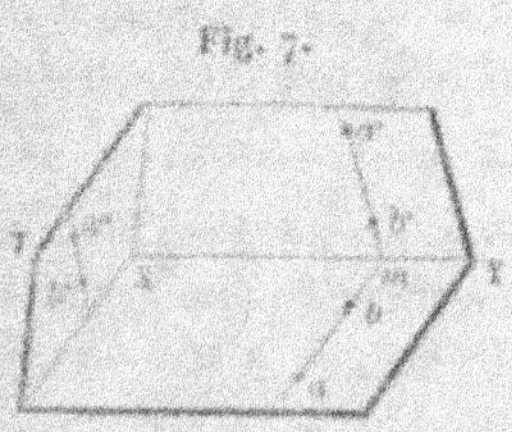

Fig. 7.

tersection rencontraient cette ligne
en un même point m, elles déter-
mineraient un plan projetant unique
ama' dont une ligne quelconque se
projetterait sur ab et $a'b'$. Il faudrait
donc, pour déterminer une droite
AB située dans ce plan, connaître
les projections a et a', b et b', de
deux de ses points A et B; ou encore, avoir sa projection $a''b''$
sur un troisième plan TX qui ne passât pas par l'intersection
XY des deux premiers.

6. Un plan serait naturellement et suffisamment déterminé
par les projections de trois de ses points non situés en ligne
droite. On trouve plus commode de se servir, pour cet usage,
de deux des droites qui y sont situées, et celles que l'on a
choisies sont les *traces* du plan sur les deux plans de projec-

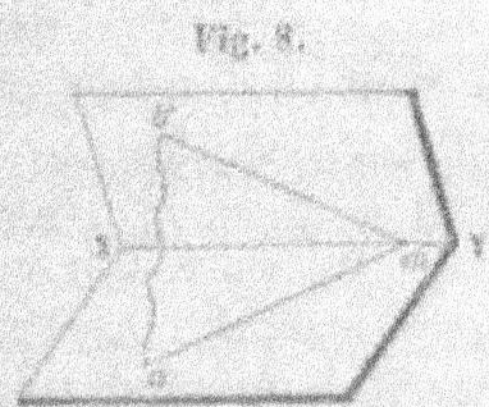

Fig. 8.

tion; c'est-à-dire, les droites suivant
lesquelles il coupe ces derniers.

Ainsi, le plan amb' sera représenté
par le système des deux traces ma,
mb' qui se rencontrent nécessairement en un même point de l'intersection XY, attendu que, la rencontre des deux traces devant avoir

lieu en un point commun aux deux plans de projection, elle
ne peut se trouver que sur leur intersection.

De là ce principe, dont l'application est continuelle dans les
problèmes de Géométrie descriptive : *Les deux traces d'un*

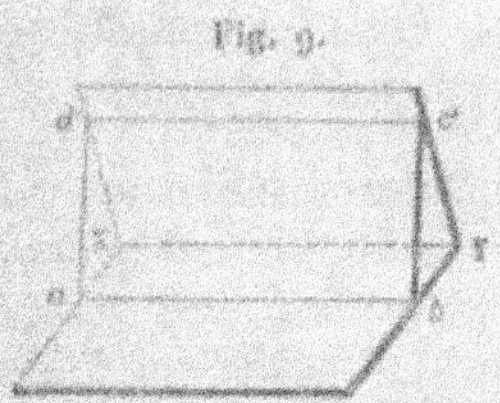

Fig. 9.

plan se coupent sur l'intersection
mutuelle des deux plans de projec-
tion.

Remarque I. — Ce point de rencontre des deux traces pourrait se
trouver à l'infini si, le plan donné
étant parallèle à l'intersection XY,
ses deux traces ab, $c'd'$ étaient elles-

mêmes parallèles à cette intersection.

Remarque II. — Les traces de deux plans parallèles sur un troisième sont toujours parallèles entre elles, comme étant les intersections de deux plans parallèles par un troisième (*Géom.*, 183).

7. Il importe de bien constater et de retenir quel est le caractère distinctif des traces d'un plan, dans chacune des positions particulières qu'il peut affecter par rapport aux plans de projection. Les principales sont les suivantes :

1° Si le plan donné est perpendiculaire à l'intersection XY des plans de projection (*fig.* 10), ses traces *ma*, *mb'* sont elles-mêmes perpendiculaires à cette ligne.

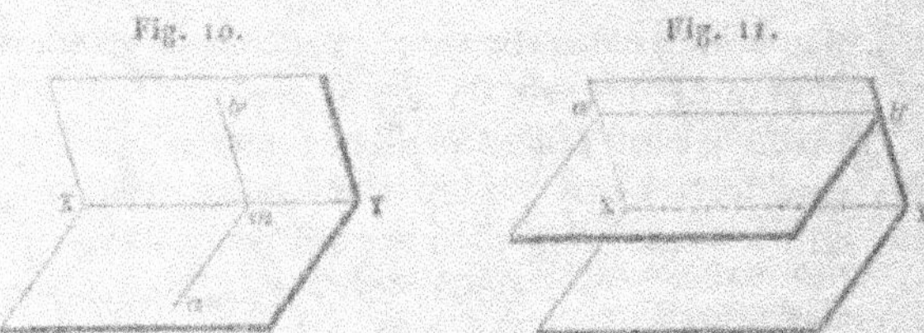

Fig. 10.   Fig. 11.

2° Si le plan est parallèle à l'un des plans de projection (*fig.* 11), il n'a pas de trace sur ce dernier plan, et sa trace *a'b'* sur l'autre est parallèle à l'intersection.

3° Si le plan passe par l'intersection (*fig.* 12), ses deux traces se confondent avec cette ligne, et il ne peut être déterminé qu'au moyen des projections *m* et *m'* de l'un de ses points non situé sur l'intersection; ou mieux, au moyen de sa trace X*a"* sur un troisième plan qui ne contienne pas l'intersection des deux premiers.

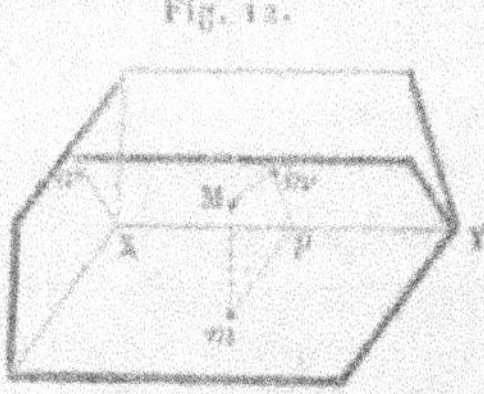

Fig. 12.

8. Il existe un rapport remarquable entre la position de la projection d'une droite perpendiculaire à un plan et la trace de ce dernier sur un plan commun de projection.

Soient BCR un plan dont la trace sur le plan MN est BC, et AP une droite perpendiculaire audit plan BCR. D'un point A de la droite menons A*a* perpendiculaire sur le plan MN; le plan PAa sera le plan projetant de AP et coupera le plan MN

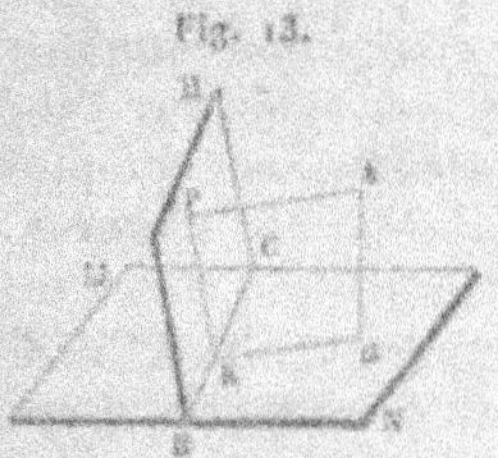
Fig. 13.

suivant la projection Ka de cette droite ; il coupera en même temps le plan BCR suivant la ligne KP.

Or le plan PAa, qui passe par les deux droites AP et Aa respectivement perpendiculaires aux plans BCR et MN, est perpendiculaire à leur intersection BC (*Géom.*, 201). Cette ligne BC, qui n'est autre chose que la trace du plan BCR, est par conséquent perpendiculaire à la droite Ka située dans le plan PAa, c'est-à-dire à la projection de la droite AP.

De là ce théorème important : *Lorsqu'une droite est perpendiculaire à un plan, la projection de cette droite sur un autre plan est perpendiculaire à la trace du premier.*

9. Les explications qui précèdent sont déjà suffisantes pour faire voir comment, sur un système de deux plans qui se coupent suivant une inclinaison convenue, on peut représenter avec exactitude les données et les résultats de tous les problèmes qui se rapportent aux trois dimensions de l'étendue. L'esprit doit s'exercer et s'habituer à voir facilement et à combiner dans l'espace les éléments de semblables questions, au seul aspect de leurs projections et traces sur les deux plans fixes.

Toutefois, le but de la Géométrie descriptive ne serait qu'incomplétement atteint par cette première simplification, et un effort de plus est nécessaire. Il consiste à rabattre l'un des deux plans de projection autour de l'intersection commune pour l'appliquer sur l'autre. Cette opération ne change rien à la position des points et des lignes tracés sur celui des deux plans qui n'a pas bougé ; mais elle apporte sur chacune de ses moitiés les figures respectivement tracées sur les deux régions du plan rabattu. Ces figures ont donc véritablement changé de position avec le plan qui les contient, et l'esprit doit les faire revenir dans leur plan primitif, toutes les fois que l'on veut en faire usage en les rapprochant par la pensée de celles auxquelles elles correspondent dans l'espace.

C'est ainsi que peuvent s'opérer graphiquement sur un seul

plan les constructions auxquelles donnent lieu les problèmes
de Géométrie à trois dimensions. On remplace les grandeurs
de l'espace par des figures tracées sur deux plans connus qui
se coupent, et l'on rabat l'un de ces deux plans sur l'autre
pour opérer sur ce dernier, en tenant mentalement compte de
toutes les transformations que l'on a fait subir aux données.

Les difficultés inhérentes à ce travail sont loin d'être aussi
ardues qu'on pourrait le craindre au premier abord. Elles dis-
paraissent bientôt, si l'on possède familièrement la connaissance des propriétés de la Géométrie élémentaire, et notamment
de celles de la Géométrie dans l'espace.

10. Il est bon de remarquer que les projections d'un point
de l'espace ont, après le rabattement des deux plans l'un sur

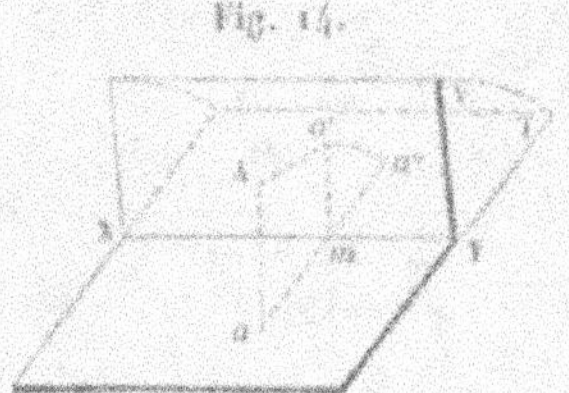

l'autre, une liaison qui constitue
un théorème d'un usage presque
continuel.

Pendant que le plan XV tourne
autour de XY, la droite $a'm$ ne
cesse pas d'être perpendiculaire à
cette ligne ; par conséquent, quand
le plan XV sera appliqué en XT, la
ligne $a'm$ sera le prolongement $a'm$ de am. Donc, après le rabattement, *les projections d'un même point de l'espace sont
toujours situées sur une perpendiculaire à l'intersection des
deux plans de projection.*

11. Quant aux projections d'une ligne droite et aux traces
d'un plan, le rabattement n'introduit à leur égard aucune particularité notable, si ce n'est que, comme il arrive d'ailleurs
aussi pour les projections d'un point, il importe de ne pas
perdre de vue celle des quatre régions des plans à laquelle
chacune d'elles peut appartenir. Toutes deux peuvent, en effet,
se trouver réunies sur la même région par rapport à l'intersection XY après le rabattement, ou demeurer séparées par
cette intersection, mais situées chacune dans celle des régions
où il est moins habituel de la trouver. Nous donnerons bientôt
un moyen aussi facile que sûr de prévenir toute méprise de
ce genre.

12. Ainsi que nous l'avons vu (6), les traces d'un plan se coupent toujours sur l'intersection des deux plans de projection, et le rabattement de ces derniers ne saurait apporter la moindre dérogation à cette règle générale. Il faut, toutefois, noter le cas dans lequel, les traces faisant, l'une à droite, l'autre à gauche, des angles égaux avec l'intersection des deux plans de projection, elles viendraient, après le rabattement, se placer l'une sur l'autre, laissant ainsi le plan représenté par une droite unique. Cette circonstance particulière ne saurait embarrasser, pourvu, nous le répétons, qu'on n'oublie pas que la droite dont il s'agit représente superposées, mais séparées par la pensée après le retour des plans de projection à leur position primitive, les traces du plan considéré.

13. Dans tout ce qui précède, nous n'avons encore fait aucune hypothèse particulière sur l'inclinaison primitive des deux plans de projection; il convient de profiter de cette indétermination pour simplifier autant que possible les études et les constructions.

Suivant l'usage établi, nous supposerons toujours ces plans rectangulaires entre eux. Pour faciliter le langage, nous considérerons l'un comme *horizontal*, quoiqu'il puisse avoir toute autre position, et l'autre comme *vertical*; leur intersection XY se nommera la *ligne de terre*.

Chaque projection, chaque trace prendra le nom du plan dans lequel elle sera située; ainsi l'on dira, suivant les cas : *projection horizontale* de tel ou tel point, de telle ou telle droite; *trace verticale* de tel ou tel plan.

14. Examinons maintenant quelques conséquences remarquables de cette nouvelle hypothèse faite sur l'inclinaison mutuelle des plans de projection.

1° *Si un point ou une ligne est situé dans l'un des plans de projection, sa projection sur l'autre plan est située sur la ligne de terre.*

Les perpendiculaires qui déterminent cette projection sont, en effet, dans le premier des deux plans, et tombent nécessairement sur l'intersection.

2° *Toute ligne située dans un plan parallèle à l'un des plans de projection se projette sur l'autre suivant une droite parallèle à la ligne de terre.*

En effet, le plan de la ligne est en même temps son plan projetant (3), et les intersections de ce plan et du premier plan de projection avec le second sont nécessairement parallèles.

3° *Si un plan est perpendiculaire à l'un des plans de projection, sa trace sur l'autre est perpendiculaire à la ligne de terre.*

Cela résulte de ce que le second plan de projection est perpendiculaire à la fois au premier et au plan donné, ainsi qu'à leur intersection ou à la trace de celui-ci. Cette dernière est donc elle-même perpendiculaire à la ligne de terre située dans les deux plans de projection.

4° *La distance d'un point de l'espace à l'un des plans de projection est égale à la distance de la ligne de terre à la projection sur l'autre plan.*

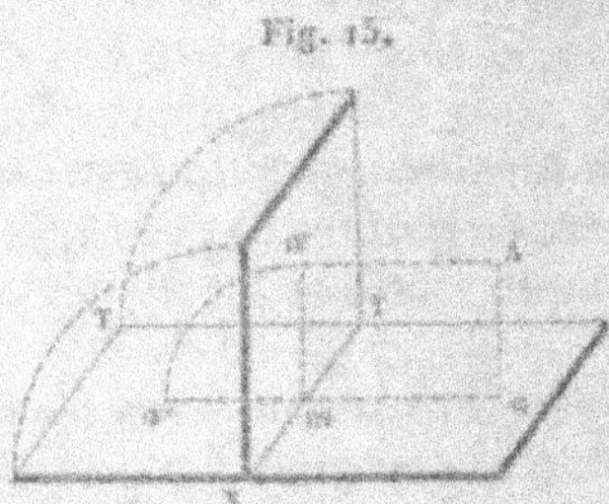

Fig. 15.

On voit en effet, sans qu'il soit besoin d'autre explication, que la figure Aama' est un rectangle dans lequel A$a = a'm = a''m$, A$a' = am$.

15. Ces importants préliminaires une fois posés et bien compris, nous allons établir, conformément au programme, les solutions de quelques problèmes relatifs à la ligne droite et au plan.

Nous rappellerons d'abord que les questions dont il s'agit ici sont des problèmes essentiellement *graphiques* (*Géom.*, 134) et réclament, par conséquent, des constructions faites avec la plus grande précision. L'ensemble d'un dessin de cette espèce porte le nom d'*épure*.

Dans une épure de Géométrie descriptive on suppose, autant que faire se peut, que toutes les constructions doivent s'opérer dans l'angle formé par la partie antérieure du plan horizontal et la partie supérieure du plan vertical. On suppose, de plus, que le plan du papier, ou de l'aire sur laquelle on opère, représente le plan horizontal, et l'on divise cette aire en deux parties à peu près égales par la ligne de terre, au-dessus de laquelle se trouvent ainsi rabattues l'une sur l'autre la région postérieure du plan horizontal et la région supérieure du plan vertical, tandis que le dessous réunit la région antérieure du plan horizontal et la région inférieure du plan vertical.

Pour éviter la confusion qui pourrait résulter de ce mélange des parties de figures appartenant à des plans différents, nous aurons soin d'attribuer aux points de l'espace les lettres de l'alphabet majuscule A, B, C, etc.; à leurs projections horizontales les lettres minuscules a, b, c, etc., et à leurs projections verticales les mêmes lettres affectées d'un accent, a', b', c', etc.

Quant au trait, nous figurerons par des lignes pleines la ligne de terre, ainsi que les données et les résultats de chaque problème; les lignes de construction seront marquées en traits pointillés, qu'on fera varier suivant les besoins et dans l'intérêt de la clarté.

Enfin, et toujours conformément à l'usage, quand une ligne principale, notamment une de celles qui représentent les données ou les résultats, sera invisible par suite de son passage derrière ou sous un plan de projection, elle sera ponctuée, c'est-à-dire tracée en points ronds.

Avec toutes ces précautions, la confection et la lecture d'une épure devient facile. Nous ne voulons cependant pas dissimuler qu'il faille au début s'y exercer attentivement, et qu'il y ait avantage à soulager l'intelligence par l'emploi des figures en relief que l'on peut aisément dresser soi-même au moyen de deux plaques de liége figurant les deux plans de projection, et sur lesquelles on fiche à volonté des bouts de fil de fer représentant les lignes diverses de chaque problème. Ce procédé, qui n'est applicable qu'aux problèmes les plus simples, cesse d'ailleurs bientôt d'être nécessaire et même utile, quand l'esprit s'est suffisamment familiarisé avec les nouvelles idées qui viennent d'être exposées.

PROBLÈMES SUR LA LIGNE DROITE ET LE PLAN.

INTERSECTION DES DROITES ET DES PLANS.

16. **Problème I.** — *Connaissant les projections d'une droite, trouver ses traces, c'est-à-dire, les points où elle perce les plans de projection.*

Soient ab et $a'b'$ les deux projections de la droite. Cherchons, par exemple, sa trace horizontale.

Ce point appartenant au plan horizontal, il se projette vertica-

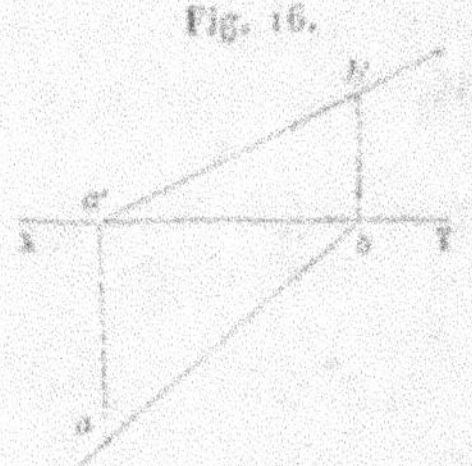
Fig. 16.

lement sur la ligne de terre. Il est sur la droite donnée, et sa projection verticale doit être aussi sur celle de cette droite; elle est donc au point a' où $a'b'$ coupe XY.

La trace horizontale cherchée a, disons-nous, sa projection verticale en a'. Sa projection horizontale, ou plutôt ce point lui-même, est nécessairement sur la projection horizontale ab de la droite et, par suite, on l'obtiendra en menant par le point a' une perpendiculaire à la ligne de terre; c'est a.

Par le même raisonnement, on verrait que la trace verticale de la droite donnée est en b', à la rencontre de la projection verticale avec la perpendiculaire menée à la ligne de terre en b.

De là cette règle générale : *L'une des traces d'une droite se trouve sur la projection correspondante, à la rencontre de la perpendiculaire élevée par le point où l'autre projection coupe la ligne de terre.*

17. Appliquée aux diverses positions que peut affecter la droite par rapport aux deux plans de projection, la règle qui vient d'être formulée conduit aux résultats suivants:

1° Dans la *fig.* 17, la droite donnée perce le plan horizontal en arrière du plan vertical. Cette circonstance fait que sa trace horizontale a est située, dans l'épure, au-dessus de la ligne de terre.

2° Dans la *fig.* 18, la droite perce le plan vertical au-dessous du plan horizontal, et la trace verticale b' se trouve, par ce motif, au-dessous de la ligne de terre.

Fig. 17.

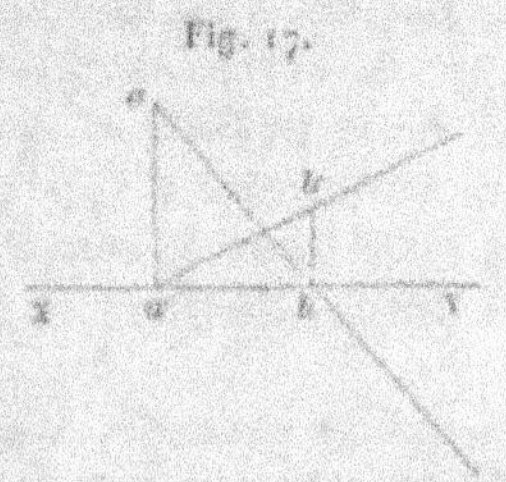

Fig. 18.

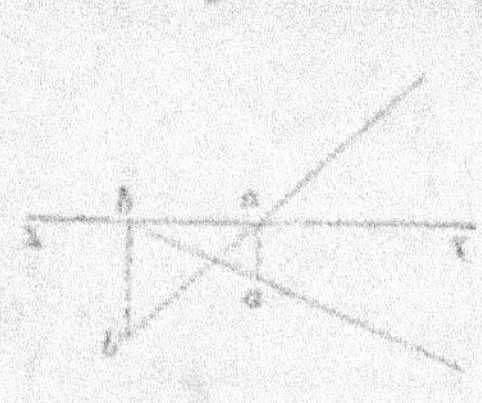

3° Dans la *fig.* 19, la droite rencontre le plan vertical au-dessous du plan horizontal, et ce dernier en arrière du plan vertical. De là la trace verticale b' au-dessous de la ligne de terre, et la trace horizontale a au-dessus de cette ligne.

Fig. 19.

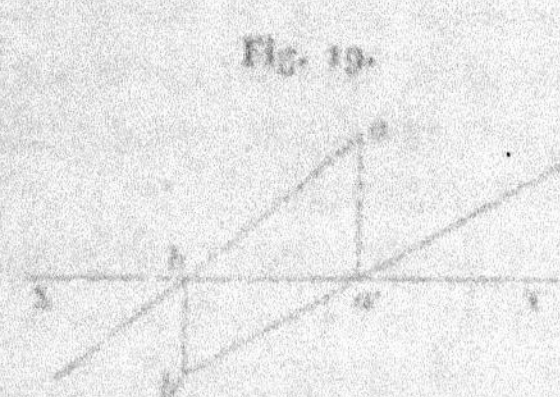

On voit ici déjà tout ce que la clarté gagne au système de notation adopté.

4° Si la droite est parallèle à l'un des plans de projection, elle n'a pas de trace sur ce plan, et cette circonstance apparaît graphiquement en ce que la projection sur l'autre plan est parallèle à la ligne de terre.

Si le parallélisme a lieu par rapport aux deux plans, la droite manque de ses deux traces à la fois. Les deux projections sont, en effet, toutes deux parallèles à la ligne de terre.

5° Examinons encore le cas où la droite est située dans un plan perpendiculaire à la ligne de terre. Les traces de ce plan (7, 1°) sont perpendiculaires à la ligne de terre et servent de projection à toutes les droites qui y sont situées, lesquelles percent par conséquent les plans de projection en des points également placés sur ces mêmes traces.

La droite donnée ne peut, du reste, être déterminée que par la connaissance des projections de deux de ses points. Soient c et c', d et d' les projections de ces deux points.

Rabattons le plan qui contient la droite en le faisant tourner autour de sa trace horizontale mc. Dans ce mouvement, chacun des points de la droite décrit une circonférence dont le plan est parallèle au plan vertical, dont le centre est le pied de la perpendiculaire abaissée sur la trace *me*, et dont le rayon est cette perpendiculaire elle-même. On voit donc que, si nous décrivons du centre *m* un arc de cercle avec *mc'* pour rayon, si nous traçons *c*C parallèle à la ligne de terre et *c"*C perpendiculaire à cette ligne, la rencontre de ces deux droites donnera le point C rabattu.

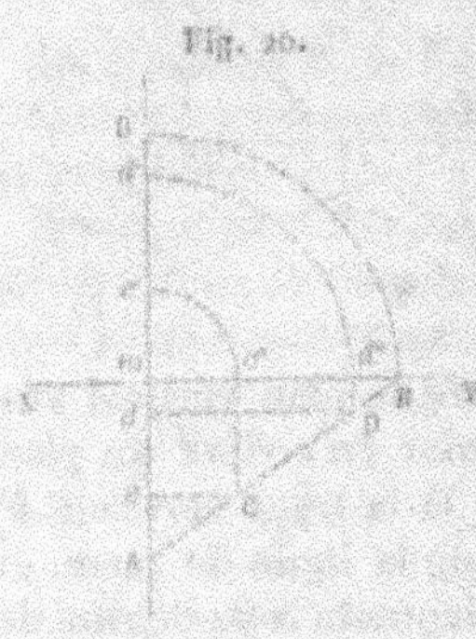
Fig. 20.

Par le même procédé, nous obtiendrons le rabattement de D, en sorte que la droite CD sera ainsi rabattue elle-même sur le plan horizontal. Elle coupe en A la trace horizontale du plan qui la contient; c'est donc en ce point qu'est sa propre trace horizontale.

Quant à la trace verticale, elle est évidemment rabattue en B, et l'arc BB' la rapporte à sa véritable position B'.

18. PROBLÈME II. — *Trouver les projections d'une droite dont les traces sont données.*

Les traces données étant deux points de la droite, il suffit (3) de réunir leurs projections correspondantes pour avoir celles de la droite elle-même.

Ainsi (*fig.* 16) on joindra les points *a* et *b* pour avoir la projection horizontale *ab*. La projection verticale sera de même *a'b'*.

Dans le dernier cas particulier du numéro précédent, on obtiendrait par le rabattement du point B la droite AB elle-même et, par ce moyen, les projections d'autant de points de cette droite qu'on le voudrait.

19. PROBLÈME III. — *Connaissant les traces de deux plans, déterminer les projections de leur intersection.*

Les traces horizontales *ma* et *na* (*fig.* 21) se coupent en *a*, et les traces verticales *mb'* et *nb'* en *b'*. Ces deux points *a* et *b', étant tous deux dans l'un et l'autre des plans donnés, sont situés sur l'intersection cherchée.

Il suffit dès lors de joindre leurs projections horizontales *a* et b pour avoir la projection horizontale de cette intersection, et leurs projections verticales a' et b' pour avoir la projection verticale de cette même ligne.

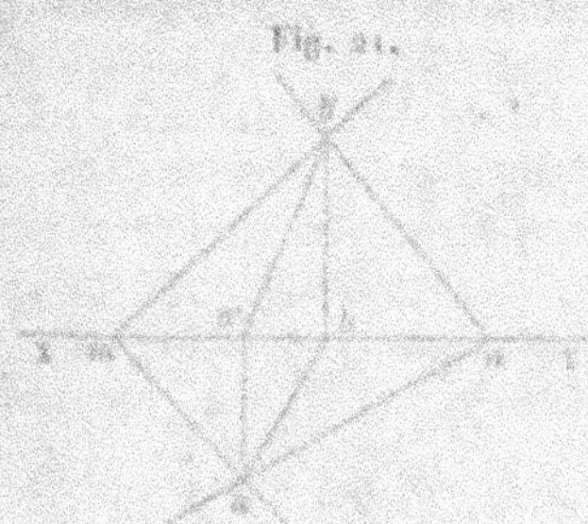

Fig. 21.

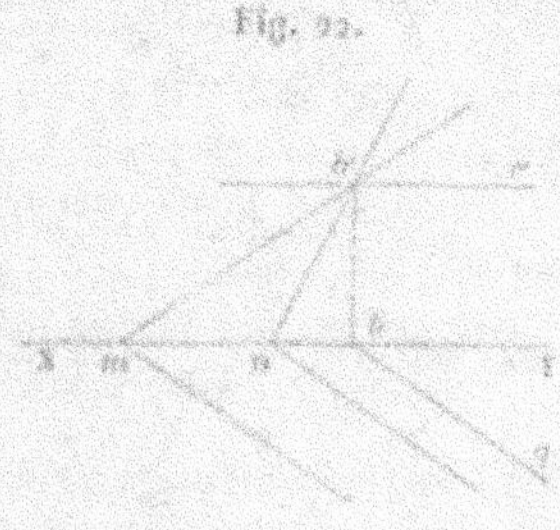

Fig. 22.

20. Quelques cas particuliers de ce problème pourraient peut-être embarrasser les commençants; nous allons passer en revue les principaux d'entre eux, pour montrer de quelle manière il convient d'approfondir les diverses questions examinées, et de se créer de nombreux sujets d'exercice.

1° *Si les traces horizontales*, par exemple, *étaient parallèles*, la construction précédente serait inexécutable; mais il faut remarquer que, dans ce cas, l'intersection des deux plans est elle-même parallèle aux deux traces horizontales et, par suite, au plan horizontal lui-même.

Il suffit donc de connaître (*fig.* 22) un point b' de cette intersection; on mène alors par la projection verticale b' de ce point une parallèle $b'c'$ à la ligne de terre, et par sa projection horizontale b une parallèle bq aux traces horizontales.

Remarque. — Si les quatre traces étaient deux à deux parallèles entre elles, les plans donnés seraient parallèles entre eux, et il n'y aurait lieu de chercher leur intersection que dans le cas où les quatre traces seraient toutes parallèles entre elles et à la ligne de terre. Nous étudierons à part cette circonstance.

2° *Quand l'un des plans donnés est parallèle à l'un des plans de projection*, au plan horizontal par exemple, l'intersection cherchée est nécessairement (*fig.* 23) parallèle à la trace horizontale mr du second plan, puisque ces deux lignes sont les intersections de deux plans parallèles par un troisième. Elle passe toujours, d'ailleurs, au point b' commun aux deux traces verticales, et il suffit de mener, par la projection horizontale b de ce point, une parallèle à la trace horizontale mr. Quant à la projection verticale de l'intersection, c'est la trace $b'p'$ elle-même.

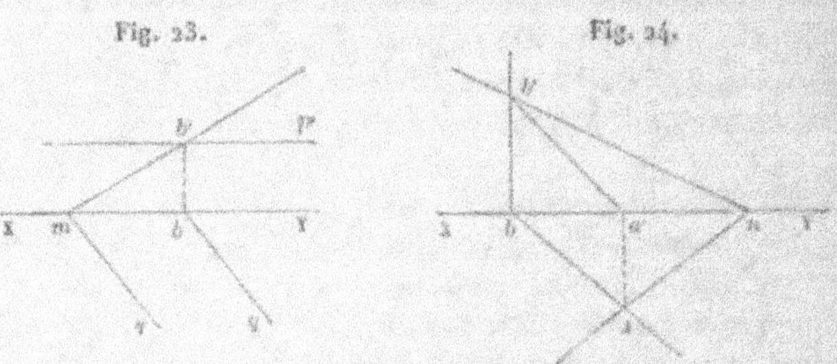

Fig. 23.   Fig. 24.

3° *Si l'un des plans donnés est perpendiculaire à l'un des plans de projection*, au plan horizontal par exemple (*fig.* 24), ce plan est nécessairement le plan projetant de l'intersection sur le plan horizontal, et sa trace ab est la projection horizontale de cette ligne. La projection verticale s'obtient, comme à l'ordinaire, en joignant les projections a' et b'.

La construction se simplifierait encore davantage si les deux plans étaient perpendiculaires l'un au plan horizontal, l'autre au plan vertical.

4° *Supposons* maintenant *que les deux plans donnés aient leurs quatre traces concourantes en un même point de la ligne de terre*, circonstance qui indique déjà que l'intersection cherchée passe en ce point.

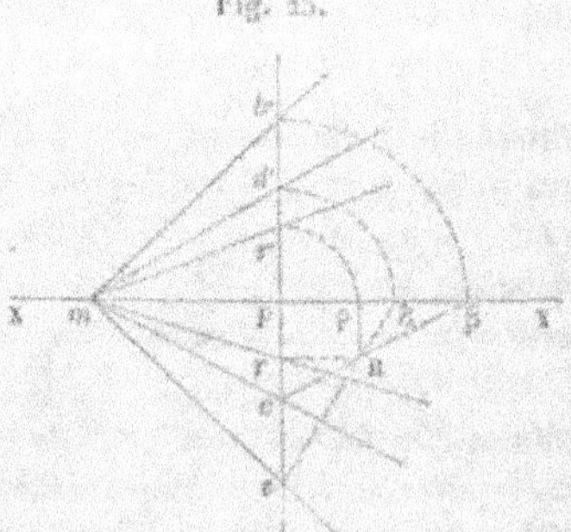

Fig. 25.

Soient mc et mb' les traces de l'un des plans, me et md' celles de l'autre.

Pour obtenir un second point de l'intersection, nous couperons tout le système par un nouveau plan epb' perpendiculaire à la ligne de terre, lequel coupera les deux plans donnés suivant deux droites dont le point de croisement appartiendra nécessairement à l'intersection de ceux-ci.

Or, le plan auxiliaire coupe le plan cmb' suivant une droite qui passe en c et en b', et qu'il est facile de rabattre (17, 5°) en $c\beta$ sur le plan horizontal. De même, l'intersection du plan auxiliaire avec le plan emd' est rabattue en $c\delta$, et le point commun à ces deux droites est aussi rabattu en R.

La projection horizontale de ce point R s'obtient évidemment en r par la perpendiculaire Rr, qui représente elle-même la distance de la projection verticale à la ligne de terre. Cette projection verticale est donc en r', et la jonction de ces projections r et r' du point R avec le point m donne les projections mr, mr' de l'intersection des deux plans donnés.

Remarque. — Si le point commun aux quatre traces s'éloignait à l'infini, *ces quatre traces seraient parallèles entre elles et à la ligne de terre*, à laquelle les deux plans donnés seraient eux-mêmes parallèles. Leur intersection serait également parallèle à la ligne de terre et aux quatre traces, et sa recherche se réduirait, comme il vient d'être dit, à celle d'un point R par les projections r et r' duquel on tracerait des parallèles à la ligne de terre.

5° *Si les traces verticales ne se rencontrent pas sur l'épure*, nous couperons le système des deux plans donnés par un autre plan cd parallèle au plan vertical.

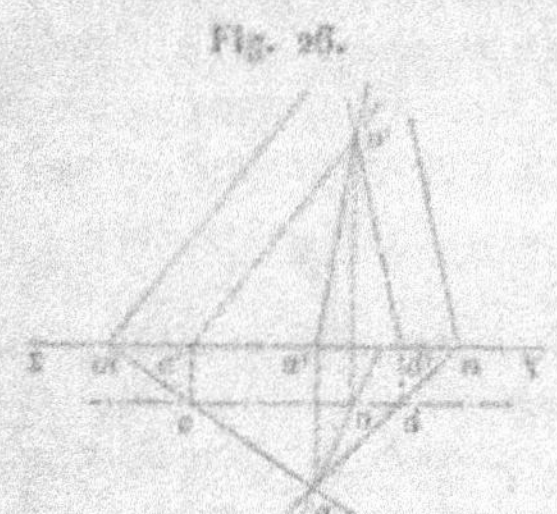
Fig. 26.

Ce nouveau plan coupera les deux premiers suivant deux droites respectivement parallèles aux traces, et dont les projections verticales $c'o'$, $d'o'$ seront elles-mêmes parallèles auxdites traces.

Le point projeté en o et o' est commun à ces deux droites, et appartient à l'intersection des deux plans, laquelle passe déjà, comme on sait, par le point projeté en a et a'.

Les droites ao, $a'o'$ seront donc les projections de l'intersection cherchée.

Remarque. — La construction précédente ayant eu pour objet de trouver un point de l'intersection, il est clair qu'il suffirait de la répéter pour en trouver un second, si les deux traces horizontales avaient également leur rencontre en dehors de l'épure.

On comprend, du reste, que ce qui a été fait pour le plan vertical peut également s'effectuer pour le plan horizontal, dans le cas où ce serait la trace horizontale de l'intersection qui ferait défaut.

6° Il peut arriver que *l'un des plans passe par la ligne de terre*, et soit déterminé par cette droite et par un point projeté en a et a'.

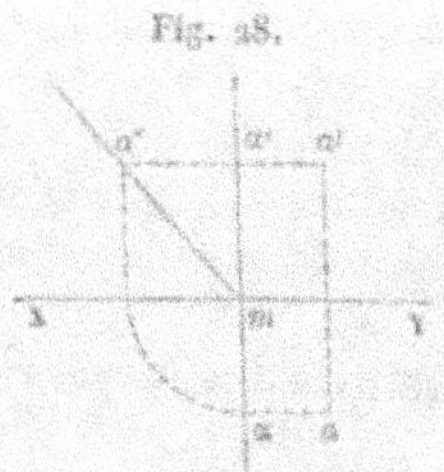

L'intersection cherchée passe d'abord en m, ce point appartenant évidemment aux deux plans.

Maintenant, coupons tout le système par un plan perpendiculaire à XY et passant par aa'; puis rabattons ce plan sur le plan vertical autour de $oa'p'$.

Avec lui se rabat, d'une part, en a'' le point donné, et sur oa'' et pr les intersections de ce plan auxiliaire avec les deux premiers. Ces deux intersections se rencontrent en b'', point commun aux trois plans et que l'on ramène aisément à ses projections b et b', par lesquelles on tire enfin mb et mb', projections de l'intersection cherchée.

Remarque. — La solution serait bien simplifiée si le plan donné, que nous avons supposé quelconque, était lui-même perpendiculaire à XY; car alors il suffirait d'y projeter en a et a' le point donné, et de rabattre ensuite ce point en a'' pour avoir un point de l'intersection cherchée qui, d'ailleurs, passe déjà par le point m.

7° Comme dernier cas particulier, nous examinerons encore celui dans lequel (12) chacun des deux plans donnés est tellement situé par rapport aux deux plans de projection, que *le rabattement a pour effet de superposer ses deux traces en une seule ligne droite.*

Les deux droites *mb′* et *nb′*, qui représentent alors les quatre

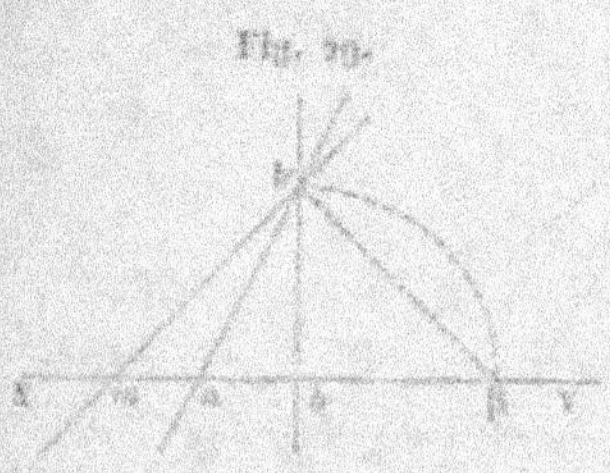

traces des deux plans donnés, se coupent en un seul et même point *b′* qui représente ainsi, superposés par le rabattement, le point commun aux deux traces verticales et le point commun aux deux traces horizontales, ce dernier appartenant à la partie postérieure du plan horizontal.

La trace verticale de l'intersection des deux plans est *b′* projeté horizontalement en *b*, et sa trace horizontale est également ment *b′* projeté verticalement sur le même point *b*. Cette intersection est donc tout entière contenue dans le plan *bb′* perpendiculaire à la ligne de terre, et elle fait avec chacun des deux plans de projection un angle de 45 degrés, puisqu'elle est l'hypoténuse d'un triangle rectangle dont les deux autres côtés sont égaux à *bb′*.

Un quart de cercle donnerait la longueur *b′b* de cette intersection entre ses traces verticale et horizontale.

24. PROBLÈME IV. — *Connaissant les traces de trois plans, déterminer les projections de leur point d'intersection.*

La solution de ce problème est fort simple; elle consiste naturellement à établir l'intersection de deux des trois plans donnés, puis celle d'un autre couple de ces plans. Le point où ces deux intersections se coupent est précisément celui qui est commun aux trois plans.

Nous ne détaillerons pas cette construction que le lecteur a déjà saisie par ce que nous venons de dire, et que l'examen de l'épure ci-après met suffisamment en lumière.

Nous nous bornerons à exposer que deux vérifications précieuses sont offertes. La première consiste en ce que les projections verticales et horizontales des deux intersections de plans doivent se couper respectivement en deux points *o* et *o′* qui, si la construction est exacte, se trouvent sur une même perpendiculaire à la ligne de terre, puisqu'ils appartiennent au même point O de l'espace. On ferait la seconde vérification en cherchant l'intersection du troisième couple des plans don-

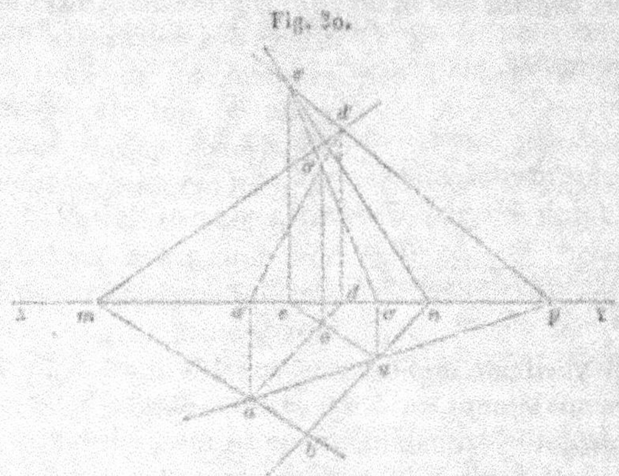

nés; cette intersection doit évidemment passer aussi par le point O, et ses projections par les points o et o'. Cette construction complémentaire n'est pas représentée sur la figure, afin de ne pas nuire à sa clarté.

Remarque. — Le lecteur fera bien de traiter lui-même, et c'est un exercice aussi facile qu'il est avantageux, les cas relatifs aux diverses positions que peuvent prendre les plans; aucun embarras sérieux ne saurait arrêter les commençants, puisque le problème est toujours réduit à déterminer l'intersection de deux plans, problème qu'à dessein nous avons étudié d'une manière assez complète. Nous signalons en passant le cas où, l'un des plans étant quelconque, le second serait parallèle à la ligne de terre, et le troisième horizontal; celui qui correspond à trois plans ayant leurs trois traces verticales parallèles entre elles; enfin, le cas où, l'un des plans étant horizontal, le second a ses deux traces en ligne droite, et le troisième passe par la ligne de terre et par un point donné.

22. Problème V. — *Déterminer le point d'intersection d'une droite et d'un plan donnés.*

La construction générale consiste à faire passer un plan quelconque par la droite donnée, et à chercher l'intersection de ce plan avec celui qui est donné; le point où cette intersection coupe la droite donnée est le point cherché.

Afin de simplifier le plus possible la construction, nous

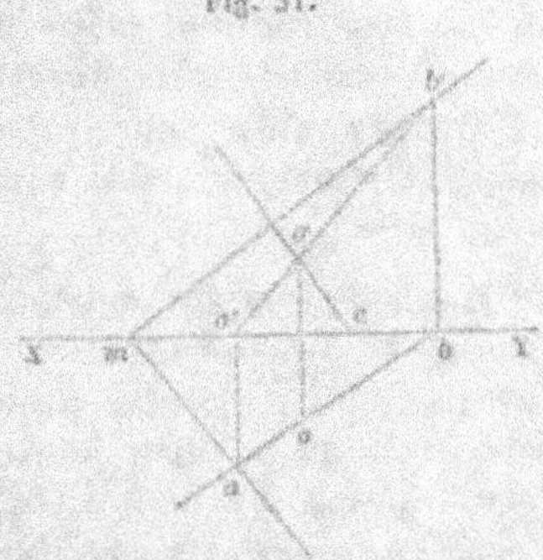

Fig. 31.

choisirons pour plan auxiliaire celui qui projette la droite donnée sur l'un des plans de projection, sur le plan horizontal par exemple.

Le plan donné étant amb', et la droite donnée ayant pour projections ab et co', le plan auxiliaire sera abb'. Son intersection avec le premier est projetée horizontalement en ab, et verticalement en $a'b'$. Cette intersection coupe la droite donnée au point projeté en o et o' : c'est le point cherché.

Remarque. — Comme vérification, on pourra refaire cette construction en se servant, pour plan auxiliaire, de l'autre plan projetant de la droite donnée, et l'on devra retomber sur le même point O.

Nous engageons, du reste, le lecteur à multiplier les exercices et, dans le problème qui nous occupe, à faire aussi l'épure en prenant pour plan auxiliaire un plan quelconque mené par la droite donnée. Aucune difficulté ne pourra embarrasser, quand nous aurons dit que toute droite située dans un plan a nécessairement ses traces sur les traces du plan. On aura, d'après cela, les traces d'un plan passant par la droite donnée, en faisant passer par les traces de cette droite deux droites qui se coupent sur la ligne de terre.

23. Les cas particuliers que présente ce problème sont nombreux; nous nous bornerons à remarquer celui dans lequel la droite donnée est perpendiculaire à l'un des plans de projection, au plan horizontal par exemple. Cette droite (*fig.* 32) a pour projection le point o, qui est aussi celle du point d'intersection cherché, et sa projection verticale est la perpendiculaire np' à la ligne de terre. Le plan quelconque mené par la droite sera vertical, et sa trace horizontale passera par le point *o*;

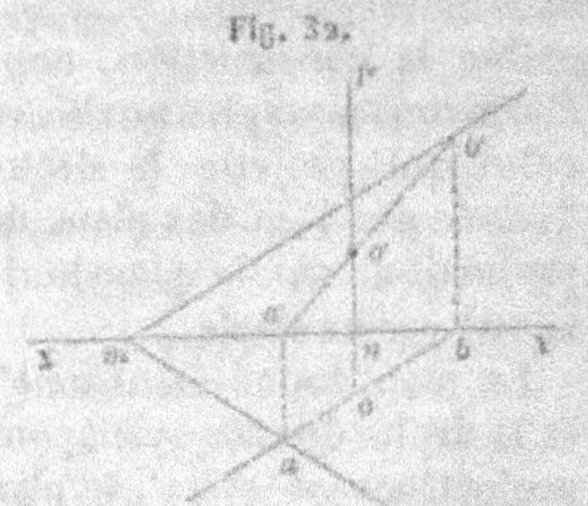

Fig. 32.

soient *ob* cette trace, et *bb'* la trace verticale du même plan.

La construction achevée, comme dans le cas général, donne le point *o'* pour projection verticale du point cherché.

Remarque. — On peut considérer le point *o* comme étant la projection horizontale d'un point situé dans le plan donné *amb'*, lequel point n'est autre chose que l'intersection de ce plan avec la verticale *op'*. Cette construction sert donc aussi à résoudre ce problème : *Étant donnée l'une des projections d'un point situé dans un plan, trouver l'autre projection de ce point.*

Dans ce dernier cas, il est généralement plus commode de prendre la droite auxiliaire parallèle à la trace horizontale *am* du plan donné.

DROITES ET PLANS DÉTERMINÉS PAR DIVERSES CONDITIONS.

24. PROBLÈME VI. — *Les projections de deux points étant données, trouver celles de la droite qui les unit, et la vraie grandeur de cette ligne entre ces deux points.*

Soient *a* et *a'*, *b* et *b'* les projections des deux points donnés; ils ont évidemment leurs projections sur celles de la droite qu'ils déterminent, et ces projections sont par conséquent *ab* et *a'b'*.

Pour avoir la vraie distance AB des deux points donnés, il faut considérer que cette distance est le côté supérieur d'un trapèze rectangulaire dont le côté inférieur est *ab*, les deux derniers étant les droites projetantes *a'z* et *b'β*. Nous pouvons donc faire pivoter ce trapèze autour de son côté vertical projeté en *a*, jusqu'à ce que son plan soit devenu parallèle au plan vertical. Sa base est alors en *ab'*, et il se projette en vraie grandeur sur le plan vertical en *m z a'b'''*. Il suffit, pour le construire, de rapporter la base ab' sur la ligne de terre en αm, et d'élever en m une perpendiculaire égale à $\beta b'$; le côté $a'b''$ qui en résulte est la grandeur cherchée.

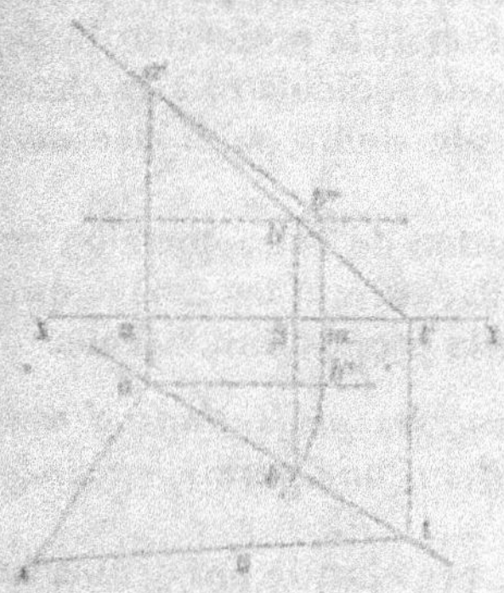

Il était plus simple encore de rabattre le trapèze ABba autour de sa base ab sur le plan horizontal, où sa construction était facile avec les éléments indiqués. Cette méthode, qui peut servir de vérification à la première, se vérifie elle-même par cette considération que, avant comme après son rabattement, la droite AB ne doit pas cesser de passer par sa trace horizontale t.

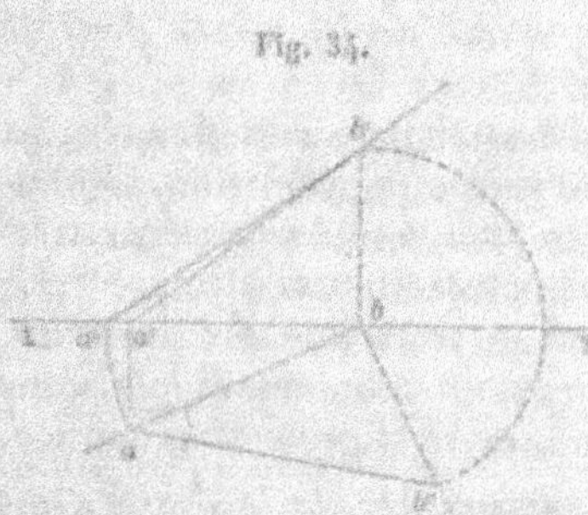

Fig. 33.

Corollaire. — Si les deux points donnés étaient situés l'un dans le plan vertical, l'autre dans le plan horizontal, les constructions ci-dessus se simplifieraient notablement, puisque le trapèze considéré se réduirait à un triangle rectangle, comme il est indiqué dans la figure ci-contre.

On résout ainsi le problème qui a pour objet de *trouver la longueur de la portion d'une droite comprise entre les deux plans de projection.*

Fig. 34.

Remarque. — Il est à peine utile d'avertir que les constructions que nous venons de faire sur le plan horizontal peuvent également s'exécuter sur le plan vertical.

25. La réciproque du problème VI aurait pour objet de *déterminer, sur une droite donnée, un point distant d'une longueur donnée à partir d'un point donné.*

Pour la résoudre, on rabattrait comme précédemment la

droite proposée sur le plan horizontal, en la faisant tourner avec son plan projetant autour de sa projection; à partir du point assigné, on prendrait la longueur donnée; puis, en relevant la droite rabattue, on déterminerait la projection horizontale du point cherché par une perpendiculaire à la charnière, et enfin la projection verticale dudit point par une perpendiculaire à la ligne de terre.

Il est clair, d'ailleurs, que la solution de cette question se modifie sans difficulté dans les détails, suivant les modes que nous avons présentés pour résoudre la proposition directe.

26. PROBLÈME VII. — *Connaissant les projections d'une droite et d'un point, déterminer celles d'une parallèle menée à cette droite par ce point.*

Il suffit (3, Coroll. III) de mener, par chaque projection du point, une parallèle à la projection correspondante de la droite.

27. PROBLÈME VIII. — *Les traces d'un plan étant données, ainsi que l'une des projections d'une droite située dans ce plan, trouver l'autre projection.*

Supposons que la projection horizontale soit donnée, et imaginons un plan vertical mené par cette projection. L'intersection de ce plan vertical avec le plan donné sera nécessairement la droite dont on cherche la projection verticale.

Le problème est ainsi ramené au troisième cas du n° 20. Nous y renverrons donc, en avertissant simplement que, dans la *fig.* 24, *amb'* est le plan donné, et *ab* la projection donnée.

Remarque. — *Si la projection assignée de la droite était parallèle à la trace horizontale du plan donné;* c'est-à-dire, si la droite cherchée était elle-même parallèle au plan horizontal (*Géom.*, 182), on déterminerait, comme ci-dessus, sa trace verticale, par laquelle on mènerait une parallèle à la ligne de terre.

28. PROBLÈME IX. — *Par un point donné, mener un plan parallèle à un plan donné.*

D'abord, les traces du plan cherché seront parallèles à celles du plan donné (6, *Rem.* II). Essayons de les déterminer complétement en trouvant un point de chacune d'elles.

La solution générale consiste à mener dans le plan donné une droite quelconque, et par le point donné une parallèle à cette droite. Cette parallèle sera tout entière dans le plan cherché, et ses traces seront des points des traces du plan, lesquelles seront dès lors entièrement déterminées.

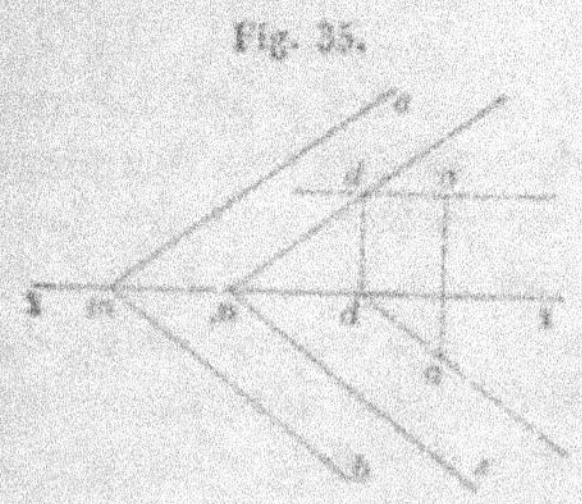
Fig. 35.

Pour simplifier autant que possible, prenons pour droite auxiliaire située dans le plan donné la trace horizontale bm de ce plan, et menons par le plan donné (a, a') une parallèle à cette ligne. Les projections de cette parallèle (26) seront ad parallèle à bm, et $a'd'$ parallèle à XY; sa trace verticale est d'; c'est aussi un point de celle du plan cherché.

Nous tirerons donc par le point d' la parallèle $d'n$ à cm, et par le point n la parallèle ne à bm; ce sont les traces du plan cherché.

Remarque. — On aurait pu prendre également pour droite auxiliaire la trace verticale du plan donné, et l'on aurait ainsi déterminé un point de la trace horizontale du plan cherché. Si ces deux constructions avaient été opérées simultanément, les deux traces parallèles menées par les deux points obtenus eussent dû, pour vérification, concourir sur la ligne de terre.

29. PROBLÈME X. — *Trouver les traces d'un plan qui passe par trois points donnés.*

La solution consiste à mener des droites par les points donnés, pris deux à deux, et à déterminer les traces de ces droites. Ces traces sont autant de points des traces du plan cherché.

On obtient ainsi trois points de chacune des deux traces du plan, et ces deux traces doivent de plus concourir sur la ligne de terre. Cette construction (*fig.* 36) offre donc de nombreuses et faciles vérifications, sans lesquelles on pourrait se contenter, dans la pratique, de trouver deux points de l'une des traces et un seul point de l'autre qui serait déterminée par la rencontre de la première sur la ligne de terre.

COROLLAIRE. — Les trois points donnés peuvent être consi-

dérés comme les sommets d'un triangle ABC dont on possède
ainsi les deux projections *abc* et *a'b'c'*, avec les traces du plan
dans lequel il est situé.

Remarque. — Si la droite qui unit deux des points donnés
est parallèle à l'un des plans
de projection, ou à ces deux
plans à la fois, il faudra se
servir des autres côtés du
triangle pour déterminer les
traces du plan cherché; à
moins qu'on ne se sou-
vienne que, dans le premier
de ces deux cas particuliers,
l'une des traces sera parallèle à la projection correspondante de la droite en
question, et que, dans le
second, les traces seront
toutes deux parallèles à la ligne de terre.

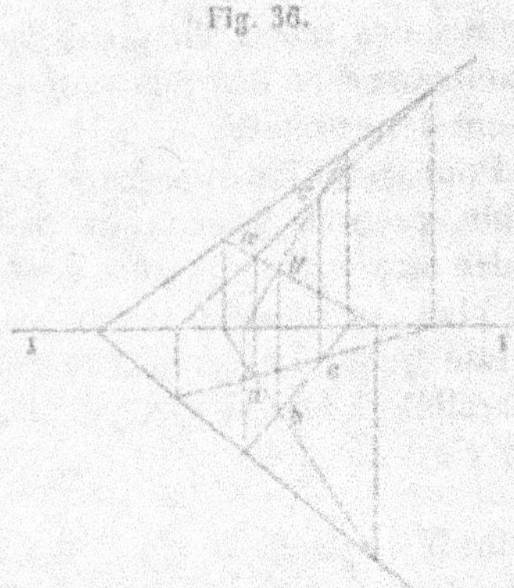

Fig. 36.

30. Problème XI. — *Déterminer par leurs projections : 1° la
vraie grandeur, 2° les trois hauteurs, 3° les trois médianes,
4° les trois bissectrices ; en un mot tous les éléments, quels
qu'ils soient, d'un triangle donné par ses projections.*

On commencera par déterminer, comme l'a indiqué le problème précédent, les traces du plan dans lequel est situé le
triangle; puis, on effectuera le rabattement des trois sommets
dans le plan horizontal, par exemple, autour de la trace située
sur ce plan.

Une fois le triangle rabattu en vraie figure sur le plan horizontal, on y tracera telles lignes que l'on voudra, parmi celles
qui sont demandées, hauteurs, médianes, bissectrices, perpendiculaires aux milieux des côtés, cercle inscrit et circonscrit, etc., et l'on redressera le plan avec ces nouveaux éléments, auxquels on assignera leurs projections par le procédé
inverse du rabattement.

Nous laisserons au lecteur le soin de s'exercer sur ce sujet fé-
cond, nous bornant à lui donner quelques indications générales.

Ainsi, pour rabattre sur le plan horizontal un point situé

dans un plan, il suffit d'abaisser de sa projection horizontale a une perpendiculaire ar sur la trace mr du plan, et de prolonger cette perpendiculaire au delà de la trace d'une quantité rA égale à l'hypoténuse ra' d'un triangle ara'', dont les deux côtés de l'angle droit sont respectivement égaux à ar et $a'a$.

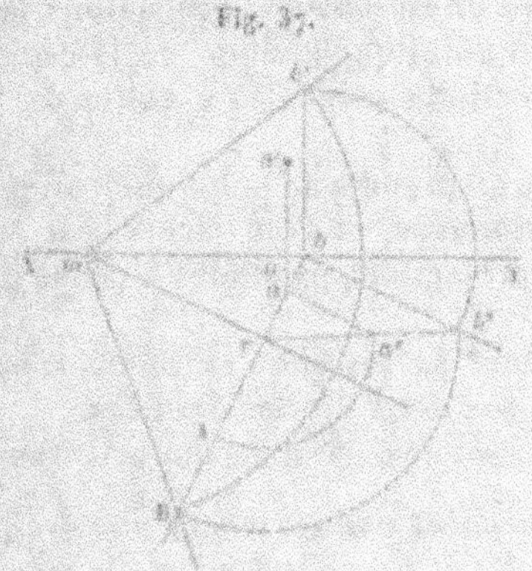

Fig. 37.

En rabattant ainsi le point b' de la trace verticale du plan, on obtient en mB ladite trace sur le plan horizontal. Ce rabattement se fait, du reste, identiquement comme celui d'un point quelconque, avec cette vérification que la longueur mb' doit être égale à son rabattement mB, ce que justifierait au besoin l'arc de cercle $b'B$ dont le centre serait m et le rayon mb'.

Quant à l'opération inverse du rabattement, laquelle consiste à retrouver les projections d'un point dont le rabattement A est donné, on voit de suite qu'elle se bornera à tracer la perpendiculaire Ab à la charnière; à reconstruire le triangle rbb' par la perpendiculaire bb' et l'arc de cercle Bb'; à rapporter le point A en a'' par l'arc Aa'', et à projeter a'' en a sur Ab pour obtenir la projection horizontale cherchée. La projection verticale sera sur la perpendiculaire ao à XY, et au-dessus de cette ligne à une hauteur égale à aa''.

31. Le problème qui donne le moyen de faire passer un plan par trois points permet de résoudre immédiatement ceux qui ont pour objet de *faire passer un plan :*

1° *Par deux droites concourantes ou parallèles ;*

2° *Par un point et une droite donnés ;*

3° *Par une droite donnée, et parallèlement à une autre droite donnée ;*

4° *Par un point donné, et parallèlement à une droite donnée.*

Nous avons, en effet, résolu ce problème en nous procurant les traces de deux droites situées dans le plan cherché. Cette condition est remplie d'elle-même dans le premier de ceux que nous venons d'énoncer.

Dans le second, on l'obtient en traçant des projections par celles du point donné et d'un point quelconque de la droite donnée, ou même des projections parallèles à celles de la droite donnée.

Pour le troisième problème, on prendra un point quelconque sur la première des droites données, et l'on tracera, par les projections de ce point, des projections parallèles à celles de la seconde droite.

Enfin, le quatrième problème se résoudra en menant par le point donné des parallèles aux deux droites données.

Nous laissons ces solutions comme exercices pour le lecteur.

32. Problème XII. — *Par un point donné, mener une droite qui coupe deux droites données et non situées dans le même plan.*

On construira les traces d'un premier plan passant par le point donné et par l'une des deux droites données; on déterminera de même les traces d'un autre plan contenant encore le point donné et la seconde droite. L'intersection de ces deux plans sera la droite qui répond à la question.

Il est facile de simplifier cette solution en se contentant du premier des deux plans ci-dessus, cherchant son intersection avec la seconde droite, et joignant cette intersection au point

Fig. 38.

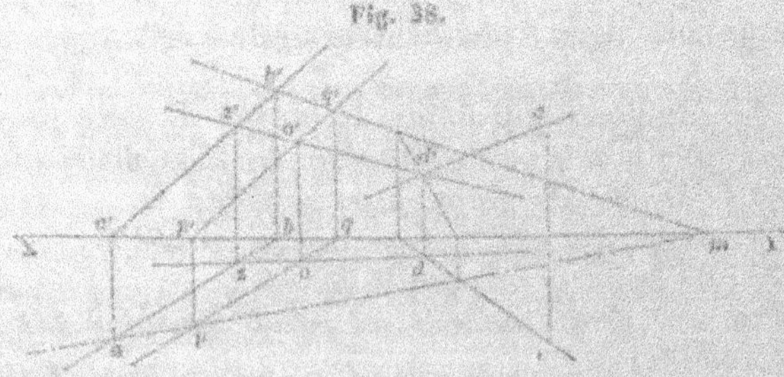

donné. C'est ainsi que (31, 2°) par le point donné (o, o') nous menons à la droite donnée $(ab, a'b')$ une parallèle $(pq, p'q')$

dont les traces p et q' déterminent, avec celles a et b' de la première, les traces apm, $b'q'm$ du plan en question.

Nous obtiendrons ensuite par le procédé du n° 22 l'intersection (d, d') de ce plan avec la seconde droite $(dc, d'c')$; puis enfin nous joindrons cette intersection au point donné (o, o'), par la droite $(do, d'o')$ qui ira rencontrer la première droite au point (z, z').

Il importe de ne pas négliger les vérifications de détail que comporte chacune de ces deux constructions. Il est aisé de voir par exemple que, dans celle que nous venons d'exposer, la droite $(do, d'o')$ doit effectivement rencontrer la droite $(ab, a'b')$; c'est-à-dire que les deux points z et z' doivent se trouver sur une même perpendiculaire à la ligne de terre, comme étant les deux projections du point de rencontre.

33. PROBLÈME XIII. — *Trouver une droite parallèle à une droite donnée, et qui rencontre deux autres droites données et non situées dans le même plan.*

Par l'une $(ab, a'b')$ des deux dernières droites nous ferons

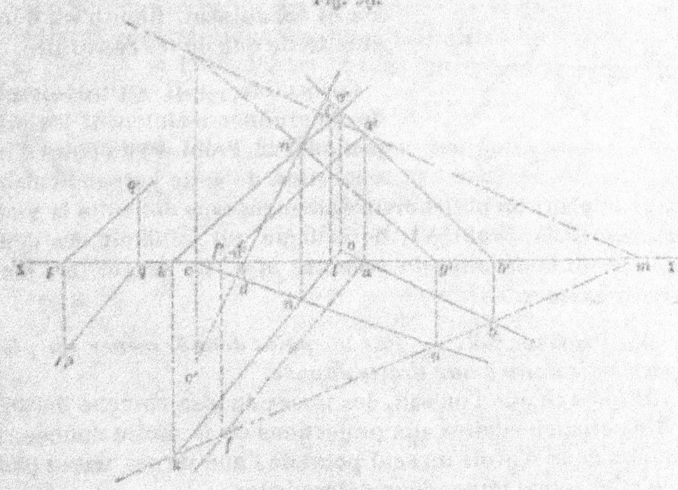

Fig. 39.

passer (31, 3°) un plan $a'mb$ parallèle à la première $(pq, p'q')$. Ce plan coupera la seconde droite $(ed, e'd')$ en un point (n, n')

par lequel nous mènerons une parallèle (nk, $n'k'$) à la direction donnée, et cette parallèle sera évidemment la droite demandée.

On doit, en effet, vérifier que cette parallèle a bien ses traces k et l' sur les traces du plan $a'md$, et que ses projections se rencontrent avec celles de la première droite en des points o et o' qui sont sur une même perpendiculaire à la ligne de terre.

Remarque. — Si les trois droites données étaient parallèles à un même plan, la droite (cd, $c'd'$) serait parallèle elle-même au plan $a'md$, et le problème serait impossible.

DROITES ET PLANS PERPENDICULAIRES.

34. **Problème XIV.** — *Construire une droite passant par un point donné et perpendiculaire à un plan donné.*

Les projections de la perpendiculaire doivent passer par

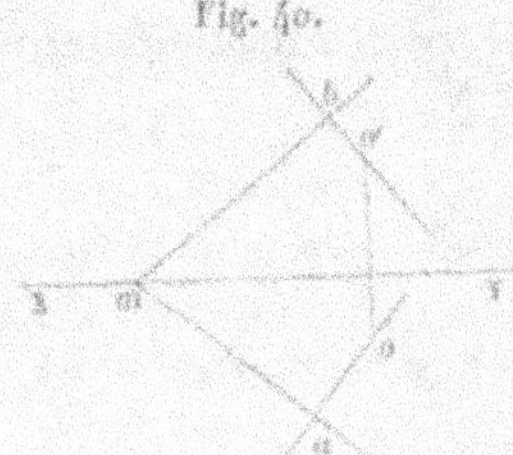

celles du point donné (o, o'); elles doivent être, de plus, respectivement perpendiculaires (8) aux traces am et bm du plan. Rien n'est donc plus facile que de les construire.

Corollaire. — Il est très-simple de déterminer maintenant les projections (22, Probl. V) du point d'intersection de cette perpendiculaire avec le plan; on obtiendrait également sans difficulté la vraie grandeur (24, Probl. VI) de la ligne qui joindrait ces deux points, ou la *distance du point au plan.* Le lecteur fera bien de s'y exercer.

35. **Problème XV.** — *Par un point donné, mener un plan perpendiculaire à une droite donnée.*

D'après ce que l'on sait, les traces du plan cherché doivent être perpendiculaires aux projections de la droite donnée. Il suffira donc d'avoir un seul point de l'une de ces traces pour qu'elles soient toutes deux déterminées.

Or, puisque nous connaissons la direction des traces du plan cherché, nous pouvons imaginer, par le point donné

(o, o'), une parallèle à la trace horizontale. La projection hori-

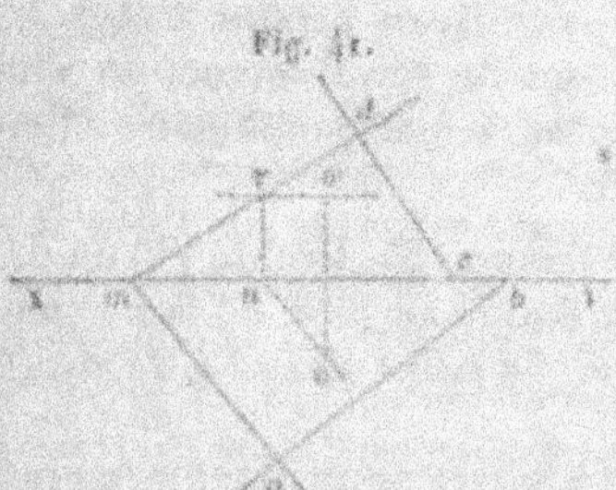

Fig. 41.

zontale de cette parallèle sera, comme la trace cherchée elle-même, perpendiculaire à la projection ab de la droite donnée; de plus, sa projection verticale sera parallèle à la ligne de terre, et sa trace r sera un point de la trace du plan cherché, puisque cette droite sera nécessairement comprise dans ce plan, comme parallèle à une droite ma qui y est située tout entière.

Nous mènerons donc par ce point r la trace rd perpendiculaire à cd; puis nous tirerons ma perpendiculaire à ab, et nous aurons ainsi les deux traces du plan demandé.

Remarque. — On serait parvenu au même résultat par une construction qui diffère un peu de la précédente. On aurait pu mener, par un point quelconque de la ligne de terre, deux traces perpendiculaires aux projections de la droite donnée. Ces traces eussent été celles d'un plan parallèle à celui que l'on cherche, et le Problème IX (28) eût donné le moyen de construire ce dernier.

36. PROBLÈME XVI. — *Mener, par un point donné, une droite perpendiculaire à une droite donnée.*

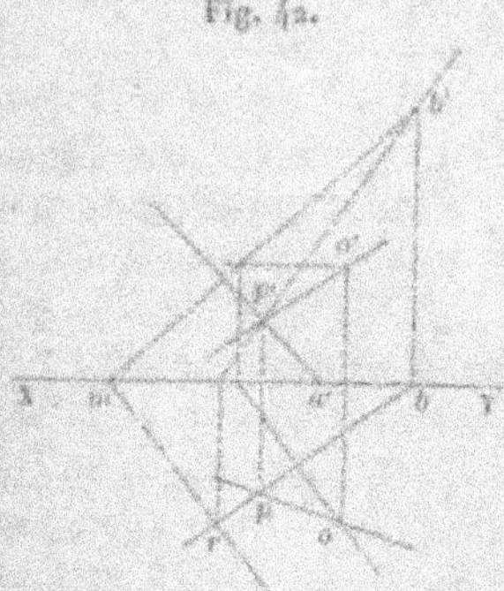

Fig. 42.

Pour résoudre ce problème, nous mènerons par le point donné un plan perpendiculaire à la droite donnée (35, Probl. XV); puis nous déterminerons l'intersection de ce plan avec la droite (22, Probl. V); enfin, nous ferons passer par cette intersection et le point donné une droite qui sera la perpendiculaire demandée.

Sans entrer dans les détails inutiles à répéter de cette épure, nous dirons que, dans la figure ci-contre, le point donné est projeté en *o* et *o′*, et la droite donnée en *bp* et *a′p′*. Le plan auxiliaire a pour traces les droites *mr* et *mb′*, et les projections de son intersection avec la droite donnée sont *p* et *p′*. Enfin, la perpendiculaire cherchée a pour projections *op* et *o′p′*.

CorollAIRE. — Par le procédé connu (24, Probl. VI) on déterminerait la distance du point donné au pied de la perpendiculaire, c'est-à-dire *la distance du point donné à la droite donnée*.

Telle est également la marche à suivre pour obtenir la *vraie distance de deux droites parallèles*, puisqu'il suffit de mesurer la distance d'un point quelconque de l'une d'elles à l'autre.

On pourra, comme exercice, résoudre aussi cette question en déterminant les traces du plan des parallèles, et en rabattant ensuite ces deux droites sur le plan horizontal (30), pour y mesurer directement leur distance par une perpendiculaire commune.

37. Problème XVII. — *Par une droite donnée, mener un plan perpendiculaire à un plan donné.*

On abaissera, d'un point quelconque (*o*, *o′*) de la droite

Fig. 43.

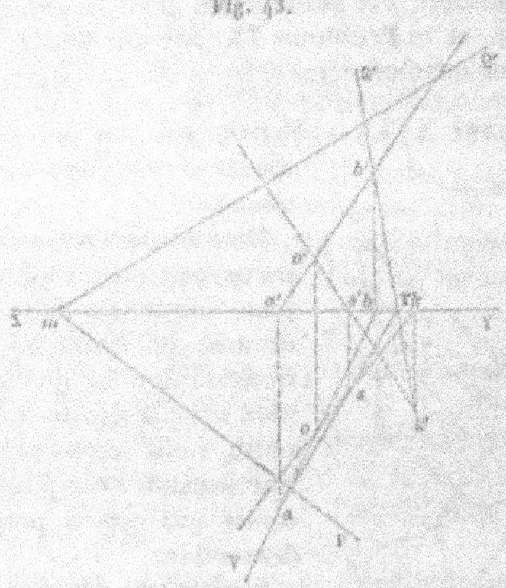

donnée (*ab*, *a′b′*), une perpendiculaire (*ok*, *o′k′*) sur le plan donné PmQ' (34, Probl. XIV). Cette perpendiculaire et la droite donnée seront dans le plan cherché VTR', que l'on déterminera comme on l'a indiqué plus haut (31).

28. Problème XVIII. — *Par un point donné, faire passer un plan perpendiculaire à deux plans donnés.*

Il suffit de chercher l'intersection des deux plans donnés et d'abaisser du point donné un plan perpendiculaire sur cette intersection. Ces questions ont été séparément résolues aux n° 19 et 35, et nous laisserons au lecteur le soin de s'exercer à dessiner cette épure, dans les divers cas que nous avons examinés pour l'intersection de deux plans.

30. Problème XIX. — *Deux droites étant données dans l'espace, déterminer leur plus courte distance.*

Nous avons montré (*Géom.*, 192) comment la plus courte distance de deux droites était leur perpendiculaire commune, et rien n'est plus simple que d'appliquer la méthode des projections à cette recherche. On est conduit à la série d'opérations suivante :

AB et CD étant les deux droites données, il faut :

Fig. 44.

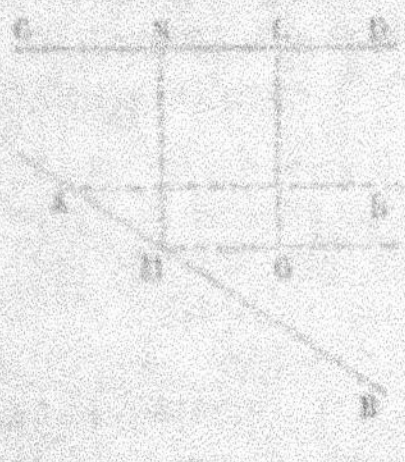

1° *Mener par AB un plan parallèle à CD* (31, 3°).

2° *Abaisser d'un point quelconque L de CD une perpendiculaire sur ce plan* (34, Probl. XIV).

3° *Mener par le pied G de cette perpendiculaire une parallèle GM à CD* (26, Probl. VII).

4° *Par le point M où cette parallèle coupe AB, mener une droite MN parallèle à LG.*

5° *Déterminer la vraie grandeur de la portion de cette droite comprise entre le point M et le point N où elle rencontre CD* (24, Probl. VI).

La figure ci-après montre que, (ab, $a'b'$) et (cd, $c'd'$) étant les deux droites données, nous avons mené par un point (a, a') de la première une parallèle (ab, $a'b'$) à la seconde, et que ces deux dernières ont, par leurs traces k, b et a', déterminé le plan bQa'.

D'un point quelconque (l, l') de la seconde droite, nous avons abaissé une perpendiculaire (lg, $l'g'$) sur ce plan, qu'elle rencontre en (g, g').

Fig. 45.

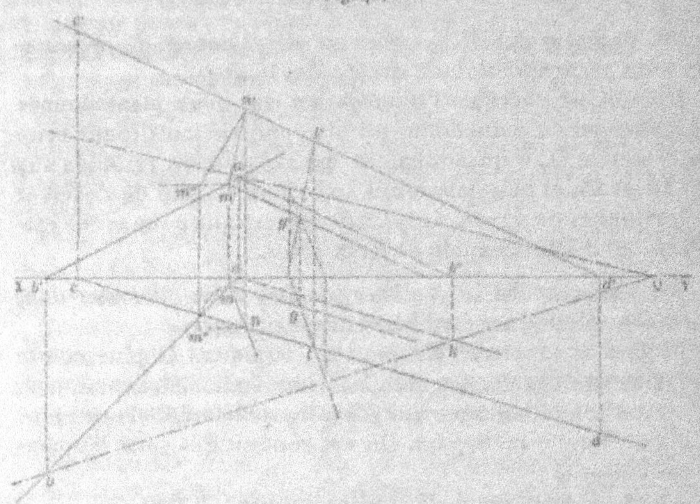

Par ce dernier point, menant une parallèle (gm, $g'm'$) à la droite (cd, $c'd'$), nous avons obtenu le point de rencontre (m, m') par lequel nous avons tracé (mn, $m'n'$) parallèlement à (lg, $l'g'$).

Enfin, par le procédé connu, nous avons déterminé la vraie longueur $m''n'$ comprise entre les points (m, m') et (n, n'): c'est la plus courte distance cherchée.

Remarque I. — C'est uniquement dans le but de simplifier la figure que nous avons choisi la trace verticale (a, a') de la droite (ab, $a'b'$) pour mener la parallèle (ak, $a'k'$), au lieu de prendre un point quelconque de cette ligne.

Remarque II. — On voit que, si l'on ne demandait que la longueur de la plus courte distance, sans avoir égard à sa position dans l'espace, il suffirait de trouver la vraie longueur de LG, qui est égale à MN.

40. Il est aisé de vérifier que la droite MN serait obtenue également, si elle était considérée comme l'intersection de deux plans perpendiculaires au plan BAK (*fig.* 44), menés l'un

par la droite AB, l'autre par la droite CD. De là résulte une *seconde solution* qui a l'avantage d'être symétrique par rapport à chacune des deux droites et qui consiste :

1° *A déterminer, par un point quelconque, un plan parallèle à la fois aux deux droites données* (31, 4°);

2° *A conduire par chacune de ces dernières un plan perpendiculaire à celui-ci* (37, Probl. XVII);

3° *A trouver l'intersection de ces deux plans* (19, Probl. III), *et à mesurer cette intersection entre les deux droites données* (24, Probl. VI).

41. On puiserait les éléments d'une troisième solution dans cette considération que, la perpendiculaire commune aux deux droites étant évidemment contenue dans deux plans respectivement perpendiculaires à ces deux lignes, elle est parallèle à l'intersection de deux plans quelconques, que l'on mènerait sous la seule condition d'être perpendiculaires, l'un à la première droite, l'autre à la seconde. Il faudrait donc :

1° *Mener arbitrairement un plan perpendiculaire à* AB *et un autre perpendiculaire à* CD, *et construire l'intersection de ces deux plans.*

2° *Déterminer une droite parallèle à cette intersection et rencontrant* AB *et* CD (33, Probl. XIII).

Cette parallèle, limitée aux deux droites données, serait la plus courte distance cherchée.

42. Nous ne donnerons pas ici les épures relatives à ces deux suites de constructions partielles que nous avons toutes étudiées séparément. Le lecteur fera bien de les exécuter dans les diverses positions que peuvent présenter les deux droites par rapport aux plans de projection; nous nous bornerons à recommander à ses investigations le cas particulier où les deux droites seraient horizontales, celui où l'une d'elles serait verticale, et enfin le cas où l'une des droites considérées ne serait autre que la ligne de terre.

ANGLES FORMÉS PAR DES DROITES ET DES PLANS.

43. Problème XX. — *Déterminer les angles que fait une droite avec les deux plans de projection.*

L'inclinaison d'une droite sur un plan se mesure par

l'angle que fait cette droite avec sa projection sur ce plan, et rien n'est plus facile que de construire cet angle.

On voit en effet, en se reportant à la *fig.* 34, que la droite AB, dont les projections sont *ab* et *a′ b′*, forme dans l'espace l'hypoténuse commune à deux triangles rectangles, dont les sommets opposés sont respectivement les points *a′* et *b* sur la ligne de terre.

Ces deux triangles renferment, l'un en *a* l'angle de la droite avec le plan horizontal, l'autre en *b′* l'angle de cette droite avec le plan vertical. Il suffit donc de rabattre ces figures sur les plans de projections pour les y avoir en vraie grandeur.

Dans la figure ci-dessus rappelée, le triangle *abb″* n'est autre que le triangle *abb′* rabattu autour de sa base *ab*, et l'angle *bab″* est l'angle de la droite donnée avec le plan horizontal.

On aurait de même l'angle avec le plan vertical en rabattant le triangle *aa′ b′* autour de *a′ b′*.

Remarque. — On aurait également pu rabattre le triangle *abb′* autour du côté *bb′* sur le plan vertical en *a″ b′ b*, et l'angle *ba″ b′* eût été l'angle de la droite avec le plan horizontal. Un rabattement analogue du triangle *aa′ b′* autour du côté *aa′* dans le plan horizontal donnerait l'angle avec le plan vertical.

44. PROBLÈME XXI. — *Déterminer les angles que fait un plan avec les deux plans de projection, et l'angle que font entre elles ses deux traces.*

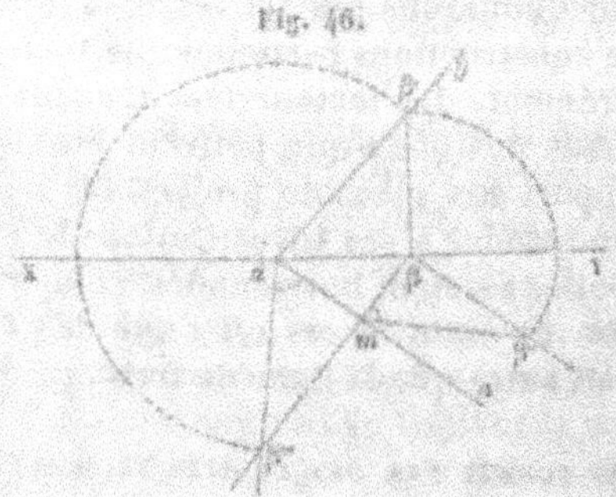

Fig. 46.

Soit *a α b′* le plan donné. Pour construire l'angle qu'il forme avec le plan horizontal, on mène un plan perpendiculaire quelconque à la trace horizontale; ce plan, qui détermine l'angle cherché, a pour trace horizontale $m\beta$, et pour trace verticale $\beta\beta'$. L'angle cherché fait alors partie d'un triangle rectangle $m\beta\beta'$ que l'on ramène en $m\beta\beta''$; cet angle est $\beta m\beta''$.

On ferait la même opération par rapport au plan vertical.

Quant à l'angle des deux traces entre elles, on l'obtient (30, Probl. XI) par le rabattement du triangle rectangle $m\alpha\beta'$ autour de son côté $m\alpha$. Ce triangle vient en $m\alpha\beta''$, et l'angle cherché est $m\alpha\beta''$.

45. **Problème XXII.** — *Construire l'angle de deux droites données par leurs projections.*

Si les deux droites données ne se coupaient pas, ce dont on serait averti parce que le point de rencontre de leurs projections verticales et celui de leurs projections horizontales ne seraient pas sur une même perpendiculaire à la ligne de terre, on mènerait des parallèles à ces droites par un point quelconque, et l'angle formé par ces parallèles mesurerait ce que, dans ce cas, l'on est convenu d'appeler l'angle des deux droites données.

Sous cette réserve, nous n'avons donc à chercher ici que l'angle de deux droites qui se coupent.

Cela posé, soient ab et $a'b'$, bc et $b'c'$ les projections de deux

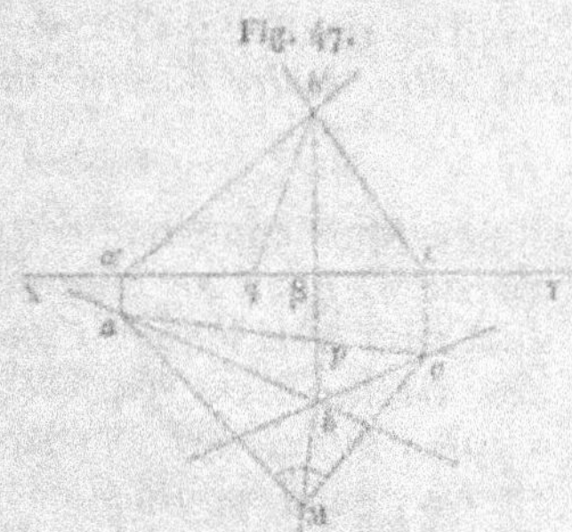

Fig. 47.

droites qui se coupent au point (b, b'), et dont les traces horizontales sont respectivement a et c.

L'angle cherché est évidemment l'angle au sommet d'un triangle dont l'un des côtés est ac, et dont le sommet opposé est le point B, projeté en b et b'. Il faut construire ce triangle, soit en déterminant chacun de ses deux côtés Ba et Bc, soit en le rabattant lui-même autour de sa base dans le plan horizontal.

Le premier moyen est connu, puisque nous savons trouver (24) la vraie grandeur d'une ligne droite limitée par deux points; nous emploierons ici le second. Pour cela, nous mènerons bp perpendiculaire à la base ac du triangle Bac; ce sera nécessairement la trace horizontale du plan projetant de la hauteur Bp de ce triangle, et cette hauteur se rabattra, par suite, sur la direction bp, quand on rabattra le triangle lui-même. Il reste à savoir en quel point M tombera sur bp le sommet B.

Or cette hauteur est la distance des deux points (b, b') et p; rien n'est donc encore plus facile que de la déterminer. Il suffit, du reste, de remarquer quelle est, dans l'espace, l'hypoténuse d'un triangle rectangle Bbp, dont l'un des côtés Bb est égal à $b'\beta$ et dont l'autre est bp. Nous prendrons alors sur la ligne de terre βq égal à bp, et l'hypoténuse $b'q$ du triangle $b'\beta q$ sera égale à la hauteur Bp cherchée que nous porterons de p en M. Ainsi sera obtenu le rabattement M du sommet B du triangle Bac, dont l'angle aMc est l'angle cherché des deux droites données.

COROLLAIRE. — Si l'on demandait de *diviser en parties égales, ou dans des rapports quelconques, l'angle formé par deux droites qui se coupent*, on opérerait cette division après avoir rabattu cet angle sur le plan horizontal; puis on relèverait le système, en observant que les points où les lignes de division vont couper la trace horizontale ac du plan des droites données restent immobiles pendant le mouvement de rotation.

On opérerait de même s'il s'agissait de *tracer dans un plan donné une droite faisant avec une autre droite donnée un angle déterminé.*

46. Parmi les divers cas particuliers que comporte cette question, nous ne citerons que celui dans lequel, *l'une des droites étant parallèle au plan horizontal*, le triangle bac, qui s'appuie sur les deux traces, ne peut plus se former. Mais la trace du plan des deux droites est alors parallèle à la droite en question et à sa projection, et rien n'empêche de rabattre encore la droite Bp. Par son extrémité rabattue M on mènera

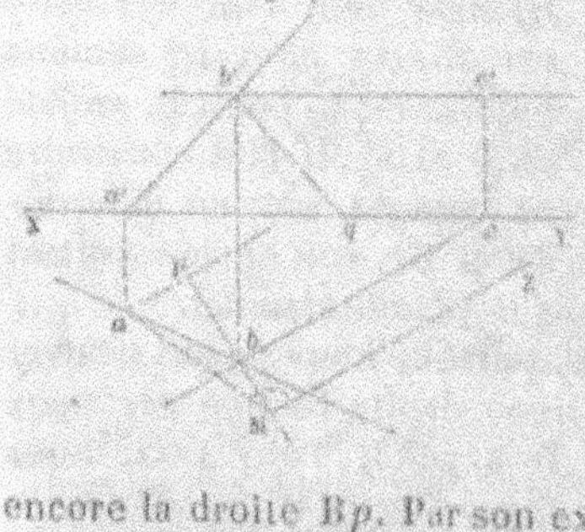

Fig. 48.

du côté convenable une parallèle MZ à la droite horizontale, et l'angle cherché sera encore obtenu en *a*MZ.

47. Problème XXIII. *Construire l'angle d'une droite et d'un plan.*

On sait que, si d'un point quelconque de la droite on abaisse une perpendiculaire sur le plan, l'angle de ces deux droites sera le complément de l'angle cherché.

La question se trouve ainsi ramenée à la précédente, puisqu'il suffira de déterminer les projections d'une perpendiculaire au plan donné, et de construire l'angle que fait cette perpendiculaire avec la droite donnée. Nous ne nous y arrêterons pas.

48. Problème XXIV. — *Construire l'angle de deux plans.*

Cette question peut encore être ramenée à celle du problème XXII. En effet si, d'un point quelconque pris dans l'angle des deux plans donnés, on abaisse des perpendiculaires sur ces plans, l'angle de ces perpendiculaires sera (*Géom.*, 197) le supplément de celui des deux plans.

On donne, toutefois, au problème actuel une solution directe que nous allons rapporter. Elle consiste à couper les deux plans donnés par un troisième plan perpendiculaire à leur intersection, suivant deux droites qui font entre elles l'angle demandé. Pour déterminer cet angle, nous rabattrons encore son plan sur l'un des plans de projection.

Soient *axb'*, *aβb'* les deux plans donnés dont l'intersection est projetée horizontalement (19) sur *ab*. Si nous coupons cette intersection par un plan qui lui soit perpendiculaire, la trace horizontale *mn* de ce plan sera perpendiculaire (8) à la projection *ab*, et les intersections dudit plan avec les deux premiers, c'est-à-dire les côtés de l'angle cherché, seront deux droites partant respectivement des points *m* et *n*, et allant se couper en un point O de l'intersection, à laquelle elles sont perpendiculaires. En d'autres termes, l'angle cherché se trouve au sommet d'un triangle dont la base est *mn*, et que nous allons construire dans le plan horizontal.

D'abord le plan vertical *abb'*, qui contient le sommet O, est perpendiculaire à *mn*, et la droite qui joint le point *p* au point O est, par suite, elle-même perpendiculaire à *mn*; c'est

la hauteur Op du triangle, et il nous reste à trouver la vraie
longueur de cette ligne.

Fig. 49.

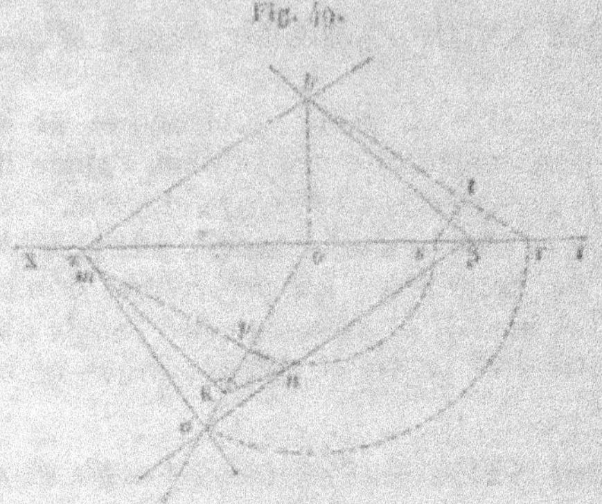

Or, puisque le plan du triangle est perpendiculaire à
l'intersection des plans donnés, la hauteur est elle-même
perpendiculaire à cette intersection. Si donc on fait tourner
le plan abb' qui contient l'intersection et la hauteur autour
de sa trace verticale bb' jusqu'à ce qu'il coïncide avec le plan
vertical de projection, les points a et p décriront des arcs de
cercle autour du centre b et, l'intersection venant en $b'r$, la
hauteur sera la perpendiculaire st abaissée du point s sur $b'r$.

Enfin nous porterons la longueur st sur pK; le triangle mOn
sera construit en mKn, et l'angle cherché sera l'angle mKn.

Remarque. — On pourrait également déterminer le triangle
mKn en rabattant l'intersection des deux plans donnés autour
de chacune des traces horizontales de ces plans, et en abaissant des points m et n sur ces rabattements des perpendiculaires qui ne seraient respectivement autre chose que les
côtés mK et Kn rabattus. Au moyen de ces côtés et de la base
mn, le triangle mKn se construirait ensuite sans difficulté.

Cette seconde solution peut au moins servir de vérification
à la première, et réciproquement.

49. Il pourrait arriver que *les traces des deux plans donnés
fussent parallèles entre elles sur l'un des plans de projection,*
sur le plan horizontal par exemple.

On sait que, dans ce cas particulier, l'intersection est horizontale et que, de plus, sa projection horizontale *br* est parallèle aux traces des deux plans.

Or, si l'on mène un plan vertical *b′bm* perpendiculaire à

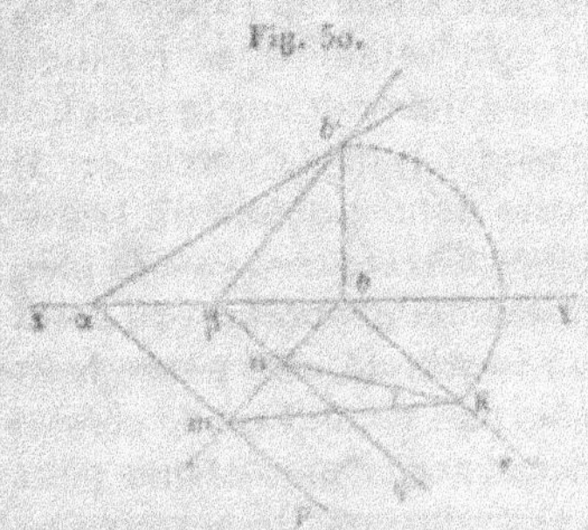

Fig. 50.

cette intersection, il coupera les plans donnés suivant deux droites qui formeront avec *mn* un triangle ayant pour sommet le point *b′* et pour hauteur *bb′*.

Nous n'aurons donc qu'à rabattre ce triangle autour de sa base *mn*, et à prendre *b*K égal à *bb′* pour avoir l'angle *m*K*n* cherché.

50. *Si les quatre traces étaient à la fois parallèles entre elles et à la ligne de terre,* auquel cas leur intersection serait également

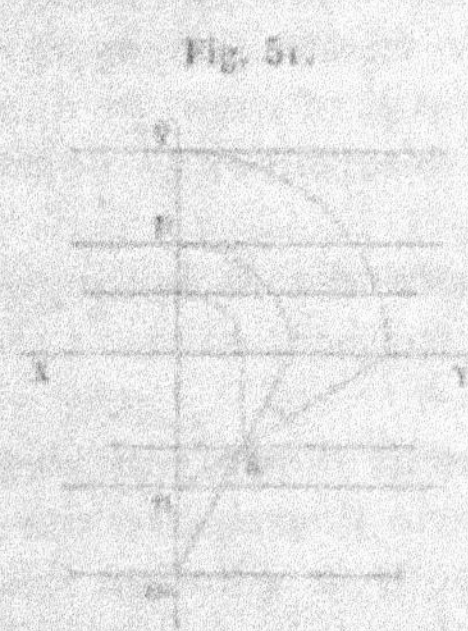

Fig. 51.

parallèle à XY, on aurait l'angle des deux plans en rabattant sur le plan horizontal la section du système par un plan perpendiculaire à la ligne de terre. Cette construction, que nous avons déjà indiquée (20, 4°, Rem.) pour trouver l'intersection des deux plans, fournit en même temps leur angle *m*K*n*.

En général, le lecteur fera bien de construire l'angle de deux plans dans chacun des cas particuliers que nous avons examinés (20) pour déterminer les projections de leur intersection.

51. Problème XXV. — *Réduire à l'horizon l'angle de deux droites.*

Pour réduire un angle à l'horizon, c'est-à-dire pour déterminer la projection de cet angle sur un plan horizontal, il faut connaître, outre l'angle lui-même, ceux que forment ses deux côtés avec la verticale passant par le sommet.

Supposons donc que le plan projetant de l'un des côtés de l'angle se confonde avec notre plan vertical de projection, et

soit, dans ce plan, A le sommet de l'angle dont A*p* est l'un des
côtés. Le second côté, s'il était ramené dans le plan vertical,

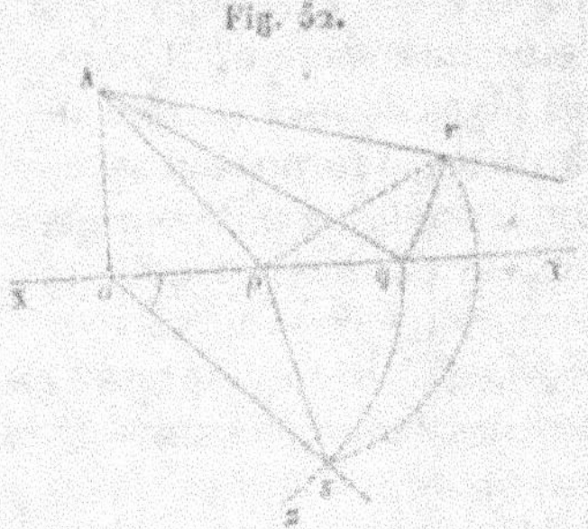

Fig. 52.

serait A*q* déterminé par la
connaissance de l'angle *o*A*q*,
et son retour à sa position
réelle tracerait sur le plan horizontal l'arc de cercle *qz*. Il
reste donc à connaître la distance qui sépare, dans le plan
horizontal, le point *p* du point
où le second côté perce ledit
plan : un second arc de cercle,
décrit avec cette distance pour
rayon et le point *p* pour centre, rencontrerait le premier au
point cherché.

Or, cette distance est évidemment la base d'un triangle dont
les côtés sont égaux à A*p* et A*q*, comprenant entre eux l'angle
donné. Nous construirons ce triangle en faisant l'angle *p*A*r*
égal à l'angle donné, en prenant A*r* égal à A*q*, et tirant *pr* que
nous rabattrons ensuite par un arc pour déterminer le point
cherché *s*.

La droite *os* est donc la projection du second côté de l'angle
donné, et cet angle lui-même est projeté sur *pos*.

82. Les diverses questions qui viennent d'être étudiées
dans cette première partie de la Géométrie descriptive renferment tous les éléments nécessaires pour la solution des
problèmes dans lesquels on n'aura à combiner entre eux que
des lignes droites et des plans. On comprend par exemple que,
si les projections de tous les sommets d'un polyèdre étaient
données, il serait facile de déterminer la position et la longueur
de chacune de ses arêtes, l'inclinaison de chaque face sur les
deux plans de projection, ou l'angle de deux faces entre elles;
de construire par la méthode du rabattement et en vraie
grandeur le polygone qui forme une face quelconque; de
trouver même en projection, aussi bien que dans ses vraies
dimensions, la section que produirait dans le polyèdre un
plan donné de position.

Inversement, si le polyèdre était défini par d'autres conditions en nombre suffisant (*Géom.*, 228) pour le déterminer, on en conclurait ses projections, et nous engageons le lecteur à rompre son esprit à des constructions de cette nature, s'il veut retirer tout le fruit possible des précédentes études, et rendre exemptes de toutes difficultés les applications de cette science.

RÉSOLUTION DE L'ANGLE TRIÈDRE.

53. Nous terminerons nos développements sur la Géométrie descriptive par un problème intéressant qui consiste à *résoudre un angle trièdre, quand on connaît trois de ses six éléments*, savoir :

    1° *Les trois faces ;*

ou 2° *deux faces et le dièdre compris entre elles ;*

ou 3° *deux faces et le dièdre opposé à l'une d'elles ;*

ou 4° *les trois dièdres ;*

ou 5° *deux dièdres et la face commune à ces dièdres :*

ou 6° *deux dièdres et la face opposée à l'un d'eux.*

Or, par la propriété des trièdres supplémentaires (*Géom.*, 206), les trois derniers cas se ramènent immédiatement aux trois premiers, puisque les éléments inconnus d'un trièdre sont respectivement les suppléments de ceux d'un autre trièdre dont les éléments opposés ne sont autres que les suppléments de ceux qui sont donnés dans le premier.

Nous n'aurons donc à considérer ici que les trois premières questions.

54. PROBLÈME XXVI. — *Étant données les trois faces d'un angle trièdre, déterminer ses trois angles dièdres.*

Comme condition indispensable pour que le problème soit possible, nous rappellerons d'abord (*Géom.*, 204) que les trois angles donnés doivent faire une somme moindre que quatre droits, et que le plus grand d'entre eux doit être plus petit que la somme des deux autres.

Ce point acquis, soit BSC l'une des faces données, et supposons les deux autres faces rabattues en BSA' et BSA'' sur le plan de la première, les points M' et M'' étant les rabattements d'un même point M de l'arête SA et se trouvant, par suite, également éloignés du sommet S.

Dans le mouvement de rotation, chacun des points M′ et M″ s'est tenu dans un plan perpendiculaire à sa charnière, en

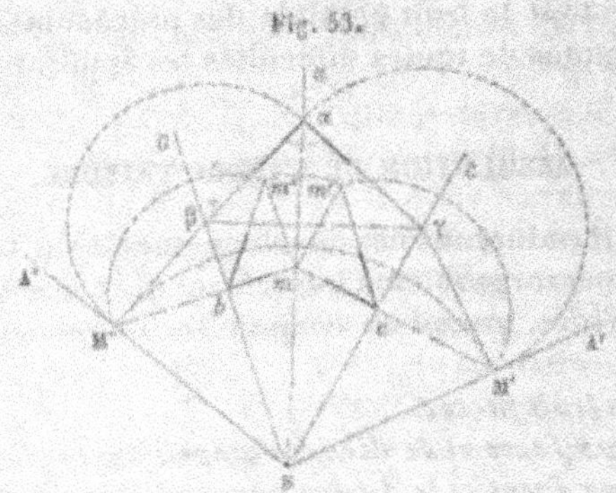

Fig. 53.

sorte que le point M de l'espace est nécessairement situé sur l'intersection de ces deux plans, laquelle est perpendiculaire au plan BSC et a son pied en *m*, à la rencontre des deux traces M′*c* et M″*b*. Enfin l'arête SA est, par suite, projetée sur la droite S*m*.

D'un autre côté, le plan M′*c*, perpendiculaire à l'arête SC, coupe les deux faces suivant deux droites qui, avec l'intersection verticale M*m*, déterminent un triangle rectangle, et l'angle aigu à la base de ce triangle est précisément celui qui mesure le dièdre SC.

Rabattons donc ledit triangle autour de sa base *mc*; élevons en *m* une perpendiculaire à cette base et, par un arc de cercle, portons *c*M′ en *cm*′; l'angle *mcm*′ sera celui que nous cherchons.

Une opération identiquement pareille donnera l'angle *mbm*″ qui mesure le dièdre SB, et nous aurons à vérifier si les droites *mm*′, *mm*″, qui sont toutes deux un rabattement de M*m*, ont bien dans la construction des longueurs égales.

Il reste à trouver le troisième dièdre. Dans ce but, menons par le même point M un plan perpendiculaire à l'arête SA; il coupera les deux faces ASB, ASC suivant deux droites perpendiculaires à ladite arête et comprenant entre elles l'angle cherché. Or, après le rabattement des deux faces, ces deux droites

seront encore perpendiculaires à SA″ et SA′, et les points β
et γ, qui n'ont pas changé de position, déterminent la trace βγ
du plan dont il s'agit. Nous avons donc à construire un triangle sur la base βγ et avec les côtés M″β et M′γ; c'est le triangle αβγ, dont l'angle α est celui que nous voulions obtenir.

Remarque I. — Le plan sécant que nous avons conduit par
le point M, perpendiculairement à l'arête SA, a nécessairement (8) sa trace βγ perpendiculaire à la projection Sα de
cette arête. De plus, le triangle Mβγ rabattu en αβγ a dû conserver son sommet constamment dans le plan vertical Sα, et
le point α doit, par conséquent, se trouver après le rabattement sur la projection Sα.

C'est là une nouvelle vérification qu'il ne faut pas négliger.

Remarque II. — Le problème résolu (51) sous le nom de
réduction d'un angle à l'horizon n'est, comme on s'en est
aperçu, qu'un cas particulier de celui-ci, puisque nous avons
dû considérer dans la *fig.* 52 un trièdre dont nous connaissions les trois faces OA*p*, OA*q* et *p*A*q*, pour déterminer
l'angle *poq* qui mesure le dièdre OA. Seulement, la condition
d'avoir une arête *o*A verticale a permis de donner à la figure
une disposition plus commode.

53. PROBLÈME XXVII. — *Étant données deux faces d'un
trièdre, avec l'angle dièdre compris entre ces faces, déterminer la troisième face et les deux autres dièdres.*

Soient, dans la *fig.* 53, BSC et CSA′ les deux faces données
et rabattues dans le même plan, à la suite l'une de l'autre.
Nous pourrons former, comme pour le problème précédent,
le triangle rectangle *mcm′*, dans lequel l'angle *mcm′* est précisément l'angle dièdre donné, et *cm′* égal à *c*M′. Abaissant
donc du point *m′* la perpendiculaire *m′m* sur *c*M′, nous aurons le point *m*, duquel nous abaisserons également une autre
perpendiculaire *mb* sur l'arête SB.

La rencontre de cette dernière perpendiculaire *mb* avec
l'arc de cercle de rayon SM′ déterminera le point M″ qui appartient au rabattement de la troisième arête SA, et la face
BSA″ ou BSA sera obtenue.

La construction s'achèverait ensuite comme plus haut, pour
déterminer les deux dièdres non encore connus.

56. Problème XXVIII. — *Étant données deux faces d'un trièdre, avec l'angle dièdre opposé à l'une d'elles, déterminer la troisième face et les deux autres dièdres.*

Soient encore BSC et CSA' les deux faces données et rabattues dans le même plan. Construisons au point *b* quelconque

Fig. 54.

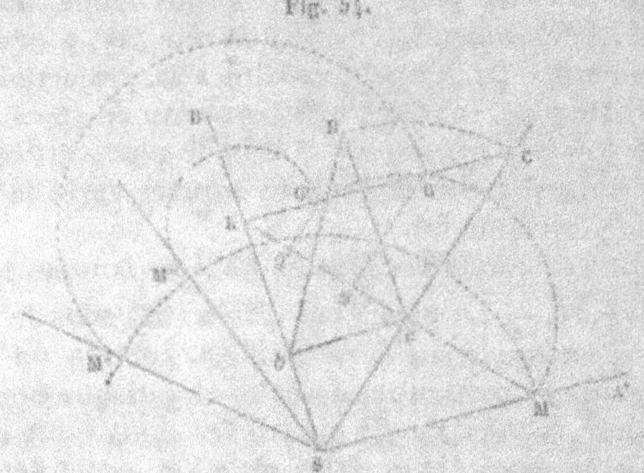

de SB, dans un plan *bc* perpendiculaire à SB, l'angle *cb*R égal à l'angle dièdre donné, lequel doit être opposé à la face CSA, et se trouve pour le moment rabattu sur le plan commun des deux faces données.

Si nous supposons cet angle *cb*R redressé, la face cherchée sera dirigée suivant le plan des deux droites SB et *b*R; pour former le trièdre, il restera seulement à redresser aussi la face CSA', jusqu'à ce que l'arête SA' vienne rencontrer le plan B*b*R et s'y placer. C'est cette position qu'il s'agit de déterminer pour fixer la grandeur de la face inconnue.

Menons à cet effet un plan perpendiculaire à SC par le point *c*. Le point M' de l'arête rabattue SA' ne sortira pas de ce plan, et s'arrêtera précisément sur l'intersection du plan vertical M'*c* avec le plan indéfini B*b*R, laquelle part du point K et rencontre la verticale *c* au même point que la droite *b*R relevée.

Nous trouverons donc ce point en tirant *c*R perpendiculaire à *cb*, et rapportant à *c*C la hauteur *c*R; CK sera alors l'intersection dont il s'agit, et c'est quelque part sur cette droite que s'arrêtera le point M' de l'arête relevée SA'.

Cela posé, le tout étant encore rabattu, si nous décrivons avec le rayon eM' un arc de cercle qui coupe KC, nous obtiendrons rabattu en G un point de la troisième arête SA, avec sa projection en g.

Or ce point n'est autre chose que celui qui est déjà rabattu en M'. Considéré comme appartenant aussi à la face cherchée, il se rabattra également de l'autre côté de BSC, en un point situé à une distance de S égale à SM', et à une distance de K égale à KG, les points S et K étant sur la charnière de ce nouveau mouvement. Deux arcs de cercle détermineront donc le rabattement de ce point M de l'espace en M″, et la droite SM″ donnera la face cherchée.

Le problème XXVI servira ensuite pour trouver les deux dièdres inconnus.

57. L'arc de cercle décrit avec le rayon eM' coupera généralement la droite KC en deux points G et G', et l'on fera pour le second comme on a fait pour le premier. Il y aura donc deux solutions à la question, à moins que les deux points G et G' ne se réunissent en un seul, ou qu'aucune intersection n'ait lieu par suite des grandeurs relatives des données. Ce résultat est, comme on le voit, tout à fait analogue à ce qui arrive dans la construction d'un triangle avec deux côtés et l'angle opposé à l'un d'eux (*Géom.*, 144).

PROBLÈMES A RÉSOUDRE.

58. Voici quelques énoncés de problèmes à résoudre dont nous recommandons l'étude dans tous les cas particuliers que peuvent présenter les données :

I. *Tracer une parallèle à un plan donné, et distant de ce plan d'une longueur donnée.*

II. *Mener, par un point donné, une droite qui fasse un angle α avec la ligne de terre.*

III. *Mener, par un point donné, une droite qui fasse un angle α avec une droite donnée.*

IV. *Par un point donné mener une droite qui fasse un angle α avec le plan horizontal, et un angle β avec le plan vertical.*

V. *Par un point donné mener un plan qui fasse un angle α avec le plan horizontal, et un angle β avec le plan vertical.*

VI. *Mener, par un point donné, une droite qui rencontre une droite donnée, et qui fasse un angle α avec un plan donné.*

VII. *Par une droite donnée faire passer un plan qui fasse un angle α avec le plan horizontal.*

VIII. *Par un point donné mener un plan perpendiculaire à un plan donné et faisant un angle α avec le plan horizontal.*

IX. *Déterminer la projection verticale d'une droite dont on connaît la projection horizontale, sachant que cette droite est perpendiculaire à une droite donnée en un point donné.*

X. *Étant donnés deux plans par leurs traces horizontales et par les angles qu'ils font avec le plan horizontal, déterminer l'intersection de ces deux plans.*

STATIQUE.

PRÉLIMINAIRES.

1. La matière est *inerte*, c'est-à-dire incapable d'apporter par elle-même aucune modification à son état actuel de repos ou de mouvement. Lors donc que nous voyons se mouvoir un corps précédemment en repos, ou lorsque le mouvement d'un corps vient à se modifier, soit quant à la direction, soit quant à la vitesse, nous devons attribuer cet effet à des causes étrangères au corps lui-même. Ces causes se nomment des *forces*, et la direction d'une force est celle de la ligne suivant laquelle le corps commencerait à se mouvoir en vertu de l'action de cette force, s'il était entièrement libre.

Nous devons, toutefois, expliquer qu'il ne s'agit évidemment ici que du repos ou du mouvement relatifs par rapport aux objets qui environnent le corps considéré. Ainsi les objets contenus dans un bateau qui marche peuvent être en repos les uns par rapport aux autres ; mais ils sont évidemment en mouvement par rapport au rivage.

De même, un homme qui se déplacerait sur le bateau, et qui ferait de l'avant à l'arrière un chemin toujours égal à celui que l'embarcation parcourt sur la rivière, resterait en quelque sorte en repos par rapport aux objets extérieurs, bien qu'il fût visiblement en mouvement par rapport aux autres parties du bateau.

Enfin, rien sur la Terre ne saurait être en repos absolu ; car notre globe fait un tour sur lui-même en un jour, et il est de plus transporté autour du Soleil à raison de 420 lieues par minute.

2. On dit que deux forces sont égales lorsque, appliquées

en sens contraires à un même point libre et en repos, elles ne lui font prendre aucun mouvement.

La notion de l'égalité conduit à celle du rapport quelconque, si l'on entend par *somme* de plusieurs forces la force qui peut remplacer l'ensemble des premières, sollicitant le même point dans la même direction.

Les forces pouvant ainsi être évaluées en nombres, on peut aussi les représenter par des longueurs proportionnelles à ces nombres, et il est commode de prendre ces longueurs sur la direction suivant laquelle elles agissent, et à partir du point auquel elles sont appliquées. Cette représentation graphique des intensités des forces a le double avantage de faciliter les raisonnements, et de permettre d'énoncer les vérités relatives aux forces sous la forme nette et précise qui caractérise les propositions de Géométrie.

De ce qui précède il résulte, d'une part, qu'un corps qui ne serait soumis à aucune force ne pourrait rien changer de lui-même à la direction et à la vitesse de son mouvement, et se mouvrait nécessairement en ligne droite et avec une vitesse uniforme, à moins qu'il ne fût en repos; d'autre part, que dans une force il y a trois choses à considérer, lesquelles sont :

1° *Le point d'application*, c'est-à-dire la position géométrique du point matériel auquel elle est appliquée;

2° *La direction*, c'est-à-dire la direction et le sens de la droite que suivrait le point d'application si, partant du repos, il cédait à l'action de cette force;

3° *L'intensité*, c'est-à-dire le nombre ou la longueur qui représente le rapport de cette force à celle qui est prise pour unité de comparaison.

3. Lorsque des forces sont appliquées à un système de points ayant entre eux des liaisons quelconques, il est possible qu'elles produisent un mouvement, comme il est possible aussi qu'elles s'entre-détruisent, et que le système reste en repos ou animé d'un mouvement tout à fait indépendant des forces considérées. Dans ce dernier cas, on dit que les forces se font *équilibre*.

De là la division de la *Mécanique* en deux branches princi-

pales : la *Statique*, qui comprend l'ensemble des lois de l'é-
quilibre, et la *Dynamique*, qui étudie les lois du mouvement.

Nous n'avons à nous occuper ici que de la première de ces
subdivisions.

4. Lorsqu'un système de points est en équilibre, on ne détruit pas cet état en fixant un ou plusieurs de ces points, ou
en établissant entre eux des liaisons nouvelles. On peut encore, sans rompre l'équilibre, introduire de nouvelles forces
qui se détruisent en vertu des liaisons du système.

Il est de même permis de supprimer des forces qui se détruisent ; mais, pour ce dernier cas, il est nécessaire que les
forces supprimées se détruisent effectivement les unes les
autres. Il ne suffirait pas que ces forces fussent telles, qu'elles
se détruiraient si elles agissaient seules sur le système : elles
doivent produire réellement les effets qu'elles produiraient si
elles étaient seules, pour que l'on puisse les supprimer avec
la certitude de ne pas rompre l'équilibre.

Ces principes bien simples sont d'une grande utilité pour
les transformations sans nombre qu'ils permettent de faire,
comme on le verra bientôt.

5. *Lorsqu'une force* P *est appliquée à un point libre* A, *on
peut, sans changer son effet, quel qu'il soit, l'appliquer à tout
autre point* B *de sa direction, pourvu que ce
nouveau point d'application soit invariablement
lié au premier.*

Ce fait, qu'il serait permis de regarder comme
évident, s'établit toutefois d'une manière pé-
remptoire par le raisonnement suivant :

Appliquons aux extrémités de la droite inex-
tensible et incompressible AB deux forces P' et P'',
égales à P et agissant en sens contraire dans les
directions AP' et BP''. Ces deux forces se neu-
tralisent évidemment d'elles-mêmes, et leur introduction ne change rien au système primitif ; mais, en envi-
sageant maintenant l'ensemble des trois forces d'une autre
manière, on peut dire que les forces P et P', appliquées en
sens contraire au même point A, se détruisent, et il ne reste

plus que la force P″, qui n'est autre que la force P transportée au point B de sa direction.

On raisonnerait d'une manière tout à fait analogue si le point B était situé, par rapport au sens d'action de la force, au delà de son point d'application A.

6. Si plusieurs forces P, P′, P″,..., Pⁿ, appliquées à un système de points invariablement liés entre eux, se font équilibre, et si l'une quelconque Pⁿ de ces forces vient à suspendre son action, le mouvement naîtra sous l'influence d'une force égale en intensité et directement opposée à ladite force Pⁿ. Cette nouvelle force, qui ferait équilibre à la force Pⁿ, serait donc capable du même effet que l'ensemble des autres forces; pour ce motif, elle s'appelle leur *résultante*.

Les premières forces, par rapport à leur résultante, sont dites ses *composantes*.

Il est clair, dès lors, que la recherche de la résultante d'un système quelconque de forces rentre directement dans le domaine de l'équilibre, puisqu'il suffit, pour établir l'équilibre, d'introduire au point d'application de la résultante une force égale et directement opposée à cette dernière.

Quoi qu'il en soit, ce qui vient d'être dit prouve d'une part que, *dans un système de forces qui sont en équilibre, l'une quelconque d'entre elles est égale et directement opposée à la résultante de toutes les autres;* d'autre part que, *lorsque plusieurs forces sont appliquées à un même point, et qu'elles ne sont pas en équilibre, elles ont toujours une résultante.*

7. Quand des forces agissent toutes dans la même direction sur un même point, il est évident que la résultante de toutes celles qui agissent dans un sens est égale à leur somme; que la résultante de toutes celles qui agissent dans le sens opposé est de même égale à leur somme, et qu'enfin la résultante totale du système est égale à la différence de ces deux sommes, et agit sur le point d'application dans le sens de la plus grande.

Pour faire équilibre à un pareil système il faut donc, et cela suffit, *appliquer au point donné une force égale à la différence des deux mêmes sommes et agissant dans le sens de la plus petite.*

COMPOSITION ET DÉCOMPOSITION DES FORCES CONCOURANTES.

8. *Lorsque deux forces* P *et* Q, *de directions différentes, agissent sur un même point matériel, leur résultante* R *ne peut se trouver située que dans le plan déterminé par les directions*

de ces deux forces; car on ne pourrait la supposer d'un côté de ce plan, sans que des raisons identiques obligeassent à la concevoir en même temps de l'autre côté dans une position symétrique. *Elle agit*, de plus, *dans l'angle* PAQ *de ses deux composantes;* car, le point A ne pouvant évidemment se mouvoir que dans la partie du plan située à droite de PAP' et dans celle qui est à gauche de QAQ', il ne pourra marcher que dans la partie commune à ces deux régions, c'est-à-dire dans l'angle PAQ.

Dans le cas particulier où les deux forces sont égales, il est évident que la direction de leur résultante ne peut être que celle de la droite qui divise leur angle en deux parties égales.

9. *Deux forces égales à* P, *appliquées à un même point* A, *peuvent être transportées parallèlement à elles-mêmes en un*

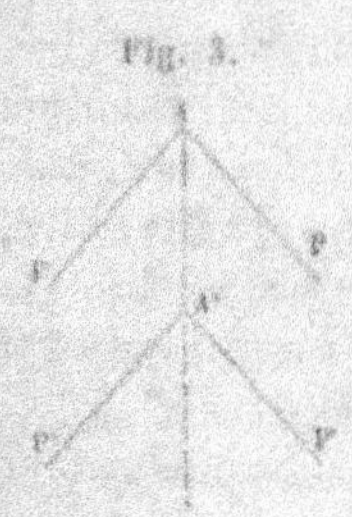

point quelconque A' *de la bissectrice de leur angle, pourvu que ce second point soit lié invariablement avec le premier;* car les deux forces peuvent être remplacées par leur résultante dirigée suivant cette ligne, et celle-ci peut être ensuite appliquée (5) en l'un quelconque A' des points de sa direction. Or, en ce point A', ladite résultante peut évidemment être décomposée de la même manière qu'au point d'application, et remplacée par deux forces P' égales et parallèles aux premières, ce qui démontre la propriété énoncée.

10. Cela posé, nous allons démontrer que *la résultante de* *deux forces concourantes est représentée, en direction et en intensité, par la diagonale du parallélogramme construit sur les lignes qui représentent ces forces en direction et en intensité.*

La première partie de notre démonstration s'appliquera exclusivement à déterminer la direction de la résultante; nous passerons ensuite à son intensité.

Soient donc P et Q ces forces, A leur point d'application,

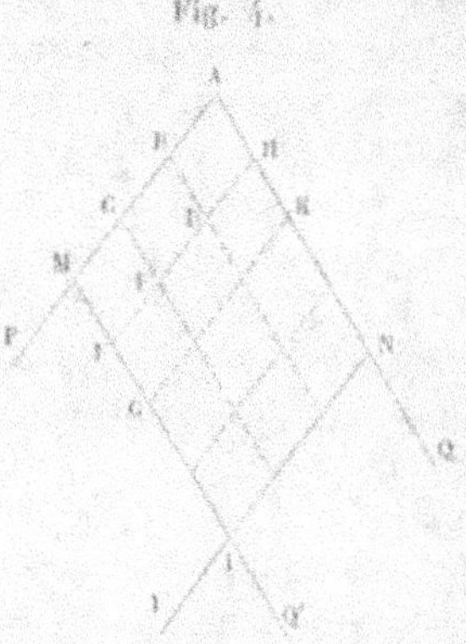

AM et AN des longueurs respectivement proportionnelles aux intensités de ces forces; soient enfin m et n deux nombres entiers tels, que l'on ait

$$P:Q::m:n::AM:AN.$$

Partageons les longueurs AM et AN respectivement en m et n parties égales : ces diverses parties représenteront des forces égales dans lesquelles on pourra décomposer à volonté les premières. Traçons ensuite par des parallèles les losanges égaux ABDH, BCED,..., dans toute l'étendue du parallélogramme MANI.

Maintenant, les deux forces égales AB et AH peuvent être transportées parallèlement à elles-mêmes au point D de la bissectrice de leur angle, puis respectivement appliquées aux points B et H de leurs nouvelles directions; elles seront alors représentées, en grandeur comme en direction, par les côtés BD et HD. En agissant de même sur les deux forces BD et BC, on les transportera sur DE et CE; puis, en continuant ainsi, la force AH se trouvera transportée en MF, et la force totale AM sur HF.

De même, les forces HK et HF pourront être transportées sur FG et KG, et ainsi de suite jusqu'à ce que les deux forces AM et AN se trouvent transportées par parties en NI et MI, sans que le système primitif ait été altéré en rien, notamment en ce qui regarde la direction de la résultante. Or, les deux forces MI et NI, qui concourent en I, ont une résultante qui passe au point I, et qui ne diffère pas de celle des deux forces primitives AM et AN, laquelle passait évidemment déjà par le point A.

Puisqu'elle passe en A et en I, cette résultante est donc dirigée suivant la diagonale du parallélogramme.

11. Il nous reste encore à établir que cette diagonale représente précisément en intensité la résultante des deux forces.

Pour cela nous observerons que, si nous supposons appliquée suivant la direction AC, opposée à celle de la diagonale AI, une force R' égale à la résultante R, il y aura équilibre entre les trois forces P, Q et R'. Dans cet état, la force P, par exemple, pourra être considérée (6) comme directement opposée et égale à la résultante des deux autres Q et R'; par conséquent, en prolongeant MA, on aura la direction de la diagonale d'un parallélogramme dont l'un des côtés sera en direction et grandeur AN, et dont l'autre côté, dirigé suivant AC, représentera la grandeur de la force R' ou, ce qui est la même chose, de la force R.

Fig. 5.

Pour construire ce parallélogramme, il suffira de mener NB parallèle à AC, puis BC parallèle à AN. Mais la ligne AC est égale à la ligne BN, qui est elle-même égale à AI; donc la force R, ou la résultante des forces P et Q, est représentée en intensité par la diagonale AI; ce qu'il fallait démontrer.

12. Les deux composantes et leur résultante sont, comme on le voit, respectivement représentées en grandeur par les trois côtés du triangle AMI, dont l'angle en M est le supplément de l'angle des deux composantes, et qui peut facilement être construit par les procédés géométriques.

Or on a vu (*Trigonom.*, 30) que les trois côtés d'un triangle sont respectivement proportionnels aux sinus des trois angles. Il est donc permis de conclure que *chacune des trois forces* P, *Q et R peut être représentée par le sinus de l'angle que font entre elles les directions des deux autres*, l'angle AMI ayant nécessairement le même sinus que son supplémentaire MAN.

Il en résulte que tous les procédés précédemment étudiés, pour les divers cas de résolution des triangles, s'appliquent immédiatement à la détermination de trois quelconques des six éléments de la question présente, quand les trois autres sont connus. Nous nous bornerons à indiquer ici que, dans le cas particulier où l'angle des forces est droit, le triangle AMI est rectangle en M, et l'on a les relations remarquables

$$R^2 = P^2 + Q^2, \quad P = R \cos(P, R), \quad Q = R \cos(Q, R),$$

qui permettent de calculer facilement en grandeur et en direction l'une des trois forces, quand on connaît les deux autres.

13. En abaissant d'un point quelconque O de la diagonale AI des perpendiculaires Om, On, dont on joint les pieds par la droite mn, on obtient un triangle mOn dont les trois côtés sont proportionnels à ceux du triangle MAI et peuvent, par conséquent, représenter aussi les trois forces P, Q et R.

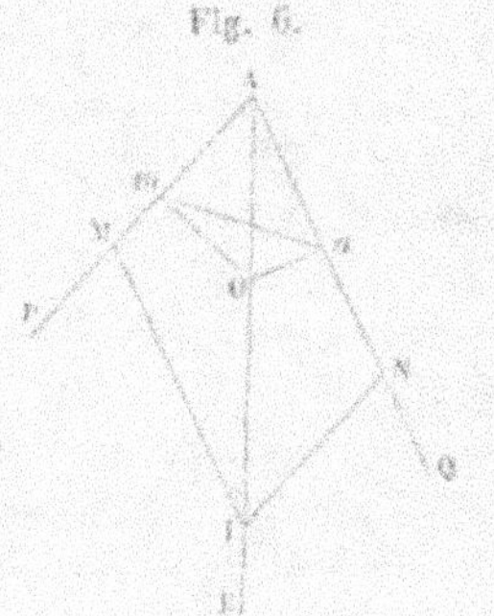
Fig. 6.

La similitude des triangles repose, d'ailleurs, sur l'égalité de leurs angles chacun à chacun; car, le quadrilatère mAnO étant inscriptible dans une circonférence, l'angle mOn est, comme l'angle AMI, le supplément de l'angle MAN, et l'angle mnO, par exemple, est égal à l'angle mAO comme étant inscrit dans le même arc que lui.

Cette remarque, dont l'utilité ne tardera pas à être mise en évidence, permet d'écrire la proportion composée

$$P : Q : R :: O n : O m : mn.$$

On peut en extraire la relation

$$P \times O m = Q \times O n,$$

qui montre l'égalité des deux produits que l'on obtient en multipliant chacune des composantes par sa distance au point O de la résultante. En d'autres termes, *les distances d'un*

*point de la résultante aux directions des deux composantes
sont en raison inverse des intensités de ces forces.*

14. Ce produit d'une force par la distance de sa direction à
un point donné porte en Mécanique le nom de *moment* de la
force par rapport à ce point.

Au moyen de cette dénomination, le théorème dont il s'agit
dans le paragraphe précédent s'énonce encore d'une manière
simple, comme établissant *l'égalité des moments des deux composantes par rapport à un point quelconque de la résultante.*

Ceci n'est, d'ailleurs, qu'un cas particulier de cet autre
principe : *Le moment de la résultante de deux forces concourantes par rapport à un point quelconque de leur plan est
égal à la somme des moments des composantes.*

Considérons en effet deux forces AF et AF', et leur résultante AR ; abaissons d'un point quelconque O sur les directions
de ces trois forces les perpendiculaires Om, Op et On, et
tirons les droites OA, OF' et OR.

Le simple examen de la figure met en évidence la relation
superficielle

$$\text{AOR} = \text{AOF}' + \text{F}'\text{OR} - \text{AF}'\text{R},$$

qui équivaut à

$$\text{R} \times \text{O}n = \text{F}' \times \text{O}p + \text{F} \times \text{O}k - \text{F} \times mk,$$

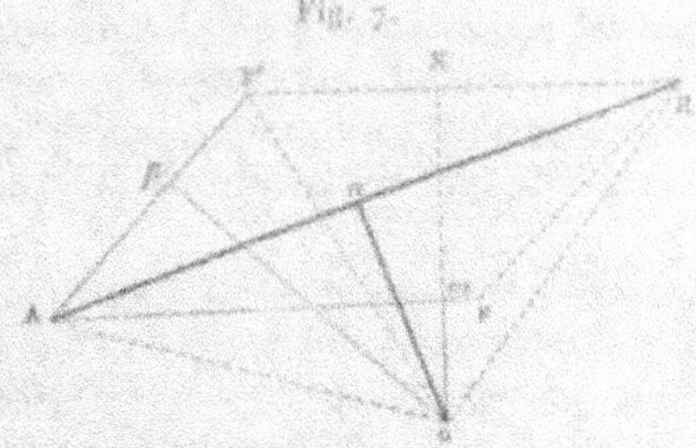

ou, par le remplacement de Ok par O$m + mk$ et après réduction, à

$$\text{R} \times \text{O}n = \text{F}' \times \text{O}p + \text{F} \times \text{O}m.$$

Remarque. — Si le point O, par rapport auquel sont pris les
moments, et que par ce motif on appelle *centre des moments*, était situé, non plus au dehors de l'angle des deux

composantes, mais dans cet angle lui-même ou dans son opposé par le sommet, la figure conduirait à conclure que le moment de la résultante est alors égal, non plus à la somme, mais à la différence des moments des composantes. Il est d'ailleurs facile de généraliser l'énoncé primitif, comme nous allons le montrer.

15. Si l'on suppose que chacune des trois forces considérées soit appliquée au pied même de la perpendiculaire abaissée du centre des moments sur sa direction, on pourra regarder ces forces comme tendant à faire tourner leurs perpendiculaires autour du point O, et il est facile de voir, en regardant les figures ci-dessous, respectivement relatives aux deux positions de ce point, que dans le premier cas les deux

Fig. 8.   Fig. 9.

composantes tendent à faire tourner dans le même sens, tandis que c'est le contraire qui a lieu dans le second. On a égard à cette circonstance importante en affectant le signe $+$ aux moments des forces qui tendent à faire tourner dans un certain sens (de gauche à droite, par exemple) et le signe $-$ à ceux des forces qui tendent à faire tourner dans le sens contraire.

Sous cette réserve, et en donnant au mot *somme* la signification générale que lui attribue l'Algèbre, on peut écrire que, dans tous les cas, *le mouvement de la résultante est égal à la somme des moments des composantes*, et ajouter même, d'après ce que montrent encore clairement les figures, que *la résultante tend à faire tourner dans le même sens que la composante qui a le plus grand moment*.

Remarque. — Si le centre des moments est pris sur la résultante, les moments des composantes sont nécessairement égaux et de signes contraires.

16. Pour composer en une seule trois forces P, Q, S, concourantes et non situées dans
le même plan, on cherche
d'abord la résultante de deux
d'entre elles, P et Q, par la construction du parallélogramme ;
puis on compose de la même
manière cette résultante partielle AT avec la troisième des
forces données S. On trouve
ainsi la résultante AV ou R, et
il est facile de voir que cette
construction donne précisément la diagonale d'un parallélépipède construit sur les forces données comme arêtes.

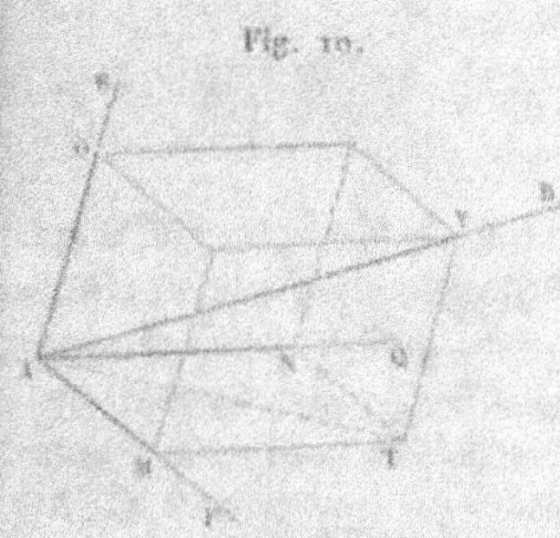

De là cette propriété remarquable : *La résultante de trois
forces concourantes est représentée, en direction et en intensité, par la diagonale du parallélépipède construit sur les
trois droites qui représentent les forces données en direction
et en intensité.*

Quand les angles que font entre elles les directions des trois
forces données sont droits, le parallélépipède est *rectangulaire* et, par une propriété géométrique connue (*Géom.*, 221),
on a

$$\overline{AV}^2 = \overline{AM}^2 + \overline{AN}^2 + \overline{AO}^2,$$

ou

$$R^2 = P^2 + Q^2 + S^2.$$

Il est bon de remarquer ici que chacune des trois composantes P, Q et S n'est autre chose (*Géom.*, 180, Coroll. IV)
que la projection de la résultante sur sa direction ; en sorte
que l'on peut écrire (*Trigonom.*, 48)

$$P = R\cos(P, R), \quad Q = R\cos(Q, R), \quad S = R\cos(S, R).$$

COROLLAIRE. — En élevant au carré les deux termes de chacune de ces trois égalités et les additionnant membre à
membre, on obtient

$$R^2 = R^2[\cos^2(P, R) + \cos^2(Q, R) + \cos^2(S, R)],$$

relation qui met en évidence une propriété très-remarquable

et purement trigonométrique du parallélépipède rectangle :

$$\cos^2\alpha + \cos^2\beta + \cos^2\gamma = 1,$$

α, β et γ étant les angles d'une diagonale quelconque AV avec les trois arêtes AM, AN et AO partant du même sommet A.

17. S'il s'agit de composer entre elles des forces P, Q, S, T et U, en nombre quelconque, issues d'un même point A et situées soit dans le même plan, soit dans des plans différents, la marche à suivre consiste à composer d'abord la première AP avec la seconde AQ, en une résultante Aq que l'on compose avec la troisième force AS, et ainsi de suite jusqu'à la dernière AU, qui servira à déterminer la résultante Au ou R de tout le système.

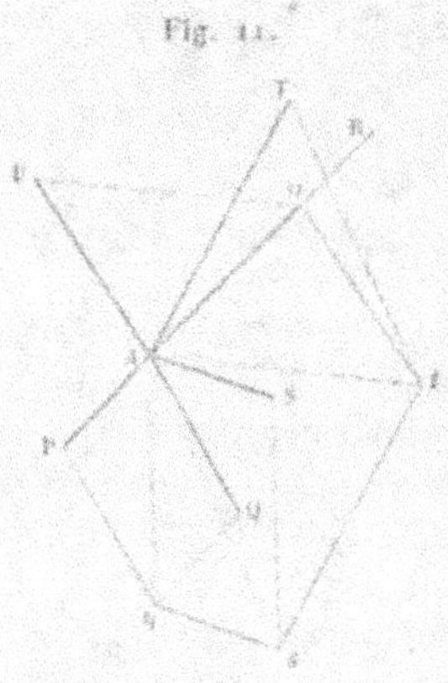

Fig. 11.

Pour ne conserver de cette construction que ce qui est indispensable à la détermination de la résultante cherchée, il suffit évidemment de mener Pq égale et parallèle à AQ, qs égale et parallèle à AS, st égale et parallèle à AT ; enfin, dans le cas de la figure ci-contre, on tirera tu égale et parallèle à AU, et l'on joindra l'extrémité u au point d'application A. On obtiendra ainsi un polygone plan ou gauche AP$qstu$, dont le dernier côté Au représentera en grandeur et en direction la résultante des forces données.

S'il arrivait que le polygone ainsi construit se fermât de lui-même par la coïncidence du point extrême u avec le point donné A, cette circonstance apprendrait évidemment que, la résultante Au des forces du système étant nulle, ces forces sont en équilibre.

La construction qui vient d'être indiquée, et qui consiste à composer successivement les forces données une à une avec la résultante du groupe précédent, s'applique également à des forces non concourantes, pourvu qu'elles soient dans un même plan, puisque l'on peut toujours prolonger deux quelconques de ces forces jusqu'à leur rencontre, et les

supposer (*) momentanément appliquées au point d'intersection de leurs directions. Il est toutefois nécessaire dans ce
cas, on le comprend, que les points d'application primitifs et
les nouveaux soient liés invariablement entre eux.

Remarque. — Si l'on suppose toutes les forces P, Q, S,
T et U dans un même plan, on arrivera encore, par les compo-
sitions successives et par extension du cas de deux forces (13),
à conclure que *le moment de la résultante par rapport à un
centre situé dans le plan est égal à la somme algébrique des
moments des composantes.*

18. Le problème de la décomposition d'une force donnée
en deux autres passant par un même point de sa direction et
situées avec elle dans un même plan se résout, comme celui
de la composition, par la construction d'un parallélogramme
dans lequel on connaît alors la diagonale et la direction des
deux côtés concourants.

Par une construction analogue, on obtiendra le parallélépipède dont la diagonale, connue de grandeur et de position,
représente la résultante des trois forces concourantes dans lesquelles on veut la décomposer.

Mais quand il s'agit de décomposer une force donnée en
plus de deux autres situées avec elle dans un même plan, ou
en plus de trois dans l'espace, le problème est complétement
indéterminé, ainsi que cela résulte clairement des constructions que nous venons d'indiquer pour la composition. Nous

allons toutefois, à titre d'exercice,
mettre cette indétermination en évidence pour le cas le plus simple,
celui d'une force R qu'il s'agirait de
décomposer en trois autres situées
avec elle dans un même plan et dirigées suivant les lignes AP, AQ et AS.

Il est clair en effet que, si nous
prenons sur la direction AS, par
exemple, une force quelconque As,
nous pourrons, par la construction
du parallélogramme AsRt, trouver
une seconde force At qui, composée avec As, donne pour

résultante la force donnée R, et dont la direction soit située
dans l'angle des deux autres AP et AQ. Nous décomposerons
alors la nouvelle force At suivant les directions AP et AQ.

Ainsi obtenue, la force R sera bien la résultante des trois
forces Ap, Aq et As. Or, cette dernière ayant été prise avec
une grandeur arbitraire sur l'une quelconque des trois directions données, on voit que le problème proposé est susceptible
d'une infinité de solutions.

Remarque. — Par une exception nécessaire à noter, la décomposition serait impossible, si les directions données étaient
toutes dans un même plan dans lequel ne serait pas située la
force donnée.

19. Au moyen de la décomposition des forces concourantes
en trois autres, on peut ramener la recherche de la résultante
d'un nombre quelconque de forces qui passent par le même
point à la composition de trois forces rectangulaires.

Pour cela, on fait passer par le point commun trois droites
quelconques que, d'ordinaire et pour plus de commodité, on
prend rectangulaires entre elles ; puis, on décompose chacune
des forces données en trois composantes dirigées suivant ces
droites auxiliaires. On réduit ainsi tout le système à trois forces
rectangulaires que l'on compose facilement (15), soit par le
parallélépipède des forces, soit par l'usage de la formule

$$R^2 = P^2 + Q^2 + S^2,$$

dans laquelle P, Q et S représentent les sommes des composantes respectivement réunies en une seule sur chacun des
trois axes ; ce que l'on exprime ainsi :

$$R^2 = (\Sigma F \cos\alpha)^2 + (\Sigma F \cos\beta)^2 + (\Sigma F \cos\gamma)^2,$$

en appelant F l'une quelconque des forces données, α, β et γ
les angles qu'elle fait respectivement avec les trois axes, et le
signe Σ ayant pour destination générale de grouper abréviativement, dans une question quelconque, toutes les quantités
qui doivent entrer dans la même somme.

Cette expression de la valeur de la résultante conduit à
la condition nécessaire pour que les forces données soient en
équilibre, c'est-à-dire pour que leur résultante se réduise

(16) au point d'application. En effet, dans ce cas, cette résultante est nulle, ce qui ne peut avoir lieu qu'autant que chacune des trois forces rectangulaires P, Q et S soit nulle séparément, ou que l'on ait à la fois

$$\Sigma F \cos \alpha = 0, \quad \Sigma F \cos \beta = 0, \quad \Sigma F \cos \gamma = 0.$$

De là ce théorème : *Pour que des forces appliquées à un point matériel se fassent équilibre, il faut et il suffit que les sommes de leurs projections sur trois axes rectangulaires quelconques passant par ce point soient séparément nulles.*

Remarque. — Rien, dans ce qui précède, ne fait supposer que le point matériel soit en repos. Il se pourrait qu'il eût un mouvement quelconque dû à des forces autres que celles qui ont été considérées. En d'autres termes, *les conditions d'équilibre d'un système de forces appliquées à un point matériel ne dépendent pas de l'état de mouvement ou de repos de ce point.*

COMPOSITION ET DÉCOMPOSITION DES FORCES PARALLÈLES.

20. La composition de deux forces parallèles appliquées à un corps solide se déduit de la manière la plus simple, comme cas limite, de celle de deux forces concourantes.

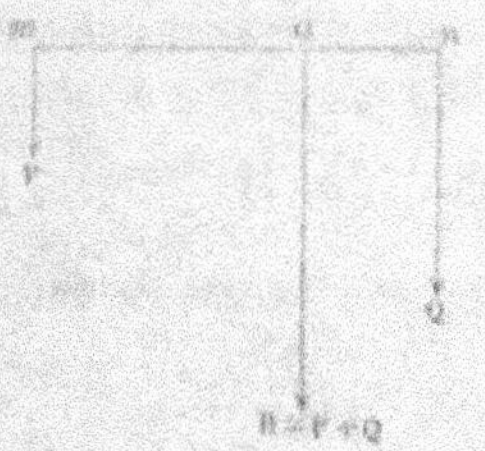

On a vu en effet (13) que, lorsqu'il s'agissait de deux forces passant par un même point, les deux composantes et la résultante étaient respectivement représentées par les côtés d'un triangle mOn formé en abaissant, d'un point quelconque de la résultante, des perpendiculaires sur les directions des composantes, et en joignant les pieds de ces deux perpendiculaires. Cette propriété est tout à fait indépendante de l'angle que font entre elles les deux forces données P et Q, dont les points d'application peuvent être transportés aux points m et n de leurs directions respectives, sans que la même relation cesse d'avoir lieu.

Or, l'angle mOn (*fig.* 6) étant le supplément de MAN, cet angle augmente à mesure que celui-ci diminue. A la limite, quand le dernier devient nul, c'est-à-dire quand les composantes P et Q sont parallèles, l'angle mOn est égal à deux angles droits. Le point O est toujours un point de la résultante, laquelle n'a pas cessé un instant de passer par le point de concours des composantes et, par conséquent, leur est devenue parallèle. En outre, la relation

$$P : Q : R :: On : Om : mn$$

existe toujours ; de telle sorte que, d'une part, et mn étant égal à $Om + On$, on a

$$R = P + Q.$$

et que, de l'autre, chacune des trois forces est représentée en grandeur par la distance des points d'application des deux autres.

On conclut donc immédiatement cette règle : *La résultante de deux forces parallèles et de même sens leur est parallèle, est de même sens que chacune d'elles, égale à leur somme et située entre elles et dans le même plan ; ses distances aux deux composantes sont dans le rapport inverse des intensités de ces forces.*

21. Le cas des forces de sens contraires se déduit de la manière la plus simple du précédent.

Déterminons, sur le prolongement de mn du côté de la plus grande Q des deux forces, un point O qui satisfasse à la proportion

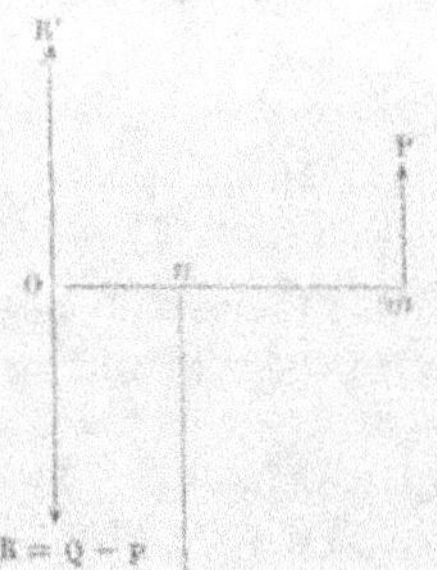

$$On : Om :: P : Q,$$

ou, ce qui revient au même, à cette autre

$$On : mn :: P : Q — P.$$

Nous pourrons, sans rien changer à l'état du système, appliquer en O deux forces R et R' directement opposées, parallèles aux forces P et Q et égales à Q — P.

Or, nous venons de voir (20) que les deux forces P et R' ont une résultante appliquée en n,

égale et directement opposée à Q. Il y a donc équilibre entre
ces trois forces P, R' et Q, qui peuvent être dès lors supprimées dans le système, et tout se réduit à la force unique R
ou Q — P qui, par conséquent, est la résultante cherchée.

De là ce second théorème : *La résultante de deux forces
parallèles et de sens contraires leur est parallèle, est égale à
leur différence, de même sens que la plus grande, située dans
le même plan avec elles et au delà de la plus grande par rapport à la plus petite ; ses distances aux deux composantes
sont en raison inverse des intensités de ces forces.*

Remarque I. — Les distances mO, nO et mn, que nous
avons mesurées sur une perpendiculaire à la direction commune des forces, sont nécessairement proportionnelles à celles

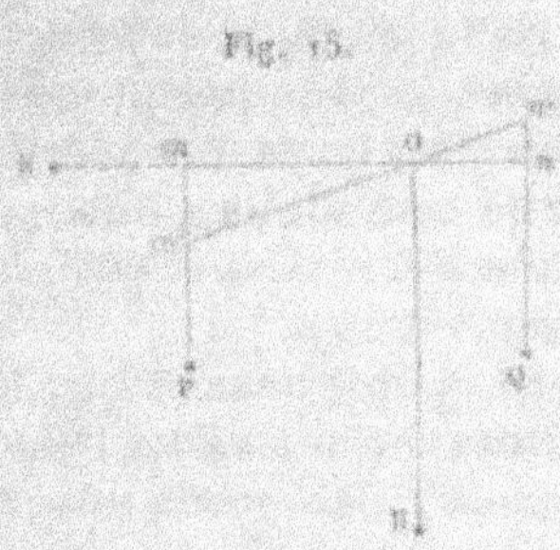

Fig. 15.

$m'O$, $n'O$ et $m'n'$ qui seraient
prises sur une droite d'une inclinaison quelconque ; en sorte
qu'il est loisible de remplacer,
dans les deux énoncés qui précèdent, les perpendiculaires par les
portions correspondantes d'une
droite inclinée sur la direction
des forces. En d'autres termes,
l'inclinaison commune des forces
données sur la droite qui unit
leurs points d'application n'influe en rien sur la grandeur et la
position de leur résultante.

Remarque II. — L'égalité établie au n° 13 entre les moments des deux forces concourantes, par rapport à un point
de leur résultante, subsiste encore pour les forces parallèles ;
car la proportion P : Q :: On : Om donne toujours

$$P \times Om = Q \times On,$$

et cette relation est d'un usage commode pour fixer dans
l'esprit la position de la résultante de deux forces parallèles
données.

22. Si K est (*fig.* 15), dans le plan des forces, un point
quelconque par lequel soit menée la perpendiculaire KO à
leur direction, la même proportion P : Q :: On : Om pourra

s'écrire

$$P : Q :: Kn - KO : KO - Km,$$

et l'on en tirera

$$(P + Q) KO = P \times Km + Q \times Kn$$

ou

$$R \times KO = P \times Km + Q \times Kn.$$

Cette dernière égalité exprime encore que *le moment de la résultante, par rapport à un point quelconque situé dans le plan des forces, est égal à la somme des moments des composantes.*

Il est bien entendu que, pour la généralisation de cet énoncé, il faut donner aux forces et aux distances les signes qui leur conviennent suivant le sens dans lequel ces quantités sont comptées. Cette remarque s'applique également au théorème suivant.

23. On a parfois besoin de considérer le produit d'une force par la distance de son point d'application à un plan, quantité que l'on appelle aussi le *moment* de la force par rapport à ce plan.

Il est encore vrai de dire, dans cette nouvelle supposition, que *le moment de la résultante de deux forces parallèles est égal à la somme de ceux des deux composantes.*

Nous pouvons, en effet, supposer les trois forces P, Q, R appliquées en trois points m, n, o situés sur une même ligne droite, et respectivement projetés en m', n', o' sur le plan Z pris pour *plan des moments.*

Menons MoN parallèle à $m'o'n'$, et nous aurons

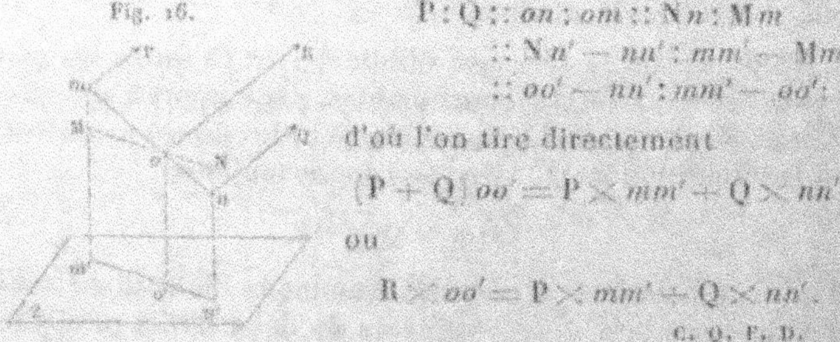

Fig. 16.

$$P : Q :: on : om :: Nn : Mm$$
$$:: Nn' - nn' : mm' - Mm'$$
$$:: oo' - nn' : mm' - oo';$$

d'où l'on tire directement

$$(P + Q) oo' = P \times mm' + Q \times nn'$$

ou

$$R \times oo' = P \times mm' + Q \times nn'.$$

c. Q. F. D.

Si les deux forces P et Q étaient de sens contraires, le théorème subsisterait sans autre changement que l'introduction de la différence des moments au lieu de leur somme, ou simplement par la considération de leur *somme algébrique.*

24. Dans le cas de deux forces parallèles et de sens contraires, le point d'application de la résultante s'obtient, avons-nous dit (**21**), au moyen de la proportion

$$P : Q : R :: On : Om : mn,$$

laquelle donne

$$On = \frac{P}{R} \times mn = \frac{P}{Q - P} \times mn.$$

Cette quantité devient infinie si l'on suppose que les deux forces Q et P se rapprochent en intensité jusqu'à devenir égales entre elles, et leur résultante Q — P elle-même est nulle.

Ce résultat singulier de la formule montre qu'on ne peut assigner, ni la grandeur, ni la position d'une force capable de remplacer un système de deux forces parallèles, égales et de sens contraires ; ce qui revient à dire qu'un pareil système, que quelques auteurs ont considéré, sous le nom de *couple*, comme un élément essentiel de la Mécanique, n'a point de résultante, ainsi qu'il est facile de s'en convaincre directement.

Supposons, en effet, que les deux forces égales P et Q aient une résultante, et faisons tourner le système entier de deux angles droits autour du milieu O de AB.

Les deux forces P et Q se remplaceront l'une l'autre et devront, par conséquent, donner encore la même résultante.

Fig. 17.

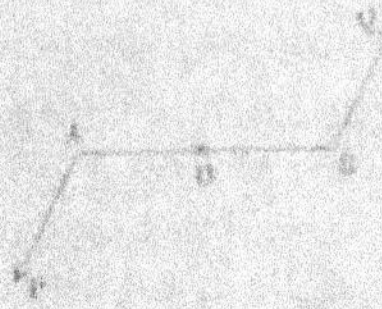

Mais, d'un autre côté, la résultante primitive s'est nécessairement transportée symétriquement par rapport au point O ; il faudrait donc que ces deux résultantes, appliquées dans des sens contraires et en des points différents, ne fissent qu'une seule et même force, ce qui est absurde.

Nous bornerons là ce que nous avons à dire sur les couples. Cette conception est, en effet, plus ingénieuse qu'utile, et il n'est aucune application de la Mécanique qui ne puisse se passer de cet embarrassant instrument de démonstration.

25. Le théorème de la composition de deux forces parallèles que nous avons établi comme cas limite des forces concou-

rantes, et comme conséquence immédiate de la règle du parallélogramme des forces, peut se vérifier et, au besoin, se démontrer d'une autre manière assez simple; mais, tout en s'appuyant, comme la première, sur la composition des forces qui
passent par le même point, cette méthode perd l'avantage de
montrer l'enchaînement et la connexité des deux ordres
d'idées. Voici comment elle procède :

Aux deux points d'application m et n, on imagine dans la
direction de la droite mn deux forces F quelconques, égales,

Fig. 18.   Fig. 19.

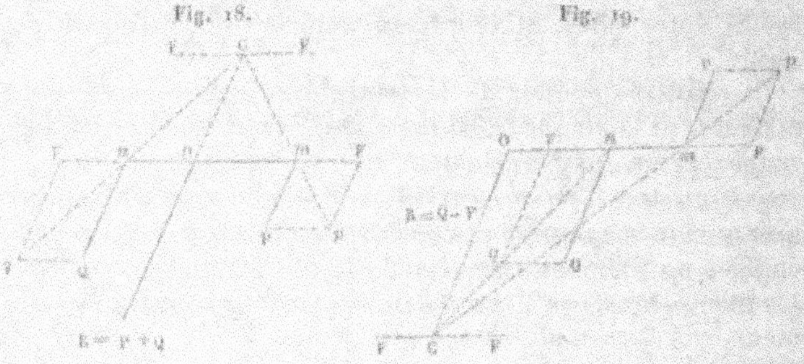

et dont l'introduction ne change, par conséquent, rien au système; on compose par la règle du parallélogramme, d'une
part les forces F et P, d'autre part les forces F et Q, et les deux
résultantes se rencontrent au point C, où l'on peut les supposer transportées. Là , on décompose chacune de ces résultantes parallèlement aux directions de ses composantes primitives; on retrouve ainsi les deux forces F qui se détruisent,
et il reste, dirigées suivant CO et transportées, si l'on veut,
au point O, deux forces respectivement égales aux deux forces
P et Q. La résultante de ces deux forces, laquelle n'est autre
chose que celle des deux forces parallèles données, est égale
à leur somme ou à leur différence, suivant que celles-ci étaient
de même sens ou de sens contraires.

Maintenant, les triangles semblables Qnq et nOC, Pmp et
mOC donnent ($fig.$ 16 pour les forces de même sens et $fig.$ 17
pour celles de sens contraires) les proportions

$$nO : OC :: Qq : Qn :: F : Q.$$
$$mO : OC :: Pp : Pm :: F : P,$$

dont les moyens sont les mêmes. Les extrêmes forment, par conséquent, la nouvelle proportion

$$P : Q :: nO : mO,$$

qui n'est autre chose que celle précédemment trouvée et qui, comme elle, peut s'écrire sous la forme

$$P : Q : Q \pm P \text{ ou } R : nO : mO : mO \pm nO \text{ ou } mn.$$

26. S'il s'agit de composer un nombre quelconque de forces

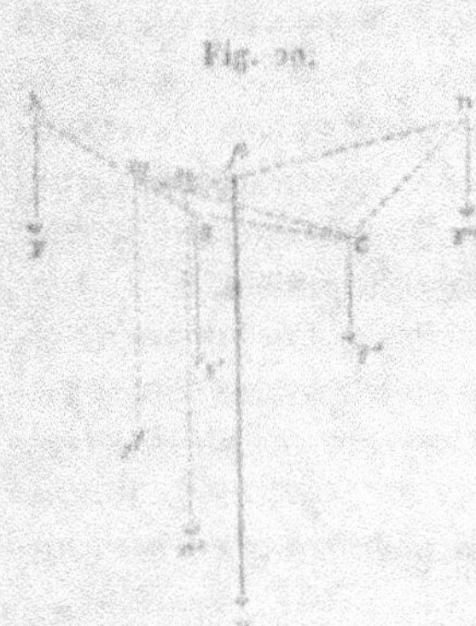

parallèles F, F', F'', F''' respectivement appliquées dans le même sens aux points A, B, C, D d'un corps solide, on remplacera d'abord les deux premières F et F' par leur résultante r ou $F + F'$ appliquée au point m d'après la règle ci-dessus indiquée. On composera ensuite cette première résultante avec la force F'' en une seconde résultante partielle r' égale à $r + F''$ ou $F + F' + F''$ et appliquée en n ; puis, enfin, on déterminera en p la résultante de r' et F''', égale à $r' + F'''$ ou $F + F' + F'' + F'''$, laquelle serait la résultante générale de tout le système.

27. Lorsqu'un corps solide est soumis à des forces parallèles en nombre quelconque, situées dans un même plan ou dans des plans différents, on peut considérer d'abord toutes les forces P, P', P'', ..., qui tirent dans un sens, composer P avec P', la résultante avec P'', et ainsi de suite. En opérant de la même manière sur les forces Q, Q', Q'', ..., qui agissent en sens contraire, on réduit tout le système à deux composantes partielles qui sont de sens contraires, parallèles et égales chacune à la somme des forces qui agissent dans le même sens qu'elle. Il reste alors à composer ces deux forces en une seule par la méthode connue, et l'ensemble de ces opérations conduit à la règle générale qui suit :

Autant de forces parallèles que l'on voudra sont réductibles à une résultante unique qui leur est parallèle, est égale à

*l'excès de la somme de celles qui tirent dans un sens sur la
somme de celles qui tirent en sens contraire, et agit dans le
sens de la plus grande somme.*

Il est d'ailleurs entendu que, s'il arrivait que les deux
sommes de forces fussent égales, le système donné serait en
équilibre de lui-même ou n'aurait pas de résultante unique
(24), selon que ces deux sommes partielles seraient ou ne seraient pas directement opposées.

Remarque. — Rien n'est plus facile que d'étendre à un
nombre quelconque de forces parallèles, situées ou non dans
un même plan, les deux théorèmes démontrés ci-dessus (22
et 23), lesquels établissent l'égalité du moment de la résultante à la somme algébrique de ceux des composantes, quel
que soit le sens dans lequel agissent ces forces, et quelle que
soit la position du centre ou du plan des moments.

En d'autres termes, *le moment, par rapport à un point ou
par rapport à un plan, de la résultante de plusieurs forces parallèles est égal à la différence entre la somme des moments de
celles qui tendent à faire tourner dans un sens, et la somme
des moments de celles qui tendent à faire tourner en sens opposé.*

28. C'est ici le lieu de signaler une propriété remarquable
du point d'application de la résultante d'un système de forces
parallèles. Nous avons dit (21, *Rem. I*) pour deux forces, et il
est facile de voir que cela est encore vrai pour un nombre
quelconque, que la grandeur et la position de leur résultante
ne dépendent aucunement de l'inclinaison absolue des forces,
mais seulement de la position de leurs points d'application et
des rapports de leurs intensités. On conclut de là que, quand
on a déterminé le point d'application de la résultante d'un
nombre quelconque de forces parallèles, de même sens ou de
sens contraires, on peut, sans que ce point d'application varie,
changer l'intensité des forces et l'inclinaison générale de leur
système, pourvu que ces forces restent parallèles entre elles,
appliquées dans le même sens aux mêmes points, et que leurs
intensités conservent les mêmes rapports.

Ce point, qui est spécialement regardé comme le point
d'application de la résultante, prend, à cause de la propriété

importante que nous venons d'exposer, le nom de *centre des forces parallèles*.

Remarque. — Il est évident que, en rendant fixe le centre d'un système de forces parallèles, on établira l'équilibre, quelle que soit la position du système autour de ce centre; car, dans toutes les positions, la résultante passera par ce point et sera, par conséquent, détruite.

29. Au moyen du théorème démontré (23) sur la propriété des moments des forces parallèles, on détermine sans peine la grandeur et la position de la résultante R d'un nombre quelconque de forces parallèles F, F', F″, ..., Fⁿ, agissant les unes dans un sens, les autres en sens opposé.

On peut, en effet, représenter par α et β les distances de cette résultante à deux plans qui soient tous deux parallèles à la direction générale des forces, et par x, y, x', y', x'', y'', ..., x^n, y^n les distances analogues des forces F, F', F″, ..., Fⁿ.

Nous avons vu (26) que la résultante est égale à la somme algébrique des forces composantes, et nous pourrons écrire les trois relations

$$R = F + F' + F'' + \ldots + F^n,$$
$$R\,x = Fx + F'x' + F''x'' + \ldots + F^n x^n,$$
$$R\beta = Fy + F'y' + F''y'' + \ldots + F^n y^n,$$

dont les deux dernières sont la traduction du théorème des moments généralisé et étendu à un nombre quelconque de forces.

Plus abréviativement ces trois relations s'écrivent

$$(1) \qquad R = \Sigma F, \quad R\alpha = \Sigma Fx, \quad R\beta = \Sigma Fy,$$

et les deux dernières donnent pour la position de la résultante

$$\alpha = \frac{\Sigma Fx}{R} = \frac{\Sigma Fx}{\Sigma F}, \quad \beta = \frac{\Sigma Fy}{R} = \frac{\Sigma Fy}{\Sigma F}.$$

30. Si toutes les forces, dont le nombre est $n+1$, étaient égales entre elles et de même sens, les formules ci-dessus deviendraient

$$R = (n+1)F, \quad \alpha = \frac{F\Sigma x}{(n+1)F} = \frac{\Sigma x}{n+1}, \quad \beta = \frac{\Sigma y}{n+1}.$$

On en conclut que, dans ce cas particulier, *la distance du centre des forces parallèles à un plan quelconque est la moyenne arithmétique des distances des points d'application des composantes au même plan.*

Quelquefois alors on appelle encore ce point *centre des moyennes distances.*

31. Sans entrer dans la facile discussion des équations (1), nous nous bornerons à rappeler que, pour qu'il y ait équilibre dans le système, les deux résultantes partielles des forces agissant dans le même sens doivent être *égales* et *directement opposées.*

La première de ces conditions, celle d'égalité, est évidemment et complétement exprimée par $\Sigma F = o$, et cette valeur entraîne en même temps $\Sigma F x = o$ et $\Sigma F y = o$. On voit en effet que, sans ces deux dernières relations, les valeurs de α et β seraient infinies, circonstance qui caractérise le cas particulier du *couple* (24), et qui correspond à deux forces égales de sens contraire, mais non directement opposées.

En résumé, les trois conditions de l'équilibre d'un système de forces parallèles sont exprimées par les relations

$$\Sigma F = o, \quad \Sigma F x = o, \quad \Sigma F y = o,$$

et se résument en ceci :

1° *La somme algébrique des forces doit être égale à zéro.*

2° *La somme algébrique des moments de ces forces, par rapport à deux plans qui se coupent parallèlement à leur direction, doit être égale à zéro pour chacun de ces plans.*

Remarque. — Les valeurs des distances α et β, dans le cas de l'équilibre, se présentent sous la forme $\frac{o}{o}$, dont l'indétermination convient bien au point d'application de deux forces qui, tirant en sens opposés, peuvent être appliquées en un point quelconque de leur commune direction.

32. Le problème inverse de la composition de deux forces parallèles a pour objet de décomposer (*fig.* 11) une force donnée R en deux autres qui lui soient parallèles, et qui soient appliquées en deux points déterminés *m* et *n* d'une droite passant par son point d'application O.

La solution de cette question consiste tout simplement à partager (20) la force donnée en deux parties proportionnelles aux distances Om et On des points donnés à son point d'application, et à répartir ces deux composantes de manière à satisfaire à la relation connue

$$P \times Om = Q \times On,$$

en ayant égard au sens dans lequel il convient d'appliquer ces forces en raison de leur position par rapport à la résultante.

33. Par un raisonnement semblable à celui du n° 18, nous montrerions que la décomposition d'une force donnée en trois autres, parallèles entre elles et à la première, et situées avec elle dans le même plan, peut se faire d'une infinité de manières; mais cette indétermination disparaît, quand les trois points d'application donnés sont dans un plan qui ne contient pas la direction de la force et ne lui est pas parallèle.

Soit, en effet, O le point d'application de la force R, situé

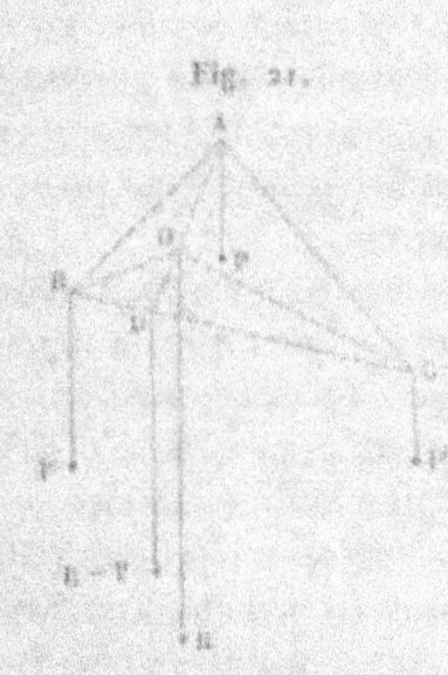

dans le plan des trois points A, B, C, où doivent être respectivement appliquées les trois composantes cherchées. Formons le triangle ABC et joignons le point O à l'un quelconque A des sommets; soit D le point de rencontre de OA avec le côté opposé. Nous décomposerons d'abord la force donnée R en deux composantes, l'une P appliquée en A, l'autre R — P en D; puis cette dernière R — P en deux autres P' et P'' respectivement appliquées en B et en C.

Le rapport entre ces trois forces peut, d'ailleurs, être établi d'une manière à la fois simple et remarquable; car la première décomposition nous donne

$$R : P :: AD : OD,$$

et, si l'on tire les droites OB et OC, on voit que les lignes AD et OD sont proportionnelles aux hauteurs et, par conséquent, aux aires des triangles ABC et BOC qui ont la même base BC.

En opérant de même à l'égard des deux autres sommets B et C, on obtiendrait évidemment les deux dernières des trois proportions suivantes :

$$R : P :: ABC : BOC,$$
$$R : P' :: ABC : AOC,$$
$$R : P'' :: ABC : AOB,$$

lesquelles peuvent se grouper comme il suit :

$$R : P : P' : P'' :: ABC : BOC : AOC : AOB,$$

et établissent que, *si l'on représente la force donnée par l'aire du triangle que déterminent les points d'application donnés des composantes, chacune de ces trois forces sera elle-même représentée par le triangle obtenu en joignant le point d'application de la résultante à ceux des deux autres composantes.*

34. Si le point O tombait en dehors du triangle ABC, la même décomposition pourrait encore s'effectuer ; seulement, les triangles obtenus en joignant ce point successivement avec deux quelconques des points d'application donnés ne seraient plus à l'intérieur du triangle ABC, et leur somme ne serait plus égale à l'aire de ce triangle, de même que la résultante ne serait plus égale à la somme des composantes.

En général, suivant la position du point O, il y aurait dans ce cas *une* ou *deux* composantes de même sens que la force donnée, et *deux* ou *une* de sens contraire. La différence entre la somme des forces agissant dans le même sens que la résultante et la somme de celles qui agissent en sens contraire serait égale à cette force R, de même que l'aire du triangle ABC serait elle-même égale à l'excès de la somme des aires correspondant aux premières forces sur la somme des aires correspondant aux secondes.

Nous laissons au lecteur le soin de faire cette discussion, qui, après ces indications, ne présente aucune difficulté.

35. On voit que le problème qui a pour but de décomposer une force donnée R en trois autres forces parallèles passant par trois points donnés est entièrement déterminé. Si l'on donnait plus de trois points, il y aurait, au contraire, indétermination.

En effet, on pourrait appliquer à tous les points donnés, excepté trois d'entre eux, des forces arbitraires quant à leur grandeur et au sens dans lequel elles agiraient; ces forces, composées par la règle du n° 26, donneraient lieu à une force unique que nous désignerons par R'.

On décomposerait ensuite la force donnée R en deux forces, dont l'une fût R'; désignant l'autre par R", il faudrait la considérer comme la résultante de trois forces passant par les derniers points, ce qui, d'après ce qu'on vient de voir, déterminerait complétement ces forces.

Ainsi, en général, quand on donnera un nombre m de points, les forces seront arbitraires pour $m - 3$ de ces points pris à volonté, et celles qui passeront par les trois autres seront ensuite déterminables en fonction de ces forces arbitraires.

COMPOSITION DES FORCES DIRIGÉES D'UNE MANIÈRE QUELCONQUE DANS L'ESPACE.

36. Chercher à composer un système de forces qui sont appliquées à un corps solide dans des directions quelconques, c'est essayer de les ramener à une résultante unique ou, tout au moins, au groupe de forces équivalent le plus simple possible.

Soient donc F l'une des forces données et A, B, C trois points choisis arbitrairement, non en ligne droite, dans l'intérieur du corps, ou au moins liés invariablement avec lui. Si l'on joint le point d'application de la force F à chacun des trois points A, B, C, on pourra (17) décomposer cette force par la règle du parallélépipède en trois forces dirigées suivant ces trois droites, et transporter ensuite le point d'application des trois composantes aux points A, B, C, respectivement situés sur leur direction.

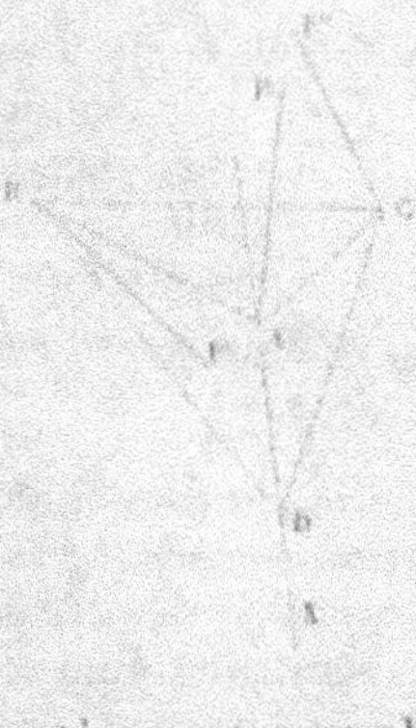

Après avoir agi de la même manière à l'égard des autres forces F', F",... du système, on aura obtenu, en chacun des points A, B et C, un certain nombre de composantes formant trois groupes réductibles chacun à une force unique. Appelons P, P', P" ces trois dernières qui remplacent toutes les forces primitives.

On voit déjà que *toutes les forces données peuvent être réduites à trois forces passant par trois points pris arbitrairement dans le corps.*

Mais ce nouveau système peut lui-même être simplifié. Faisons passer un plan par la force P' et la ligne AB; puis un second par la force P" et la droite CA; ces deux plans se couperont suivant une ligne AX dont nous joindrons un point quelconque D aux points B et C. Dans cet état, chacune des forces P' et P" pourra se décomposer en deux autres : la première suivant BA et BD, la seconde suivant CA et CD. De ces quatre composantes, celles dirigées sur BA et CA se transporteront en A, où elles se composeront avec la force P qui y est appliquée; celles dirigées sur BD et CD pourront être appliquées en D et s'y composer en une seule, si ce dernier point est, comme le point A, supposé pris dans l'intérieur du corps ou au moins lié invariablement avec lui.

On aura ainsi ramené le système des forces P, P', P" et, par conséquent, celui des forces données F, F', F", ... à deux forces, l'une passant par le point A pris arbitrairement, et l'autre par le point D. Donc, enfin, *un système quelconque de forces appliquées à un corps solide peut toujours se réduire à deux forces, dont l'une passe par un point donné arbitrairement dans le corps ou lié invariablement avec lui.*

Remarque. — S'il arrivait que les deux forces appliquées en A et D se trouvassent dans un même plan, elles se composeraient en une force unique qui serait la résultante générale du système donné, à moins qu'elles ne fussent égales, parallèles et de sens contraires, auquel cas elles se feraient équilibre ou n'auraient pas de résultante (24), selon qu'elles seraient ou non directement opposées.

37. Une fois ramené à ces termes, et sauf le cas particulier dont nous venons de parler, le système proposé n'est plus susceptible de simplification, deux forces non situées dans le même plan ne pouvant se réduire à une résultante unique.

Il est bon, toutefois, de remarquer que l'ensemble des deux

forces auxquelles ont été ramenées les forces primitives F, F′, F″..., n'est aucunement déterminé, puisque nous avons pris arbitrairement non-seulement les trois points A, B et C, mais encore le point D de la droite AX. Il existe donc une infinité de systèmes de deux forces non situées dans le même plan auxquels peut être réduit un système de forces appliquées à un corps solide, aussi nombreuses qu'on le veut et dirigées d'une manière quelconque, pourvu que les points d'application des deux forces dont il s'agit fassent partie du corps ou soient invariablement liés avec lui. L'un de ces deux points d'application peut d'ailleurs être, sous cette réserve, choisi tout à fait arbitrairement.

Quoi qu'il en soit, ce qui précède nous permet de conclure que, *pour qu'un système de forces appliquées à un corps soit en équilibre, la condition nécessaire et suffisante est que ce système puisse se ramener à deux forces égales et directement opposées.*

Cette condition, comme on le voit, n'est pas de nature à rendre sous cette forme beaucoup de services dans l'application ; aussi la remplace-t-on par deux autres auxquelles conduit une analyse dont nous ne ferons qu'indiquer ici les résultats, pour ne pas entrer dans des développements excédant les limites qui nous sont posées.

On rapporte toutes les forces à trois axes rectangulaires quelconques, et l'on appelle α, β, γ les angles formés par l'une des forces avec ces trois axes. On désigne de même par p, q, r les perpendiculaires respectivement communes (*Géom.*, 192) à cette force et à chacun des trois axes, et l'on arrive aux conditions d'équilibre exprimées par les six équations ci-après :

$$(\mathrm{A})\begin{cases} \Sigma F\cos\alpha = 0, \\ \Sigma F\cos\beta = 0, \\ \Sigma F\cos\gamma = 0, \end{cases} \qquad (\mathrm{B})\begin{cases} \Sigma F p\sin\alpha = 0, \\ \Sigma F q\sin\beta = 0, \\ \Sigma F r\sin\gamma = 0, \end{cases}$$

dont les trois premières nous sont déjà connues (19), et dont les trois autres trouveront dans ce qui va suivre leur interprétation.

38. Des six relations posées dans le numéro précédent, les trois premières (A) signifient que, pour l'équilibre, il faut

d'abord que *les sommes des composantes ou projections des forces données, par rapport à trois axes rectangulaires quelconques, soient séparément nulles.*

Pour interpréter les trois autres (B), nous commencerons par définir ce que l'on appelle le *moment d'une force par rapport à un axe.*

Soit AB la longueur représentant une force F, puis KO et P une droite et un plan quelconques perpendiculaires entre eux.

Si l'on projette AB sur le plan P en *ab*, et si l'on abaisse du

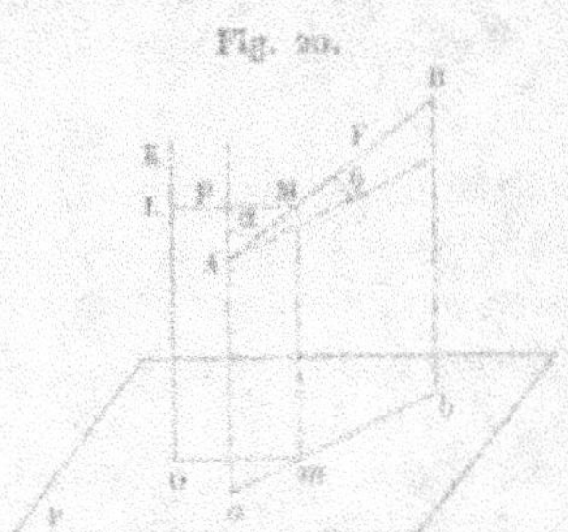

point O une perpendiculaire O*m* sur *ab*, la droite O*m* sera aussi perpendiculaire à KO, et égale à LM ou *p*, qui est la perpendiculaire commune à AB et à KO.

Cela posé, on appelle *moment de la force* F ou AB, par rapport à l'axe KO, le produit de la projection *ab* de cette force par la distance O*m* de cette projection au point où le plan est percé par la droite. Ce produit n'est autre chose que le moment de la projection *ab* par rapport au point O, et cette projection étant elle-même égale à F cos θ ou à F sin α, puisque les angles θ et α sont complémentaires, le moment de la force F est finalement exprimé par F p sin α.

La seconde condition d'équilibre exprimée par les trois relations (B) est donc que *les sommes des moments des forces, par rapport aux trois mêmes axes, soient séparément nulles.*

COROLLAIRE I. — Le moment d'une force par rapport à un axe est nul, quand la force rencontre l'axe ou quand elle lui est parallèle. Ces deux cas sont compris dans l'énoncé suivant :

Le moment d'une force par rapport à un axe est nul, quand la direction de la force et l'axe des moments sont dans un même plan.

39. Pour que les équations (A) ci-dessus puissent être satisfaites, il est nécessaire que tous les termes qui composent chacun des premiers membres ne soient pas de même signe.

Il en est naturellement ainsi dans le cas de l'équilibre, parce que les forces du système agissent dans des sens différents, et donnent sur chacun des trois axes des composantes dirigées les unes dans un sens, les autres dans le sens opposé.

Il doit en être de même pour les moments qui entrent dans les équations (B), et voici d'après quelles conventions on a attribué des signes différents à ces quantités :

Quand plusieurs forces sont situées dans un plan et reliées au centre des moments par des perpendiculaires à leurs directions, on sait que les unes, comme la force F, tendent à faire tourner le système de gauche à droite, tandis que d'autres, comme la force F', tendent à le faire tourner en sens contraire. On est convenu de donner le signe + aux moments des pre

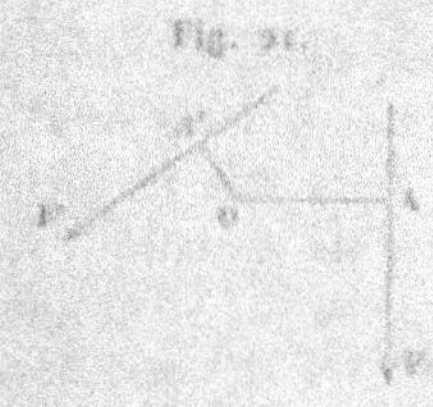

mières forces F, et le signe — à ceux des forces F'. La somme algébrique de tous ces moments n'est autre chose, comme on le voit, que la différence entre la somme de ceux qui tendent à faire tourner dans un sens et la somme de ceux qui tendent à faire tourner dans l'autre sens.

S'il s'agit maintenant des moments par rapport à un axe, le moment d'une force reçoit le signe qu'affecterait, d'après la règle ci-dessus, celui de la même force projetée sur un plan perpendiculaire à l'axe par rapport au pied de cet axe.

Il est facile de voir que le même principe s'applique plus simplement encore aux moments de forces parallèles, par rapport à un plan parallèle à leur direction commune.

40. Les six équations (A) et (B) ci-dessus posées (37) constituent, dans le sens le plus général, les conditions d'équilibre d'un système quelconque de forces appliquées à un corps solide. Il est aussi facile qu'utile de vérifier qu'elles comprennent bien, comme cas particulier, celles que nous avons établies (19) pour l'équilibre des forces concourantes. On peut toujours en effet, dans cette supposition, placer l'origine des trois axes au point commun des forces, et donner ainsi aux perpendiculaires p, q, r des valeurs nulles qui font disparaître le groupe des trois équations (B).

33.

De même, on y retrouve les trois relations d'équilibre des forces parallèles (31), en prenant l'un des axes parallèle à la direction des forces et les deux autres perpendiculaires au premier. Ces conditions peuvent s'exprimer ainsi :

Pour que des forces parallèles soient en équilibre, il faut que *la somme algébrique de ces forces soit nulle, et que la somme de leurs moments, par rapport à deux plans qui se coupent suivant une ligne parallèle aux forces, soit nulle pour chacun de ces plans.*

Enfin, si toutes les forces sont situées dans un même plan, circonstance qui a fait l'objet de la remarque du n° 17, on pourra prendre ce plan pour celui de deux des axes, le troisième leur étant perpendiculaire, et les six équations se réduiront encore à trois, deux du premier groupe (A) et une du second (B). Nous retrouverons encore ici la condition de l'équilibre applicable à ce cas, savoir :

La somme des forces décomposées suivant deux axes concourants tracés à volonté dans le plan doit être nulle pour chacun de ces axes, et la somme des moments des forces par rapport à un point quelconque du plan doit aussi être égale à zéro.

CENTRES DE GRAVITÉ.

41. Tous les corps abandonnés à eux-mêmes prennent un mouvement vers le centre de la Terre, dans une direction qui est, en chaque lieu, perpendiculaire à la surface des eaux tranquilles, et qu'on nomme *verticale*.

La cause de ce phénomène, c'est-à-dire la force qui sollicite tous les corps suivant la verticale, est la *pesanteur* ou *gravité*. Eu égard à la grandeur du rayon terrestre, ainsi qu'à des expériences directes, on peut regarder comme rigoureusement parallèles toutes les verticales d'un même lieu, en restreignant toutefois ce principe à des étendues relativement peu considérables.

La pesanteur sollicite les parties intérieures des corps comme les parties extérieures ; il faut faire le même effort pour supporter un corps entier ou toutes les parties dans lesquelles on le divise ; s'il est creux, les corps que l'on y renferme exercent le même effort que s'ils étaient placés à l'extérieur. C'est donc avec raison qu'on regarde cette force comme agissant uniformément sur toutes les parties qui composent les corps.

42. Si l'on applique la théorie des forces parallèles de même sens à celles qui proviennent de la pesanteur, on reconnaît d'abord qu'elles ont une résultante qui leur est parallèle et est égale à leur somme; on l'appelle le *poids* du corps.

En second lieu, on sait que cette résultante a son point d'application indépendant de la direction des forces relativement au corps. C'est le centre des forces parallèles produites par la pesanteur; on lui donne le nom de *centre de gravité*.

On peut donc définir le centre de gravité d'un corps en disant que c'est *le point par lequel passe constamment la résultante des poids de toutes les parties ou molécules, quelle que soit la position que prenne le corps par rapport à la direction verticale de tous ces poids.*

Il est bon de remarquer que les molécules d'un corps peuvent être disposées de telle sorte que le centre de gravité, défini comme il vient de l'être, soit situé au dehors du corps lui-même, ainsi que cela arrive notamment dans le solide appelé *tore* que produit la révolution d'un cercle autour d'un axe fixe situé dans son plan. On conçoit qu'alors le point fictif auquel est donné le nom de *centre de gravité* ne peut entrer dans les considérations qui vont suivre qu'autant qu'il est supposé invariablement lié au système.

Sous cette réserve, le centre de gravité d'un corps peut encore être considéré comme un point auquel toute la masse est concentrée, et auquel est appliquée une force égale et parallèle au poids. Il en résulte qu'un corps pesant est nécessairement en équilibre dans toutes les positions qu'on lui donne autour de son centre de gravité, quand on rend ce centre fixe.

Enfin, quand on suspend un corps par un fil et qu'on attend que ce corps soit en équilibre, la direction du fil passe par le centre de gravité; car la tension du fil, qui agit évidemment dans la direction de celui-ci, ne peut détruire le poids du corps qu'autant qu'elle lui est égale et directement opposée, et que, par conséquent, elle passe par le centre de gravité.

Si donc on suspend successivement un corps par deux de ses points, la rencontre des directions verticales du fil à tra-

vers le corps donne le centre de gravité. De là résulte un *moyen
mécanique de déterminer le centre de gravité d'un corps.*

43. *Quand un corps, libre de choisir sa position d'équilibre,
arrive au repos, son centre de gravité est toujours le plus bas
possible.*

Ce phénomène frappe à chaque instant nos yeux, et nous
pouvons aisément le vérifier, soit en suspendant un corps par
un point autre que son centre de gravité, soit en posant sur
une table horizontale un corps rond que l'on aura eu soin de
composer de deux hémisphères de matières différentes et notablement plus pesants l'un que l'autre. Or, le simple bon
sens nous indique que le centre de gravité de la sphère doit
se trouver nécessairement dans l'hémisphère le plus pesant
et sur un point du diamètre perpendiculaire à la base commune des deux hémisphères. De plus, une propriété bien
connue du cercle nous apprend que, dans cette position, c'est
le sommet de l'hémisphère le plus pesant qui est le point de
la surface sphérique le plus rapproché de ce centre de gravité,
et le sommet de l'autre hémisphère qui en est le plus éloigné.

L'expérience sera donc concluante en faveur du principe
énoncé, si notre sphère s'arrête toujours sur le sommet de
l'hémisphère le plus lourd. C'est, en effet, ce qui a invariablement lieu, dès qu'on l'abandonne à elle-même sur la table
horizontale.

Il est bien vrai qu'on peut parvenir, après des essais plus
ou moins laborieux, plus ou moins répétés, à faire aussi tenir
la sphère sur le sommet de l'hémisphère le plus léger. On
peut également maintenir en repos un corps suspendu en
amenant son centre de gravité au-dessus du point de suspension dans la verticale de ce point, et ce centre est alors *le
plus haut possible* pour le corps suspendu aussi bien que pour
la sphère. Mais le moindre ébranlement donné à la table ou au
point de suspension fait chavirer l'un et l'autre corps, et les
ramène promptement à leur première position d'équilibre.

Dans cette première position, l'équilibre est dit *stable*; il
n'est qu'*instantané* ou *instable* dans la seconde.

Enfin, l'équilibre est *indifférent* pour le corps suspendu par
son centre de gravité, ou pour un corps posé sur un plan

horizontal, quand le centre de gravité reste à la même distance du point pour toutes les positions du corps, comme cela arriverait notamment pour une sphère d'une seule matière dont le centre de gravité se confondrait évidemment avec le centre de figure.

Corollaire. — Le principe ci-dessus s'applique nécessairement à un système de corps pesants invariablement liés entre eux, et l'on peut dire qu'*un système de corps pesants n'est en équilibre stable qu'autant que son centre de gravité est le plus bas possible.*

44. Lorsque la matière qui compose un corps est homogène, les volumes égaux ont des poids égaux ; mais, si la matière de deux corps homogènes n'est pas la même, le poids est également différent pour des volumes égaux de ces deux corps.

Le poids de l'unité de volume d'une substance homogène s'appelle son *poids spécifique.*

45. Quoique les surfaces et les lignes ne puissent avoir de poids, puisqu'elles ne sont que des limites abstraites et ne renferment aucune partie matérielle, on les considère néanmoins comme ayant un centre de gravité. On suppose alors qu'elles sont soumises en tous leurs points à l'action de forces parallèles qui, dans le cas de l'homogénéité, donnent des résultantes égales pour des parties équivalentes, et c'est par analogie qu'on nomme centre de gravité le centre de ces forces parallèles.

Nous ne considérerons ici que les lignes, les surfaces et les corps homogènes. Réduite à ces termes, la recherche des centres de gravité n'est plus, à proprement parler, qu'une question de Géométrie, puisque les poids, réels ou fictifs, sont proportionnels aux longueurs, aux aires et aux volumes.

Dans cette recherche, nous nous appuierons sur les lemmes suivants, qui sont des conséquences trop évidentes de la théorie des forces parallèles, pour que nous devions entrer dans les détails de leur démonstration :

1° *Toute figure décomposable en plusieurs parties, ayant toutes leur centre de gravité sur une ligne droite ou dans un plan déterminés, a son centre de gravité sur cette droite ou dans ce plan.*

2° Toute figure symétrique par rapport à un plan ou à un axe a son centre de gravité dans ce plan ou sur cet axe.

3° Toute figure qui, sans être symétrique par rapport à un plan ou à un axe, est cependant décomposable en parties qui, deux à deux, aient des poids égaux et soient tellement placées, que la ligne joignant leurs centres de gravité soit partagée par ce plan ou par cet axe en deux parties égales, a elle-même son centre de gravité dans ce plan ou sur cet axe.

4° Toute figure qui a un centre géométrique a son centre de gravité en ce point.

CENTRE DE GRAVITÉ DES LIGNES.

46. Le centre de gravité d'une *ligne droite* de grandeur déterminée est au milieu de sa longueur. Ce fait, évident par lui-même, se conclut d'ailleurs des lemmes précédents.

Pour trouver le centre de gravité d'un système de deux droites, on joint les centres de gravité, c'est-à-dire les milieux de ces droites; puis, on divise la droite ainsi obtenue en parties réciproquement proportionnelles aux poids fictifs des droites, c'est-à-dire à leurs longueurs.

Pour trois ou un nombre quelconque de droites, formant ou non un polygone et situées ou non dans le même plan, on détermine de même le centre de gravité, en considérant chaque droite comme un poids proportionnel à sa longueur et appliqué en son milieu, et en opérant comme pour la composition des forces parallèles.

47. Soit à chercher, comme exemple, le centre de gravité du contour d'un *triangle* ABC.

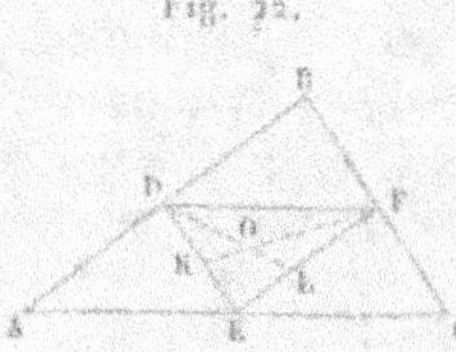

Fig. 72.

Le centre de gravité des deux côtés AB et AC sera sur la ligne DE qui joint leurs milieux, et en un point K tel, que l'on ait

$$KE : KD :: AB : AC.$$

D'ailleurs, les triangles ABC et DEF sont semblables, puisqu'ils ont leurs angles respectivement égaux; ils fournissent donc

$$AB : AC :: FE : FD.$$

Cette nouvelle proportion, combinée avec la première, donne

$$KE : KD :: FE : FD$$

et, par suite (*Géom.*, 64), la ligne KF est la bissectrice de l'angle DFE.

Si l'on composait maintenant la résultante appliquée en K avec le poids du côté BC, lequel est appliqué en F, la résultante définitive serait placée quelque part sur la ligne FK. On conclurait de même, par une composition faite dans un autre ordre, que le point d'application de cette résultante, ou le centre de gravité cherché, se trouve également sur la bissectrice DL de l'angle EDF. Ce point se trouve donc à la rencontre O des deux lignes KF et DL.

Donc, enfin, *le centre de gravité du contour d'un triangle est le centre du cercle inscrit à un second triangle qu'on obtient en joignant deux à deux les milieux des côtés du premier.*

48. Le centre de gravité du contour d'un *triangle équilatéral*, d'un *carré* et, en général, d'un *polygone régulier* est en son centre de figure. Il en est de même d'un *rectangle* et d'un *parallélogramme*, qui ont pour centre de figure le point de rencontre de leurs diagonales, en ce sens que toute droite passant par ce point et limitée au périmètre y est partagée en deux portions égales. Ces propriétés sont des applications des lemmes posés à la fin du n° 45 et s'établiraient, d'ailleurs, sans difficulté par la méthode que nous venons d'employer pour le triangle.

On en conclut encore que le centre de gravité du système des arêtes d'un *parallélépipède* quelconque est au point de rencontre de ses diagonales. Enfin, les courbes centrées, telles que le *cercle*, *l'ellipse* dont on trouvera plus loin la définition, etc., ont leur centre de gravité en leur centre de figure.

49. Nous déterminerons encore le centre de gravité d'un *arc de cercle*, et nous y arriverons facilement par une application du théorème des moments démontré ci-dessus (23) pour les forces parallèles.

Considérons, en effet, sur l'arc AB qui a nécessairement
son centre de gravité G sur le rayon CO, un élément MN qui se projette sur la corde AB suivant *mn* égal à MV. Par le milieu I de cet élément menons le rayon IO, et la perpendiculaire IK sur le diamètre parallèle à AB.

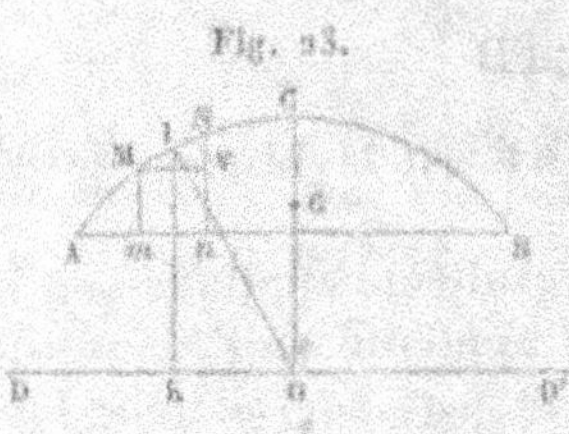

Fig. 23.

Le moment de la force verticale représentée par la longueur de l'élément MN est exprimé par MN × IK, ou par *mn* × IO, à cause des triangles semblables MNV et OIK ; la somme des moments de tous les éléments pareils dont l'ensemble forme ACB s'exprimera donc par Σ(*mn* × IO), ou par IO × Σ*mn*, ou enfin par IO × AB.

D'un autre côté, le moment de l'arc entier ACB est ACB × OG, et nous devrons, en vertu du théorème cité, poser l'équation

$$ACB \times OG = IO \times AB,$$

qui donne

$$OG = \frac{IO \times AB}{ACB}.$$

On voit donc que *la distance du centre d'un arc de cercle à son centre de gravité est une quatrième proportionnelle à l'arc lui-même, à sa corde et au rayon.*

Corollaire. — Si l'arc est égal à une demi-circonférence, il s'exprimera par πr, r étant le rayon, et la distance OG deviendra égale à $\dfrac{r \times 2r}{\pi r}$ ou $\dfrac{2r}{\pi}$.

50. La question traitée ci-dessus n'est qu'une application particulière d'un théorème plus général attribué à Guldin, et dont nous allons seulement donner l'énoncé, sa démonstration ayant, d'ailleurs, la plus grande analogie avec ce que nous avons fait pour l'arc de cercle :

1° *La surface engendrée par une ligne plane finie, qui fait une révolution autour d'une droite tracée dans son plan de manière à ne pas la couper, est égale au produit de la longueur de cette ligne par la circonférence que décrit son centre de gravité.*

2° Le volume engendré par une surface plane finie, qui fait une révolution autour d'une droite tracée dans son plan de manière à ne pas la couper, est égal au produit de l'aire de cette surface par la circonférence que décrit son centre de gravité.

Cette double vérité, dont la deuxième partie ne trouvera que plus loin son application, découle sans difficulté de la considération du théorème des moments appliqué aux forces parallèles. Elle permet de déterminer les centres de gravité des lignes et des surfaces planes, quand la Géométrie fournit l'expression des surfaces et des volumes qu'elles engendrent.

Ainsi, pour reprendre à ce point de vue la question précédente, nous considérerons que l'arc ACB décrit une zone sphérique de hauteur égale à AB, et dont la surface a pour valeur (*Géom.*, 271) le produit de sa hauteur par la circonférence d'un grand cercle, soit $AB \times 2\pi IO$.

D'un autre côté, le théorème de Guldin dit que cette surface est aussi égale au produit de la longueur ACB par la circonférence décrite par le centre de gravité, ou à $ACB \times 2\pi OG$. De là l'équation

$$ACB \times 2\pi OG = AB \times 2\pi IO,$$

qui donne, comme plus haut,

$$OG = \frac{IO \times AB}{ACB}$$

COROLLAIRE. — Si, au lieu de faire un tour entier, la figure décrivait seulement autour de l'axe de rotation un angle mesuré par α, la surface et le volume engendrés seraient naturellement réduits dans le rapport de α à 360 degrés.

CENTRE DE GRAVITÉ DES SURFACES.

51. *Le centre de gravité de l'aire d'un triangle est situé sur la droite qui joint un sommet quelconque au milieu du côté opposé, au tiers à partir de la base, ou aux deux tiers à partir du sommet.*

Soit, en effet, ABC un triangle quelconque. Joignons le sommet C au milieu D du côté opposé AB ; partageons la surface du triangle en un grand nombre de bandes très-minces par des parallèles à la base ; puis, par les points où ces parallèles coupent les côtés AC et BC, menons des parallèles à CD. Nous construirons ainsi deux séries de paral

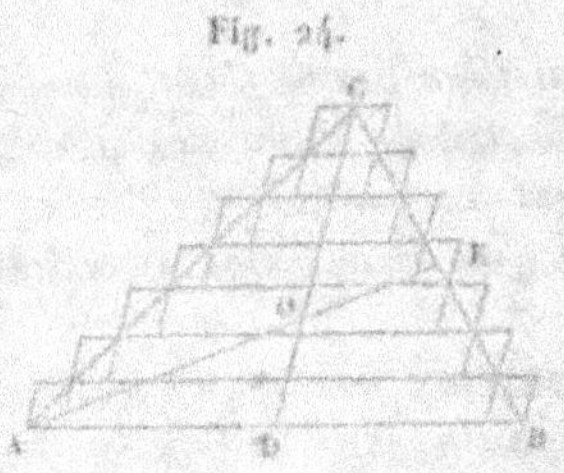
Fig. 24.

lélogrammes, les uns intérieurs au triangle et formant une somme d'aires moindre que celle dudit triangle, les autres excédant et formant, par conséquent, une somme plus grande.

Or tous ces parallélogrammes ont leurs centres de gravité sur la ligne CD (45, Lemme 4°), et chacun des deux groupes de parallélogrammes a, par conséquent, son centre de gravité sur cette même ligne. On conçoit alors que, cette vérité ne cessant pas d'exister quelque grand que soit le nombre des parallélogrammes, elle soit encore applicable au cas où les deux groupes, qui comprennent toujours entre eux l'aire du triangle, viennent se confondre avec cette aire ; par suite, on peut dire que le triangle lui-même a son centre de gravité sur la ligne CD.

Il serait tout aussi facile de faire voir que ce centre de gravité se trouve également sur la ligne AE, qui joint le sommet A au milieu E du côté BC ; donc il est au point d'intersection O de ces deux lignes, et la Géométrie élémentaire (*Géom.*, 44, *Rem.*) nous apprend que ce point est réellement situé au tiers de chaque médiane à partir de la base correspondante, ce qui prouve le théorème énoncé.

Remarque. — Le centre de gravité d'un triangle est le même que celui d'un système de trois sphères égales et homogènes qui auraient leurs centres aux trois sommets.

En effet, en composant les poids des sphères A et B, on aura un poids double agissant en D. Pour composer ensuite ce poids double en D avec un poids simple en C, il faudra prendre DO égal à la moitié de OC, ce qui donne précisément le centre de gravité du triangle.

52. Dans un *carré*, un *rectangle*, un *parallélogramme*, un *polygone régulier* quelconque, un *cercle*, une *ellipse*, un *parallélépipède* quelconque, une *sphère*, le centre de gravité de la surface est au centre de figure (45, Lemme 4ᵉ).

53. Le centre de gravité de l'aire du *trapèze* s'obtient facilement quand on sait trouver celui du triangle.

Si l'on prolonge, en effet, les côtés concourants du trapèze

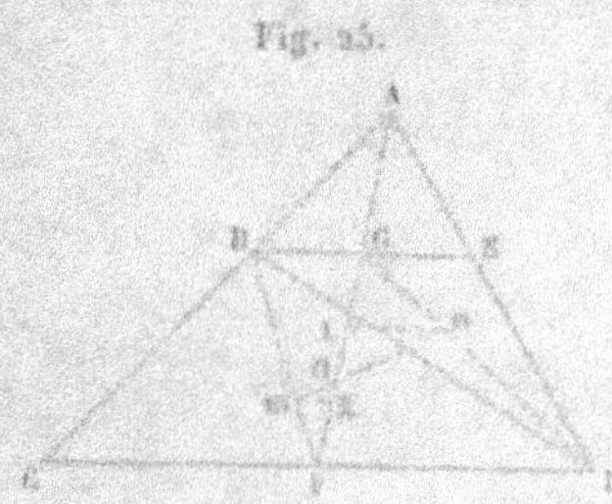

Fig. 25.

BCDE jusqu'à leur rencontre au point A, on forme deux triangles ACD et ABE, dont la différence est le trapèze lui-même, et qui ont, tous deux, leur centre de gravité sur la droite AGF passant par le sommet commun A et par les milieux G et F des côtés parallèles. Comme dans le cas du triangle, et à cause de la propriété connue de la résultante des forces parallèles, le trapèze BCDE a aussi son centre de gravité sur la ligne GF.

Pour avoir une seconde droite qui contienne également le centre de gravité cherché, et dont la rencontre avec la première détermine ce point, menons la diagonale BD, et décomposons ainsi le trapèze en deux triangles BCD, BDE, dont l'un a son centre de gravité en m, au tiers de la médiane BF, l'autre en n aux deux tiers de DG, à partir de la base inférieure. Le centre de gravité du trapèze est aussi situé sur la droite mn; il est donc à la rencontre O de cette ligne avec GF.

54. Cette construction est sans doute fort simple, mais il est d'usage d'en donner une autre assez remarquable dont la démonstration ressort du calcul suivant :

Cherchons à exprimer en fonction des deux bases CD et BE, que pour plus de simplicité nous appellerons B et b, les distances x et y du centre de gravité O aux deux extrémités F et G de la médiane FG.

Le point O étant le point d'application de la résultante de deux forces parallèles appliquées en m et n, lesquelles forces, égales aux aires des triangles de même hauteur BCD, BDE, sont proportionnelles aux bases B et b de ces triangles, les longueurs mO et On sont dans un rapport inverse avec ces bases (20), et l'on a la proportion

$$m\mathrm{O} : \mathrm{O}n :: b : \mathrm{B},$$

que la similitude des triangles mOK et nOL permet de remplacer par celle-ci :

$$\mathrm{OK} : \mathrm{OL} :: b : \mathrm{B}.$$

Or, de cette dernière il est facile de déduire la nouvelle proportion

$$\mathrm{OK} : \mathrm{OL} : \mathrm{OK} + \mathrm{OL} \quad \text{ou} \quad \tfrac{1}{3}\mathrm{FG} :: b : \mathrm{B} : b + \mathrm{B},$$

de laquelle on tire successivement

$$\mathrm{OK} \quad \text{ou} \quad x = \tfrac{1}{3}\mathrm{FG} = \tfrac{1}{3}\mathrm{FG} \times \frac{b}{\mathrm{B}+b}, \text{ d'où } x = \tfrac{1}{3}\mathrm{FG} \times \frac{2b+\mathrm{B}}{\mathrm{B}+b},$$

$$\mathrm{OL} \quad \text{ou} \quad y = \tfrac{1}{3}\mathrm{FG} = \tfrac{1}{3}\mathrm{FG} \times \frac{\mathrm{B}}{\mathrm{B}+b}, \text{ d'où } y = \tfrac{1}{3}\mathrm{FG} \times \frac{2\mathrm{B}+b}{\mathrm{B}+b},$$

et enfin, par division,

$$\frac{x}{y} = \frac{2b+\mathrm{B}}{2\mathrm{B}+b}.$$

Maintenant, ce rapport étant connu et la ligne GF tracée, portons (*fig.* 26) sur le prolongement de CD la longueur DS

Fig. 26.

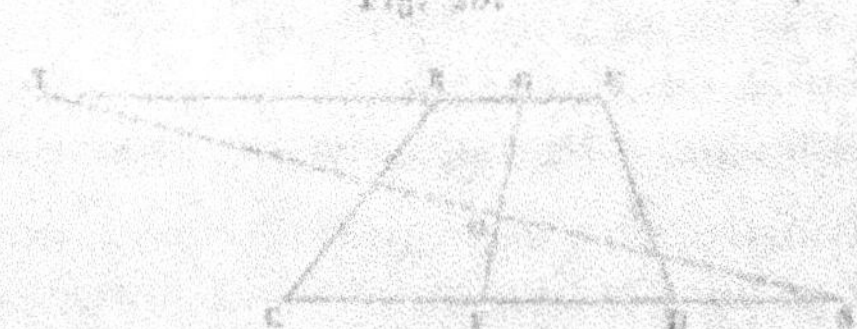

égale à BE ou b; puis en sens contraire, sur le prolongement de BE, portons BT égal à CD ou B, et tirons TS. Le point O de la rencontre de cette ligne avec GF sera le centre de gravité cherché; car on aura

$$x : y :: \mathrm{OF} : \mathrm{OG} :: \mathrm{FS} : \mathrm{GT}$$

$$:: \frac{\mathrm{B}}{2} + b : \frac{b}{2} + \mathrm{B} :: \mathrm{B} + 2b : b + 2\mathrm{B}.$$

Remarque. — On serait arrivé à la même construction, si l'on avait appliqué le théorème des moments à la recherche des distances du centre de gravité aux deux bases du trapèze. La méthode qui précède a toutefois l'avantage d'être purement géométrique (45), ainsi que le comportent les lignes, surfaces et volumes homogènes.

55. On obtiendrait encore le même résultat, et nous ne donnons ce calcul qu'à titre d'exercice utile, en considérant le trapèze comme la différence de deux triangles semblables ACD et

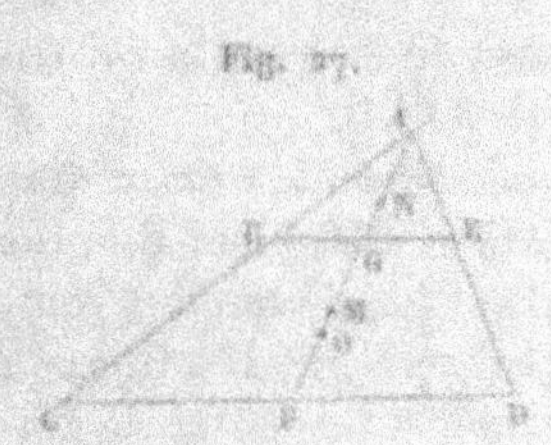

ABE, aux centres de gravité desquels sont appliquées des forces proportionnelles aux aires $\dfrac{BH}{2}$ et $\dfrac{bh}{2}$, ou aux carrés des médianes homologues AF et AG, que nous désignerons respectivement par L et par l.

Ainsi, au centre de gravité O du trapèze est appliquée une force égale à la différence des deux premières, et ce point est déterminé par la proportion (20)

$$ON : OM :: L^2 : l^2.$$

D'un autre côté, la figure montre que

$$ON - OM = MN = MA - NA = \frac{2}{3}(L - l).$$

Nous connaissons donc le rapport et la différence des deux quantités ON et OM, et nous avons vu (*Algèbre*, 3) comment on détermine leurs valeurs

$$ON = \frac{2L^2}{3(L + l)} \quad \text{et} \quad OM = \frac{2l^2}{3(L + l)}.$$

Cela posé, x et y ayant la même signification que ci-dessus, nous voyons sur la figure

$$x = \frac{L}{3} - OM, \quad y = ON - \frac{l}{3},$$

et les substitutions indiquées nous conduisent, après le remplacement de l par $L\dfrac{b}{B}$ et quelques réductions fort simples, au résultat déjà connu

$$\frac{x}{y} = \frac{2b + B}{2B + b}.$$

Remarque. — On voit que ce rapport se réduit à l'unité si b devient égal à B, ce qui est le cas du rectangle, et à $\frac{1}{2}$ quand on suppose $b = o$, circonstance qui correspond au cas du triangle. Ces résultats sont conformes à ceux précédemment obtenus (51 et 52).

56. Supposons qu'il s'agisse maintenant de trouver le centre de gravité d'un *quadrilatère* quelconque ABCD.

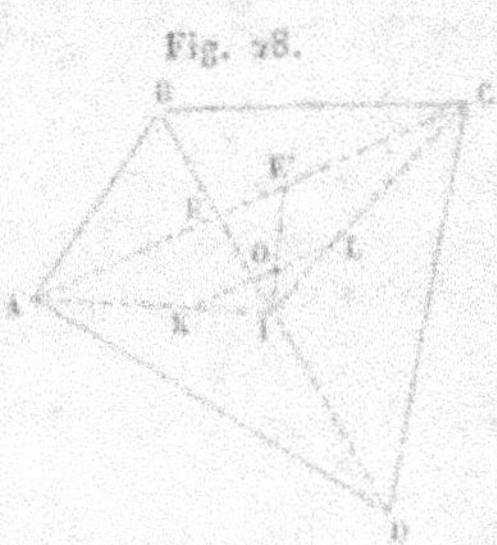

Nous mènerons les deux diagonales AC et BD, ainsi que les droites AI et CI, qui vont des sommets A et C au point I, milieu de la diagonale BD. Le centre de gravité du triangle ABD sera en K, au tiers de AI (51) à partir du point I; celui du triangle BCD sera de même en L, et celui du quadrilatère sera par conséquent en un point O de la droite KL, point que l'on déterminera en posant

$$KO : OL :: \text{triang. BCD} : \text{triang. ABD}.$$

Or, les deux triangles BCD et ABD ayant même base BD, ils sont entre eux comme leurs hauteurs, ou comme les lignes CE et AE qui sont elles-mêmes proportionnelles aux hauteurs; nous avons donc, en substituant,

$$KO : OL :: CE : AE.$$

Si maintenant nous prenons AE' égal à CE, et que nous tirions IE', cette ligne, par son intersection avec KL, déterminera le point O; car, à cause des parallèles KL et AC, nous aurons

$$KO : OL :: AE' : E'C :: CE : AE.$$

Cette solution peut être rendue plus symétrique en remarquant qu'on aurait pu raisonner de la même manière sur les triangles ABC et ADC, qui ont pour base commune la diagonale AC.

On est donc amené à conclure que, si l'on joignait le milieu H de AC avec le point E″ pris sur BD, de façon que la longueur BE″ fût égale à DE, la ligne ainsi obtenue contiendrait aussi le centre de gravité du quadrilatère. De là la construction fort simple exprimée ci-après :

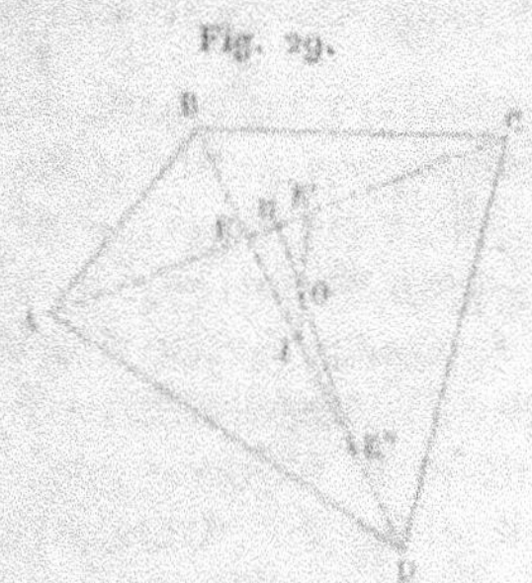

Pour trouver le centre de gravité d'un quadrilatère quelconque, menez ses diagonales, qui se couperont généralement en parties inégales ; sur chacune d'elles, à partir d'un sommet, prenez une longueur égale à la partie qui correspond au sommet opposé, et joignez le point obtenu au milieu de l'autre diagonale. Les deux lignes ainsi tracées détermineront, par leur intersection, le centre de gravité cherché.

Remarque. — Cette construction ne donnerait plus rien, si l'une des diagonales était coupée par l'autre en deux parties égales ; mais, dans ce cas, il est facile de reconnaître que le centre de gravité se trouverait sur cette dernière diagonale, au tiers de la distance qui sépare son point milieu de celui de la première.

57. Pour déterminer le centre de gravité de l'aire d'un polygone quelconque ou, plus généralement, d'un assemblage de figures planes et polygonales, disposées d'une manière quelconque dans l'espace, on peut remarquer qu'un semblable système est toujours décomposable en triangles, et que le problème peut ainsi être ramené à trouver le centre de gravité de cette dernière figure. Il ne reste plus qu'à composer ensuite des forces parallèles, dont les intensités et les points d'application sont connus.

58. Le centre de gravité de l'aire d'un *parallélogramme* ou d'un *parallélépipède* est à l'intersection de ses diagonales, ou au milieu de l'une d'elles.

Celui de l'aire d'un *cercle* ou d'une *sphère* est au centre de figure.

Celui de la surface d'un *cylindre* est au milieu de son axe.

Toutes ces vérités découlent des lemmes posés au n° 45.

59. On peut considérer le *secteur circulaire* comme un assemblage d'une infinité de petits triangles isoscèles qui ont tous leur centre de gravité sur le rayon bissecteur, aux deux tiers de la longueur à partir du centre. Si donc nous imaginons un arc concentrique au premier et ayant pour rayon O*a* les deux tiers du rayon primitif OA, ce nouvel arc contiendra tous les centres de gravité des éléments du premier, et ces points y seront uniformément distribués.

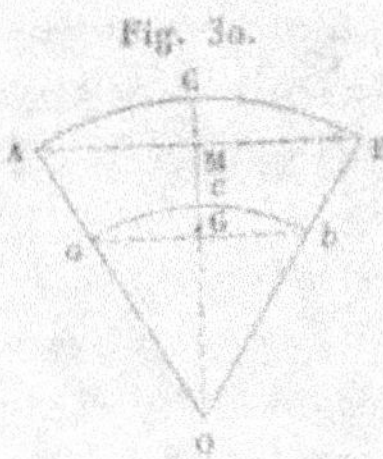

Il suit de là que le centre de gravité du secteur AOBC sera le même que celui de l'arc *acb*.

Or (49) le centre de gravité de l'arc *acb* est sur le rayon OC, en un point G tel que l'on ait

$$OG = \frac{Oa \times ab}{acb}.$$

Mais

$$Oa = \frac{2}{3}\, OA, \quad ab = \frac{2}{3}\, AB \quad \text{et} \quad acb = \frac{2}{3}\, ACB.$$

Il vient donc

$$OG = \frac{\frac{2}{3}\, OA \times \frac{2}{3}\, AB}{\frac{2}{3}\, ACB} = \frac{2}{3}\, \frac{OA \times AB}{ACB}.$$

Remarque. — La distance du centre du cercle au centre de gravité d'un secteur est égale aux deux tiers de celle du même point au centre de gravité de l'arc de ce secteur.

60. Nous laissons comme exercice au lecteur le soin de déterminer la distance du centre du cercle au centre de gravité d'un *segment*. Il y arrivera sans peine en considérant le segment comme la différence entre le secteur et le triangle qui s'appuie sur la corde, et en prenant encore les moments,

comme on l'a fait pour l'arc de cercle, par rapport au diamètre parallèle à cette corde.

Si l'on appelle x la distance cherchée (*fig. 3o*), le résultat sera

$$x = \frac{\overline{AB}^3}{6\left[OA \times ACB - AB \times OM\right]}.$$

Remarque. — Si le segment était égal à un demi-cercle, il faudrait faire dans la formule ci-dessus AB égal au diamètre $2 OA$, ACB égal à la demi-circonférence πOA, et OM égal à zéro.

Il viendrait alors

$$x = \frac{4 OA}{3\pi},$$

résultat pareil à celui que l'on obtiendra en introduisant la même hypothèse dans la formule relative (59) au secteur.

61. *Le centre de gravité d'une zone sphérique est au milieu de la droite qui unit les centres de ses bases.*

D'abord ce point est nécessairement, à cause de la symétrie, quelque part sur la droite indiquée. Il est, de plus, situé au milieu même de cette droite, à cause de la proportionnalité connue des zones à leurs hauteurs, propriété qui permet de décomposer la zone donnée, de chaque côté du plan parallèle équidistant des deux bases, en un même nombre quelconque de zones équivalentes, et ayant toutes leurs centres de gravité symétriquement répartis de chaque côté du milieu de la droite centrale.

CENTRE DE GRAVITÉ DES SOLIDES.

62. *Le centre de gravité d'un prisme ABCC'B'A' est au milieu de la droite qui unit les centres de gravité des deux faces triangulaires.*

Cette vérité se met facilement en lumière par une démonstration identique avec celle que nous avons exposée (51) pour le triangle.

Après avoir remarqué que le plan A″B″C″, mené parallèlement aux faces triangulaires du prisme et à égale distance de ces deux faces, contient le centre de gravité de ce solide (Lemme 4ᵉ), on fait passer par l'une AA' des arêtes longitudi-

34.

nales un plan AA′D′D qui coupe en deux portions égales la
face opposée BCC′B′. On suppose ensuite menés en nombre
quelconque des plans parallèles à cette face; puis, par cha-

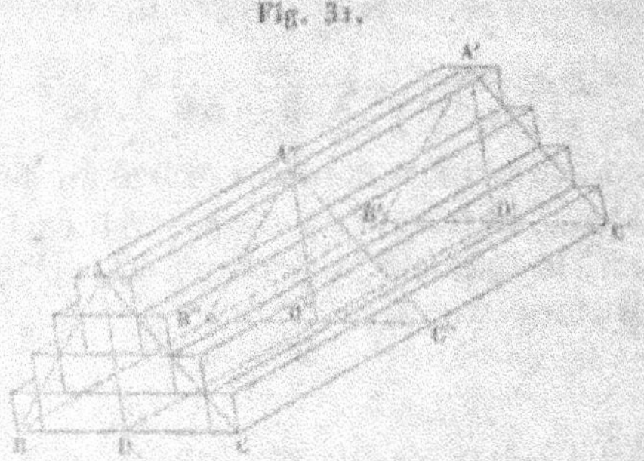

Fig. 31.

cune des droites d'intersection dans les faces longitudinales,
on imagine de nouveaux plans parallèles entre eux et au
plan AA′ D′D.

Le prisme se trouve ainsi compris entre deux groupes de
parallélépipèdes, les uns plus petits, les autres plus grands que
la portion du prisme qui leur correspond. Ces parallélépipèdes
sont tous partagés en deux parties égales par le plan AA′D′D,
et ont leurs centres de gravité dans ce plan; chacun des groupes
a donc aussi son centre de gravité dans ledit plan, et il en
est de même du prisme qui, à mesure qu'on multiplie le
nombre des parallélépipèdes, se rapproche de plus en plus de
se confondre avec la somme des solides composant l'un et
l'autre groupe.

Il serait aussi facile de faire voir que le centre de gravité

Fig. 32.

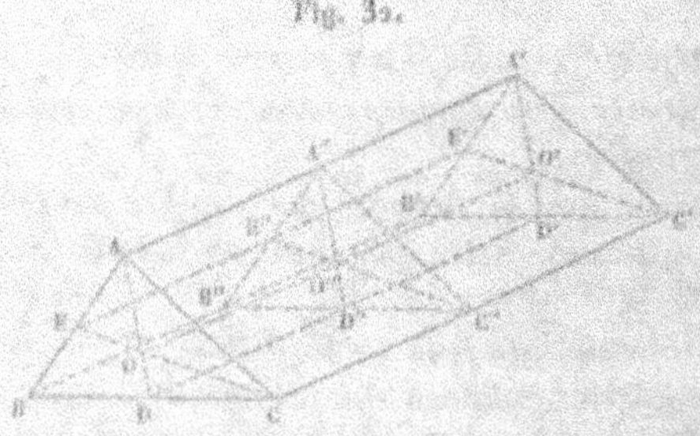

du prisme est également dans le plan CC′E′E mené par une

seconde arête longitudinale CC′ et le centre de figure E″ de la face opposée. Ce point se trouve donc sur l'intersection OO′ de ce nouveau plan avec le plan A A′D′D, et il est clair que cette intersection n'est autre chose que la ligne qui joint les centres de gravité O et O′ des deux faces triangulaires.

Enfin, le point O″ où cette ligne perce le plan intermédiaire A″B″C″ est le centre de gravité du prisme, lequel satisfait à l'énoncé ci-dessus.

Remarque. — Le centre de gravité d'un prisme triangulaire se confond avec celui de la section parallèle aux faces triangulaires menée à égale distance de ces faces.

63. *Le centre de gravité d'un prisme quelconque est le même que celui de la section parallèle aux deux faces extrêmes menée à égale distance de ces deux faces.*

Ceci résulte de ce qu'il est facile de décomposer le prisme donné en prismes triangulaires au moyen de plans conduits

Fig. 33.

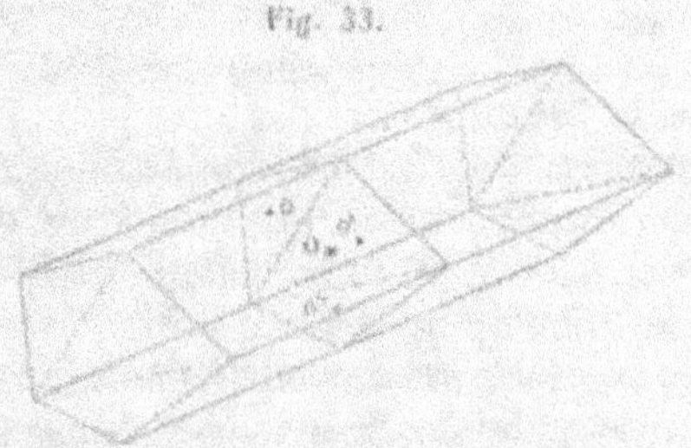

par les arêtes longitudinales et les diagonales des faces extrêmes. D'après la remarque qui précède (62), chacun de ces prismes triangulaires a son centre de gravité confondu avec celui de sa section moyenne. Pour avoir celui du prisme, il suffit donc de composer des forces parallèles, appliquées respectivement aux centres de gravité o, o', o'',…des prismes triangulaires, et proportionnelles aux volumes desdits prismes ou, plus simplement, aux surfaces qui leur correspondent dans la section moyenne. Or cette composition conduit précisément au centre de gravité O de la section polygonale, lequel est, par conséquent, aussi celui du prisme donné.

Remarque I. — Le centre de gravité d'un prisme quelconque

se trouve au milieu de la droite qui joint les centres de gravité des deux faces extrêmes.

Remarque II. — Les mêmes énoncés s'appliquent, par la considération des limites, à un *cylindre oblique* à base curviligne quelconque.

64. Soit maintenant un *tétraèdre* ABCD, dont on veuille déterminer le centre de gravité.

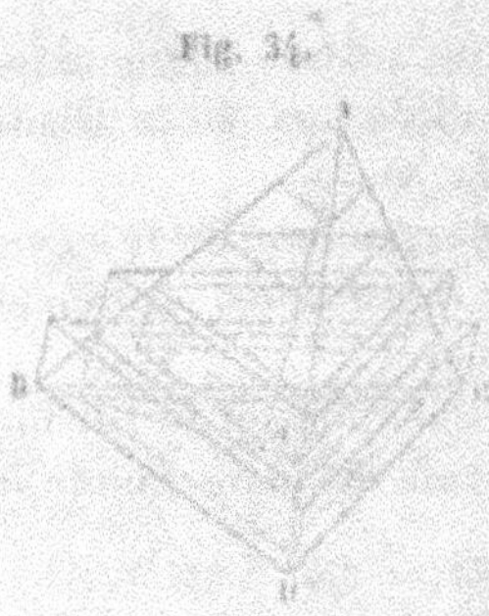

Fig. 34.

Joignons le sommet A, par exemple, au centre de gravité *a* de la face opposée BCD; puis, par une construction analogue à celle que nous avons appliquée au triangle (51) et au prisme triangulaire (61), menons, en nombre indéterminé, des plans parallèles à la face BCD. Nous produirons ainsi des sections triangulaires semblables qui seront, par suite, toutes percées en leurs centres de gravité par la droite A*a*.

Par les sommets de ces sections menons des parallèles à A*a*, et joignons deux à deux les points où chacune de ces droites perce le plan situé immédiatement au-dessus et celui qui est immédiatement au-dessous d'elle. Nous aurons ainsi formé deux groupes de prismes triangulaires, les uns tous plus petits, les autres tous plus grands que la partie du tétraèdre correspondante, et tous ces prismes auront leurs centres de gravité sur la droite A*a*. Il en sera de même du tétraèdre lui-même, lequel approchera d'autant plus de se confondre avec chacune des séries de prismes que le nombre de ces prismes sera plus grand.

Il est donc prouvé, par ce qui vient d'être dit, que le centre de gravité d'un tétraèdre se trouve sur l'une quelconque des droites qui joignent un sommet au centre de gravité de la face opposée, c'est-à-dire au point commun à ces quatre lignes qui, ainsi qu'on peut le démontrer directement, se coupent par cela seul en un même point.

Cherchons maintenant à mieux préciser géométriquement la position de ce point. Soient, à cet effet, *a* et *b* les centres

de gravité des faces respectivement opposées aux sommets A
et B. Les droites B*a*E et A*b*E sont dans le même plan ABE,
et les droites A*a* et B*b*, qui sont également dans ce plan,
s'y rencontreront en O; c'est le
point cherché.

Fig. 35.

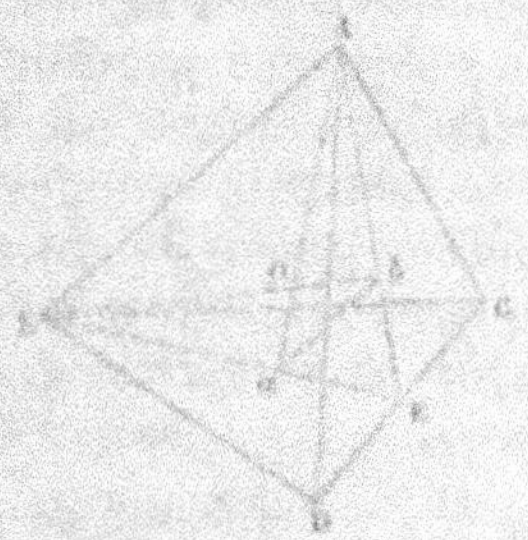

Or, tirons *ab*. Les triangles AOB
et *a*O*b* sont semblables, ainsi que
les triangles *ab*E et ABE. On a donc

$$aO : AO :: ab : AB$$

et

$$ab : AB :: bE : AE :: 1 : 3;$$

donc aussi

$$aO : AO :: 1 : 3.$$

De là le théorème suivant : *Le centre de gravité d'un tétraèdre se trouve à l'intersection des droites qui joignent
chaque sommet au centre de gravité de la face opposée, ou
sur l'une quelconque de ces lignes, au quart de sa longueur à
partir de la face et aux trois quarts à partir du sommet.*

Remarque. — Si par le point O l'on menait un plan parallèle à la face ABC du tétraèdre, ce point serait le centre de
gravité de la section déterminée par ce plan.

La même propriété s'applique également à chacune des
trois autres faces ABD, BCD et ACD.

65. On peut faire sur le tétraèdre une remarque analogue à
celle que nous avons faite pour le triangle, c'est-à-dire que le
centre de gravité de ce corps est le même que celui d'un système de quatre sphères homogènes, égales et ayant leurs
centres aux quatre sommets.

En effet, si l'on compose les poids des trois sphères placées
aux sommets du triangle BCD, on trouvera un poids triple
appliqué en *a*. En composant ensuite ce poids triple appliqué
en *a* avec le poids simple du sommet A, on tombera précisément sur le point O.

Remarque I. — Les quatre poids peuvent aussi se combiner d'une autre manière. On peut composer d'abord les poids
appliqués aux sommets A et B en un poids double appliqué

au milieu F de AB; puis, les poids des sommets C et D en un poids double appliqué au milieu E de CD. Il restera alors

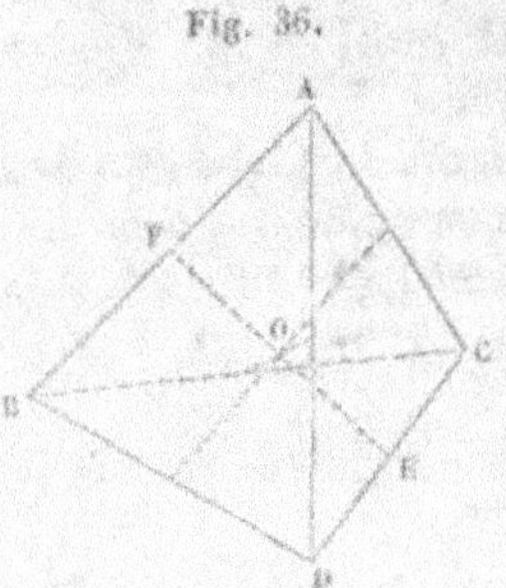

Fig. 36.

à composer ces deux poids doubles, et ils donneront un poids quadruple appliqué au milieu O de la ligne EF. D'ailleurs ce point O ne peut différer de celui qu'on a obtenu par un autre mode de composition; donc il est prouvé que *le centre de gravité d'un tétraèdre est au milieu de la droite qui joint les milieux de deux arêtes opposées.*

Remarque II. — Il résulte de ce qui précède que *les trois droites qui joignent les milieux des arêtes opposées d'un tétraèdre se coupent au même point,* puisque toutes trois contiennent le centre de gravité du solide. Cette circonstance établirait, en effet, suffisamment la vérité du théorème, si l'on n'en avait (*Géom.*, 208) une démonstration directe.

66. Le centre de gravité du *tronc de tétraèdre* se déterminera par un calcul pareil à celui que nous avons exposé (55)

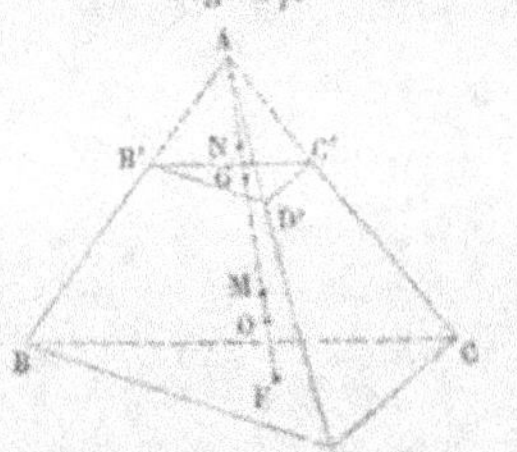

Fig. 37.

pour le trapèze. Avec le même système de notation et par des raisonnements analogues, nous poserons

$$ON : OM :: L^2 : l^2$$

et

$$ON - OM = \frac{3}{4}(L - l),$$

L et *l* représentant respectivement les lignes AF et AG qui joignent le sommet A aux centres de gravité des deux bases B et *b*.

De là nous tirerons, par la méthode connue (*Algèbre*, 3),

$$ON = \frac{3L^3}{4(L^2 + Ll + l^2)}$$

et

$$OM = \frac{3l^3}{4(L^2 + Ll + l^2)}.$$

Reportant ensuite ces valeurs dans les relations

$$x = \frac{L}{4} - OM \quad \text{et} \quad y = ON - \frac{l}{4},$$

qui ressortent de la seule inspection de la figure, nous calculerons $\frac{x}{y}$ qui, par le remplacement de l' par $\frac{b}{B} L'$ et après quelques réductions fort simples, deviendra finalement

$$\frac{x}{y} = \frac{B + 3b + 2\sqrt{Bb}}{b + 3B + 2\sqrt{Bb}},$$

B et b représentant, comme on l'a vu, les bases BCD et B′C′D′ du tronc, lesquelles sont entre elles comme les carrés des lignes homologues L et l.

Remarque. — Si b augmentait jusqu'à devenir égal à B, la valeur de $\frac{x}{y}$ deviendrait égale à l'unité, et le centre de gravité serait à la demi-hauteur de la figure, ainsi transformée en prisme (62).

Si, au contraire, b diminuait jusqu'à zéro, la figure serait un véritable tétraèdre, et $\frac{x}{y}$ serait égal à $\frac{1}{3}$, résultat connu (64).

67. Pour trouver le centre de gravité d'une *pyramide polygonale* SABCDE, on décompose la base en triangles par des diagonales, et l'on mène des plans par ces diagonales et le sommet S. On obtient ainsi des pyramides triangulaires dont chacune a son centre de gravité au centre de gravité de la section faite par un plan *abcde* mené parallélement à la base, au quart de la hauteur.

Fig. 38.

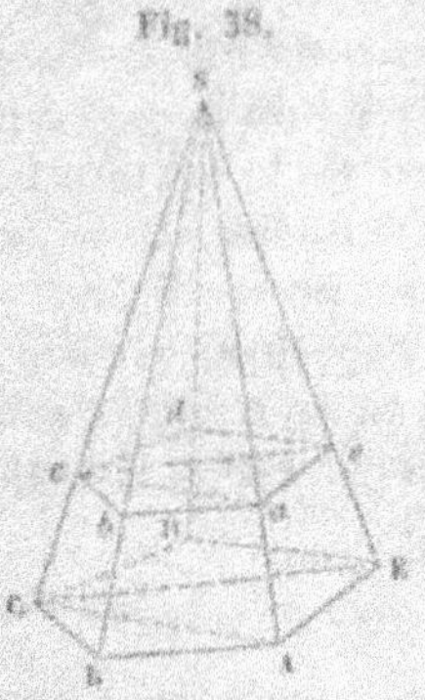

On a donc à composer ensemble des forces parallèles ayant leurs points d'application dans ce plan, et respectivement égales en intensité aux volumes des pyramides triangulaires, c'est-à-dire proportionnelles aux aires des petits triangles *eab*, *cae*, etc. Or, le point d'application de pareilles forces ne sera pas autre chose que le centre de gravité du polygone *abcde*. Il faut donc conclure que *le centre de gravité d'une pyramide polygonale quelconque se trouve au centre de gravité de la section menée parallèlement à sa base, aux trois quarts de la hauteur à partir du sommet ou*, ce qui est géométriquement la même chose, *sur la ligne qui va du sommet au centre de gravité de la base, aux trois quarts de cette ligne à partir du sommet.*

La même propriété s'applique au *cône* à base curviligne quelconque, par l'assimilation de ce solide à une pyramide dont la base prendrait un nombre infiniment grand de côtés infiniment petits.

68. Le centre de gravité d'un *tronc de pyramide polygonale* se trouve, comme pour le tétraèdre, sur la droite qui passe par le sommet et par les centres de gravité des deux bases. D'un autre côté, si l'on décompose le tronc donné en troncs triangulaires de même hauteur par des plans diagonaux, les centres de gravité de tous les troncs partiels seront situés dans un même plan dont les distances x et y aux deux bases seront dans le rapport trouvé plus haut (66),

$$\frac{x}{y} = \frac{B + 3b + 2\sqrt{Bb}}{b + 3B + 2\sqrt{Bb}};$$

car ce rapport est le même pour tous ces troncs, puisqu'il ne dépend pour chacun d'eux que du rapport constant des bases.

On peut donc dire que le centre de gravité du tronc de pyramide polygonale est le même que celui de la section faite parallèlement aux bases, à des distances données par le rapport ci-dessus, B et b représentant les aires de ces bases.

Le raisonnement qui vient d'être fait s'applique encore au cas où le tronc de pyramide se transforme en un *tronc de cône*.

Les bases B et b sont alors exprimées par πR^2 et πr^2, si R et r en sont les rayons, et le rapport $\dfrac{x}{y}$ devient

$$\frac{x}{y} = \frac{R^2 + 3r^2 + 2Rr}{r^2 + 3R^2 + 2Rr}.$$

69. Pour trouver le centre de gravité d'un *polyèdre* quel-

conque, c'est-à-dire d'un solide compris sous plusieurs faces planes, on décomposera ce polyèdre, ainsi qu'on le voit en Géométrie, en un certain nombre de tétraèdres. Il suffit donc de savoir déterminer le centre de gravité de ce dernier solide, et l'opération revient ensuite à composer plusieurs forces parallèles, pour chacune desquelles on connaît sa grandeur et son point d'application.

70. Des lemmes du n° 45 nous déduisons que le centre de gravité d'un *parallélépipède* est à l'intersection de ses quatre diagonales ou au milieu de l'une d'elles ; que celui d'une *sphère* est à son centre, et celui d'un *cylindre* au milieu de son axe.

71. Un *secteur sphérique* étant le solide engendré par la révolution d'un secteur circulaire autour d'un diamètre, on peut le regarder comme composé d'une infinité de pyramides qui ont pour sommet commun le centre de la sphère, et pour bases les éléments plans de la zone qui limite le secteur.

Chacune de ces pyramides a son centre de gravité sur un rayon de la sphère, aux trois quarts de sa longueur à partir du centre. Par suite, tous ces centres se trouvent sur une zone concentrique à la première, et le centre de gravité de tout l'ensemble est le même que celui de cette dernière zone.

Or, si l'on appelle x' et x'' les distances du centre de la sphère aux deux plans qui servent de bases à la zone primitive, le centre de gravité de cette zone (64) sera distant du centre de la quantité $\dfrac{x' + x''}{2}$, et celui de la nouvelle zone, c'est-à-dire celui du secteur, en sera éloigné de

$$x = \frac{3}{4}\frac{x' + x''}{2} = \frac{3}{8}(x' + x'').$$

72. En considérant le *segment sphérique* à une base comme étant la différence entre un secteur et un cône, on trouve que son centre de gravité est à une distance x du centre de la sphère marquée par

$$x = \frac{3(r + d)^2}{4(2r + d)},$$

r étant le rayon, et d la distance de la base du segment au centre de la sphère.

Enfin, une *tranche sphérique* comprise entre deux plans

parallèles est la différence de deux segments à une base, et cette considération indique la marche à suivre pour déterminer la position de son centre de gravité.

Si nous désignons par d, d' et x les distances des deux bases et du centre de gravité de la tranche au centre de la sphère, nous trouverons

$$x = \frac{3(2r^2 - d^2 - d'^2)(d + d')}{4(3r^2 - d^2 - d'^2 - dd')},$$

formule qui reproduit naturellement la précédente, quand on y fait $d' = r$.

Nous laissons ces calculs comme très-propres à servir d'exercice utile au lecteur.

ÉQUILIBRE DE QUELQUES MACHINES SIMPLES ET COMPOSÉES.

NOTIONS SUR LE TRAVAIL DES FORCES.

73. La mesure de l'*effet* d'une force exige la considération de deux éléments, l'*intensité* de la force et le *déplacement* de son point d'application.

Lorsqu'une force, constante de grandeur et de direction, est appliquée à déplacer un corps dans cette direction, comme serait, par exemple, une force F dirigée de bas en haut pour élever uniformément un poids à une hauteur h, l'effet produit par cette force se mesure par le produit Fh de son intensité et de l'espace qu'elle a fait parcourir au corps sur lequel elle agissait.

Ce produit d'une force par le chemin que décrit son point d'application dans la direction de la force est ce qu'on nomme le *travail* de cette force.

74. Quand, sous l'action d'une ou plusieurs forces simultanées, ou par l'effet des liaisons du système, le point mobile O décrit une ligne droite OT, différente de la direction de la force OF que l'on considère en particulier, on estime le travail de cette force en multipliant son intensité

Fig. 39.

par la projection Op sur sa propre direction de l'espace Om parcouru par le point d'application.

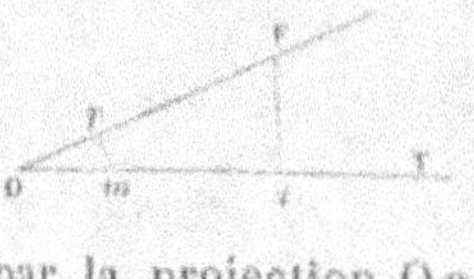

En appelant α l'angle que fait la direction de la force avec celle du chemin parcouru, la projection de Om est $Om \times \cos\alpha$, et le travail s'exprime ainsi par

$$F \times Om \times \cos\alpha.$$

Si la ligne décrite est courbe, on est forcé de restreindre la définition à une partie assez courte du mouvement pour que le chemin élémentaire parcouru pendant ce temps puisse être, sans erreur sensible, considéré comme rectiligne, et que la force F, si elle varie d'intensité, ait pu néanmoins être considérée comme constante pendant le temps employé à décrire le chemin Om. Ce dernier est alors un élément commun à la courbe et à sa tangente au point O, et *le travail élémentaire, variable en chaque point, est* toujours *le produit de la force par la projection, sur sa direction, de l'élément du chemin que décrit son point d'application.*

75. En se reportant à la figure qui précède, on peut voir qu'en projetant la force OF sur la tangente OT, on obtient deux triangles rectangles semblables Omp et OFq, lesquels fournissent la proportion

$$OF \text{ ou } F : Om :: Oq : Op;$$

d'où

$$F \times Op = Om \times Oq.$$

Cette égalité montre que le travail élémentaire d'une force peut aussi s'exprimer par *le produit de l'élément du chemin que parcourt son point d'application et de la projection de la force sur la direction de cet élément.*

On pouvait, d'ailleurs, conclure cette seconde définition de l'expression $F \times Om \times \cos\alpha$, en remarquant que $F \times \cos\alpha$ n'est autre chose que la projection de la force sur la direction du chemin parcouru.

76. Lorsque l'élément du chemin projeté sur la direction de la force tombe dans le sens de cette force (*fig.* 40), on dit que l'élément du travail, ou le travail élémentaire, est *moteur*.

Si, au contraire, la projection de l'élément du chemin tombe dans un sens opposé à celui de la force (*fig.* 41), le travail élémentaire est dit *résistant*.

On distingue encore analytiquement ces deux cas, en regar-

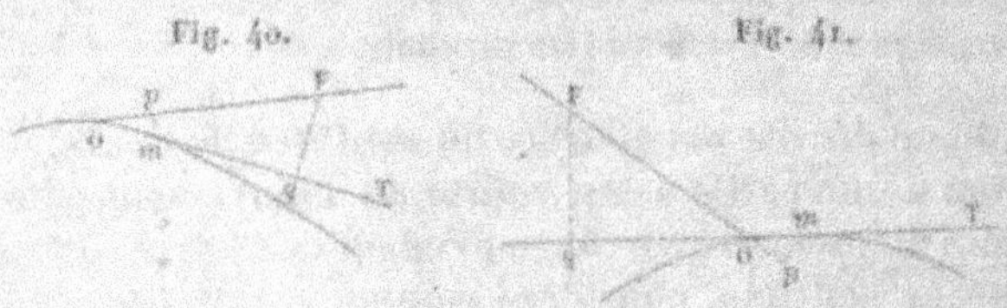

Fig. 40.   Fig. 41.

dant le travail comme positif dans le premier et comme négatif dans le second.

Un caractère analogue se manifeste, d'ailleurs, quand on estime le travail de la manière indiquée dans le numéro précédent. Dans le cas du travail moteur, la projection de la force est en effet dans le sens du chemin parcouru; pour le travail résistant, cette projection tombe en sens opposé.

Quand il s'agit de forces agissant dans la direction même du chemin parcouru, comme dans l'exemple cité plus haut (73), ou comme lorsqu'un cheval exerce sur une voiture un effort parallèle à la route, le travail peut, suivant les circonstances, être *moteur* ou *résistant*. Il est naturellement moteur si la voiture avance; il serait au contraire résistant si, malgré les efforts de l'animal, le véhicule placé dans une montée rapide reculait au lieu d'avancer, ou si, dans une pente, le cheval placé à l'arrière exerçait un effort destiné à modérer la descente. Dans le premier cas, la force et l'élément de chemin sont de même sens; dans le second, ils sont de sens opposés.

Il est évident que le travail serait nul, dans le sens mécanique du mot, bien que l'effort exercé pût être considérable, si la force verticale était uniquement employée à supporter le poids sans l'élever, ou si la voiture, retenue par un obstacle ou par son poids, ne cédait point aux efforts du cheval et restait immobile.

Enfin, un dernier cas particulier peut encore se présenter : c'est celui où la force considérée est perpendiculaire à la direction que parcourt le mobile en vertu d'autres actions. On comprend que le travail d'une pareille force n'est ni moteur ni résistant; il est simplement nul, et cette conclusion correspond, en effet, à cette circonstance géométrique, que la projection de la force sur le chemin est nulle, ainsi que celle du chemin sur la force.

77. On appelle *travail total* d'une force, dans un temps déterminé ou pour un déplacement déterminé du mobile, la somme des *travaux élémentaires* développés par cette force pendant ce temps ou pour ce déplacement.

Pour comparer facilement le travail d'une force avec celui de la même force dans des circonstances différentes, on a dû se créer une *unité de travail*. Celle qui a été choisie représente le travail qu'il faut développer pour élever l'unité de poids à l'unité de hauteur; c'est donc le produit du kilogramme par le mètre, et ce produit a reçu le nom de *kilogrammètre*.

De cette définition il résulte clairement que le travail d'une force, qu'il s'agisse du travail élémentaire ou du travail total, exprime toujours un nombre entier ou fractionnaire de kilogrammètres. C'est ainsi qu'une force qui, avec une intensité de 70 kilogrammes, fait parcourir 9 mètres à son point d'application, développe un travail de 70×9 ou 630 kilogrammètres.

Si la force est de $4^{kg},60$ et le chemin de $0^m,70$, le travail sera $4^{kg},60 \times 0^m,70$, ou $3^{kgm},22$.

78. Nous devons indiquer ici une autre unité de travail, dans la définition de laquelle entre la considération du temps pendant lequel agit la force, élément essentiel dans notre siècle d'excessive activité industrielle, et qui constitue en grande partie le mérite de la puissance dynamique des appareils divers employés pour la transmission du travail des forces.

On donne le nom de *cheval-vapeur* à un travail de 75 kilogrammètres exécuté en une seconde.

Ainsi, une machine qui produirait 600 kilogrammètres par seconde équivaudrait à $\dfrac{600}{75}$ ou 8 chevaux-vapeur.

Généralement, pour avoir la force d'une machine en chevaux-vapeur, il faut diviser le travail total produit pendant un nombre donné de secondes par 75 fois ce nombre de secondes.

Si, par exemple, on a constaté 35400 kilogrammètres en

28 secondes, la machine aura une puissance dynamique de
$\dfrac{35400}{75 \times 28}$ ou 16,85 chevaux-vapeur.

Remarque. — La dénomination de cheval-vapeur a son origine, comme on l'a compris, dans les applications de la force expansive de la vapeur d'eau.

Il est bon, en outre, de savoir que le cheval-vapeur équivaut, à peu de chose près, au travail de $5\frac{1}{2}$ chevaux. En d'autres termes, il faudrait environ $5\frac{1}{2}$ fois la force d'un cheval ordinaire pour élever en une seconde un poids de 75 kilogrammes à 1 mètre de hauteur.

79. L'expression algébrique du travail total se calcule sans aucune difficulté pour deux cas particuliers qui se rencontrent fréquemment dans les applications :

1° Quand il s'agit d'une force constante d'intensité et constamment dirigée dans le sens du chemin élémentaire parcouru, c'est-à-dire constamment tangente à la courbe décrite par le point d'application;

2° Quand il s'agit d'une force constante, non-seulement en intensité, mais encore en direction.

Nous allons succinctement examiner ces deux cas. Pour abréger, nous désignerons en général par la notation T, le travail total d'une force représentée par F.

Premier cas. — Soient $c, c', c'', c''', \ldots$ les éléments de chemin successivement parcourus par le point d'application de la force F, et soit C le chemin total égal à la somme de tous les chemins élémentaires.

Les travaux élémentaires successifs auront pour expression

$$Fc, \ Fc', \ Fc'', \ Fc''', \ \ldots,$$

et, d'après la notation adoptée, nous aurons

$$T = Fc + Fc' + Fc'' + Fc''' + \ldots = F(c + c' + c'' + c''' + \ldots) = FC,$$

c'est-à-dire que, *dans le cas d'une force constante et constamment dirigée dans le sens du chemin parcouru, le travail total de cette force s'obtient en multipliant son intensité par le chemin total parcouru par le point d'application.*

Exemple. — Lorsqu'un poids P, suspendu à une corde qui s'enroule sur un cylindre à axe horizontal O, descend d'une certaine quantité *h*, la direction de ce poids reste tangente à un cercle qui a son centre sur l'axe, et qui a pour rayon celui du cylindre augmenté de celui de la corde.

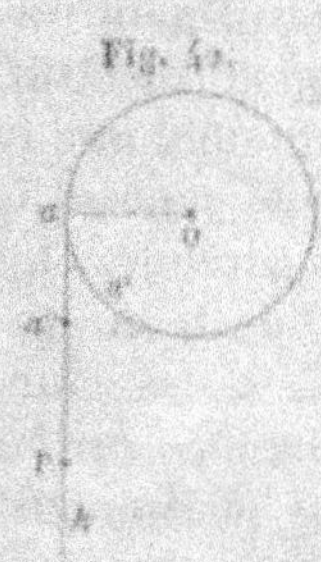

Fig. 42.

D'après ce qui précède, le travail de ce poids s'obtiendra en multipliant le poids lui-même par l'arc *aa'* compris entre les points de contact au commencement et à la fin du mouvement, lequel arc est, du reste, égal à la portion *aa''* ou *h* de la corde qui s'est déroulée pendant la descente du poids. Ce travail est donc exactement exprimé par le produit P*h*.

81. *Deuxième cas.* — Quand la force est constante d'intensité et de direction, on peut, pour évaluer les travaux élémentaires, projeter les éléments successifs de chemin sur cette direction constante, et *le travail total de la force est* alors *le produit de cette force par la somme des projections des éléments du chemin*, c'est-à-dire par la distance comprise entre les projections des positions extrêmes du mobile.

Exemple. — Lorsqu'un poids P descend le long d'une courbe quelconque AB, le travail élémentaire de cette force, pendant qu'elle fait décrire au point pesant un élément quelconque MM' de chemin, est le produit du poids P par la projection *mm'* de cet élément sur une verticale quelconque. Le travail total sera donc le produit dudit poids P par la projection totale ou par la distance *ab*.

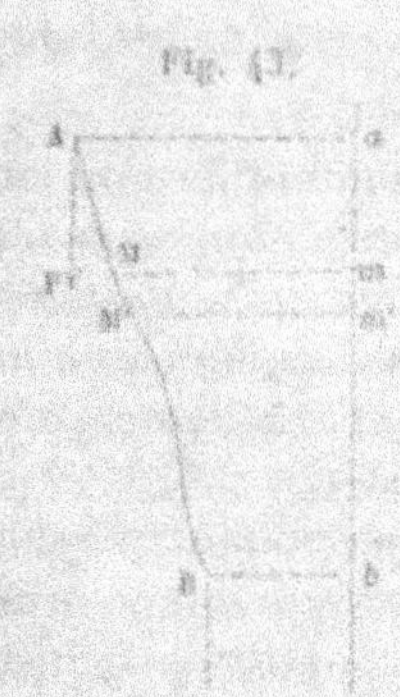

Fig. 43.

De là ce théorème remarquable : *Lorsqu'un point pesant descend le long d'une courbe quelconque, le travail de la pesanteur est égal au produit du poids du mobile par la distance verticale dont il est descendu.*

82. Cette vérité ne cesserait pas d'exister quand la courbe

serait telle que le mobile, après avoir descendu le long d'un

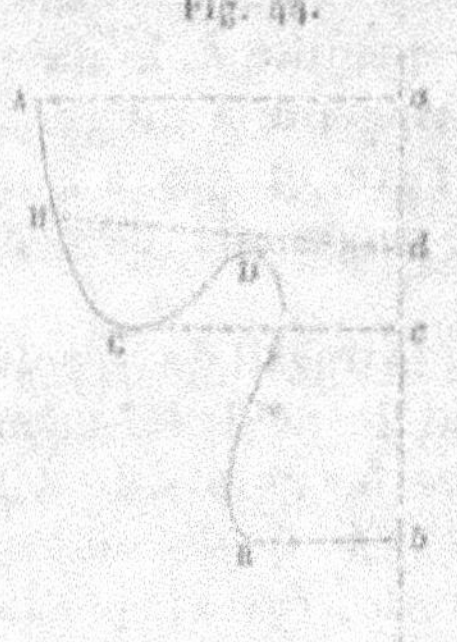

Fig. 44.

arc AC, remontât suivant CD pour redescendre ensuite le long de l'arc DB, pourvu qu'il fût bien entendu que le travail résistant développé pendant la partie ascensionnelle du parcours vînt en déduction d'une part égale du travail moteur engendré par la descente.

Cela posé, si nous menons par les points C et D des plans horizontaux dont le dernier rencontre en outre la courbe en un second point H, les arcs CH et CD seront tous deux projetés sur cd. Le travail moteur correspondant à CH sera détruit par le travail résistant provenant de CD, et il restera, pour le travail total, les deux portions correspondant aux arcs AH et BD, c'est-à-dire

$$P \times ad + P \times db, \quad \text{ou} \quad P(ad + db),$$

ou enfin

$$P \times ab.$$

Il résulte évidemment de ce qui précède que, *lorsqu'un point pesant, parti d'un certain plan horizontal suivant une courbe quelconque, revient à ce plan, le travail de son poids est nul*, attendu que la somme des travaux moteurs développés en descendant est précisément égale à celle des travaux résistants produits en montant.

83. Nous démontrerons encore un théorème important sur

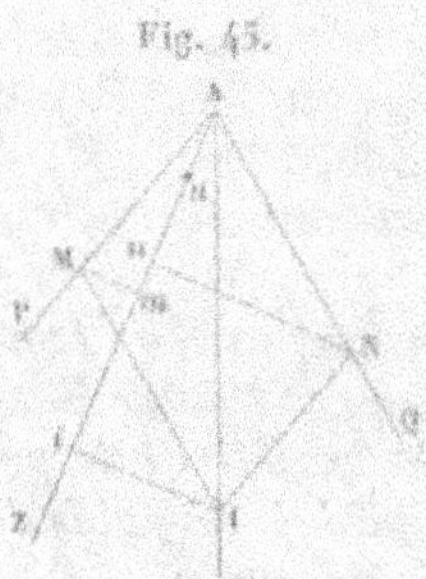

Fig. 45.

le travail des forces. On l'énonce en disant que *le travail élémentaire de la résultante de deux forces appliquées à un point matériel est égal à la somme des travaux des composantes.*

Soit AZ la droite quelconque parcourue, au moins pendant un temps trèscourt, par le point A soumis à l'action de forces quelconques, parmi lesquelles sont les deux forces P et Q, ou leur résultante R. Si l'on mène sur cette droite AZ les perpendiculaires M*m*, N*n* et I*i*, les travaux élémentaires des trois forces P, Q et R seront respectivement

$$Aa \times Am, \quad Aa \times An \quad \text{et} \quad Aa \times Ai,$$

Aa étant le chemin décrit par le point d'application.

Or, il est facile de voir sur la figure que $Am = ni$, puisque ces longueurs sont l'une et l'autre la projection sur AZ des deux forces égales et parallèles AM et TN. Nous pouvons donc écrire

$$Ai = An + ni = An + Am;$$

et par suite

$$Aa \times Ai = Aa \times Am + Aa \times An,$$

conformément à l'énoncé.

Remarque. — La droite AZ n'est pas nécessairement dans le plan des deux forces P et Q.

84. Par la composition de chacune des forces d'un système avec la résultante des forces précédemment considérées, on voit que le théorème démontré pour deux forces s'étend sans aucune difficulté à un nombre quelconque de forces appliquées à un point matériel. On peut donc regarder comme établi que *le travail élémentaire de la résultante de plusieurs forces appliquées à un point matériel est égal à la somme des travaux des composantes.*

85. Le théorème qui précède s'applique également au travail total de plusieurs forces, puisque le travail total d'une force peut être considéré comme la somme de ses travaux élémentaires. On peut donc dire, de la manière la plus générale, que *le travail total de la résultante est égal à la somme des travaux des composantes.*

Cela posé, si l'on imagine une force égale et directement opposée à la résultante, il y aura équilibre entre cette nouvelle force et toutes les forces primitives du système, et l'on vient de voir que le travail de cette même force sera égal à la somme des travaux de toutes les autres.

Le même raisonnement pris à l'inverse montre enfin que, réciproquement, toutes les fois que cette condition est remplie entre les travaux des forces, ces dernières se font équilibre, et c'est là une remarque importante dont nous ne tarderons pas à voir une application précieuse, quand il s'agira des conditions de l'équilibre des machines.

GÉNÉRALITÉS SUR LES MACHINES.

86. Le plus souvent les forces agissent sur les corps auxquels on les applique par l'intermédiaire de systèmes ou appareils appelés *machines*, lesquels sont coordonnés et assemblés de manière à transmettre plus ou moins favorablement le travail desdites forces, en réagissant contre des obstacles qui gênent, suivant des lois prévues, la liberté de mouvement des divers *organes*.

Toute machine reçoit le mouvement d'un agent ou moteur quelconque auquel on donne le nom de *puissance*; c'est, selon les cas, ou un moteur animé, ou un cours d'eau, ou la force du vent, de la vapeur, etc.

Elle reçoit des corps sur lesquels elle est destinée à agir une réaction que l'on nomme la *résistance principale*, ou simplement la *résistance*. Le travail de cette force est précisément égal à l'*effet utile* de la machine, quand celle-ci fonctionne dans les conditions normales en vue desquelles elle a été établie.

Enfin, toute machine est encore soumise à d'autres résistances, telles que les réactions des appuis qui supportent ses différentes parties, le frottement des pièces mobiles, la roideur des cordes, les chocs qui déforment les pièces ou ébranlent le sol, etc. Ce sont les *résistances secondaires* ou *passives*.

87. Cela posé, supposons que la machine se meuve d'un mouvement uniforme et que, par conséquent, les diverses forces auxquelles elle est soumise se fassent mutuellement équilibre. Nous avons vu (85) que le travail de l'une quelconque des forces est égal à la somme des travaux de toutes les autres, et nous en conclurons, dans le cas présent, que *le travail de la puissance est égal à la somme des travaux de toutes les résistances*.

Si donc nous désignons par T_a le travail de la puissance ou le *travail moteur*, par T_f le travail des résistances passives, parmi lesquelles il faut surtout compter le frottement, et par T_r le travail de la résistance principale, ou le *travail résistant* proprement dit, nous pourrons poser la relation suivante, qui existe à chaque instant et pour tout mouvement fini et déterminé du système :

$$T_m = T_r + T_f.$$

En mettant cette égalité sous la forme $T_r = T_m - T_f$, on constate que le travail résistant ou, si l'on veut, *le travail utile exercé par une machine est égal au travail moteur qu'elle a reçu, diminué du travail de toutes les résistances secondaires.*

88. De la relation qui précède on peut tirer deux conclusions très-importantes :

1° Quelque perfection que l'on apporte dans l'agencement et l'exécution des divers éléments d'une machine, il est impossible de se débarrasser complétement des résistances passives; par conséquent, le terme T_f, qui représente le travail de ces forces, n'est jamais égal à zéro. On a donc toujours

$$T_r < T_m,$$

c'est-à-dire qu'*une machine transmet, en réalité, moins de travail qu'elle n'en a reçu;* elle en transmet d'autant moins que le travail des résistances secondaires est plus considérable.

Les meilleures machines n'utilisent guère que les trois quarts du travail qu'elles ont reçu; le plus grand nombre en absorbe, en pure perte, une portion bien supérieure, et il est très-essentiel de ne jamais perdre de vue l'impossibilité de construire une machine qui transmette intégralement le travail moteur. A plus forte raison ne doit-on pas songer à lui en faire transmettre davantage, et faut-il repousser cette séduisante, mais absurde définition des machines, qui a été quelquefois donnée et acceptée par des mécaniciens de pauvre aloi : *Les machines sont des appareils destinés à multiplier le travail des forces.*

Le rapport $\dfrac{T_r}{T_m}$ du travail résistant utile au travail moteur s'appelle le *rendement* de la machine. Il est égal (87) à $1 - \dfrac{T_f}{T_m}$, et l'on voit que plus la quantité T_f sera faible, plus la valeur de $\dfrac{T_r}{T_a}$ ou du rendement approchera de l'unité. Nous venons

de dire que le rendement n'atteint que rarement la limite $\dfrac{3}{4}$.

2° Si, dans l'équation de transmission du travail

$$T_a = T_r + T_{f,}$$

on supposait que le terme T_r devînt nul, c'est-à-dire que, la machine travaillant à vide et n'exerçant aucune action sur les corps extérieurs, il n'y eût pas de résistance principale, il n'en faudrait pas moins exercer un certain travail moteur pour entretenir le mouvement uniforme du système. Ce travail moteur serait précisément égal au travail des résistances secondaires, lesquelles ne peuvent jamais être entièrement annulées.

. Cette nécessité d'un moteur permanent dans toute machine répond péremptoirement à ceux qui, séduits par une chimérique illusion, ont cherché dans tous les temps à combiner mécaniquement des corps entre eux, de telle manière que le mouvement une fois reçu s'entretienne indéfiniment. La recherche obstinée du *mouvement perpétuel* ne méritait pas, comme on le voit, d'occuper tant de place dans les travaux d'un grand nombre d'esprits plus zélés qu'éclairés, que l'on voit encore parfois de nos jours y épuiser leur temps et leur argent.

89. Nous allons maintenant passer en revue quelques machines, et notamment celles qui sont indiquées par notre programme ou qui en dérivent directement.

Dans cette étude, nous ferons complète abstraction des résistances secondaires. Au moyen de cette hypothèse plus ou moins irréalisable (86), nous n'aurons à considérer que des systèmes dans lesquels le travail moteur serait égal au travail résistant, c'est-à-dire dans lesquels la puissance ferait exactement équilibre à la résistance.

Nous établirons, pour chacune des machines étudiées, les conditions de cet équilibre par des considérations directes, et nous montrerons ensuite que ces conditions conduisent toujours à l'égalité du travail moteur et du travail résistant, de même qu'elles sont identiques avec celles qui seraient obtenues en posant *a priori* l'égalité

$$T_u = T_r,$$

dans laquelle on exprimerait algébriquement chacun des deux termes T_u et T_r suivant les indications précédemment développées dans les n°s 73 et suivants.

Cette égalité sera, dans tous les systèmes que nous examinerons, de la forme

$$Pp = Qq,$$

si nous représentons par P la puissance, par Q la résistance, et respectivement par p et q les déplacements élémentaires des points d'application de ces forces, chacun de ces déplacements étant estimé suivant la direction de la force qui lui correspond.

La relation fondamentale qui précède, mise sous la forme

$$P : Q :: q : p,$$

prouve d'ailleurs que, *dans toute machine, la puissance et la résistance sont en raison inverse des déplacements, estimés dans leur propre direction, des points auxquels elles sont appliquées.*

C'est ce même principe que l'on exprime d'une autre manière, en disant : *Ce que l'on gagne en force, on le perd en vitesse.*

90. On distingue assez habituellement les machines en *machines simples* et *machines composées.*

Les machines simples, qui servent d'éléments aux autres, sont au nombre de trois, classées d'après la nature de l'obstacle qui gêne et dirige leur mouvement. Dans le *levier*, le corps tourne autour d'un point fixe; dans le *treuil*, tous les points tournent autour d'une droite fixe, sans pouvoir s'écarter de plans parallèles entre eux; enfin, dans le *plan incliné*, le mouvement n'est autre chose qu'un glissement le long d'un plan fixe.

Les explications qui vont suivre s'appliqueront successivement à chacune de ces trois machines, ainsi qu'à plusieurs autres qui s'y rattachent et en dérivent, notamment la *balance,* la *poulie,* les *moufles,* les *roues dentées,* la *vis* et le *coin.*

LE LEVIER.

91. On donne généralement le nom de *levier* à un corps solide, de forme quelconque, assujetti à tourner autour d'un point fixe. Toutefois, le levier proprement dit a la forme d'une barre AB, droite ou courbe, pouvant tourner autour d'un de ses points O qu'on nomme le *point d'appui*. En d'autres points de cette barre sont appliquées deux forces, l'une P la puissance, l'autre Q la résistance.

Pour établir la condition d'équilibre d'une pareille machine,

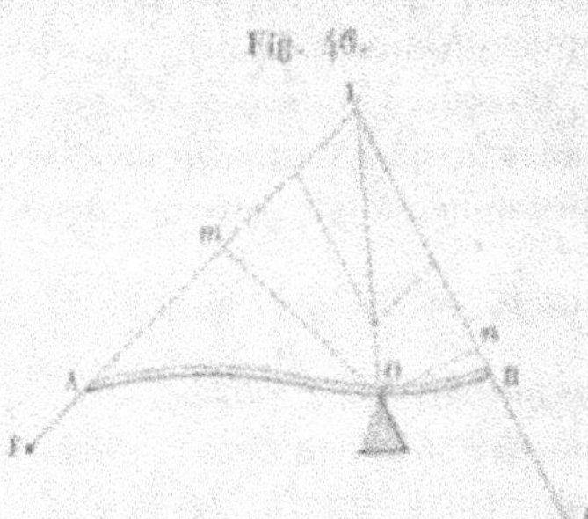

Fig. 46.

rappelons-nous (36) que tout système de forces appliquées à un corps peut se ramener à deux forces non réductibles à une seule, et dont l'une passe par un point arbitrairement choisi dans le corps.

Si le corps a un point fixe autour duquel il puisse librement tourner, on peut prendre ce point pour y appliquer l'une des deux forces auxquelles le système est réductible. Cette force sera détruite par la résistance supposée indéfinie du point fixe.

Or, pour que le corps, soumis à la seule action de la seconde force, demeure en équilibre, il est nécessaire que cette force soit nulle d'elle-même ou vienne aussi passer par le point fixe, pour y être composée avec la première en une résultante unique détruite par ce point. Il faut donc et il suffit, pour l'équilibre, que le système des forces données soit réductible à une résultante unique passant par le point fixe.

Appliquée au cas présent, cette condition exige, d'une part, que les deux forces P et Q soient dans un même plan avec le point d'appui O; de l'autre, que ces deux forces soient entre elles (13) dans le rapport inverse de leurs distances au point O, c'est-à-dire que l'on ait

$$P \times Om = Q \times On.$$

Il est, d'ailleurs, évident que les deux forces P et Q doivent agir en sens contraires sur le levier; autrement, au lieu de se détruire, leurs effets s'ajouteraient pour lui imprimer un mouvement de rotation.

En résumé, il faut pour l'équilibre du levier : 1° *que la puissance et la résistance soient dans un même plan avec le point fixe ; 2° qu'elles tendent à faire tourner le levier en sens contraires ; 3° que leurs intensités soient* dans le rapport inverse des distances de leurs directions au point d'appui ou, en d'autres termes, *dans le rapport inverse de leurs bras de levier.*

Remarque. — Dans le cas où le levier est rectiligne et où les deux forces sont parallèles, les bras de levier Om et On sont proportionnels aux distances OA et OB des points d'application au point d'appui, et il en résulte que les forces sont alors dans un rapport inverse avec les deux parties du levier.

92. On voit clairement que, abstraction faite du poids propre du levier, la charge supportée par le point d'appui est précisément la résultante des deux forces concourantes P et Q.

Si ces forces sont parallèles, la charge du point fixe est égale à leur somme ; si, de plus, elles sont égales, comme dans la balance, cette charge est le double de l'une des deux forces.

Mais il n'est presque jamais possible de négliger le poids propre du levier, et les conditions qui précèdent ne sont suffisantes, pour l'équilibre de cette machine, que si le point d'appui se trouve précisément dans la verticale de son centre de gravité. S'il n'en est pas ainsi, le poids du levier agit comme une force appliquée à son centre de gravité, et à laquelle il faut avoir égard dans la recherche des conditions d'équilibre.

93. La relation $P \times Om = Q \times On$ permet de calculer l'une quelconque des quatre quantités P, Q, Om et On en fonction des trois autres.

Si, par exemple, avec le levier donné par les longueurs des perpendiculaires abaissées du point d'appui sur les directions des deux forces, on veut faire équilibre à une résistance également déterminée, on obtiendra sans peine la valeur de la puissance nécessaire.

Soient, en effet, respectivement $Om = 1^m,20$, $On = 0^m,50$

et $Q = 3o$ kilogrammes; on aura

$$P \times 1^m,2o = 3o \times o^m,5o;$$

d'où

$$P = 12^{kg},5o.$$

94. Si maintenant nous supposons que la machine ait subi un petit mouvement angulaire ω, les points d'application A et B auront parcouru les arcs AA' et BB' qui, ainsi que l'enseigne la Géométrie élémentaire, seront respectivement exprimés par $AO \times \omega$ et $BO \times \omega$, et se confondront sensiblement avec les perpendiculaires élevées en A et B aux lignes AO et BO.

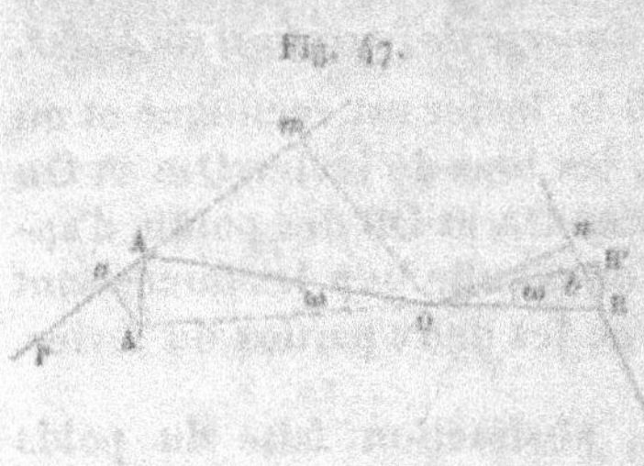
Fig. 47.

Soient alors Aa et Bb les projections respectives de ces déplacements sur les directions des forces. Le travail de la puissance P, ou le travail moteur, sera exprimé par $P \times Aa$, et le travail résistant par $Q \times Bb$.

Or, les deux angles aAA', AOm ayant leurs côtés respectivement perpendiculaires, les triangles rectangles dont ils font partie sont semblables et donnent

$$Aa : AA' \text{ ou } AO \times \omega :: Om : AO; \quad \text{d'où} \quad Om = \frac{Aa}{\omega}$$

On obtiendrait de la même manière

$$On = \frac{Bb}{\omega};$$

et ces quantités, substituées dans la relation d'équilibre

$$P \times Om = Q \times On,$$

conduisent à

$$P \times \frac{Aa}{\omega} = Q \times \frac{Bb}{\omega} \quad \text{ou} \quad P \times Aa = Q \times Bb,$$

c'est-à-dire à l'égalité du travail moteur et du travail résistant.

Inversement, si nous admettions comme démontrée l'égalité

$$P \times Aa = Q \times Bb,$$

nous remonterions facilement à la condition d'équilibre, en y remplaçant les quantités Aa et Bb par leurs valeurs respectives $Om \times \omega$ et $On \times \omega$, calculées comme ci-dessus. Il viendrait alors

$$P \times Om \times \omega = Q \times On \times \omega \quad \text{ou} \quad P \times Om = Q \times On.$$

Remarque. — On peut observer encore, dans ce qui précède, que

$$AA' : BB' :: AO : BO;$$

d'où il suit que les espaces parcourus par les points d'application des forces sont entre eux comme les distances de ces points d'application au point fixe.

Quant aux déplacements estimés dans la direction des forces, l'équation du travail montre qu'ils sont en raison inverse des intensités de ces forces, ou dans le rapport direct de leurs bras de levier Om et On.

93. Ce que nous venons de dire du travail élémentaire des forces appliquées au levier dans l'état d'équilibre s'applique également au travail total estimé pendant un temps quelconque.

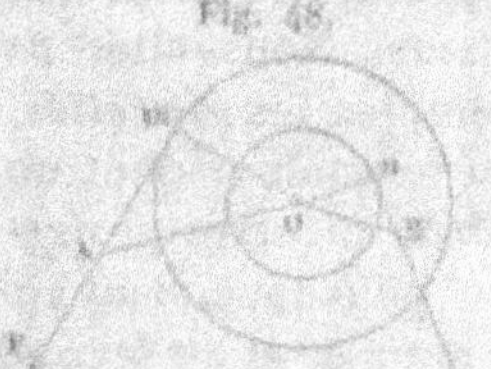

Considérons un levier AOB en mouvement uniforme, autour de son centre de gravité O pris pour point d'appui. Abstraction faite du frottement en ce point, les deux forces P et Q seront en équilibre et satisferont, pendant toute la durée du mouvement, à la relation

$$P \times Om = Q \times On.$$

Mais, à chaque tour complet, les points m et n auront décrit l'un la circonférence Om, l'autre la circonférence On, lesquelles sont entre elles dans le même rapport que leurs rayons. Nous pourrons, par suite, remplacer l'égalité ci-dessus par celle-ci :

$$P \times \text{circ.} \, Om = Q \times \text{circ.} \, On.$$

Or, ces deux produits ne sont autre chose (80) que les quantités de travail produites ou absorbées par les deux forces P et Q dans un tour complet, ainsi que nous l'avions annoncé.

96. Les figures ci-dessus supposent le point d'appui placé entre la puissance et la résistance ; cette disposition constitue

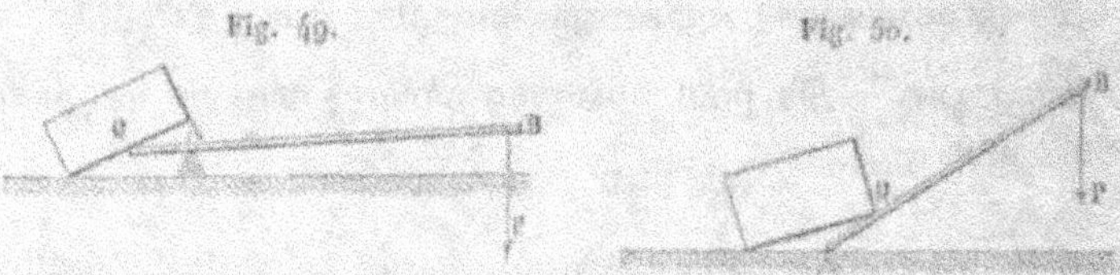

Fig. 49.　　　　　Fig. 50.

le levier du *premier genre* (*fig.* 49), dont les types sont la *pince* du paveur et du maçon, la *balance ordinaire*, la *romaine*, le *mouvement de sonnette*, les *ciseaux* et *tenailles*, etc.

Dans le levier du *second genre* (*fig.* 50), la résistance est entre le point fixe et la puissance, comme dans la *brouette*, l'*aviron*, etc.

Enfin, dans celui du *troisième genre* (*fig.* 51), la puissance

Fig. 51.

est appliquée entre le point fixe et la résistance. Nous citerons comme exemples les *pincettes*, la *pédale* du rémouleur dont on fait usage dans diverses professions, et qui peut cependant appartenir au premier et au second genre, suivant la disposition qu'elle reçoit dans les machines ou instruments divers auxquels elle est appliquée.

Il est à remarquer que, quelle que soit la disposition du levier considéré, les conditions d'équilibre de cette machine élémentaire sont identiques dans tous les cas.

La balance.

97. La *balance* est un instrument trop utile et trop usuel pour que nous n'exposions pas avec un soin particulier ses principales dispositions. On en distingue spécialement quatre espèces, de chacune desquelles nous allons dire quelques mots ; ce sont : la balance proprement dite, la *romaine*, la *bascule* ou balance de Quintenz, et le *peson*.

Dans la balance, un *fléau* horizontal est posé par son milieu sur un appui, et supporte à ses deux extrémités des plateaux sur l'un desquels on place le corps à peser; l'autre reçoit le poids équivalent. Le mouvement de bascule du fléau est, d'ailleurs, favorisé par la substitution de tranchants d'acier aux tourillons ordinaires, afin que le frottement n'apporte aucune altération sensible aux résultats exprimés par la pesée.

Fig. 52.

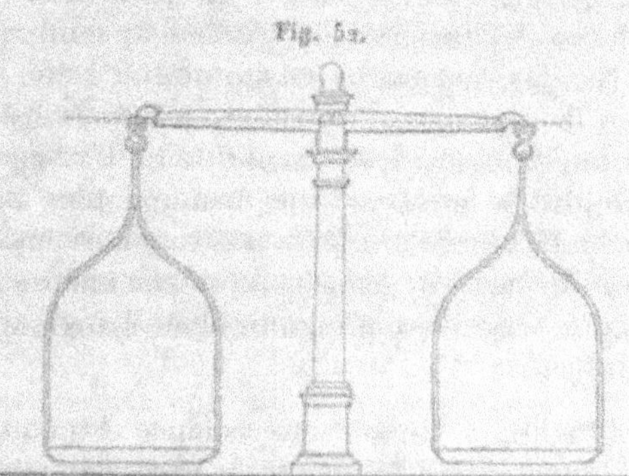

98. La première condition à remplir, dans la construction d'une bonne balance, consiste à rendre les deux bras du fléau parfaitement égaux entre eux, et à placer son centre de gravité de manière que, dans la position d'équilibre, ce point soit sur la verticale du point fixe, ou plus exactement dans le plan vertical passant par l'arête des couteaux.

Il faut, de plus, que le centre de gravité soit au-dessous de l'axe de suspension. S'il était au-dessus, l'équilibre serait nécessairement instable (42), c'est-à-dire que, pour peu que le fléau fût dérangé de sa position horizontale, il s'en écarterait de plus en plus, et la balance serait *folle*. Placé sur l'axe lui-même, le centre de gravité ne saurait s'écarter du plan vertical que détermine cet axe, et la balance resterait en équilibre dans toutes les positions du fléau, sous l'action de deux poids égaux placés sur les plateaux. On aurait alors une balance *indifférente*.

Il ne faut pas cependant que le centre de gravité du fléau soit à une distance trop grande au-dessous de l'axe de suspension ; car le poids de cette pièce, toujours regardé comme appliqué en son centre de gravité, et agissant d'autant plus énergiquement sur le mouvement de la machine qu'il est plus éloigné du plan vertical d'équilibre, neutraliserait une notable partie de l'excès du poids du plateau opposé, et la balance ne se mettrait en marche que pour des différences de poids relativement considérables ; elle serait *paresseuse*.

Dans les balances de précision, on peut faire varier, au moyen d'une vis et d'un écrou, la distance du centre de gravité du fléau à l'axe de suspension, et approprier cette distance à l'importance des pesages, de manière à donner dans chaque cas à l'instrument le degré de *sensibilité* qu'il comporte. Mais cette sensibilité se mesure d'une manière plus précise par l'angle dont le fléau s'éloigne de sa position horizontale, quand on augmente la charge du plateau, ou mieux encore par l'angle que fait avec la verticale une aiguille fixée à angle droit sur le milieu dudit fléau.

99. La difficulté d'obtenir une balance exempte de tout défaut, et l'impossibilité fréquente de corriger celles dont on peut disposer, ont donné naissance à un procédé pratique connu sous le nom de *méthode des doubles pesées*, et qui permet de peser exactement avec une balance défectueuse.

Ce moyen consiste à placer dans l'un des plateaux le corps à peser, et à établir l'équilibre en mettant dans l'autre des corps pesants quelconques, à l'appoint desquels on arrive avec du sable sec ou de la grenaille de plomb.

L'équilibre une fois obtenu, on enlève le corps et on le remplace par des poids marqués, de telle sorte que l'équilibre s'établisse de nouveau. Il est clair que, ces derniers et le corps à peser faisant équilibre à la charge de l'autre plateau dans des circonstances tout à fait identiques, le poids du corps est rigoureusement représenté par la somme des poids étalonnés.

La romaine.

100. Dans la *romaine*, les bras du fléau suspendu en B sont d'inégale longueur ; les corps à peser se mettent sur un plateau ou s'accrochent à l'extrémité A de l'un de ces bras, et

l'équilibre s'établit au moyen d'un poids constant p qui prend
des positions variables en glissant le long de l'autre bras.

Le frottement étant toujours diminué le plus possible par

Fig. 53.

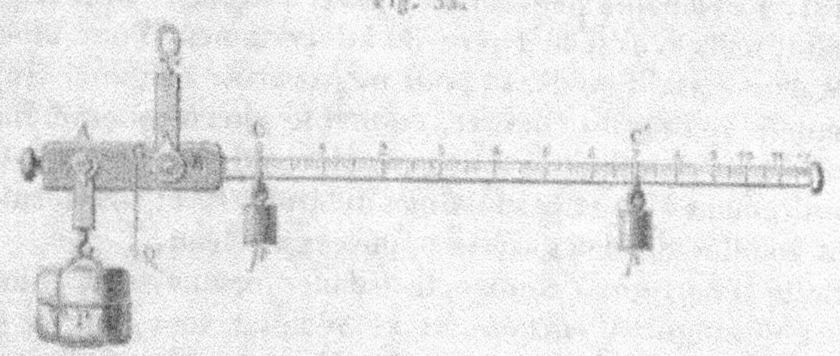

l'emploi de couteaux traversant la chape de suspension, et le
poids Q du fléau étant appliqué en son centre de gravité G,
soit C le point où doit être arrêté le poids curseur p, pour l'équilibre du système dégagé de tout autre poids étranger à peser.
Ces données satisferont nécessairement dans cette situation à
la condition

$$p \times BC = Q \times BG.$$

Si maintenant nous appliquons en A le corps dont nous
voulons déterminer le poids P, il faudra rétablir l'équilibre en
repoussant le curseur p jusqu'en C', et nous aurons alors la
nouvelle relation d'équilibre

$$p \times BC' = Q \times BG + P \times AB$$

ou

$$p(BC + CC') = Q \times BG + P \times AB,$$

laquelle, combinée avec la première, se réduit à

$$p \times CC' = P \times AB$$

ou

$$CC' = \frac{P}{p} \times AB.$$

Il est facile de conclure de là que la longueur CC', qui
convient pour équilibrer un poids quelconque P, varie proportionnellement à ce poids. Si donc on prend ce poids P égal
à 10 kilogrammes, par exemple, il sera facile de graduer la
romaine en partageant CC' en dix parties égales qui corres-

pondront à des poids croissant de 0, 1, 2, 3, ..., 9, 10 kilogrammes, avec des subdivisions aussi multipliées que le permettra la clarté.

101. La romaine peut servir à peser des corps dont le poids atteint, mais n'excède guère 30 kilogrammes. Pour aller au delà d'un certain poids, et pour ne pas avoir à donner trop de longueur au bras du curseur, on met le plus fréquemment sur l'autre bras deux points de suspension qui correspondent nécessairement à deux graduations différentes, et les dernières sont établies sur deux arêtes opposées du fléau.

Enfin il faut que, comme la balance ordinaire, la romaine soit suffisamment *sensible*, et ce résultat sera obtenu si le centre de gravité du fléau est placé à une petite distance au-dessous du point de suspension. Cette condition, qui ne peut être exactement remplie pour les instruments à double graduation, indique assez que l'usage doit en être restreint aux pesées qui ne réclament pas une grande précision.

La bascule ou balance de Quintenz.

102. La balance de Quintenz, ainsi désignée du nom de son inventeur et vulgairement appelée *bascule*, est destinée à

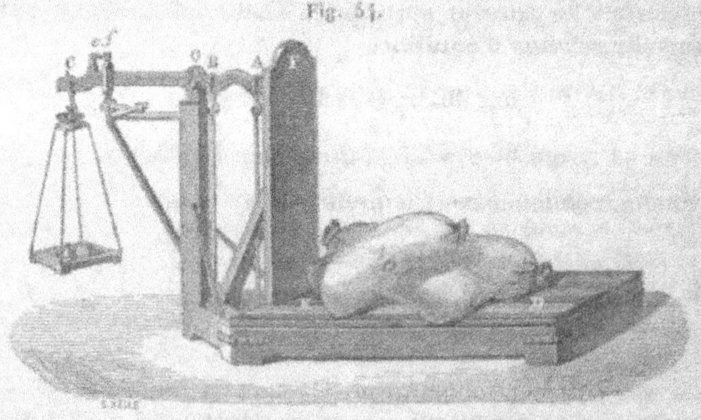

Fig. 54.

peser de lourds fardeaux au moyen de poids moindres que les leurs, habituellement dix fois plus petits.

Elle se compose essentiellement d'un fléau AOC qui, s'ap-

puyant en O par des couteaux sur des coussinets d'acier, porte
en B une tige articulée BG à laquelle est suspendue la plate-
forme DE avec le corps à peser, tandis qu'à l'autre extrémité
C est attaché le plateau des poids étalonnés.

La condition d'équilibre d'un pareil système est nécessairement encore, si P et Q sont respectivement le poids cherché
du fardeau et celui qui aura dû être mis dans le plateau,

$$P \times OB = Q \times OC.$$

Cette relation montre que, quand OB est le dixième de OC,
le poids Q est également le dixième de P; par suite, la bascule ainsi établie permet d'estimer le poids d'un corps quelconque au moyen de poids dix fois moindres, comme nous
l'avons annoncé.

103. On comprendra sans peine que la condition essentielle
de cette machine est que, la plate-forme restant constamment
horizontale, même quand le corps à peser y est placé, son
poids se transmette intégralement au point B du fléau. Un
système de leviers, aboutissant à une seconde tige verticale
fixée en A sur le fléau, permet d'obtenir ce résultat indispensable. Nous n'y insisterons pas, nous bornant à attirer
l'attention sur les deux pointes e et f, qui doivent se présenter
en face l'une de l'autre quand le fléau est horizontal, soit que
la plate-forme ne supporte aucun fardeau, soit qu'il s'agisse
d'effectuer une pesée.

Ajoutons, comme dernier détail, que la plate-forme peut s'appuyer directement sur les bords de la caisse qu'elle recouvre,
par le mouvement d'une manette qui permet ainsi de soulager les couteaux, quand l'appareil ne doit pas fonctionner.

104. Le développement pris dans ces dernières années par
l'industrie des chemins de fer, et le besoin d'opérer dans les
grandes gares des pesages précipités, ont suggéré l'idée d'appliquer à la bascule de Quintenz le principe de la romaine. On
y emploie à peu près exclusivement maintenant des appareils
de cette espèce, appelés *bascule-romaine*, où le plateau fixe C
ne sert plus que pour les pesées excédant 100 kilogrammes.
Le fléau supérieur TC est gradué comme dans la romaine ordi-

naire, et un poids curseur P glisse de manière à prendre les positions convenables pour établir l'équilibre.

Un contre-poids T, placé à l'autre extrémité du fléau, assure

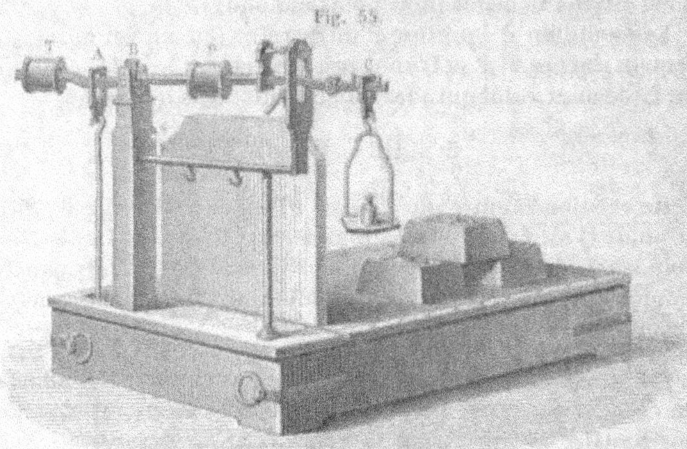

Fig. 55.

l'horizontalité de ce dernier quand, la plate-forme ne supportant aucun corps à peser, le curseur est au zéro de sa graduation.

Le peson.

105. On fait usage, dans certaines industries, d'une balance

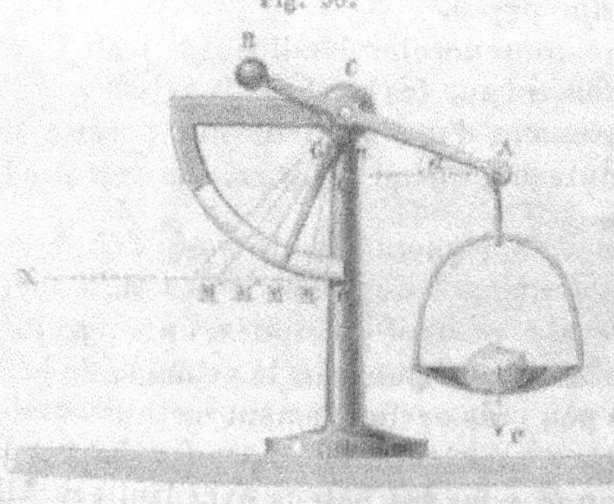

Fig. 56.

particulière dont l'un des plateaux est remplacé par un contrepoids B, et dont le fléau, soutenu en C, est muni d'une aiguille CD qui lui est perpendiculaire. C'est le *peson*.

Le centre de gravité de la partie mobile doit être situé en un point G de l'axe de l'aiguille, de telle sorte que le fléau soit horizontal quand le plateau A est vide. Les corps que l'on vient y mettre pour les peser font marcher la pointe de l'aiguille le long d'un limbe gradué qui indique les poids.

Soient alors P le poids cherché du corps et p celui du levier; menons les horizontales Ak et Gm qui coupent en k et m la verticale OC du point de suspension, et traçons enfin la tangente horizontale OX de l'arc de cercle décrit par la pointe de l'aiguille.

L'équilibre de la machine sera établi par la relation (91)

$$P \times AK = p \times Gm.$$

D'un autre côté, les deux angles CAK et GCK étant égaux et désignés par α, les triangles rectangles CAK et CGm donnent respectivement

$$AK = AC \times \cos\alpha, \quad Gm = CG \times \sin\alpha,$$

et l'équation d'équilibre devient, par substitution,

$$P \times AC \times \cos\alpha = p \times CG \times \sin\alpha,$$

d'où nous tirons

$$\tan g\,\alpha = \frac{P \times AC}{p \times CG}$$

Or, les quantités AC, CG et p sont constantes et, par suite, la tangente de l'angle α est proportionnelle à P. En d'autres termes, *la tangente de l'angle formé par l'aiguille avec la verticale croît proportionnellement aux poids que l'on met dans le plateau.*

Cette conclusion rend facile la graduation du limbe, puisqu'il suffit de déterminer la longueur qui correspond à un poids quelconque, 1 décagramme par exemple, et de porter cette longueur OM, avec ses subdivisions s'il y a lieu, sur la tangente, pour joindre ensuite les points ainsi obtenus M, M′, M″, ... au centre de suspension C.

On remarquera que les arcs ainsi déterminés vont en diminuant rapidement à mesure de l'accroissement du poids, circonstance qui nuit nécessairement à la précision de la machine, quand on dépasse une limite assez rapprochée, et restreint son emploi à des usages tout à fait particuliers.

106. Quand on veut appliquer le peson à la recherche du poids des lettres, on met le contrepoids B, non plus sur le prolongement du fléau, mais en un point de l'aiguille elle-même. Cette disposition, moins encombrante, suffit parfaitement pour les *pèse-lettres*, qui ont moins pour destination de faire connaître le poids exact des objets que de les classer entre des limites déterminées.

Fig. 57.

La poulie.

107. Une *poulie* consiste essentiellement en une roue de métal ou de bois, mobile autour d'un axe qui la traverse en son centre, et qui repose par ses extrémités ou *tourillons* sur deux appuis. Elle présente sur sa tranche une rainure ou *gorge* qui reçoit une corde; cette corde, enroulée sur un arc plus ou moins étendu de la circonférence, s'en détache tangentiellement et est tirée à ses deux extrémités par les forces P et Q, dont l'une est la puissance, l'autre la résistance.

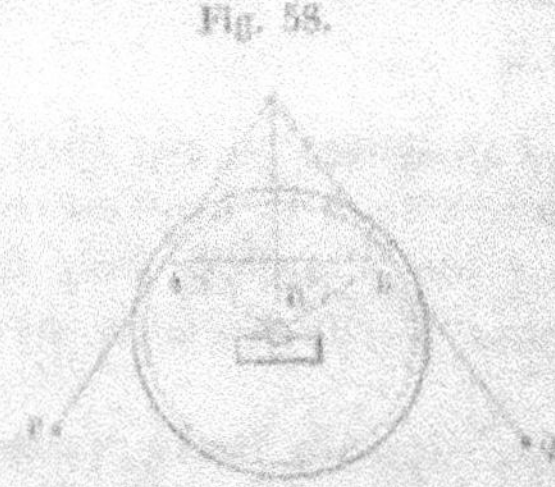

Fig. 58.

Ces deux forces sont évidemment dans les mêmes conditions, au moment de l'équilibre, que si elles étaient appliquées aux deux extrémités d'un levier coudé AOB dont le point fixe serait au centre de la poulie. Or un pareil levier, dont les bras AO et OB sont égaux, ne saurait être en équilibre à moins que l'on n'ait P = Q, et cette condition est suffisante.

La seule condition *d'équilibre de la poulie* est donc que *la puissance soit égale à la résistance*.

108. Très-souvent l'axe de la poulie, au lieu de faire corps avec elle, est engagé dans les branches d'une *chape* terminée par un crochet que l'on attache à un point fixe. Cette dispo-

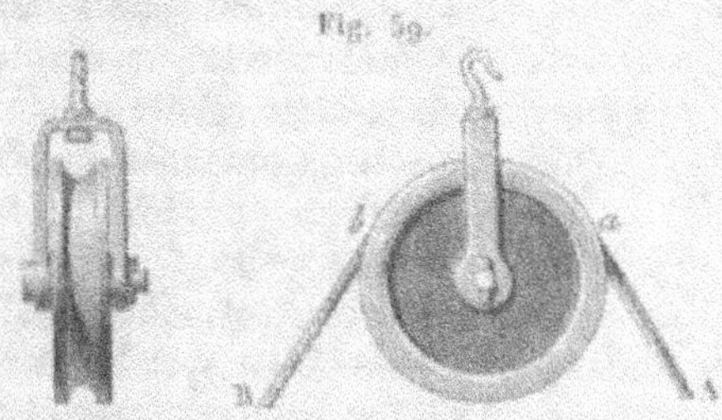

Fig. 59

sition est représentée dans la figure ci-dessus, où l'élévation latérale de la poulie montre les deux forces A et B appliquées aux extrémités de la corde dont l'arc *ab* est engagé dans la gorge.

109. Abstraction faite du poids de la poulie, la pression π exercée sur l'axe de cette machine est la résultante des deux forces égales P et Q, laquelle passe nécessairement au centre O. Nous avons vu (13) que cette résultante satisfaisait à la relation

$$\pi : P :: AB : AO;$$

ce qui montre que *la pression sur l'axe est à la force qui tend le cordon, comme la sous-tendante de l'arc embrassé par la corde est au rayon de la poulie.*

La pression sera au maximum lorsque la sous-tendante elle-même sera la plus grande possible, c'est-à-dire lorsqu'elle sera égale au diamètre. Les cordons seront alors parallèles, et la charge sur l'axe sera double de la tension du cordon.

Il est inutile d'ajouter que cette pression se répartit par moitié sur chacun des appuis des tourillons, si la poulie est placée au milieu de la distance qui les sépare.

110. Si la poulie subit (*fig.* 63) un mouvement angulaire ω, les arcs AA' et BB' seront égaux et se projetteront, sur leurs forces respectives, suivant des longueurs égales à Aa et Bb. Comme, d'un autre côté, l'équilibre exige que la force P soit égale à la force Q, on peut écrire indifféremment

$$P \times AA' = Q \times BB' \quad \text{ou} \quad P \times A a = Q \times B b.$$

C'est la relation de l'égalité du travail moteur et du travail résistant, laquelle conduirait également à $P = Q$, si nous la supposions primitivement établie.

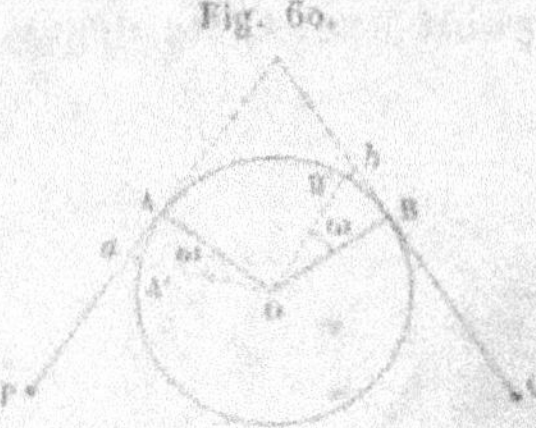

Fig. 60.

Nous aurions pu, d'ailleurs, écrire aussi cette relation en regardant la question présente comme une application du premier cas examiné dans le n° 80. Il est bon, de plus, de remarquer que l'égalité des travaux des deux forces existe aussi bien, quand on considère le travail total des forces pendant un mouvement fini ω de la poulie, que lorsqu'il s'agit seulement d'une variation élémentaire.

Remarque. — Les déplacements des points d'application des forces, mesurés soit sur la poulie, soit sur le cordon, étant égaux entre eux, ils satisfont encore, comme cas particulier, à la loi du rapport inverse des intensités des forces.

111. Le plus généralement la poulie est *fixe*, en ce sens

Fig. 61.

qu'elle est assise par ses tourillons, ou sur deux appuis immobiles, ou sur les deux branches d'une chape attachée à un point fixe. C'est le cas que nous venons d'examiner. Quelquefois, au contraire, elle est *mobile* et portée par la corde elle-même, dont un bout est alors fixé en A (*fig.* 61), tandis que l'autre est tiré par la puissance P.

Dans ce dernier cas, la résistance Q est appliquée à la chape,

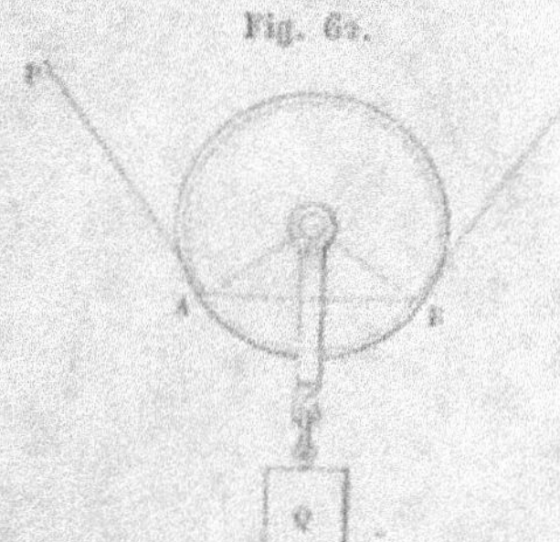

laquelle tourne de manière à se diriger, pour l'équilibre, suivant la direction de la résultante des deux tensions égales P du cordon, c'est-à-dire suivant la bissectrice de leur angle. Comme on l'a vu (6), la force Q est égale à cette résultante, et l'on doit avoir

$$P : Q :: AO : AB.$$

La condition d'équilibre de la poulie mobile peut, par suite, s'énoncer ainsi : *La puissance est à la résistance comme le rayon de la poulie est à la sous-tendante de l'arc embrassé par la corde.*

On voit facilement par cette proportion que, plus la sous-tendante sera grande, plus la résistance pourra être considérable relativement à la puissance. Le cas le plus favorable à l'emploi de la poulie mobile est donc celui où les deux cordons peuvent être parallèles, la puissance n'étant alors que la moitié de la résistance.

Ajoutons que la puissance est précisément égale à la résistance si la sous-tendante est égale au rayon, c'est-à-dire si l'arc embrassé par la corde est de 60 degrés.

On sait d'ailleurs que la corde AB (*Trigon.*, 2) est égale à $2AO \times \sin\alpha$, si l'on appelle 2α l'angle des deux rayons OA et OB. La proportion ci-dessus peut donc aussi s'écrire

$$P : Q :: AO : 2AO \times \sin\alpha :: 1 : 2\sin\alpha;$$

d'où l'on tire, pour condition d'équilibre, la relation

$$Q = 2P \sin\alpha,$$

qui devient $Q = 2P$ si, les cordons étant parallèles, l'angle α est égal à 90 degrés.

112. Supposons encore que la poulie mobile subisse, sous l'action de la force P appliquée en A, un petit déplacement angulaire ω autour du point B, regardé un instant comme fixe, le point A et le centre C ayant ainsi décrit deux petits arcs A a et

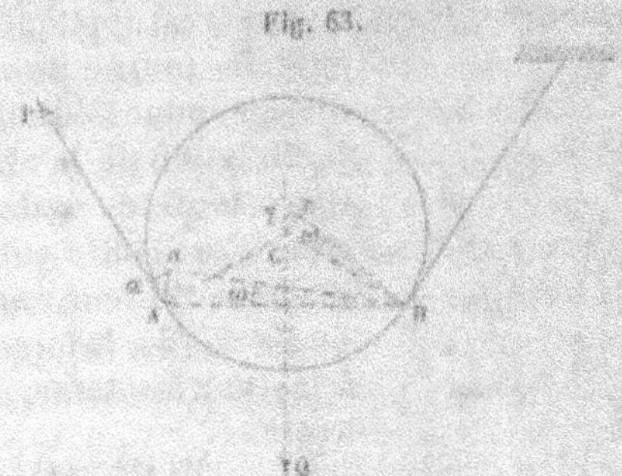

Fig. 63.

C c, qui sont respectivement égaux à AB $\times$ ω et CB $\times$ ω. Ces mêmes arcs se projetteront en A α et C γ sur les directions des forces P et Q qui leur correspondent, et ces projections seront exprimées par

$$A\alpha = AB \times \omega \times \cos\varphi \quad \text{et} \quad C\gamma = CB \times \omega \times \cos\varphi,$$

puisque les deux angles α A α et c C γ sont respectivement égaux aux angles en A et B du triangle isoscèle ACB, comme ayant les côtés perpendiculaires chacun à chacun.

Cela posé, le travail P $\times$ A α de la puissance a pour valeur

$$P \times AB \times \omega \times \cos\varphi,$$

et le travail Q $\times$ C γ de la résistance sera représenté par

$$Q \times CB \times \omega \times \cos\varphi.$$

Enfin, ces deux travaux sont eux-mêmes égaux, puisque la condition d'équilibre de la machine nous a montré (111) l'égalité des deux produits

$$P \times AB \quad \text{et} \quad Q \times CB,$$

et c'est ce que nous voulions démontrer.

113. On fait quelquefois usage d'un système de poulies mobiles, disposées comme on le voit dans la figure ci-après qui représente trois poulies principales A, B et C, la quatrième D

étant une simple *poulie de renvoi*, destinée seulement à changer la direction de la puissance P, et à rendre l'effort moteur
plus facile à transmettre.

Quand l'ensemble de ces poulies est en équilibre, chacune

Fig. 65.

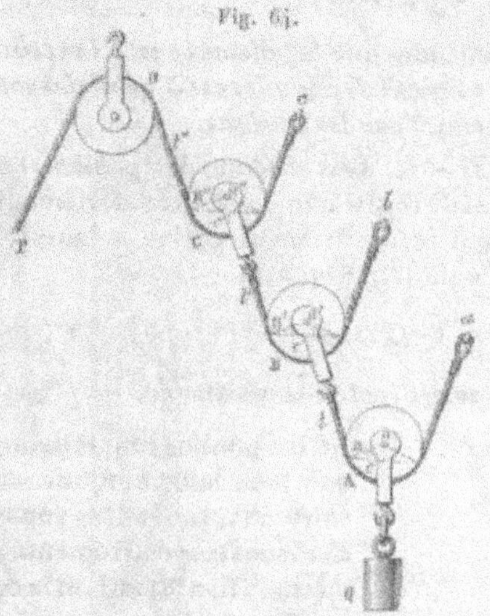

d'elles est en équilibre séparément, en vertu des forces qui
agissent sur elle.

Cela posé, appelons

R, R′ et R″ les rayons respectifs des trois poulies;

c, c′ et c″ les sous-tendantes des arcs embrassés par les cordes;

t, t′ et t″ les forces qui agissent sur les poulies, et dont la dernière n'est autre que la puissance P du système, chacune
des trois faisant en même temps office de puissance pour la
poulie précédente, et de résistance pour celle qui suit.

L'équilibre de la première poulie A nous donnera (111)

$$t : Q :: R : c.$$

Pour l'équilibre de la seconde, nous aurons

$$t' : t :: R' : c',$$

et pour la troisième

$$t'' : t' :: R'' : c''.$$

Multipliant ces trois proportions termes à termes, et nous rappelant que la tension t'' n'est autre chose que la puissance P, nous trouvons après réduction

$$P : Q :: R \times R' \times R'' : c \times c' \times c''.$$

D'où nous concluons que *la puissance est à la résistance comme le produit des rayons des poulies est à celui des sous-tendantes des arcs embrassés par les cordons.*

Remarque I. — Si, dans chacune des poulies, l'arc embrassé par la corde était le sixième de la circonférence, les sous-tendantes seraient respectivement égales à leurs rayons et, la proportion d'équilibre devenant

$$P : Q :: r \times r' \times r'' : r \times r' \times r'',$$

la puissance serait égale à la résistance.

Remarque II. — Quand les poulies sont tellement disposées que tous leurs cordons sont parallèles entre eux, toutes les sous-tendantes c, c', c'' sont respectivement égales aux diamètres $2R$, $2R'$, $2R''$, et la condition d'équilibre devient

$$P : Q :: R \times R' \times R'' : 2R \times 2R' \times 2R'',$$

ou

$$P : Q :: 1 : 2 \times 2 \times 2 \text{ ou } 2^3.$$

En général, *la puissance est à la résistance comme l'unité est à une puissance de 2 marquée par le nombre des poulies.*

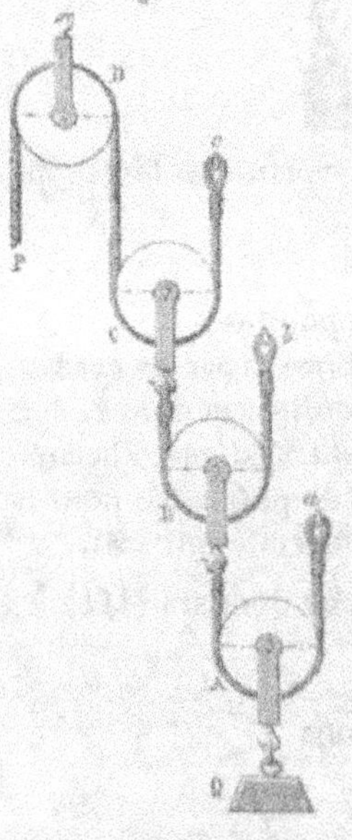
Fig. 65.

On voit qu'un pareil système est très-avantageux sous le rapport de la puissance; mais il rachète naturellement (89) cet avantage par une grande infériorité au point de vue de la vitesse. En effet, pour que la dernière poulie élevât la résistance Q de 1 mètre, il faudrait que la deuxième s'élevât elle-même de 2 mètres, la troisième de 4, et que la puissance P parcourût un chemin de 8 mètres.

Les moufles.

114. On donne le nom de *moufle* à un système de plusieurs poulies, soit égales et réunies dans une chape commune sur le même axe (*fig.* 66), soit inégales et disposées sur la même chape les unes à la suite des autres, mais sur des axes différents (*fig.* 67). La mise en œuvre de cette machine s'effectue au moyen de deux systèmes analogues : l'un fixé, comme une poulie simple, par sa chape; l'autre mobile, et relié au premier par un cordon dont une extrémité est attachée à l'une des chapes, ordinairement celle de la moufle fixe, et qui passe successivement sur toutes les poulies, pour recevoir, à sa seconde extrémité, l'action de la puissance P. Au crochet de la chape mobile est appliquée la résistance Q, laquelle est un poids à soulever, ou tout autre effort à produire dans une direction quelconque.

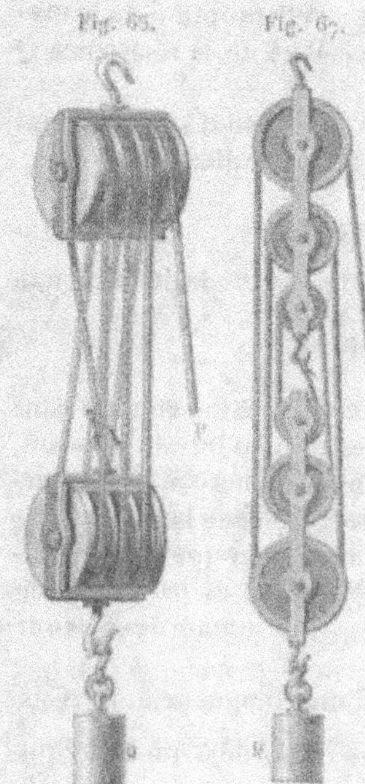

Cette machine porte dans la marine, à bord des vaisseaux ou sur les chantiers de construction, le nom de *palan*.

Si l'on suppose que l'appareil entier comporte un nombre n de poulies et, ce qui doit avoir toujours lieu d'une manière sensible, que les cordons de suspension soient tous parallèles, ces derniers, en nombre n, auront tous la même tension P imprimée par la puissance et transmise par chaque poulie (107). La résistance Q sera donc en réalité soutenue, dans l'état d'équilibre, par n forces égales à cette tension, et l'on aura la relation

$$Q = n \, P,$$

qui exprime que *la puissance est à la résistance comme l'unité est au nombre des cordons qui embrassent les poulies de la moufle mobile.*

115. L'effort que supporte le point fixe auquel est attaché le système de moufles est évidemment égal, comme dans la poulie simple et abstraction faite du poids propre π de la machine, à la résultante de la puissance P et de la résistance Q ou nP.

Lorsque les directions de ces deux forces sont sensiblement parallèles, leur résultante est égale à leur somme

$$P + nP, \quad \text{ou} \quad (n+1)P,$$

et, si toutes deux sont verticales, la charge totale du point fixe est exprimée par

$$\pi + (n+1)P.$$

116. Pour démontrer que, dans cette machine comme dans toutes les autres, le travail moteur est égal au travail résistant, nous remarquerons que, si la résistance Q marche d'une certaine longueur sur la direction rectiligne dans laquelle cette force agit, ce mouvement ne peut avoir lieu que par un raccourcissement égal de chacun des cordons, et par un allongement du cordon de la puissance égal à la somme des raccourcissements partiels.

Si donc la puissance P marche d'une longueur δ, la résistance aura marché de $\dfrac{\delta}{n}$; et, comme on a déjà pour l'équilibre

$$nP = Q, \quad \text{ou} \quad P = \frac{Q}{n},$$

il en résulte que le travail $P \times \delta$ de la puissance équivaut au travail $Q \times \dfrac{\delta}{n}$ de la résistance.

LE TREUIL.

117. Le *treuil* se compose d'un cylindre ordinairement horizontal qu'on appelle l'*arbre*, et perpendiculairement à l'axe duquel est monté l'appareil moteur consistant, soit en une mani-

velle placée à l'extrémité, comme dans la figure ci-dessous, soit en une roue solidaire avec lui, soit en tout autre système de leviers fixes ou mobiles. Cet arbre se termine de part et d'autre par des cylindres de même axe que le premier, mais d'un

Fig. 68.

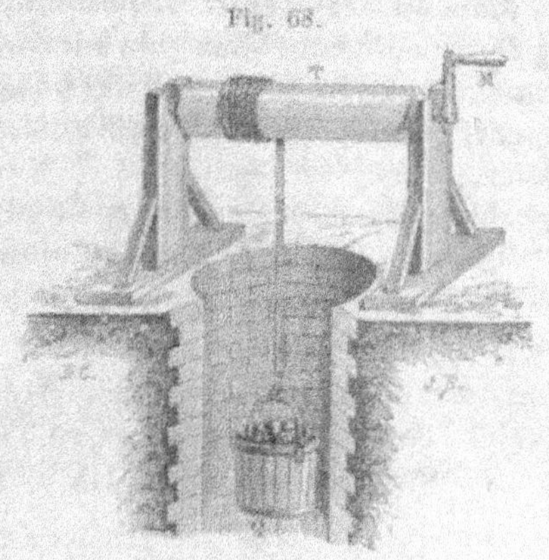

plus petit diamètre, et appelés *tourillons*. C'est par ces tourillons que la machine repose sur ses appuis ou *coussinets*, et le seul mouvement qu'elle est censée pouvoir prendre est un mouvement de rotation autour de l'axe commun.

118. La machine qui nous occupe, susceptible d'applications nombreuses, porte plus particulièrement le nom de *cabestan* lorsque l'axe du cylindre est vertical. On emploie alors des leviers horizontaux pour y appliquer la puissance.

Fig. 69.

Dans cette disposition, le coussinet inférieur porte un fond résistant qui prend le nom de *crapaudine*, et sur lequel s'appuie tout le poids du système. Le tourillon supérieur traverse son coussinet, et reçoit de longues barres horizontales aux extrémités desquelles agissent les hommes.

Enfin, dans l'une ou dans l'autre disposition, la résistance est appliquée à une corde qui s'enroule sur l'arbre, en même temps que son autre extrémité y est fixée ou se déroule, ne laissant en contact que quelques tours qui suffisent pour l'empêcher de glisser.

Quelle que soit celle de ces deux positions qu'affecte la machine, les conditions d'équilibre y sont toujours les mêmes, et nous la considérerons exclusivement, pour plus de simplicité, sous son premier aspect.

119. D'après cette définition, une corde fixée par un bout au cylindre reçoit à l'autre extrémité l'action d'une résistance qui peut être, par exemple, un poids Q à élever. Une force

Fig. 70.

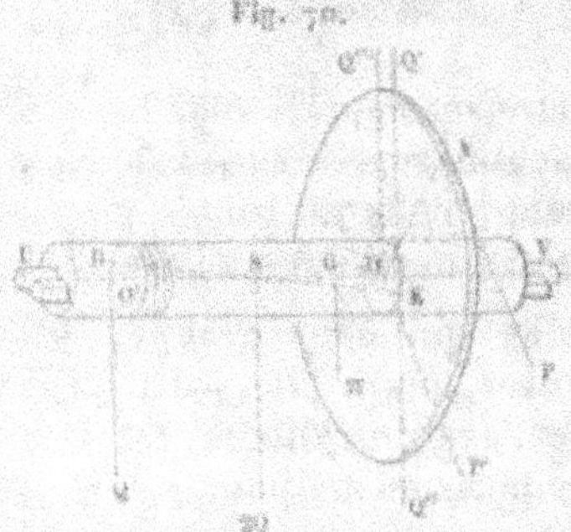

motrice ou puissance P, agissant tangentiellement à la roue par le moyen d'une corde, de leviers, d'un système de chevilles ou d'une manivelle, doit faire équilibre au poids, ou bien l'élever en faisant tourner le treuil autour de son axe.

Soient O le centre de cette roue et de l'intersection de son plan avec le cylindre, et O' le centre d'une autre section faite dans le cylindre perpendiculairement à son axe par la verticale du cordon qui tient à la résistance. Dans le plan horizontal passant par l'axe de la machine, traçons les deux rayons de sens contraires OK, O'B, et tirons KB qui rencontre l'axe au milieu S de OO'.

Au point K appliquons en sens contraires deux forces Q′ et Q″ égales et parallèles à Q; l'équilibre, s'il existe, n'en sera nullement troublé, et pourra être considéré comme établi de la manière suivante entre les quatre forces P, Q, Q′ et Q″.

Les deux forces Q et Q″, égales, parallèles et de même sens, auront une résultante $2Q$ appliquée en S et détruite par la résistance de l'axe. Resteront à considérer les deux forces P et Q′, agissant dans un même plan où se trouve également un point fixe O. Comme dans le cas de la poulie, ce système partiel peut être assimilé à un levier coudé dont les bras sont inégaux, et l'équilibre des deux forces, c'est-à-dire l'équilibre de la machine elle-même, exige que l'on ait la relation

$$P \times OA = Q' \times OK.$$

Mais Q′ n'est autre chose que Q; si donc nous désignons respectivement par R et r les rayons de la roue et du cylindre, la condition d'équilibre deviendra

$$P \times R = Q \times r.$$

Elle pourra s'énoncer ainsi : *Pour l'équilibre du treuil, il faut que la puissance soit à la résistance comme le rayon du cylindre est à celui de la roue.*

Remarque. — On eût obtenu bien plus simplement cette condition d'équilibre si, faisant abstraction de la distance qui sépare suivant l'axe les plans d'action de la puissance et de la résistance, on eût considéré sur-le-champ ce système comme un levier coudé à bras inégaux, ayant pour point d'appui un point quelconque de l'axe du treuil.

120. Nous avons supposé, dans ce qui précède, que les cordes enroulées sur le cylindre et sur la roue étaient infiniment déliées; mais les cordes sont toujours d'un diamètre fini dont il faut, pour plus d'exactitude et s'il y a lieu, ajouter la moitié aux rayons R et r dans la condition d'équilibre. Cette relation deviendra donc, si l'on désigne par ρ le rayon de la corde de la roue et par ρ' celui de la corde du cylindre,

$$P(R + \rho) = Q(r + \rho').$$

121. Les forces qui, en des points différents, exercent des

pressions sur l'axe du treuil sont : 1° la force verticale $2Q$, appliquée au milieu S de la distance OO' qui sépare la roue du point d'application de la résistance ; 2° les deux forces P et Q', dont la résultante passe nécessairement au point O et qui peuvent, par conséquent, être considérées comme transportées parallèlement à elles-mêmes en ce point, suivant OP' et OQ".

Or, la force $2Q$ appliquée en S peut se décomposer en deux forces Q appliquées chacune en l'un des points O et O' ; la première de celles-ci sera égale et directement opposée à la force Q' que nous y avons transportée, et ces deux forces se détruiront. Il ne restera donc plus que les deux forces P et Q, transportées sur l'axe parallèlement à elles-mêmes et dans leurs plans perpendiculaires respectifs.

Si l'on veut avoir égard au poids π de l'appareil, il faut considérer que ce poids représente encore une force verticale appliquée en un point G de l'axe.

Enfin, pour obtenir les pressions exercées sur chacun des deux appuis U et V, il faudra décomposer chacune des trois forces P, Q et π en deux autres forces parallèles passant par ces deux points ; la résultante faite en chaque appui avec ces trois nouvelles composantes représentera la pression qu'il supporte.

122. Faisons subir maintenant au treuil en équilibre un petit déplacement angulaire ω, et projetons sur les directions des forces P et Q les arcs élémentaires AA' et BB' parcourus par les points d'application, lesquels arcs sont d'ailleurs entre eux comme les rayons R et r, et sont respectivement exprimés par $\omega \times R$ et $\omega \times r$.

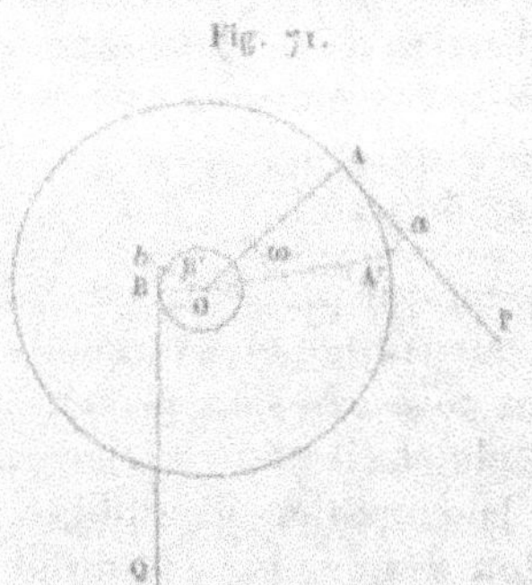

Fig. 71.

Les quadrilatères OAaA', OBbB', qui ont leurs angles égaux chacun à chacun et pareillement disposés, sont semblables ; par suite aussi sont semblables les triangles AA'a, BB'b, qui donnent

$$A a : B b :: AA' \text{ ou } \omega \times R : BB' \text{ ou } \omega \times r :: R : r.$$

D'un autre côté, l'équilibre exige que l'on ait

$$P : Q :: r : R;$$

on a donc aussi

$$P : Q :: Bb : Aa, \quad \text{ou} \quad P \times Aa = Q \times Bb,$$

ce qu'il fallait démontrer.

Inversement, de cette dernière relation supposée démontrée et de la première proportion, on déduirait la seconde comme condition d'équilibre.

123. Les usages du treuil sont très-multipliés, et sa forme principale se prête dans les détails à toutes les modifications que nécessitent ses diverses applications. Nous n'en citerons ici que quelques exemples qui seront complétés plus tard, quand nous parlerons de la pratique des travaux.

Ainsi, la roue se remplace par une ou deux manivelles placées aux deux extrémités de l'arbre, et l'on s'en sert pour

Fig. 72.

tirer l'eau des puits ou les pierres des carrières, comme on l'a vu dans la *fig*. 68.

On trouve à la poupe des vaisseaux et aux extrémités des voitures de roulage un cylindre percé de mortaises, dans lesquelles s'introduisent des leviers en bois ou en fer. C'est un treuil qui porte le nom de *vireveau*.

Un arbre pareil existe dans la *chèvre*, dont nous verrons plus tard l'emploi sur les chantiers pour élever les fardeaux.

D'autres fois, la roue a plusieurs mètres de rayon, et porte à sa circonférence des chevilles sur lesquelles des hommes montent comme sur celles d'une échelle, et font tourner l'arbre par leur poids. Tel est le treuil qui surmonte l'orifice des carrières ouvertes dans les plaines des environs de Paris, et que représente la *fig.* 72 ci-dessus.

Enfin la roue est souvent remplacée par un vaste tambour, à l'intérieur duquel cheminent des ouvriers dont le poids détermine le mouvement de rotation. On rencontre ce système sur nos ports, dans certaines *grues* qui servent à débarquer ou à embarquer les marchandises. Citons encore le tambour mû par le chien du rémouleur, et la cage cylindrique de l'écureuil.

124. On obtient de très-grands effets de puissance en employant un système de treuils réagissant les uns sur les autres, ainsi qu'on le voit dans la figure ci-contre.

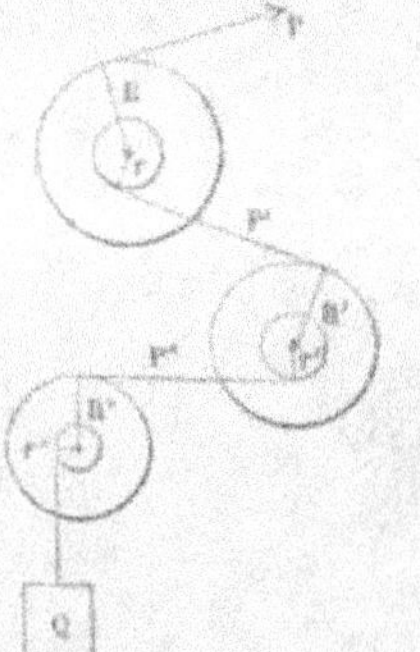

Fig. 73.

En établissant la condition d'équilibre de chacun des trois treuils qui y sont représentés, comme nous l'avons fait (113) pour le système de poulies mobiles, nous arriverions sans peine à conclure ici que *la puissance est à la résistance comme le produit des rayons des cylindres est à celui des rayons des roues.*

On ferait également sans difficulté l'application des principes relatifs aux déplacements des points d'application des forces, et l'on établirait aussi très-facilement l'égalité des travaux moteur et résistant. Nous ne nous y arrêterons pas.

Les roues dentées.

125. Pour ménager l'espace et pour éviter l'emploi de cordes d'une longueur gênante, on a eu l'idée de rapprocher les treuils

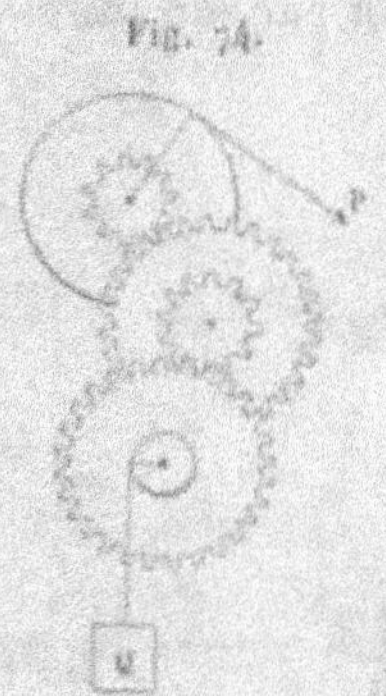
Fig. 74.

les uns des autres, de telle manière que la roue de chacun d'eux devînt tangente au cylindre du treuil précédent.

On a alors pratiqué, à la circonférence des roues et des cylindres, des dents également espacées qui *engrènent* les unes dans les autres, chaque cylindre denté ou *pignon* ne pouvant alors tourner sans faire tourner en même temps la *roue dentée* suivante. Ce résultat a été obtenu en divisant les circonférences de chaque roue et du pignon qui la *mène* en parties égales, déterminées de telle sorte que chaque dent et le creux qui la sépare de la dent voisine occupent sur l'une comme sur l'autre des arcs d'un égal développement.

On comprend que, par suite de cette disposition, les nombres de dents sur la roue et sur le pignon sont entre eux dans le même rapport que les valeurs respectives des circonférences, et aussi dans le même rapport que leurs rayons.

Ainsi se trouvent remplacés les cordons qui, dans le système de treuils (124), transmettent les actions d'un élément à l'autre, et cette disposition a, de plus, permis de réduire très-considérablement les longueurs des axes des roues et des pignons, à la condition de les construire avec une matière suffisamment résistante, le plus souvent en fer ou en bronze.

Les conditions de l'équilibre ne sont, d'ailleurs, pas modifiées, et nous pouvons poser en principe que, abstraction faite du frottement et de toutes autres résistances passives, *la puissance est à la résistance comme le produit des rayons des pignons est à celui des rayons des roues.*

Enfin la première roue, celle qui reçoit directement l'effort moteur, est ordinairement remplacée par un simple rayon rigide à l'extrémité duquel s'applique la puissance au moyen d'une manivelle.

126. On adapte fréquemment une roue dentée et un pignon

au cylindre d'un treuil, qui se met alors en mouvement par l'intermédiaire d'une double manivelle, comme le montre la figure ci-dessous.

Le *treuil à engrenage* rend de très-grands services sur les chantiers de construction, soit directement, soit par son intro-

Fig. 75.

duction dans d'autres mécanismes spéciaux que nous aurons plus loin l'occasion d'examiner. Nous nous bornerons ici à dire que, pour éviter tout accident et pour ne pas perdre le travail employé, dans le cas d'une interruption forcée de la manœuvre, le treuil est ordinairement muni d'un *encliquetage*. On nomme ainsi un appareil de sûreté composé d'une roue dentée A dite *à rochet*, ou simplement *rochet*, fixée sur l'arbre de la manivelle, et d'un levier-courbe B appelé *cliquet*, dont le point fixe est sur le corps même de la machine. Un ressort L presse le cliquet contre le rochet, dont les dents sont disposées de manière à ne permettre le mouvement que dans le sens correspondant à l'élévation de la

Fig. 76.

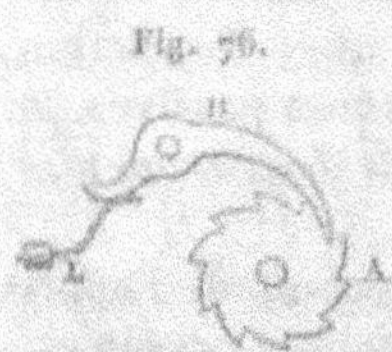

charge. Pour la descente, on lève le cliquet, et on le fixe momentanément à distance du rochet.

La crémaillère.

127. Lorsqu'on veut imprimer à une barre inflexible un mouvement dans le sens de sa longueur, on peut pratiquer à l'une des faces de cette barre des dents qui engrènent avec celles d'un pignon mû, comme dans le cas des roues dentées, par une manivelle. On obtient ainsi ce qu'on nomme une *crémaillère*, dont l'application se présente à chaque pas sous nos yeux, soit dans le *cric* des voituriers ou des tailleurs de pierre, soit dans l'appareil qui fait monter et descendre la mèche de nos lampes, etc.

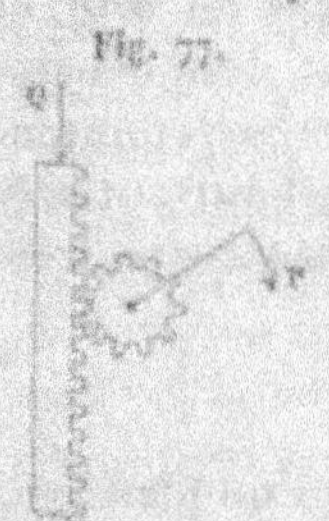

Fig. 77.

Il s'agit alors de vaincre, au moyen d'une puissance P, une résistance Q qui s'oppose directement au mouvement de la barre, et que l'on peut considérer comme une force perpendiculaire à l'extrémité du rayon du pignon.

Comme dans le treuil, nous aurons donc pour l'équilibre :

La puissance est à la résistance comme le rayon du pignon est à celui de la manivelle.

128. Un pareil système a, comme on le voit, d'autant plus de puissance que le rayon du pignon est plus petit par rapport à celui de la manivelle.

On en augmente encore la force, sans changer les rayons de la manivelle et du pignon, en introduisant en plus une nou-

Fig. 78.

velle roue dentée avec son pignon. La condition d'équilibre devient alors $P : Q :: r \times r' : R \times R'$, et peut se traduire ainsi :

La puissance est à la résistance comme le produit des rayons des deux pignons est à celui du rayon de la roue par le rayon de la manivelle.

Nous aurons plus tard à reconnaître les usages du cric, et nous retrouverons ces deux dispositions qui ont donné naissance aux appellations de *cric simple* et *cric composé*. Contentons-nous de dire à présent que cette machine est surtout précieuse pour soulever d'une petite quantité des corps très-pesants.

LE PLAN INCLINÉ.

129. Cette machine consiste essentiellement en un plan fixe, sur lequel se meut un corps solide soumis à des forces quelconques, ou par la résistance duquel l'équilibre est établi.

Nous allons chercher les relations qui, dans une pareille machine, doivent exister entre les forces et l'inclinaison du plan pour que l'équilibre soit obtenu.

Remarquons d'abord que, en chacun des points en contact, le plan supposé parfaitement poli, c'est-à-dire n'exerçant aucun frottement, résiste dans une direction qui lui est normale. L'action totale du plan est donc la résultante de plusieurs forces parallèles; elle est égale à leur somme et, comme elles, normale à ce plan. Cette résultante doit détruire l'action de toutes les forces données, y compris le poids du corps, s'il est supposé pesant; celles-ci doivent donc être réductibles à une force unique, normale au plan et tendant à appuyer le corps sur ce plan.

De plus, il faut que ces deux résultantes normales, provenant l'une de la résistance du plan, l'autre des forces appliquées au corps, se détruisent et soient, par conséquent, directement opposées.

Si donc le corps ne s'appuie que par un seul point sur le plan, il est nécessaire et il suffit que la résultante des forces données soit normale au plan et passe par le point de contact.

Si le corps s'appuie par deux points, il faut que cette résultante perce le plan en un des points de la droite qui unit les deux premiers.

S'il y a trois points de contact non situés en ligne droite, il faudra que la résultante normale rencontre le plan dans l'intérieur du triangle formé par ces trois points. Dans ces deux derniers cas, la pression en chaque point se déterminera comme il a été expliqué aux n°° 32 et 33, pour la décomposition d'une force en d'autres appliquées parallèlement en des points déterminés.

Enfin, s'il existe plus de trois points d'appui, la résultante devra toujours passer dans le polygone convexe formé par la jonction rectiligne des points extérieurs, polygone que, pour abréger, on est convenu d'appeler *polygone de contact* ; mais on a vu que les pressions en chaque point d'appui resteront théoriquement indéterminées.

130. Nous bornerons ici notre examen au cas particulier où deux forces seulement sont appliquées au corps solide.

Pour que ces deux forces puissent avoir une résultante unique, il faut qu'elles soient dans un même plan ; de plus, pour que cette résultante soit normale au plan fixe, il est nécessaire qu'elle soit elle-même avec ses deux composantes dans un plan normal audit plan fixe.

De là le théorème suivant :

Lorsqu'un corps appuyé contre un plan fixe est sollicité par deux forces, il faut, pour l'équilibre, que ces deux forces se trouvent dans un autre plan perpendiculaire au premier, et qu'elles aient une résultante unique, normale au plan donné et le rencontrant dans l'intérieur du polygone de contact.

131. Supposons maintenant, pour particulariser encore davantage, que l'une des deux forces appliquées au corps soit son poids Q, et soit P la force ou la puissance qui doit établir l'équilibre.

Le plan de ces deux forces P et Q est à la fois vertical, puisqu'il contient la force Q, et normal au plan incliné par la raison ci-dessus indiquée. Étant ainsi perpendiculaire au plan horizontal et au plan incliné, le plan des forces du système sera perpendiculaire à leur intersection, et contiendra l'angle qui mesure l'inclinaison α du plan donné sur l'horizon ; c'est le plan de la figure ci-après, dans laquelle on distingue les trois lignes AB, BC et AC, respectivement appelées la *base*, la *hauteur* et la *longueur* du plan incliné.

Soit donc O le point de concours de la puissance P et de la résistance verticale Q. Ces deux forces composées par la règle du parallélogramme devront, comme il a été dit, donner une résultante normale au plan et tombant dans l'intérieur du polygone de contact.

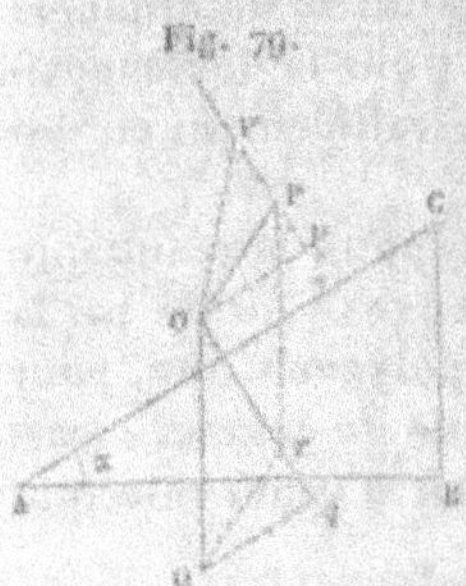

Or, si du sommet Q nous abaissons Q*q* perpendiculaire sur la diagonale O*r*, le triangle QO*q* ainsi obtenu sera semblable au triangle ABC, puisque l'angle QO*q* ne diffère pas de l'angle α aux côtés duquel les siens sont respectivement perpendiculaires. Nous aurons donc

$$Qq : OQ \text{ ou } Q :: BC : AC.$$

Mais Q*q* n'est autre chose que la projection O*p* de la puissance P sur le plan incliné, puisque les deux triangles Q*rq* et O*p*P sont égaux. La condition d'équilibre particulière à ce cas peut, par conséquent, s'énoncer ainsi :

Pour qu'il y ait équilibre entre le poids d'un corps placé sur un plan incliné et une autre force qui sollicite ce corps, il faut que la projection de la puissance sur le plan soit au poids du corps comme la hauteur dudit plan est à sa longueur.

Cette proportion peut, d'ailleurs, s'exprimer d'une autre manière, en observant que la projection O*p* de la force P sur le plan incliné a pour valeur $P\cos\theta$, si θ est l'angle de ces deux directions, et que $BC = AC\sin\alpha$. On obtient par ces substitutions la relation

$$P\cos\theta : Q :: \sin\alpha : 1$$

ou

$$P\cos\theta = Q\sin\alpha.$$

Remarque. — Il est à observer que la condition ci-dessus serait identiquement la même pour toute autre force OP' qui aurait même projection O*p* que la force P sur le plan incliné.

132. On peut distinguer deux cas particuliers remarquables,

savoir : celui où la puissance P est parallèle au plan incliné, et celui où elle est horizontale.

Dans le premier cas, la projection de la puissance P sur le plan incliné est égale à cette force elle-même. Comme le démontrerait, d'ailleurs, directement la similitude des triangles QOr et ABC, l'énoncé précédent devient :

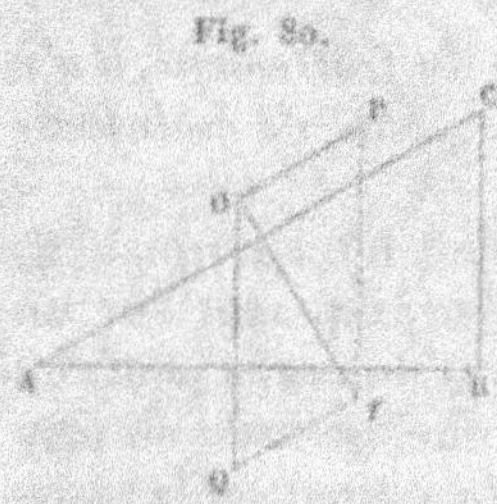
Fig. 80.

Pour l'équilibre entre le poids d'un corps placé sur un plan incliné et une force qui sollicite ce corps parallèlement audit plan, il faut que la puissance soit au poids du corps comme la hauteur du plan est à sa longueur.

La relation d'équilibre devient, dans ce cas, par l'introduction de $\theta = o$ ou $\cos\theta = 1$,

$$P = Q \sin\alpha.$$

C'est la direction la plus favorable à la puissance.

133. Dans le deuxième cas, les mêmes triangles QOr et ABC donnent

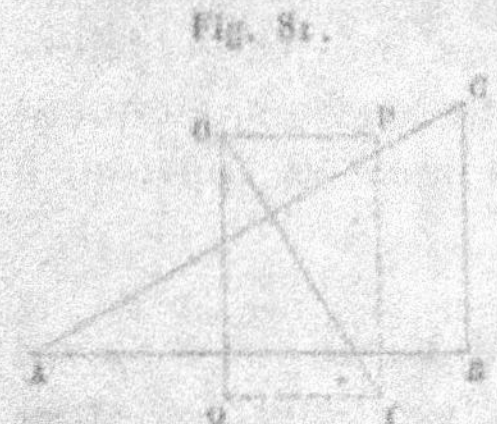
Fig. 81.

$$Qr : QO :: BC : AB,$$

ou *la puissance est au poids du corps comme la hauteur du plan incliné est à sa base.*

On voit clairement que, dans cette hypothèse, l'angle θ est égal à α, et l'équation d'équilibre se transforme en

$$P \cos\alpha = Q \sin\alpha$$

ou

$$P = Q \tang\alpha.$$

134. La pression sur le plan, ou la résultante Or, est égale à $\sqrt{Q^2 - P^2}$ dans le cas d'une puissance parallèle au plan, et à $\sqrt{P^2 + Q^2}$ dans celui d'une puissance horizontale.

Dans le premier cas, cette pression est, comme le prouve la comparaison des triangles semblables QOr et ABC, proportionnelle à la base du plan divisée par la longueur; dans le second, elle est proportionnelle au rapport inverse de ce dernier.

135. Si, dans l'hypothèse d'une puissance horizontale, nous supposions que le plan incliné se relevât jusqu'à devenir vertical, sa base AB deviendrait nulle, et le rapport de la puissance à la résistance serait infini.

On en conclurait que, *abstraction faite du frottement, il n'y a pas de force horizontale finie qui soit capable de maintenir un corps pesant contre un plan vertical.*

Plus généralement, on ne peut, avec une force normale P, quelque grande qu'elle soit, retenir un corps pesant sur un plan incliné parfaitement poli. Le poids Q du corps peut, en effet, être décomposé en deux forces : l'une, normale au plan et qui est détruite, ainsi que la force P elle-même, par la résistance dudit plan ; l'autre, parallèle à ce plan et qui obtient tout son effet.

On voit donc que l'équilibre ne peut, en général, avoir lieu que si la force P, au lieu d'être normale, est inclinée de manière à donner une composante parallèle au plan, de manière à détruire celle qui provient du poids du corps.

Fig. 82.

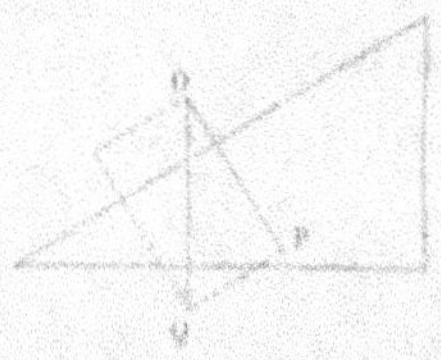

Nous répétons que l'existence du frottement, et une inévitable déformation au contact des corps, viennent seules donner un démenti apparent à cette conclusion théorique.

136. La force réduite, en vertu de laquelle un corps pesant tend à glisser le long d'un plan incliné, s'appelle *pesanteur relative*, par rapport à la *pesanteur absolue* le long de la verticale. Nous venons de voir (**132**) que, la pesanteur absolue étant représentée par la longueur du plan incliné, la pesanteur relative est représentée par la hauteur.

Une expérience directe et bien simple va mettre ce résultat complétement en évidence.

Concevons une chaîne sans fin ACBD, d'une grosseur uniforme et dont les chaînons soient fort petits ; plaçons-la sur un prisme horizontal ayant pour section droite le triangle ABC.

Une partie de la chaîne se couchera sur la longueur AC ; une autre pendra le long de la hauteur CB, et le reste formera, au-dessous de la base AB, une guirlande de forme parfaitement symétrique et régulière, puisque les deux points A et B

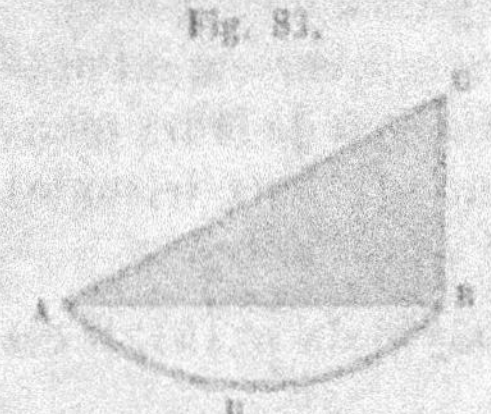

sont supposés à la même hauteur. Enfin le poids de la première partie de la chaîne sera évidemment à celui de la seconde comme la longueur du plan est à sa hauteur.

Or, d'une part, la chaîne ne saurait glisser dans un sens ou dans l'autre; car, les conditions demeurant les mêmes pendant ce mouvement, il ne devrait jamais s'arrêter, et l'on arriverait à la réalisation reconnue impossible du mouvement perpétuel (88).

D'autre part, un pareil système étant toujours en équilibre, nous pourrons, sans troubler cet équilibre, supprimer tout à fait la guirlande ADB qui, à cause de sa régularité et de son inévitable symétrie, pèse autant en A qu'en B; il nous restera alors la partie de chaîne AC retenue par la portion de chaîne CB, c'est-à-dire par son propre poids réduit dans le rapport de la hauteur du plan à la longueur.

137. Pour comparer les pesanteurs relatives sur deux plans diversement inclinés, nous adosserons ces deux plans auxquels nous donnerons même hauteur. Supposons ensuite deux corps de poids Q et Q′ glissant sur ces plans adossés, et liés entre eux par un fil qui passe sur une poulie placée au sommet commun, de manière à prendre des directions respectivement parallèles auxdits plans.

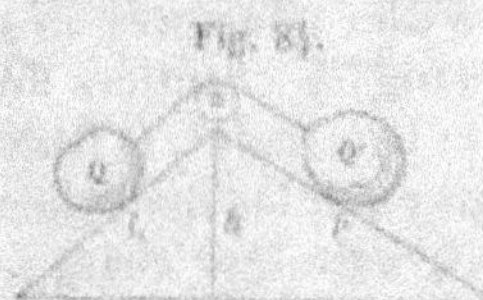

Le poids Q sera retenu (131) par une force égale à $Q \times \dfrac{h}{l}$,

et le poids Q′ par une force représentée par $Q' \times \dfrac{h}{l'}$.

Or, au moment de l'équilibre, ces deux forces seront égales et donneront

$$Q \times \frac{h}{l} = Q' \times \frac{h}{l'} \quad \text{ou} \quad Q\,l' = Q'\,l,$$

c'est-à-dire

$$Q : Q' :: l : l'.$$

D'où l'on conclut que *les poids de deux corps seront équilibrés sur deux plans inclinés de même hauteur, si les longueurs desdits plans sont proportionnelles à ces poids.*

Ces longueurs sont, du reste, elles-mêmes inversement proportionnelles aux sinus des angles d'inclinaison de leurs plans respectifs, puisque la hauteur h appartient aux deux triangles et a pour valeur $l \sin \alpha$ dans l'un, $l' \sin \alpha'$ dans l'autre.

138. En remontant à la figure et à l'analyse du n° 131, il est facile de voir que la proportion

$$O p : OQ :: BC : AC,$$

qui conduit à la relation

$$O p \times AC = OQ \times BC,$$

représente sous cette forme l'égalité des travaux de la puissance et de la résistance, puisque les lignes AC et BC, longueur et hauteur du plan incliné, sont nécessairement proportionnelles aux éléments analogues d'un déplacement quelconque du point d'application O sous l'influence des forces P et Q.

139. Le plan incliné a des usages nombreux. Pour n'en citer que quelques-uns parmi les plus saillants, nous rappellerons qu'on le trouve dans quelques métiers à filer pour produire et diriger le mouvement des chariots, dans les chantiers de construction des vaisseaux pour faciliter le lancement, et dans les chemins de fer pour franchir des rampes que les machines à vapeur locomotives ne pourraient gravir avec leur charge.

Enfin, c'est au moyen de plans inclinés que les Égyptiens construisirent leurs énormes pyramides, dont la plus élevée n'a pas moins de 146 mètres de hauteur, et repose sur une base carrée de 161 mètres de côté.

La vis.

140. Une *vis* est formée d'un noyau cylindrique sur lequel s'enroule en spirale une saillie à laquelle on donne le nom de *filet*.

Avant d'examiner les propriétés de cette machine, il est nécessaire de donner de la forme et de la position de son filet une description rigoureuse et géométrique.

Soient ABCD un cylindre circulaire droit, OO' son axe, et OA son rayon que nous désignerons par r.

Développons, à partir de l'arête AD, la surface du cylindre suivant le rectangle AA'D'D, et divisons AD en un nombre

Fig. 85.

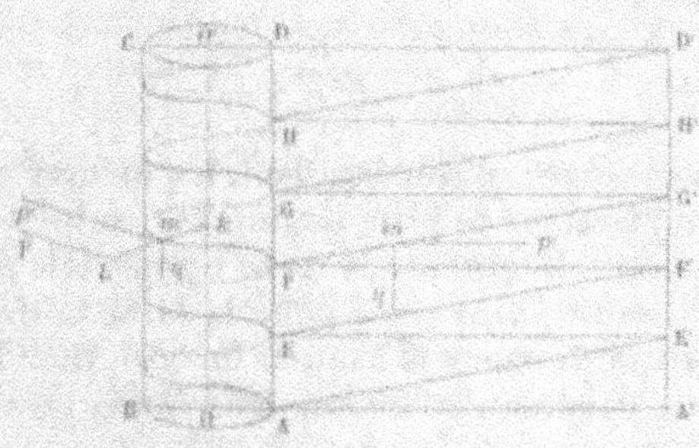

quelconque de parties égales. Par les points de division menons les lignes EE', FF', ... parallèles à AA', et enfin les diagonales AE', EF', FG', ... des rectangles ainsi obtenus.

Si maintenant nous enroulons de nouveau le rectangle AD' sur le cylindre, chacune des diagonales formera une portion, appelée *spire*, d'une courbe continue qui porte le nom d'*hélice*. La distance constante qui sépare les extrémités d'une même spire, ou la hauteur d'un des rectangles générateurs, s'appelle le *pas* de l'hélice; désignons-le par h.

D'après sa génération, l'hélice a nécessairement tous ses éléments également inclinés sur le plan de la base du cylindre, et cette inclinaison n'est autre chose que l'angle A'AE' de l'un des triangles rectangles développés, qui ont pour côtés de l'angle droit le pas h de l'hélice et la circonférence rectifiée AA' ou $2\pi r$.

141. Cela posé, pour simplifier le discours sans rien ôter à la théorie de sa généralité, supposons que le cylindre soit vertical, et cherchons d'abord la condition d'équilibre d'un point matériel m placé sur l'hélice, sollicité d'une part par une force verticale q, d'autre part par une force horizontale p agissant à l'extrémité L du rayon km prolongé et perpendiculairement à ce rayon. Soit enfin kL = R.

Nous pouvons d'abord remplacer la force p par une force p', parallèle à la première et appliquée au point m lui-même, pourvu que, d'après les conditions de l'équilibre du levier, nous déterminions cette force nouvelle par la relation

$$p \times k\mathrm{L} = p' \times km \quad \text{ou} \quad p\mathrm{R} = p'r,$$

d'où

$$p' = p\,\frac{\mathrm{R}}{r}.$$

Le point m se trouve, d'ailleurs, dans les mêmes conditions que s'il était placé sur le plan incliné FG', sollicité à la fois par la force verticale q et par la force horizontale p'. Or on a vu (133) qu'il fallait, dans ce cas, que la force horizontale fût à la force verticale comme la hauteur du plan incliné est à sa base, et cette condition se traduit dans le cas présent par la proportion

$$p' \text{ ou } p\,\frac{\mathrm{R}}{r} : q :: h : 2\pi r,$$

laquelle équivaut à celle-ci :

$$p : q :: h : 2\pi\mathrm{R}.$$

Ce résultat signifie que, *pour qu'un point, placé sur une hélice, dans les conditions ci-dessus, soit en équilibre, il faut que la puissance horizontale soit à la résistance verticale comme le pas de l'hélice est à la longueur de la circonférence que tend à décrire la puissance.*

Observons en passant, et ceci est essentiel, que le rayon r du cylindre n'entre plus dans cette dernière proportion. On aura donc toujours le même rapport entre la puissance et la résistance, quel que soit le cylindre sur lequel l'hélice soit tracée, pourvu que le pas de l'hélice reste le même, ainsi que le bras de levier de la puissance.

Il ne faut, en outre, pas perdre de vue que ce n'est que pour plus de commodité dans le langage que nous avons supposé le cylindre vertical. Tout ce qui vient d'être dit, comme tout ce que nous allons dire encore sur ce sujet, doit s'entendre, en général, d'une force parallèle à l'axe du cylindre et d'une autre agissant dans un plan perpendiculaire à cet axe.

142. Concevons maintenant qu'un rectangle ou un triangle isocèle, ayant sa base confondue avec une génératrice du cylindre et l'un des points de ce côté, son milieu par exemple, appliqué sur l'hélice, descende ou monte le long de la surface, de manière que son plan contienne toujours l'axe et que le point en question décrive la courbe. Il est évident que, dans ce mouvement, tous les points de la figure mobile décriront des hélices de même pas, de même axe, mais de rayons divers. Quoi qu'il en soit, nous aurons engendré le filet d'une vis dont le *pas* sera le pas commun à toutes les hélices.

Imaginons enfin une seconde pièce solide, présentant exactement en creux la *forme* que la première offre en relief : ce sera l'*écrou* de la vis. Celle-ci pourra y pénétrer exactement, et s'y mouvoir d'un double mouvement de rotation autour de son axe et de translation dans le sens de cet axe. Réciproquement, si c'est la vis qui est fixe, l'écrou pourra cheminer le long de l'axe en tournant en même temps autour de lui, et il s'avancera, à chaque tour entier, d'une quantité égale au pas de la vis.

143. Pour fixer de nouveau les idées, nous allons supposer que l'écrou soit immobile et qu'il ait son axe vertical. Nous admettrons, en outre, que la vis elle-même soit sollicitée : 1° par une force horizontale P qui agit dans un plan perpendiculaire à son axe, et qui tend à la faire monter; 2° par une force verticale Q qui, comme ferait un poids à soulever, tend à s'opposer à son ascension. Soit toujours R la perpendiculaire abaissée de l'axe sur la direction de la force P, dans le plan horizontal qui la contient.

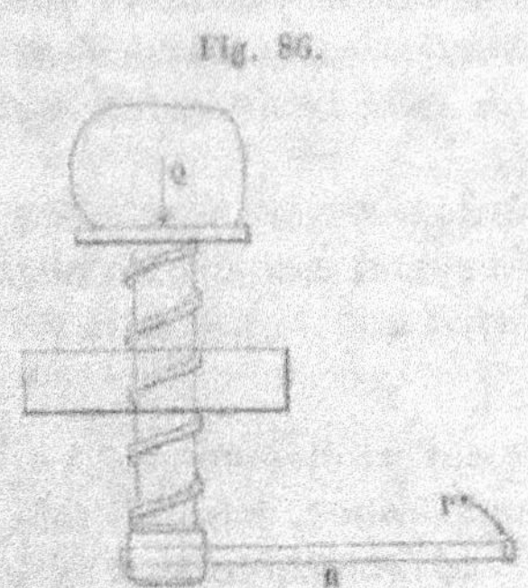

Fig. 86.

Cela posé, on comprend que l'action des forces P et Q se fait sentir exclusivement sur chacun des éléments de la surface inférieure du filet de la vis, lesquels seuls s'appuient sur l'écrou.

Soient donc

m, m', m'', ... les divers éléments de contact;

q, q', q'', ... les composantes ou parties de la force Q qui y sont respectivement appliquées;

enfin

p, p', p'', ... les éléments de la force P divisée au point L en autant de parties qu'il y a d'éléments de contact.

Pour chacun de ces éléments, quelle que soit sa distance à l'axe, nous aurons la relation établie plus haut pour l'équilibre d'un point sur l'hélice. Nous devrons donc poser la suite indéfinie de proportions :

$$\text{Pour l'élément } m \ldots\ldots\ldots\ldots \quad p : q :: h : 2\pi R,$$
$$- \quad m' \ldots\ldots\ldots\ldots \quad p' : q' :: h : 2\pi R,$$
$$- \quad m'' \ldots\ldots\ldots\ldots \quad p'' : q'' :: h : 2\pi R,$$
$$\ldots\ldots\ldots\ldots\ldots\ldots\ldots\ldots\ldots\ldots\ldots\ldots\ldots$$

En se rappelant maintenant que $p + p' + p'' + \ldots = P$, et $q + q' + q'' + \ldots = Q$, on déduit facilement, de la suite de rapports égaux qui précède, la proportion

$$P : Q :: h : 2\pi R,$$

c'est-à-dire que, *pour l'équilibre d'une vis, la puissance qui tend à faire tourner doit être à la résistance qui presse dans le sens de l'axe, comme le pas de la vis est à la circonférence que tend à décrire la puissance.*

On voit par là que, pour contre-balancer une résistance donnée, on a besoin d'une puissance d'autant moindre qu'elle agit avec un bras de levier plus grand, et que le pas de la vis est plus petit.

144. Si la vis tourne d'un petit angle ω, l'arc élémentaire Aa, décrit par le point d'application de la puissance, dans la direction même de cette force qui tourne avec la machine, sera égal à $\omega \times R$. La résistance avancera d'une quantité rectiligne Bb facile à calculer; car, puisque la vis monte de h pour un tour entier $2\pi R$, nous aurons la proportion

$$B b : h :: \omega \times R : 2\pi R;$$

d'où

$$Bb = \frac{h\omega}{2\pi},$$

et, par conséquent,

$$A a : B b :: \omega \times R : \frac{h\omega}{2\pi} :: R : \frac{h}{2\pi} :: 2\pi R : h.$$

Or la condition d'équilibre étant, comme on l'a vu plus haut,

$$Q : P :: 2\pi R : h,$$

Fig. 87.

il vient, par la combinaison de ces deux proportions,

$$A a : B b :: Q : P,$$

ou

$$P \times A a = Q \times B b,$$

c'est-à-dire le travail moteur égal au travail résistant.

Inversement, la proportion exprimant la condition d'équilibre se déduirait facilement de la combinaison des deux autres.

145. L'égalité $P \times A a = Q \times B b$ se retrouve encore, et peut s'étendre au travail total correspondant à une période finie et déterminée du mouvement, en appliquant aux deux forces P et Q les considérations développées aux nᵒˢ 79 et 80.

La force P, en effet, rentre dans le premier des deux cas examinés, et son travail est égal à son intensité P, multipliée par l'arc A a décrit par son point d'application. De même la force Q, qui correspond évidemment au second cas, donne pour expression de son travail total l'intensité Q multipliée par la distance B b comprise entre les projections des positions extrêmes du mobile.

146. Les applications de la vis sont nombreuses. Comme nous l'avons dit (142), on distingue la *vis à filet carré* et la *vis à filet triangulaire*, dont nous donnons ci-après des dessins séparés.

La vis triangulaire est généralement employée pour fixer à demeure les diverses pièces d'un assemblage. La vis à filet carré sert à produire le mouvement, soit en s'avançant elle-même à travers son écrou si celui-ci est fixe, soit en le faisant

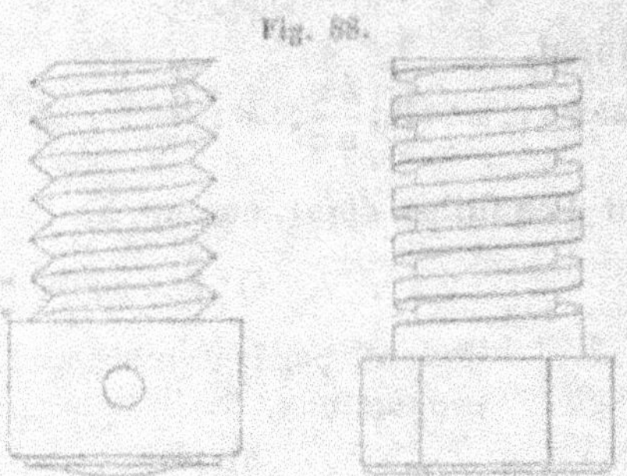

Fig. 88.

marcher à raison d'un pas pour un tour, si c'est la vis qui ne peut se déplacer longitudinalement.

La première de ces dispositions se retrouve notamment dans la *presse à vis*, machine destinée à comprimer les corps pour les réduire à un moindre volume, pour en exprimer les liquides qui y sont contenus, ou pour tout autre objet.

La vis sans fin.

147. On emploie quelquefois la vis à filet rectangulaire pour communiquer à une roue dentée un mouvement de rotation. Dans ce cas elle prend le nom de *vis sans fin*, désignation tirée

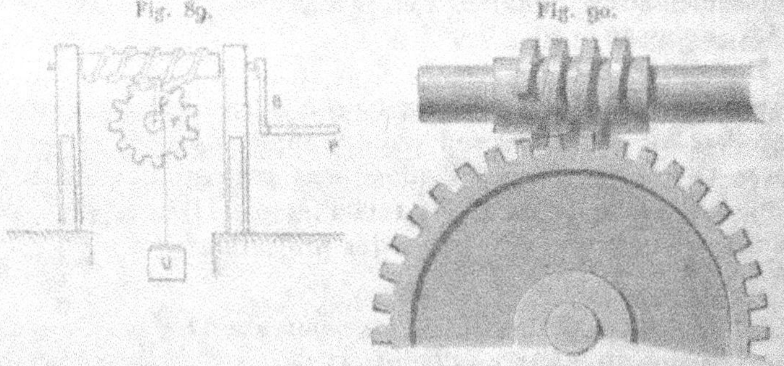

Fig. 89.   Fig. 90.

de ce que les dents de la roue n'en atteignent jamais l'extrémité.

Après avoir donné à la vis une hauteur de pas *h* égale à une des divisions de la roue dentée, on la dispose de façon à placer son axe dans le plan de la roue et à faire engrener son filet avec les dents.

Cela posé, si la puissance P fait tourner la vis, le filet entraîne les dents qui viennent successivement s'engager entre les spires, et la résistance Q s'élève.

Or (143) la puissance P est à l'effort P′ que le filet exerce sur les dents comme le pas h est à la circonférence $2\pi R$ que décrit la puissance, et l'on a

$$P : P' :: h : 2\pi R.$$

De plus, r et ρ étant les rayons de la roue et de son arbre, nous avons (119)

$$P : Q :: r : \rho,$$

et, en multipliant terme à terme ces deux proportions, nous trouvons pour condition d'équilibre

$$P : Q :: rh : 2\pi R\rho.$$

Par conséquent, *la puissance est à la résistance comme le produit du rayon de l'arbre de la roue par le pas de la vis est au produit du rayon de la roue par la circonférence que décrit la manivelle.*

Remarque. — On trouve des exemples de l'emploi de la vis sans fin dans les anciens tourne-broches, à la tête des contre-basses pour tendre les cordes, et dans le mécanisme qui fait tourner le cylindre des orgues de Barbarie.

Le coin.

148. Le *coin* est un prisme triangulaire que l'on introduit

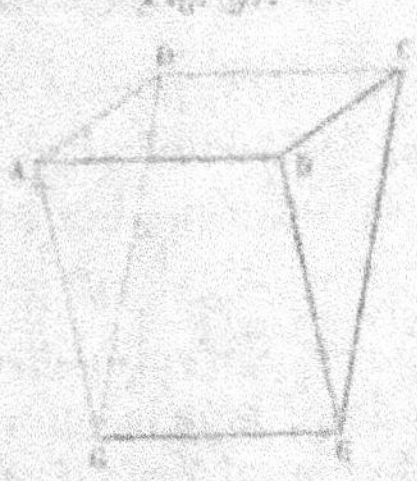
Fig. 91.

par son arête tranchante entre deux obstacles, pour les écarter l'un de l'autre.

L'effort s'exerce par un coup frappé sur la face ABCD opposée à l'arête tranchante EG ; cette face s'appelle la *tête du coin*, et les deux autres en sont les *côtés*.

Nous supposerons que la puissance P agit perpendiculairement à la tête du coin. C'est le cas général, et l'on ne doit, quand le contraire a lieu, considérer que la composante

perpendiculaire que donnerait la décomposition de la puissance en deux forces, dont l'autre composante serait parallèle à la tête et sans action sur le système.

Par le point quelconque O de la direction de la puissance, tirons des perpendiculaires aux deux côtés ; prenons OS pour représenter cette puissance, et formons le parallélogramme OMSN, qui fournit les deux composantes OM et ON, exprimant les efforts exercés perpendiculairement aux côtés.

La puissance OS et ses deux composantes OM et ON sont ainsi respectivement représentées (12) par les trois côtés du triangle OMS, lequel est semblable à ABC, ces deux figures ayant leurs côtés respectivement perpendiculaires.

Par conséquent, lorsqu'il y a équilibre entre la puissance et les résistances opposées par le corps sur chacun des côtés, ces trois forces sont proportionnelles aux côtés du triangle représentant la section droite du coin.

En d'autres termes, *la puissance étant représentée par la tête du coin, les deux efforts perpendiculaires aux côtés sont représentés par ces côtés eux-mêmes.*

Cette relation montre clairement que le coin permet de vaincre, avec un effort déterminé, une résistance d'autant plus grande que la tête est plus petite par rapport aux côtés.

149. Si le coin est *isoscèle*, c'est-à-dire si les deux côtés AC et BC sont égaux, les deux efforts latéraux sont aussi égaux entre eux. Dans ce cas encore, l'effort exercé est d'autant plus grand que la tête est plus petite, par rapport au côté ou à la *longueur* du coin.

Ces résultats sont journellement justifiés sous nos yeux par l'emploi des couteaux, haches, poinçons, ciseaux, etc., qui sont, ainsi que la plupart des outils, de véritables coins. Tous ces coins sont généralement isocèles; mais leur angle est variable et doit être approprié à l'usage auquel ils sont affectés, depuis les couteaux de table, les rasoirs et les instruments de chirurgie destinés à pénétrer dans des substances molles ou peu résistantes, lesquels ont un angle fort aigu, jusqu'au burin et l'emporte-pièce qui, pour percer le fer à froid, par exemple, s'accommodent d'un angle de 90 degrés. Entre ces deux extrêmes, le ciseau de la varlope du menuisier prend un angle qui ne dépasse pas 30 degrés, tandis que le tranchant de la bisaiguë du charpentier veut un angle plus prononcé, parce que cet outil doit fréquemment servir à travailler le bois perpendiculairement à la direction de ses fibres.

150. On retrouve le coin dans un appareil qui sert à produire de grandes pressions, et que la figure ci-dessous représente dans sa forme la plus élémentaire. C'est la *presse à coin*, qui a la destination de comprimer certains corps pour en diminuer le volume, ou pour en extraire des liquides.

La puissance P, appliquée sur la tête du coin, le fait descendre

Fig. 93.

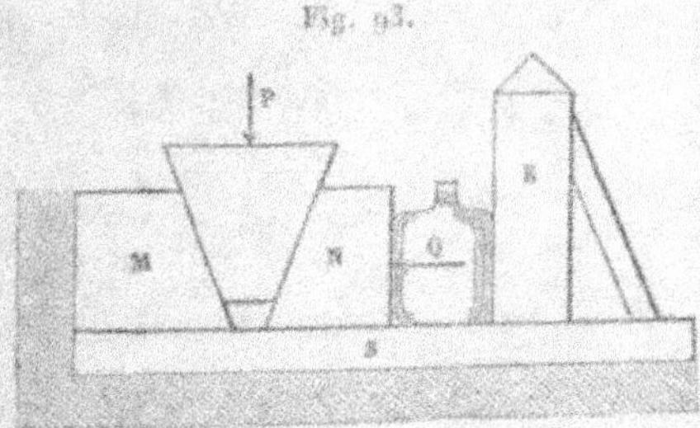

entre les deux blocs M et N, dont l'un M est inébranlable, tandis que l'autre N est mobile et peut glisser le long de la semelle S, pour comprimer le corps placé en Q contre l'obstacle fixe K.

38.

Quelquefois on remplace le coin simple par un système de deux coins rectangulaires, qui glissent l'un sur l'autre par leurs faces inclinées; mais, le plus ordinairement, on se contente d'un coin unique, en donnant à sa section la forme d'un triangle rectangle, dont l'un des côtés d'angle droit est vertical, tandis que l'hypoténuse est dirigée vers le corps à comprimer. La théorie reste d'ailleurs la même, dans l'une comme dans l'autre de ces dispositions.

FIN DU PREMIER VOLUME.

TABLE DES MATIÈRES

DU PREMIER VOLUME.

PARTIE THÉORIQUE.

ARITHMÉTIQUE.

ALGÈBRE.

GÉOMÉTRIE.

TABLE DES MATIÈRES.

TRIGONOMÉTRIE RECTILIGNE.

GÉOMÉTRIE DESCRIPTIVE.

STATIQUE.

FIN DE LA TABLE DU PREMIER VOLUME.